中文版

AutoCAD 2016 室内设计实例教程

贺雪梅　关　瑛　编著

中国电力出版社
CHINA ELECTRIC POWER PRESS

内 容 提 要

本书主要针对室内设计领域，系统地介绍了使用 AutoCAD 进行室内设计的方法和技术。

本书分为 4 大篇共 14 章，第 1 篇为基础入门篇，讲解了 AutoCAD 2016 入门、图形绘制、图形编辑、尺寸与文字标注、块与设计中心等 AutoCAD 基本知识和基本操作；第 2 篇为家装设计篇，讲解了室内设计与制图基本知识、室内绘图模板与室内常用家具图形的绘制，并通过一套完整的现代风格三居室室内设计案例，依次讲解了平面布置、地面、顶棚、空间立面的设计和相应施工图的绘制方法；第 3 篇为公装设计篇，通过办公空间室内设计和餐饮空间室内设计案例，讲解了公共空间的设计方法；第 4 篇为设备、详图及打印输出篇，讲解了电气图、室内设计详图、施工图打印方法与技巧等内容。

本书免费赠送配套资源，提供了本书实例所涉及的所有素材、结果文件以及高清语音教学视频。

本书具有很强的针对性和实用性，结构严谨、案例丰富，既可以作为大中专院校相关专业以及 CAD 培训机构的教材，也可以作为从事室内装潢设计人员的自学指南。

图书在版编目（CIP）数据

中文版 AutoCAD 2016 室内设计实例教程 / 贺雪梅，关瑛编著. —北京：中国电力出版社，2016.3

ISBN 978-7-5123-8719-5

Ⅰ. ①中… Ⅱ. ①贺… ②关… Ⅲ. ①室内装饰设计–计算机辅助设计–AutoCAD 软件–教材 Ⅳ. ①TU238-39

中国版本图书馆 CIP 数据核字（2016）第 001525 号

中国电力出版社出版发行

北京市东城区北京站西街 19 号 100005 http://www.cepp.sgcc.com.cn

责任编辑：胡堂亮 梁 瑶 责任印制：蔺义舟 责任校对：闫秀英

汇鑫印务有限公司印刷 • 各地新华书店经售

2016 年 3 月第 1 版 • 第 1 次印刷

787mm×1092mm 1/16 • 22.25 印张 • 539 千字

定价：59.80 元

前 言

■ 软件简介

AutoCAD 是美国 Autodesk 公司开发的一种绘图程序软件，是目前市场上使用率极高的辅助设计软件，被广泛应用于室内装潢工程设计领域。它可以更轻松地帮助用户实现数据设计、图形绘制等多项功能，从而极大地提高设计人员的工作效率，因此成为广大工程技术人员必备的工具。2015 年 5 月，Autodesk 公司发布了最新的 AutoCAD 2016 版本。

■ 本书内容安排

本书从 AutoCAD 基础知识讲起，按照室内设计的流程，循序渐进地介绍了 AutoCAD 用户界面、绘图与编辑，尺寸标注、文字和表格、图块和设计中心等。采用阶梯式学习方法，针对室内绘图的需要进行了筛选和整合，突出实用和高效。

篇　名	内 容 安 排
第 1 篇　基础入门篇 （第 1～5 章）	系统讲解了 AutoCAD 2016 入门、二维图形绘制、图形编辑、尺寸与文字标注、块与设计中心等 AutoCAD 基本知识和基本操作。使初学者能够掌握 AutoCAD 这一强大的设计工具，为后面的深入学习打下坚实基础
第 2 篇　家装设计篇 （第 6～9 章）	讲解了包括室内设计与制图基本知识、创建室内绘图模板、绘制室内常用家具图形、现代风格三居室室内设计等内容。使读者可全面掌握家装设计的流程和地面布置、立面、顶棚等各类型施工图绘制方法
第 3 篇　公装设计篇 （第 10、11 章）	通过办公空间室内设计和餐饮空间室内设计实例，使读者进一步掌握常见公共空间的设计方法及相应施工图的绘制技术
第 4 篇　设备、详图及打印输出篇 （第 12～14 章）	分别讲解了家装电气图、室内设计施工详图的绘制思路、原理和方法，以及施工图打印方法与技巧等

■ 本书写作特色

总的来说，本书具有以下特色。

结合行业，符合实际	本书紧密贴合室内行业，内容上做到有的放矢。先从室内设计中的基本知识讲起，再讲解 AutoCAD 中室内家具的画法和对应的技术要求，让读者在学习 AutoCAD 绘图的同时，也能掌握一定的、可用于真正工作的室内设计技能
知识手册，速查辞典	在讲解的同时，考虑到部分读者有一定的软件基础，因此安排了“初学解答”“熟能生巧”“精益求精”等拓展项目，让读者的造诣更上一层楼
循序渐进，轻松学习	本书从 AutoCAD 基础知识讲起，按照室内设计的流程，循序渐进地介绍了相关知识。采用阶梯式学习方法，针对室内绘图的需要，进行了筛选和整合，突出实用和高效
案例丰富，操作性强	AutoCAD 的各个常用命令在书中都有对应的案例，而且操作过程十分精简，通俗易懂，即使是初学 AutoCAD 的读者也能很快上手
视频讲解，事半功倍	本书附赠配套视频资源，可以在家享受专家课堂式的讲解，成倍提高学习兴趣和效率。读者可加 QQ 群进行下载。群内还有创作团队成员随时在线解决问题，沟通零距离

■ **本书作者**

本书由贺雪梅、关瑛联合编写，其中陕西科技大学贺雪梅编写第 1～7 章，关瑛编写了第 8～14 章。另外陈志民、江凡、张洁、马梅桂、戴京京、骆天、胡丹、陈运炳、申玉秀、李红萍、李红艺、李红术、陈云香、陈文香、陈军云等为本书的顺利出版提供了帮助，这里表示感谢。

由于编者水平有限，书中疏漏与不妥之处在所难免。在感谢您选择本书的同时，也希望您能够把对本书的意见和建议告诉我们。

联系信箱：lushanbook@qq.com

读者 QQ 群：327209040

编著者

目录

第1篇 基础入门篇

第4章 图形的尺寸与文字标注

第2篇　家装设计篇

第 3 篇 公装设计篇

第 4 篇　设备、详图及打印输出篇

第 1 篇　基础入门篇

第 1 章　AutoCAD 2016 入门

AutoCAD 是由美国 Autodesk 公司开发的通用计算机辅助设计软件。在深入学习 AutoCAD 绘图软件之前，本章首先介绍 AutoCAD 2016 的工作界面、图形文件管理、绘图环境设置、视图控制等基本知识和基本操作，使读者对 AutoCAD 及其操作方式有一个全面的了解和认识，为熟练掌握该软件打下坚实的基础。

1.1　启动与退出 AutoCAD 2016

在使用 AutoCAD 绘制室内图纸之前，首先必须启动该软件。在完成绘制之后，应保存文件并退出该软件，以节省系统资源。

1. 启动 AutoCAD

安装好 AutoCAD 后，启动 AutoCAD 软件有以下几种方法。

➢ 【开始】菜单：单击【开始】按钮，在菜单中选择“所有程序|Autodesk| AutoCAD 2016-简体中文（Simplified Chinese）| AutoCAD 2016-简体中文（Simplified Chinese）”选项，如图 1-1 所示。

➢ 桌面：双击桌面上的快捷图标。

➢ 与 AutoCAD 相关联格式文件：双击打开与 AutoCAD 相关格式的文件（*.dwg、*.dwt 等），如图 1-2 所示。

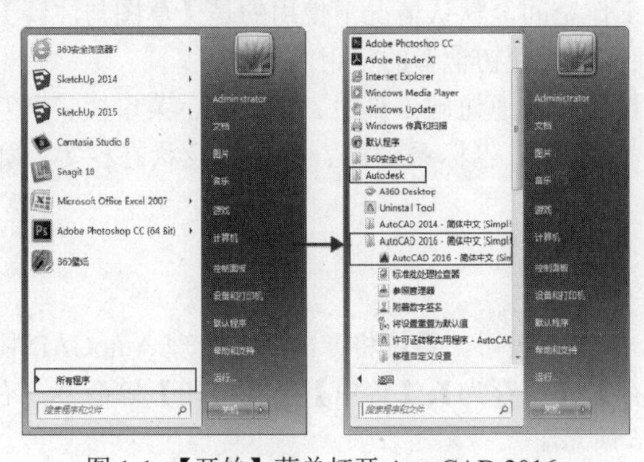

图 1-1 【开始】菜单打开 AutoCAD 2016

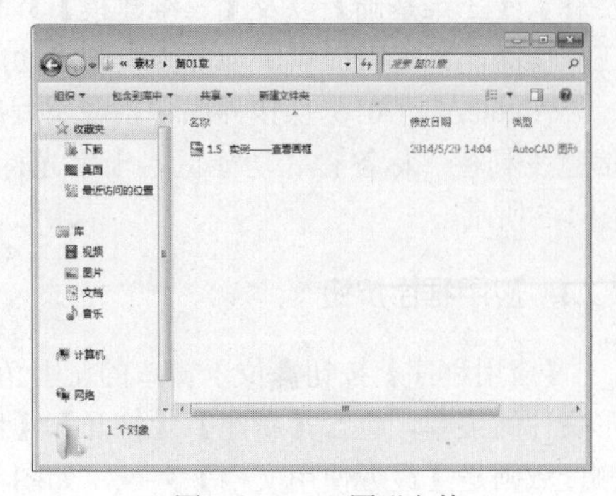

图 1-2　CAD 图形文件

2. 退出 AutoCAD

在完成室内图纸的绘制后，退出 AutoCAD 软件有以下几种方法。

➢ 应用程序按钮：单击应用程序按钮，选择【关闭】选项，如图 1-3 所示。

➢ 标题栏：单击标题栏上的【关闭】按钮。

➢ 菜单栏：选择【文件】|【退出】命令。

➢ 快捷键：Alt+F4 或 Ctrl+Q 组合键。

➢ 命令行：QUIT 或 EXIT。

用户执行任一命令后，如果当前图形未保存，系统会弹出如图 1-4 所示提示对话框。提示使用者在退出软件之前是否保存当前绘图文件。单击【是】按钮，可以进行文件的保存；单击【否】按钮，将不对之前的操作进行保存而退出；单击【取消】按钮，将返回到操作界面，不执行退出软件的操作。

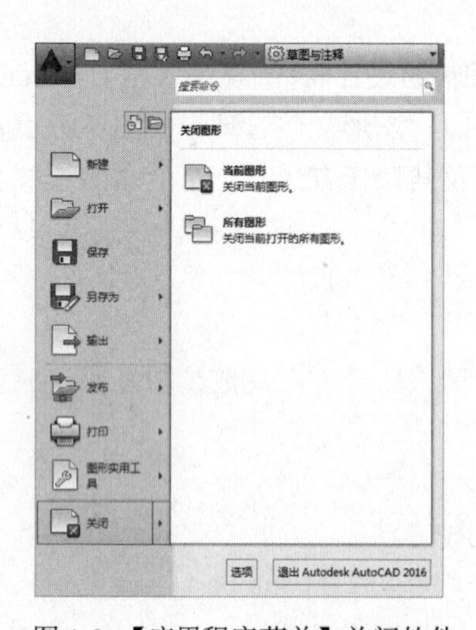

图 1-3 【应用程序菜单】关闭软件

图 1-4 退出提示对话框

1.2 AutoCAD 2016 工作界面

启动 AutoCAD 2016 后，即可进入如图 1-5 所示的工作界面。AutoCAD 提供了【草图与注释】、【三维基础】以及【三维建模】3 种工作空间，默认情况下使用的是【草图与注释】工作空间，该空间提供了十分强大的“功能区”，方便初学者的使用。

AutoCAD 2016 操作界面包括应用程序按钮、快速访问工具栏、标题栏、菜单栏、交互信息工具栏、标签栏、功能区、十字光标、绘图区、坐标系图标、命令行及状态栏等，如图 1-5 所示。

1.2.1 应用程序按钮

【应用程序】按钮位于窗口的左上角。单击该按钮，系统将弹出用于管理 AutoCAD 图形文件的菜单，包含【新建】、【打开】、【保存】、【另存为】、【输出】及【打印】等命令，右侧区域则是【最近使用文档】列表，如图 1-6 所示。

此外，在应用程序【搜索】按钮左侧的空白区域输入命令名称，即会弹出与之相关的各种命令的列表，选择其中对应的命令即可执行，如图 1-7 所示。

图 1-5　AutoCAD 2016 默认的工作界面

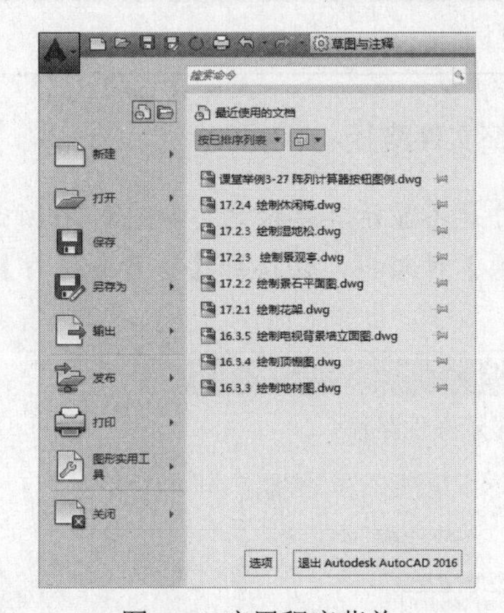

图 1-6　应用程序菜单

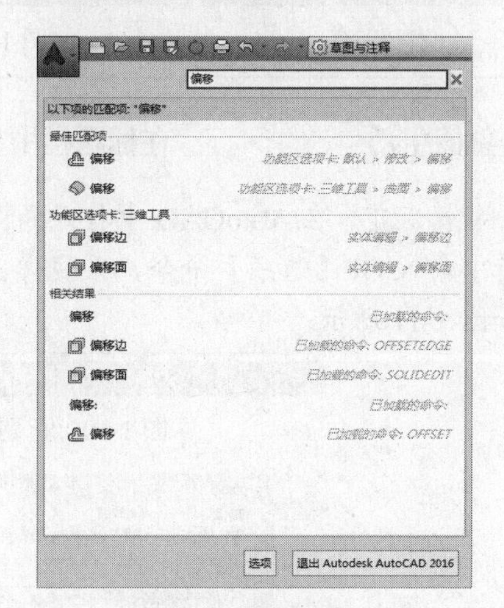

图 1-7　搜索功能

1.2.2　快速访问工具栏

快速访问工具栏位于标题栏的左侧，它包含了文档操作常用的 7 个快捷按钮，依次为【新建】、【打开】、【保存】、【另存为】、【打印】、【放弃】和【重做】，如图 1-8 所示。

可以通过相应的操作为【快速访问】工具栏增加或删除所需的工具按钮，有以下几种方法。

➢ 单击【快速访问】工具栏右侧下拉按钮▾，在菜单栏中选择【更多命令】选项，在弹出的【自定义用户界面】对话框选择将要添加的命令，然后按住鼠标左键将其拖动至快速访问工具栏上即可。

➢ 在【功能区】的任意工具图标上单击鼠标右键，选择其中的【添加到快速访问工具栏】命令。

而如果要删除已经存在的快捷键按钮，只需要在该按钮上单击鼠标右键，然后选择【从快速访问工具栏中删除】命令，即可完成删除按钮操作。

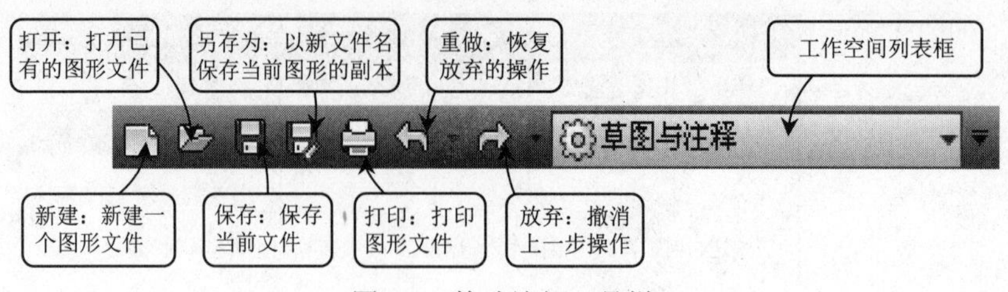

图 1-8 快速访问工具栏

1.2.3 标题栏

标题栏位于 AutoCAD 窗口的最上方，如图 1-9 所示，标题栏显示了当前软件名称，以及显示当前新建或打开的文件的名称等。标题栏最右侧提供了用于【最小化】按钮、【最大化】按钮/【恢复窗口大小】按钮和【关闭】按钮。

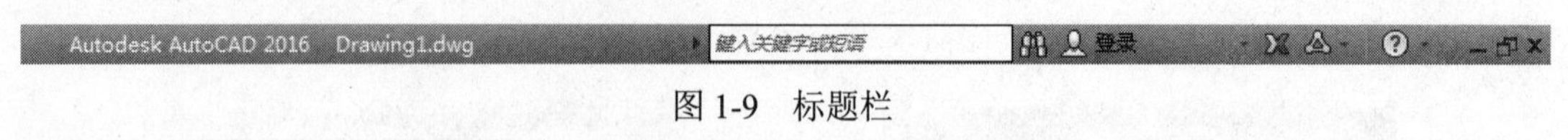

图 1-9 标题栏

熟能生巧 **在标题栏中显示完整文件路径**

一般情况下，在 AutoCAD 中打开的图形文件是不显示其路径的，如图 1-10 所示。在命令行中输入 OP【选项】命令，系统弹出【选项】对话框，切换到【打开和保存】选项卡，如图 1-11 所示。

Autodesk AutoCAD 2016 Drawing1.dwg

图 1-10 标题栏中未显示文件路径

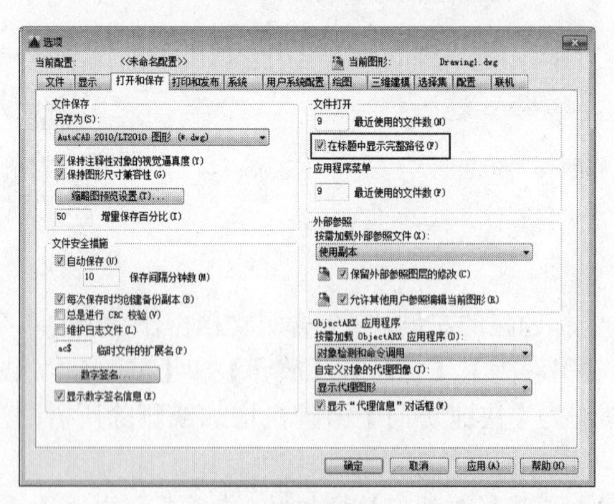

图 1-11 【选项】对话框

在对话框【打开和保存】选项卡【文件打开】选项组中勾选【在标题中显示完整路径】复选框，单击【确定】按钮即可。设置完成后即可在标题栏显示出完整的文件路径，如图 1-12 所示。

Autodesk AutoCAD 2016 C:\Users\Administrator\Desktop\Drawing1.dwg

图 1-12 标题栏中显示完整文件路径

1.2.4　菜单栏

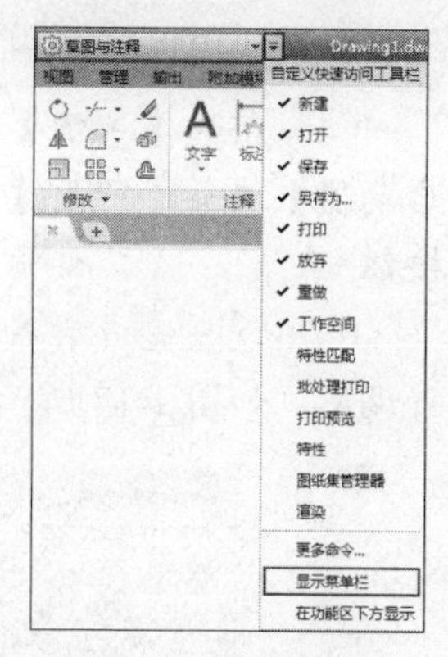

图 1-13　显示菜单栏

在 AutoCAD 2016 中，菜单栏在任何工作空间都不会出现默认显示。在【快速访问】工具栏中单击下拉按钮，并在弹出的下拉菜单中选择【显示菜单栏】选项，即可将菜单栏显示出来，如图 1-13 所示。

菜单栏位于标题栏的下方，包括了 12 个菜单：【文件】、【编辑】、【视图】、【插入】、【格式】、【工具】、【绘图】、【标注】、【修改】、【参数】、【窗口】、【帮助】，几乎包含了所有绘图命令和编辑命令，如图 1-14 所示。

图 1-14　菜单栏

1.2.5　功能区

【功能区】是一种特殊的选项卡，它用于显示与绘图任务相关的按钮和控件，存在于【草图与注释】、【三维基础】和【三维建模】空间中。【草图与注释】空间的【功能区】包含了【默认】、【插入】、【注释】、【参数化】、【视图】、【管理】、【输出】、【A 360】、【精选应用】、【Performance】等选项卡，如图 1-15 所示。每个选项卡包含有若干个面板，每个面板又包含许多由图标表示的命令按钮。系统默认显示的是【默认】选项卡。

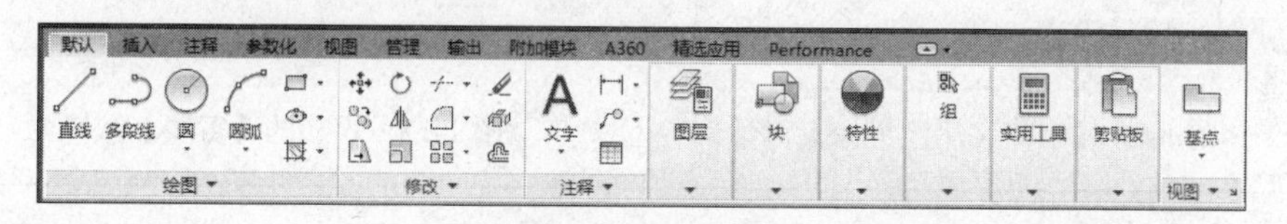

图 1-15　功能区

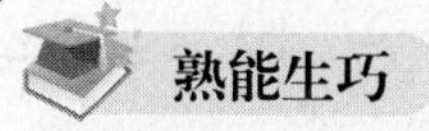
熟能生巧　　**在面板中添加命令按钮**

AutoCAD 程序的组面板并没有显示所有可用命令的按钮，这给习惯使用面板按钮的用户来说带来了不便，学会根据需要添加、删除和更改命令按钮，会大大提高我们的绘图效率。

下面以添加多线（MLine）命令按钮作讲解：

（1）单击功能区【管理】选项卡【自定义设置】组面板中【用户界面】按钮，系统弹出【自定义用户界面】对话框，如图 1-16 所示。

（2）在【所有文件中的自定义设置】选项框中选择【所有自定义文件】下拉选项，并展开【功能区】树列表，然后展开【面板】树列表，再展开【二维常用选项卡-绘图】树列表。

（3）在【命令列表】选项框中选择【绘图】下拉选项，在绘图命令列表中找到【多线】选项。

（4）点选【多线】选项并拖动至【二维常用选项卡-绘图】树列表下【面板对话框启动器】、【第 1 行】、【第 2 行】和【第 3 行】树列表中，拖动成功后单击对话框【确定】按钮。

（5）设置完成后在【默认】选项卡的【绘图】面板中可以直接点击【多线】命令进行调用，如图 1-17 所示。

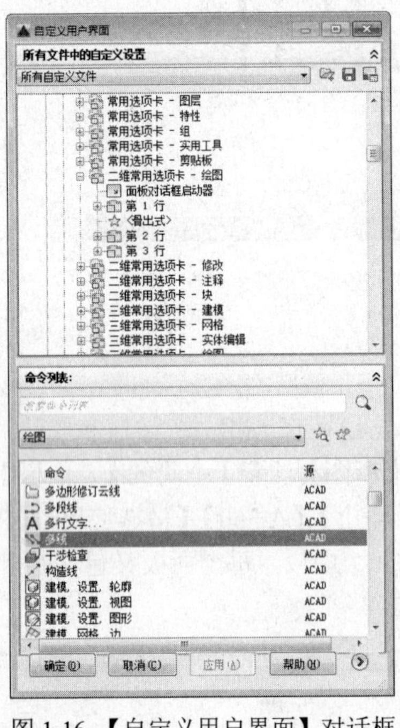

图 1-16 【自定义用户界面】对话框

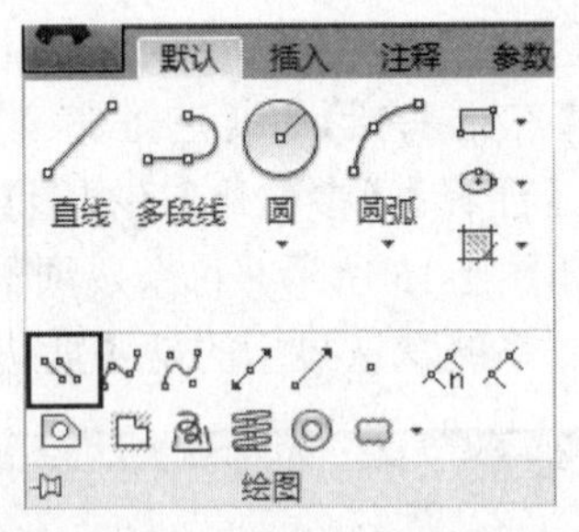

图 1-17 添加的【多线】按钮

1.2.6 标签栏

文件标签栏位于绘图窗口上方，每个打开的图形文件都会在标签栏显示一个标签，单击文件标签即可快速切换至相应的图形文件窗口，如图 1-18 所示。

AutoCAD 2016 的标签栏中【新建选项卡】图形文件选项卡重命名为【开始】，并在创建和打开其他图形时保持显示。单击标签上的 按钮，可以快速地【关闭】文件；单击标签栏右侧的 按钮，可以快速【新建】文件；右击标签栏空白处，会弹出快捷菜单（见图 1-19），利用该快捷菜单可以选择【新建】、【打开】、【全部保存】或【全部关闭】命令。

图 1-18 标签栏

新建...
打开...
全部保存
全部关闭

图 1-19 快捷菜单

此外，在光标经过图形文件选项卡时，将显示模型的预览图像和布局。如果光标经过某个预览图像，相应的模型或布局将临时显示在绘图区域中，并且可以在预览图像中访问【打印】和【发布】工具，如图 1-20 所示。

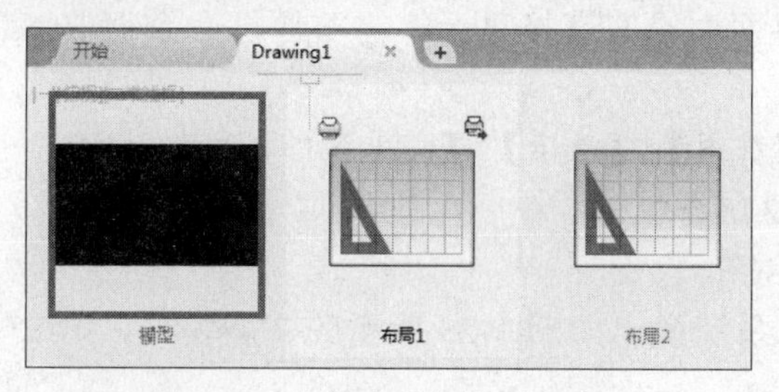

图 1-20　文件选项卡的预览功能

1.2.7　绘图区

【绘图窗口】又常被称为【绘图区域】，它是绘图的焦点区域，绘图的核心操作和图形显示都在该区域中。在绘图窗口中有 4 个工具需注意，分别是光标、坐标系图标、ViewCube 工具和视口控件，如图 1-21 所示。其中，视口控件显示在每个视口的左上角，提供更改视图、视觉样式和其他设置的便捷操作方式，视口控件的 3 个标签将显示当前视口的相关设置。注意当前文件选项卡决定了当前绘图窗口显示的内容。

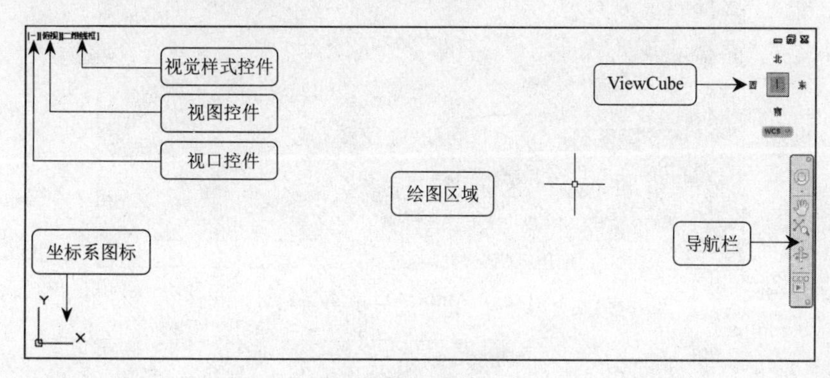

图 1-21　绘图区

1.2.8　命令行与文本窗口

命令行是输入命令名和显示命令提示的区域，默认的命令行窗口布置在绘图区下方，由若干文本行组成，如图 1-22 所示。命令窗口中间有一条水平分界线，它将命令窗口分成两个部分：命令行和命令历史窗口。位于水平线下方为【命令行】，它用于接收用户输入命令，并显示 AutoCAD 提示信息；位于水平线上方为【命令历史窗口】，它含有 AutoCAD 启动后所用过的全部命令及提示信息，该窗口有垂直滚动条，可以上下滚动查看以前用过的命令。

图 1-22　命令行

AutoCAD 文本窗口的作用和命令窗口的作用一样，它记录了对文档进行的所有操作。文本窗口在默认界面中没有直接显示，需要通过命令调取。调用文本窗口有以下几种方法。

➢ 菜单栏：选择【视图】|【显示】|【文本窗口】命令。

➢ 快捷键：Ctrl+F2 组合键。

➢ 命令行：TEXTSCR。

执行上述命令后，系统弹出如图 1-23 所示的文本窗口，记录了文档进行的所有编辑操作。

提示：将光标移至命令历史窗口的上边缘，按住鼠标左键向上拖动即可增加命令窗口的高度。在工作中通常除了可以调整命令行的大小与位置外，在其窗口内单击鼠标右键，选择【选项】命令，单击弹出的【选项】对话框中的【字体】按钮，还可以调整【命令行】内文字字体、字形和大小，如图 1-24 所示。

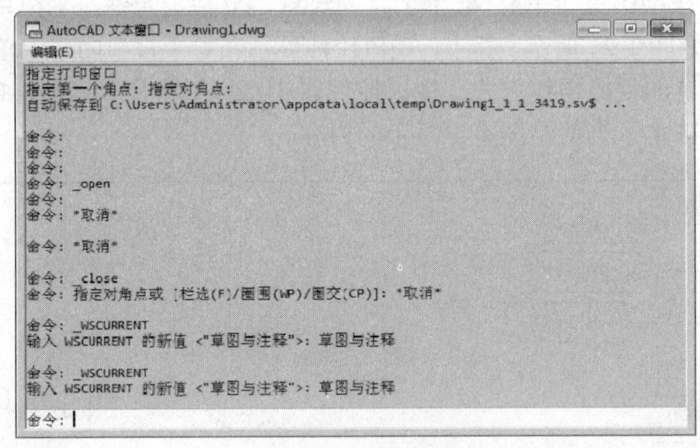

图 1-23　AutoCAD 文本窗口

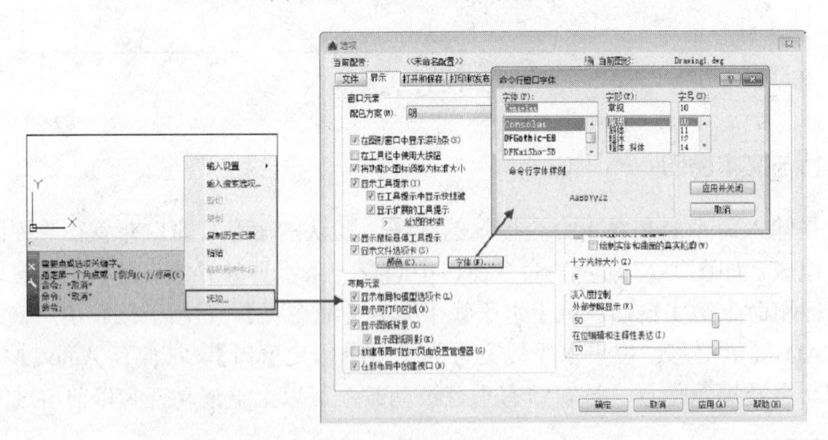

图 1-24　调整命令行字体

1.2.9　状态栏

状态栏位于屏幕的底部，用来显示 AutoCAD 当前的状态，如对象捕捉、极轴追踪等命令的工作状态。主要由 5 部分组成，如图 1-25 所示。同时 AutoCAD 2016 将之前的模型布局标签栏和状态栏合并在一起，并且取消显示当前光标位置。

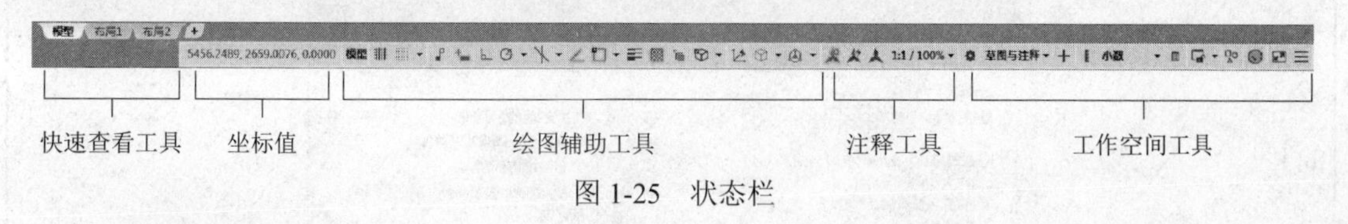

图1-25 状态栏

1. 快速查看工具

使用其中的工具可以快速地预览打开的图形，打开图形的模型空间与布局，以及在其中切换图形，使之以缩略图形式显示在应用程序窗口的底部。

2. 坐标值

坐标值一栏会以直角坐标系的形式（x，y，z）实时显示十字光标所处位置的坐标。在二维制图模式下，只会显示x、y轴坐标，只有在三维建模模式下才会显示第三个z轴的坐标。

3. 绘图辅助工具

主要用于控制绘图的性能，其中包括【推断约束】、【捕捉模式】、【栅格显示】、【正交模式】、【极轴追踪】、【对象捕捉】、【三维对象捕捉】、【对象捕捉追踪】、【允许/禁止动态UCS】、【动态输入】、【显示/隐藏线宽】、【显示/隐藏透明度】、【快捷特性】和【选择循环】等工具。

4. 注释工具

用于显示缩放注释的若干工具。对于不同的模型空间和图纸空间，将显示不同的工具。当图形状态栏打开后，将显示在绘图区域的底部；当图形状态栏关闭时，将移至应用程序状态栏。

5. 工作空间工具

用于切换AutoCAD 2016的工作空间，以及进行自定义设置工作空间等操作。

- 切换工作空间：切换绘图空间，可通过此按钮切换AutoCAD 2016的工作空间。
- 硬件加速：用于在绘制图形时通过硬件的支持提高绘图性能，如刷新频率。
- 隔离对象：当需要对大型图形的个别区域进行重点操作，并需要显示或临时隐藏和显示选定的对象。
- 全屏显示：AutoCAD 2016的全屏显示或者退出。
- 自定义：单击该按钮，可以对当前状态栏中的按钮进行添加或删除，方便管理。

初学解答　　模型和布局选项卡不见了

默认情况下，图形文档在状态栏左边会有【模型】选项卡和【布局】选项卡。【模型】选项卡提供了一个无限的绘图区域，用户可以绘制、查看和编辑模型对象；【布局】选项卡提供了一个图纸空间的区域，用户可以放置标题栏、创建布局视口、标注图形尺寸，也可以查看和编辑图纸空间对象。

布局空间是为模型空间服务的，当程序【模型】选项卡和【布局】选项卡不见了，影响之间的切换，这时可以打开【选项】对话框，切换到【显示】对话框，如图1-26所示。在【布局元素】选项组中勾选【显示布局和模型选项卡】复选框，再单击【确定】按钮即可。

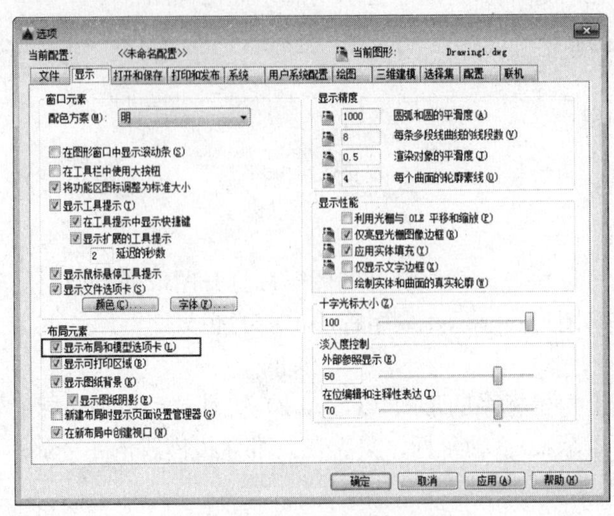

图 1-26 【选项】对话框

1.3 图形文件管理

图形文件管理是软件操作的基础，本节介绍 AutoCAD 2016 图形文件的管理方法，如文件的新建、打开及保存等操作。

1.3.1 新建文件

当启动 AutoCAD 2016 后，如果用户需要绘制一个新的图形，则需要使用【新建】命令。启动【新建】命令有以下几种方法。

- 应用程序：单击【应用程序】按钮，在弹出的快捷菜单中选择【新建】选项。
- 快速访问工具栏：单击【快速访问】工具栏中的【新建】按钮。
- 菜单栏：选择【文件】|【新建】命令。
- 标签栏：单击标签栏上的按钮。
- 快捷键：Ctrl+N 组合键。
- 命令行：NEW 或 QNEW。

1.3.2 案例——通过样板新建文件

（1）单击快速访问工具栏中的【新建】按钮，系统弹出图 1-27 所示的【选择样板】对话框。

（2）在对话框中选择图形样板文件，单击【打开】按钮即可新建图形文件，并进入绘图界面。

提示：在【选择样板】对话框中，“文件类型”下拉列表中有三种格式的图形样板，“*.dwt”文件为标准的样板文件，“*.dwg”是普通的图形文件，“*.dws”文件可以包含标准层、标注样式、线型和文字样式等内容。

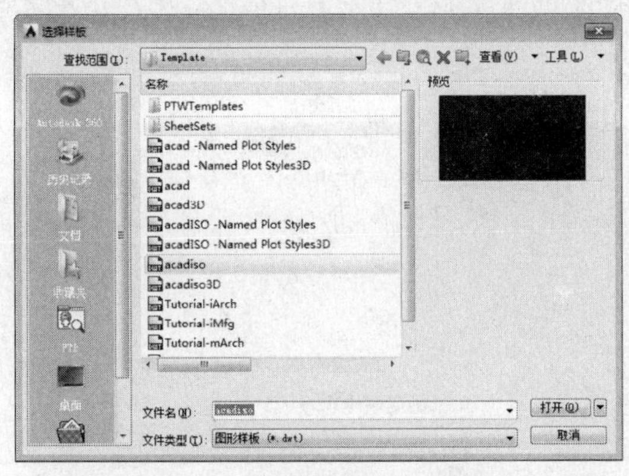

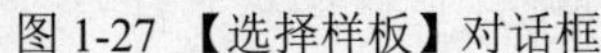
图 1-27 【选择样板】对话框

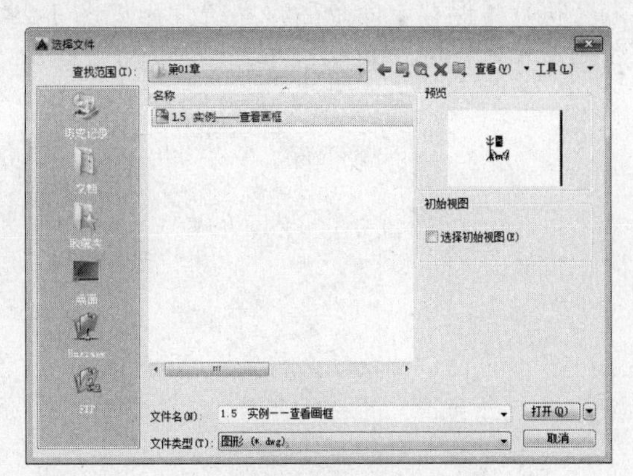

图 1-28 【选择文件】对话框

1.3.3 打开文件

在使用 AutoCAD 2016 进行图形编辑时，常需要对图形进行查看或编辑，这时就要打开相应的图形文件。启动【打开】命令有以下几种方法。

- ➢ 应用程序：单击【应用程序】按钮，在弹出的快捷菜单中选择【打开】选项。
- ➢ 快速访问工具栏：单击【快速访问】工具栏【打开】按钮。
- ➢ 菜单栏：执行【文件】|【打开】命令。
- ➢ 标签栏：在标签栏空白位置单击鼠标右键，在弹出的右键快捷菜单中选择【打开】选项。
- ➢ 快捷键：Ctrl+O 组合键。
- ➢ 命令行：OPEN 或 QOPEN。

执行上述命令后，系统弹出如图 1-28 所示的【选择文件】对话框，在“文件类型”下拉列表中，用户可自行选择所需的文件格式来打开相应的图形。

1.3.4 保存文件

保存文件不仅要将新绘制的或修改好的图形文件进行存盘，以便以后对图形进行查看、使用或修改、编辑等，还包括在绘制图形过程中随时对图形进行保存，以避免意外情况发生而导致文件丢失或不完整。

1. 保存新的图形文件

保存新文件就是对新绘制还没保存过的文件进行保存。启动【保存】命令有以下几种方法。

- ➢ 应用程序：单击【应用程序】按钮，在弹出的快捷菜单中选择【保存】选项。
- ➢ 快速访问工具栏：单击【快速访问】工具栏【保存】按钮。
- ➢ 菜单栏：选择【文件】|【保存】命令。
- ➢ 快捷键：按 Ctrl+ S 组合键。
- ➢ 命令行：SAVE 或 QSAVE。

执行【保存】命令后，系统弹出如图 1-29 所示的【图形另存为】对话框。用户指定文件名和保存路径即可将图形保存。

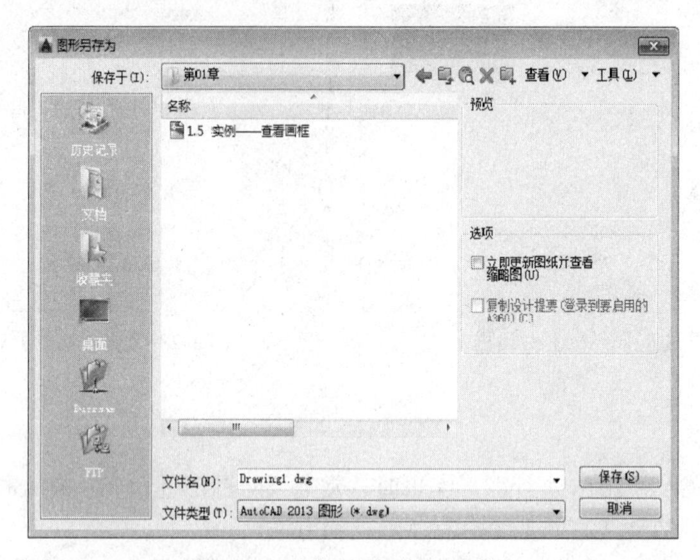

图 1-29 【图形另存为】对话框

2. 另存为其他文件

当用户在已存盘的图形基础上进行了其他修改工作，又不想覆盖原来的图形，可以使用【另存为】命令，将修改后的图形以不同图形文件进行存盘。启动【另存为】命令有以下几种方法。

- 应用程序：单击【应用程序】按钮，在弹出的快捷菜单中选择【另存为】选项。
- 快速访问工具栏：单击【快速访问】工具栏【另存为】按钮。
- 菜单栏：选择【文件】|【另存为】命令。
- 快捷键：Ctrl+Shift+S 组合键。
- 命令行：SAVEAS。

3. 定时保存图形文件

此外，还有一种比较好的保存文件的方法，即定时保存图形文件，可以免去随时手动保存的麻烦。设置定时保存后，系统会在一定的时间间隔内实行自动保存当前文件编辑的内容。

1.3.5 案例——定时保存图形文件

（1）在命令行中输入 OP【选项】命令并按 Enter 键，系统弹出【选项】对话框，如图 1-30 所示。

（2）单击【打开和保存】选项卡，在【文件安全措施】选项组中选中【自动保存】复选框，根据需要在下面的文本框中输入合适的间隔时间和保存方式，如图 1-31 所示。

（3）单击【确定】按钮关闭对话框，定时保存设置即可生效。

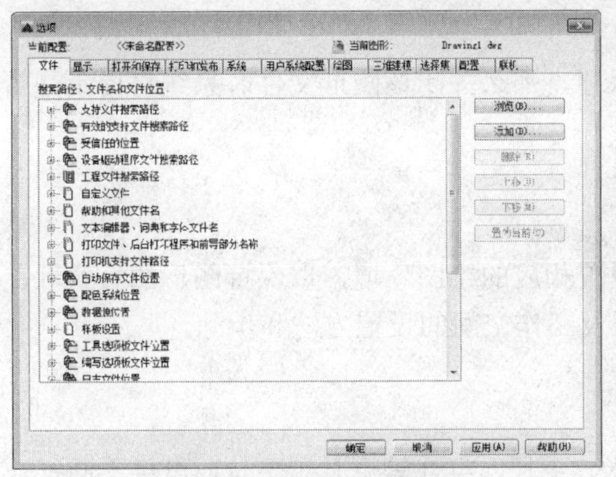

图 1-30 【选项】对话框

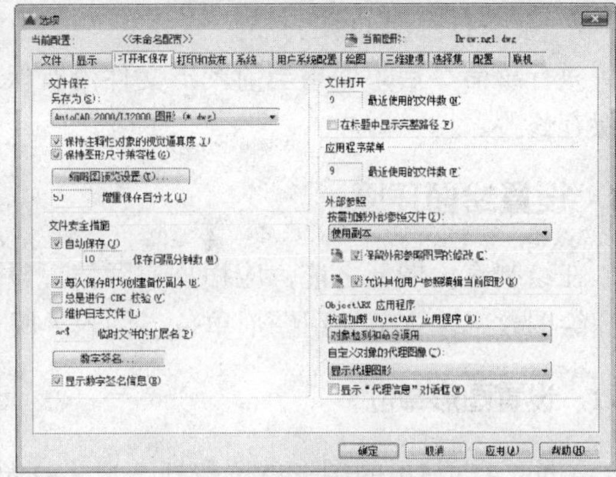

图 1-31　设置定时保存文件

初学解答　　打开、新建和保存等命令无法弹出对话框?

当 AutoCAD 软件发生错误强行关闭后重新启动 AutoCAD 程序时，出现【打开】、【新建】、【保存】和【另存为】、【输入】和【输出】命令等操作时无法弹出窗口。

这其实是 Filedia 系统变量发生了改变，单击【打开】按钮时，程序会弹出命令行窗口，并提示：输入要打开的图形文件名〈.〉，如图 1-32 所示。此时，需要输入文件的路径才能打开文件，一旦你的文件名路径输入有误，系统会弹出如图 1-33 所示的对话框，这样显得很麻烦。

解决这种现象的方法是：找到保存文件的文件夹，拖动文件至 AutoCAD 软件绘图区域。当鼠标指针出现时，松开鼠标按键。载入图形后在命令行输入 Filedia 回车，再输入 1 回车，此后调用打开等命令均会弹出对话框窗口。

图 1-32　命令行提示

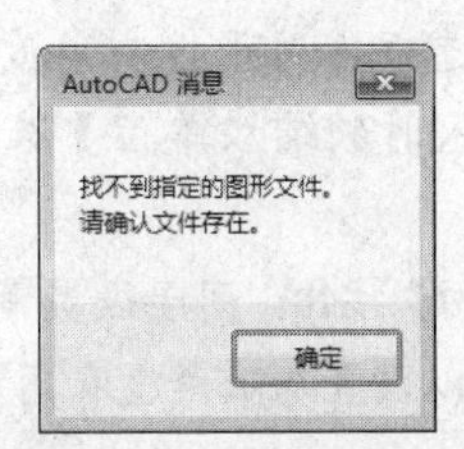

图 1-33 【AutoCAD 消息】对话框

1.3.6　关闭文件

为了避免同时打开过多的图形文件，需要关闭不再使用的文件，选择【关闭】命令有以下几种方法。

➢ 应用程序：单击【应用程序】按钮，在弹出的快捷菜单中选择【关闭】选项。

➢ 菜单栏：选择【文件】|【关闭】命令。

➢ 文件窗口：单击文件窗口上的【关闭】按钮。注意不是软件窗口的【关闭】按钮，否则会退出软件。

➢ 标签栏：单击文件标签栏上的【关闭】按钮。

➢ 快捷键：Ctrl+F4 组合键。

➢ 命令行：CLOSE。

执行该命令后，如果当前图形文件没有保存，那么关闭该图形文件时系统将提示是否需要保存修改。

1.4 设置绘图环境

在绘制室内图纸之前，应根据实际情况设置相应的绘图环境，以保持图形的一致性，并提高绘图效率。本节介绍图形单位、图形界限及工作空间的设置方法和步骤。

1.4.1 设置图形单位

AutoCAD 使用的图形单位包括毫米、厘米、英尺、英寸等十几种单位，可供不同行业的绘图需要。在绘制图形前，一般需要先设置绘图单位，比如绘图比例设置为 1:1，则所有图形的尺寸都会按照实际绘制尺寸来标出。设置绘图单位，主要包括长度和角度的类型、精度和起始方向等内容。

在 AutoCAD 中，启动【设置图形单位】命令有以下几种方法。

➢ 菜单栏：选择【格式】|【单位】命令。

➢ 命令行：UNITS 或 UN。

执行以上任意一种操作后，系统将弹出如图 1-34 所示的【图形单位】对话框。该对话框中各选项的含义如下。

➢ 【长度】选项区域：用于设置长度单位的类型和精确度。在【类型】下拉列表中，可以选择当前测量单位的格式；在【精度】下拉列表，可以选择当前长度单位的精确度。

➢ 【角度】选项区域：用于控制角度单位的类型和精确度。在【类型】下拉列表中，可以选择当前角度单位的格式类型；在【精度】下拉列表中，可以选择当前角度单位的精确度；【顺时针】复选框，用于控制角度增度量的正负方向。

➢ 【插入时的缩放单位】选项区域：用于选择插入图块时的单位，也是当前绘图环境的尺寸单位。

➢ 【方向】按钮：用于设置角度方向。单击该按钮将弹出如图 1-35 所示的【方向控制】对话框，在其中可以设置基准角度和角度方向。当选择【其他】选项后，下方的【角度】按钮才可用。

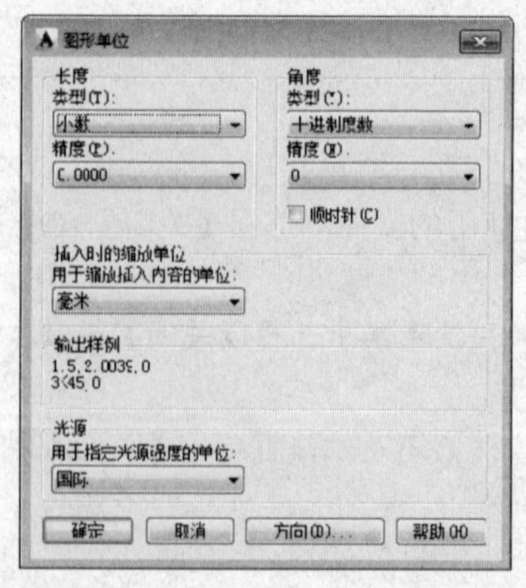

图 1-34 【图形单位】对话框

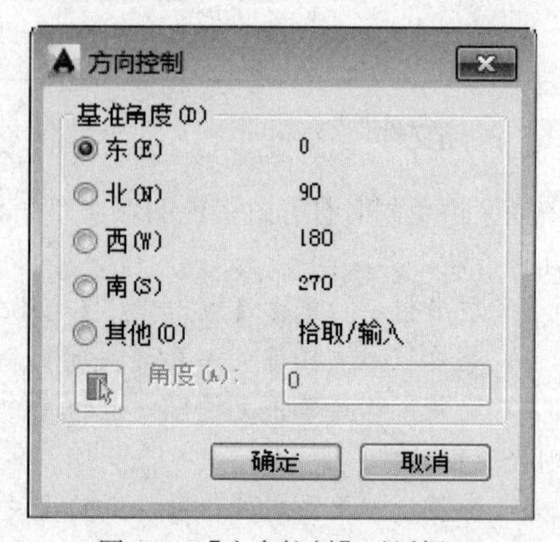

图 1-35 【方向控制】对话框

1.4.2　设置图形界限

AutoCAD 的绘图区域是无限大的，用户可以绘制任意大小的图形，但由于现实中使用的图纸均有特定的尺寸，为了使绘制的图形符合纸张大小，需要设置一定的图形界限。执行【设置绘图界限】命令有以下几种方法。

- 菜单栏：选择【格式】|【图形界限】命令。
- 命令行：LIMITS。

执行上述任一命令后，在命令行输入图形界限的两个角点坐标，即可定义图形界限。

1.4.3　案例——设置 A4（297mm×210mm）界限

（1）单击快速访问工具栏中的【新建】按钮，新建文件。

（2）选择【格式】|【图形界限】命令，设置图形界限，命令行提示如下。

```
命令：_limits                                        //调用【图形界限】命令
重新设置模型空间界限：
指定左下角点或 [开(ON)/关(OFF)] <0.0,0.0>: 0,0↙      //指定坐标原点为图形界限左下角点
指定右上角点<297.0,210.0>: 297,210↙                  //指定右上角点
```

（3）右击状态栏上的【栅格】按钮，在弹出的快捷菜单中选择【网格设置】命令，或在命令行输入 SE 并按 Enter 键，系统弹出【草图设置】对话框，在【捕捉和栅格】选项卡中，取消选中【显示超出界限的栅格】复选框，如图 1-36 所示。

（4）单击【确定】按钮，设置的图形界限以栅格的范围显示，如图 1-37 所示。

提示：在设置图形界限前，需要激活状态栏中的【栅格】按钮，只有启用该功能才能看到图形界限的效果。栅格所显示的区域即是设置的图形界限区域。

1.4.4　设置工作空间

AutoCAD 2016 提供了【草图与注释】、【三维基础】和【三维建模】共 3 种工作空模式。用户可以根据自己的需要来切换相应的工作空间。

AutoCAD 2016 工作空间的切换有以下几种方法。

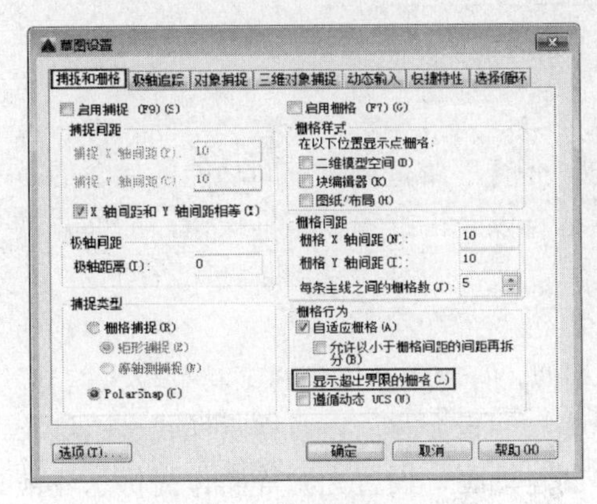

图 1-36　【草图设置】对话框

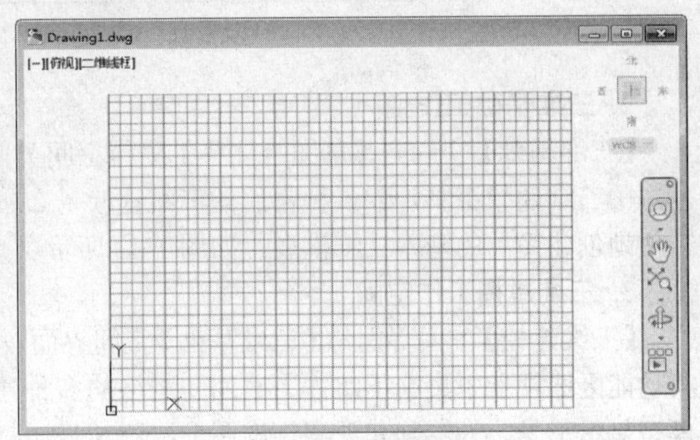

图 1-37　显示图形界限

➢ 快速访问工具栏：单击快速访问工具栏中的【切换工作空间】下拉按钮 草图与注释，在弹出的下拉列表中选择工作空间，如图 1-38 所示。

➢ 菜单栏：选择【工具】|【工作空间】命令，在子菜单中进行选择，如图 1-39 所示。

➢ 状态栏：单击状态栏右侧的【切换工作空间】按钮，在弹出的下拉菜单中进行选择，如图 1-40 所示。

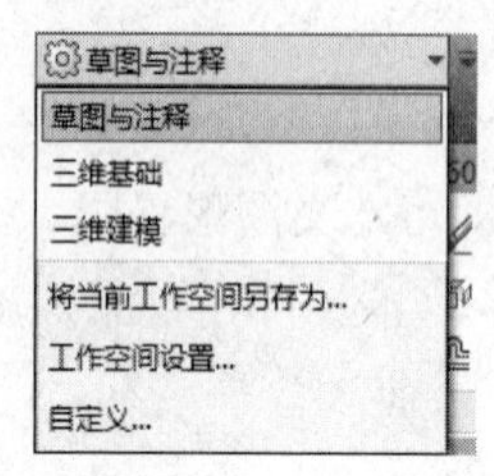

图 1-38 下拉列表切换方式

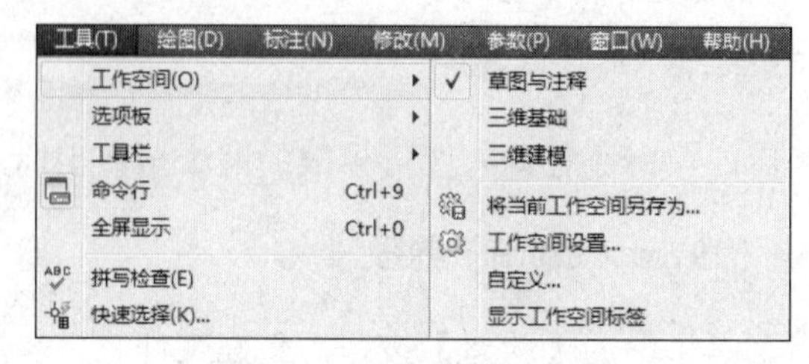

图 1-39 菜单栏切换方式

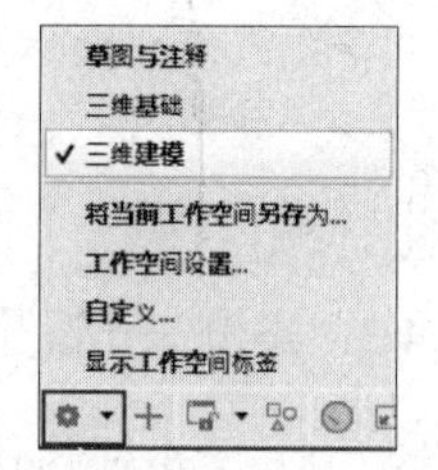

图 1-40 状态栏切换方式

1. 草图与注释工作空间

AutoCAD 2016 默认的工作空间为【草图与注释】空间。其界面主要由【应用程序菜单】按钮、快速访问工具栏、功能区选项卡、绘图区、命令行窗口和状态栏等元素组成。【草图与注释】工作空间的功能区，包含的是最常用的二维图形绘制、编辑和标注命令，因此非常适合绘制和编辑二维图形时使用，如图 1-41 所示。

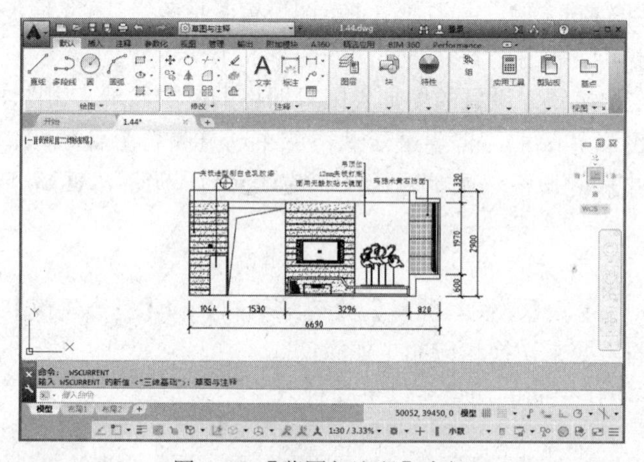
图 1-41 【草图与注释】空间

2. 三维基础工作空间

【三维基础】空间与【草图与注释】工作空间类似，但【三维基础】空间功能区包含的是基本的三维建模工具，如各种常用的三维建模、布尔运算以及三维编辑工具按钮，能够非常方便地创建简单的基本三维模型，如图 1-42 所示。

3. 三维建模工作空间

【三维建模】空间界面与【三维基础】空间界面较相似，但功能区包含的工具有较大差异。其功能区选项卡中集中了实体、曲面和网格的多种建模和编辑命令，以及视觉样式、渲染等模型显示工具，为绘制和观察三维图形、附加材质、创建动画、设置光源等操作提供了非常便利的环境，如图 1-43 所示。

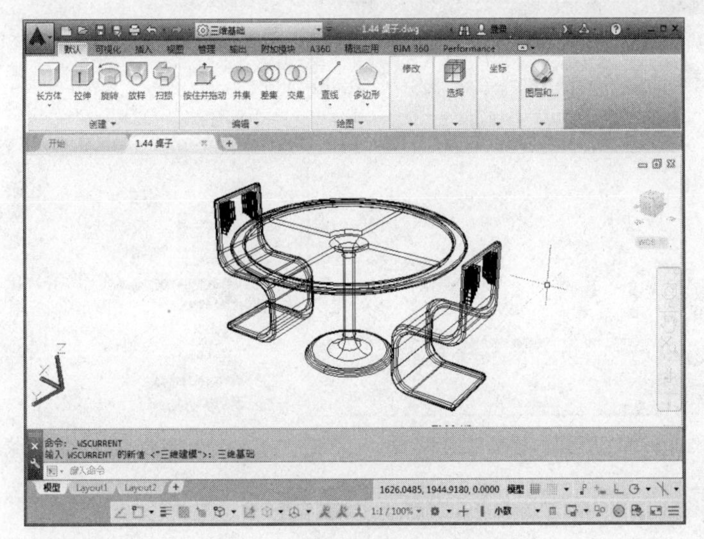

图 1-42 【三维基础】空间

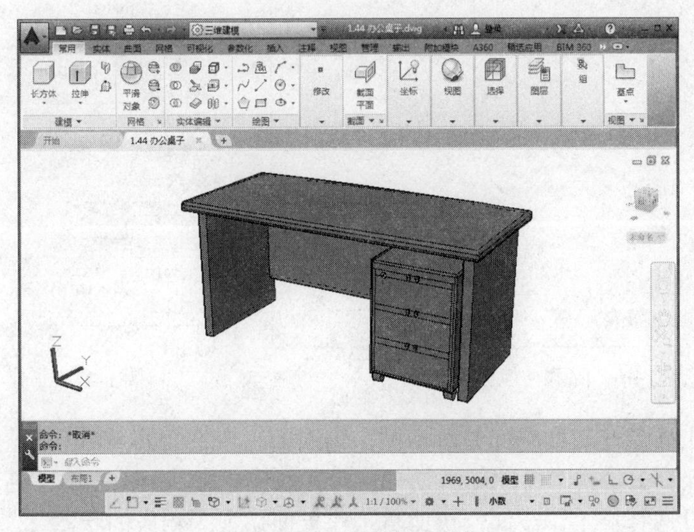

图 1-43 【三维建模】空间

1.4.5 案例——自定义工作空间

除以上提到的三个基本工作空间外，根据绘图的需要，用户还可以自定义自己的个性空间，并保存在工作空间列表中，以备工作时随时调用。

（1）双击桌面上的快捷图标，启动 AutoCAD 2016 软件，如图 1-44 所示。

（2）单击【快速访问】工具栏中的下拉按钮，在展开的下拉列表中选择【显示菜单栏】选项，显示菜单栏，选择【工具】|【选项板】|【功能区】命令，如图 1-45 所示。

（3）在【草图与注释】工作空间中隐藏功能区，如图 1-46 所示。

（4）选择【快速访问】工具栏工作空间类表框中的【将当前空间另存为】选项，如图 1-47 所示。

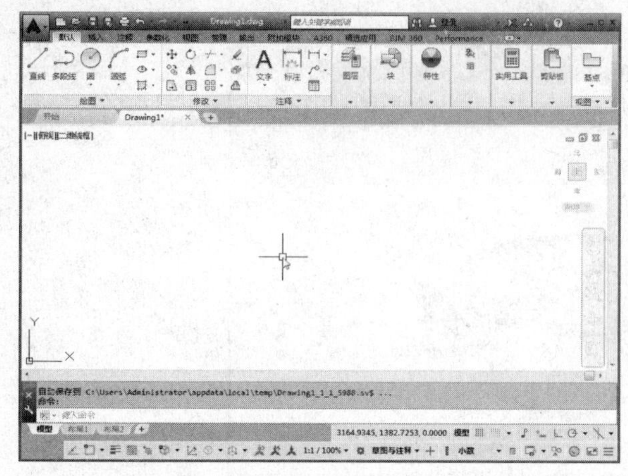

图 1-44　AutoCAD 草图与注释工作空间

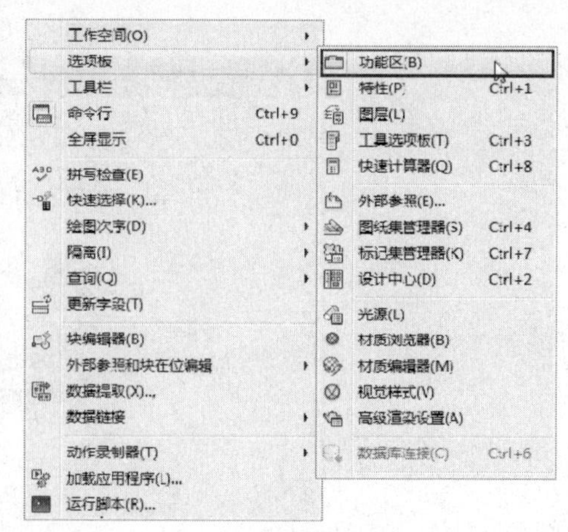

图 1-45　选择菜单命令

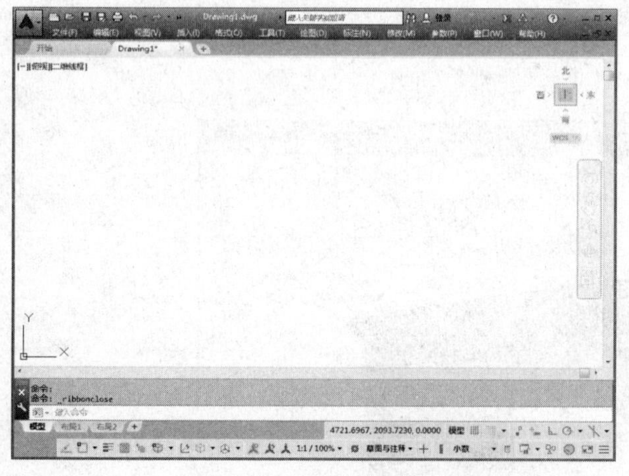

图 1-46　隐藏功能区

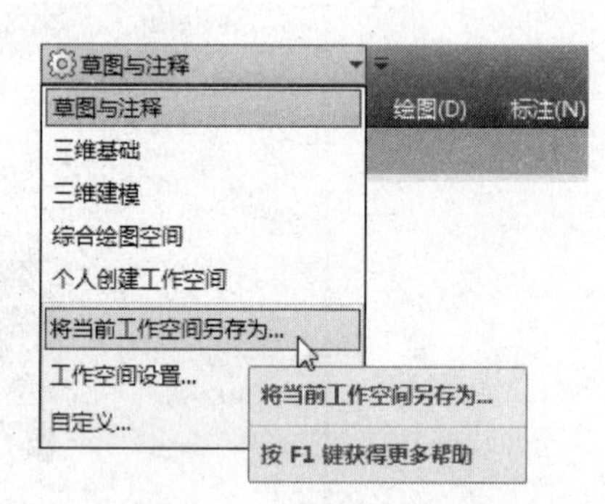

图 1-47　工作空间列表框

（5）系统弹出【保存工作空间】对话框，输入新工作空间的名称，如图 1-48 所示。

（6）单击【保存】按钮，自定义的工作空间即创建完成，如图 1-49 所示。在以后的工作中，可以随时通过选择该工作空间，快速将工作界面切换为相应的状态。

技巧：不需要的工作空间，可以将其在工作空间列表中删除。选择工作空间列表框中的【自定义】选项，打开【自定义用户界面】对话框，在需要删除的工作空间名称上单击鼠标右键，即可删除不需要的工作空间，如图 1-50 所示。

图 1-48 【保存工作空间】对话框

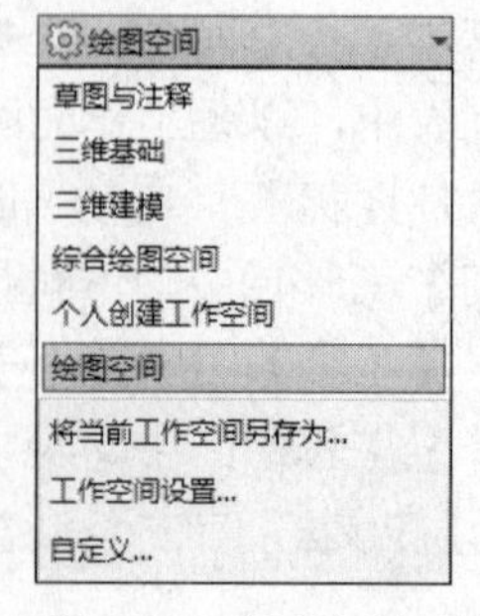

图 1-49　新空间选项

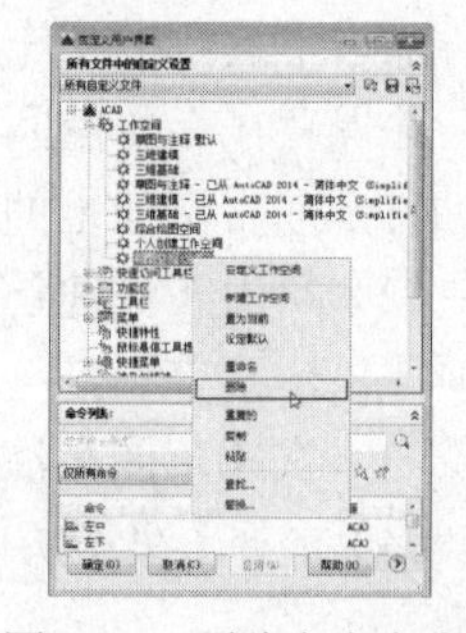

图 1-50　删除自定义空间

1.5　AutoCAD 2016 执行命令的方式

掌握 AutoCAD 2016 命令的调用方法，是使用 AutoCAD 2016 软件制图的基础，也是深入学习 AutoCAD 功能的重要前提。

1.5.1　命令调用的 5 种方式

1. 使用菜单栏调用

菜单栏调用是 AutoCAD 2016 提供的功能最全、最强大的命令调用方法。AutoCAD 绝大多数常用命令都分门别类地放置在菜单栏中。例如，若需要在菜单栏中调用【多段线】命令，选择【绘图】|【多段线】菜单命令即可，如图 1-51 所示。

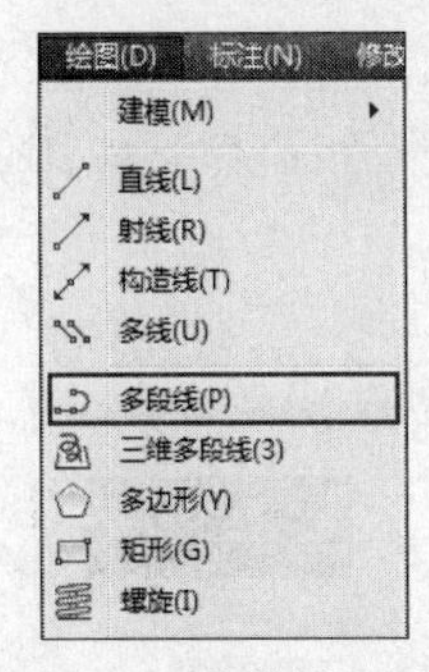

图 1-51　菜单栏调用【多段线】命令

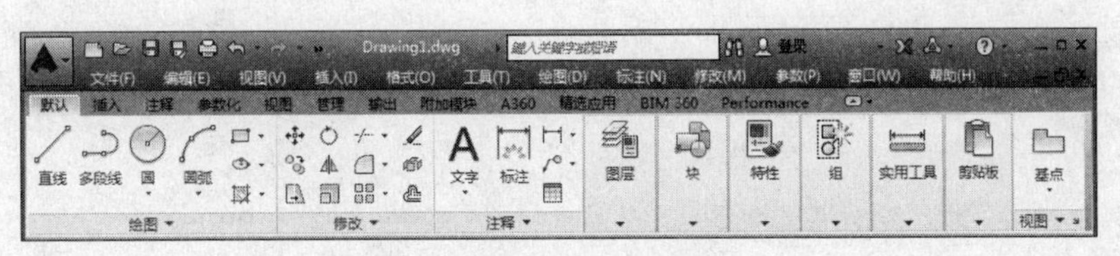

图 1-52　功能区面板

2. 使用功能区调用

三个工作空间都是以功能区作为调用命令的主要方式。相比其他调用命令的方法，功能区调用命令更为直观，非常适合不能熟记绘图命令的 AutoCAD 初学者。

功能区使绘图界面无需显示多个工具栏，系统会自动显示与当前绘图操作相应的面板，从而使应用程序窗口更加整洁。因此，可以将进行操作的区域最大化，使用单个界面来加快和简化工作，如图 1-52 所示。

3. 使用工具栏调用

与菜单栏一样，工具栏不显示于三个工作空间中，需要通过【工具】|【工具栏】|【AutoCAD】命令调出。单击工具栏中的按钮，即可执行相应的命令。用户可以在其他工作空间绘图，也可以根据实际需要调出工具栏，如 UCS、【三维导航】、【建模】、【视图】、【视口】等。

4. 使用命令行调用

使用命令行输入命令是 AutoCAD 的一大特色功能，同时也是最快捷的绘图方式。这就要求用户熟记各种绘图命令，一般对 AutoCAD 比较熟悉的用户都用此方式绘制图形，因为这样可以大大提高绘图的速度和效率。

AutoCAD 绝大多数命令都有其相应的简写方式。如【直线】命令 LINE 的简写方式是 L，【矩形】命令 RECTANGLE 的简写方式是 REC，如图 1-53 所示。对于常用的命令，用简写方式输入将大大减少键盘输入的工作量，提高工作效率。另外，AutoCAD 对命令或参数输入不区分大小写，因此操作者不必考虑输入的大小写。

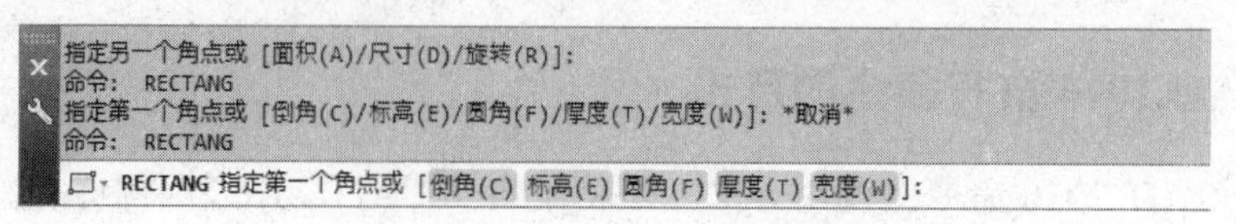

图 1-53　命令行调用【矩形】命令

在命令行输入命令后，可以使用以下方法响应其他任何提示和选项。

➢ 要接受显示在尖括号“[ ]”中的默认选项，则按 Enter 键。

➢ 要响应提示，则输入值或单击图形中的某个位置。

➢ 要指定提示选项，可以在提示列表（命令行）中输入所需提示选项对应的亮显字母，然后按 Enter 键。也可以使用鼠标单击选择所需要的选项，在命令行中单击选择“倒角（C）”选项，等同于在此命令行提示下输入“C”并按 Enter 键。

5. 使用快捷菜单调用

使用快捷菜单调用命令，即单击鼠标右键，在弹出的菜单中选择命令，如图 1-54 所示。

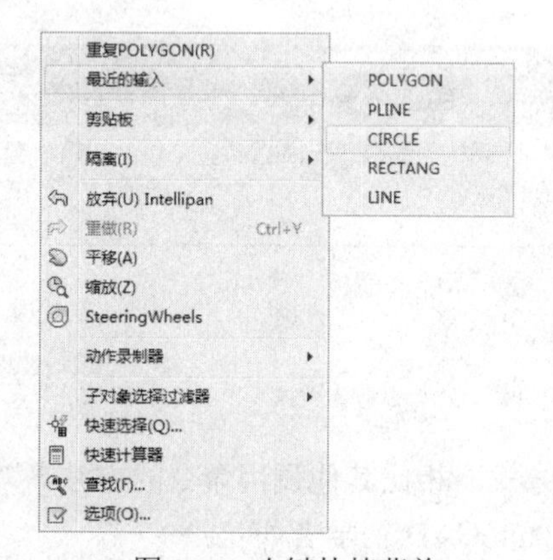

图 1-54　右键快捷菜单

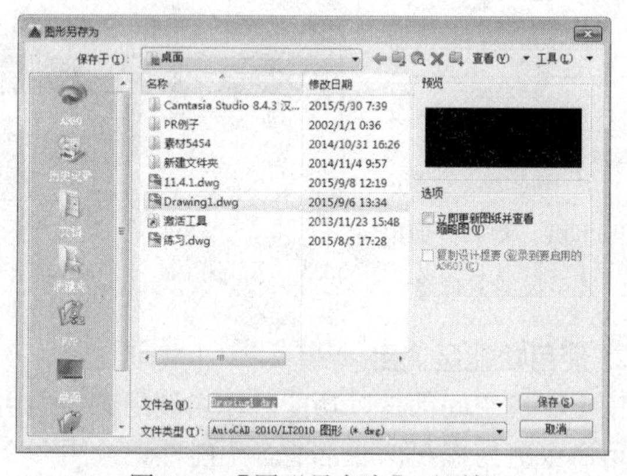

图 1-55　【图形另存为】对话框

初学解答　　**执行命令时对话框变为命令提示行怎么办?**

某些命令在命令行和对话框中都能使用。系统默认情况下，可在命令前键入连字符(-)来限制显示对话框，而代之以命令行提示。例如，在命令行输入 layer 将显示图层特性管理器。在命令行键入-layer 则显示等价的命令行选项。禁止显示此对话框对于兼容基于 AutoCAD 的应用程序的早期版本以及使用脚本文件很有用。对话框和命令行中的选项可能略有不同。

以下这些系统变量也影响对话框的显示:

ATTDIA 控制 INSERT 命令是否使用对话框来输入属性值。

CMDNAMES 显示当前使用的命令和透明命令的英文名称。

EXPERT 控制是否显示某些警告对话框。

HPDLGMODE 控制“图案填充和渐变色”对话框和“图案填充编辑”对话框的显示。

FILEDIA 控制与读写文件命令一起使用的对话框的显示。

以【另存为】命令为例，在命令行输入 FILEDIA 命令，设置新值为 1，执行 SAVEAS 命令将显示【图形另存为】对话框。如图 1-55 所示。

如果 FILEDIA 设定为 0，执行 SAVEAS 命令将显示命令行提示，如图 1-56 所示。

```
命令:
SAVEAS
当前文件格式: AutoCAD 2010(LT 2010) 图形
SAVEAS 输入文件格式 [R14(LT98&LT97) 2000(LT2000) 2004(LT2004) 2007(LT2007) 2010(LT2010) 2013(LT2013) 标准(S) dxf(DXF) 样板(T)] <R2010>:
```

图 1-56 【图形另存为】命令行

1.5.2　案例——使用功能区调用命令的方法绘制矩形

（1）开启 AutoCAD 2016，单击【快速访问】工具栏中的【新建】按钮，新建空白文件。

（2）单击【绘图】面板中的【矩形】按钮，绘制尺寸为 300㎜×150㎜的矩形，命令行具体操作如下。

```
命令: _rectang                                             //调用【矩形】命令
指定第一个角点或 [倒角(C)/标高(E)/圆角(F)/厚度(T)/宽度(W)]:    //在绘图区任意拾取一点
指定另一个角点或 [面积(A)/尺寸(D)/旋转(R)]: D↙              //输入D选项
指定矩形的长度 <10.0000>: 300↙                              //指定矩形长度
指定矩形的宽度 <10.0000>: 150↙                              //指定矩形宽度
指定另一个角点或 [面积(A)/尺寸(D)/旋转(R)]:                  //指定矩形另一个角点位置，结束命令
```

1.5.3　命令的重复、撤销与重做

1. 重复执行命令

在绘图过程中，有时需要重复执行同一个命令，如果每次都重复输入，会使绘图效率大大降低。执行【重复执行】命令有以下几种方法。

➢ 快捷键：按 Enter 键或空格键。

➢ 快捷菜单：单击鼠标右键，系统弹出的快捷菜单中选择【最近的输入】子菜单选择需要重复的命令。

➢ 命令行：MULTIPLE 或 MUL。

2. 放弃命令

在绘图过程中，如果执行了错误的操作，此时就需要放弃操作。执行【放弃】命令有以下几种方法。

➢ 工具栏：单击【快速访问】工具栏中的【放弃】按钮。

➢ 命令行：UNDO 或 U。

➢ 快捷键：Ctrl+Z 组合键。

3. 重做命令

通过重做命令，可以恢复前一次或者前几次已经放弃执行的操作，重做命令与撤销命令是一对相对的命令。执行【重做】命令有以下几种方法。

➢ 工具栏：单击【快速访问】工具栏中的【重做】按钮。

➢ 命令行：REDO。

➢ 快捷键：Ctrl+Y 组合键。

初学解答 **如何一次性撤销多个操作？**

如果要一次性撤销之前的多个操作，可以单击【放弃】按钮后的展开按钮，展开操作的历史记录如图 1-57 所示。该记录按照操作的先后，由下往上排列，移动指针选择要撤销的最近几个操作，如图 1-58 所示，单击即可撤销这些操作。

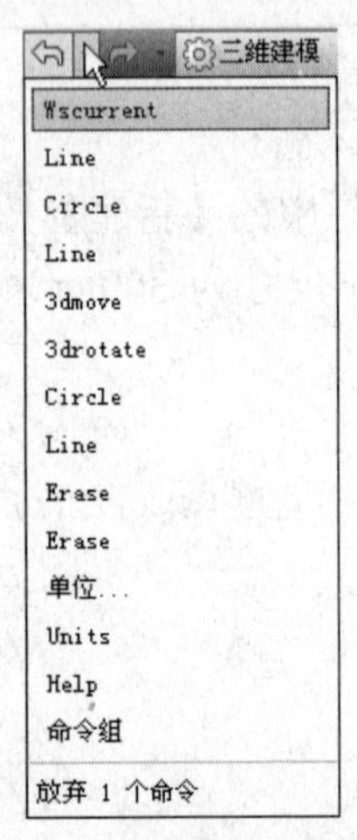

图 1-57 命令操作历史记录

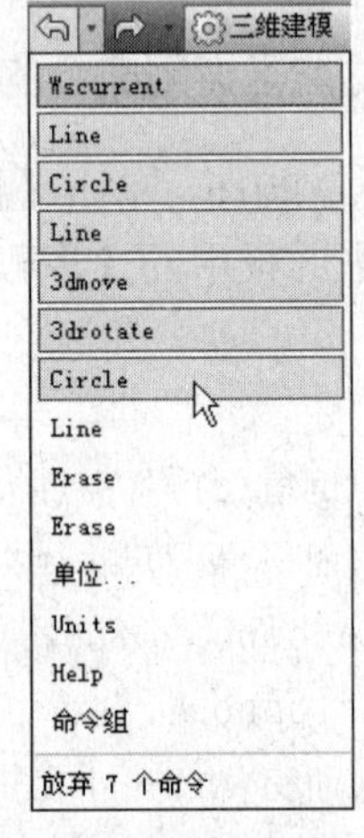

图 1-58 选择要撤销的最近几个命令

1.6 AutoCAD 视图的控制

在绘图过程中，为了更好地观察和绘制图形，通常需要对视图进行平移、缩放、重生成等操作。本节将详细介绍 AutoCAD 视图的控制方法。

1.6.1 视图缩放

视图缩放命令可以调整当前视图大小，既能观察较大的图形范围，又能观察图形的细部而不改变图形的实际大小。执行【视图缩放】命令有以下几种方法。

➢ 功能区：在【视图】选项卡中，单击【导航】面板选择视图缩放工具，如图 1-59 所示。

➢ 菜单栏：选择【视图】|【缩放】命令。

➢ 命令行：ZOOM 或 Z。

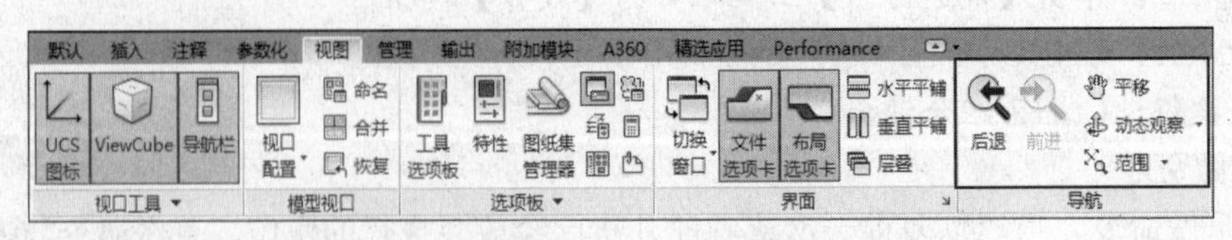

图 1-59 【视图】选项卡中的【导航】面板

执行缩放命令后，命令行提示如下。

```
命令： Z↙        ZOOM                                    //调用【缩放】命令
指定窗口的角点，输入比例因子 (nX 或 nXP)，或者
[全部(A)/中心(C)/动态(D)/范围(E)/上一个(P)/比例(S)/窗口(W)/对象(O)] <实时>:
```

命令行中各个选项的含义如下。

1. 全部缩放

全部缩放用于在当前视口中显示整个模型空间界限范围内的所有图形对象，包含坐标系原点。

2. 中心缩放

中心缩放以指定点为中心点，整个图形按照指定的缩放比例缩放，缩放点成为新视图的中心点。使用中心缩放命令行提示如下：

```
指定中心点：                                 //指定一点作为新视图的显示中心点
输入比例或高度<当前值>:                       //输入比例或高度
```

【当前值】为当前视图的纵向高度。若输入的高度值比当前值小，则视图将放大；若输入的高度值比当前值大，则视图将缩小。其缩放系数等于“当前窗口高度/输入高度”的比值。

3. 动态缩放

动态缩放用于对图形进行动态缩放。选择该选项后，绘图区将显示几个不同颜色的方框，拖动鼠标移动方框到要缩放的位置，单击鼠标左键调整大小，最后按 Enter 键即可将方框内的图形最大化显示。

4. 范围缩放

范围缩放使所有图形对象最大化显示，充满整个视口。视图包含已关闭图层上的对象，但不包含冻结图层上的对象。范围缩放仅与图形有关，会使得图形充满整个视口，而不会像全部缩放一样将坐标原点同样计算在内，因此是使用最为频繁的缩放命令。

5. 缩放上一个

恢复到前一个视图显示的图形状态。

6. 比例缩放

比例缩放按输入的比例值进行缩放。有 3 种输入方法：直接输入数值，表示相对于图形界限进行缩放；在数值后加 X，表示相对于当前视图进行缩放；在数值后加 XP，表示相对于图纸空间单位进行缩放。如图 1-60 所示为将当前视图缩放 2 倍的效果。

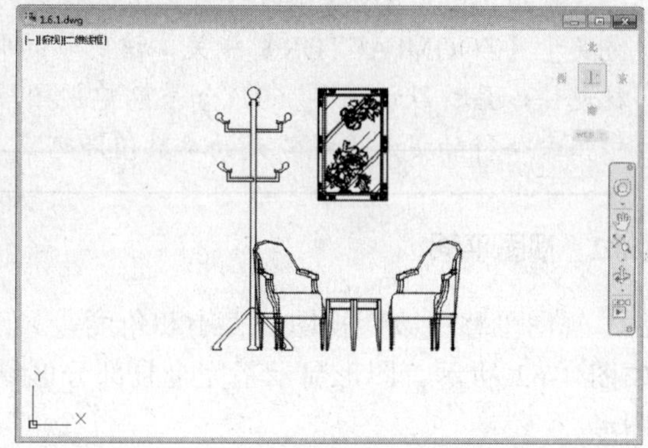

图 1-60　比例缩放效果

7. 窗口缩放

窗口缩放可以将矩形窗口内选择的图形充满当前视窗。

执行完操作后，用光标确定窗口对角点，这两个角点确定了一个矩形框窗口，系统将矩形框窗口内的图形放大至整个屏幕，如图 1-61 所示。

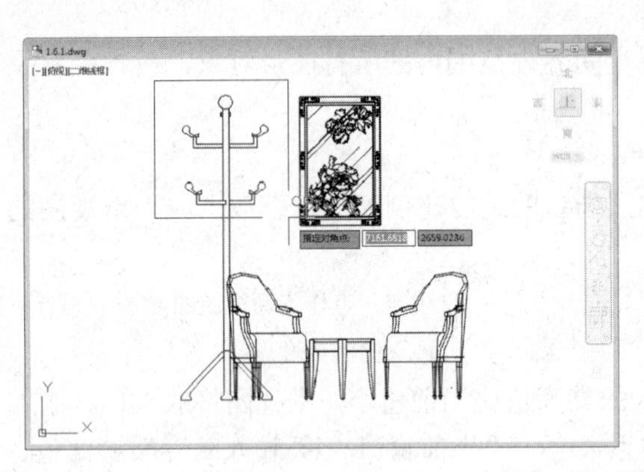

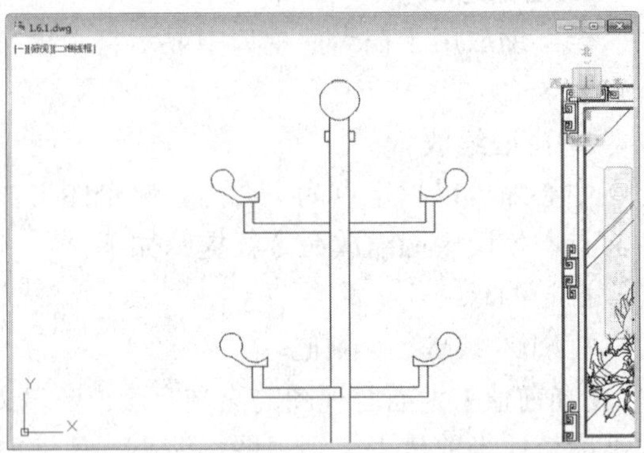

图 1-61　窗口缩放效果

8. 缩放对象

该缩放将选择的图形对象最大限度地显示在屏幕上。

9. 实时缩放

实时缩放为默认选项。执行缩放命令后直接按 Enter 键即可使用该选项。在屏幕上会出现一个形状的光标，按住鼠标左键不放而向上或向下移动，即可实现图形的放大或缩小。

10. 放大

单击该按钮一次，视图中的实体显示比当前视图大 1 倍。

11. 缩小

单击该按钮一次，视图中的实体显示是当前视图的 50%。

初学解答　　**感觉视图缩放变慢了?**

使用 AutoCAD 绘图时经常会用鼠标滚轮对图形进行实时缩放，缩放的速度快慢与系统变量【ZOOMFACTOR】相关，该变量的取值在 3～100 之间，值越大，缩放图形速度就越快，系统默认值是 60。如果感觉视图缩放变慢了，输入【ZOOMFACTOR】命令，根据命令行的提示设置较大的参数值即可。

1.6.2　视图平移

视图平移不改变视图的大小和角度，只改变其位置，以便观察图形其他的组成部分，如图 1-62 所示。图形显示不完全且部分区域不可见时，即可使用视图平移，很好地观察图形。

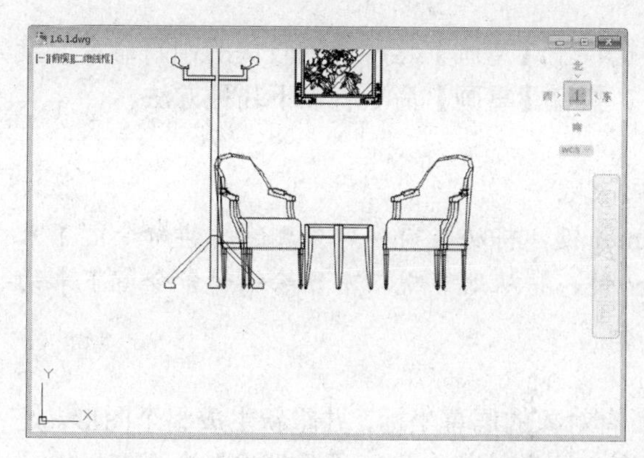
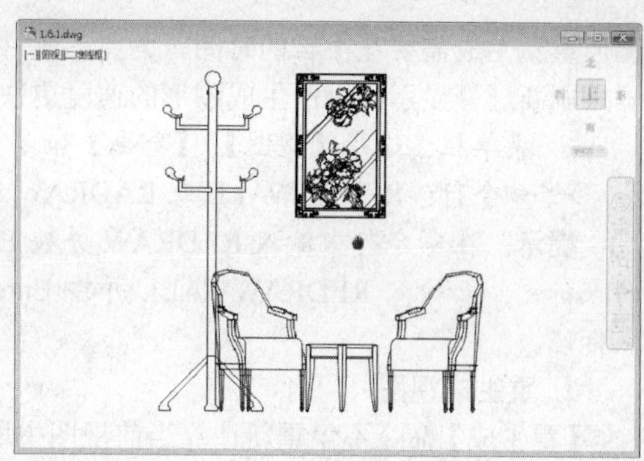

图 1-62　视图平移效果

执行【平移】命令有以下几种方法。

- 功能区：单击【视图】选项卡中【导航】面板的【平移】按钮。
- 菜单栏：选择【视图】|【平移】命令。
- 工具栏：单击【标准】工具栏上的【实时平移】按钮。
- 命令行：PAN 或 P。

视图平移可以分为【实时平移】和【定点平移】两种，其含义如下。

- 实时平移：光标形状变为手形，按住鼠标左键拖拽可以使图形的显示位置随鼠标向同一方向移动。
- 定点平移：通过指定平移起始点和目标点的方式进行平移。

在【平移】子菜单中，【左】、【右】、【上】、【下】分别表示将视图向左、右、上、下四个方向移动。必须注意的是，该命令并不是真地移动图形对象，也不是真正改变图形，而是通过位移图形进行平移。

初学解答　　**使用鼠标中键无法平移？**

这是由于系统变量【MBUTTONPAN】不是初始值，它控制定点设备上的第三个按钮或滚轮的行为。当系统变量值为 0 时，支持自定义文件中定义的操作；当系统变量值为 1 时，支持平移操作。因此，当鼠标中键不能使用平移功能时，在命令行中输入【MBUTTONPAN】回车，再输入 1，然后回车即可。

1.6.3　重画与重生成视图

在 AutoCAD 中，某些操作完成后，其效果往往不会立即显示出来，或者在屏幕上留下绘图的痕迹与标记。因此，需要通过刷新视图重新生成当前图形，以观察到最新的编辑效果。

视图刷新的命令主要有两个：【重画】命令和【重生成】命令。这两个命令都是自动完成的，不需要输入任何参数，也没有可选选项。

1. 重画视图

AutoCAD 常用数据库以浮点数据的形式储存图形对象的信息，浮点格式精度高，但计算时间长。AutoCAD 重生成对象时，需要把浮点数值转换为适当的屏幕坐标。因此，对于复杂图形重新生成需要花很长的时间。为此，软件提供了【重画】这种速度较快的刷新命令。重画只刷新屏幕显示，因而生成图形的速度更快。执行【重画】命令有以下几种方法。

➢ 菜单栏：选择【视图】|【重画】命令。
➢ 命令行：REDRAWALL 或 RADRAW 或 RA。

提示：在命令行中输入 REDRAW 并按 Enter 键，将从当前视口中删除编辑命令留下来的点标记；而输入 REDRAWWALL 并按 Enter 键，将从所有视口中删除编辑命令留下来的点标记。

2. 重生成视图

【重生成】命令不仅重新计算当前视图中所有对象的屏幕坐标，并重新生成整个图形，还重新建立图形数据库索引，从而优化显示和对象选择的性能。执行【重生成】命令有以下几种方法。

➢ 菜单栏：选择【视图】|【重生成】命令。
➢ 命令行：REGEN 或 RE。

【重生成】命令仅对当前视图范围内的图形执行重生成，如果要对整个图形执行重生成，可选择【视图】|【全部重生成】命令。重生成的效果如图 1-63 所示。

(a) (b)

图 1-63　重生成前后的效果

（a）重生成前；（b）重生成后

1.7 图层管理

图层是 AutoCAD 提供给用户组织图形的强有力工具。AutoCAD 的图形对象必须绘制在某个图层上，它可能是默认的图层，也可以是用户自己创建的图层。利用图层的特性，如颜色、线型、线宽等，可以非常方便地区分不同的对象。

1.7.1 创建和删除图层

在 AutoCAD 绘图前，用户首先需要创建图层。AutoCAD 的图层创建和设置其属性都在【图层特性管理器】选项板中进行。打开【图层特性管理器】选项板有以下几种方法。

➢ 功能区：单击【图层】面板中的【图层特性】按钮。
➢ 菜单栏：选择【格式】|【图层】命令。
➢ 命令行：LAYER 或 LA。

执行上述任一命令后，弹出【图层特性管理器】选项板，如图 1-64 所示。单击对话框上方的【新建】按钮，即可新建图层，如图 1-65 所示。

提示：按 Alt+N 组合键，可快速创建新图层。设置为当前的图层项目前会出现✔符号。

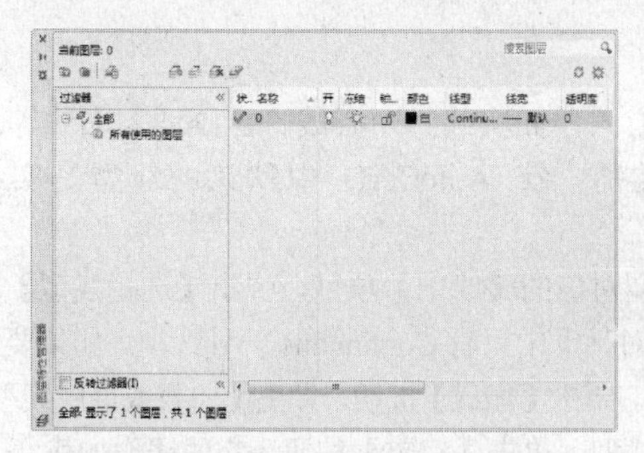

图 1-64 【图层特性管理器】选项板

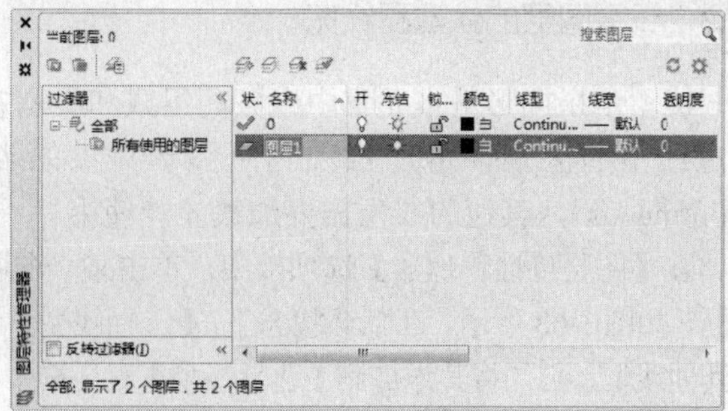

图 1-65　新建图层

及时清理图形中不需要的图层，可以简化图形。在【图层特性管理器】选项板中选择需要删除的图层，然后单击【删除图层】按钮☒，即可删除选择的图层。但 AutoCAD 规定以下四类图层不能被删除，如下所述。

➢ 图层 0 层 Defpoints。
➢ 当前图层。要删除当前层，可以改变当前层到其他层。
➢ 包含对象的图层。要删除该层，必须先删除该层中所有的图形对象。
➢ 依赖外部参照的图层。要删除该层，必先删除外部参照。

初学解答　　**图层重命名失败?**

图层的名称最多可以包含 255 个字符，并且中间可以含有空格，图层名区分大小写字母。图层名不能包含的符号有：<、>、^、“、”.;、？、*、|、,、=、’等。如果用户在命名图层时提示失败，可检查是否含有了非法字符。

1.7.2　设置图层颜色

打开【图层特性管理器】选项板，单击某一图层对应的【颜色】项目，弹出如图 1-66 所示的【选择颜色】对话框，在调色板中选择一种颜色，单击【确定】按钮即完成颜色设置，如图 1-67 所示。

图 1-66 【选择颜色】对话框

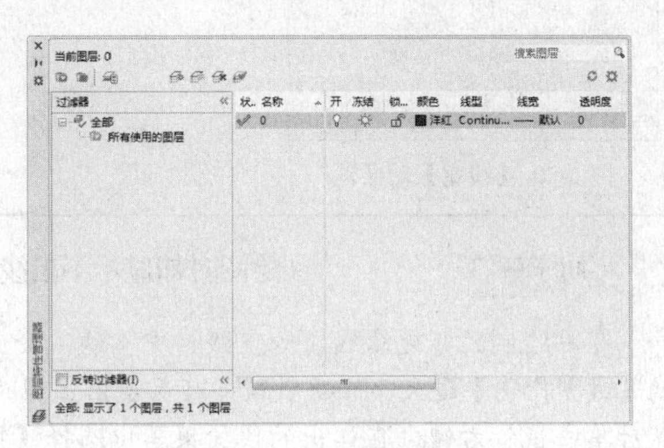

图 1-67　设置颜色结果

1.7.3 设置图层的线型和线宽

线型是指图形基本元素中线条的组成和显示方式，如实线、中心线、点画线、虚线等。通过线型的区别，可以直观判断图形对象的类别。在 AutoCAD 中默认的线型是实线（Continuous），其他的线型需要加载才能使用。

在【图层特性管理器】选项板中，单击某一图层对应的【线型】项目，弹出【选择线型】对话框，如图 1-68 所示。在默认状态下，【选择线型】对话框中只有 Continuous 一种线型。如果要使用其他线型，必须将其添加到【选择线型】对话框中。单击【加载】按钮，弹出【加载或重载线型】对话框，如图 1-69 所示，从对话框中选择要使用的线型，单击【确定】按钮，完成线型加载。

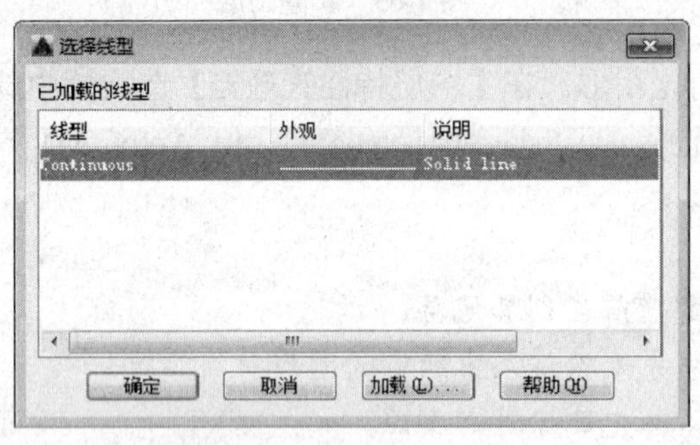

图 1-68 【选择线型】对话框

图 1-69 【加载或重载线型】对话框

线宽即线条显示的宽度。使用不同宽度的线条表现对象的不同部分，可以提高图形的表达能力和可读性。在【图层特性管理器】选项板中，单击某一图层对应的【线宽】项目，弹出如图 1-70 所示的【线宽】对话框，从中选择所需的线宽即可，结果如图 1-71 所示。

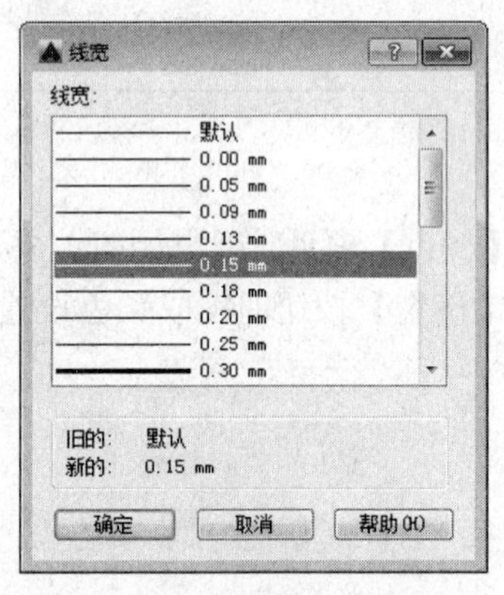

图 1-70 【线宽】对话框

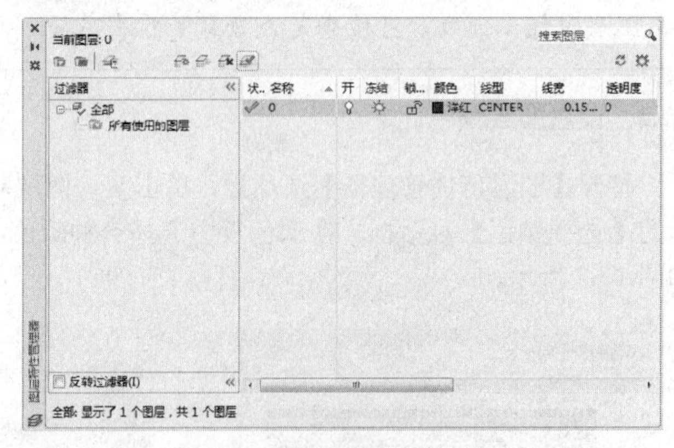

图 1-71 【线宽设置】对话框

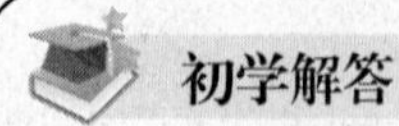

绘图时却显示不出线型效果？

有时绘制的非连续线（如虚线、中心线）会显示出实线的效果，这通常是由于线型的【线型比例】过大，修改数值即可显示出正确的线型效果。方法：选中要修改的对象，然后单击鼠标右键，在弹出的快捷菜单中选择【特性】选项，最后在【特性】对话框中减小【线型比例】数值即可。

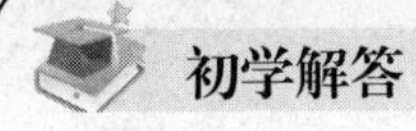

初学解答　　**线宽显示设置**

在图 1-71 所示对话框的【线宽】列表栏中，列出了所有可用的线宽；在【默认】下拉列表框中可以选择默认的线宽（初始默认值为 0.25㎜）；利用【调整显示比例】滑块可以决定线宽在绘图区上的显示。例如，使用了几个相近的线宽，但在屏幕中无法区分它们，则可以调整这一设置。

要开、关线宽的显示，可以通过勾选或禁选【显示线宽（D）】选项来完成，也可以单击状态栏上的【显示/隐藏线宽】按钮进行控制。

1.7.4　控制图层的显示状态

图层状态是用户对图层整体特性的开/关设置，包括隐藏或显示、冻结或解冻、锁定或解锁、打印或不打印等，对图层的状态进行控制，可以更方便地管理特定图层上的图形对象。控制图层状态可以通过【图层特性管理器】对话框、【图层控制】下拉列表，以及【图层】面板上各功能按钮来完成。

图层状态主要包括以下几点。

- 打开与关闭：单击【开/关图层】按钮，打开或关闭图层。打开的图层可见、可打印。关闭的图层则相反。
- 冻结与解冻：单击【冻结/解冻】按钮/，冻结或解冻图层。将长期不需要显示的图层冻结，可以提高系统运行速度，减少图形刷新的时间。AutoCAD 中被冻结图层上的对象不会显示、打印或重生成。
- 锁定与解锁：单击【锁定/解锁】按钮/，锁定或解锁图层。被锁定图层上的对象不能被编辑、选择和删除，但该层的对象仍然可见，而且可以在该图层上添加新的图形对象。
- 打印与不打印：单击打印按钮，设置图层是否被打印。指定图层不被打印，该图层上的图形对象仍然可见。

1.7.5　案例——创建室内施工图的图层

（1）执行【格式】|【图层】菜单命令，系统弹出【图层特性管理器】对话框，如图 1-72 所示。其中，【0】图层是系统默认创建的图层，无法将其删除。

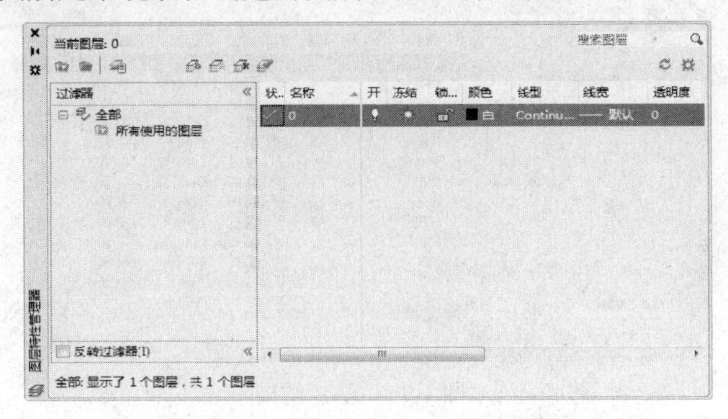

图 1-72 【图层特性管理器】对话框

（2）单击【新建】按钮，新建图层。系统默认【图层 1】的名称新建图层，如图 1-73 所示。

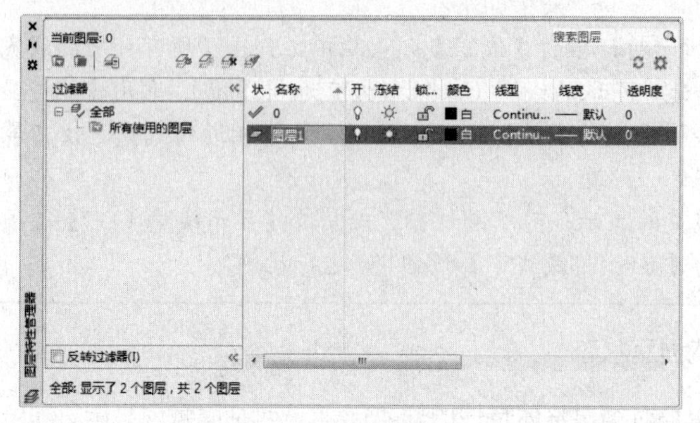

图 1-73 新建图层

（3）此时，文本框呈可编辑状态，在其中输入文字“轴线”并按 Enter 键，完成中心线图层的创建，如图 1-74 所示。按下 F2 键，可以重命名图层名称。

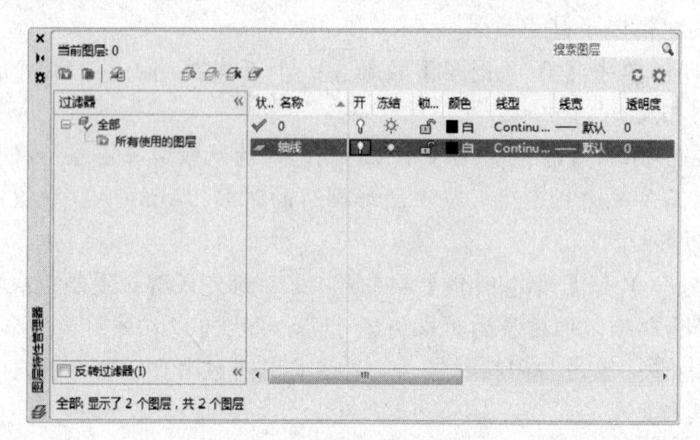

图 1-74 修改图层名称

（4）重复操作，继续新建图层，并为图层重新命名，结果如图 1-75 所示。

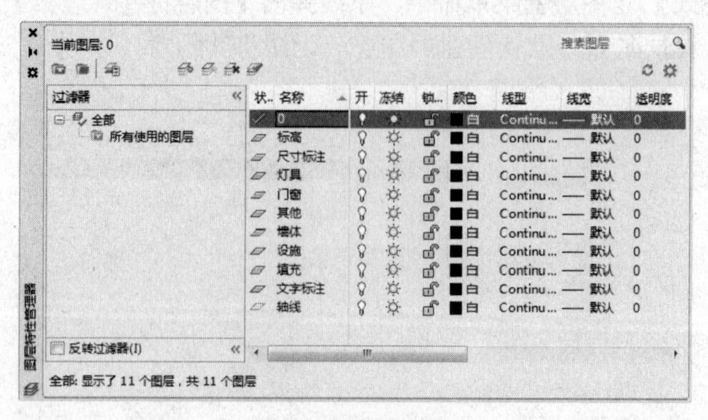

图 1-75 创建结果

（5）在【图层特性管理器】对话框中，单击【颜色】属性项，在弹出的【选择颜色】对话框，选择【红色】，如图 1-76 所示。单击【确定】按钮，返回【图层特性管理器】选项板。

（6）单击【线型】属性项，弹出【选择线型】对话框，在对话框中单击【加载】按钮，在弹出的【加载或重载线型】对话框中选择 CENTER 线型，如图 1-77 所示。

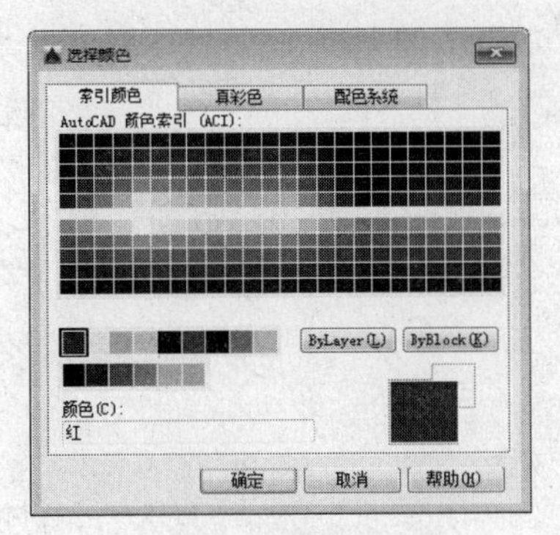

图 1-76　设置图层颜色

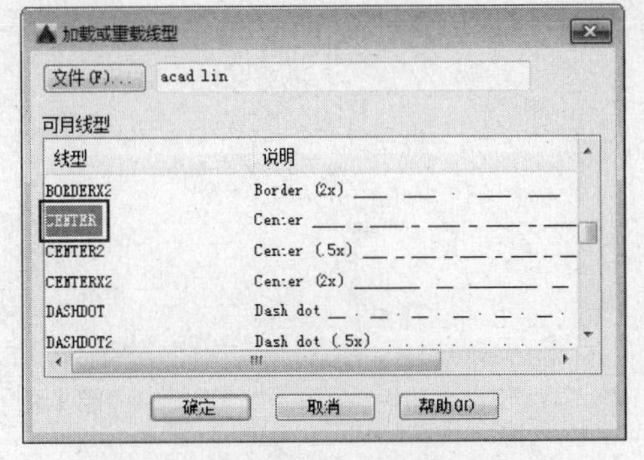

图 1-77　【加载或重载线型】对话框

（7）返回【选择线型】对话框。再次选择 CENTER 线型，单击【确定】按钮，返回【图层特性管理器】选项板。单击【线宽】属性项，在弹出的【线宽】对话框中，选择线宽为 0.15㎜，如图 1-78 所示。

（8）单击【确定】按钮，返回【图层特性管理器】选项板。设置的中心线图层如图 1-79 所示。

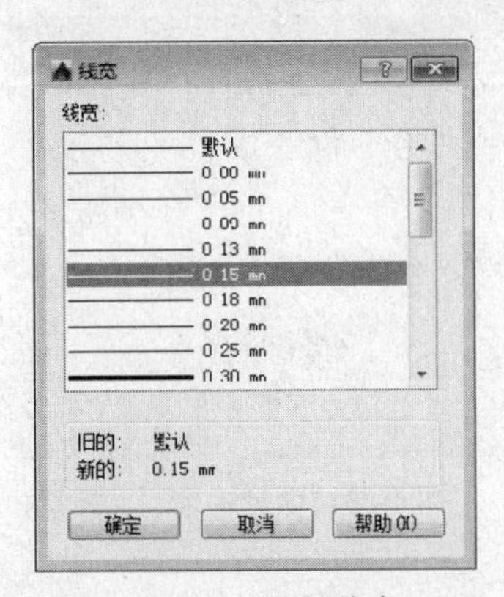

图 1-78　选择线宽

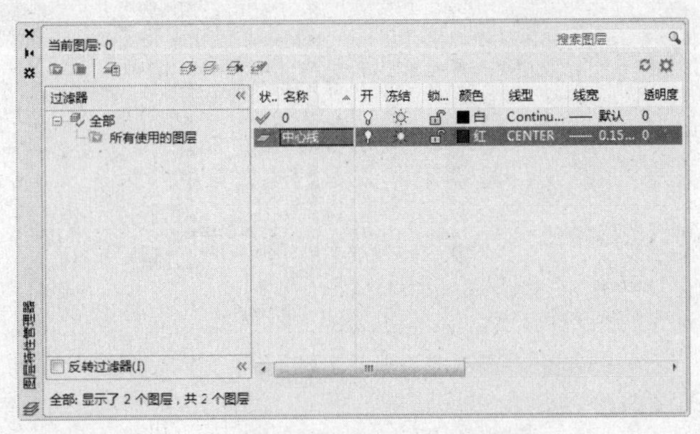

图 1-79　设置的中心线图层

（9）如图 1-80 所示为更改轴网线型的前后对比。

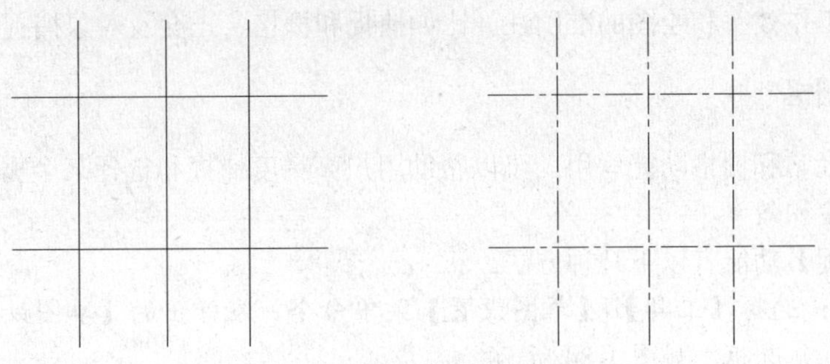

图 1-80　轴线前后对比效果

（10）重复上述步骤，分别创建【标高】层、【墙体】层、【设施】层和【门窗】层等图层，为各图层选择合适的颜色、线型和线宽特性，结果如图 1-81 所示。

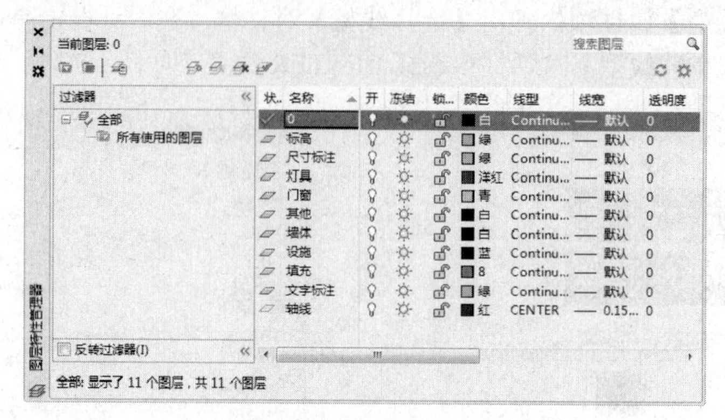

图 1-81　图层设置结果

（11）单击【图层特性管理器】对话框中的图层状态栏下的按钮，可以控制图层的状态。单击【轴线】图层中的锁定按钮，在按按钮变成状态时，如图 1-82 所示，即该图层则被锁定。

（12）被锁定的图层在绘图区中呈灰色显示，如图 1-83 所示，不能对其进行选择编辑。

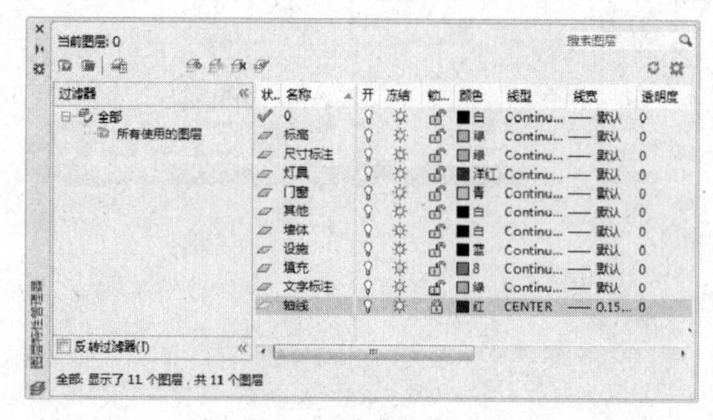

图 1-82　锁定图层

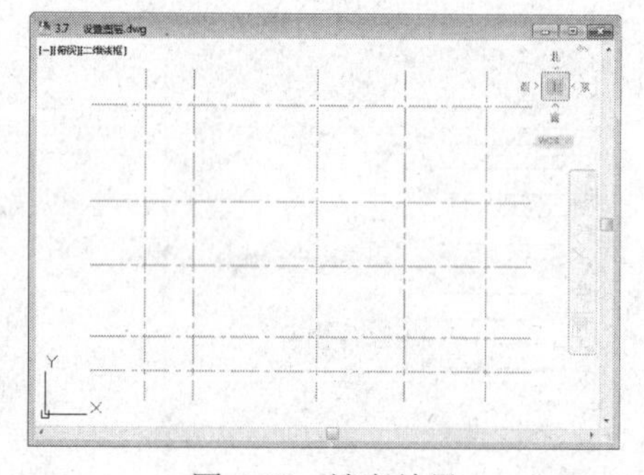

图 1-83　锁定结果

1.8　辅助绘图工具

本节将介绍 AutoCAD 2016 辅助工具的设置。通过对辅助功能进行适当的设置，可以提高用户制图的工作效率和绘图的准确性。比如捕捉和栅格、正交及对象捕捉功能等。

1.8.1　捕捉和栅格

捕捉功能经常和栅格功能联用。可以帮助用户高精度捕捉和选择某个栅格上的点，从而提高制图的精度和效率。

打开【捕捉】功能有以下几种方法。

➢ 菜单栏：选择【工具】|【草图设置】菜单命令，在弹出的【草图设置】对话框中勾选【启用捕捉】复选框，如图 1-84 所示。

➢ 快捷键：F9 键。

➢ 状态栏：单击状态栏【捕捉】按钮。

打开【栅格】功能有以下几种方法。

➢ 菜单栏：选择【工具】|【草图设置】菜单命令，在弹出的【草图设置】对话框中勾选【启用栅格】复选框，如图 1-85 所示。

➢ 快捷键：F7 键。

➢ 状态栏：单击状态栏【栅格显示】按钮。

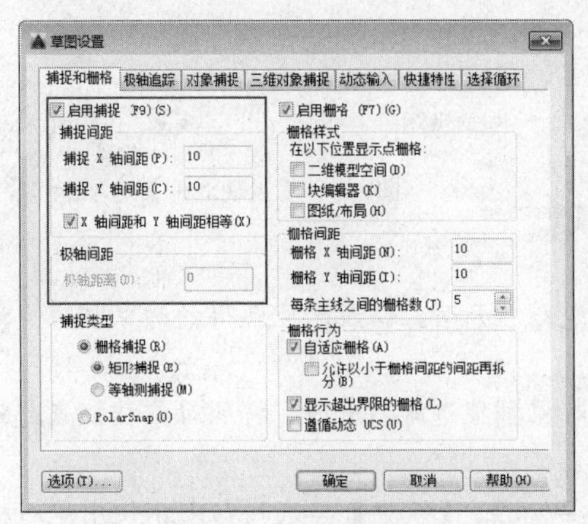

图 1-84　启用捕捉

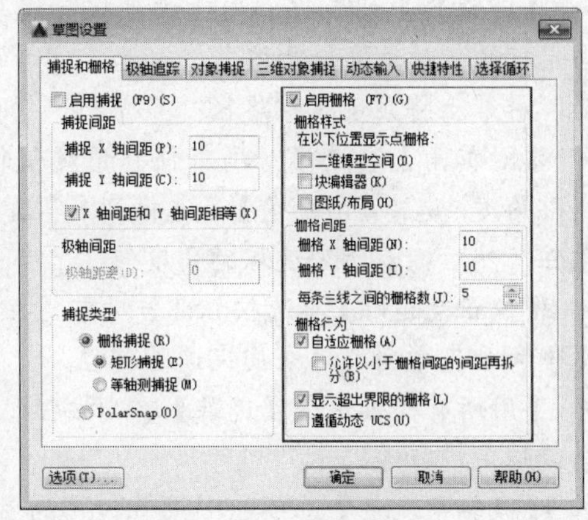

图 1-85　启用栅格

【捕捉和栅格】选项卡中部分选项的含义如下。

➢ 【捕捉间距】区域用于控制捕捉位置的不可见矩形栅格，以限制光标仅在指定的 X 和 Y 间隔内移动。

➢ 【捕捉类型】区域用于设置捕捉样式和捕捉类型。

➢ 【栅格间距】区域用于控制栅格的显示，这样有助于形象化显示距离。

➢ 【栅格行为】区域用于控制当使用 VSCURRENT 命令设置为除二维线框之外的任何视觉样式时，所显示栅格线的外观。

1.8.2　正交工具

【正交】功能可以保证绘制的直线完全呈水平或垂直状态，以方便绘制水平或垂直直线。启用【正交】功能有以下几种方法。

➢ 状态栏：单击状态栏上【正交】按钮。

➢ 命令行：ORTHO。

➢ 快捷键：F8 键。

1.8.3　极轴追踪

【极轴追踪】是按事先给定的角度增量来追踪特征点，它实际上是极坐标的特殊应用。启用【极轴追踪】功能有以下几种方法。

➢ 状态栏：单击状态栏上的【极轴追踪】按钮。

➢ 快捷键：F10 键。

可以根据用户的需要，设置极轴追踪角度。执行【工具】|【绘图设置】菜单命令，打开【草图设置】对话框，在【极轴追踪】选项卡中可设置极轴追踪的开关和其他角度值的增量角等，如图 1-86 所示。

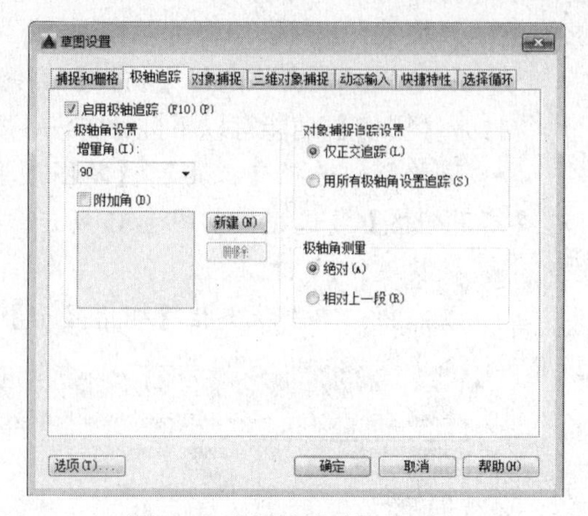

图 1-86 【极轴追踪】选项卡

【极轴追踪】选项卡中各选项的含义如下。

➢ 【增量角】列表框：用于设置极轴追踪角度。当光标的相对角度等于该角，或者是该角的整数倍时，屏幕上将显示追踪路径。

➢ 【附加角】复选框：增加任意角度值作为极轴追踪角度。选中【附加角】复选框，并单击【新建】按钮，然后输入所需追踪的角度值。

➢ 【仅正交追踪】单选按钮：当对象捕捉追踪打开时，仅显示已获得的对象捕捉点的正交（水平和垂直方向）对象捕捉追踪路径。

➢ 【用所有极轴角设置追踪】单选按钮：对象捕捉追踪打开时，将从对象捕捉点起沿任何极轴追踪角进行追踪。

➢ 【极轴角测量】选项组：设置极角的参照标准。【绝对】单选按钮表示使用绝对极坐标，以 X 轴正方向为 0°。【相对上一段】单选按钮根据上一段绘制的直线确定极轴追踪角，上一段直线所在的方向为 0°。

1.8.4 对象捕捉

AutoCAD 提供了精确的捕捉对象特殊点的功能，运用该功能可以精确绘制出所需要的图形。精准绘图前，需要进行正确的对象捕捉设置。

1. 开启对象捕捉

开启和关闭对象捕捉有以下 4 种方法。

➢ 菜单栏：选择【工具】|【草图设置】菜单命令，在弹出的【草图设置】对话框中勾选【启用对象捕捉】复选框，但这种操作太烦琐，实际中一般不使用。

➢ 命令行：OSNAP。

➢ 快捷键：F3 键。

➢ 状态栏：单击状态栏中的【对象捕捉】按钮□。

2. 设置对象捕捉点

使用对象捕捉前，需要设置捕捉的特殊点类型，根据绘图的需要设置捕捉对象，这样能够快速、准确地定位目标点。右击状态栏上的【对象捕捉】按钮□，如图 1-87 所示；在弹出的快捷菜单中选择【对象捕捉设置】命令，系统弹出【草图设置】对话框，显示【对象捕捉】选项卡，如图 1-88 所示。

启用【对象捕捉】设置后，在绘图过程中，当鼠标靠近这些被启用的捕捉特殊点后，将自动对其进行捕捉，如图 1-89 所示为启用了圆心捕捉功能的效果。

1.8.5　对象捕捉追踪

在绘图过程中，除了需要掌握对象捕捉的应用外，也需要掌握对象追踪的相关知识和应用的方法，从而能提高绘图的效率。启动【对象捕捉追踪】功能有以下几种方法。

- 快捷键：按 F11 键切换开、关状态。
- 状态栏：单击状态栏上的【对象捕捉追踪】按钮。

启用【对象捕捉追踪】后，在绘图的过程中需要指定点时，光标即可沿基于其他对象捕捉点的对齐路径进行追踪。

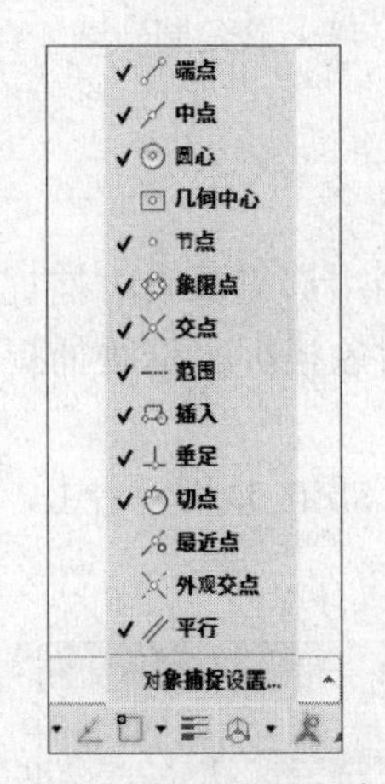

图 1-87　选择【设置】命令

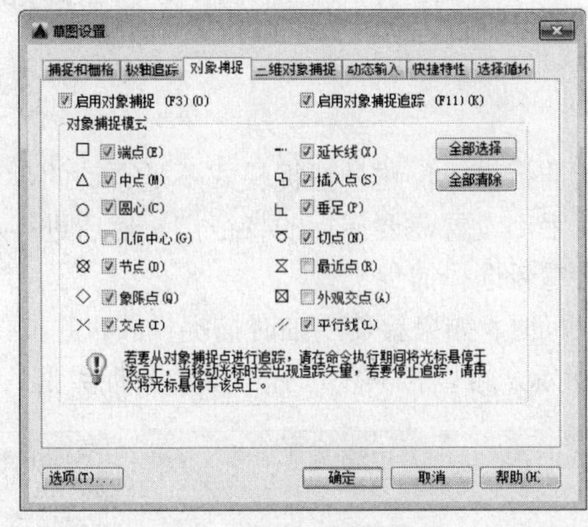

图 1-88　【对象捕捉】选项卡

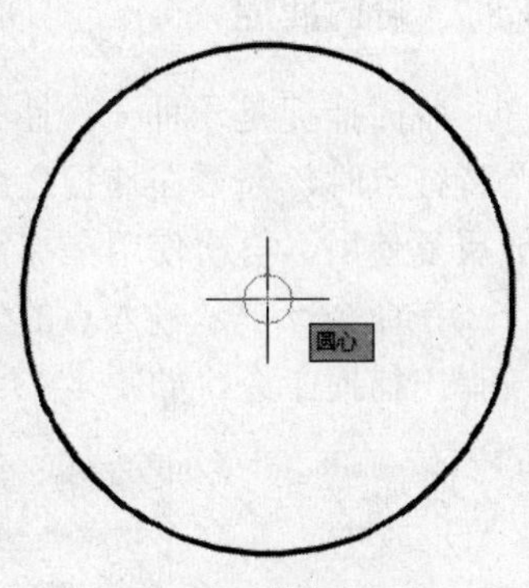

图 1-89　捕捉圆心

提示：由于对象捕捉追踪的使用是基于对象捕捉进行操作的，因此，要使用对象捕捉追踪功能，必须先开启一个或多个对象捕捉功能。

1.8.6　案例——绘制平行线

（1）调用 L【直线】命令，绘制一条长度为 200㎜的水平直线，如图 1-90 所示。命令行提示如下。

```
命令：L↙        LINE                    //调用【直线】命令
指定第一个点：5,5↙                        //输入第一点坐标值
指定下一点或 [放弃(U)]：@200,0↙          //输入第二点坐标值
指定下一点或 [放弃(U)]：↙                //按回车键，结束命令操作
```

（2）按 F3 开启对象捕捉，并设置对象捕捉类型为【端点】，然后按 F11 键开启对象捕捉追踪功能。重复调用 L【直线】命令，绘制一条长度同样为 200㎜的平行线，命令行提示如下。

```
命令：L↙        LINE                    //调用【直线】命令
指定第一个点：                           //将光标放于前面绘制的直线的端点上，停留 1s 左右，然
                                          后将光标向上移动，当出现临时追踪线后，单击鼠标左键
                                          在追踪线上任意拾取一点，如图 1-91 所示
指定下一点或 [放弃(U)]：                 //按相同方式将光标放于第一条直线的端点，然后向上移动，
```

使得垂直、水平的临时追踪线相交，即可确定端点，如图 1-92 所示

指定下一点或 [放弃(U)]：↙　　　　　　//按回车键，结束命令操作

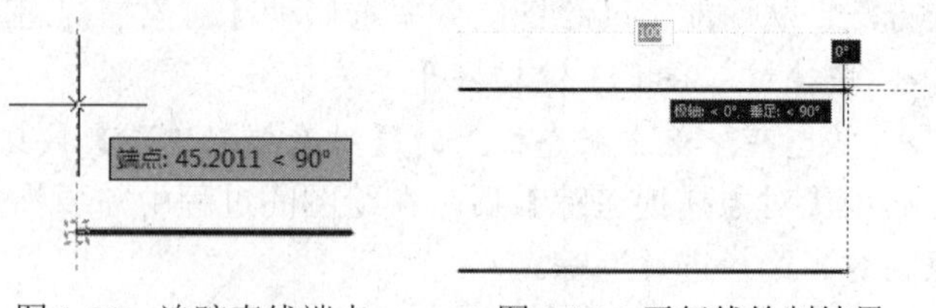

图 1-90　绘制直线　　　　图 1-91　追踪直线端点　　　　图 1-92　平行线绘制结果

1.8.7　临时捕捉

临时捕捉是一种一次性的捕捉模式，这种捕捉模式不是自动的，当用户需要临时捕捉某个特征点时，需要在捕捉之前手工设置需要捕捉的特征点，然后进行对象捕捉。这种捕捉不能反复使用，再次使用捕捉需重新选择捕捉类型。

在命令行提示输入点的坐标时，如果要使用临时捕捉模式，并按住 Shift 键然后右击，系统弹出捕捉命令，如图 1-93 所示，可以在其中选择需要的捕捉类型。

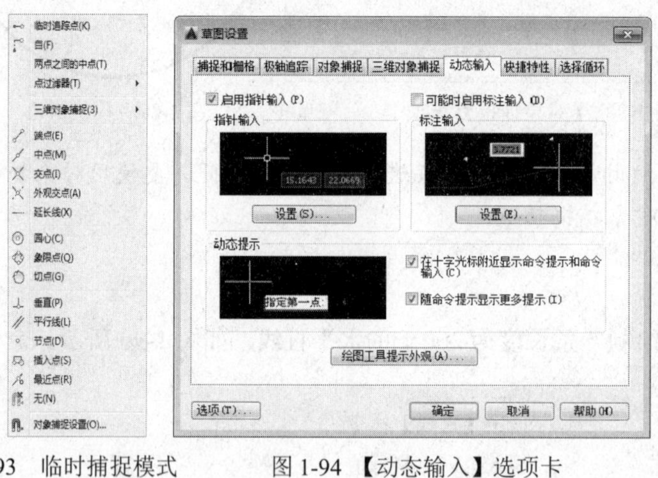

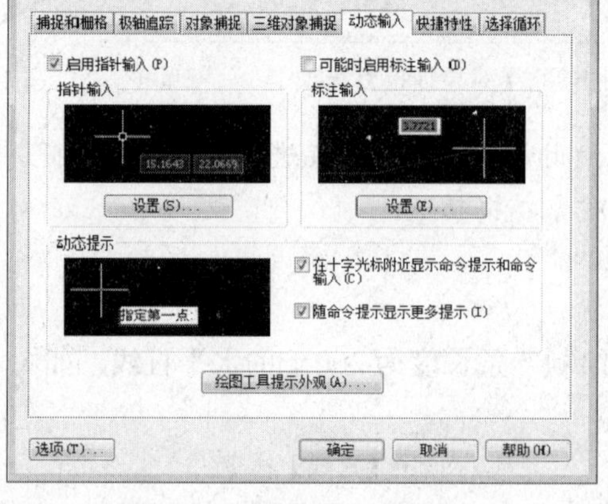

图 1-93　临时捕捉模式　　　　图 1-94 【动态输入】选项卡　　　　图 1-95 【指针输入设置】对话框

1.8.8　动态输入

在 AutoCAD 中，单击状态栏中的【动态输入】按钮，可在指针位置处显示指针输入或标注输入命令提示等信息，从而极大提高了绘图的效率。动态输入模式界面包含 3 个组件，即指针输入、标注输入和动态显示。

启动【动态输入】功能有以下几种方法。

- 快捷键：F12 键。
- 状态栏：单击状态栏上的【动态输入】按钮。

1. 启用指针输入

在【草图设置】对话框的【动态输入】选项卡中，可以控制在启用【动态输入】时每个

部件所显示的内容，如图 1-94 所示。单击【指针输入】选项区的【设置】按钮，打开【指针输入设置】对话框，如图 1-95 所示。可以在其中设置指针的格式和可见性。在工具提示中，十字光标所在位置的坐标值将显示在光标旁边。命令提示用户输入点时，可以在工具提示（而非命令窗口）中输入坐标值。

2. 启用标注输入

在【草图设置】对话框的【动态输入】选项卡，选择【可能时启用标注输入】复选框，启用标注输入功能。单击【标注输入】选项区域的【设置】按钮，打开如图 1-96 所示的【标注输入的设置】对话框。利用该对话框可以设置夹点拉伸时标注输入的可见性等。

3. 提示动态显示

在【动态输入】选项卡中，启用【动态显示】选项组中的【在十字光标附近显示命令提示和命令输入】复选框，可在光标附近显示命令显示。单击【绘图工具提示外观】按钮，弹出如图 1-97 所示的【工具提示外观】对话框，从中进行颜色、大小、透明度和应用场合的设置。

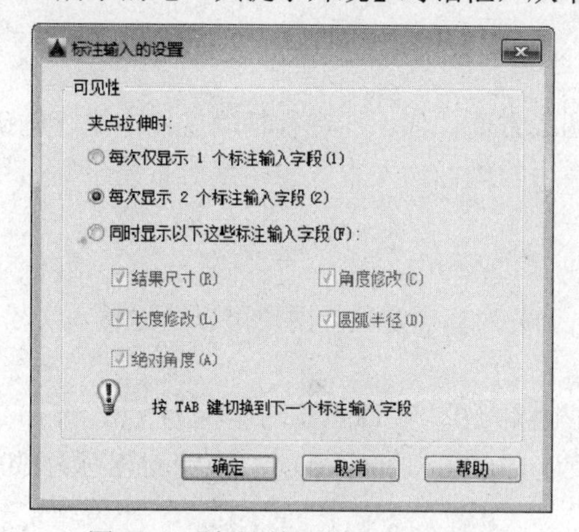

图 1-96 【标注输入的设置】对话框

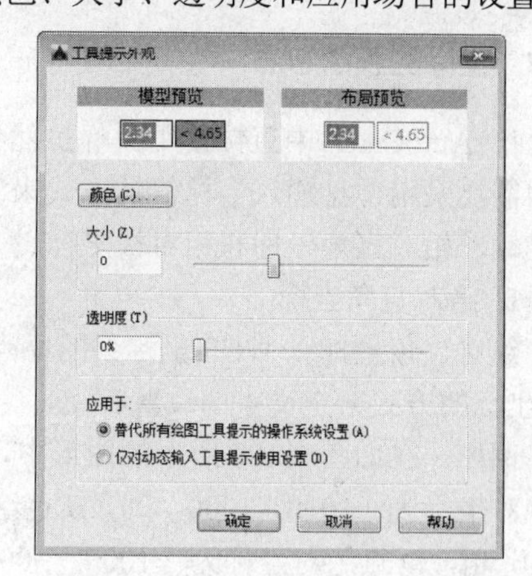

图 1-97 【工具提示外观】对话框

1.9　AutoCAD 的坐标系

AutoCAD 的图形定位，主要是由坐标系统来确定。使用 AutoCAD 的坐标系，首先要了解 AutoCAD 坐标系的概念和坐标的输入方法。

1.9.1　认识坐标系

在绘图过程中，常常需要通过某个坐标系来精确地定位对象的位置。AutoCAD 的坐标系包括世界坐标系（WCS）和用户坐标系（UCS）。

1. 世界坐标系统

世界坐标系统（World Coordinate System，简称 WCS）是 AutoCAD 的基本坐标系统，由三个相互垂直的坐标轴——*X* 轴、*Y* 轴和 *Z* 轴组成。在绘制和编辑图形的过程中，它的坐标原点和坐标轴的方向是不变的。

如图 1-98 所示，在默认情况下，世界坐标系统的 *X* 轴正方向水平向右，*Y* 轴正方向垂直向上，*Z* 轴正方向垂直于屏幕平面方向，指向用户。坐标原点在绘图区的左下角，在其上有一个方框标记，表明是世界坐标系统。

2. 用户坐标系统

为了更好地辅助绘图，经常需要修改坐标系的原点位置和坐标方向，这就需要使用可变的用户坐标系统（User Coordinate System，简称 UCS）。默认情况下，用户坐标系统和世界坐标系统重合，用户可以在绘图过程中根据具体需要来定义 UCS。

为表示用户坐标 UCS 的位置和方向，AutoCAD 在 UCS 原点或当前视窗的左下角显示了 UCS 图标，如图 1-99 所示为用户坐标系图标。

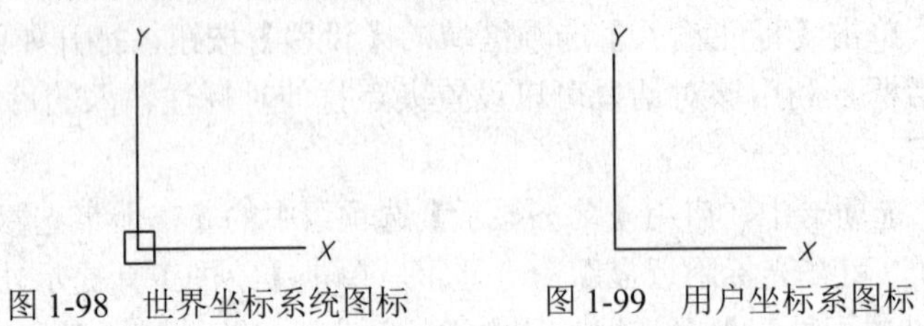

图 1-98　世界坐标系统图标　　　图 1-99　用户坐标系图标

1.9.2　坐标的表示方法

在 AutoCAD 中直接使用鼠标虽然使得制图很方便，但不能进行精确定位，进行精确定位则需要采用键盘输入坐标值的方式来实现。常用的坐标输入方式包括绝对直角坐标、绝对极坐标、相对直角坐标和相对极坐标。

1. 绝对直角坐标

绝对直角坐标以 WCS 坐标系的原点（0，0，0）为基点定位，用户可以通过输入（*X*，*Y*，*Z*）坐标的方式来定义点的位置。

例如，在如图 1-100 所示的图形中，*Z* 方向坐标为 0，则 *O* 点绝对坐标为（0，0，0），*A* 点绝对坐标为（1000，1000，0），*B* 点绝对坐标为（3000，1000，0），*C* 点绝对坐标为(3000，3000，0)，*D* 点绝对坐标为（1000，3000，0）。

2. 相对直角坐标

相对直角坐标是以上一点为坐标原点确定下一点的位置。输入相对于上一点坐标（*X*，*Y*，*Z*）增量为（*nX*，*nY*，*nZ*）的坐标点的输入格式为（@*nX*，*nY*，*nZ*）。相对坐标输入格式为（@*X*，*Y*），@字符作用是指定与上一个点的偏移量。

例如，在图 1-101 所示的图形中，对于 *O* 点而言，*A* 点的相对坐标为（@20，20），如果以 *A* 点为基点，那么 *B* 点的相对坐标为（@100，0），*C* 点的相对坐标为（@100，@100），*D* 点的相对坐标为（@0，100）。

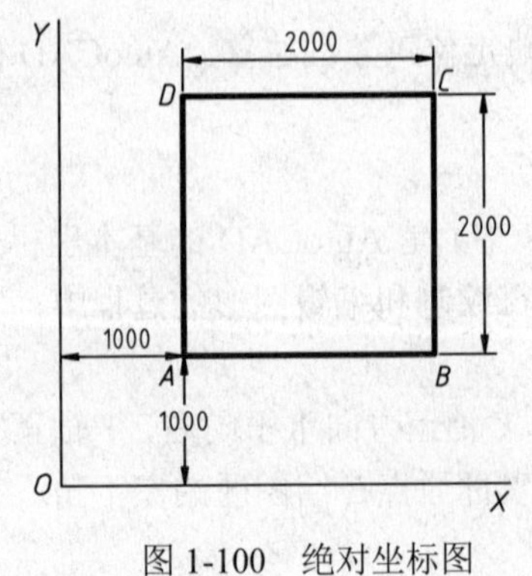

图 1-100　绝对坐标图

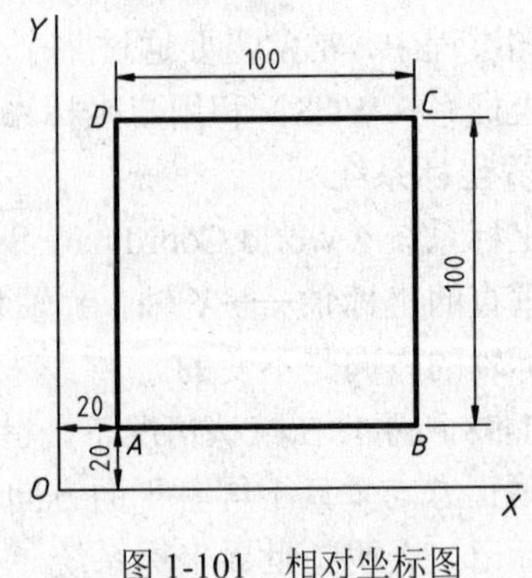

图 1-101　相对坐标图

3. 绝对极坐标

该坐标方式是指相对于坐标原点的极坐标，例如，坐标（100<30）是指从 *X* 轴正方向逆时针旋转 30°，距离原点 100 个图形单位的点。

4. 相对极坐标

相对极坐标是以上一点为参考极点，通过输入极距增量和角度值，来定义下一点的位置，其输入格式为“@距离<角度”。

在运用 AutoCAD 进行绘图的过程中，使用多种坐标输入方式，可以使绘图操作更随意、灵活，再配合目标捕捉、夹点编辑等方式，在很大程度上提高绘图的效率。

1.9.3　案例——应用坐标绘制图形

（1）在【默认】选项卡中，单击【绘图】面板中的【直线】按钮。

（2）在绘图区中任指定点（10，10）作为直线第一点，然后在命令行中依次输入坐标（@30，0）、（@30<85）、（@–35，0），再选择“闭合（C）”选项，按下空格键进行确定，即可绘制指定位置和大小的等腰梯形。

（3）绘制完成的等腰梯形如图 1-102 所示。

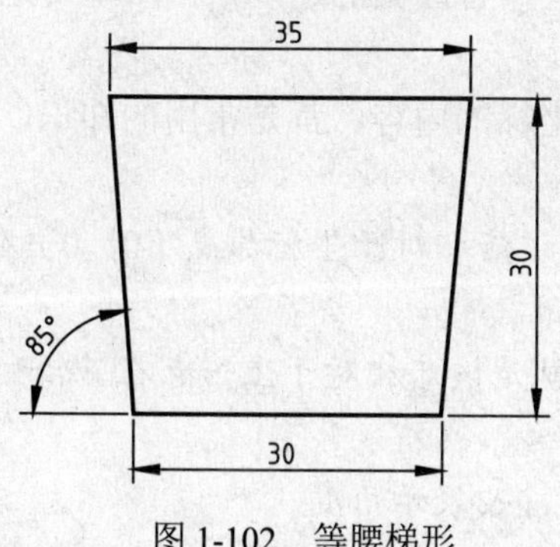

图 1-102　等腰梯形

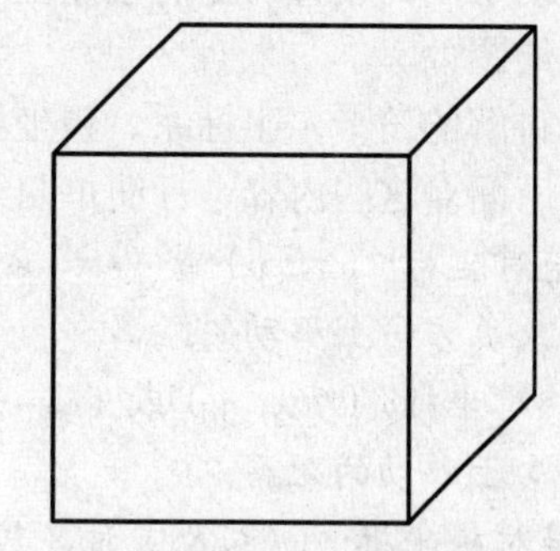

图 1-103　斜二测正方体

1.10　课后练习

使用本章所学的捕捉与追踪知识，绘制如图 1-103 所示的斜二测正方体。斜二测图是一种三维模型的轴测投影表示方法，也是建立三维视觉的基本功。斜二测图的特征是与基本视图有 45° 的夹角，因此在绘制轴测图的过程中需要使用一定角度的极轴追踪。

具体的绘制步骤提示如下：

（1）可以开启【正交】模式，先绘制一个正方形；

（2）开启【对象捕捉追踪】功能和【对象捕捉】功能；

（3）右击状态栏上的【极轴追踪】按钮，在快捷菜单中设置极轴追踪增量角为 45°；

（4）以正方形的各个角点为起点，绘制 45° 的直线；

（5）重复【直线】命令，以 180° 水平连接绘制的直线；

（6）完成绘制。

1.11 本章总结

本章介绍了启动与退出 AutoCAD 2016、AutoCAD 2016 工作界面、图形文件管理、设置绘图环境、AutoCAD 2016 执行命令的方式、AutoCAD 视图的控制、图层管理、辅助绘图工具、AutoCAD 的坐标系等这些内容。熟练掌握这些内容是绘制室内图纸的基础，也是深入学习 AutoCAD 功能的重要前提。

本章通过对 AutoCAD 2016 软件的认知可以了解到 AutoCAD 2016 的工作空间变化较大，功能区在绘图过程中使用率很高，而状态区则显示作图过程中的各种信息，并提供给用户各种辅助绘图工具。

另外，AutoCAD 2016 相对于旧版本增强了即时帮助帮助系统，所以在绘图过程中，对不熟悉的命令随时可以通过系统获得帮助。

AutoCAD 2016 绘图软件虽然功能强大，但也要通过案例练习来熟练操作。在绘图过程中，一般使用功能区或工具栏中的按钮即可完成相应操作。但有的操作必须通过命令或者下拉菜单来执行，尤其是系统变量的设置，必须通过命令的输入才能完成。

本章还介绍了创建室内样板文件的方法，包括操作界面、图形单位、图形界限、图层的设置、辅助绘图的设置，提前创建室内样板可以大大节省绘图的速度，不用重复进行设置操作，提高绘图效率。

本章讲解的笛卡尔坐标系、极坐标系以及绝对坐标的内容，都是常用的知识，大家要熟练掌握。下面对这些内容进行简单归纳。

- 绝对坐标:（x，y）或（$-x$，$-y$）时，也就是该店相对于坐标原点（0，0）在 x 轴和 y 轴正方向或负方向上移动的距离。
- 相对坐标:（@x，y）或（@$-x$，$-y$）时，也就是该店相对于上一点在 x 轴和 y 轴正方向或负方向上移动的距离。
- 绝对极坐标:（L＜&）时，其中 L 表示长度，&表示角度。
- 相对极坐标:（@L＞&）时，其中 L 表示长度，&表示角度。

第 2 章　AutoCAD 图形的绘制

AutoCAD 2016 提供了大量的二维绘图命令，供用户在二维平面空间绘制图形。任何复杂的室内施工图都是由点、直线、多线、多段线和样条曲线等简单的二维图形组成的。

本章主要介绍常用的二维绘图命令的使用方法和技巧。

2.1　绘制点

点是所有图形中最基本的图形对象，可以用来作为捕捉和偏移对象的参考点。本节介绍点样式的设置及绘制点的方法。

2.1.1　设置点样式

从理论上来讲，点是没有长度和大小的图形对象。在 AutoCAD 中，系统默认情况下绘制的点显示为一个小圆点，在屏幕中很难看清，因此可以为点设置显示样式，使其清晰可见。

执行【点样式】命令有以下几种方法。

➢ 功能区：单击【默认】选项卡、【实用工具】面板中的【点样式】按钮 点样式...。

➢ 菜单栏：选择【格式】|【点样式】命令。

➢ 命令行：DDPTYPE。

执行该命令后，将弹出如图 2-1 所示的【点样式】对话框，可以在其中设置点的显示样式和大小。

对话框中各选项的含义如下：

➢ 点大小：用于设置点的显示大小，与下面的两个选项有关。

➢ 相对于屏幕设置大小：用于按 AutoCAD 绘图屏幕尺寸的百分比设置点的显示大小，在进行视图缩放操作时，点的显示大小并不改变，在命令行输入 RE 命令即可重生成，始终保持与屏幕的相对比例。

➢ 按绝对单位设置大小：使用实际单位设置点的大小，同其他的图形元素（如直线、圆），当进行视图缩放操作时，点的显示大小也会随之改变。

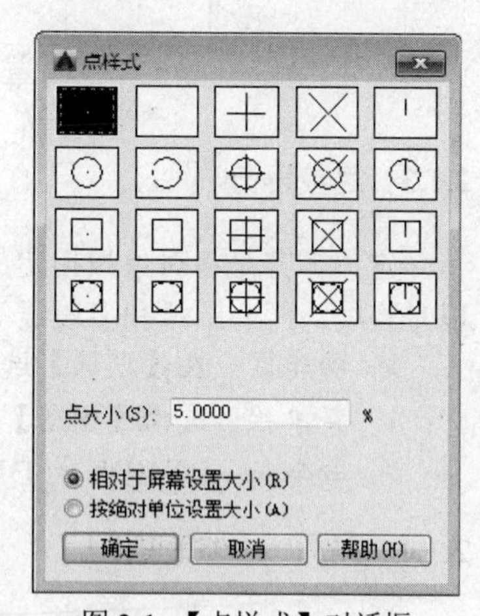

图 2-1 【点样式】对话框

2.1.2　绘制单点和多点

在 AutoCAD 2016 中，绘制点对象的操作包括绘制单点和绘制多点的操作。

1. 单点

绘制单点就是执行一次命令只能指定一个点。执行【单点】命令有以下几种方法。

➢ 菜单栏：选择【绘图】|【点】|【单点】命令。

➢ 命令行：PONIT 或 PO。

执行上述任一命令后，在绘图区任意位置单击，即完成单点的绘制，结果如图 2-2 所示。命令行操作如下。

```
命令：_point
当前点模式：PDMODE=33  PDSIZE=0.0000
指定点：                                        //选择任意坐标作为点的位置
```

2. 多点

绘制多点就是指执行一次命令后可以连续指定多个点，直到按 Esc 键结束命令。执行【多点】命令有以下几种方法。

➢ 功能区：单击【绘图】面板中的【多点】按钮。

➢ 菜单栏：选择【绘图】|【点】|【多点】命令。

执行上述任一命令后，在绘图区任意 6 个位置单击，按 Esc 键退出，即可完成多点的绘制，结果如图 2-3 所示。命令行操作如下。

```
命令：_point
当前点模式：PDMODE=33  PDSIZE=0.0000            //在任意 6 个位置单击
指定点：*取消*                                  //按 Esc 键取消多点绘制
```

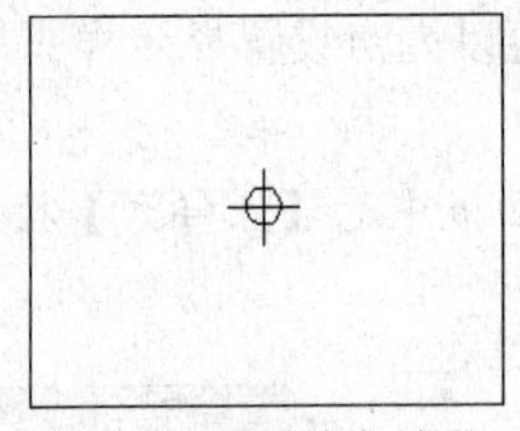

图 2-2 绘制单点效果

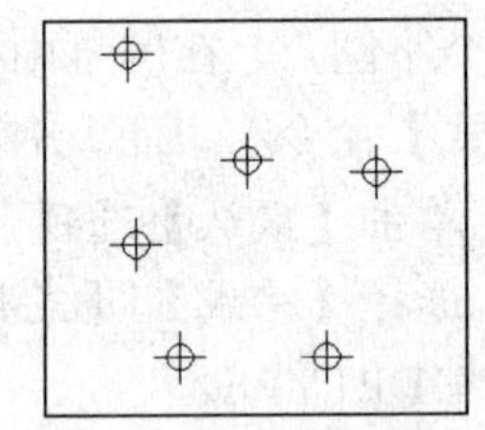

图 2-3 绘制多点效果

2.1.3 定数等分

定数等分是将对象按指定的数量分为等长的多段，在等分位置生成点。被等分的对象可以是直线、圆、圆弧和多段线等实体。执行【定数等分】命令有以下几种方法。

➢ 功能区：在【默认】选项卡中，单击【绘图】面板中的【定数等分】按钮。

➢ 菜单栏：选择【绘图】|【点】|【定数等分】命令。

➢ 命令行：DIVIDE 或 DIV。

2.1.4 案例——绘制柜门

（1）按 Ctrl+O 组合键，打开配套光盘提供的“第 02 章/2.1.4 绘制柜门.dwg”素材文件。

（2）在【默认】选项卡中，单击【绘图】面板中的【定数等分】按钮，将该线段等分为长度相等的 4 段，如图 2-4 所示，命令行操作如下：

```
命令：DIVIDE↙                              //调用【定数等分】命令
选择要定数等分的对象：                      //选择素材直线
输入线段数目或 [块(B)]:4↙                  //输入要等分的段数
                                           //按 Esc 键退出
```

（3）调用 L【直线】命令，捕捉等分点绘制直线，完成柜门的绘制，结果如图 2-5 所示。

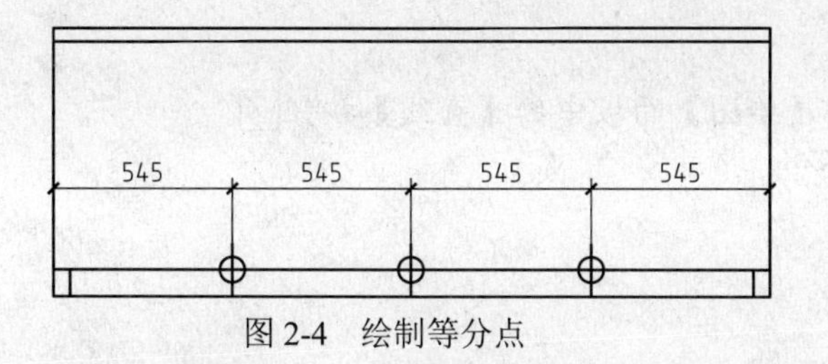

图 2-4　绘制等分点

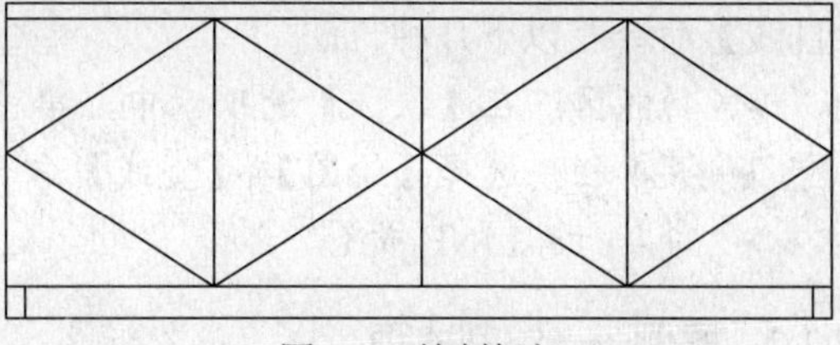
图 2-5　绘制柜门

2.1.5　定距等分

定距等分是将对象分为长度为定值的多段，在等分位置生成点。执行【定距等分】命令有以下几种方法。

- 功能区：在【默认】选项卡中，单击【绘图】面板中的【定距等分】按钮。
- 菜单栏：选择【绘图】|【点】|【定距等分】命令。
- 命令行：MEASURE 或 ME。

2.1.6　案例——绘制推拉门

（1）按 Ctrl+O 组合键，打开配套光盘提供的“第 02 章/2.1.6 绘制推拉门.dwg”素材文件。

（2）在【默认】选项卡中，单击【绘图】面板中的【定距等分】按钮，将其中 3740mm 长的直线段按每段 935mm 长进行分段，结果如图 2-6 所示。命令行操作如下：

```
命令：ME↙                                  //调用【定距等分】命令
选择要定数等分的对象：                      //选择直线
指定线的长度或 [块(B)]：935↙                //输入等分的距离
                                            //按 Esc 键退出
```

（3）捕捉等分点，调用 L【直线】、O【偏移】、TR【修剪】命令，完善图形，完成立面推拉门的绘制，结果如图 2-7 所示。

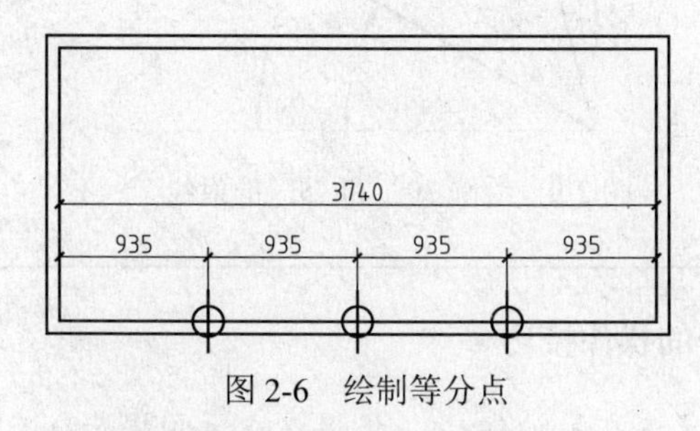

图 2-6　绘制等分点

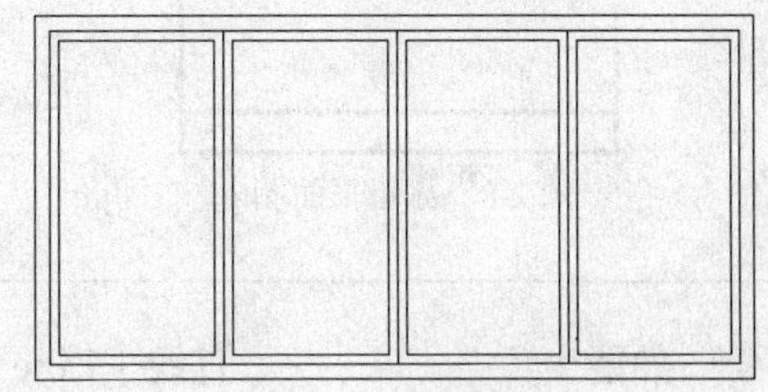
图 2-7　绘制推拉门

2.2　绘制直线类图形

直线类图形是 AutoCAD 中最基本的图形对象，在 AutoCAD 中，根据用途的不同，可以将线分类为直线、射线、构造线、多线段和多线。不同的直线对象具有不同的特性，下面进行详细讲解。

2.2.1　直线

直线是绘图中最常用的图形对象，只要指定了起点和终点，就可绘制出一条直线。执行

【直线】命令有以下几种方法。

- 功能区：在【默认】选项卡中，单击【绘图】面板中的【直线】按钮。
- 菜单栏：选择【绘图】|【直线】命令。
- 命令行：LINE 或 L。

2.2.2 案例——绘制冰箱

（1）新建文件。单击【快速访问】工具栏中的【新建】按钮，新建空白文件。

（2）在【默认】选项卡中，单击【绘图】面板中的【直线】按钮，绘制冰箱外轮廓，命令行操作如下。

```
命令： _line                                    //调用【直线】命令
指定第一个点： 0,0↙                             //输入第一点绝对直角坐标
指定下一点或 [放弃(U)]: @0,600↙                 //输入相对直角坐标
指定下一点或 [放弃(U)]: @550,0↙                 //输入相对直角坐标
指定下一点或 [闭合(C)/放弃(U)]: @0, -600↙       //输入相对直角坐标
指定下一点或 [闭合(C)/放弃(U)]: c↙              //激活【闭合】选项，闭合图形
```

（3）继续调用【直线】命令，绘制水平直线，最终效果如图 2-8 所示，命令行操作如下。

```
命令: _line                                     //调用【直线】命令
指定第一个点: 0,50↙                             //输入绝对直角坐标
指定下一点或 [放弃(U)]:@550,0↙                  //输入相对直角坐标,完成图形的绘制
```

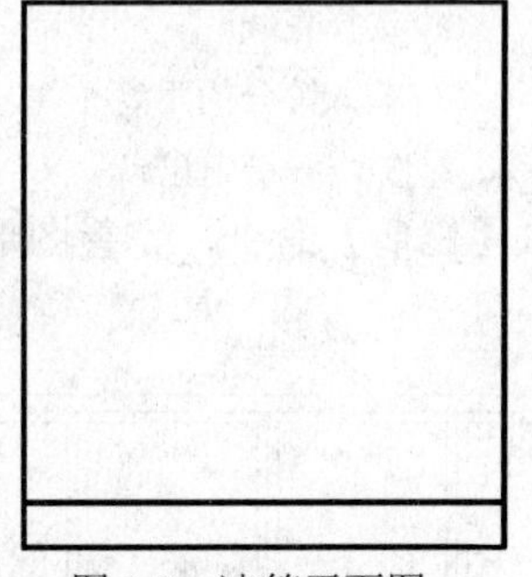

图 2-8 冰箱平面图

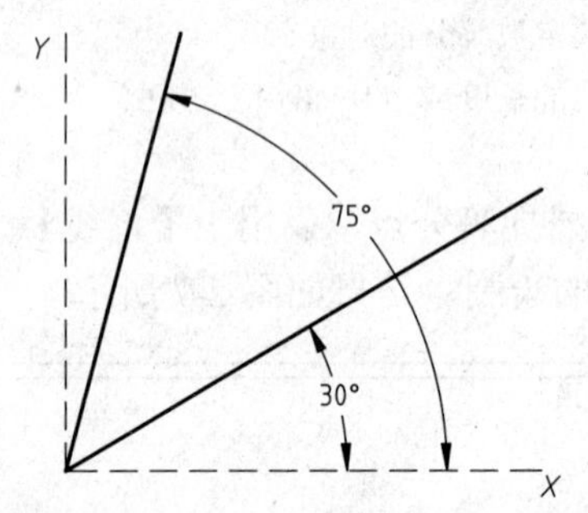

图 2-9 绘制 30° 和 75° 的射线

熟能生巧 **直线（Line）命令的操作技巧**

1. 若绘制正交直线，可单击【状态栏】中【正交】按钮，根据正交方向提示，直接输入下一点的距离即可，而不需要输入@符号；使用临时正交模式也可按住 Shift 键不动，在此模式下不能输入命令或数值，可捕捉对象。

2. 若绘制斜线，可单击【状态栏】中【极轴】按钮，右击【极轴】按钮，在弹出的快捷菜单中可以选择所需的角度选项，也可以选择【正在追踪设置】选项，则系统会弹出【草图设置】对话框，在【增量角】文本输入框中可设置斜线的捕捉角度。此时，图形即进入了自动捕捉所需角度的状态，其可大大提高制图时输入直线长度的效率。

3. 若捕捉对象，可按 Shift 键+鼠标右键，在弹出的快捷菜单中选择捕捉选项，然后将光标移动至合适位置，程序会自动进行某些点的捕捉，如端点、中点、圆切点等，【捕捉对象】功能的应用可以极大地提高制图速度。

2.2.3 射线

射线是一端固定而另一端无限延伸的直线。它只有起点和方向，没有终点，一般用来作为辅助线。执行【射线】命令有以下几种方法。

- 功能区：在【默认】选项卡中，单击【绘图】面板中的【射线】按钮。
- 菜单栏：选择【绘图】|【射线】命令。
- 命令行：RAY。

调用【射线】命令指定射线的起点后，可以根据【指定通过点】的提示指定多个通过点，绘制经过相同起点的多条射线，直到按 Esc 键或 Enter 键退出为止。

2.2.4 案例——绘制与水平方向呈 30° 和 75° 夹角的射线

（1）新建文件。单击【快速访问】工具栏中的【新建】按钮，新建空白文件。

（2）在【默认】选项卡中，单击【绘图】面板中的【射线】按钮，在绘图区的任意位置处单击作为起点，然后在命令行中输入各通过点，结果如图 2-9 所示，命令行操作如下。

```
命令: _ray                    //调用【射线】命令
指定起点:                     //输入射线的起点坐标
指定通过点: <30↙              //输入(<30)表示通过点位于与水平方向夹角为30°的直线上
角度替代: 30                  //射线角度被锁定至30°
指定通过点:                   //在任意点处单击即可绘制30°角度线
指定通过点: <75↙              //输入(<75)表示通过点位于与水平方向夹角为75°的直线上
角度替代: 75                  //射线角度被锁定至75°
指定通过点:                   //在任意点处单击即可绘制75°角度线
指定通过点:↙                  //回车结束命令
```

2.2.5 构造线

构造线是两端无限延伸的直线，没有起点和终点，主要用于绘制辅助线和修剪边界，在室内设计中常用来作为辅助线。构造线只需指定两个点即可确定位置和方向，执行【构造线】命令有以下几种方法。

- 功能区：在【默认】选项卡中，单击【绘图】面板中的【构造线】按钮。
- 菜单栏：选择【绘图】|【构造线】命令。
- 命令行：XLINE 或 XL。

执行该命令后命令操作如下。

```
命令: _xline                                              //调用【构造线】命令
指定点或[水平(H)/垂直(V)/角度(A)/二等分(B)/偏移(O)]:      //指定构造线的绘制方式
```

各选项含义说明如下：

➢ 水平（H）、垂直（V）：选择【水平（H）】或【垂直（V）】选项，可以绘制水平和垂直的构造线，如图 2-10 所示。

➢ 角度（A）：选择【角度（A）】选项，可以绘制用户所输入角度的构造线，如图 2-11 所示。

➢ 二等分（B）：选择【二等分（B）】选项，可以绘制两条相交直线的角平分线，如图 2-12 所示。绘制角平分线时，使用捕捉功能依次拾取顶点 *O*、起点 *A* 和端点 *B* 即可（*A*、*B* 可为直线上除 *O* 点外的任意点）。

➢ 偏移（O）：选择【偏移（O）】选项，可以由已有直线偏移出平行线。该选项的功能类似于【偏移】命令。通过输入偏移距离和选择要偏移的直线来绘制与该直线平行的构造线。

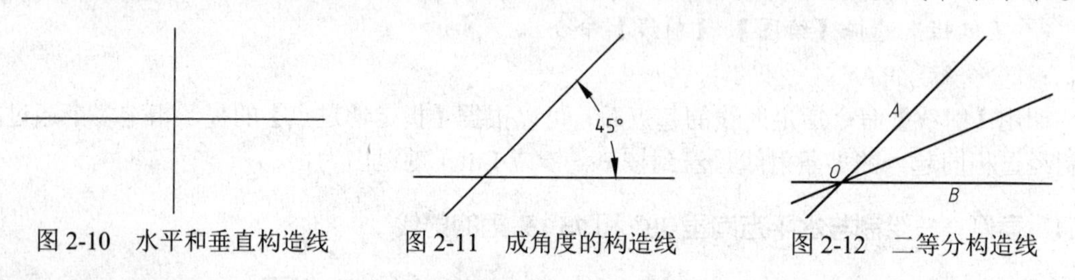

图 2-10 水平和垂直构造线　　图 2-11 成角度的构造线　　图 2-12 二等分构造线

初学解答　　**构造线的特点与应用**

构造线是真正意义上的“直线”，可以向两端无限延伸。构造线在控制草图的几何关系、尺寸关系方面，有着极其重要的作用，是绘图提高效率的常用命令。构造线可以用来绘制各种绘图过程中的辅助线和基准线，如机械上的中心线、建筑中的墙体线。构造线不会改变图形的总面积，因此，它们无限长的特性对缩放或视点没有影响，并会被显示图形范围的命令所忽略。和其他对象一样，构造线也可以移动、旋转和复制。

2.2.6 多段线

多段线是 AutoCAD 中常用的一类复合图形对象。使用【多段线】命令可以生成由若干条直线和曲线首尾连接形成的复合线实体。调用【多段线】命令有以下几种方法。

➢ 功能区：在【默认】选项卡中，单击【绘图】面板中的【多段线】按钮。

➢ 菜单栏：调用【绘图】|【多段线】命令。

➢ 命令行：PLINE 或 PL。

1. 绘制多段线

执行【多段线】命令并指定多段线起点后，命令行操作如下。

指定下一个点或 [圆弧(A)/半宽(H)/长度(L)/放弃(U)/宽度(W)]：

命令行中各选项的含义如下。

➢ 圆弧（A）：激活该选项，将以绘制圆弧的方式绘制多段线。

➢ 半宽（H）：激活该选项，将指定多段线的半宽值，AutoCAD 将提示用户输入多段线的起点宽度和终点宽度，常用此选项绘制箭头。

➢ 长度（L）：激活该选项，将定义下一条多段线的长度。

➢ 放弃（U）：激活该选项，将取消上一次绘制的一段多段线。

➢ 宽度（W）：激活该选项，可以设置多段线宽度值。建筑制图中常用此选项来绘制具有一定宽度的地平线等元素。

2. 编辑多段线

多段线绘制完成后，如需修改，AutoCAD 2016 提供专门的多段线编辑工具对其进行编辑。执行【编辑多段线】命令的方法有以下几种。

➢ 菜单栏：选择【修改】|【对象】|【多段线】菜单命令。

➢ 功能区：在【默认】选项卡中，单击【修改】面板中的【编辑多段线】按钮。

➢ 工具栏：单击【修改Ⅱ】工具栏的【编辑多段线】按钮。

➢ 命令行：在命令行中输入 PEDIT/PE 命令。

执行上述命令后，选择需编辑的多段线，命令行提示如下。

输入选项 [闭合()/合并(J)/宽度(W)/编辑顶点(E)/拟合(F)/样条曲线(S)/非曲线化(D)/线型生成(L)/反转(R)/放弃(U)]：

2.2.7　案例——绘制楼梯方向指示箭头

（1）按 Ctrl+O 组合键，打开配套光盘提供的"第 02 章/2.2.7 绘制楼梯方向指示箭头.dwg"素材文件，如图 2-13 所示。

（2）在【默认】选项卡中，单击【绘图】面板中的【多段线】按钮，绘制指示箭头，命令行操作如下：

```
命令: PL↙   PLINE                                   //调用【多段线】命令
指定起点:                                            //在绘图区单击确定起点
当前线宽为 0.0000
指定下一个点或[圆弧(A)/半宽(H)/长度(L)/放弃(U)/宽度(W)]:3327↙
                                                    //向上移动鼠标,绘制直线
指定下一点或 [圆弧(A)/闭合(C)/半宽(H)/长度(L)/放弃(U)/宽度(W)]: 1301↙
                                                    //向右移动鼠标，绘制直线
指定下一点或 [圆弧(A)/闭合(C)/半宽(H)/长度(L)/放弃(U)/宽度(W)]: 1285↙
                                                    //向下移动鼠标，绘制直线
指定下一点或 [圆弧(A)/闭合(C)/半宽(H)/长度(L)/放弃(U)/宽度(W)]: w↙
                                                    //激活【宽度】选项
指定起点宽度 <0.0000>:  80↙                          //输入起点宽度值
指定端点宽度 <80.0000>:  0↙                          //输入端点宽度值
                                                    //按回车键结束绘制，结果如图 2-14 所示
```

（3）重复操作，完成楼梯指示箭头的绘制并进行文字标注，结果如图 2-15 所示。

2.2.8　多线

多线是由一系列相互平行的直线组成的组合图形，其组合范围为 1～16 条平行线，这些平行线称为元素。构成多线的元素既可以是直线，也可以是圆弧。在室内绘图中的应用非常广泛，建筑平面图的墙体通常使用多线进行绘制。

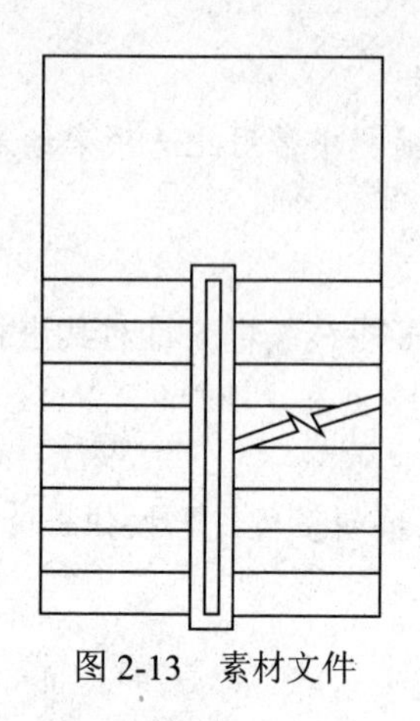

图 2-13　素材文件

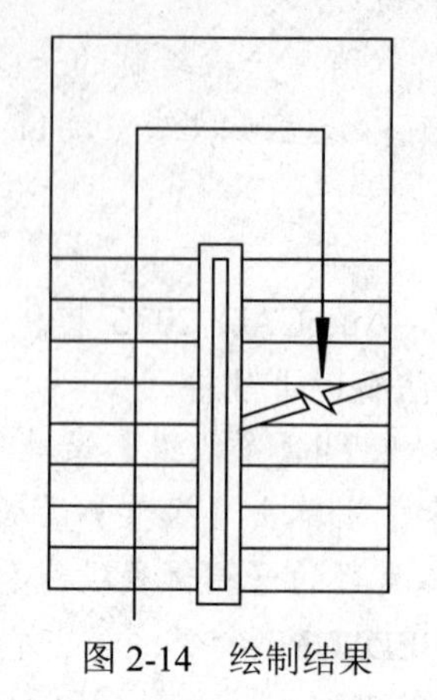

图 2-14　绘制结果

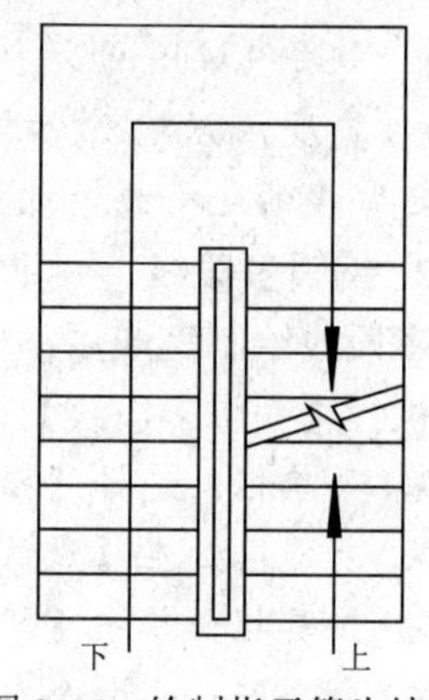

图 2-15　绘制指示箭头结果

1. 绘制多线

通过多线的样式，用户可以自定义元素的类型以及元素间的间距，以满足不同情形下的多线使用要求。执行【多线】命令有以下几种方法。

- 菜单栏：选择【绘图】|【多线】菜单命令。
- 命令行：MLINE 或 ML。

多线的绘制方法与直线相似，不同的是多线由多条线性相同的平行线组成。绘制的每一条多线都是一个完整的整体，不能对其进行偏移、延伸、修剪等编辑操作，只能将其分解为多条直线后才能编辑。执行【多线】命令后，命令行操作如下。

```
指定起点或 [对正(J)/比例(S)/样式(ST)]:
```

各选项的含义介绍如下。

- 对正（J）：设置绘制多线相对于用户输入端点的偏移位置。该选项有【上】、【无】和【下】3 个选项，【上】表示多线顶端的线随着光标进行移动；【无】表示多线的中心线随着光标点移动；【下】表示多线底端的线随着光标点移动。3 种对正方式如图 2-16 所示。
- 比例（S）：设置多线的宽度比例。如图 2-17 所示，比例因子为 10 和 100。比例因子为 0 时，将使多线变为单一的直线。
- 样式（ST）：用于设置多线的样式。激活【样式】选项后，命令行出现“输入多线样式或[?]”提示信息，此时可直接输入已定义的多线样式名称。输入“？”，则会显示已定义的多线样式。

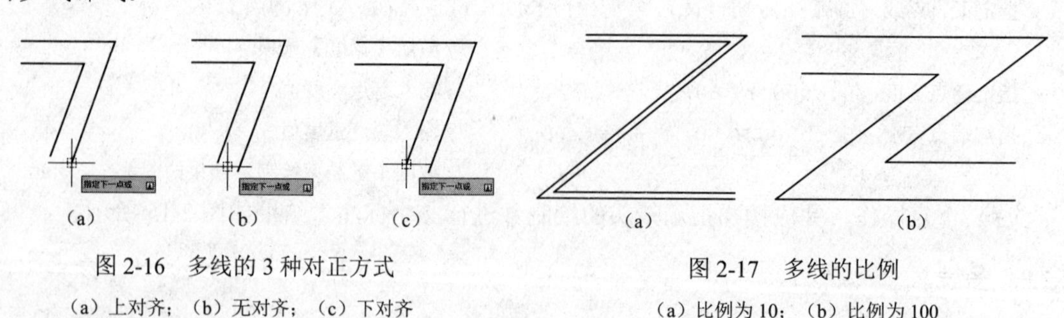

图 2-16　多线的 3 种对正方式

（a）上对齐；（b）无对齐；（c）下对齐

图 2-17　多线的比例

（a）比例为 10；（b）比例为 100

2. 定义多线样式

系统默认的多线样式称为 STANDARD 样式，它由两条平行线组成，并且平行线的间距是定值。如需绘制不同样式的多线，则可以在打开的【多线样式】对话框中设置多线的线型、颜色、线宽、偏移等特性。

执行【多线样式】命令有以下几种方法。

➢ 菜单栏：选择【格式】|【多线样式】命令。

➢ 命令行：MLSTYLE。

执行上述任一命令后，系统弹出如图 2-18 所示的【多线样式】对话框，其中可以新建、修改或者加载多线样式。单击其中的【新建】按钮，可以打开【创建新的多线样式】对话框，然后定义新多线样式的名称，如图 2-19 所示。接着，单击【继续】按钮，便可打开【新建多线样式】对话框，可以在其中设置多线的各种特性，如图 2-20 所示。

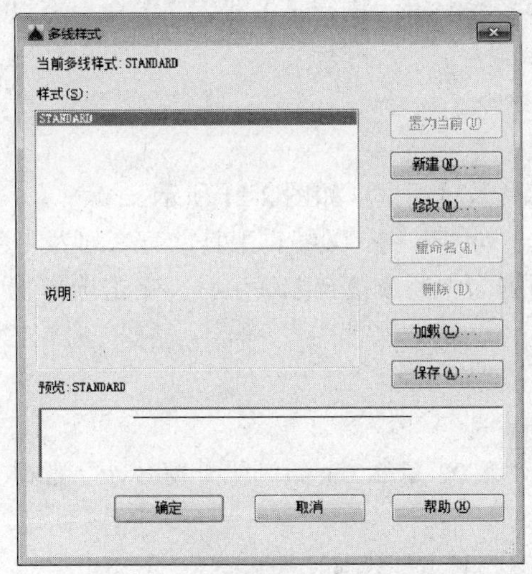

图 2-18 【多线样式】对话框

图 2-19 【创建新的多线样式】对话框

图 2-20 【新建多线样式】对话框

【新建多线样式】对话框中各选项的含义如下。

➢ 说明文本框：用来为多线样式添加说明，最多可输入 255 个字符。

➢ 封口：设置多线的平行线段之间两端封口的样式。当取消【封口】选项区中的复选框勾选，绘制的多段线两端将呈打开状态。

➢ 填充：设置封闭的多线内的填充颜色，选择【无】选项，表示使用透明颜色填充。

➢ 显示连接：显示或隐藏每条多线段顶点处的连接。

➢ 图元：构成多线的元素，通过单击【添加】按钮可以添加多线的构成元素，也可以通过单击【删除】按钮删除这些元素。

➢ 偏移：设置多线元素从中线的偏移值，值为正表示向上偏移，值为负表示向下偏移。

➢ 颜色：设置组成多线元素的直线线条颜色。

➢ 线型：设置组成多线元素的直线线条线型。

3. 编辑多线

多线绘制完成以后，可以根据不同的需要进行多线编辑。执行【多线编辑】命令有以下几种方法。

➢ 菜单栏：选择【修改】|【对象】|【多线】命令。

➢ 命令行：MLEDIT。

执行上述任一命令后，系统弹出【多线编辑工具】对话框，如图 2-21 所示。

该对话框中共有 4 列 12 种多线编辑工具：第一列为十字交叉编辑工具，第二列为 T 字交叉编辑工具，第三列为角点结合编辑工具，第四列为中断或接合编辑工具。单击选择其中的一种工具图标，即可使用该工具。

2.2.9 案例——绘制平开窗

（1）按 Ctrl+O 组合键，打开配套光盘提供的“第 02 章/2.2.9 绘制平开窗.dwg”素材文件，如图 2-22 所示。

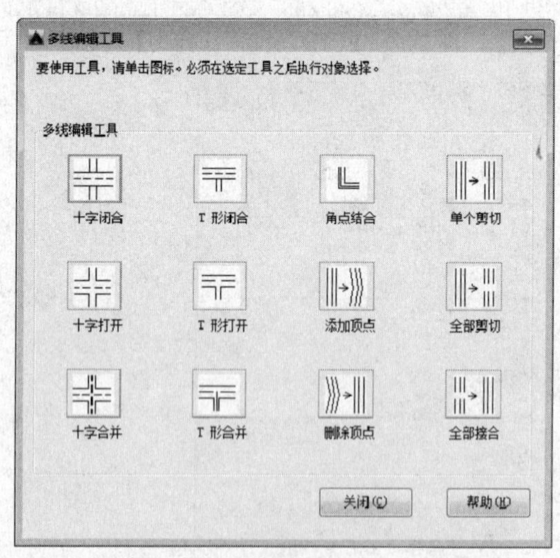

图 2-21 【多线编辑工具】对话框

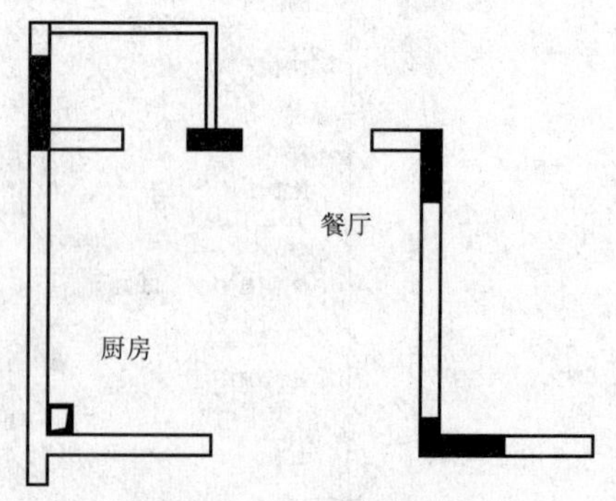

图 2-22 素材文件

（2）创建平开窗多线样式。选择【格式】|【多线样式】命令，系统弹出【多线样式】对话框，如图 2-23 所示。

（3）在【多线样式】对话框中单击【新建】按钮，系统弹出【创建新的多线样式】对话框，然后在【新样式名】文本框中输入【平开窗】，如图 2-24 所示。

（4）单击对话框中的【继续】按钮，系统弹出【新建多线样式：平开窗】对话框。在【封口】选项区勾选【直线】的起点和端点复选框来设置多线样式端点封口，如图 2-25 所示。

（5）在【图元】列表框中单击选择 0.5 的线型样式，在【偏移】文本框中输入 120，单击【添加】按钮，输入偏移值 40，再单击【添加】按钮，输入偏移值–40，再单击选择–0.5 的线型样式，在【偏移】文本框中输入–120，如图 2-26 所示。

（6）单击【确定】按钮，返回【多线样式】对话框，选择新建的【平开窗】样式，并将其置为当前，然后单击【确定】按钮完成多线样式【平开窗】的设置。

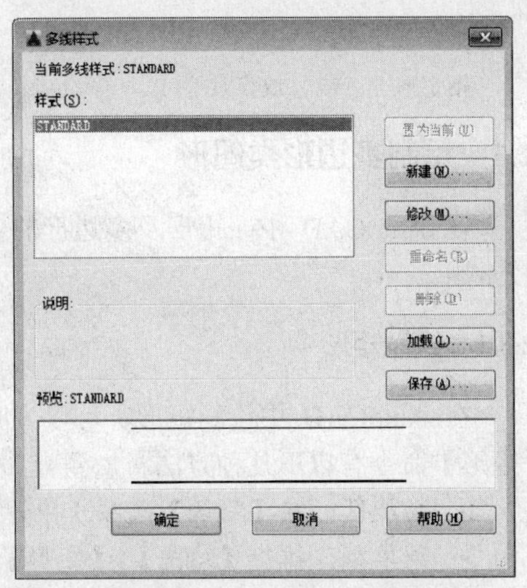

图 2-23　【多线样式】对话框

图 2-24　【创建新的多线样式】对话框

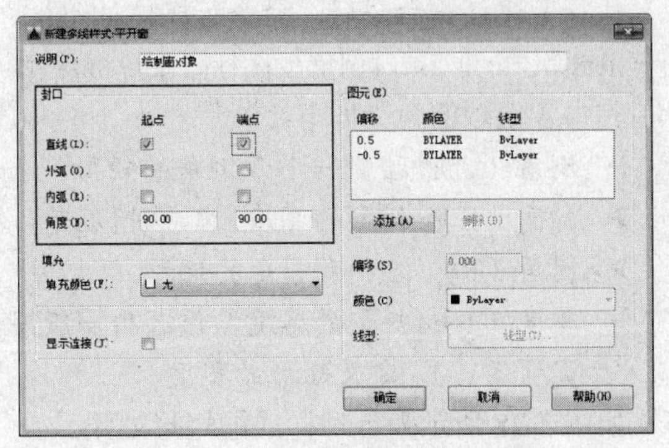

图 2-25　设置多线样式端点封口

（7）绘制平开窗。在命令行中输入 ML【多线】命令并按 Enter 键，开启 F3 对象捕捉模式，绘制平开窗，如图 2-27 所示。命令行的操作如下。

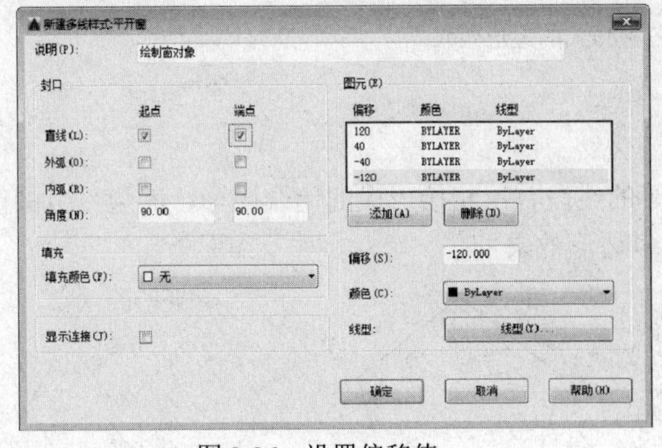

图 2-26　设置偏移值

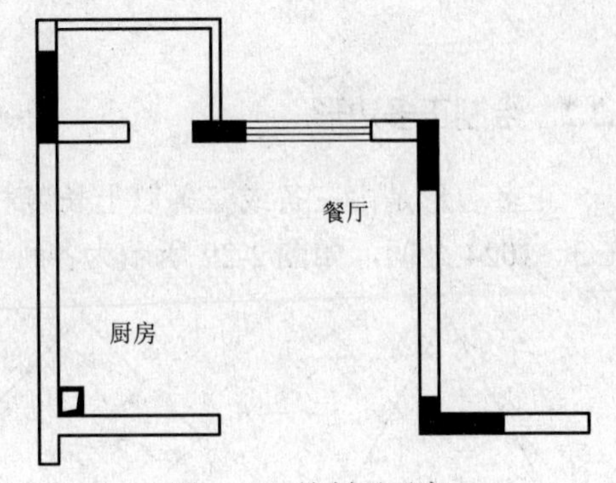

图 2-27　绘制平开窗

```
命令：ML↙              MLINE                    //调用【多线】命令
当前设置：对正 = 上，比例 = 1.00，样式 = 平开窗
指定起点或[对正(J)/比例(S)/样式(ST)]：   //默认多线的设置
```

```
指定下一点:                              //捕捉墙体一点为多线起点
指定下一点或 [放弃(U)]:                   //捕捉另一点为多线端点,按 Enter 键完成操作
```

2.3 绘制多边形类图形

在 AutoCAD 中，矩形及多边形的各边构成一个单独的对象。它们在绘制复杂图形时比较常用。

2.3.1 绘制矩形

在 AutoCAD 中绘制矩形，可以为其设置倒角、圆角，以及宽度和厚度值等参数。调用【矩形】命令有以下几种方法。

- 功能区：在【默认】选项卡中，单击【绘图】面板【矩形】按钮。
- 菜单栏：执行【绘图】|【矩形】命令。
- 命令行：RECTANG 或 REC。

执行上述任一命令后，命令行操作如下：

```
指定第一个角点或 [倒角(C)/标高(E)/圆角(F)/厚度(T)/宽度(W)]:
```

其中各选项的含义如下：

- 倒角（C）：绘制一个带倒角的矩形。
- 标高（E）：矩形的高度。默认情况下，矩形在 x、y 平面内。一般用于三维绘图。
- 圆角（F）：绘制带圆角的矩形。
- 厚度（T）：矩形的厚度，该选项一般用于三维绘图。
- 宽度（W）：定义矩形的宽度。

如图 2-28 所示为各种样式的矩形效果。

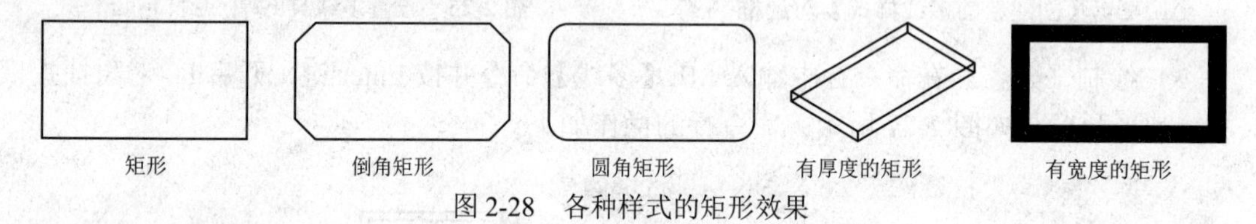

图 2-28　各种样式的矩形效果

2.3.2 绘制正多边形

正多边形是由三条或三条以上长度相等的线段首尾相接形成的闭合图形，其边数范围值在 3～1024 之间，如图 2-29 所示为各种正多边形效果。

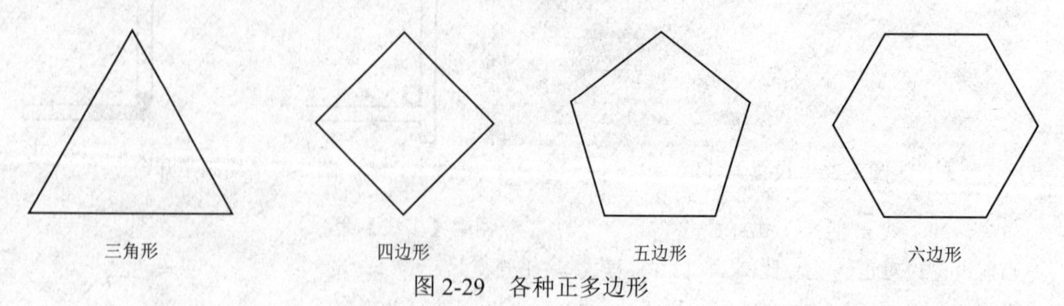

图 2-29　各种正多边形

启动【多边形】命令有以下几种方法。

➢ 功能区：在【默认】选项卡中，单击【绘图】面板中的【多边形】按钮⬠。

➢ 菜单栏：选择【绘图】|【多边形】命令。

➢ 命令行：POLYGON 或 POL。

执行【多边形】命令后，命令行将出现如下提示：

```
命令：POLYGON↙                              //执行【多边形】命令
输入侧面数 <4>:                             //指定多边形的边数,默认状态为四边形
指定正多边形的中心点或 [边(E)]:             //确定多边形的一条边来绘制正多边形,由边数和边
                                              长确定
输入选项[内接于圆(I)/外切于圆(C)]<I>:       //选择正多边形的创建方式
指定圆的半径:                               //指定创建正多边形时的内接于圆或外切于圆的半径
```

其部分选项含义如下：

➢ 中心点：通过指定正多边形中心点的方式来绘制正多边形。

➢ 内接于圆（I）/外切于圆（C）：内接于圆表示以指定正多边形内接圆半径的方式来绘制正多边形；外切于圆表示以指定正多边形外切圆半径的方式来绘制正多边形，如图 2-30 所示。

➢ 边（E）：通过指定多边形边的方式来绘制正多边形。该方式将通过边的数量和长度确定正多边形，如图 2-31 所示。

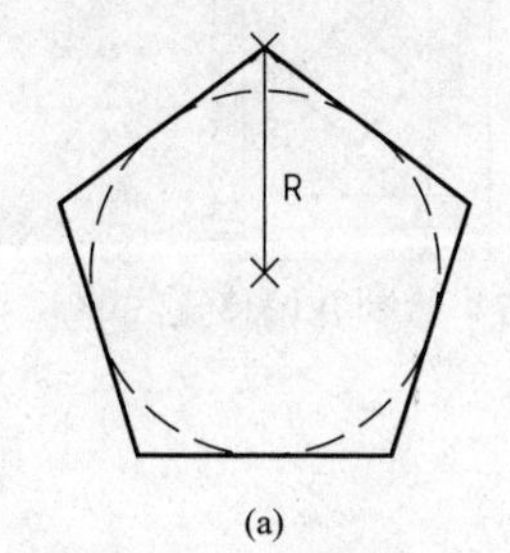

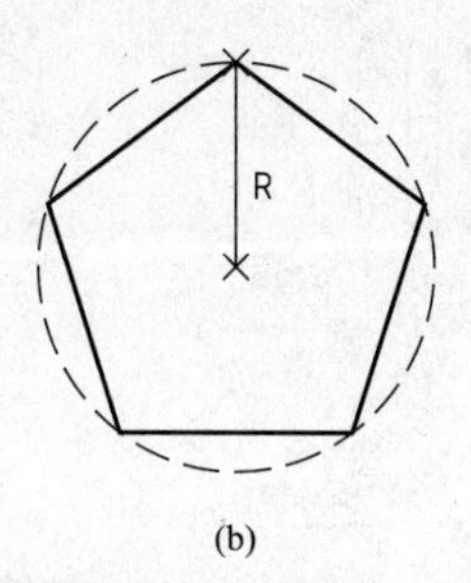

图 2-30　通过【内接于圆(I)/外切于圆(C)】绘制正多边形

（a）内接于圆；（b）外切于圆

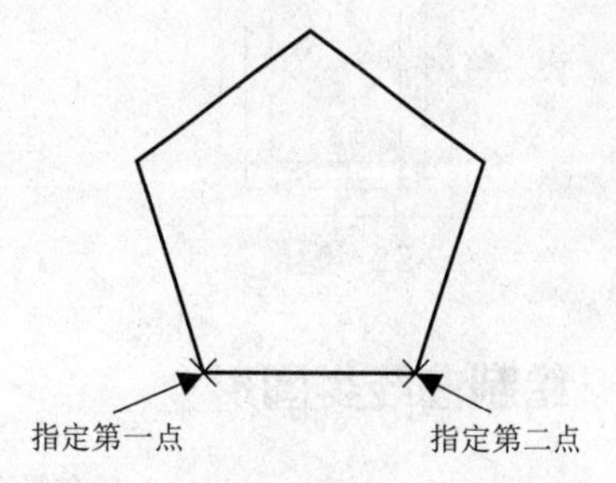

图 2-31　通过指定边长的方式来绘制正多边形

2.3.3　案例——绘制门立面

（1）调用 REC【矩形】命令，绘制尺寸为 2000㎜×900㎜ 的矩形；调用 O【偏移】命令，设置偏移距离为 100，向内偏移矩形，结果如图 2-32 所示。

（2）调用 X【分解】命令，将内矩形分解；调用 O【偏移】命令，向内偏移矩形边，结果如图 2-33 所示。

（3）调用 REC【矩形】命令，绘制尺寸为 398㎜×98㎜ 的矩形；调用 O【偏移】命令，设置偏移距离 10，向内偏移矩形，结果如图 2-34 所示。

（4）调用 POL【多边形】命令，绘制半径为 212㎜ 的正四边形；调用 MI【镜像】命令，镜像复制多边形图形，结果如图 2-35 所示。

（5）调用 O【偏移】命令，设置偏移距离 10，向内偏移多边形，结果如图 2-36 所示。

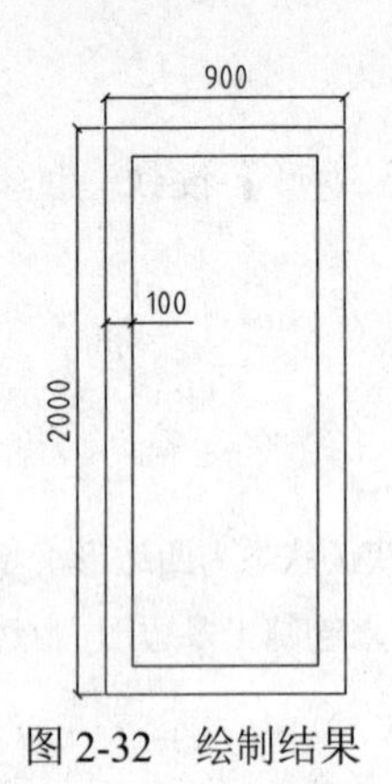

图 2-32　绘制结果

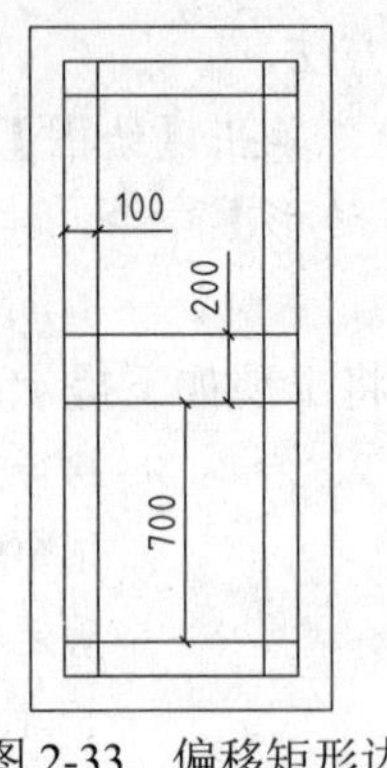

图 2-33　偏移矩形边

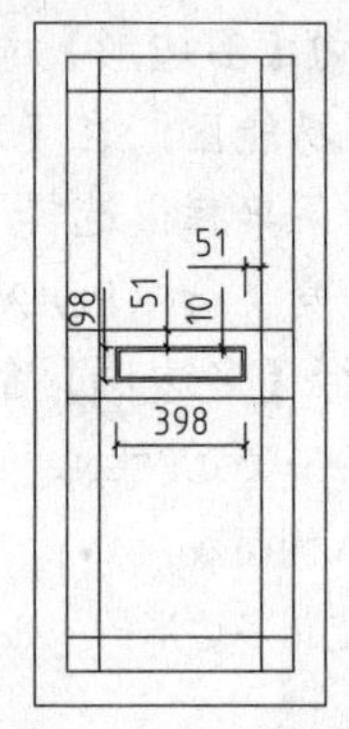

图 2-34　绘制结果

（6）调用 L【直线】、O【偏移】命令，绘制并偏移直线，完成造型门的立面图的绘制，结果如图 2-37 所示。

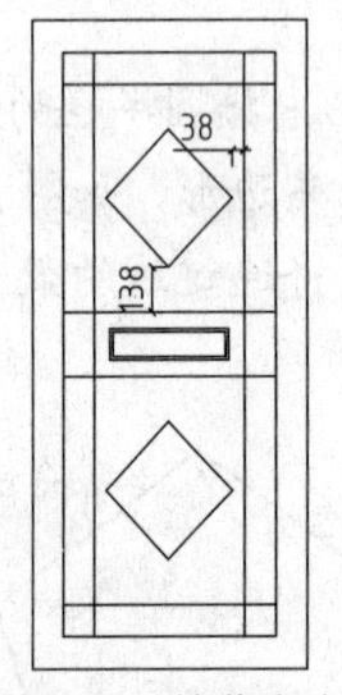

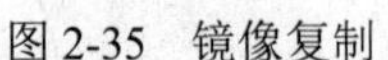
图 2-35　镜像复制

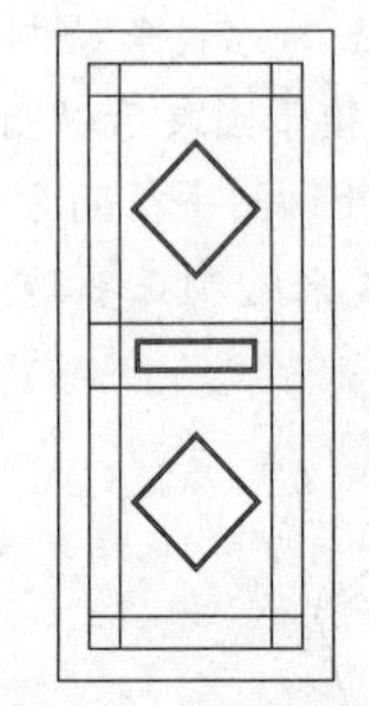
图 2-36　偏移多边形

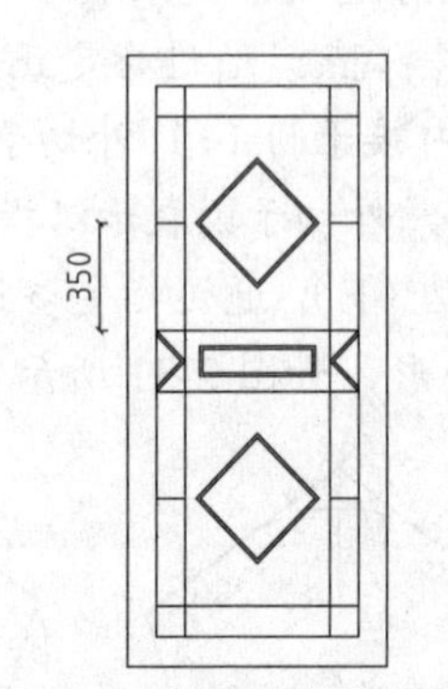

图 2-37　绘制并偏移直线

2.4　绘制曲线类图形

在 AutoCAD 2016 中，样条曲线、圆、圆弧、椭圆、椭圆弧和圆环都属于曲线类图形，其绘制方法相对于直线对象较复杂，下面分别对其进行讲解。

2.4.1　样条曲线

样条曲线是经过或接近一系列给定点的平滑曲线，它能够自由编辑，以及控制曲线与点的拟合程度。

1. 绘制样条曲线

样条曲线可分为拟合点样条曲线和控制点样条曲线两种，拟合点样条曲线的拟合点与曲线重合，如图 2-38 所示；控制点样条曲线是通过曲线外的控制点控制曲线的形状，如图 2-39 所示。

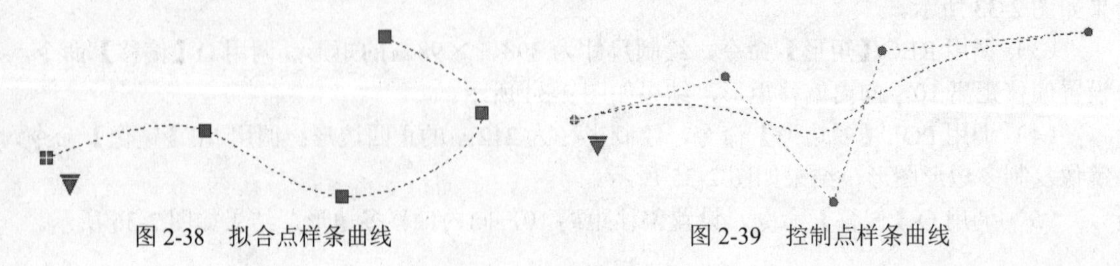
图 2-38　拟合点样条曲线　　　　图 2-39　控制点样条曲线

调用【样条曲线】命令有以下几种方法。

➢ 功能区：在【默认】选项卡中，单击【绘图】滑出面板上的【拟合点】按钮或【控制点】按钮。

➢ 菜单栏：选择【绘图】|【样条曲线】命令，然后在子菜单中选择【拟合点】或【控制点】命令。

➢ 命令行：SPLINE 或 SPL。

调用该命令，命令行提示如下：

```
命令: _spline
当前设置: 方式=拟合节点=弦
指定第一个点或 [方式(M)/节点(K)/对象(O)]:
输入下一个点或 [起点切向(T)/公差(L)]:
```

命令行部分选项的含义如下。

➢ 起点切向（T）：定义样条曲线的起点和结束点的切线方向。

➢ 公差（L）：定义曲线的偏差值。值越大，离控制点越远，反之则越近。

当样条曲线的控制点达到要求之后，按 Enter 键即可完成该样条曲线。

2. 编辑样条曲线

与多段线一样，AutoCAD 2016 也提供了专门编辑样条曲线的工具，其执行方式有以下几种方法。

➢ 菜单栏：选择【修改】|【对象】|【样条曲线】命令。

➢ 功能区：在【默认】选项卡中，单击【修改】面板中的【编辑样条曲线】按钮。

➢ 工具栏：单击【修改 II】工具栏的【编辑样条曲线】按钮。

➢ 命令行：SPEDIT。

执行上述命令后，选择要编辑的样条曲线，命令行提示如下。

```
输入选项[闭合(C)/合并(J)/拟合数据(F)/编辑顶点(E)/转换为多线段(P)/反转(R)/放弃(U)/退出(X)]:<退出>
```

2.4.2　案例——绘制贵妃椅的靠背

（1）按 Ctrl+O 组合键，打开配套光盘提供的“第 02 章/2.4.2 绘制贵妃椅的靠背.dwg”素材文件，如图 2-40 所示。

（2）单击【绘图】工具栏上的【样条曲线】按钮，绘制贵妃椅的靠背，如图 2-41 所示。命令操作如下：

```
命令: _spline                                              //调用【样条曲线】命令
当前设置: 方式=拟合        节点=弦
指定第一个点或 [方式(M)/节点(K)/对象(O)]:                      //在贵妃椅的扶手上捕捉一点
                                                             作为起点
输入下一个点或 [起点切向(T)/公差(L)]:                          //指定下一点
输入下一个点或 [端点相切(T)/公差(L)/放弃(U)]:                   //再次指定下一点
输入下一个点或 [端点相切(T)/公差(L)/放弃(U)/闭合(C)]:↙          //按回车键结束绘制
```

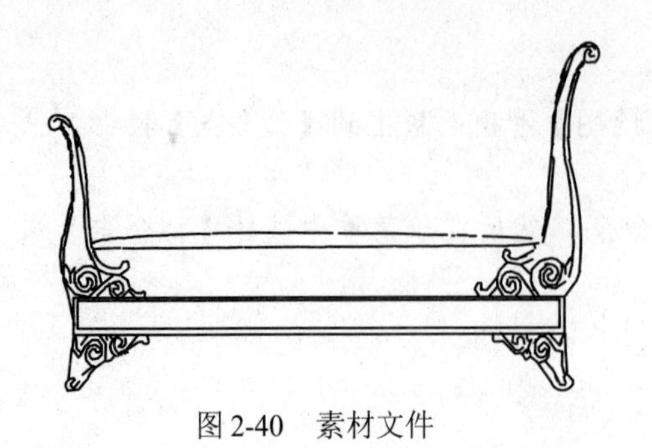

图 2-40 素材文件

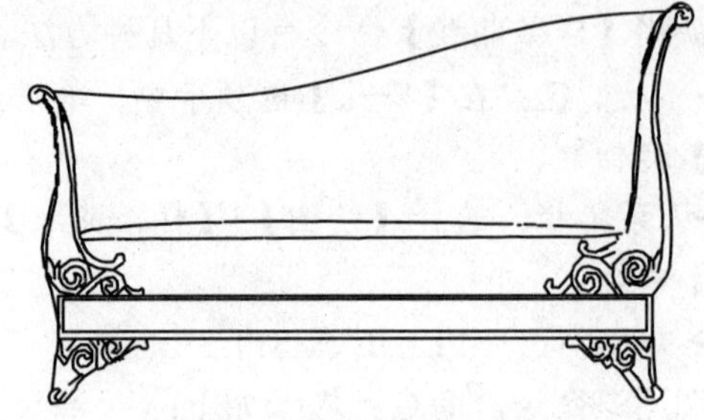

图 2-41 绘制样条曲线的结果

2.4.3 圆

圆也是绘图中最常用的图形对象，执行【圆】命令的方法有以下几种。

➢ 功能区：在【默认】选项卡中，单击【绘图】面板中的【圆】按钮。

➢ 菜单栏：选择【绘图】|【圆】命令，然后在子菜单中选择一种绘圆方法。

➢ 命令行：CIRCLE 或 C。

在【绘图】面板【圆】的下拉列表中提供了 6 种绘制圆的命令，各命令的含义如下。

➢ 圆心、半径（R）：用圆心和半径方式绘制圆，如图 2-42 所示。

➢ 圆心、直径（D）：用圆心和直径方式绘制圆，如图 2-43 所示。

➢ 两点（2P）：通过直径的两个端点绘制圆，系统会提示指定圆直径的第一端点和第二端点，如图 2-44 所示。

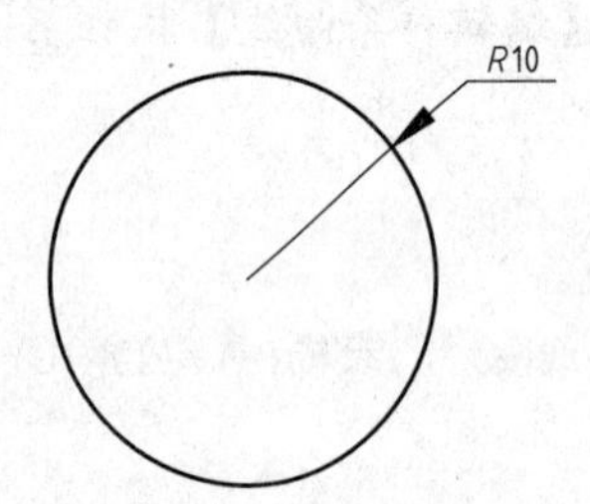

图 2-42 圆心、半径方式画圆

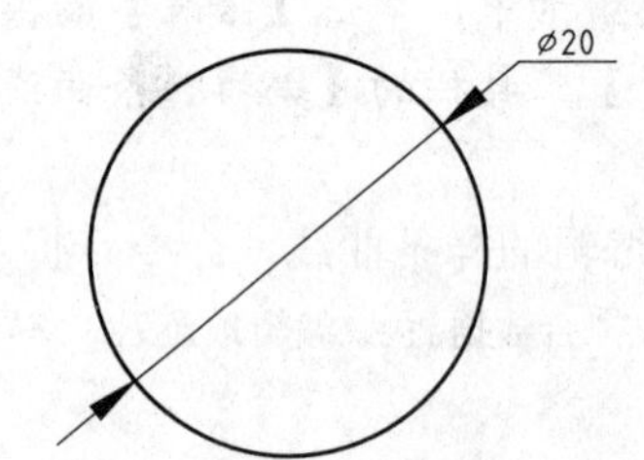

图 2-43 圆心、直径方式画圆

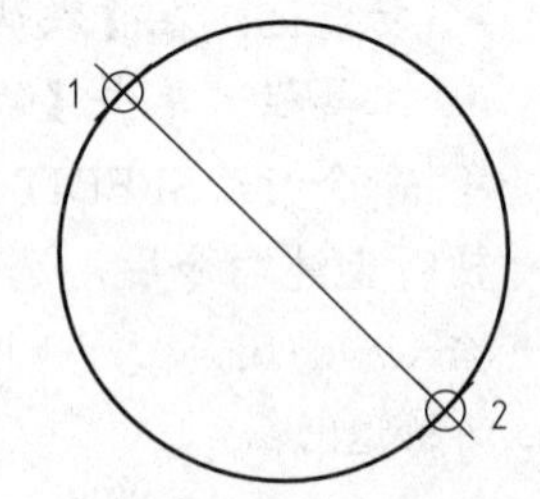

图 2-44 两点画圆

➢ 三点（3P）：通过圆上 3 点绘制圆，系统会提示指定圆上的第一点、第二点和第三点，如图 2-45 所示。

➢ 相切、相切、半径（T）：通过选择圆与其他两个对象的切点和指定半径值来绘制圆。系统会提示指定圆的第一切点和第二切点及圆的半径，如图 2-46 所示。

➢ 相切、相切、相切（A）：通过选择三条切线来绘制圆，如图 2-47 所示。

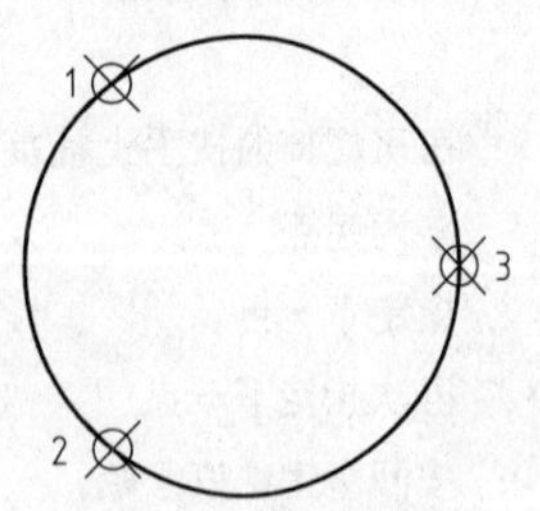

图 2-45 三点画圆

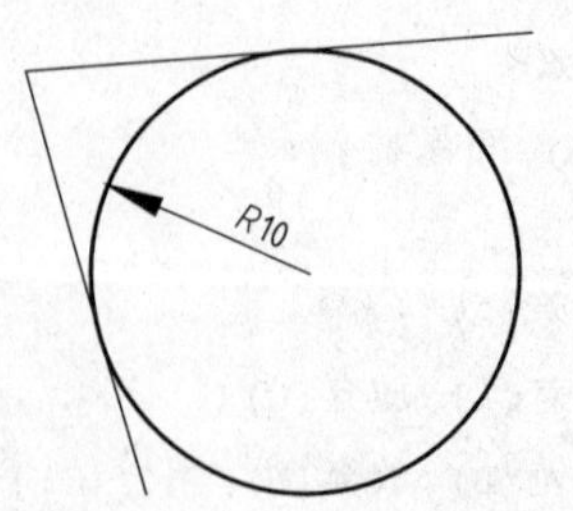

图 2-46 相切、相切、半径画圆

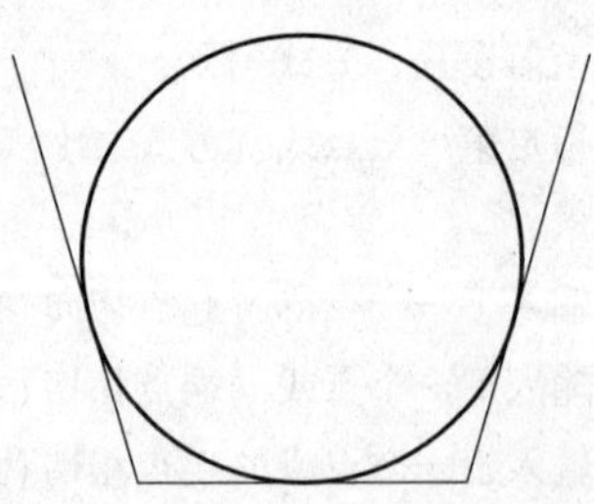

图 2-47 相切、相切、相切画圆

如果直接单击【绘图】面板中的【圆】按钮，执行【圆】命令后命令提示如下。

命令：_circle　　　　指定圆的圆心或 [三点(3P)/两点(2P)/切点、切点、半径(T)]:

2.4.4 案例——绘制吸顶灯

（1）新建文件。单击【快速访问】工具栏中的【新建】按钮，新建空白文件。

（2）调用 C【圆】命令，在绘图区任意拾取一点作为圆心，绘制半径为 120㎜的圆，如图 2-48 所示。

（3）重复调用【圆】命令，捕捉前面绘制圆的圆心，绘制半径为 107㎜的同心圆，如图 2-49 所示。

（4）调用 L【直线】命令，经过圆的圆心绘制水平和垂直直线，完成吸顶灯图形的绘制，如图 2-50 所示。

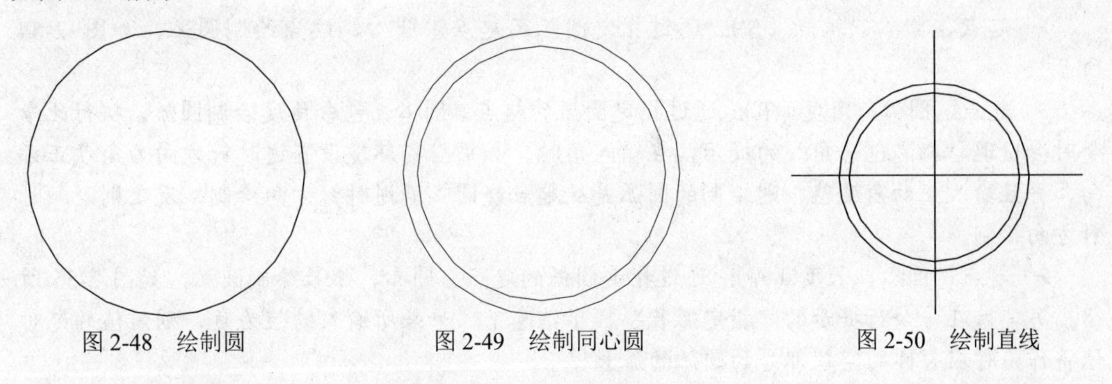

图 2-48　绘制圆　　　图 2-49　绘制同心圆　　　图 2-50　绘制直线

初学解答　　绘图时不显示预览虚线框?

用 AutoCAD 绘制矩形、圆时，通常会在鼠标光标处显示一动态虚线框，用来在视觉上帮助设计者判断图形绘制的大小，十分方便。而有时由于新手的误操作，会使得该虚线框无法显示，如图 2-51 所示。

这是由于系统变量 DRAGMODE 的设置出现了问题。只需在命令行中输入 DRAGMODE，然后根据提示，将选项修改为“自动（A）”或“开（ON）”即可（推荐设置为自动）。即可让虚线框显示恢复正常，如图 2-52 所示。

图 2-51　绘图时不显示动态虚线框　　　图 2-52　正常状态下绘图显示动态虚线框

2.4.5 圆弧

圆弧是圆的一部分曲线，是与其半径相等的圆周的一部分。执行【圆弧】命令有以下几种方法。

➢ 功能区：在【默认】选项卡中，单击【绘图】面板中的【圆弧】按钮。

➢ 菜单栏：选择【绘图】|【圆弧】命令。

➢ 命令行：ARC 或 A。

在【绘图】面板【圆弧】按钮的下拉列表中提供了 11 种绘制圆弧的命令，各命令的含义如下。

➢ 三点（P）：通过指定圆弧上的三点绘制圆弧，需要指定圆弧的起点、通过的第二个点和端点，如图 2-53 所示。

➢ 起点、圆心、端点（S）：通过指定圆弧的起点、圆心、端点绘制圆弧，如图 2-54 所示。

➢ 起点、圆心、角度（T）：通过指定圆弧的起点、圆心、包含角度绘制圆弧，执行此命令时会出现“指定包含角”的提示，在输入角时，如果当前环境设置逆时针方向为角度正方向，并且输入正的角度值，则绘制的圆弧是从起点绕圆心沿逆时针方向绘制，反之则沿顺时针方向绘制。

➢ 起点、圆心、长度（A）：通过指定圆弧的起点、圆心、弧长绘制圆弧，如图 2-55 所示。另外，在命令行提示的“指定弧长”提示信息下，如果所输入的值为负，则该值的绝对值将作为对应整圆的空缺部分的圆弧的弧长。

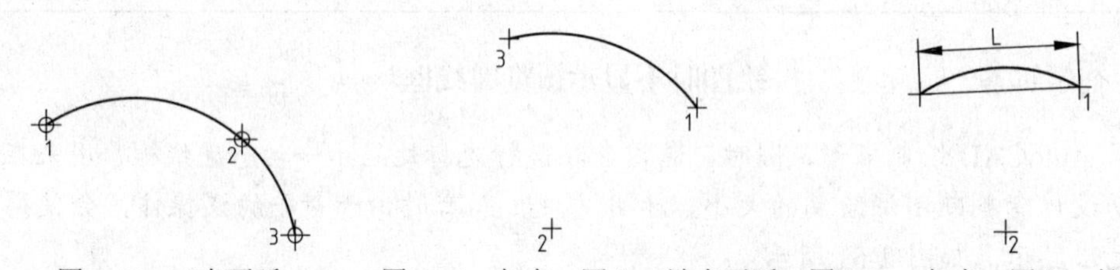

图 2-53 三点画弧　　图 2-54 起点、圆心、端点画弧　　图 2-55 起点、圆心、长度画弧

➢ 起点、端点、角度（N）：通过指定圆弧的起点、端点、包含角绘制圆弧。

➢ 起点、端点、方向（D）：通过指定圆弧的起点、端点和圆弧的起点切向绘制圆弧，如图 2-56 所示。命令执行过程中会出现“指定圆弧的起点切向”提示信息，此时拖动鼠标动态地确定圆弧在起始点处的切线方向和水平方向的夹角。拖动鼠标时，AutoCAD 会在当前光标与圆弧起始点之间形成一条线，即为圆弧在起始点处的切线。确定切线方向后，单击拾取键即可得到相应的圆弧。

➢ 起点、端点、半径（R）：通过指定圆弧的起点、端点和圆弧半径绘制圆弧，如图 2-57 所示。

➢ 圆心、起点、端点（C）：以圆弧的圆心、起点、端点方式绘制圆弧。

➢ 圆心、起点、角度（E）：以圆弧的圆心、起点、圆心角方式绘制圆弧，如图 2-58 所示。

➢ 圆心、起点、长度（L）：以圆弧的圆心、起点、弧长方式绘制圆弧。

➢ 连续（O）：绘制其他直线与非封闭曲线后选择【圆弧】|【圆弧】|【圆弧】命令，系

统将自动以刚才绘制的对象的终点作为即将绘制的圆弧的起点。

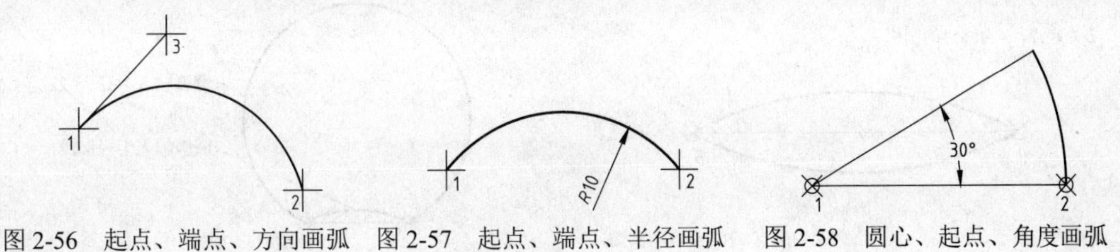

图 2-56　起点、端点、方向画弧　图 2-57　起点、端点、半径画弧　图 2-58　圆心、起点、角度画弧

2.4.6　案例——绘制过道拱门

（1）按 Ctrl+O 组合键，打开配套光盘提供的“第 02 章/2.4.6 绘制过道拱门.dwg”素材文件，如图 2-59 所示。

（2）在【默认】选项卡中，单击【绘图】面板中的【圆弧】按钮，在绘图区中分别指定圆弧的起点、圆心及端点，并删除多余的线段，结果如图 2-60 所示。

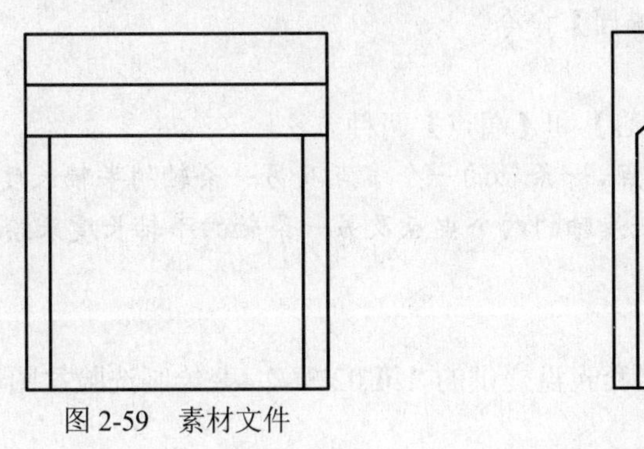

图 2-59　素材文件　　图 2-60　绘制结果

圆弧的方向与大小如何确定？

【圆弧】是新手最常犯错的命令之一。由于圆弧的绘制方法以及子选项都很丰富，因此初学者在掌握【圆弧】命令的时候容易对概念理解不清楚。如在上例子绘制圆弧形体时，就有两处非常规的地方：

1. 为什么绘制上、下圆弧时，起点和端点是互相颠倒的？
2. 为什么输入的半径值是负数？

只需弄懂这两个问题，就可以理解大多数的圆弧命令，解释如下：

AutoCAD 中圆弧绘制的默认方向是逆时针方向，因此在绘制上圆弧的时候，如果我们以 *A* 点为起点，*B* 点为端点，则会绘制出如图 2-61 所示的圆弧（命令行虽然提示按 Ctrl 键反向，但只能外观发现，实际绘制时还是会按原方向处理）。圆弧的默认方向也可以自行修改，具体请参看本书第 3 章的第 3.2.2 小节。

根据几何学的知识我们可知，在半径已知的情况下，弦长对应着两段圆弧：优弧（弧长较长的一段）和劣弧（弧长短的一段）。而在 AutoCAD 中只有输入负值才能绘制出优弧，具体关系如图 2-62 所示。

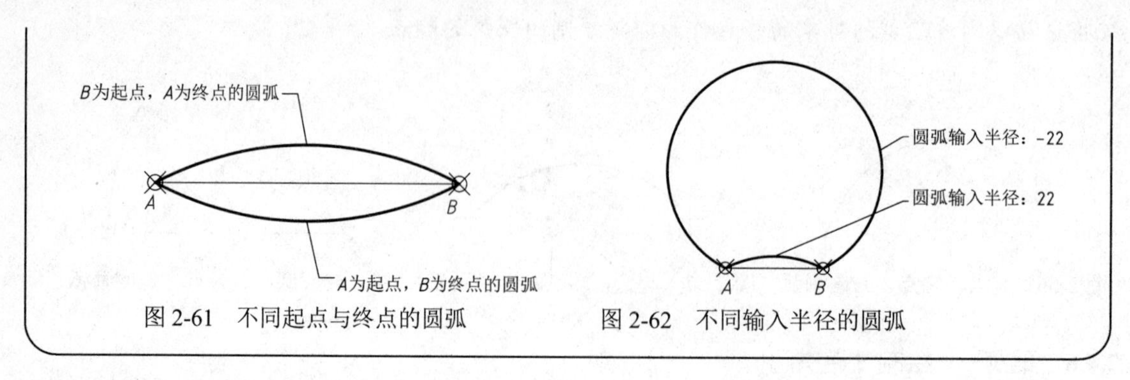

图 2-61　不同起点与终点的圆弧　　图 2-62　不同输入半径的圆弧

2.4.7　椭圆

椭圆是平面上到定点距离与到指定直线间距离之比为常数的所有点的集合。启动【椭圆】命令有以下几种方法：

- 功能区：在【默认】选项卡中，单击【绘图】面板【椭圆】按钮。
- 菜单栏：执行【绘图】|【椭圆】命令。
- 命令行：ELLIPSE 或 EL。

绘制【椭圆】命令有指定【圆心】和【端点】两种方法。

- 圆心：通过指定椭圆的中心点、一条轴的一个端点及另一条轴的半轴长度来绘制椭圆。
- 轴、端点：通过指定椭圆一条轴的两个端点及另一条轴的半轴长度来绘制圆。

2.4.8　案例——绘制洗脸盆图形

（1）按 Ctrl+O 组合键，打开配套光盘提供的“第 02 章/2.4.8 绘制洗脸盆图形.dwg”素材文件，如图 2-63 所示。

（2）在命令行中输入 EL【椭圆】命令，绘制洗脸盆外轮廓，如图 2-64 所示。命令行操作如下。

```
命令：EL↙        ELLIPSE                          //调用【椭圆】命令
指定椭圆的轴端点或 [圆弧(A)/中心点(C)]:              //指定椭圆的轴端点
指定轴的另一个端点:                                  //指定轴的另一个端点
指定另一条半轴长度或 [旋转(R)]:220↙                  //输入半轴长度，按回车键结束绘制
```

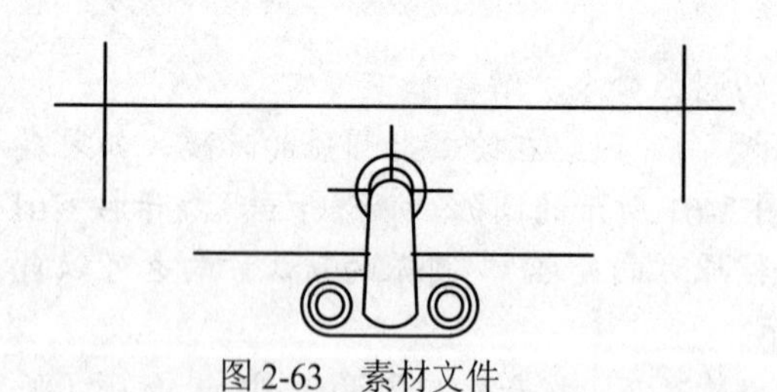

图 2-63　素材文件

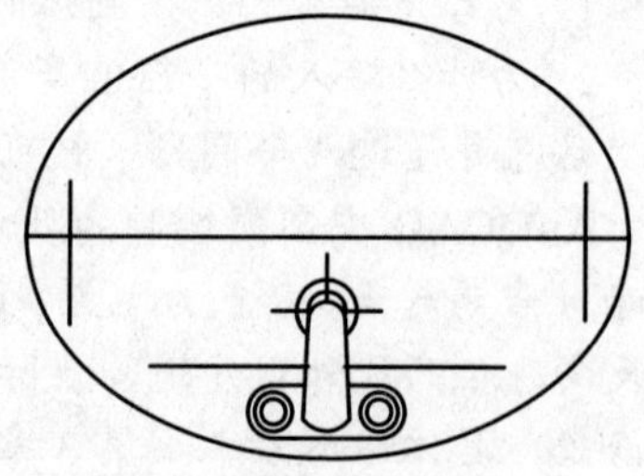

图 2-64　创建洗面台外轮廓

（3）继续调用【椭圆】命令，绘制椭圆弧内轮廓，如图 2-65 所示。命令行操作如下。

```
命令：ELLIPSE↙                                   //调用【椭圆】命令
指定椭圆的轴端点或 [圆弧(A)/中心点(C)]:A↙         //指定圆弧选项
```

```
指定椭圆弧的轴端点或 [中心点(C)]:                    //单击 A 点
指定轴的另一个端点:                                  //单击 B 点
指定另一条半轴长度或 [旋转(R)]: 170↙                 //鼠标向上移动，输入半轴长度为 170，按回车键
指定起点角度或 [参数(P)]:                            //单击 A 点
指定端点角度或 [参数(P)/夹角(I)]:                    //单击 B 点，完成椭圆弧的绘制
```

（4）在【默认】选项卡中，单击【绘图】面板中的【圆弧】按钮，绘制圆弧，并删除多余的线段，完成洗脸盆的绘制，如图 2-66 所示。

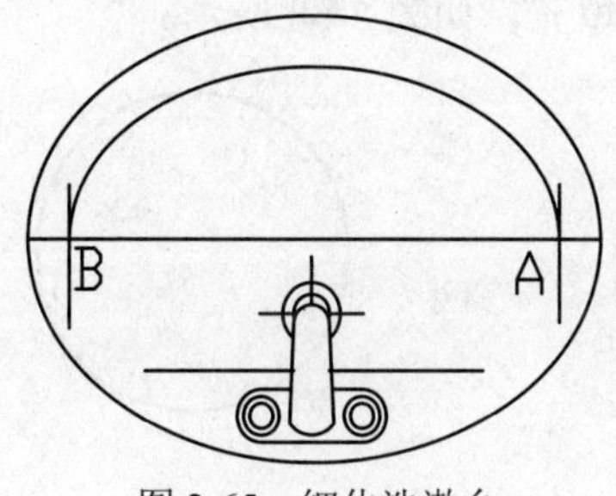

图 2-65　细化洗漱台

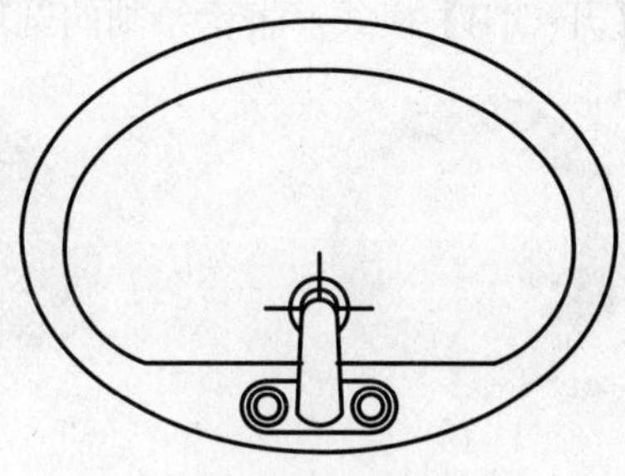

图 2-66　绘制圆

2.4.9　椭圆弧

椭圆弧是椭圆的一部分，它类似于椭圆，不同的是它的起点和终点没有闭合。

绘制椭圆弧需要确定的参数：椭圆弧所在椭圆的两条轴及椭圆弧的起点和终点角度。

启动【椭圆】命令有以下几种方法：

➢ 菜单栏：执行【绘图】|【椭圆】|【圆弧】命令。

➢ 功能区：在【默认】选项卡中，单击【绘图】面板【椭圆弧】按钮。

执行上述任一命令后，命令行提示如下：

```
指定椭圆弧的轴端点或 [圆弧(A)中心点(C)]:
指定椭圆弧的轴端点或 [中心点(C)]:
```

2.4.10　绘制圆环

圆环是由同一圆心、不同直径的两个同心圆组成的，控制圆环的参数是圆心、内直径和外直径。圆环可分为“填充环”（两个圆形中间的面积填充）和“实体填充圆”（圆环的内直径为 0）。圆环的典型示例如图 2-67 所示。

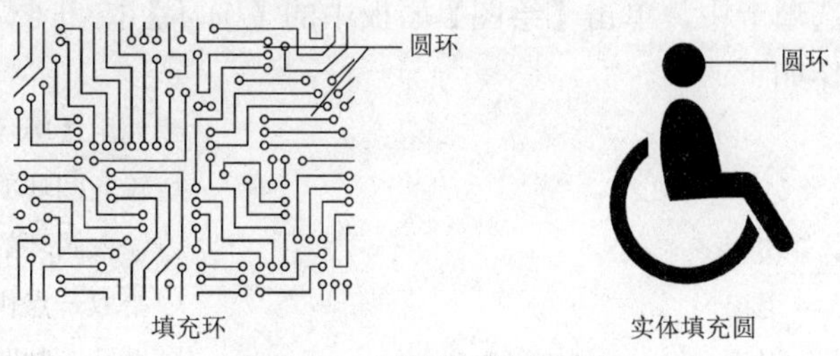

图 2-67　圆环的典型示例

执行【圆环】命令有以下几种方法。

➢ 功能区：在【默认】选项卡中，单击【绘图】面板中的【圆环】按钮◎。

➢ 菜单栏：选择【绘图】|【圆环】菜单命令。

➢ 命令行：DONUT 或 DO。

AutoCAD 默认情况下，所绘制的圆环为填充的实心图形。如果在绘制圆环之前在命令行中输入 FILL，则可以控制圆环和圆的填充可见性。执行 FILL 命令后，命令行提示如下。

命令：FILL↙

输入模式[开(ON)]|[关(OFF)]<开>：　　　　//选择填充开、关

选择【开(ON)】模式，表示绘制的圆环和圆都会填充，如图 2-68 所示。

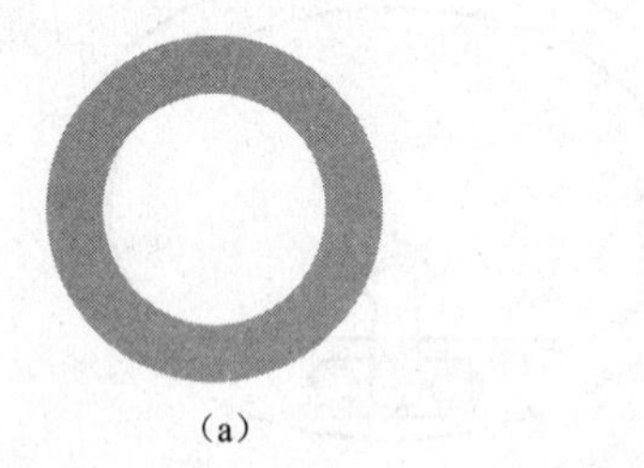

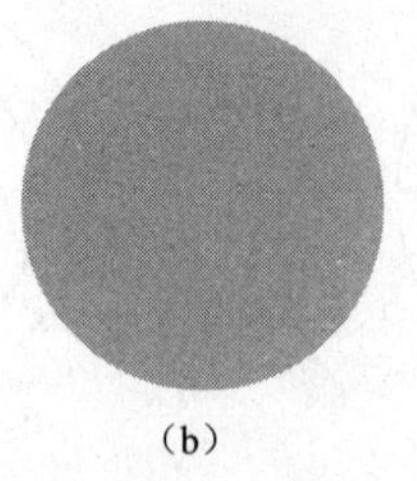

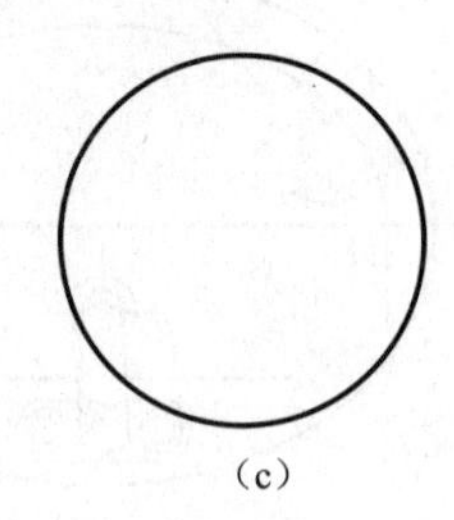

（a）　　（b）　　（c）

图 2-68　选择【开(ON)】模式

（a）内外直径不相等；（b）内直径为 0；（c）内外直径相等

选择【关(OFF)】模式，表示绘制的圆环和圆不予填充，如图 2-69 所示。

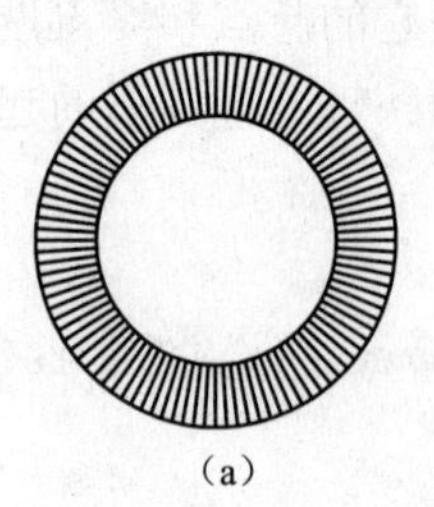

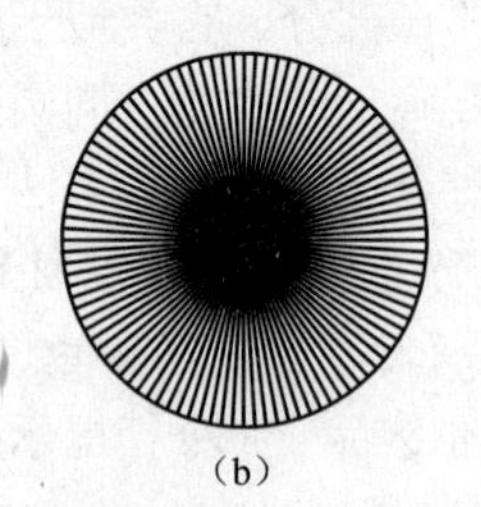

（a）　　（b）

图 2-69　选择【关(OFF)】模式

（a）内外直径不相等；（b）内直径为 0

2.4.11 案例——绘制浴霸灯

（1）按 Ctrl+O 组合键，打开配套光盘提供的“第 02 章/2.4.11 绘制浴霸灯.dwg”素材文件，如图 2-70 所示。

（2）在【默认】选项卡中，单击【绘图】面板中的【圆环】按钮◎，绘制浴霸灯，如图 2-71 所示，命令行操作如下：

命令：_donut　　　　//调用【圆环】命令

指定圆环的内径 <0.5000>：120↙　　　　//输入圆环的内径

指定圆环的外径 <1.0000>：140↙　　　　//输入圆环的外径

指定圆环的中心点或 <退出>：↙　　　　//拾取一点作为圆环的中心点

指定圆环的中心点或 <退出>：↙　　　　//继续绘制圆环，按回车键结束绘制

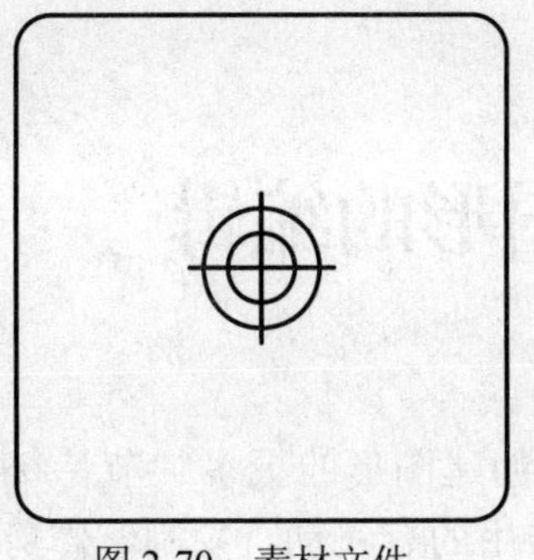

图 2-70　素材文件

图 2-71　最终结果

2.5　课后练习

使用本章所学的知识，编辑多段线命令，完善音响图形，结果如图 2-72 所示。

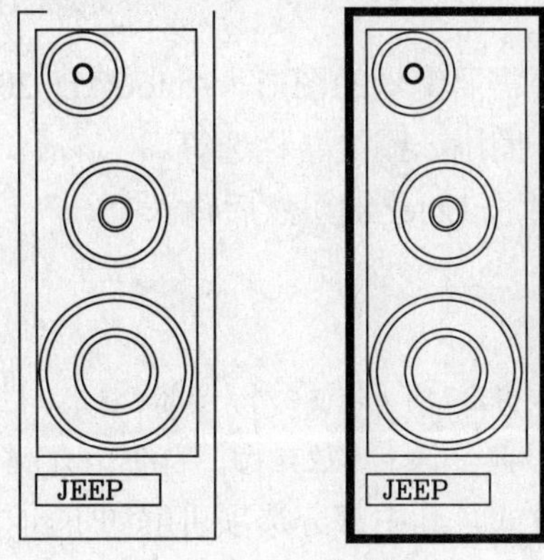

图 2-72　完善音响图形

具体的绘制步骤提示如下：

（1）调用 PL【多段线】命令，选择素材图形的外轮廓线，在弹出的快捷菜单中选择【闭合】选项。

（2）按回车键结束操作，完成对图形外轮廓的编辑。

（3）重复命令操作，选择素材图形的外轮廓线，在弹出的快捷菜单中选择【宽度】选项。

（4）输入新的宽度参数。

（5）按 Esc 键退出绘制，完成音响图形的绘制。

2.6　本章总结

本章主要介绍了如何创建直线、圆、椭圆和正多边形等基本几何图形。在 AutoCAD 中创建基本的几何图形是很简单的，但要真正掌握 AutoCAD 的各种绘图技巧，需要熟练地将单个命令与具体练习相结合，从练习的过程中去巩固已学的命令，体会作图的方法，这样才能全面、深入地掌握 AutoCAD 软件。

第 3 章　AutoCAD 图形的编辑

前面章节学习了各种图形对象的绘制方法，为了创建图形的更多细节特征以及提高绘图的效率，AutoCAD 2016 提供了许多编辑命令，常用的有移动、复制、修剪、倒角与圆角等。本章讲解这些命令的使用方法，以进一步提高读者绘制复杂图形的能力。使用编辑命令，能够方便地改变图形的大小、位置、方向、数量及形状，从而绘制出更为复杂的图形。

3.1　选择对象的方法

在编辑图形之前，首先选择需要编辑的图形。AutoCAD 2016 提供了多种选择对象的基本方法，如点选、窗口、窗交、圈围、圈交、栏选等。

在命令行中输入 SELECT 并按 Enter 键，然后输入“？”，命令行操作如下。

命令：SELECT↙

选择对象：?↙

需要点或窗口(W)/上一个(L)/窗交(C)/框(BOX)/全部(ALL)/栏选(F)/圈围(WP)/圈交(CP)/编组(G)/添加(A)/删除(R)/多个(M)/前一个(P)/放弃(U)/自动(AU)/单个(SI)/子对象(SU)/对象(O)

命令行中提供了多种选择方式，其中部分选项讲解如下。

3.1.1　点选

AutoCAD 2016 中，最简单、最快捷的选择对象方法是使用鼠标单击。在未对任何对象进行编辑时，使用鼠标打击对象，如图 3-1 所示，被选中的目标将显示相应的夹点。如果是在编辑过程中选择对象，十字光标显示为方框形状“□”，被选择的对象则亮显。

提示：使用鼠标单击选择对象可以快速完成对象选择。但是，这种选择方式的缺点是一次只能选择图中的某一实体，如果要选择多个实体，则需依次单击各个对象对其进行逐个选择。如果要取消选择集中的某些对象，可以在按住 Shift 键的同时单击要取消选择的对象，如图 3-2 所示。

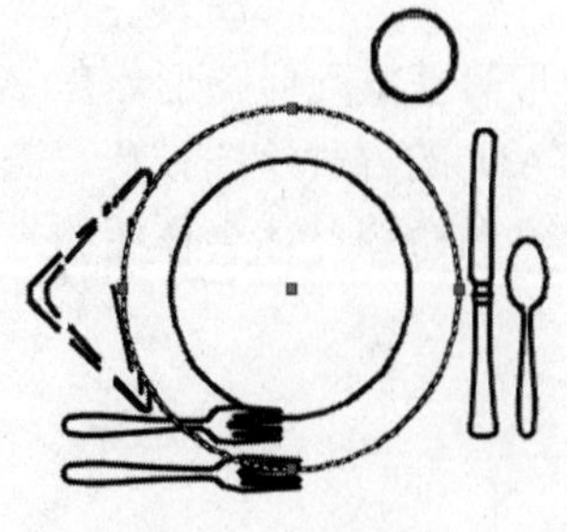

图 3-1　单击对象

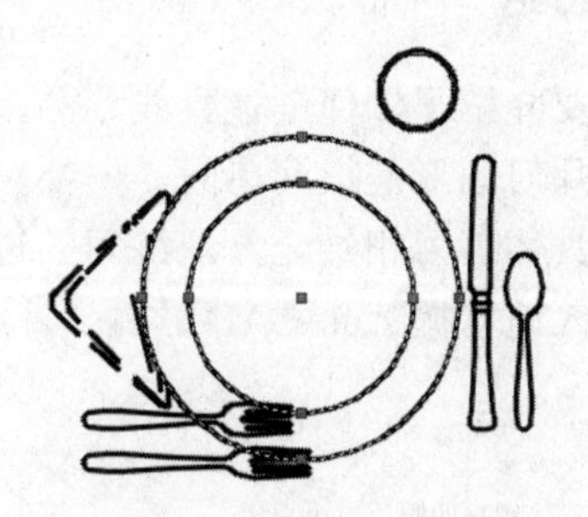

图 3-2　选择多个对象

3.1.2　窗口与窗交

窗选对象是通过拖动生成一个矩形区域（长按鼠标左键则生成套索区域），将区域内的对象选择。根据拖动方向的不同，窗选又分为窗口选择和窗交选择。

1. 窗口选择对象

窗口选择对象是按住左键向右上方或右下方拖动，此时绘图区将会出现一个实线的矩形框，如图 3-3 所示。释放鼠标左键后，完全处于矩形范围内的对象将被选中，如图 3-4 所示的虚线部分为被选择的部分。

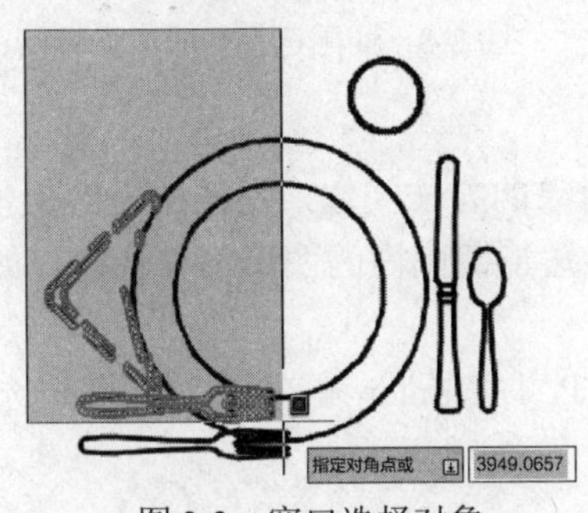

图 3-3　窗口选择对象

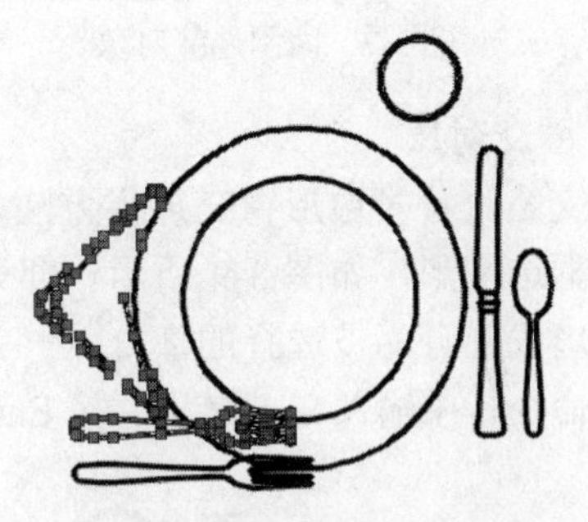

图 3-4　窗口选择后的效果

2. 窗交选择对象

窗交选择是按住鼠标左键向左上方或左下方拖动，此时绘图区将出现一个虚线的矩形框，如图 3-5 所示。释放鼠标左键后，部分或完全在矩形内的对象都将被选中，如图 3-6 所示的虚线部分为被选择的部分。

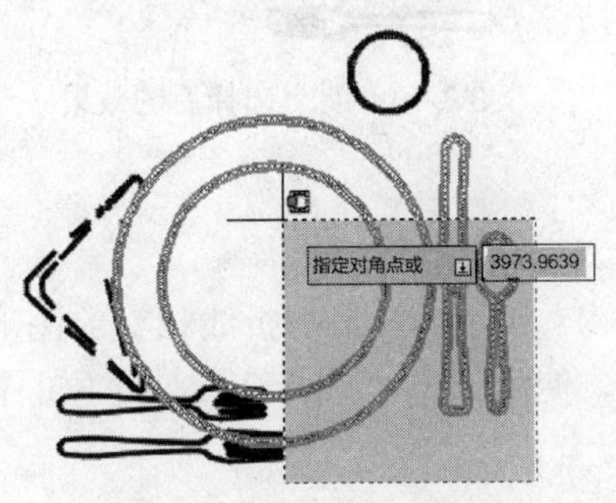

图 3-5　窗交选择对象

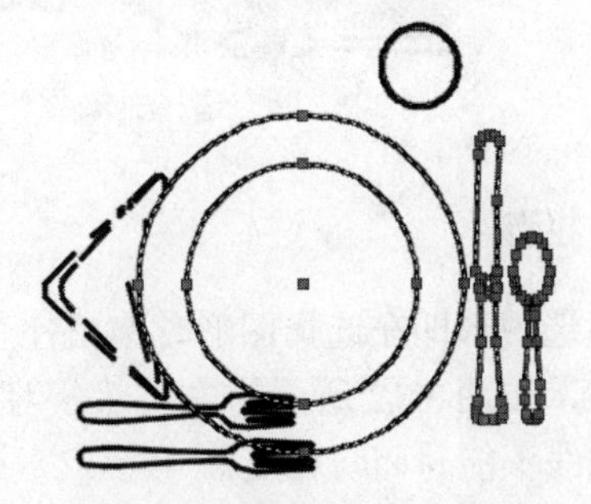

图 3-6　窗交选择后的效果

3.1.3　圈围与圈交

围选对象是根据需要自行绘制不规则的选择范围，包括圈围和圈交两种方法。

1. 圈围对象

圈围是一种多边形窗口选择方法，与窗口选择对象的方法类似，不同的是圈围方法可以构造任意形状的多边形，如图 3-7 所示。完全包含在多边形区域内的对象才能被选中，如图 3-8 所示的虚线部分为被选择的部分。

在命令行中输入 SELECT 并按 Enter 键，再输入 WP 并按 Enter 键，即可进入围圈选择模式。

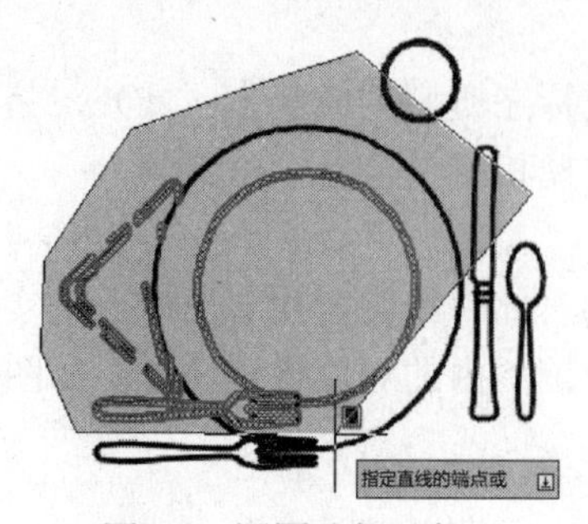

图 3-7 圈围选择对象

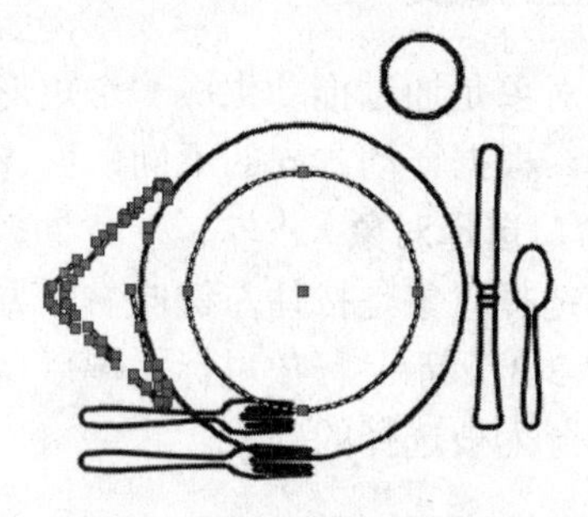

图 3-8 圈围选择后的效果

2. 圈交对象

圈交是一种多边形窗交选择方法，与窗交选择对象的方法类似，不同的是圈交使用多边形边界框选图形，如图 3-9 所示。部分或全部处于多边形范围内的图形都被选中，如图 3-10 所示的虚线部分为被选择的部分。

在命令行中输入 SELECT 并按 Enter 键，再输入 CP 并按 Enter 键，即可进入圈交选择模式。

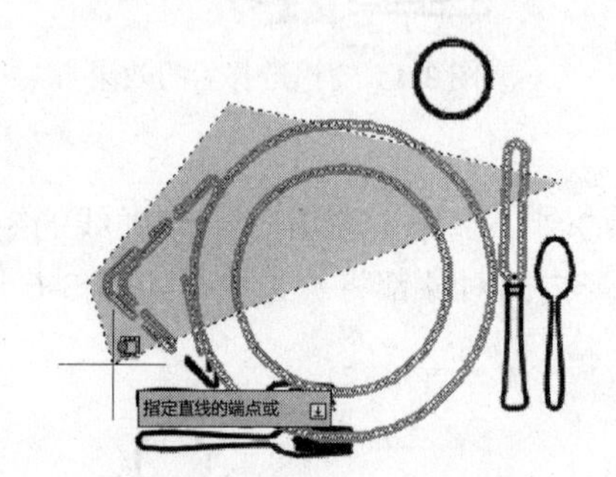

图 3-9 圈交选择对象

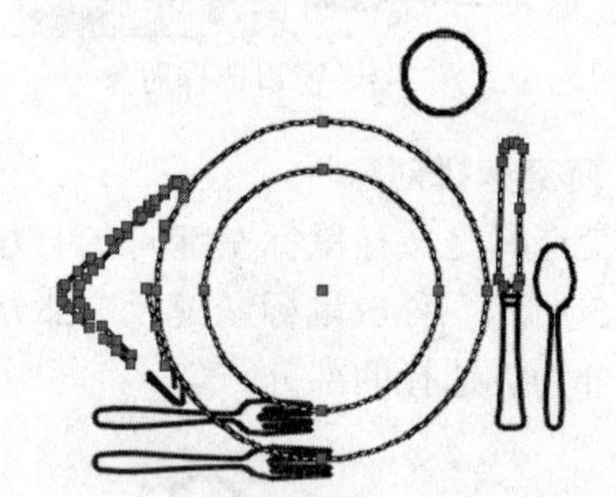

图 3-10 圈交选择后的效果

3.1.4 栏选

栏选图形即在选择图形时拖出任意折线，如图 3-11 所示。凡是与折线相交的图形对象均被选中，如图 3-12 所示的虚线部分为被选择的部分。使用该方式选择连续性对象非常方便，但栏选线不能封闭与相交。

在命令行中输入 SELECT 并按 Enter 键，再输入 F 并按 Enter 键，即可进入栏选模式。

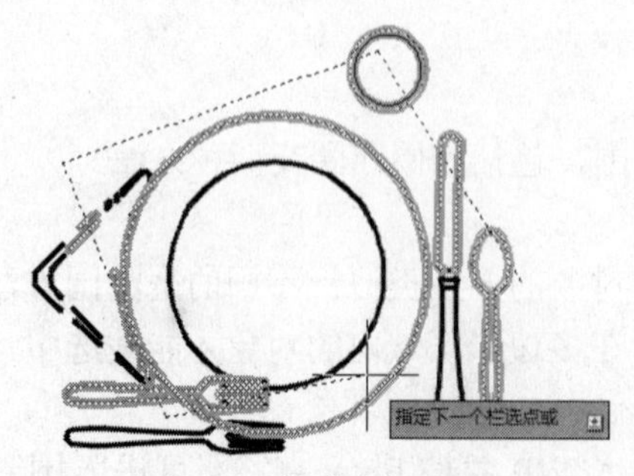

图 3-11 栏选选择对象

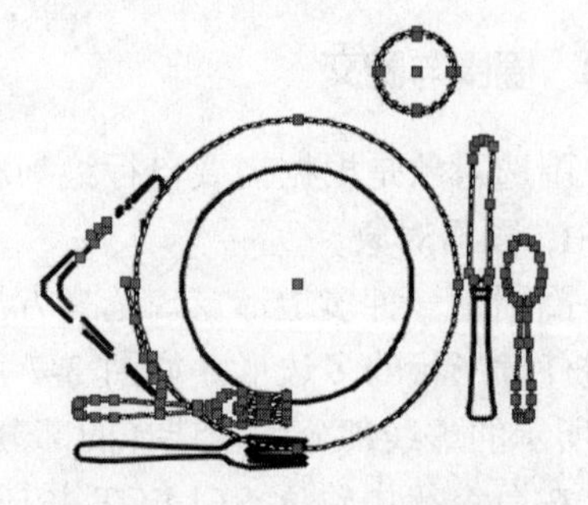

图 3-12 栏选选择后的效果

3.1.5　快速选择

快速选择可以根据对象的图层、线型、颜色、图案填充等特性选择对象，从而可以准确、快速地从复杂的图形中选择满足某种特性的图形对象。

选择【工具】|【快速选择】命令，弹出【快速选择】对话框，如图 3-13 所示。用户可以根据要求设置选择范围，单击【确定】按钮，完成选择操作。

如要选择图 3-14 中的圆弧，除了手动选择的方法外，就可以利用快速选择工具来进行选取。选择【工具】|【快速选择】命令，弹出【快速选择】对话框，在【对象类型】下拉列表框中选择【圆弧】选项，单击【确定】按钮，选择结果如图 3-15 所示。

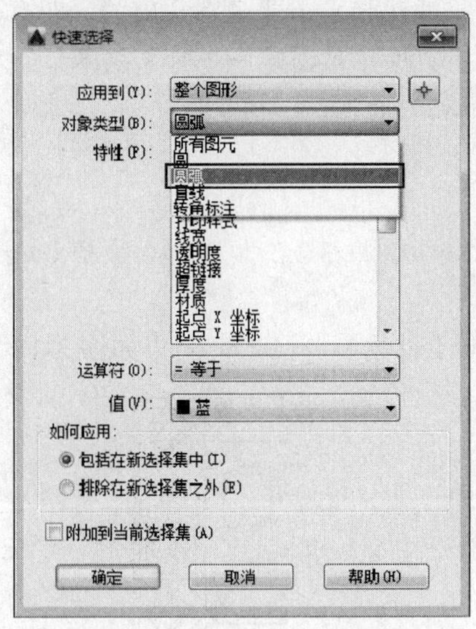

图 3-13　【快速选择】对话框

图 3-14　示例图形

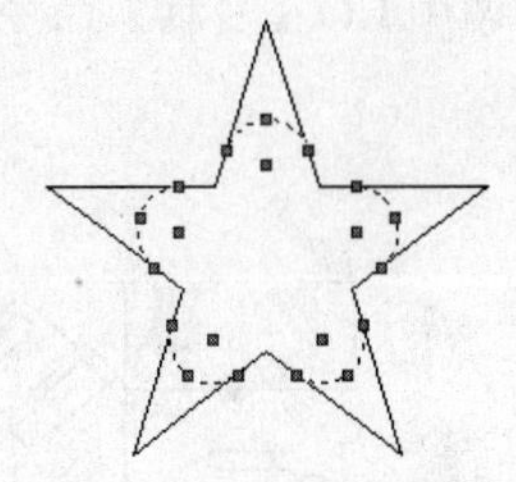

图 3-15　快速选择后的结果

3.2　图形的复制

一张室内设计图纸中会有很多形状完全相同的图形，使用 AutoCAD 提供的复制、偏移、镜像、阵列等工具，可以快速创建这些相同的对象。

3.2.1　复制对象

【复制】命令是指在不改变图形大小、方向的前提下，重新生成一个或多个与原对象一模一样的图形。在命令执行过程中，配合坐标、对象捕捉、栅格捕捉等其他工具，可以精确复制图形。

调用【复制】命令有以下几种方法。

- 菜单栏：选择【修改】|【复制】命令。
- 功能区：在【默认】选项卡中，单击【修改】面板中的【复制】按钮。
- 命令行：COPY 或 CO 或 CP。

在复制过程中，首先要确定复制的基点，然后通过指定目标点位置与基点位置的距离来复制图形。使用复制命令可以将同一个图形连续复制多份，直到按 Esc 键终止复制操作。

执行上述任一命令后，命令行的操作如下。

```
命令: _copy                                                    //执行【复制】命令
选择对象:                                                      //选择要复制的对象
指定基点或 [位移(D)/模式(O)] <位移>:                           //指定复制基点
指定第二个点或 [阵列(A)] <使用第一个点作为位移>:               //指定目标点
指定第二个点或 [阵列(A)/退出(E)/放弃(U)] <退出>:↙              //按 Enter 键结束操作
```

其中，各选项含义如下。

➢ 位移（D）：使用坐标值指定复制的位移矢量。

➢ 模式（O）：同于控制是否自动重复该命令。激活该选项后，当命令行提示“输入复制模式选项 [单个（S）/多个（M）] <多个>:”时，默认模式为【多个（M）】，即自动重复复制命令；若选择【单个（S）】选项，则执行一次复制操作只创建一个对象副本。

➢ 阵列（A）：快速复制对象以呈现出指定项目数的效果。

3.2.2 案例——复制办公桌椅

（1）按 Ctrl+O 快捷键，打开配套光盘提供的“第 03 章/3.2.2 复制办公桌椅.dwg”素材文件，如图 3-16 所示。

（2）调用 CO【复制】命令，选择办公桌椅，向上移动复制图形，结果如图 3-17 所示。

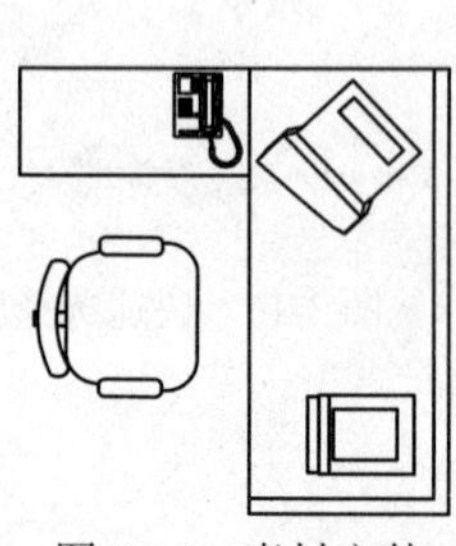

图 3-16 素材文件

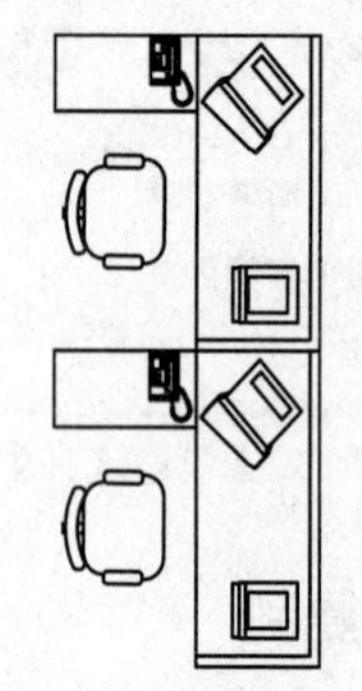

图 3-17 复制办公桌

3.2.3 偏移对象

使用【偏移】工具可以创建与源对象成一定距离的形状相同或相似的新图形对象。可以进行偏移的图形对象包括直线、曲线、多边形、圆、圆弧等。

调用【偏移】命令有以下几种方法：

➢ 功能区：在【默认】选项卡中，单击【修改】面板【偏移】按钮。

➢ 菜单栏：执行【修改】|【偏移】命令。

➢ 命令行：OFFSET 或 O。

偏移命令需要输入的参数有需要偏移的源对象、偏移距离和偏移方向。只要在需要偏移的一侧的任意位置单击即可确定偏移方向，也可以指定偏移对象通过已知的点。执行【偏移】命令后，选择要偏移的对象，命令行出现如下提示：

```
指定偏移距离或[通过(T)/删除(E)/图层(L)] <0.0000>:
```

命令行中各选项的含义如下。

➢ 通过（T）：指定一个通过点定义偏移的距离和方向。
➢ 删除（E）：偏移源对象后将其删除。
➢ 图层（L）：确定将偏移对象创建在当前图层上还是源对象所在的图层上。

3.2.4　案例——偏移绘制画框

（1）按 Ctrl+O 快捷键，打开配套光盘提供的“第 03 章/3.2.4 偏移绘制画框.dwg”素材文件，如图 3-18 所示。

（2）在【默认】选项卡中，单击【修改】面板上的【偏移】按钮，向外偏移矩形，绘制画框结果如图 3-19 所示。命令行操作如下：

```
命令：_offset                                                  //调用【偏移】命令
当前设置：删除源=否　图层=源　OFFSETGAPTYPE=0
指定偏移距离或 [通过(T)/删除(E)/图层(L)] <0.0000>:130↙          //指定偏移距离
选择要偏移的对象,或 [退出(E)/放弃(U)] <退出>:                      //选择矩形
指定要偏移的那一侧上的点,或 [退出(E)/多个(M)/放弃(U)] <退出>:
                                 //单击鼠标左键指定偏移方向，按回车键结束偏移
```

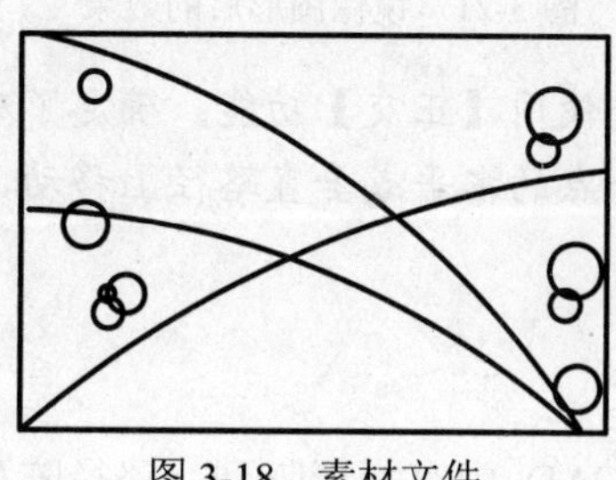

图 3-18　素材文件

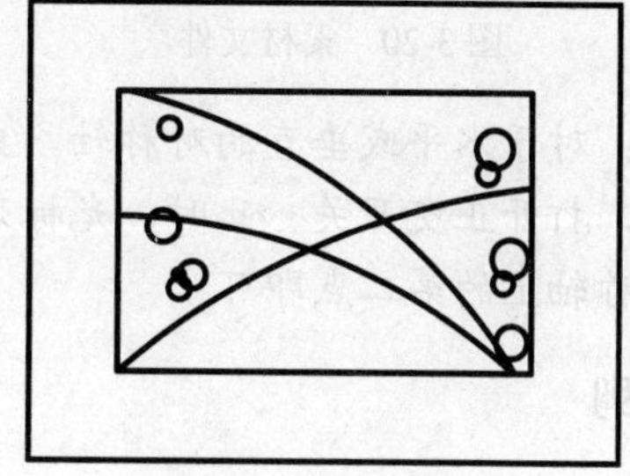

图 3-19　偏移矩形

3.2.5　镜像对象

【镜像】命令是指将图形绕指定轴（镜像线）镜像复制，常用于绘制结构规则且有对称特点的图形。AutoCAD 2016 通过指定临时镜像线镜像对象，镜像时可选择删除或保留原对象。

调用【镜像】命令有以下几种方法：

➢ 功能区：在【默认】选项卡中，单击【修改】面板【镜像】按钮。
➢ 菜单栏：执行【修改】|【镜像】命令。
➢ 命令行：MIRROR 或 MI。

3.2.6　案例——镜像复制床头柜

（1）按 Ctrl+O 快捷键，打开配套光盘提供的“第 03 章/3.2.6 镜像复制床头柜.dwg”素材文件，如图 3-20 所示。

（2）镜像复制图形。在【默认】选项卡中，单击【修改】面板中的【镜像】按钮，以床两边的中点为镜像线，镜像复制床头柜，如图 3-21 所示，命令行提示如下。

```
命令： _mirror                                      //执行【镜像】命令
选择对象： 指定对角点： 找到 11 个                  //框选左侧床头柜图形
选择对象：↙                                         //按 Enter 键确定
指定镜像线的第一点：                                //捕捉确定对称轴第一点
指定镜像线的第二点：                                //捕捉确定对称轴第二点
要删除源对象吗？[是(Y)/否(N)] <N>：N↙               //选择不删除源对象，按 Enter 键确定完成镜像
```

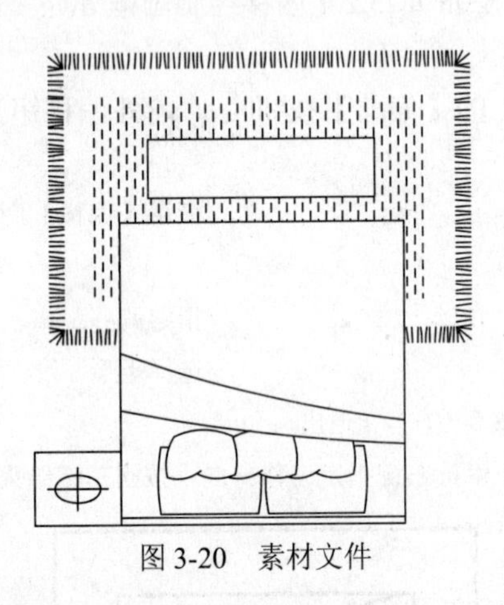
图 3-20 素材文件

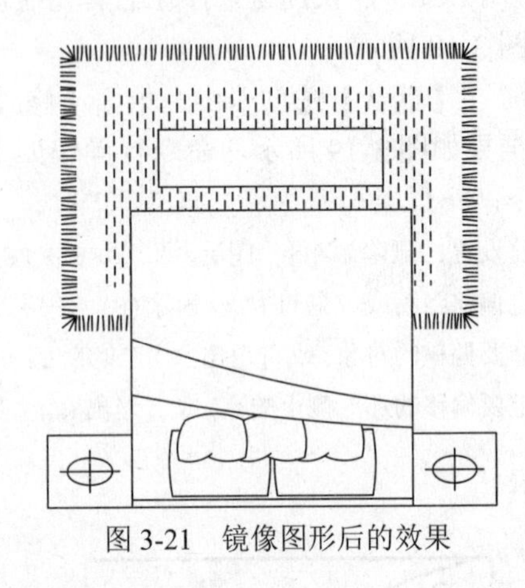
图 3-21 镜像图形后的效果

提示： 对于水平或垂直的对称轴，更简便的方法是使用【正交】功能。确定了对称轴的第一点后，打开正交开关。此时，光标只能在经过第一点的水平或垂直路径上移动，任取一点作为对称轴上的第二点即可。

3.2.7 阵列

阵列命令可以快速绘制大量的规律图形，在 AutoCAD 中有矩形阵列、路径阵列和环形（极轴）阵列这三种方式，分别介绍如下：

1. 矩形阵列

矩形阵列是按照矩形排列方式创建多个对象的副本。执行【矩形阵列】命令有以下几种方法。

- 菜单栏：选择【修改】|【阵列】|【矩形阵列】命令。
- 功能区：在【默认】选项卡中，单击【修改】面板中的【矩形阵列】按钮。
- 命令行：ARRAYRECT。

矩形阵列可以控制行数、列数以及行距和列距，或添加倾斜角度。

执行上述任一命令后，系统弹出【阵列创建】选项卡，如图 3-22 所示，命令行提示如下。

```
命令： ARRAYRECT↙                                   //调用【矩形阵列】命令
选择对象：                                          //选择阵列对象并回车
类型 = 矩形 关联 = 是
选择夹点以编辑阵列或 [关联(AS)/基点(B)/计数(COU)/间距(S)/列数(COL)/行数(R)/层数
(L)/退出(X)] <退出>：                               //设置阵列参数，按 Enter 键退出
```

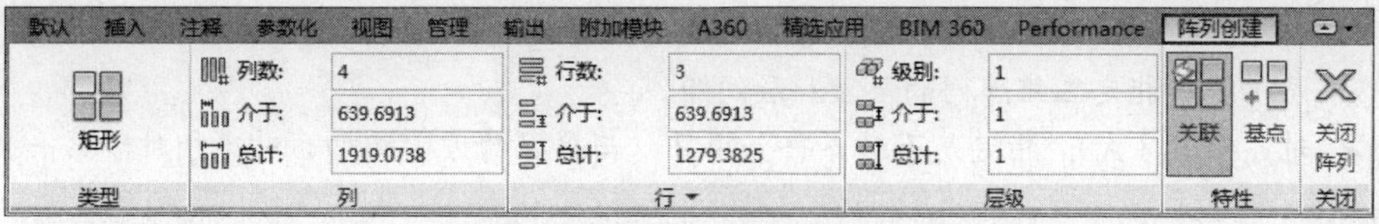

图 3-22 【阵列创建】选项卡

其中各选项含义如下。

➢ 关联（AS）：指定阵列中的对象是关联的还是独立的。

➢ 基点（B）：定义阵列基点和基点夹点的位置。

➢ 计数（COU）：指定行数和列数并使用户在移动光标时可以动态观察结果（一种比【行】和【列】选项更快捷的方法）。

➢ 间距（S）：指定行间距和列间距并使用户在移动光标时可以动态观察结果。

➢ 列数（OL）：编辑列数和列间距。

➢ 行数（R）：指定阵列中的行数、它们之间的距离以及行之间的增量标高。

➢ 层数（L）：指定三维阵列的层数和层间距。

2. 路径阵列

路径阵列可沿曲线轨迹复制图形，通过设置不同的基点，能得到不同的阵列结果。执行【路径阵列】命令有以下几种方法。

➢ 菜单栏：选择【修改】|【阵列】|【路径阵列】命令。

➢ 功能区：在【默认】选项卡中，单击【修改】面板中的【路径阵列】按钮。

➢ 命令行：ARRAYPATH。

路径阵列可以控制阵列路径、阵列对象、阵列数量、方向等。

执行上述命令操作后，系统弹出【阵列创建】选项卡，如图 3-23 所示，命令行提示如下。

```
命令： ARRAYPATH↙                                    //调用【路径阵列】命令
选择对象：                                            //选择阵列对象并回车
类型 = 路径  关联 = 是
选择路径曲线：                                        //选择路径曲线
选择夹点以编辑阵列或 [关联(AS)/方法(M)/基点(B)/切向(T)/项目(I)/行(R)/层(L)/对齐项
目(A)/Z 方向(Z)/退出(X)] <退出>：                     //设置阵列参数，按 Enter 键退出
```

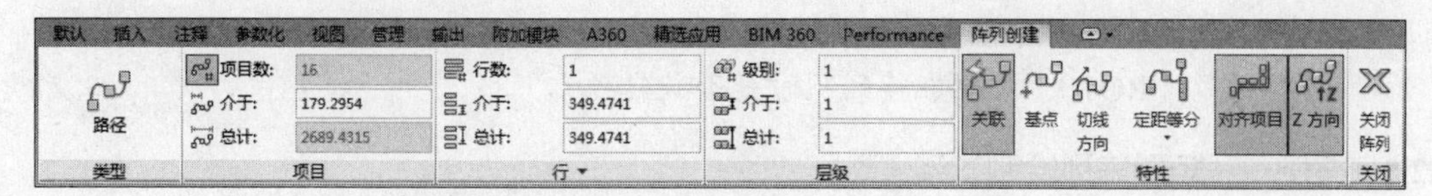

图 3-23 【阵列创建】选项卡

命令行中各选项的含义如下。

➢ 关联（AS）：指定是否创建阵列对象，或者是否创建选定对象的非关联副本。

➢ 方法（M）：控制如何沿路径分布项目，包括定数等分（D）和定距等分（M）。

➢ 基点（B）：定义阵列的基点。路径阵列中的项目相对于基点放置。

➢ 切向（T）：指定阵列中的项目如何相对于路径的起始方向对齐。

➢ 项目（I）：根据【方法】设置，指定项目数或项目之间的距离。

➢ 行（R）：指定阵列中的行数、它们之间的距离以及行之间的增量标高。

➢ 层（L）：指定三维阵列的层数和层间距。

➢ 对齐项目（A）：指定是否对齐每个项目以与路径的方向相切。对齐相对于第一个项目的方向。

➢ Z 方向（Z）：控制是否保持项目的原始 Z 方向或沿三维路径自然倾斜项目。

3. 环形阵列

环形阵列又称为极轴阵列，是以某一点为中心点进行环形复制，阵列结果是阵列对象沿圆周均匀分布。执行【环形阵列】命令有以下几种方法。

➢ 菜单栏：选择【修改】|【阵列】|【环形阵列】命令。

➢ 功能区：在【默认】选项卡中，单击【修改】面板中的【环形阵列】按钮。

➢ 命令行：ARRAYPOLAR。

路径阵列可以设置参数有阵列的源对象、项目总数、中心点位置和填充角度。

执行上述命令操作后，系统弹出【阵列创建】选项卡，如图 3-24 所示，命令行提示如下。

命令： ARRAYPOLAR↙ //调用【环形阵列】命令

选择对象： //选择阵列对象并回车

类型 = 极轴 关联 = 是

指定阵列的中心点或 [基点(B)/旋转轴(A)]： //选择阵列中心点

选择夹点以编辑阵列或 [关联(AS)/基点(B)/项目(I)/项目间角度(A)/填充角度(F)/行(ROW)/层(L)/旋转项目(ROT)/退出(X)] <退出>: //设置阵列参数，按 Enter 键退出

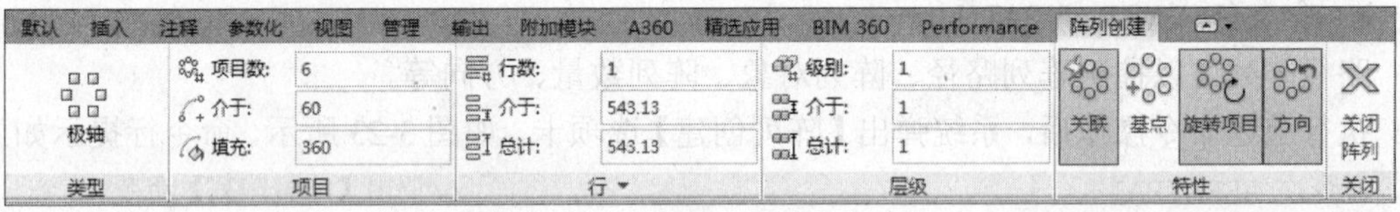

图 3-24 【阵列创建】选项卡

命令行各选项含义的介绍如下。

➢ 基点（B）：指定阵列的基点。

➢ 项目（I）：指定阵列中的项目数。

➢ 项目间角度（A）：设置相邻的项目间的角度。

➢ 填充角度（F）：对象环形阵列的总角度。

➢ 旋转项目（ROT）：控制在阵列项时是否旋转项。

3.2.8 案例——矩形阵列绘制衣架

（1）按 Ctrl+O 快捷键，打开配套光盘提供的“第 03 章/3.2.8 矩形阵列绘制衣架.dwg”素材文件，如图 3-25 所示。

（2）在【默认】选项卡中，单击【修改】面板中的【矩形阵列】按钮，复制衣架图形，如图 3-26 所示。命令行操作如下。

命令： _arrayrect //启动【矩形阵列】命令

选择对象：找到 1 个 //选择衣架

选择对象：↙ //按回车键结束对象选择

类型 = 矩形 关联 = 是

选择夹点以编辑阵列或 [关联(AS)/基点(B)/计数(COU)/间距(S)/列数(COL)/行数(R)/层数(L)/退出(X)] <退出>: cou ↙ //激活【计数】选项

输入列数数或 [表达式(E)] <4>: 7↙ //输入列数为7

输入行数数或 [表达式(E)] <3>: 1↙ //输入行数为1

选择夹点以编辑阵列或 [关联(AS)/基点(B)/计数(COU)/间距(S)/列数(COL)/行数(R)/层数(L)/退出(X)] <退出>: s↙ //激活【间距】选项

指定列之间的距离或 [单位单元(U)] <88.5878>: 151↙ //输入列间距

指定行之间的距离 <777.4608>:1↙ //输入行间距

选择夹点以编辑阵列或 [关联(AS)/基点(B)/计数(COU)/间距(S)/列数(COL)/行数(R)/层数(L)/退出(X)] <退出>: ↙ //按回车键结束命令操作

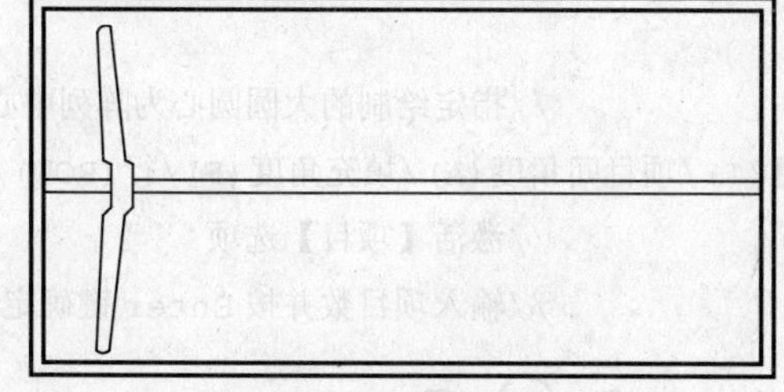

图 3-25 素材文件

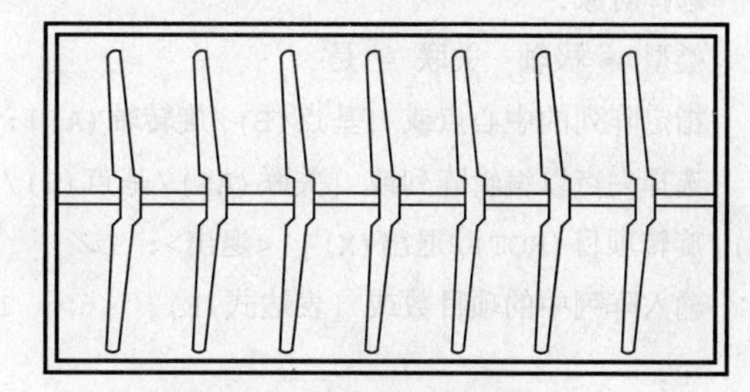

图 3-26 矩形阵列结果

3.2.9 案例——沿弧线复制座椅

（1）按 Ctrl+O 快捷键，打开配套光盘提供的“第 03 章/3.2.9 沿弧线复制座椅.dwg”素材文件，如图 3-27 所示。

（2）在命令行中输入 ARRAYPATH【路径阵列】命令，在弹出的【阵列创建】选项卡中设置相应的参数，设置完成后按 Enter 键确定，将座椅沿弧形桌面进行排列，完成路径阵列操作，如图 3-28 所示。命令行提示如下。

命令: arraypath↙ //执行【路径阵列】命令

选择对象: 找到 1 个 //选择桌椅为阵列对象

选择对象:↙ //按回车键结束选择

类型 = 路径 关联 = 是

选择路径曲线: //选择桌面外圆弧

选择夹点以编辑阵列或 [关联(AS)/方法(M)/基点(B)/切向(T)/项目(I)/行(R)/层(L)/对齐项目(A)/Z 方向(Z)/退出(X)] <退出>:I↙ //激活【项目】选项

指定沿路径的项目之间的距离或[表达式(E)]<16.444>: 670↙ //输入阵列图形之间的距离

最大项目数 = 8

指定项目数或 [填写完整路径(F)/表达式(E)] <8>: 8↙ //输入阵列的项数

选择夹点以编辑阵列或 [关联(AS)/方法(M)/基点(B)/切向(T)/项目(I)/行(R)/层(L)/对齐项目(A)/Z 方向(Z)/退出(X)] <退出>:↙ //按回车键应用阵列

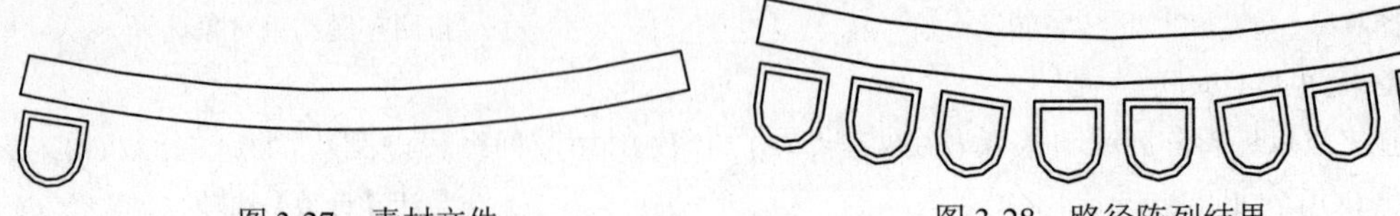

图 3-27 素材文件　　　　图 3-28 路径阵列结果

3.2.10 案例——路径阵列绘制吊灯

（1）按 Ctrl+O 快捷键，打开配套光盘提供的“第 03 章/3.2.10 路径阵列绘制吊灯.dwg”素材文件，如图 3-29 所示。

（2）在【默认】选项卡中，单击【修改】面板中的【环形阵列】命令，将线段和圆阵列复制 18 份，结果如图 3-30 所示。命令行提示如下。

```
命令: arraypolar↙                                          //调用【环形阵列】命令
选择对象:                                                  //选择绘制的线段和圆
类型 = 极轴  关联 = 是
指定阵列的中心点或 [基点(B)/旋转轴(A)]: ↙                   //指定绘制的大圆圆心为阵列中心
选择夹点以编辑阵列或 [关联(AS)/基点(B)/项目(I)/项目间角度(A)/填充角度(F)/行(ROW)/层
(L)/旋转项目(ROT)/退出(X)] <退出>: I↙                      //激活【项目】选项
输入阵列中的项目数或 [表达式(E)] <6>: 18↙                   //输入项目数并按 Enter 键确定
```

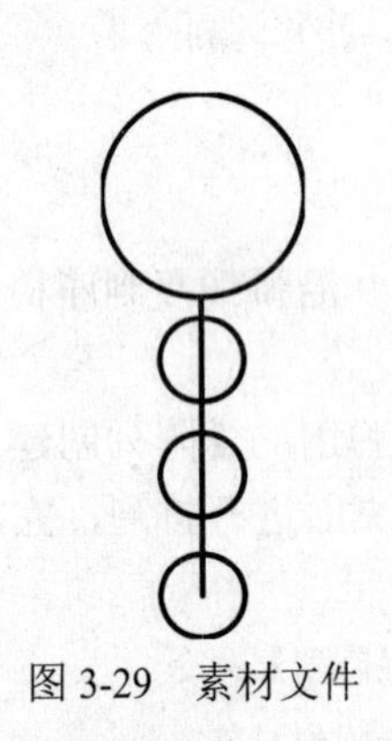

图 3-29 素材文件

图 3-30 阵列复制圆和线段

3.3 图形位置的移动

对于已经绘制好的图形对象，有时需要移动它们的位置。这种移动包括从一个位置到另一个位置的平行移动，也包括围绕着某点进行的旋转移动。

3.3.1 移动对象

【移动】命令是将图形从一个位置平移到另一位置，移动过程中图形的大小、形状和倾斜角度均不改变。

调用【移动】命令有以下几种方法：

➢ 功能区：在【默认】选项卡中，单击【修改】面板【移动】按钮。

➢ 菜单栏：执行【修改】|【移动】命令。
➢ 命令行：MOVE 或 M。

执行上述任一命令后，即可选择需要移动的图形对象，然后分别确定移动的基点（起点）和终点，完成移动命令的操作。命令行操作如下。

```
命令：_move                                     //调用【移动】命令
选择对象：↙                                     //选择移动对象
指定基点或 [位移(D)] <位移>:                     //指定基点
指定第二个点或 <使用第一个点作为位移>:            //指定目标点
```

命令行部分选项含义如下。

➢ 位移：输入坐标以表示矢量。输入的坐标值将指定相对距离和方向。

3.3.2　案例——完善厨房平面图

（1）按 Ctrl+O 组合键，打开配套光盘提供的“第 03 章/3.3.2 完善厨房平面图.dwg”素材文件，如图 3-31 所示。

（2）调用 M【移动】命令，分别选择【冰箱】、【灶台】和【洗涤盆】图形，将其移动到厨房平面图中，结果如图 3-32 所示。

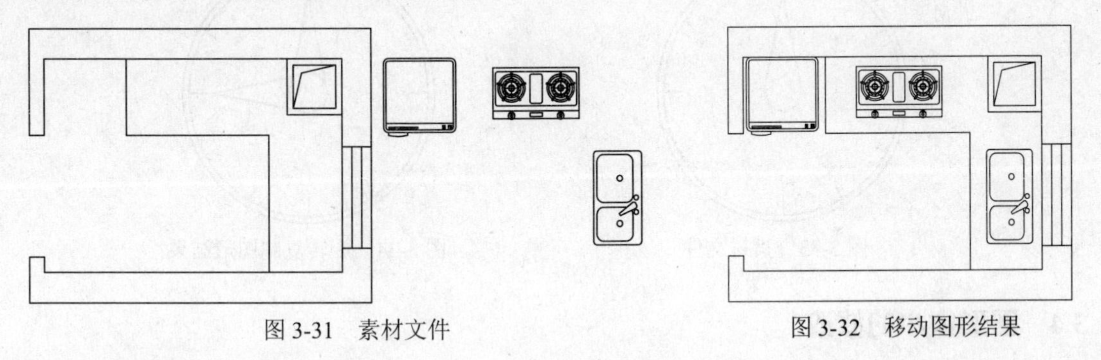

图 3-31　素材文件　　图 3-32　移动图形结果

3.3.3　旋转对象

【旋转】命令是将图形对象绕一个固定的点(基点)旋转一定的角度。在调用命令的过程中，需要确定的参数有：旋转对象、旋转基点和旋转角度。逆时针旋转的角度为正值，顺时针旋转的角度为负值。

调用【旋转】命令有以下几种方法：

➢ 功能区：在【默认】选项卡中，单击【修改】面板【旋转】按钮。
➢ 菜单栏：执行【修改】|【旋转】命令。
➢ 命令行：ROTATE 或 RO。

执行上述【旋转】命令，选择要移动的图形，然后指定旋转基点后，命令行提示如下。

```
指定旋转角度，或 [复制(C)/参照(R)] <0>:
```

其中，各选项的含义如下：

➢ 旋转角度：逆时针旋转的角度为正值，顺时针旋转的角度为负值。
➢ 复制（C）：用于创建要旋转对象的副本，旋转后原对象不会被删除。
➢ 参照（R）：用于将对象从指定的角度旋转到新的绝对角度。

3.3.4 案例——旋转复制指针图形

（1）按 Ctrl+O 组合键，打开配套光盘提供的“第 03 章/3.3.4 旋转复制指针图形.dwg”素材文件，如图 3-33 所示。

（2）在【默认】选项卡中，单击【修改】面板中的【旋转】按钮，将指针图形旋转−90°，并保留源对象，如图 3-34 所示，命令行操作如下。

```
命令: rotate↙                                        //调用【旋转】命令
UCS 当前的正角方向:  ANGDIR=逆时针   ANGBASE=0
选择对象: 指定对角点: 找到 3 个                       //选择旋转对象
选择对象: ↙                                          //按 Enter 键结束选择
指定基点:                                            //指定圆心为旋转中心
指定旋转角度,或 [复制(C)/参照(R)] <0>:  C↙            //激活【复制】选项
旋转一组选定对象
指定旋转角度,或 [复制(C)/参照(R)] <0>:  -90↙          //输入旋转角度并按回车键确定
```

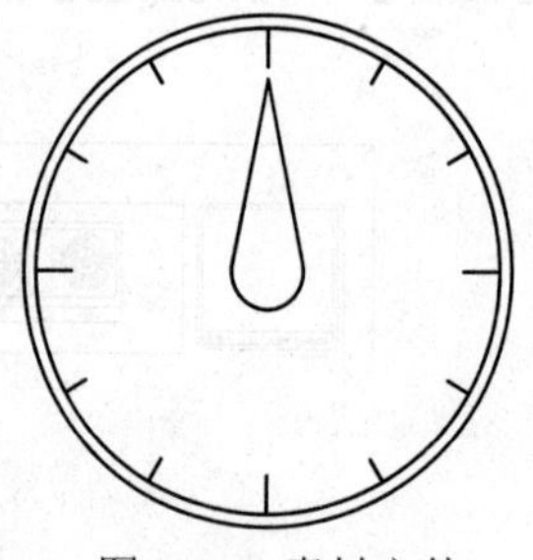
图 3-33　素材文件

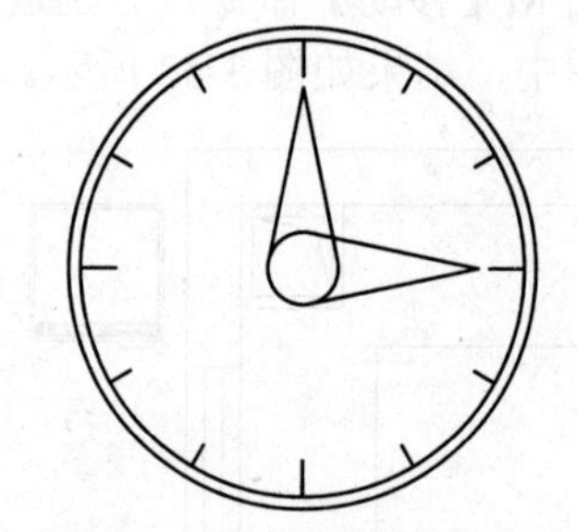
图 3-34　旋转复制图形结果

3.4 图形大小的修改

本节主要介绍如何改变图形对象的大小。在 AutoCAD 中，可以通过拉伸和缩放的方式改变图形对象的大小。

3.4.1 缩放对象

缩放图形是将图形对象以指定的缩放基点，进行等比缩放。在调用命令的过程中，需要确定的参数有缩放对象、缩放基点和比例因子。与【旋转】命令类似，可以选择【复制】选项，在生成缩放对象时保留源对象。

调用【缩放】命令有以下几种方法：

- 功能区：在【默认】选项卡中，单击【修改】面板【缩放】按钮。
- 菜单栏：执行【修改】|【缩放】命令。
- 命令行：SCALE 或 SC。

使用上述命令，指定缩放对象和基点后，命令行提示如下。

```
指定比例因子或 [复制(C)/参照(R)]:
```

其中各选项的含义如下。

➢ 比例因子：缩放或放大的比例值。大于 1 为放大，小于 1 为缩小。
➢ 复制（C）：表示对象缩放后不删除源对象，创建要缩放对象的副本。
➢ 参照（R）：表示参照长度和指定新长度缩放所选对象。

3.4.2　案例——缩放餐桌椅图形

（1）按 Ctrl+O 组合键，打开配套光盘提供的“第 03 章/3.4.2 缩放餐桌椅图形.dwg”素材文件，如图 3-35 所示。可以发现此时调入的餐桌图形明显过大，餐厅区域无法放置。

（2）在【默认】选项卡中，单击【修改】面板中的【缩放】按钮，将餐桌图形进行缩放，将其缩放 0.72，如图 3-36 所示。命令行操作如下。

```
命令：_scale                                       //调用【缩放】命令
SCALE 找到 1 个                                    //选择餐桌图形
指定基点：                                          //指定餐桌左下角点为基点
指定比例因子或 [复制(C)/参照(R)]：0.72↙             //输入比例因子,并按回车键结束操作
```

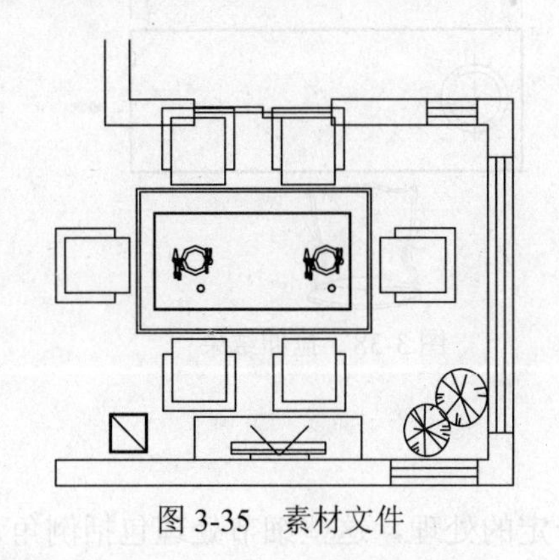

图 3-35　素材文件

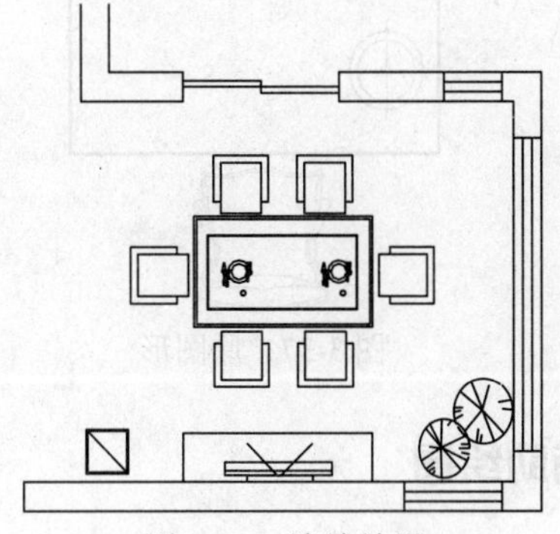

图 3-36　缩放结果

注意：在进行室内家具布置时，应了解和掌握常见家具的尺寸，而不能随意缩放家具图形，而使家具大小与实际情况不符。

3.4.3　拉伸对象

【拉伸】命令是指通过沿拉伸路径平移图形夹点的位置，使图形产生拉伸变形的效果。在调用命令的过程中，需要确定的参数有拉伸对象、拉伸基点的起点和拉伸位移。拉伸位移决定了拉伸的方向和距离。

调用【拉伸】命令有以下几种方法：

➢ 功能区：在【默认】选项卡中，单击【修改】面板中的【拉伸】按钮。
➢ 菜单栏：执行【修改】|【拉伸】命令。
➢ 命令行：STRETCH 或 S。

拉伸图形需遵循以下两点原则。

➢ 通过单击选择和窗口选择获得的拉伸对象将只被平移，不被拉伸。
➢ 通过交叉选择获得的拉伸对象，如果所有夹点都落入选择框内，图形将发生平移；如果只有部分夹点落入选择框，图形将沿拉伸位移拉伸；如果没有夹点落入选择窗口，图形将保持不变。

3.4.4 案例——调整书桌长度

（1）按 Ctrl+O 组合键，打开配套光盘提供的“第 03 章/3.4.4 调整书桌长度.dwg”素材文件，如图 3-37 所示。

（2）调用 S【拉伸】命令，将书桌长度从 1500 调整为 1800，如图 3-38 所示。命令行操作如下。

```
命令：S↙    STRETCH                                //调用【拉伸】命令
以交叉窗口或交叉多边形选择要拉伸的对象...
选择对象：指定对角点：找到 3 个                    //选择书桌
选择对象：↙                                        //按回车键结束对象选择
指定基点或 [位移(D)] <位移>:                       //指定书桌的中点为基点
指定第二个点或 <使用第一个点作为位移>：300↙        //输入拉伸距离并按回车键结束命令操作
```

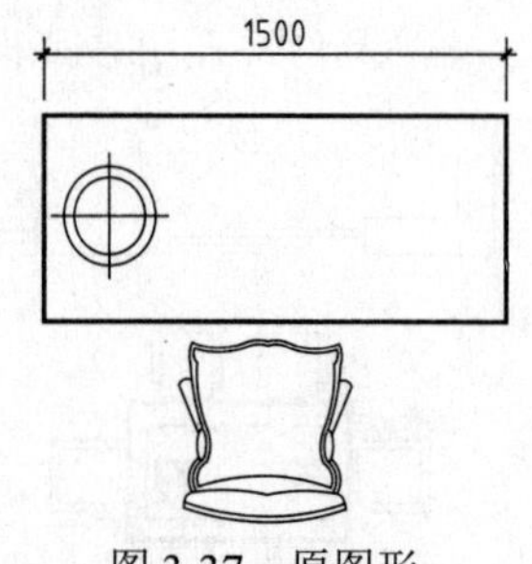

图 3-37　原图形

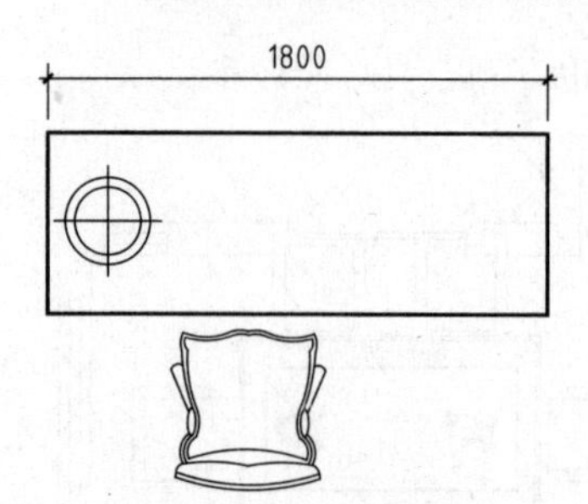

图 3-38　拉伸结果

3.5 辅助绘图

图形绘制完成后，有时还需要对细节部分做一定的处理，这些细节处理包括倒角、倒圆的调整等；此外，部分图形可能还需要分解或打断进行二次编辑，如矩形、多边形等。

3.5.1 修剪对象

【修剪】命令是指将超出边界的多余部分删除。修剪操作可以修剪直线、圆、弧、多段线、样条曲线和射线等。在调用命令的过程中，需要设置的参数有修剪边界和修剪对象两类。

调用【修剪】命令有以下几种方法：

- 功能区：在【默认】选项卡中，单击【修改】面板【修剪】按钮。
- 菜单栏：执行【修改】|【修剪】命令。
- 命令行：TRIM 或 TR。

执行上述命令，选择要修剪的对象后，命令行提示如下。

选择要修剪的对象，或按住 Shift 键选择要延伸的对象，或[栏选(F)/窗交(C)/投影(P)/边(E)/删除(R)/放弃(U)]：

其中部分选项的含义如下。

- 投影（P）：可以指定执行修剪的空间，主要应用于三维空间中两个对象的修剪，可将对象投影到某一平面上执行修剪操作。
- 边（E）：选择该选项时，命令行显示“输入隐含边延伸模式[延伸(E)/不延伸(N)]<延

伸>:"提示信息。如果选择【延伸】选项，则当剪切边太短而且没有与被修剪对象相交时，可延伸修剪边，然后进行修剪；如果选择【不延伸】选项，只有当剪切边与被修剪对象真正相交时，才能进行修剪。

➢ 删除（R）：删除选定的对象。

➢ 放弃（U）：取消上一次操作。

3.5.2　案例——修剪地毯图形

（1）按 Ctrl+O 组合键，打开配套光盘提供的"第 03 章/3.5.2 修剪地毯图形.dwg"素材文件，如图 3-39 所示。

（2）调用 TR【修剪】命令，根据命令行提示修剪地毯图形，结果如图 3-40 所示。命令行操作如下。

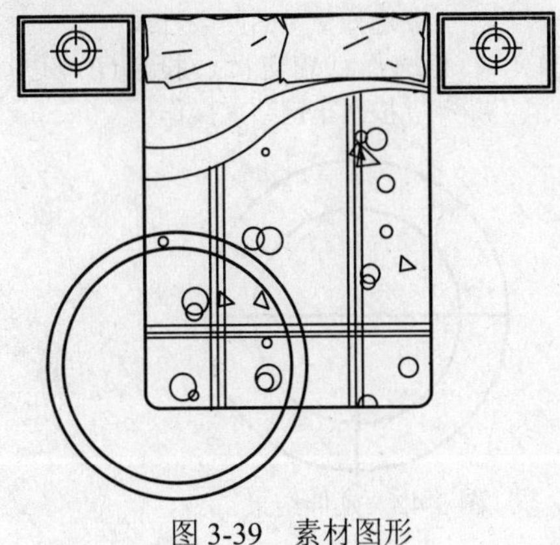

图 3-39　素材图形

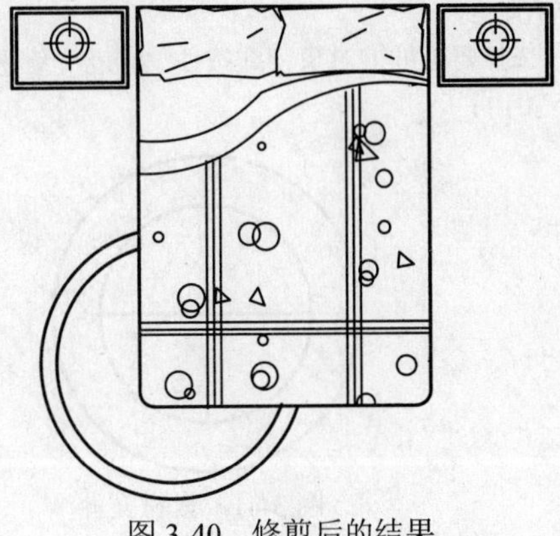

图 3-40　修剪后的结果

```
命令： TR↙              TRIM                           //调用【修剪】命令
当前设置：投影=UCS，边=无
选择剪切边...
选择对象或 <全部选择>： 找到 1 个                       //以床边为剪切边
选择对象： ↙                                           //按回车键结束对象选择
选择要修剪的对象，或按住 Shift 键选择要延伸的对象，或
[栏选(F)/窗交(C)/投影(P)/边(E)/删除(R)/放弃(U)]：     //修剪床边内多余的线段并按回车
                                                        键完成操作
```

3.5.3　延伸对象

【延伸】命令是将没有和边界相交的部分延伸补齐，它和【修剪】命令是一组相对的命令。在调用命令的过程中，需要设置的参数有延伸边界和延伸对象两类。

调用【延伸】命令有以下几种方法：

➢ 功能区：在【默认】选项卡中，单击【修改】面板【延伸】按钮--/。

➢ 菜单栏：单击【修改】|【延伸】命令。

➢ 命令行：EXTEND 或 EX。

执行上述任一命令，选择要延伸的对象后，命令行提示如下。

```
选择要修剪的对象，或按住 Shift 键选择要修剪的对象，或[栏选(F)/窗交(C)/投影(P)/边(E)/删
除(R)/放弃(U)]：
```

命令行中各选项的含义与【修剪】命令相同，在此不多加赘述。

3.5.4 案例——完善台灯平面图形

（1）按 Ctrl+O 组合键，打开配套光盘提供的“第 03 章/3.5.4 完善台灯平面图形.dwg”素材文件，如图 3-41 所示。

（2）调用 EX【延伸】命令，延伸交叉的两条直线，如图 3-42 所示。命令行操作如下：

```
命令：EX↙  EXTEND                                   //调用【延伸】命令
当前设置：投影=UCS，边=无
选择边界的边...
选择对象或 <全部选择>：找到 1 个                    //选择外圆作为延伸边界
选择对象： ↙                                        //按回车键结束选择
选择要延伸的对象，或按住 Shift 键选择要修剪的对象，或[栏选(F)/窗交(C)/投影(P)/边(E)/
放弃(U)]：                                          //选择交叉的两条直线
选择要延伸的对象，或按住 Shift 键选择要修剪的对象，或[栏选(F)/窗交(C)/投影(P)/边(E)/
放弃(U)]：                                          //按回车键结束操作
```

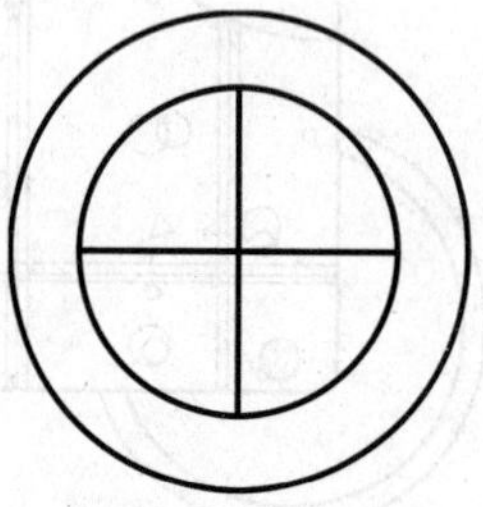

图 3-41 素材文件

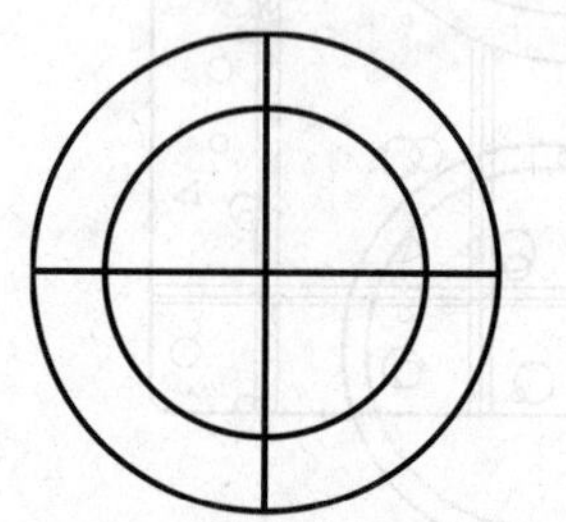

图 3-42 延伸结果

3.5.5 删除对象

【删除】命令可将多余的对象从图形中清除。调用【删除】命令有以下几种方法。

- 功能区：在【默认】选项卡中，单击【修改】面板中的【删除】按钮。
- 菜单栏：选择【修改】|【删除】命令。
- 命令行：ERASE 或 E。
- 快捷操作：直接选中对象然后按 Delete 键。

执行上述任一命令后，根据命令行的提示选择需要删除的图形对象，按 Enter 键即可删除已选择的对象，如图 3-43 所示。

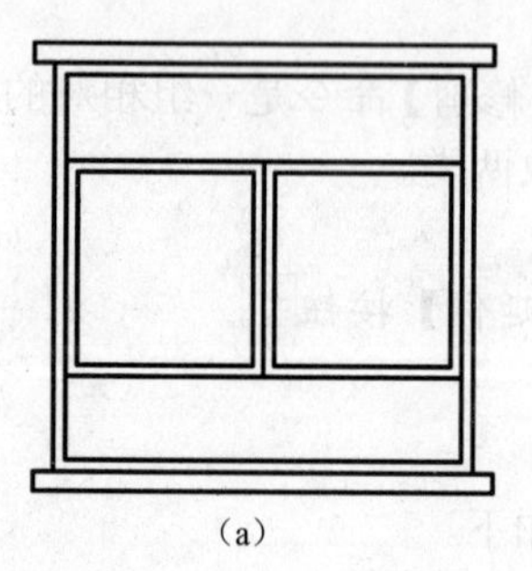

（a）

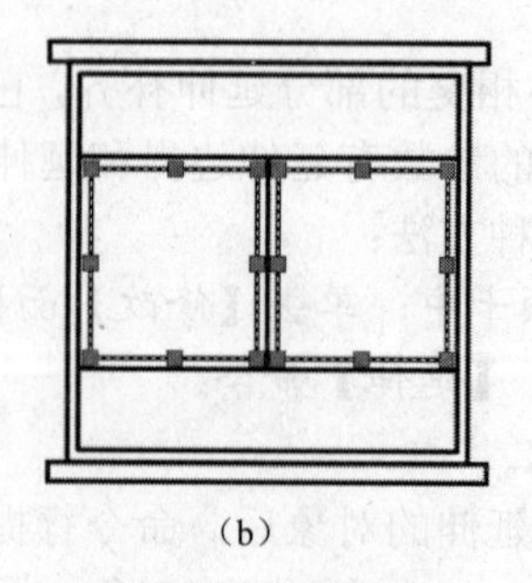

（b）

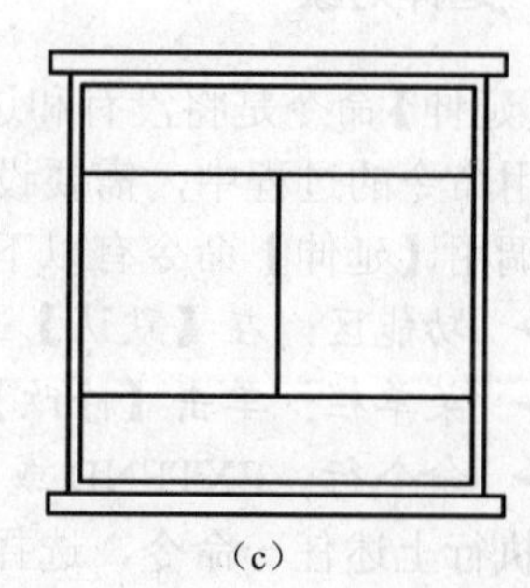

（c）

图 3-43 删除图形

（a）原对象；（b）选择要删除的对象；（c）删除结果

3.5.6　圆角

利用【圆角】命令可以将两条相交的直线通过一个圆弧连接起来，调用【圆角】命令有以下几种方法：

- 功能区：在【默认】选项卡中，单击【修改】面板【圆角】按钮。
- 菜单栏：执行【修改】|【圆角】命令。
- 命令行：FILLET 或 F。

执行上述任一命令后，命令行提示如下。

```
选择第一个对象或 [放弃(U)/多段线(P)/半径(R)/修剪(T)/多个(M)]:
```

命令行中各选项的含义如下。

- 放弃（U）：放弃上一次的圆角操作。
- 多段线（P）：选择该项将对多段线中每个顶点处的相交直线进行圆角，并且圆角后的圆弧线段将成为多段线的新线段。
- 半径（R）：选择该项，设置圆角的半径。
- 修剪（T）：选择该项，设置是否修剪对象。
- 多个（M）：选择该项，可以在依次调用命令的情况下对多个对象进行圆角。

提示：在 AutoCAD 2016 中，两条平行直线也可进行圆角，圆角直径为两条平行线的距离。

重复【圆角】命令后，圆角的半径和修剪选项无须重新设置，直接选择圆角对象即可，系统默认以上一次圆角的参数创建后的圆角。

3.5.7　案例——完善燃气灶图形

（1）按 Ctrl+O 组合键，打开配套光盘提供的“第 03 章/3.5.7 完善燃气灶图形.dwg”素材文件，如图 3-44 所示。

（2）调用 F【圆角】命令，对燃气灶四角进行圆角处理，如图 3-45 所示。命令行操作如下：

```
命令: F↙      FILLET                                        //调用【倒角】命令
当前设置: 模式 = 修剪,半径 = 0
选择第一个对象或 [放弃(U)/多段线(P)/半径(R)/修剪(T)/多个(M)]: R↙  //激活【半径】选项
指定圆角半径 <2.0000>: 50↙                                     //输入半径值
选择第一个对象或 [放弃(U)/多段线(P)/半径(R)/修剪(T)/多个(M)]:M↙   //激活【多个】选项
......
选择第一个对象或 [放弃(U)/多段线(P)/半径(R)/修剪(T)/多个(M)]: //按回车键结束绘制
```

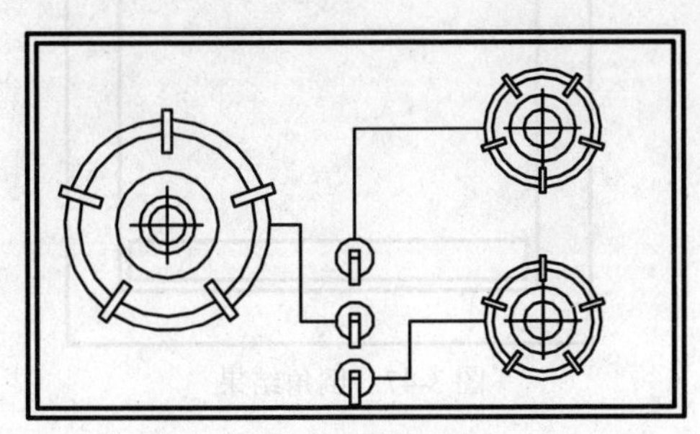
图 3-44　素材文件

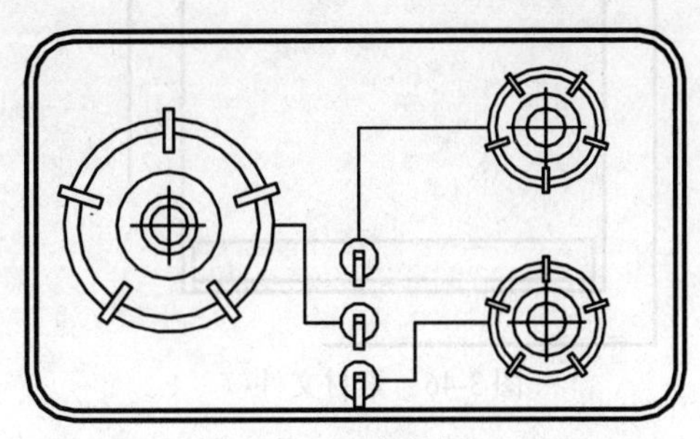
图 3-45　圆角结果

3.5.8 倒角

【倒角】命令用于将两条非平行直线或多段线以一斜线相连，调用【倒角】命令有以下几种方法：

- 功能区：在【默认】选项卡中，单击【修改】面板【倒角】按钮。
- 菜单栏：执行【修改】|【倒角】命令。
- 命令行：CHAMFER 或 CHA。

执行上述命令后，命令行提示如下。

选择第一条直线或[放弃(U)/多段线(P)/距离(D)/角度(A)/修剪(T)/方式(E)/多个(M)]：

命令行中各选项的含义如下。

- 放弃（U）：放弃上一次的倒角操作。
- 多段线（P）：对整个多段线每个顶点处的相交直线进行倒角，并且倒角后的线段将成为多段线的新线段。
- 距离（D）：通过设置两个倒角边的倒角距离进行倒角操作。
- 角度（A）：通过设置一个角度和一个距离进行倒角操作。
- 修剪（T）：设定是否对倒角进行修剪。
- 方式（E）：选择倒角方式，与选择【距离(D)】或【角度(A)】的作用相同。
- 多个（M）：选择该项，可以对多组对象进行倒角。

3.5.9 案例——完善沙发图形

（1）按 Ctrl+O 组合键，打开配套光盘提供的“第 03 章/3.5.9 完善沙发图形.dwg”素材文件，如图 3-46 所示。

（2）调用 CHA【倒角】命令，完善沙发图形，如图 3-47 所示。命令行操作如下：

命令：CHA↙ chamfer //调用【倒角】命令

（“修剪”模式）当前倒角距离 1 = 0.0000，距离 2 = 0.0000

选择第一条直线或 [放弃(U)/多段线(P)/距离(D)/角度(A)/修剪(T)/方式(E)/多个(M)]：

//选择垂直直线

选择第二条直线，或按住 Shift 键选择直线以应用角点或 [距离(D)/角度(A)/方法(M)]：

//选择水平直线

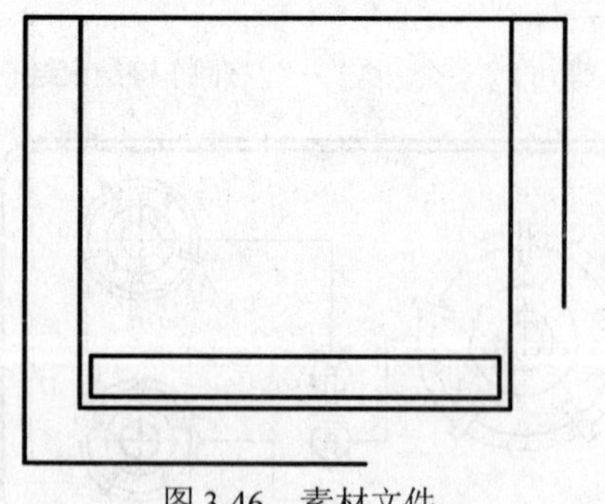
图 3-46 素材文件

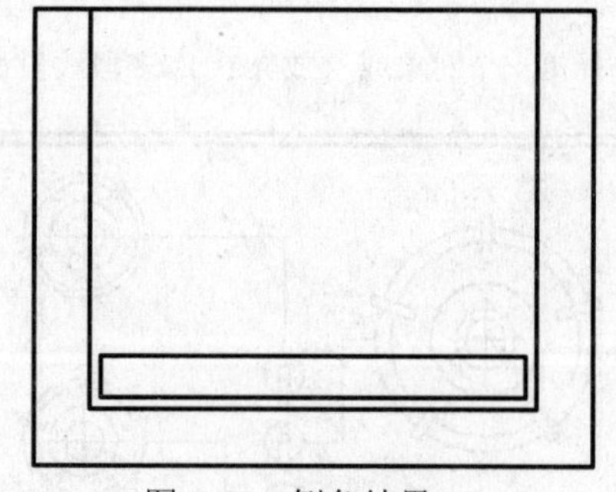
图 3-47 倒角结果

3.5.10　光顺曲线

【光顺曲线】命令是指在两条开放曲线的端点之间，创建相切或平滑的样条曲线，有效对象包括：直线、圆弧、椭圆弧、螺线、没闭合的多段线和没闭合的样条曲线。

调用【光顺曲线】命令有以下几种方法。

- 功能区：在【默认】选项卡中，单击【修改】面板中的【光顺曲线】按钮。
- 菜单栏：选择【修改】|【圆角】命令。
- 命令行：BLEND。

执行上述命令后，命令行提示如下。

```
命令： _BLEND↙                                   //调用【光顺曲线】命令
连续性 = 相切
选择第一个对象或 [连续性(CON)]:                    //要光顺的对象
选择第二个点： CON↙                               //激活【连续性】选项
输入连续性 [相切(T)/平滑(S)] <相切>： S↙           //激活【平滑】选项
选择第二个点：                                     //单击第二点完成命令操作
```

其中，各选项的含义如下。

- 连续性（CON）：设置连接曲线的过渡类型。
- 相切（T）：创建一条 3 阶样条曲线，在选定对象的端点处具有相切连续性。
- 平滑（S）：创建一条 5 阶样条曲线，在选定对象的端点处具有曲率连续性。

3.5.11　分解对象

【分解】命令是将某些特殊的对象，分解成多个独立的部分，以便于更具体的编辑。主要用于将复合对象，如矩形、多段线、块等，还原为一般对象。分解后的对象，其颜色、线型和线宽都可能发生改变。

调用【分解】命令有以下几种方法：

- 功能区：在【默认】选项卡中，单击【修改】面板【分解】按钮。
- 菜单栏：选择【修改】|【分解】命令。
- 命令行：EXPLODE 或 X。

执行上述任一命令后，选择要分解的图形对象并按 Enter 键，即可完成分解操作，如图 3-48 所示。

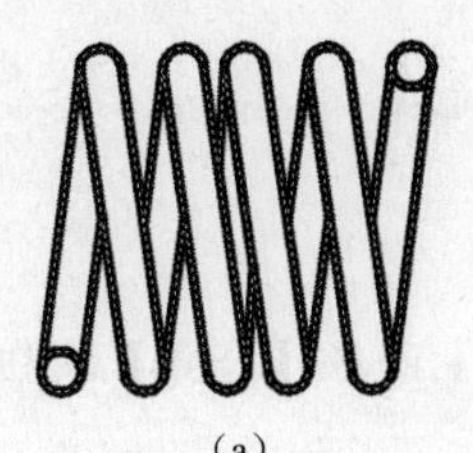

（a）　　　　（b）

图 3-48　分解图形

（a）原对象；（b）分解结果

3.5.12 打断对象

根据打断点数量的不同，【打断】命令可以分为【打断】和【打断于点】两种。

1. 打断

【打断】命令是指在两点之间打断选定的对象。在调用命令的过程中，需要输入的参数有打断对象、打断第一点和第二点。第一点和第二点之间的图形部分则被删除。调用【打断】命令有以下几种方法：

- 功能区：在【默认】选项卡中，单击【修改】面板【打断】按钮。
- 菜单栏：执行【修改】|【打断】命令。
- 命令行：BREAK 或 BR。

如图 3-49 所示为打断对象的过程，可以看到利用【打断】命令能快速完成图形效果的调整。

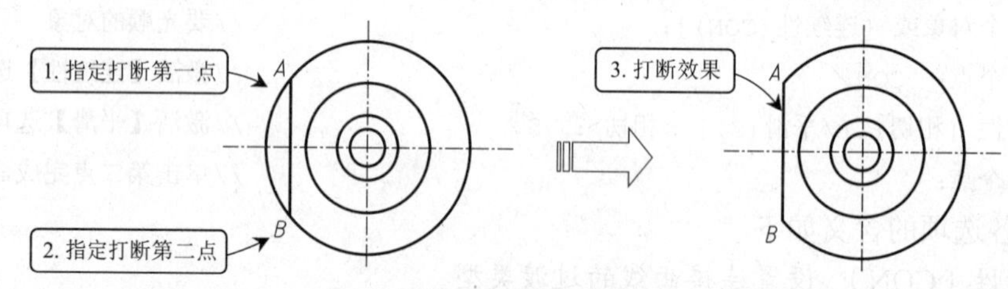

图 3-49 打断对象

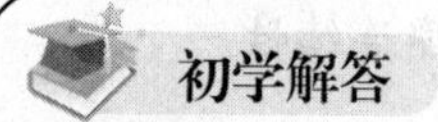

初学解答　【打断】直接从第二点开始？

通常【打断】命令是从第二点开始的，只有在命令行输入字母 F，执行【第一点（F）】选项后才能选择打断第一点。

2. 打断于点

【打断于点】工具同样可以将对象断开，调用【打断】命令有以下几种方法：

- 功能区：【修改】面板【打断于点】按钮。
- 命令行：BREAK 或 BR。

【打断于点】命令在执行过程中，需要输入的参数有打断对象和一个打断点。但打断对象之间没有间隙，只会增加打断点，如图 3-50 所示为已打断的图形。

3.5.13 合并对象

【合并】命令用于将独立的图形对象合并为一个整体。它可以将多个对象进行合并，对象包括圆弧、椭圆弧、直线、多段线和样条曲线等。

调用【合并】命令有以下几种方法：

- 功能区：在【默认】选项卡中，单击【修改】面板【合并】按钮。
- 菜单栏：执行【修改】|【合并】命令。
- 命令行：JOIN 或 J。

执行以上任一命令后，选择要合并的对象按 Enter 键退出，如图 3-51 所示。

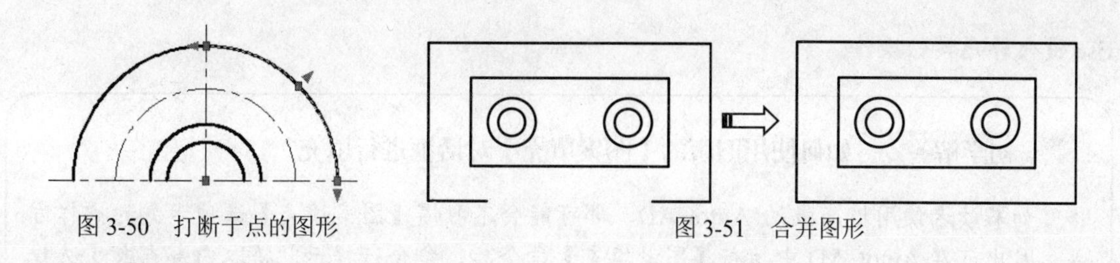

图 3-50 打断于点的图形　　　　图 3-51 合并图形

3.6 图案填充

使用 AutoCAD 的图案填充功能，可以方便地对图案进行填充，以区别不同形体的各个组成部分。在图案填充过程中，用户可以根据实际需求选择不同的填充样式，也可以对已填充的图案进行编辑。

3.6.1 图案填充

调用【图案填充】命令有以下几种方法。

- 功能区：在【默认】选项卡中，单击【绘图】面板中的【图案填充】按钮。
- 菜单栏：选择【绘图】|【图案填充】命令。
- 命令行：BHATCH 或 CH 或 H。

在 AutoCAD 中执行【图案填充】命令后，将显示【图案填充创建】选项卡，如图 3-52 所示。

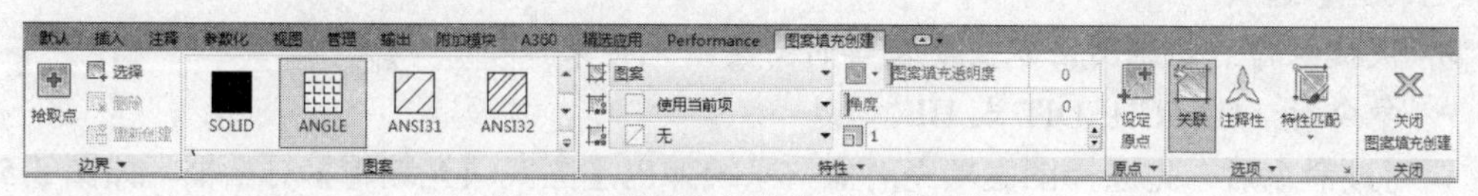

图 3-52 【图案填充创建】选项卡

【图案填充创建】选项卡中各选项及其含义如下。

- 【边界】面板：主要包括【拾取点】按钮和【选择】按钮，用来选择填充对象的工具。
- 【图案】面板：该面板显示所有预定义和自定义图案的预览图案，以供用户快速选择。
- 【特性】面板：主要包括图案按钮、颜色按钮（图案填充颜色）/（背景色）、图案填充透明度按钮图案填充透明度、角度按钮角度以及比例按钮。其中图案下拉列表中包括【实体】、【图案】、【渐变色】、【用户定义】4 个选项。颜色下拉列表中选包括【图案颜色】和【背景颜色】，默认状态下为无背景颜色。图案填充透明度通过拖动滑块，可以设置填充图案的透明度。但需单击状态栏中的【显示/隐藏透明度】按钮，透明度才能显示出来。
- 【原点】面板：该面板指定原点的位置有【左下】、【右下】、【左上】、【右上】、【中心】、【使用当前原点】6 种方式。
- 【选项】面板：主要包括关联按钮（控制当用户修改当期图案时是否自动更新图案填充）、注释性按钮（指定图案填充为可注释特性。单击信息图标以了解有相关注释性对象的更多信息。）、特性匹配按钮（使用选定图案填充对象的特性设置图案填充的特性，图案填充原点除外。单击下拉按钮▾，在下拉列表中包括【使用当前原点】和【使用原图案原点】）。
- 【关闭】面板：单击面板上的【关闭图案填充创建】按钮，可退出图案填充。也可按

Esc 键代替此按钮操作。

初学解答　如何使用旧版的【图案填充】对话框进行填充?

如果读者使用过旧版的 AutoCAD，那可能会不习惯【图案填充】选项卡式的操作方式，因此可在 AutoCAD 中执行【图案填充】命令后，命令行提示“拾取内部点或 [选择对象(S)/放弃(U)/设置（T）]:”时，激活【设置（T）】选项，则直接打开如图所示的【图案填充和渐变色】对话框，这样就方便习惯使用对话框操作的用户。

3.6.2 编辑填充的图案

在为图形填充了图案后，如果对填充效果不满意，还可以通过【编辑图案填充】命令对其进行编辑。可编辑内容包括填充比例、旋转角度和填充图案等。AutoCAD 2016 增强了图案填充的编辑功能，可以同时选择并编辑多个图案填充对象。

执行【编辑图案填充】命令有以下几种方法。

- 功能区：在【默认】选项卡中，单击【修改】面板中的【编辑图案填充】按钮。
- 菜单栏：选择【修改】|【对象】|【图案填充】命令。
- 右键快捷方式：在要编辑的对象上单击鼠标右键，在弹出的右键快捷菜单中选择【图案填充编辑】选项。
- 快捷操作：在绘图区双击要编辑的图案填充对象。
- 命令行：HATCHEDIT 或 HE。

调用该命令后，先选择图案填充对象，系统弹出【图案填充编辑】对话框，如图 3-53 所示。该对话框中的参数与【图案填充和渐变色】对话框中的参数一致，修改参数即可修改图案填充效果。

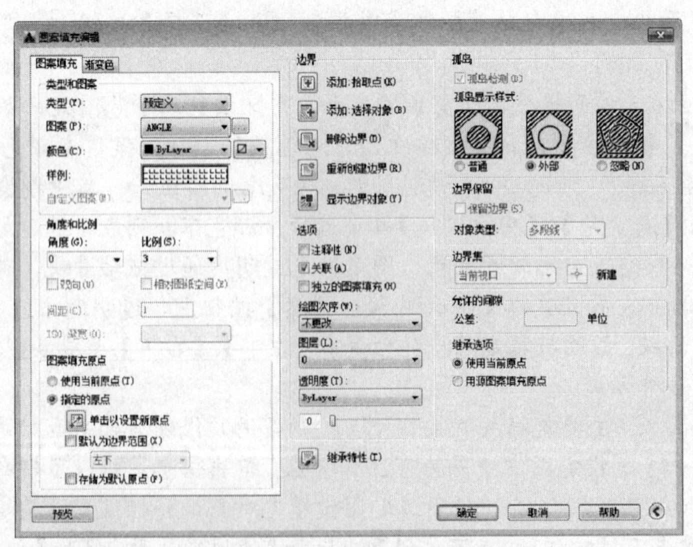

图 3-53 【图案填充编辑】对话框

3.6.3　案例——填充某影视墙的节点详图

（1）按 Ctrl+O 组合键，打开配套光盘提供的“第 03 章/3.6.3 填充某影视墙的节点详图.dwg”素材文件，如图 3-54 所示。

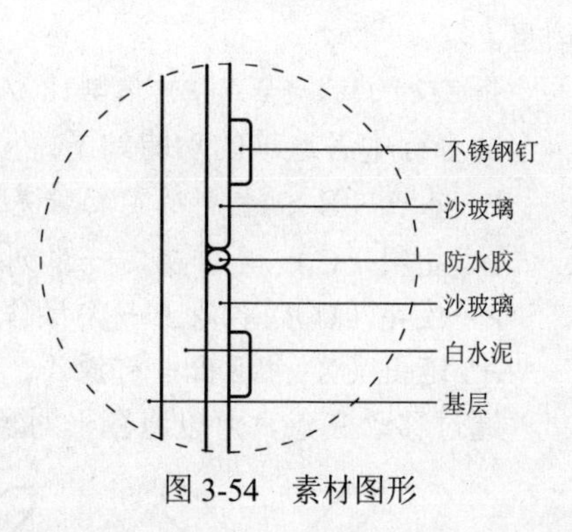

图 3-54　素材图形

（2）填充影视墙基层图案。在命令行中输入 H【图案填充】命令并回车，系统在面板上弹出【图案填充创建】选项卡，如图 3-55 所示，在【图案】面板中设置【ANSI31】，【特性】面板中设置【填充图案颜色】为 8，【填充图案比例】为 50，【填充角度】为 270。设置完成后，拾取墙体为内部拾取点填充，按空格键退出，填充效果如图 3-56 所示。

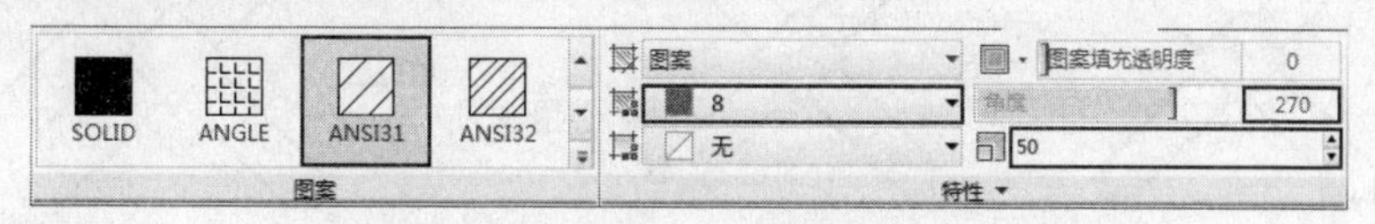

图 3-55　【图案填充创建】选项卡

（3）填充影视墙白水泥层图案。按空格键再次调用【图案填充】命令，选择【图案】为【ANSI35】，【填充图案颜色】为 8，【填充图案比例】为 17，【填充角度】为 180，填充效果如图 3-57 所示。

（4）填充影视墙沙玻璃层图案。按空格键再次调用【图案填充】命令，选择【图案】为【MUDST】，【填充图案颜色】为 8，【填充图案比例】为 6，【填充角度】为 315，影视墙节点详图填充结果如图 3-58 所示。

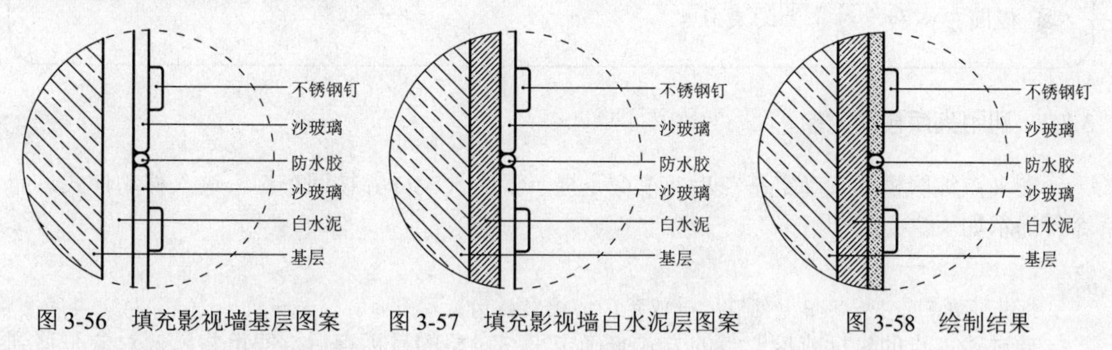

图 3-56　填充影视墙基层图案　　图 3-57　填充影视墙白水泥层图案　　图 3-58　绘制结果

3.7　通过夹点编辑图形

所谓“夹点”，指的是图形对象上的一些特征点，如端点、顶点、中点、中心点等，图形的位置和形状通常是由夹点的位置决定的。在 AutoCAD 中，夹点是一种集成的编辑模式，利用夹点可以编辑图形的大小、位置、方向以及对图形进行镜像复制操作等。

3.7.1　利用夹点拉伸对象

在不执行任何命令的情况下选择对象，显示其夹点。然后，单击其中一个夹点，进入编辑状态。

系统自动执行默认的【拉伸】编辑模式，将其作为拉伸的基点，命令行将显示如下提示信息。

指定拉伸点或 [基点(B)/复制(C)/放弃(U)/退出(X)]：

命令行中各选项的功能如下：

- 基点（B）：重新确定拉伸基点。
- 复制（C）：允许确定一系列的拉伸点，以实现多次拉伸。
- 放弃（U）：取消上一次操作。
- 退出（X）：退出当前操作。

通过移动夹点，可以将图形对象拉伸至新的位置，如图 3-59 所示。

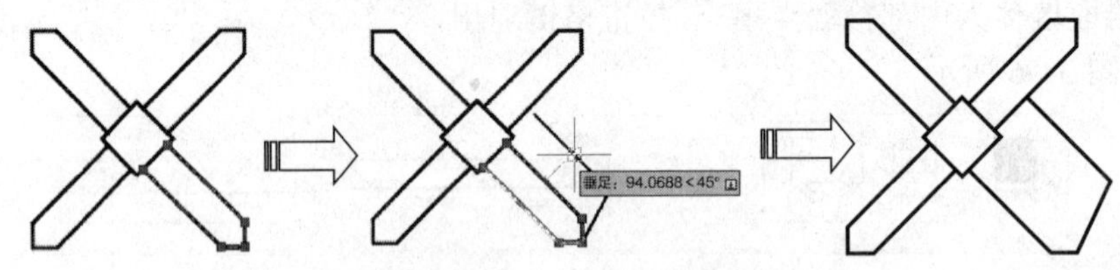

图 3-59　通过夹点拉伸对象

提示：对于某些夹点，移动时只能移动对象而不能拉伸对象，如文字、块、直线中点、圆心、椭圆中心和点对象上的夹点。

选择夹点却不能拉伸？

对于某些夹点，拖动时只能移动对象而不能拉伸对象，如文字、块、直线中点、圆心、椭圆中心和点对象上的夹点。

3.7.2　利用夹点移动对象

在夹点编辑模式下确定基点后，在命令提示下输入 MO 并按回车键，进入移动模式，命令行提示如下。

```
** MOVE **
指定移动点或 [基点(B)/复制(C)/放弃(U)/退出(X)]：
```

通过输入点的坐标或拾取点的方式来确定平移对象的目标点后，即可将所选对象平移到新位置，如图 3-60 所示。

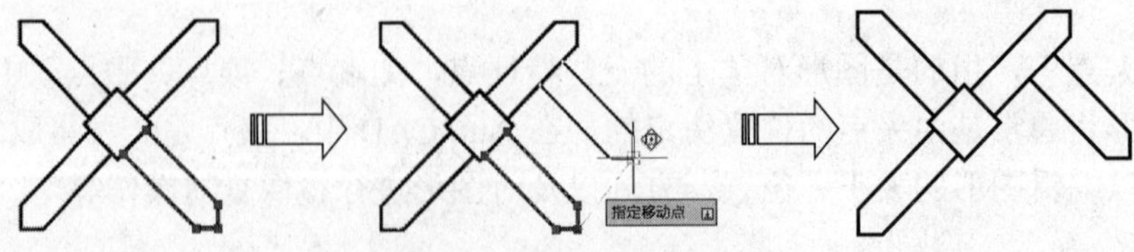

图 3-60　通过夹点移动图形

提示：对热夹点进行编辑操作时，可以在命令行输入 S、M、CO、SC、MI 等基本修改命令，也可以按回车键或空格键在不同的修改命令间切换。

3.7.3　利用夹点旋转对象

在夹点编辑模式下确定基点后，在命令提示下输入 RO 并按 Enter 键，进入旋转模式，命令行提示如下。

** 旋转 **

指定旋转角度或 [基点(B)/复制(C)/放弃(U)/参照(R)/退出(X)]:

在默认情况下，输入旋转角度值或通过拖动方式确定旋转角度后，即可将对象绕基点旋转指定的角度。也可以选择【参照】选项，以参照方式旋转对象。

利用夹点旋转对象如图 3-61 所示。

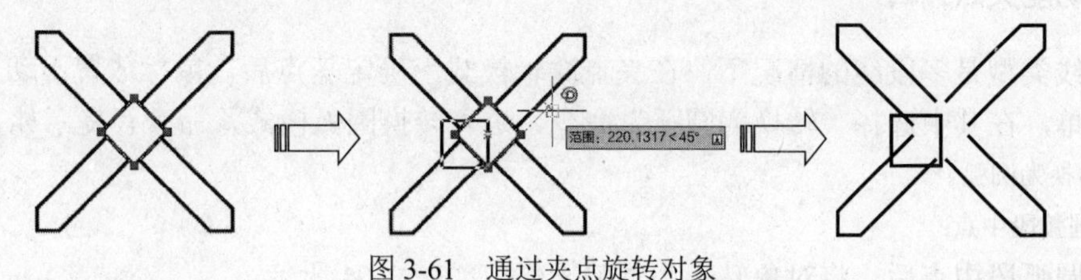

图 3-61　通过夹点旋转对象

3.7.4　利用夹点缩放对象

在夹点编辑模式下确定基点后，在命令提示下输入 SC 并按回车键，进入缩放模式，命令行提示如下：

** 比例缩放 **

指定比例因子或 [基点(B)/复制(C)/放弃(U)/参照(R)/退出(X)]:

在默认情况下，当确定了缩放的比例因子后，AutoCAD 将相对于基点进行缩放对象操作。当比例因子大于 1 时放大对象；当比例因子大于 0 而小于 1 时缩小对象。利用夹点缩放对象如图 3-62 所示。

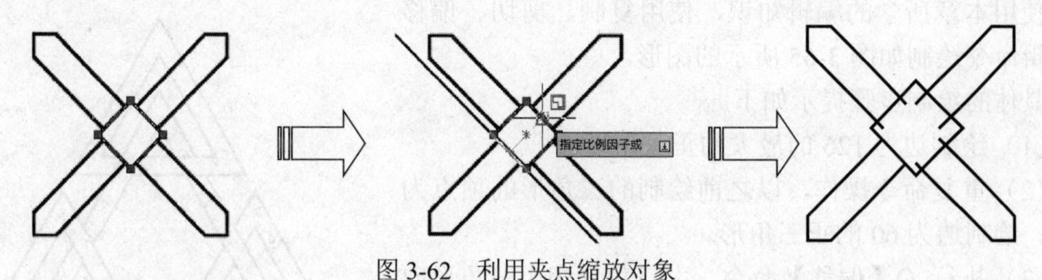

图 3-62　利用夹点缩放对象

3.7.5　利用夹点镜像对象

在夹点编辑模式下确定基点后，在命令提示下输入 MI 并按回车键，进入镜像模式，命令行提示如下。

** 镜像 **

指定第二点或 [基点(B)/复制(C)/放弃(U)/退出(X)]:

指定镜像线上的第二点后，系统将以基点作为镜像线上的第一点，将对象进行镜像操作并删除源对象，如图 3-63 所示。

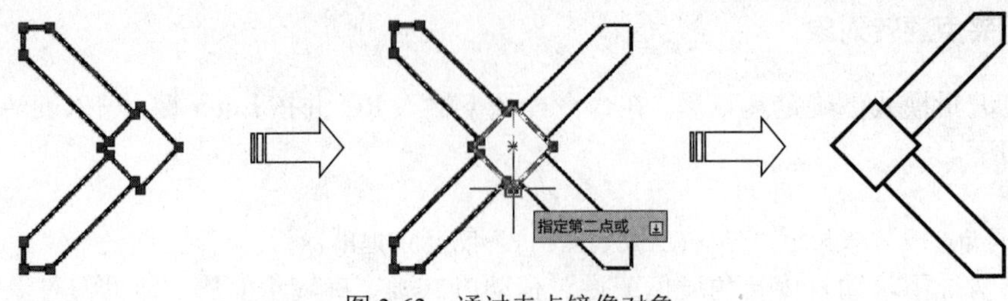

图 3-63　通过夹点镜像对象

3.7.6　多功能夹点编辑

当直线类型是多段线的情况下，在夹点编辑模式下确定基点后，鼠标放置不动系统将弹出快捷菜单，在其中选择“转换为圆弧”命令，进入转换圆弧模式，命令行提示如下。

** 转换为圆弧 **

指定圆弧段中点：

指定圆弧段中点后，将对象转换为圆弧操作，如图 3-64 所示。

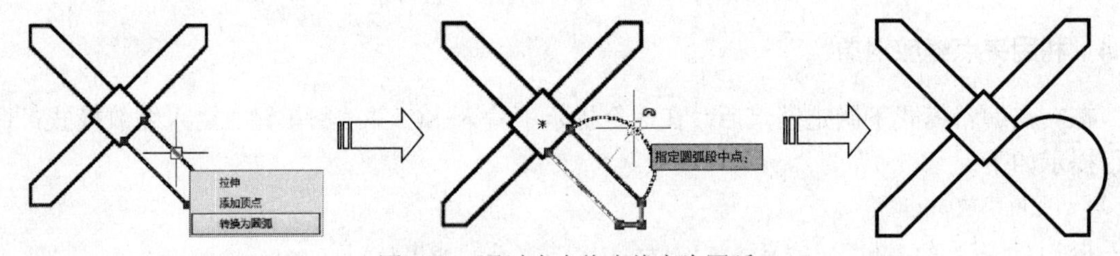

图 3-64　通过夹点将直线变为圆弧

3.8　课后练习

使用本章所学的编辑知识，使用复制、剪切、偏移等编辑命令绘制如图 3-65 所示的图形。

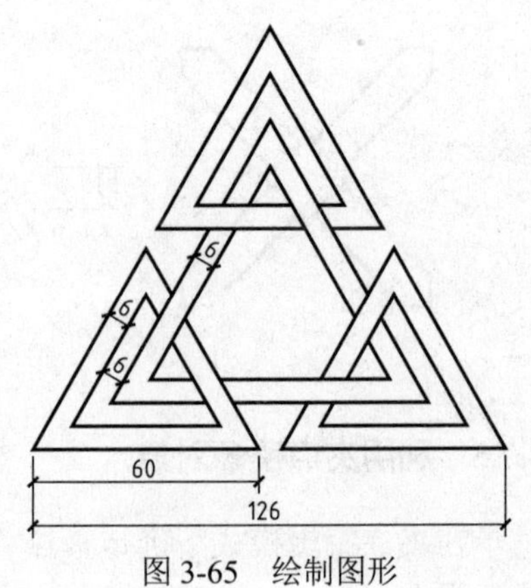

图 3-65　绘制图形

具体的绘制步骤提示如下。

（1）绘制边为 126 的最大的正三角形。

（2）重复命令操作，以之前绘制的三角形的顶点为起点，绘制边为 60 的正三角形。

（3）执行 O【偏移】命令，大三角形和小三角形向内偏移 6。

（4）执行 CO【复制】命令，选择两个小三角形，以大三角形的顶点为参考点，复制两个小三角形。

（5）执行 TR【修剪】命令，修剪图形，完成绘制。

3.9　本章总结

本章主要介绍了对平面图形对象的编辑方法。AutoCAD 2016 的编辑功能非常强大，主要命令都集中在“修改”子菜单中。

图形编辑工具可以修改图形对象，并能显著提高绘图效率。在使用过程中，要注意各个编辑工具的适用对象，例如，复制和镜像命令通常是对所有对象都能适应，而倒角或修剪命令就只能针对特定对象。这些均需要在绘图的过程中不断实践，熟悉操作。

第 4 章　图形的尺寸与文字标注

图形在绘制完成后，需要对其进行尺寸与文字标注，以表达物体各部分的真实大小和各部分之间的确切位置。AutoCAD 2016 提供了方便、快捷的尺寸与文字标注功能，本章将介绍这些功能的用法。

4.1　尺寸标注样式

AutoCAD 默认的标注样式与室内制图标准样式不同，因此在室内设计中进行尺寸标注前，先要创建尺寸标注的样式，然后和文字、图层一样，保存为同一模板文件，即可在新建文件时调用。

4.1.1　尺寸标注的组成

如图 4-1 所示，一个完整的尺寸标注由尺寸界线、尺寸线、尺寸箭头和尺寸文字 4 个要素构成。AutoCAD 的尺寸标注命令和样式设置，都是围绕着这 4 个要素进行的。

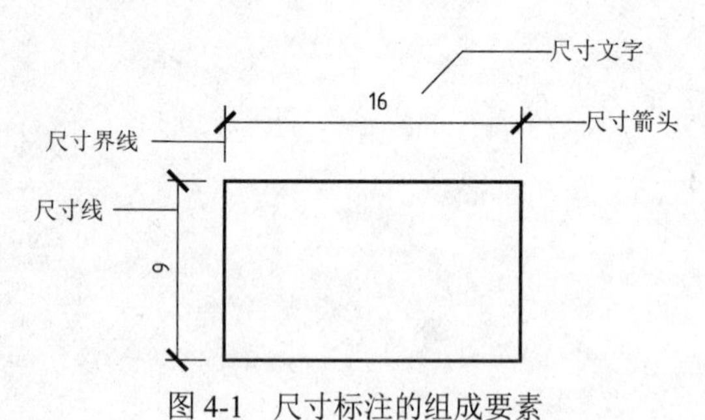

图 4-1　尺寸标注的组成要素

各组成部分的作用与含义分别如下。

➢ 尺寸界线：也称为投影线，用于标注尺寸的界限，由图样中的轮廓线、轴线或对称中心线引出。标注时，延伸线从所标注的对象上自动延伸出来，它的端点与所标注的对象接近但并未相连。

➢ 尺寸箭头：也称为标注符号。标注符号显示在尺寸线的两端，用于指定标注的起始位置。AutoCAD 默认使用闭合的填充箭头作为标注符号。此外，AutoCAD 还提供了多种箭头符号，以满足不同行业的需要，如建筑制图的箭头以 45° 的粗短斜线表示，而机械制图的箭头以实心三角形箭头表示等。

➢ 尺寸线：用于表明标注的方向和范围。通常与所标注对象平行，放在两延伸线之间，一般情况下为直线，但在角度标注时，尺寸线呈圆弧形。

➢ 尺寸文字：表明标注图形的实际尺寸大小，通常位于尺寸线上方或中断处。在进行尺寸标注时，AutoCAD 会生动生成所标注对象的尺寸数值，我们也可以对标注的文字进行修改、添加等编辑操作。

4.1.2　创建标注样式

在进行尺寸标注前，要根据实际使用情况设置尺寸的标注样式。在 AutoCAD 中，用户可以通过【标注样式和管理器】对话框设置所需的尺寸标注样式，以快速指定标注的格式，并确保标注符合标准。

打开【标注样式和管理器】对话框有以下几种方法：

➢ 功能区：在【默认】选项板中，单击【标注】面板下的【标注样式】按钮；或在【注释】选项卡中，单击【标注】面板右下角的按钮。

➢ 菜单栏：执行【格式】|【标注样式】命令。

➢ 命令行：DIMSTYLE 或 D。

4.1.3　案例——创建“新样式”标注样式

（1）单击【注释】面板中的【标注样式】按钮，打开【标注样式管理器】对话框，如图 4-2 所示。

（2）单击【标注样式管理器】对话框中的【新建】按钮，打开【创建新标注样式】对话框，在其中输入【新样式】样式名，如图 4-3 所示。

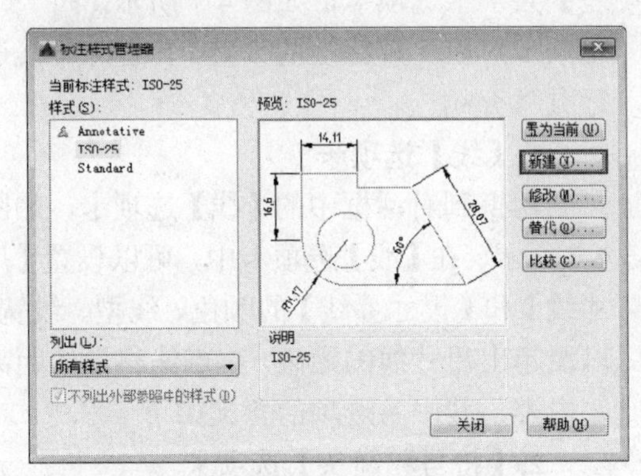

图 4-2 【标注样式管理器】对话框

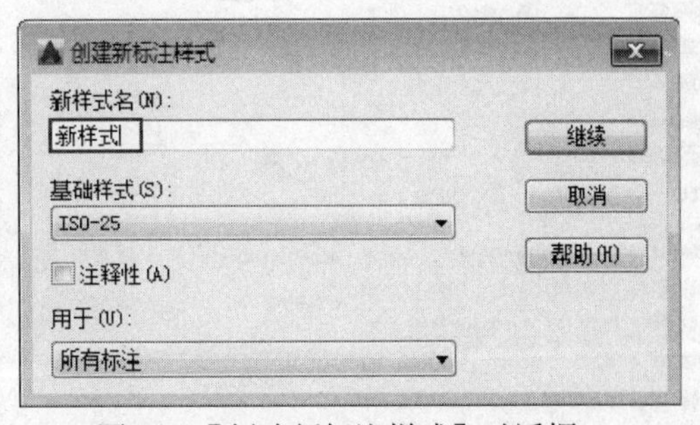

图 4-3 【创建新标注样式】对话框

（3）设置标注样式的参数。在【创建新标注样式】对话框中单击【继续】按钮，弹出【新建标注样式：新样式】对话框，如图 4-4 所示。在该对话框中可以设置标注样式的各种参数。

（4）完成标注样式的新建。单击【确定】按钮，结束设置，新建的样式便会在【标注样式管理器】对话框的【样式】列表框中出现，单击【置为当前】按钮即可选择为当前的标注样式，如图 4-5 所示。

（5）使用“新样式”标注样式进行尺寸标注的结果如图 4-6 所示。

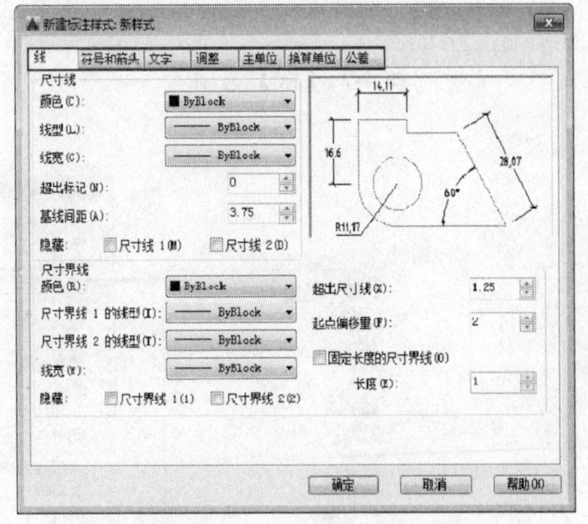

图 4-4 【新建标注样式：新样式】对话框

4.1.4　编辑标注样式

创建新的标注样式时，在【新建标注样式】对话框中可以设置尺寸标注的各种特性，对话框中有【线】、【符号和箭头】、【文字】、【调整】、【主单位】、【换算单位】和【公

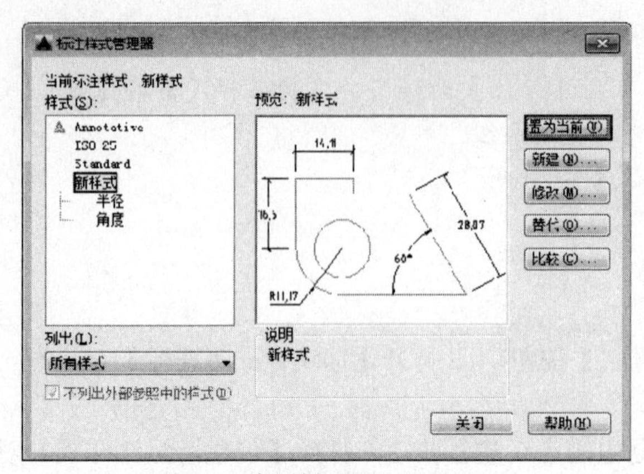

图 4-5 将新样式置为当前

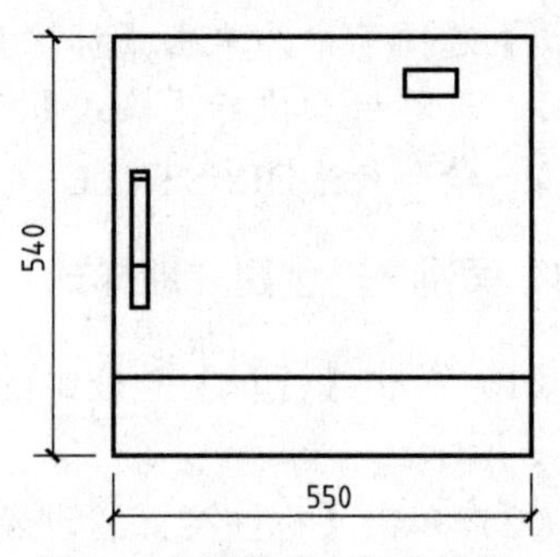

图 4-6 “新样式”标注结果

图 4-7 【线】选项卡

差】共 7 个选项卡，如图 4-7 所示，每一个选项卡对应一种特性的设置，下面将对其进行具体介绍。

1.【线】选项卡

切换到对话框中的【线】选项卡，如图 4-7 所示。在【线】选项卡中，可以设置【尺寸线】和【尺寸界线】的颜色、线型、线宽，以及超出尺寸线的距离、起点偏移量的距离等内容，其中各选项的含义如下。

2.【符号和箭头】选项卡

【符号和箭头】选项卡中包括【箭头】、【圆心标记】、【折断标注】、【弧长符号】、【半径折弯标注】和【线性折弯标注】共 6 个选项组，如图 4-8 所示。

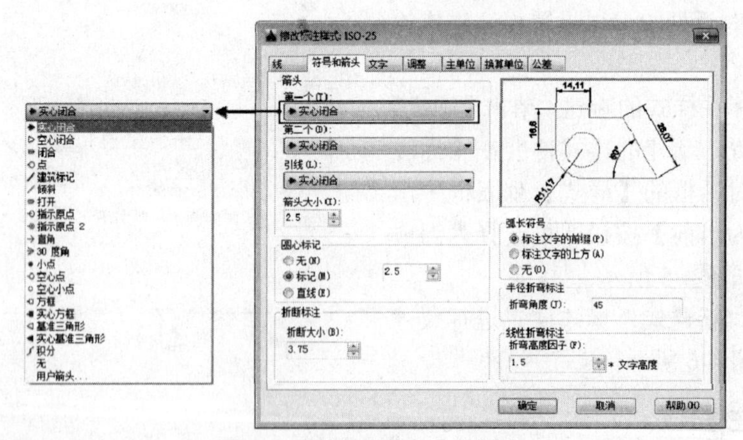

图 4-8 【符号和箭头】选项卡

3.【文字】选项卡

【文字】选项卡包括【文字外观】、【文字位置】和【文字对齐】3 个选项组，如图 4-9

所示。

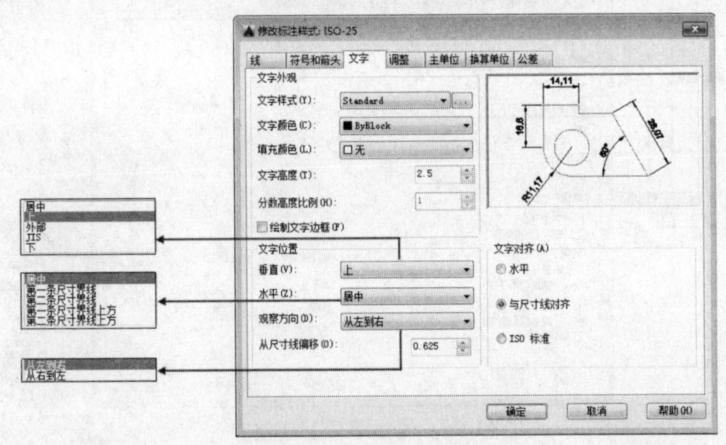

图 4-9 【文字】选项卡

4.【调整】选项卡

【调整】选项卡包括【调整选项】、【文字位置】、【标注特征比例】和【优化】4 个选项组，可以设置标注文字、尺寸线、尺寸箭头的位置，如图 4-10 所示。

5.【主单位】选项卡

【主单位】选项卡包括【线性标注】、【测量单位比例】、【消零】、【角度标注】和【消零】5 个选项组，如图 4-11 所示。

6.【换算单位】选项卡

【换算单位】可以方便地改变标注的单位，通常我们用的就是公制单位与英制单位的互换。其中包括【换算单位】、【消零】和【位置】3 个选项组，如图 4-12 所示。

7.【公差】选项卡

【公差】选项卡可以设置公差的标注格式，包括【公差格式】、【公差对齐】、【消零】、【换算单位公差】和【消零】5 个选项组，如图 4-13 所示。

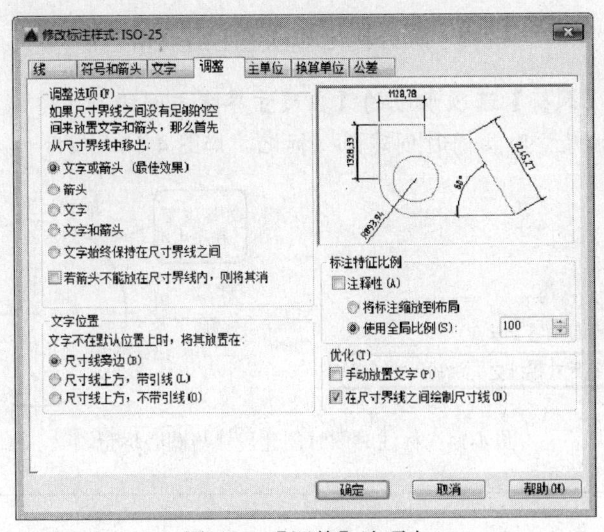

图 4-10 【调整】选项卡

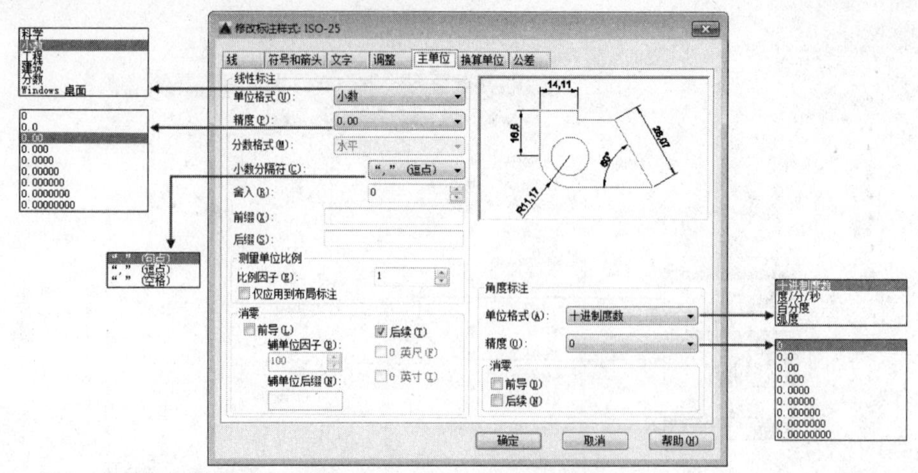

图 4-11 【主单位】选项卡

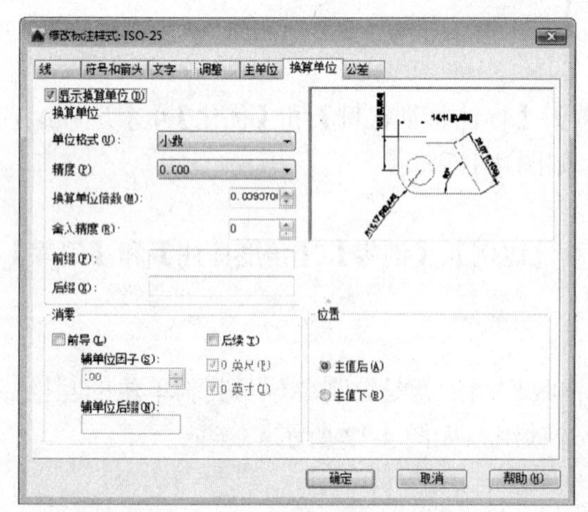

图 4-12 【换算单位】选项卡

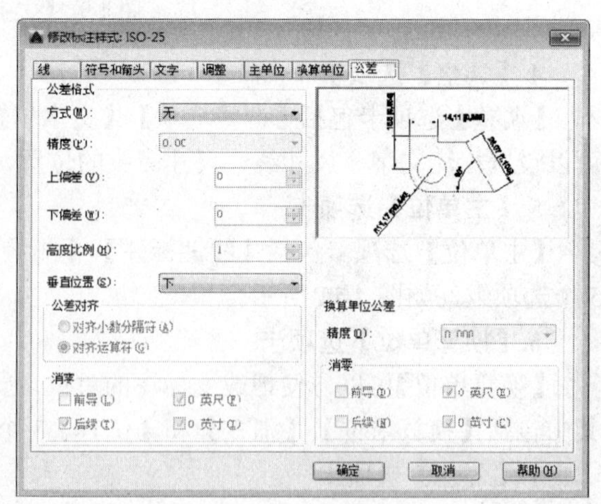

图 4-13 【公差】选项卡

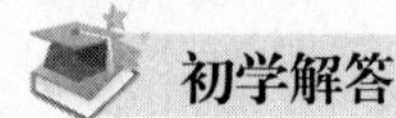

初学解答 **设置了圆心标记却创建不出效果?**

可以取消选中【调整】选项卡中的【在尺寸界线之间绘制尺寸线】复选框，这样就能在标注直径或半径尺寸时，同时创建圆心标记，如图 4-14 所示。

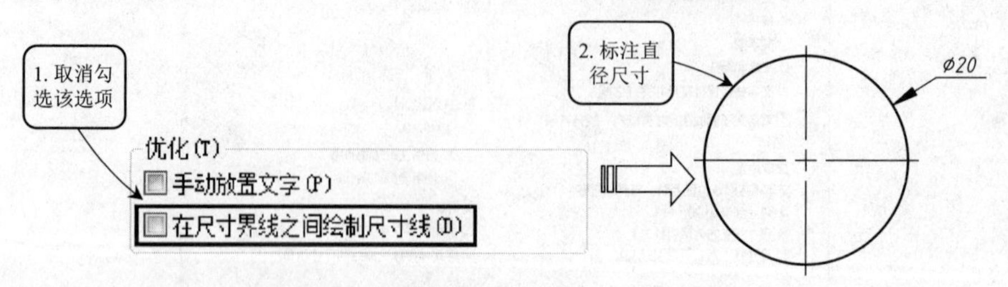

图 4-14 标注时同时创建尺寸与圆心标记

4.1.5　案例——修改“新样式”标注样式

（1）选择【格式】|【标注样式】命令，弹出【标注样式管理器】对话框，选择“新样式”标注样式。单击【修改】按钮，在弹出的【修改标注样式：新样式】对话框中选择【符号和箭头】选项卡，设置参数如图 4-15 所示。

（2）单击【确定】按钮返回【标注样式管理器】对话框，单击【置为当前】按钮，然后关闭对话框完成“新样式”标注样式的修改。

（3）使用修改后的“新样式”标注样式进行尺寸标注的结果如图 4-16 所示。

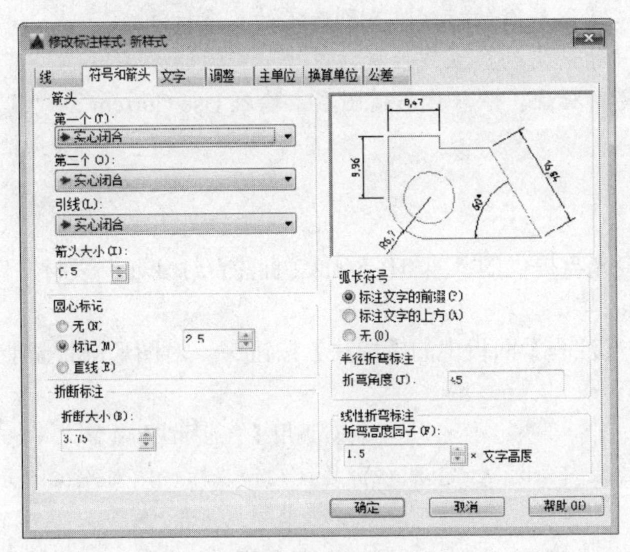

图 4-15　【符号和箭头】选项卡

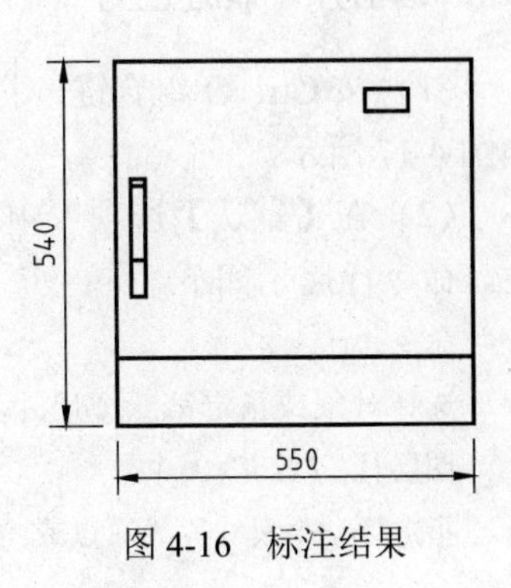

图 4-16　标注结果

4.2　新建尺寸标注

针对不同类型的图形对象，AutoCAD 2016 提供了智能标注、线性标注、半径标注、角度标注和多重引线标注等多种标注类型。

4.2.1　智能标注

【智能标注】命令为 AutoCAD 2016 的新增功能，可以根据选定的对象类型自动创建相应的标注。可自动创建的标注类型包括垂直标注、水平标注、对齐标注、旋转的线性标注、角度标注、半径标注、直径标注、折弯半径标注、弧长标注、基线标注和连续标注等。如果需要，可以使用命令行选项更改标注类型。

执行【智能标注】命令有以下几种方法。

- 功能区：在【默认】选项卡中，单击【注释】面板中的【标注】按钮。
- 命令行：DIM。

使用上面任一种方式启动【智能标注】命令，具体操作命令行提示如下：

选择对象或指定第一个尺寸界线原点或 [角度(A)/基线(B)/连续(C)/坐标(O)/对齐(G)/分发(D)/图层(L)/放弃(U)]：　　//选择图形或标注对象

命令行中各选项的含义说明如下。

➢ 角度（A）：创建一个角度标注来显示三个点或两条直线之间的角度，操作方法基本同【角度标注】。

➢ 基线（B）：从上一个或选定标准的第一条界线创建线性、角度或坐标标注，操作方法基本同【基线标注】。

➢ 连续（C）：从选定标注的第二条尺寸界线创建线性、角度或坐标标注，操作方法基本同【连续标注】。

➢ 坐标（O）：创建坐标标注，提示选取部件上的点，如端点、交点或对象中心点。

➢ 对齐（G）：将多个平行、同心或同基准的标注对齐到选定的基准标注。

➢ 分发（D）：指定可用于分发一组选定的孤立线性标注或坐标标注的方法。

➢ 图层（L）：为指定的图层指定新标注，以替代当前图层。输入 Use Current 或“.”以使用当前图层。

4.2.2 案例——标注台灯

（1）按 Ctrl+O 组合键，打开配套光盘提供的“第 04 章/4.2.2 标注台灯.dwg”素材文件，如图 4-17 所示。

（2）在【默认】选项卡中，单击【注释】面板中的【标注】按钮，对图形进行智能标注，命令行提示如下。

命令：dim↙ //调用【智能标注】命令

选择对象或指定第一个尺寸界线原点或 [角度(A)/基线(B)/连续(C)/坐标(O)/对齐(G)/分发(D)/图层(L)/放弃(U)]： //捕捉 A 点为第一角点

指定第一个尺寸界线原点或 [角度(A)/基线(B)/继续(C)/坐标(O)/对齐(G)/分发(D)/图层(L)/放弃(U)]：

指定第二个尺寸界线原点或 [放弃(U)]： //捕捉 B 点为第一角点

指定尺寸界线位置或第二条线的角度 [多行文字(M)/文字(T)/文字角度(N)/放弃(U)]：

//任意指定位置放置尺寸

选择对象或指定第一个尺寸界线原点或 [角度(A)/基线(B)/连续(C)/坐标(O)/对齐(G)/分发(D)/图层(L)/放弃(U)]： //捕捉 A 点为第一角点

指定第一个尺寸界线原点或 [角度(A)/基线(B)/继续(C)/坐标(O)/对齐(G)/分发(D)/图层(L)/放弃(U)]：

指定第二个尺寸界线原点或 [放弃(U)]： //捕捉 C 点为第一角点

指定尺寸界线位置或第二条线的角度 [多行文字(M)/文字(T)/文字角度(N)/放弃(U)]：

//任意指定位置放置尺寸

选择对象或指定第一个尺寸界线原点或 [角度(A)/基线(B)/连续(C)/坐标(O)/对齐(G)/分发(D)/图层(L)/放弃(U)]：A↙ //激活【角度】选项

选择圆弧、圆、直线或 [顶点(V)]： //捕捉 AC 直线为第一直线

选择直线以指定角度的第二条边： //捕捉 CD 直线为第二条直线

指定角度标注位置或 [多行文字(M)/文字(T)/文字角度(N)/放弃(U)]：

//任意指定位置放置尺寸

选择对象或指定第一个尺寸界线原点或 [角度(A)/基线(B)/连续(C)/坐标(O)/对齐(G)/分发(D)/图层(L)/放弃(U)]:

选择圆弧以指定半径或 [直径(D)/折弯(J)/圆弧长度(L)/中心标记(C)/角度(A)]:

//捕捉圆弧 E

指定半径标注位置或 [直径(D)/角度(A)/多行文字(M)/文字(T)/文字角度(N)/放弃(U)]:

//任意指定位置放置尺寸,如图 4-18 所示。

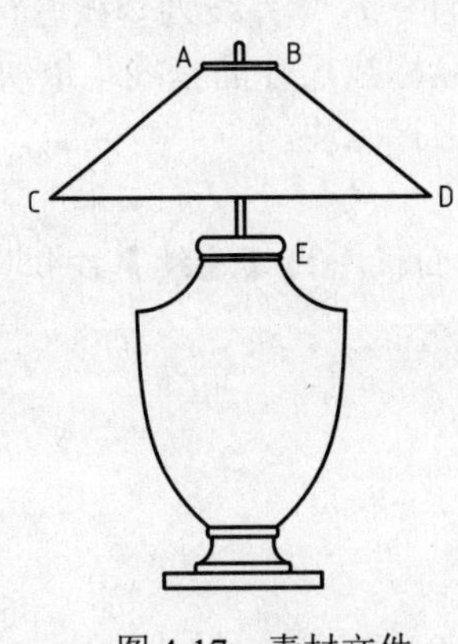

图 4-17　素材文件

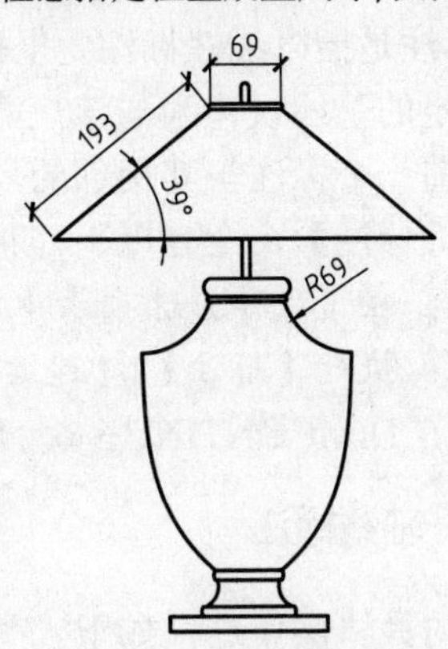

图 4-18　智能标注结果

4.2.3　线性标注

线性标注用于标注任意两点之间的水平或竖直方向的距离。执行【线性标注】命令有以下几种方法。

➢ 功能区：在【默认】选项卡中，单击【注释】面板中的【线性】按钮。

➢ 菜单栏：选择【标注】|【线性】命令。

➢ 命令行：DIMLINEAR 或 DLI。

执行上述命令后，命令行提示如下。

指定第一个尺寸界线原点或 <选择对象>:

此时可以选择通过【指定原点】或是【选择对象】进行标注，两者的区别如下。

（1）指定原点

默认情况下，在命令行提示下指定第一条尺寸界线的原点，并在“指定第二条尺寸界线原点”提示下指定第二条尺寸界线原点后，命令提示行如下。

指定尺寸线位置或[多行文字(M)/文字(T)/角度(A)/水平(H)/垂直(V)/旋转(R)]:

因为线性标注有水平和竖直方向两种可能，因此指定尺寸线的位置后，尺寸值才能够完全确定。命令行选项介绍如下。

➢ 多行文字（M）：选择该选项将进入多行文字编辑模式，可以使用【多行文字编辑器】对话框输入并设置标注文字。其中，文字输入窗口中的尖括号（<>）表示系统测量值。

➢ 文字（T）：以单行文字形式输入尺寸文字。

➢ 角度（A）：设置标注文字的旋转角度。

➢ 水平（H）和垂直（V）：标注水平尺寸和垂直尺寸。可以直接确定尺寸线的位置，也可以选择其他选项来指定标注的标注文字内容或标注文字的旋转角度。

➢ 旋转（R）：旋转标注对象的尺寸线。

（2）选择对象

执行【线性】命令后，按 Enter 键，根据命令行的提示选择对象，系统以对象的两个端点作为两条尺寸界线的起点，进行水平或垂直标注。

4.2.4 连续标注

【连续】标注是指以线性标注、坐标标注、角度标注的尺寸界线为基线进行的标注。【连续标注】所指定的基线仅作为与该尺寸标注相邻的连续标注尺寸的基线，依次类推，下一个尺寸标注都以前一个标注与其相邻的尺寸界线为基线进行标注。

执行【连续标注】命令有以下几种方法。

➢ 功能区：在【注释】选项卡中，单击【标注】面板中的【连续】按钮。

➢ 菜单栏：执行【标注】|【连续】命令。

➢ 命令行：DIMCONTINUE 或 DCO。

4.2.5 案例——轴线标注

连续标注的具体操作过程如下。

（1）按 Ctrl+O 组合键，打开配套光盘提供的“第 04 章/.4.2.5 轴线标注.dwg”素材文件，如图 4-19 所示。

（2）在命令行中输入 DLI【线性】标注命令，为轴线进行尺寸标注，如图 4-20 所示。命令行提示如下。

```
命令：DLI↙          dimlinear                  //执行【线性标注】命令
指定第一个尺寸界线原点或 <选择对象>：          //拾取第一条轴线端点为第一个尺寸界线原点
指定第二条尺寸界线原点：                       //向上移动鼠标到第二条轴线端点位置
指定尺寸线位置或[多行文字(M)/文字(T)/角度(A)/水平(H)/垂直(V)/旋转(R)]：
                                               //向左移动，单击鼠标，确定尺寸线位置
标注文字 = 3000                                //生成尺寸标注
```

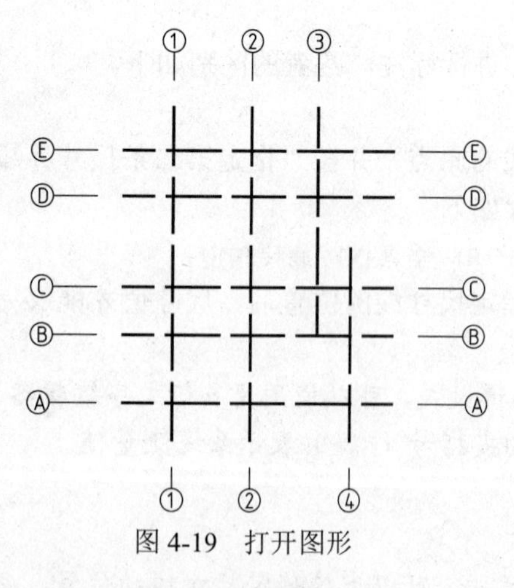

图 4-19 打开图形

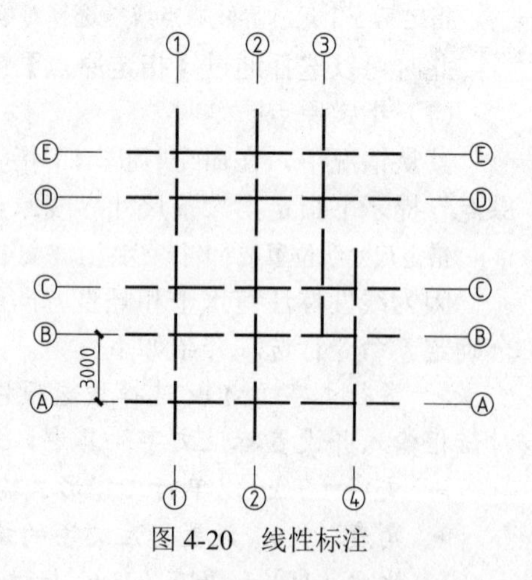

图 4-20 线性标注

（3）在命令行中输入 DCO【连续标注】命令并按回车键，命令行提示如下。

命令：DCO↙　　DIMCONTINUE　　//调用【连续标注】命令
选择连续标注：　　//选择标注
指定第二条尺寸界线原点或[放弃(U)/选择(S)]<选择>：　//指定第二条尺寸界线原点
标注文字 = 2100
指定第二条尺寸界线原点或 [放弃(U)/选择(S)] <选择>：
标注文字 = 4000
……　　//按 Esc 键退出绘制，完成连续标注的结果如图 4-21 所示。

（4）用上述相同的方法继续标注轴线，结果如图 4-22 所示。

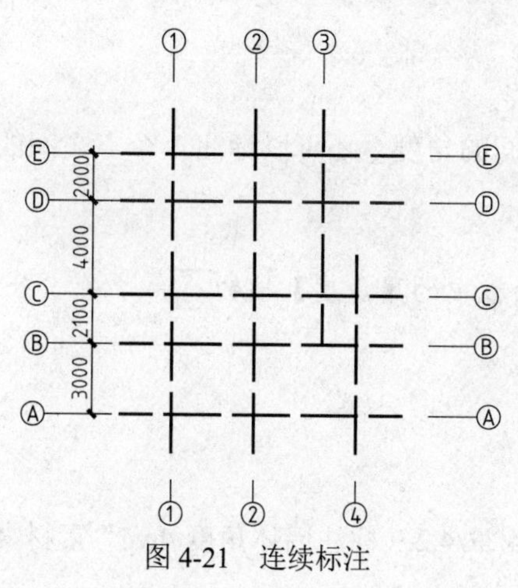

图 4-21　连续标注

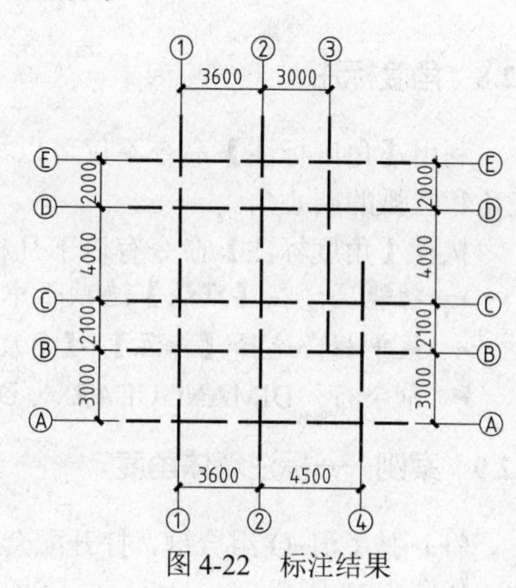

图 4-22　标注结果

4.2.6　对齐标注

【对齐标注】是与指定位置或对象平行的标注，其尺寸线平行于尺寸界线原点联成的直线。

执行【对齐标注】命令有以下几种方法。

- 功能区：在【默认】选项卡中，单击【注释】面板中的【对齐】按钮。
- 菜单栏：选择【标注】|【对齐】命令。
- 命令行：DIMALIGNED 或 DAL。

4.2.7　案例——标注座椅

（1）按 Ctrl+O 组合键，打开配套光盘提供的“第 04 章/4.2.7 标注座椅.dwg”素材文件，如图 4-23 所示。

（2）在命令行中输入 DAL【对齐标注】命令，对图形进行对齐标注，具体操作步骤如下。

命令：DAI↙　　DIMALIGNED　　//执行【对齐标注】命令
指定第一个尺寸界线原点或 <选择对象>：　　//指定标注对象的起点
指定第二条尺寸界线原点：　　//指定标注对象的终点
指定尺寸线位置或[多行文字(M)/文字(T)/角度(A)]：　//单击左键，确定尺寸线放置位置，完成操作
标注文字 =500　　//生成尺寸标注

（3）采用同样的方法，标注其他需要标注的对齐尺寸，如图 4-24 所示。

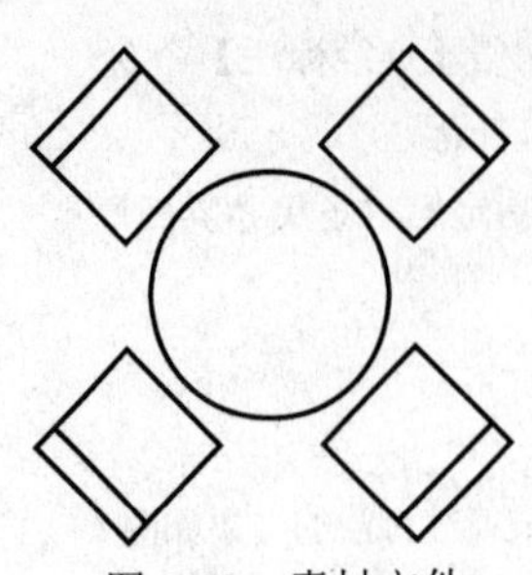

图 4-23　素材文件

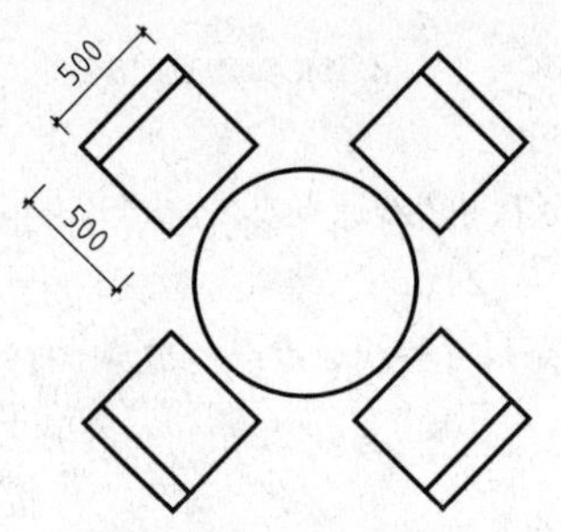

图 4-24　对齐标注

4.2.8　角度标注

利用【角度标注】命令不仅可以标注两条相交直线间的角度，还可以标注 3 个点之间的夹角和圆弧的圆心角。

执行【角度标注】命令有以下几种方法。

- ➢ 功能区：在【默认】选项卡中，单击【注释】面板中的【角度】按钮。
- ➢ 菜单栏：选择【标注】|【角度】命令。
- ➢ 命令行：DIMANGULAR 或 DAN。

4.2.9　案例——标注墙体角度

（1）按 Ctrl+O 组合键，打开配套光盘提供的“第 04 章/4.2.9 标注墙体角度.dwg”素材文件，如图 4-25 所示。

（2）在命令行中输入 DAN【角度标注】命令，对图形进行角度标注，如图 4-26 所示。具体操作步骤如下。

```
命令：DAN↙          dimangular                                  //执行【角度标注】命令
选择圆弧、圆、直线或 <指定顶点>:                                  //选择第一条直线
选择第二条直线:                                                  //选择第二条直线
指定标注弧线位置或 [多行文字(M)/文字(T)/角度(A)/象限点(Q)]:        //指定尺寸线位置
标注文字 = 85                                                    //生成尺寸标注
```

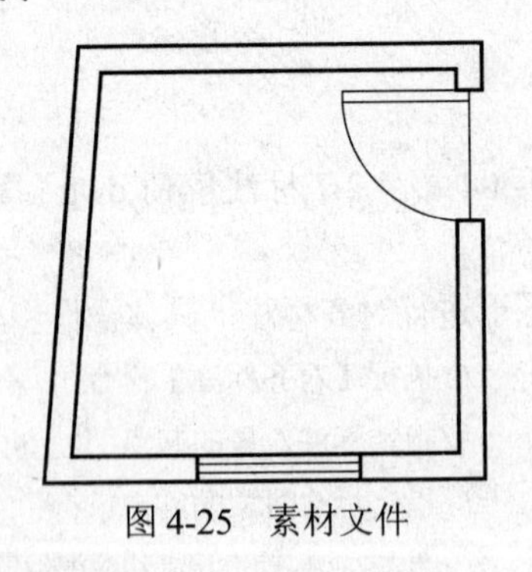

图 4-25　素材文件

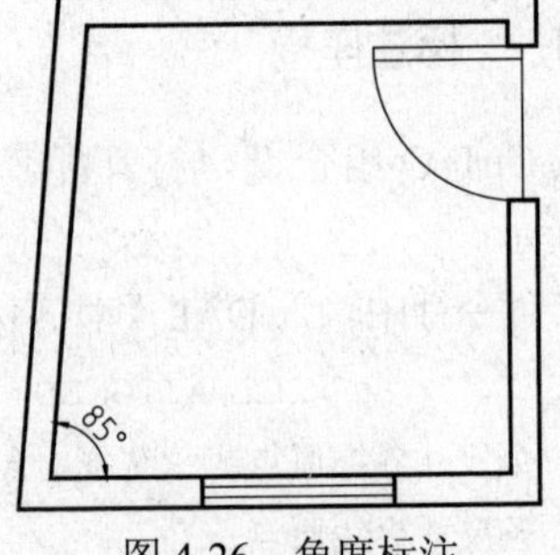

图 4-26　角度标注

4.2.10　半径标注

利用【半径标注】可以快速标注圆或圆弧的半径大小，系统自动在标注值前添加半径符

号“R”。

执行【半径标注】命令有以下几种方法。

- 功能区：在【默认】选项卡中，单击【注释】面板中的【半径】按钮。
- 菜单栏：选择【标注】|【半径】命令。
- 命令行：DIMRADIUS 或 DRA。

4.2.11　案例——标注洗衣机半径

（1）按 Ctrl+O 组合键，打开配套光盘提供的“第 04 章/4.2.11 半径标注”素材，结果如图 4-27 所示。

（2）在命令行中输入 DRA【半径】标注命令，对洗衣机进行半径标注，结果如图 4-28 所示。命令行提示如下：

```
命令：DRA↙     DIMRADIUS                                  //调用【半径】标注命令
选择圆弧或圆:                                              //选择图形
标注文字 = 160
指定尺寸线位置或 [多行文字(M)/文字(T)/角度(A)]:             //指定尺寸线位置,完成半径标注
```

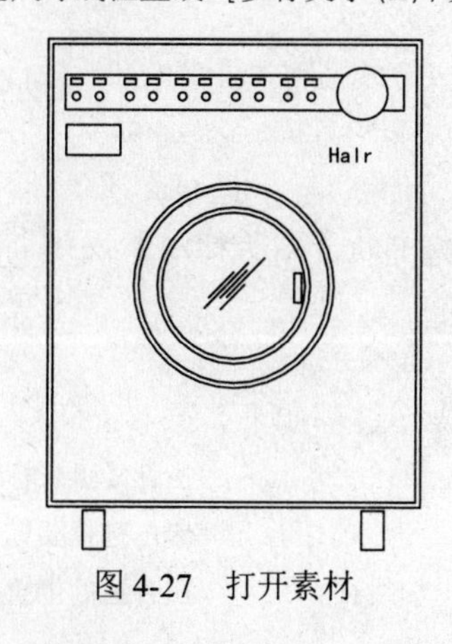

图 4-27　打开素材

Halr

R160

图 4-28　半径标注

4.2.12　直径标注

利用直径标注可以标注圆或圆弧的直径大小，系统自动在标注值前添加直径符号“ϕ”。

执行【直径标注】命令有以下几种方法。

- 功能区：在【默认】选项卡中，单击【注释】面板中的【直径】按钮。
- 菜单栏：选择【标注】|【直径】命令。
- 命令行：DIMDIAMETER 或 DDI。

4.2.13　案例——标注餐桌

（1）按 Ctrl+O 快捷键，打开配套光盘提供的“第 04 章/4.2.13 标注餐桌.dwg”素材文件，如图 4-29 所示。

（2）在命令行中输入 DDI【直径】标注命令，对餐桌进行直径标注，结果如图 4-30 所示。命令行提示如下。

```
命令：DDI↙     dimdiameter                                //调用【直径】标注命令
```

```
选择圆弧或圆:                                        //选择表示餐桌的圆
标注文字 = 1300
指定尺寸线位置或 [多行文字(M)/文字(T)/角度(A)]:        //指定尺寸线位置,完成直径标注
```

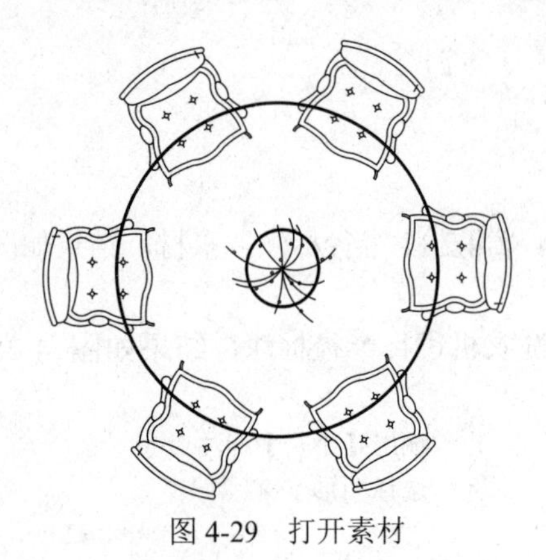

图 4-29　打开素材

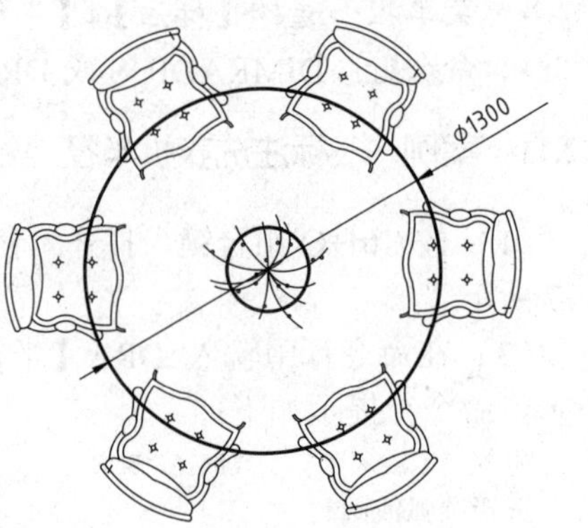

图 4-30　直径标注

4.2.14　弧长标注

弧长标注用于标注圆弧、椭圆弧或者其他弧线的长度。

执行【弧长标注】命令的方法有以下几种。

- 功能区：在【默认】选项卡中，单击【注释】面板中的【弧长标注】按钮。
- 菜单栏：选择【标注】|【弧长】命令。
- 命令行：DIMARC。

弧长标注的操作方法示例如图 4-31 所示，命令行的操作过程如下。

```
命令: _dimarc                                                          //执行【弧长标注】命令
选择弧线段或多段线圆弧段:                                                //单击选择要标注的圆弧
指定弧长标注位置或[多行文字(M)/文字(T)/角度(A)/部分(P)/引线(L)]:       //在合适的位置放置标注
标注文字 = 644
```

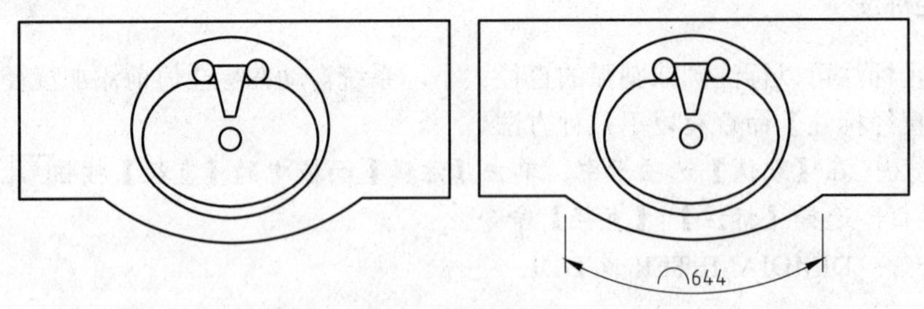

图 4-31　弧长标注

4.2.15　坐标标注

【坐标】标注是一类特殊的引注，用于标注某些点相对于 UCS 坐标原点的 *X* 和 *Y* 坐标。

执行【坐标】标注命令有以下几种方法：

- 功能区：在【默认】选项卡中，单击【标注】面板【坐标】工具按钮。

➢ 菜单栏：执行【标注】|【坐标】命令。
➢ 命令行：DIMORDINATE/DOR。

执行上述任一命令后，指定标注点，即可进行坐标标注，标注墙角坐标如图 4-32 所示。命令行提示如下：

```
指定引线端点或 [X 基准(X)/Y 基准(Y)/多行文字(M)/文字(T)/角度(A)]：
```

命令行各选项的含义如下：

➢ 指定引线端点：通过拾取绘图区中的点确定标注文字的位置。
➢ X 基准：系统自动测量 X 坐标值并确定引线和标注文字的方向。
➢ Y 基准：系统自动测量 Y 坐标值并确定引线和标注文字的方向。
➢ 多行文字：选择该选项可以通过输入多行文字的方式输入多行标注文字。
➢ 文字：选择该选项可以通过输入单行文字的方式输入单行标注文字。
➢ 角度：选择该选项可以设置标注文字的方向与 X（Y）轴夹角，系统默认为 0°。
➢ 水平：选择该选项表示只标注两点之间的水平距离。
➢ 垂直：选择该选项表示只标注两点之间的垂直距离。

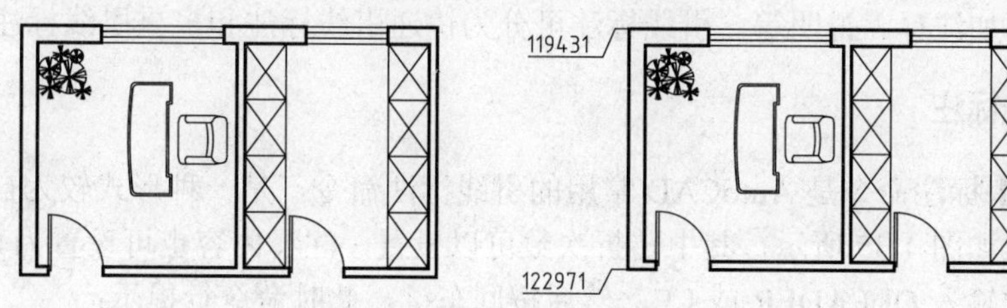

图 4-32　坐标标注

4.2.16　基线标注

【基线标注】命令可以创建以同一尺寸界线为基准的一系列尺寸标注，即从某一点引出的尺寸界线作为第一条尺寸界线，依次进行多个对象的尺寸标注。

执行【基线】标注命令有以下几种方法：

➢ 功能区：在【注释】选项卡中，单击【标注】面板终点【基线】按钮。
➢ 菜单栏：【标注】|【基线】命令。
➢ 命令行：DIMBASELINE 或 DBA。

4.2.17　案例——创建基线标注

（1）按 Ctrl+O 组合键，打开配套光盘提供的“第 04 章/4.2.17 创建基线标注.dwg”素材文件，结果如图 4-33 所示。

（2）在命令行中输入 DBA【基线标注】命令并按回车键，命令行提示如下。

```
命令：DBA↙    DIMBASELINE                          //调用【基线标注】命令
选择基准标注：                                       //选择标注
指定第二条尺寸界线原点或[放弃(U)/选择(S)]<选择>：    //指定第二条尺寸界线原点
标注文字 = 700
```

指定第二条尺寸界线原点或 [放弃(U)/选择(S)]<选择>:

标注文字 = 1164　　　　　　　　　　　　　　　//按 Esc 键退出标注，创建基线标注的结果如图 4-34 所示。

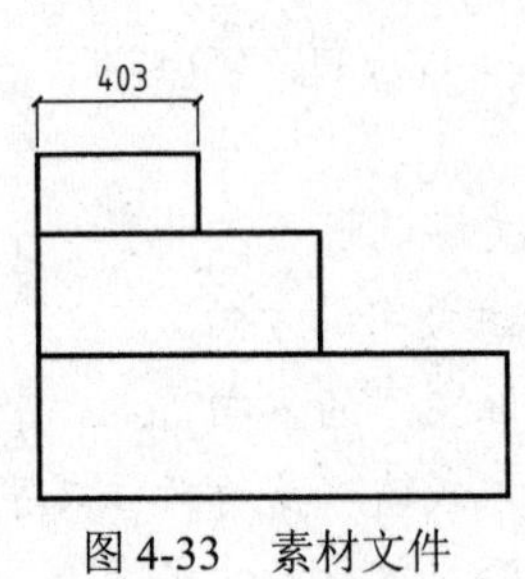

图 4-33　素材文件

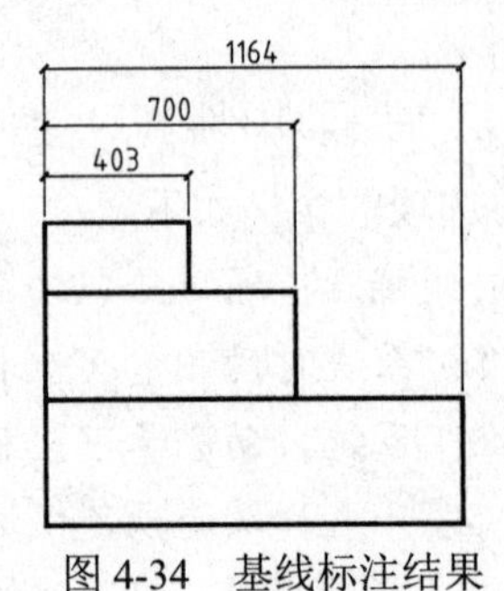

图 4-34　基线标注结果

4.3　引线标注

在室内制图过程中，通常需要借助引线来实现一些注释性文字或序号的标注。【引线标注】可为图形添加注释、说明等。引线标注可分为快速引线标注和多重引线标注。

4.3.1　快速引线标注

【快线引线】标注命令是 AutoCAD 常用的引线标注命令，是一种形式较为自由的引线标注，其结构组成如图 4-35 所示，其中转折次数可以设置，注释内容也可设置为其他类型。

在命令行中输入 QLEADER 或 LE，然后按回车键，此时命令行提示：

命令：LE↙　　QLEADER

指定第一个引线点或 [设置(S)] <设置>:

在命令行中输入 S，系统弹出【引线设置】对话框，如图 4-36 所示，可以在其中对引线的注释、引出线和箭头、附着等参数进行设置。

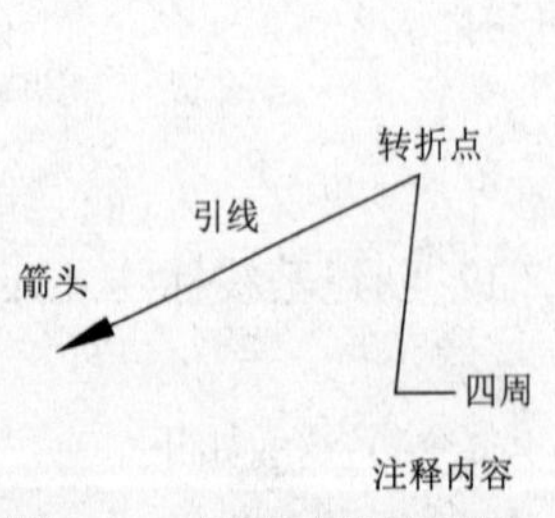

图 4-35　快速引线的结构

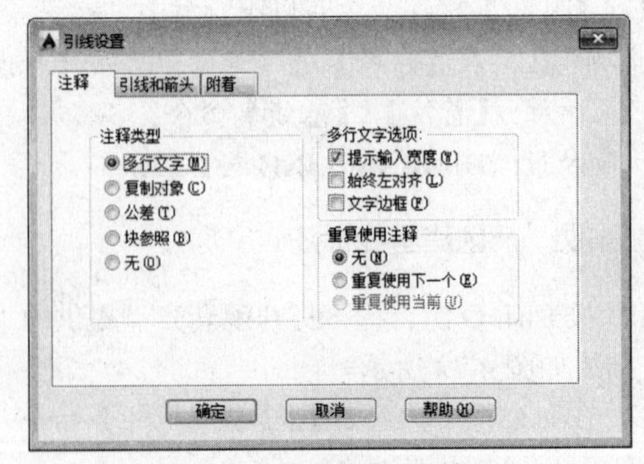

图 4-36　【引线设置】对话框

4.3.2　多重引线标注

使用【多重引线】命令可以引出文字注释、倒角标注等。引线的标注样式由多重引线样式控制。

1. 创建多重引线标注

执行【多重引线】标注有以下几种方法：

➢ 功能区：在【默认】选项卡中，单击【注释】面板中的【引线】按钮；或在【注释】选项卡中，单击【引线】面板中的【多重引线】按钮。

➢ 菜单栏：执行【标注】|【多重引线】命令。

➢ 命令行：MLEADER 或 MLD。

执行上述任一命令后，命令行提示如下：

指定引线箭头的位置或 [引线基线优先(L)/内容优先(C)/选项(O)] <选项>:

2. 管理多重引线样式

通过【多重引线样式管理器】可以设置【多重引线】的箭头、引线、文字等特征，打开【多重引线样式管理器】有以下几种方法：

➢ 功能区：在【默认】选项卡中，单击【注释】面板中的【坐标】按钮；或在【注释】选项卡中，单击【引线】面板右下角按钮。

➢ 菜单栏：执行【格式】|【多重引线样式】命令。

➢ 命令行：MLEADERSTYLE 或 MLS。

4.3.3　案例——标注窗户

（1）按 Ctrl+O 组合键，打开配套光盘提供的“第 04 章/4.3.3 标注窗户.dwg”素材文件，结果如图 4-37 所示。

（2）创建多重引线样式。执行【格式】|【多重引线样式】命令，打开【多重引线样式管理器】对话框，单击【新建】按钮，弹出【创建新多重引线】对话框，设置新样式名为“窗体标注样式”，如图 4-38 所示。

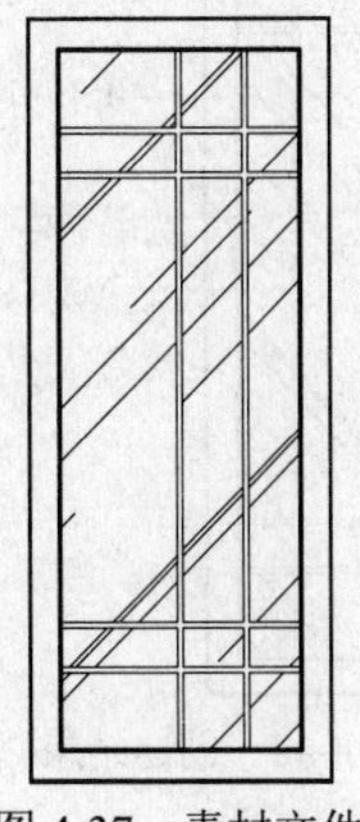

图 4-37　素材文件

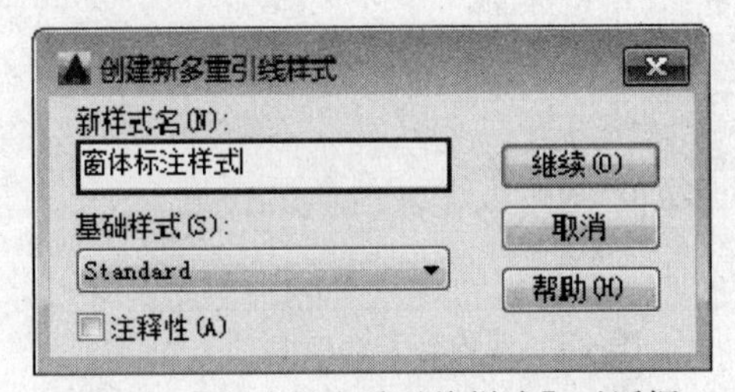

图 4-38　【创建新多重引线样式】对话框

（3）在对话框中单击【继续】按钮，弹出【修改多重引线样式：窗体标注样式】对话框；选择【引线格式】选项卡，设置参数如图 4-39 所示。

（4）选中【引线结构】选项卡，设置参数如图 4-40 所示。

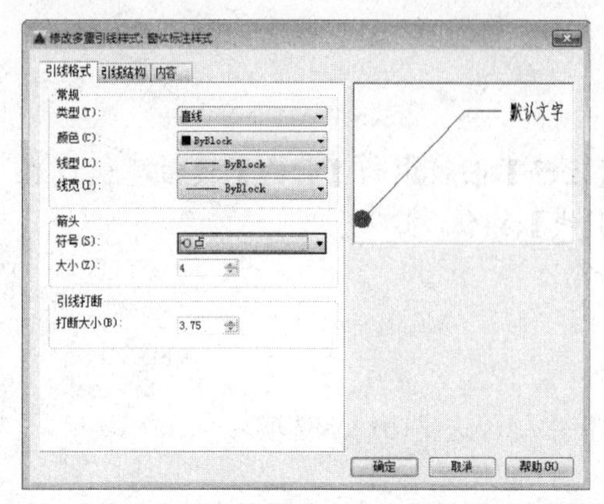

图 4-39 【修改多重引线样式：室内标注样式】对话框

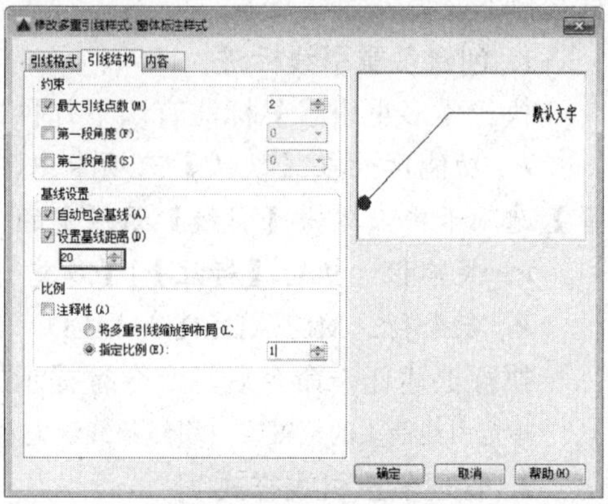

图 4-40 【引线结构】选项卡

（5）选择【内容】选项卡，设置参数如图 4-41 所示。

（6）单击【确定】按钮，关闭【修改多重引线样式：窗体标注样式】对话框；返回【多重引线样式管理器】对话框，将【室内标注样式】置为当前，单击【关闭】按钮，关闭【多重引线样式管理器】对话框。

（7）在命令行中输入 MLD【多重引线标注】命令，对窗户材料进行解释说明，命令行提示如下。

命令：MLD↙　　MLEADER　　//调用【多重引线标注】命令

指定引线箭头的位置或 [引线基线优先(L)/内容优先(C)/选项(O)] <选项>:

//指定引线箭头的位置

指定引线基线的位置：　　//指定引线基线的位置，弹出【文字格式编辑器】对话框，输入文字，单击【确定】按钮；创建多重引线标注的结果如图 4-42 所示。

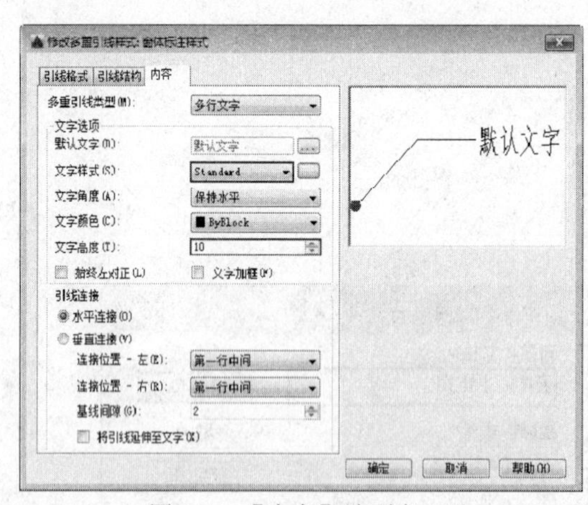

图 4-41 【内容】选项卡

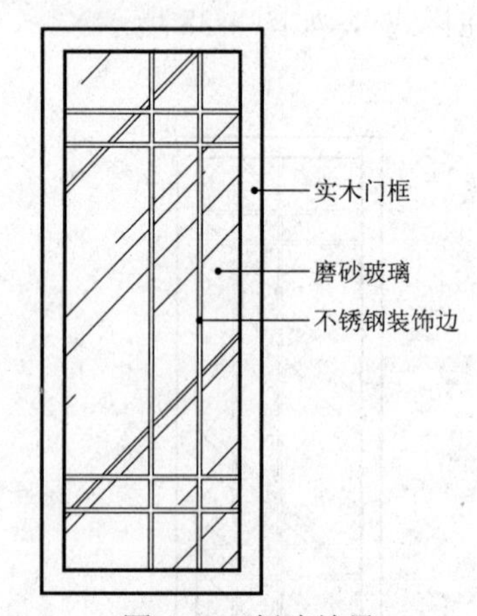

图 4-42 创建结果

4.4 编辑标注

在创建尺寸标注后如需修改，可以通过编辑尺寸标注来调整。编辑尺寸标注包括文字的内容、文字的位置和调整标注间距等内容。下面将详细介绍常用的一些编辑尺寸标注的方法。

4.4.1　编辑标注

利用【编辑标注】命令可以一次修改一个或多个尺寸标注对象上的文字内容、方向、放置位置以及倾斜尺寸界限。

执行【编辑标注】命令有以下几种方法。

➢ 功能区：在【注释】选项卡中，单击【标注】面板下的相应按钮，【倾斜】按钮、【文字角度】按钮、【左对正】按钮、【居中对正】按钮、【右对正】按钮。

➢ 命令行：DIMEDIT 或 DED。

执行上述命令后，命令行提示如下。

输入标注编辑类型 [默认 (H) / 新建 (N) / 旋转 (R) / 倾斜 (O)] 〈默认〉:

命令行中各选项的含义如下。

➢ 默认（H）：选择该选项并选择尺寸对象，可以按默认位置和方向放置尺寸文字。

➢ 新建（N）：选择该选项后，弹出文字编辑器，选中输入框中的所有内容，然后重新输入需要的内容。单击【确定】按钮，返回绘图区，单击要修改的标注，按 Enter 键即可完成标注文字的修改。

➢ 旋转（R）：选择该项后，命令行提示“输入文字旋转角度”，此时，输入文字旋转角度后，单击要修改的文字对象，即可完成文字的旋转。

➢ 倾斜（O）：用于修改尺寸界线的倾斜度。选择该项后，命令行会提示选择修改对象，并要求输入倾斜角度。

4.4.2　编辑多重引线标注

使用【多重引线】命令注释对象后，可以对引线的位置和注释内容进行编辑。下面将介绍常用的几种编辑多重引线的方法。

1. 添加引线

【添加引线】命令是指将引线添加至现有的多重引线对象。在【注释】选项卡中，单击【引线】面板中的【添加引线】按钮，在绘图区中选择多重引线，指定引线箭头位置，添加引线的结果如图 4-43 所示。

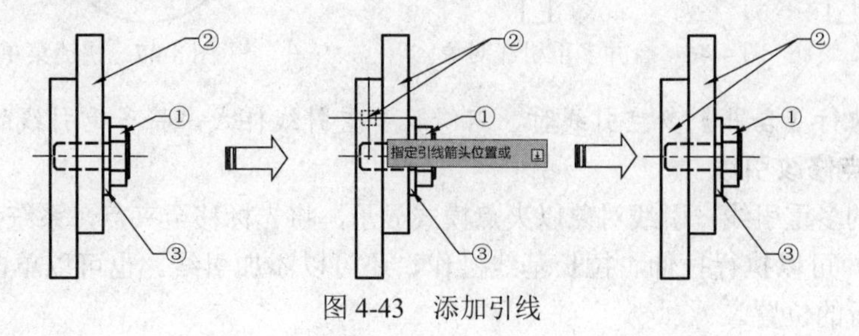

图 4-43　添加引线

2. 删除引线

【删除引线】命令是指将引线从现有的多重引线对象中删除。在【注释】选项卡中，单击【引线】面板中的【删除引线】按钮，指定要删除的引线，可以将引线从现有的多重引线标注中删除，即恢复素材初始打开的样子，如图 4-44 所示。

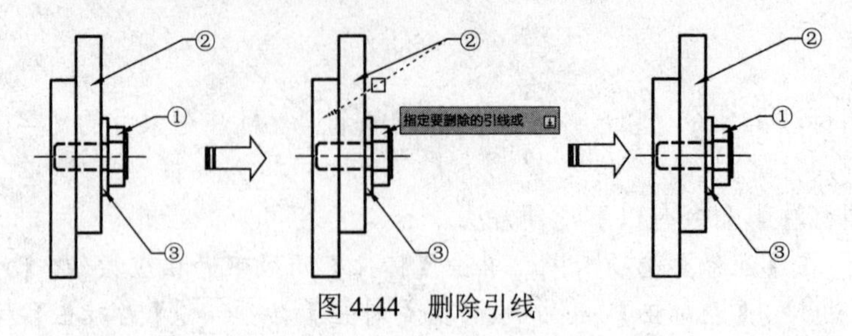

图 4-44 删除引线

3. 对齐引线

【对齐】命令是指将选定的多重引线对象对齐并按一定的间距排列。在【注释】选项卡中，单击【引线】面板中的【对齐】按钮，选择多重引线后，指定所有其他多重引线要与之对齐的多重引线，按 Enter 键，即可完成操作，如图 4-45 所示。

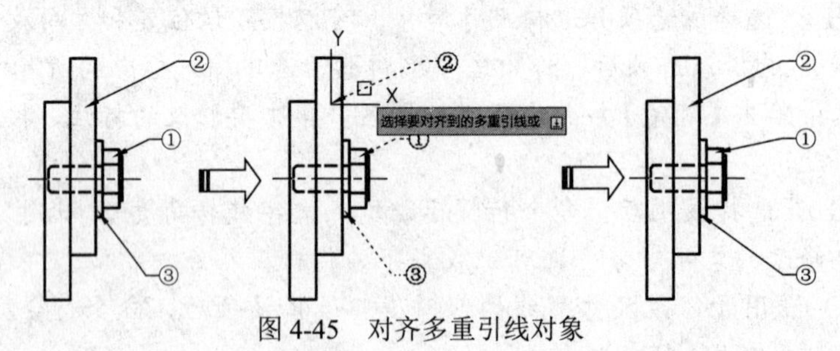

图 4-45 对齐多重引线对象

4. 合并引线

【合并】命令是指将包含块的选定多重引线组织到行或列中，并使用单引线显示结果，如图 4-46 所示。

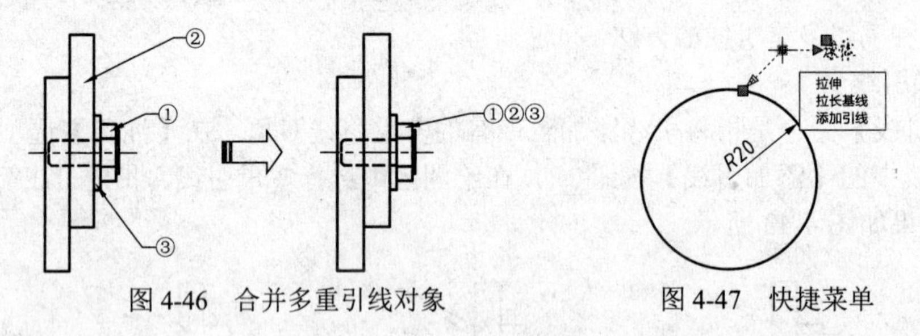

图 4-46 合并多重引线对象　　图 4-47 快捷菜单

提示：在执行【合并】多重引线时，需修改多重引线样式，将多重引线的类型改为块。

5. 通过夹点修改引线

选中创建的多重引线，引线对象以夹点模式显示，将光标移至夹点，系统弹出快捷菜单，如图 4-47 所示，可以执行拉伸、拉长基线操作，还可以添加引线。也可以单击夹点之后，拖动夹点调整转折的位置。

6. 修改多重引线文字

如果要编辑多重引线上的文字注释，则双击该文字，弹出【文字编辑器】选项卡，如图 4-48 所示，可对注释文字进行修改和编辑。

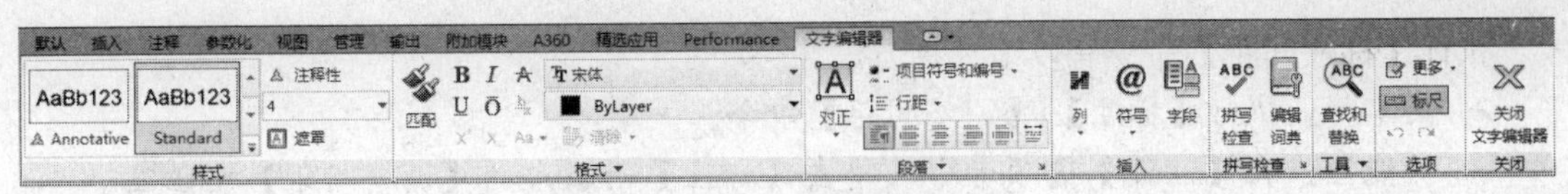

图 4-48 【文字编辑器】选项卡

4.4.3 标注打断

执行【标注打断】命令有以下几种方法。

➢ 菜单栏：执行【标注】|【标注打断】命令。

➢ 功能区：在【注释】选项卡中，单击【标注】面板中的【打断】按钮。

➢ 命令行：DIMBREAK。

【标注打断】命令示例如图 4-49 所示，命令行提示如下。

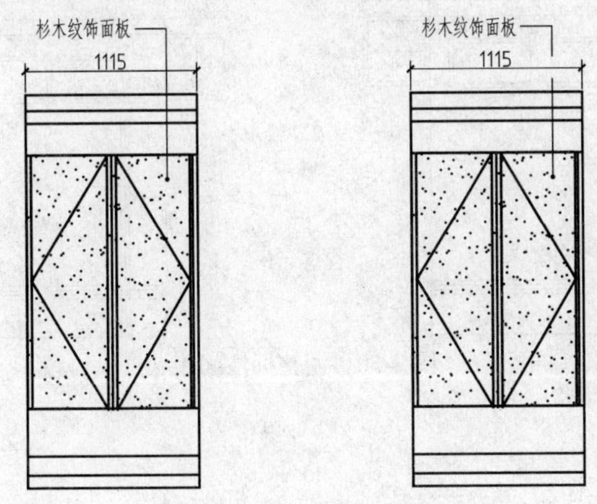

图 4-49　标注打断

```
命令： _DIMBREAK↙                                             //执行【标注打断】命令
选择要添加/删除折断的标注或 [多个(M)]:                           //选择标注对象
选择要折断标注的对象或 [自动(A)/手动(M)/删除(R)] <自动>: M         //选择折断标注的方式
指定第一个打断点:                                               //指定第一个打断点
指定第二个打断点:                                               //指定第二个打断点
1 个对象已修改
```

命令行中各选项的含义如下。

➢ 自动（A）：此选项是默认选项，用于在标注相交位置自动生成打断，打断的距离不可控制。

➢ 手动（M）：选择此项，需要用户指定两个打断点，将两点之间的标注线打断。

➢ 删除（R）：选择此项可以删除已创建的打断。

4.4.4 调整标注间距

【调整间距】命令可以自动调整互相平行的线性尺寸或角度尺寸之间的距离，使其间距相等或相互对齐。

执行【标注间距】命令有以下几种方法。

- 菜单栏：执行【标注】|【调整间距】命令。
- 功能区：在【注释】选项卡中，单击【标注】面板中的【调整间距】按钮。
- 命令行：DIMSPACE。

【调整间距】命令示例如图 4-50 所示，命令行提示如下。

```
命令: _DIMSPACE                          //执行【标注间距】命令
选择基准标注:                            //选择值为 450 的尺寸
选择要产生间距的标注:找到 1 个            //选择值为 2400 的尺寸
选择要产生间距的标注:↙                    //结束选择
输入值或 [自动(A)] <自动>:                //按 Enter 自动调整
```

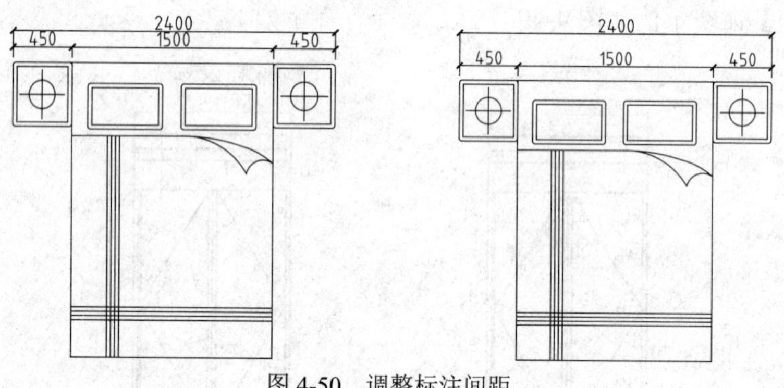

图 4-50 调整标注间距

4.5 文字标注

文字注释是绘图过程中很重要的内容，进行各种设计时，不仅要绘制出图形，还需要在图形中标注一些注释性的文字，这样可以对不便于表达的图形设计加以说明，使设计表达更加清晰。

4.5.1 创建文字样式

文字样式是同一类文字的格式设置的集合，包括字体、字高、显示效果等。同标注样式一样，文字样式既要根据国家制图标准要求又要根据实际情况来设置。默认情况下，Standard 文字样式是当前文字样式，用户可以根据需要创建新的文字样式，或对已有的文字样式进行修改、删除等操作。

设置文字样式需要在【文字样式】对话框中进行，打开该对话框的方法如下。

- 功能区：在【默认】选项卡中，单击【注释】滑出面板上的【文字样式】按钮。
- 菜单栏：选择【格式】|【文字样式】命令。
- 命令行：STYLE 或 ST。

执行上述任一操作，系统弹出【文字样式】对话框，如图 4-51 所示。可以在其中新建或修改当前文字样式，以指定字体、高度等参数。

【文字样式】对话框中各参数的含义如下。

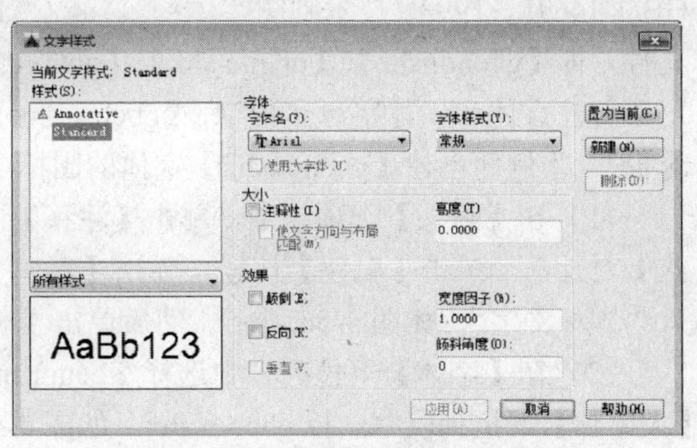

图 4-51 【文字样式】对话框

➢ 字体名：在该下拉列表中可以选择不同的字体，如宋体、黑体和楷体等。

➢ 使用大字体：用于指定亚洲语言的大字体文件，只有 SHX 文件才可以创建大字体。

➢ 字体样式：在该下拉列表中可以选择其他字体样式。

➢ 颠倒：选中【颠倒】复选框之后，文字方向将翻转，如图 4-52 所示。

➢ 反向：选中【反向】复选框，文字的阅读顺序将与开始时相反，如图 4-53 所示。

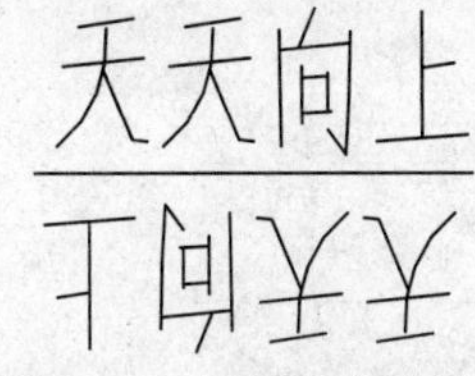

图 4-52　颠倒文字效果

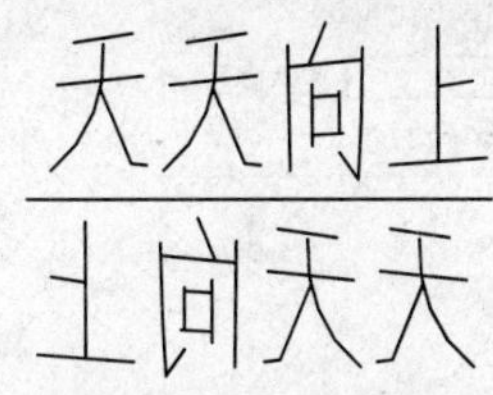

图 4-53　反向文字效果

➢ 高度：该参数可以控制文字的高度，即控制文字的大小。

➢ 宽度因子：该参数控制文字的宽度，正常情况下宽度比例为 1。如果增大比例，那么文字将会变宽。图 4-54 所示为宽度因子变为 2 时的效果。

➢ 倾斜角度：该参数控制文字的倾斜角度，正常情况下为 0。图 4-55 所示为文字倾斜 45° 后的效果。要注意的是用户只能输入−85° ~ 85° 之间的角度值，超过这个区间的角度值将无效。

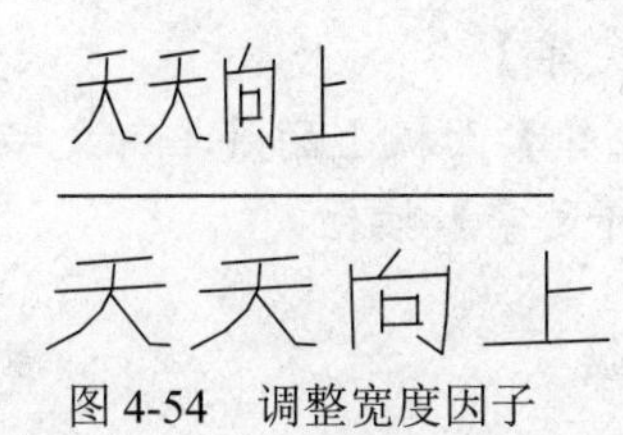

图 4-54　调整宽度因子

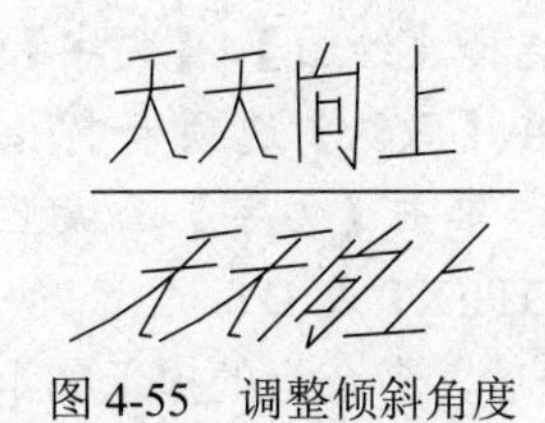

图 4-55　调整倾斜角度

初学解答　　**修改了文字样式，却无相应变化?**

在【文字样式】对话框中修改的文字效果，仅对单行文字有效果。用户如果使用的是多行文字创建的内容，则无法通过更改【文字样式】对话框中的设置来达到相应效果，如倾斜、颠倒等。

4.5.2　案例——创建国标文字样式

文字是 AutoCAD 中的图形对象，国家标准规定了字母、数字及汉字的书写规范（详见

GB/T 14691—1993《技术制图字体》)。AutoCAD 中专门提供了三种符合国家标准的中文字体文件，即【gbenor.shx】、【gbeitc.shx】、【gbcbig.shx】文件。其中，【gbenor.shx】、【gbeitc.shx】用于标注直体和斜体字母和数字，【gbcbig.shx】用于标注中文（需要勾选【使用大字体】复选框）。本例便创建【gbenor.shx】字体的国标文字样式。

（1）在【默认】选项卡中，单击【注释】面板上的【文字样式】按钮，弹出【文字样式】对话框。单击【新建】按钮，弹出【新建文字样式】对话框，在【样式名】文本框中输入“国标文字”，如图 4-56 所示。然后单击【确认】按钮，返回【文字样式】对话框。

（2）在【字体】下拉列表中选择 gbenor.shx，然后选中【使用大字体】复选框，接着在【大字体】下拉列表中选择 gbcbig.shx，如图 4-57 所示。

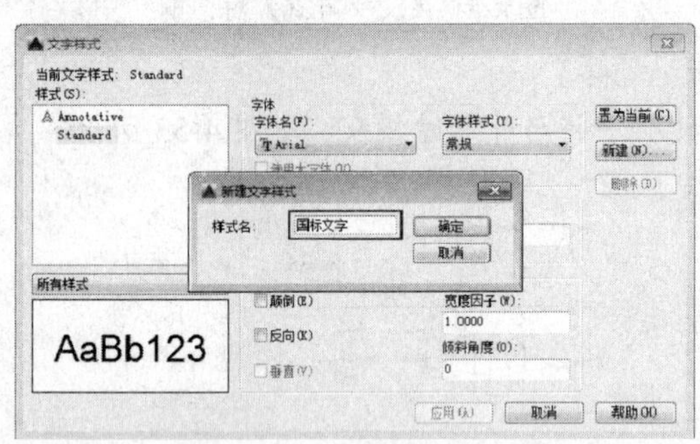

图 4-56 设置文字样式名称

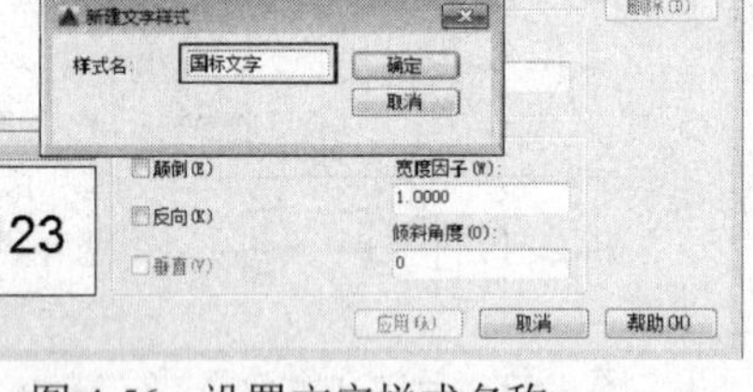

图 4-57 设置字体

（3）完成文字的设置之后，单击对话框底部的【应用】按钮，将设置应用到该文字样式。

4.5.3 单行文字

单行文字创建的每一行文字都是独立的对象，可以对齐进行移动、格式设置或其他修改。通常，创建的单行文字作为标签文本或其他简短的注释。

执行【单行文字】命令有以下几种方法。

➢ 菜单栏：选择【绘图】|【文字】|【单行文字】命令。

➢ 功能区：在【默认】选项卡中，单击【注释】面板上的【单行文字】按钮，或在【注释】选项卡中，单击【文字】面板上的【单行文字】按钮。

➢ 命令行：DTEXT 或 DT。

使用上述命令后，命令行的提示如下。

```
命令: DT↙                                        //执行【单行文字】命令
当前文字样式: "Standard" 文字高度: 2.5000 注释性: 否 对正: 左
指定文字的起点 或 [对正(J)/样式(S)]: J↙            //激活【对正】选项
输入选项 [左(L)/居中(C)/右(R)/对齐(A)/中间(M)/布满(F)/左上(TL)/中上(TC)/右上(TR)/左中(ML)/正中(MC)/右中(MR)/左下(BL)/中下(BC)/右下(BR)]:
```

命令行中常用选项含义如下。

➢ 指定文字的起点：默认情况下，所指定的起点位置即是文字行基线的起点位置。在指定起点位置后，继续输入文字的旋转角度即可进行文字的输入。输入完成后，按两次 Enter 键或将鼠标移至图纸的其他任意位置并单击，然后按 Esc 键即可结束单行文字的输入。

➢ 样式（J）：用于选择文字样式，一般默认为 Standard。

➢ 对正（S）：用于确定文字的对齐方式。

➢ 对齐（A）：指定文本行基线的两个端点确定文字的高度和方向。系统将自动调整字符高度使文字在两端点之间均匀分布，而字符的宽高比例不变。

➢ 布满（F）：指定文本行基线的两个端点确定文字的方向。系统将调整字符的宽高比例，以使文字在两端点之间均匀分布，而文字高度不变。

➢ 居中（C）：指定生成的文字以插入点为中心向两边排列。

熟能生巧　　**快速创建标注文字**

单行文字输入完成后，可以不退出命令，而直接在另一个要输入文字的地方单击鼠标，同样会出现文字输入框。因此在需要进行多次单行文字标注的图形中使用此方法，可以大大节省时间。

4.5.4 案例——创建单行文字

（1）在命令行中输入 DT【单行文字】命令并按 Enter 键，创建文字“室内设计平面布置图”，命令行提示如下。

```
命令：DT↙                                          //执行【单行文字】命令
当前文字样式：“Standard”文字高度：2.5000  注释性：是否对正：左
指定文字的起点 或 [对正(J)/样式(S)]：J↙             //激活【对正】选项
输入选项 [左(L)/居中(C)/右(R)/对齐(A)/中间(M)/布满(F)/左上(TL)/中上(TC)/右上
(TR)/左中(ML)/正中(MC)/右中(MR)/左下(BL)/中下(BC)/右下(BR)]：L↙
                                                   //激活【左】选项
指定文字的起点                    //在绘图区域合适位置拾取一点，放置单行文字
指定高度<2.5000>:150↙                              //输入文字高度
指定文字的旋转角度<0>:                             //按 Enter 键默认角度为 0
```

（2）根据命令行提示设置文字样式后，绘图区出现一个带光标的文本框，在其中输入“室内设计平面布置图”文字即可，按 Ctrl+Enter 组合键完成文字输入，结果如图 4-58 所示。

室内设计平面布置图

图 4-58　输入单行文字

提示：输入单行文字之后，按 Enter 键将执行换行，可输入另一行文字，但每一行文字为独立的对象。输入单行文字之后，在不退出的情况下，可在其他位置继续单击，创建其他文字。

4.5.5 多行文字

【多行文字】又称为段落文字，是一种更易于管理的文字对象，可以由两行以上的文字组

成，而且各行文字都是作为一个整体处理。在制图中常使用多行文字功能创建较为复杂的文字说明，如图样的工程说明或技术要求等。与【单行文字】相比，【多行文字】格式更工整规范，可以对文字进行更为复杂的编辑，如为文字添加下划线，设置文字段落对齐方式，为段落添加编号和项目符号等。

可以通过如下 3 种方法创建多行文字。

➢ 功能区：在【默认】选项卡中，单击【注释】面板上的【多行文字】按钮A。或在【注释】选项卡中，单击【文字】面板上的【多行文字】按钮A。

➢ 菜单栏：选择【绘图】|【文字】|【多行文字】命令。

➢ 命令行：MTEXT 或 MT。

调用该命令后，命令行操作如下：

```
命令：MTEXT
当前文字样式："景观设计文字样式"  文字高度：600  注释性：否
指定第一角点：                                   //指定多行文字框的第一个角点
指定对角点或 [高度(H)/对正(J)/行距(L)/旋转(R)/样式(S)/宽度(W)/栏(C)]：
                                                 //指定多行文字框的对角点
```

在指定了输入文字的对角点之后，弹出如图 4-59 所示的【文字编辑器】选项卡和编辑框，用户可以在编辑框中输入、插入文字。

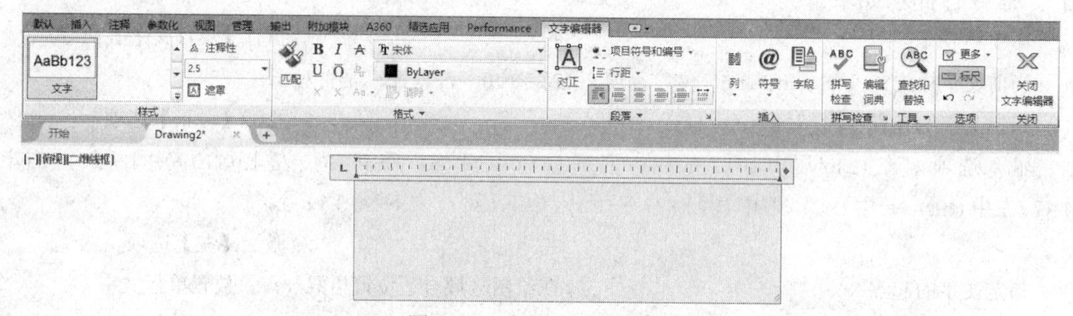

图 4-59　多行文字编辑器

【多行文字编辑器】由【多行文字编辑框】和【文字编辑器】选项卡组成：

➢ 【多行文字编辑框】：包含了制表位和缩进，可以十分快捷地对所输入的文字进行调整，各部分功能如图 4-60 所示。

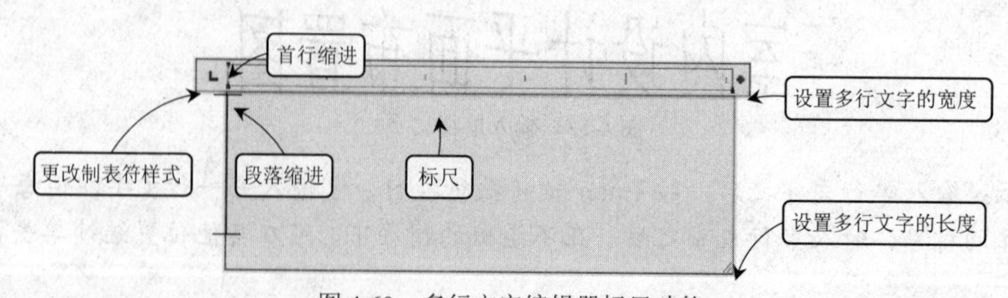

图 4-60　多行文字编辑器标尺功能

➢ 【文字编辑器】选项卡：包含【样式】面板、【格式】面板、【段落】面板、【插入】面板、【拼写检查】面板、【工具】面板、【选项】面板和【关闭】面板，如图 4-61 所示。

在多行文字编辑框中，选中文字，【文字编辑器】选项卡中修改文字的大小、字体、颜色等，可以完成在一般文字编辑中常用的一些操作。

默认
插入
注释
参数化
视图
管理
输出
附加模块
A360
精选应用
Performance
文字编辑器
AaBb123
AaBb123
Annotative
Standard
注释性
5.0000
遮罩
样式
匹配
gbenor
ByLayer
格式
对正
项目符号和编号
行距
段落
列
符号
字段
插入
拼写检查
编辑词典
拼写检查
查找和替换
工具
更多
标尺
选项
关闭文字编辑器
关闭

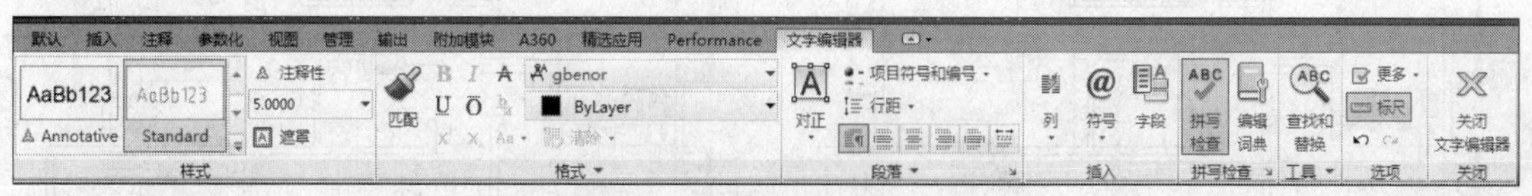

图 4-61　【文字编辑器】选项卡

4.5.6　案例——创建多行文字

（1）在命令行中输入 MT【多行文字】命令并按 Enter 键，在图形右边合适位置，根据命令行的提示创建多行文字，如图 4-62 所示。

图纸编排顺序
在同一专业的一套完整图纸中，要按照图纸内
容的主次关系、逻辑关系有序排列，做到先总
体、后局部，先主要、后次要；布置图在先，
构造图在后，底层在先，上层在后。

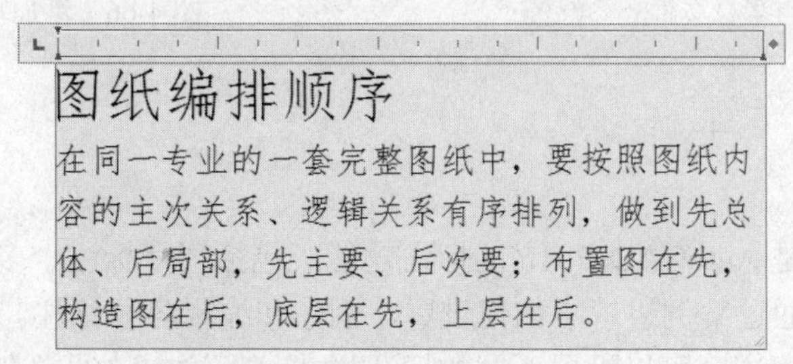

图 4-62　输入多行文字

（2）选择标题文字，单击【段落】面板中的【居中】按钮，调整标题位置，如图 4-63 所示。

（3）最后，在绘图区空白位置单击鼠标，退出编辑，创建多行文字的结果如图 4-64 所示。

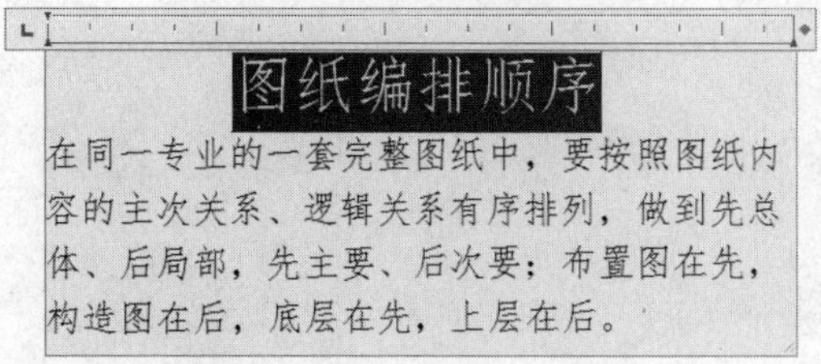

图纸编排顺序
在同一专业的一套完整图纸中，要按照图纸内
容的主次关系、逻辑关系有序排列，做到先总
体、后局部，先主要、后次要；布置图在先，
构造图在后，底层在先，上层在后。

图 4-63　居中显示多行文字

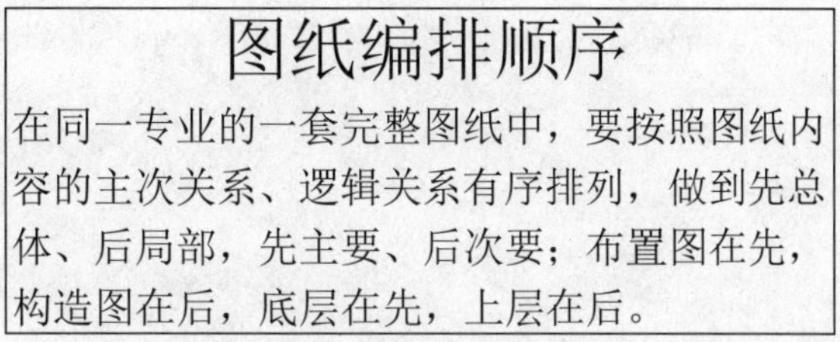

图纸编排顺序
在同一专业的一套完整图纸中，要按照图纸内
容的主次关系、逻辑关系有序排列，做到先总
体、后局部，先主要、后次要；布置图在先，
构造图在后，底层在先，上层在后。

图 4-64　创建结果

4.6　课后练习

打开配套光盘提供的“第 04 章/4.6.1 课后练习.dwg”素材文件，如图 4-65 所示。使用本章所学的知识，为室内平面图添加功能说明，如图 4-66 所示。

具体操作步骤提示如下：

（1）执行【多行文字】命令，在对应的位置添加文字。

（2）完成绘制。

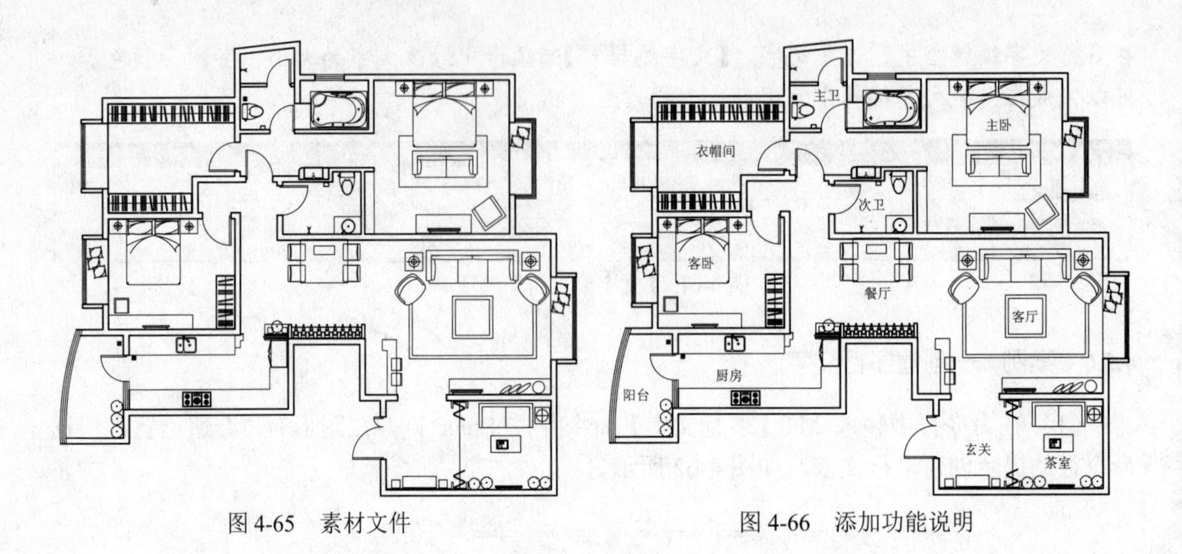

图 4-65　素材文件　　　图 4-66　添加功能说明

4.7　本章总结

本章主要介绍的是 AutoCAD 2016 的标注功能，包括尺寸标注、多重引线标注和文字标注等。另外，本章还通过案例讲解了如何设置、创建和编辑各种标注。

针对不同类型的标注，可以设置不同的标注样式。标注方法通常有国家规定，因此，图形的标注应遵照国家标准正确标注。

第 5 章　块、外部参照与设计中心

在绘制图形时，如果图形中有大量相同或相似的内容，或者所绘制的图形与已有的图形文件相同，则可以把要重复绘制的图形创建成块（也称为图块），并根据需要为块创建属性，指定块的名称、用途及设计者等信息，在需要时直接插入它们，从而提高绘图效率。

在设计过程中，我们会反复调用图形文件、样式、图块、标注、线型等内容，为了提高 AutoCAD 系统的效率，AutoCAD 提供了设计中心这一资源管理工具，对这些资源进行分门别类地管理。

5.1　块

块是一个或多个对象组成的对象集合，常用于绘制复杂、重复的图形。在 AutoCAD 中，使用块可以提高绘图速度、节省存储空间、便于修改图形。

5.1.1　创建块

要定义一个新的图块，首先要用绘图和修改命令绘制出组成图块的所有图形对象，然后再用块定义命令定义块。调用【块】命令有以下几种方法。

➢ 功能区：在【默认】选项卡，单击【块】面板中的【创建】按钮；或在【插入】选项卡中，单击【块定义】面板中的【创建块】按钮。

➢ 菜单栏：执行【绘图】|【块】|【创建】命令。

➢ 命令行：BLOCK 或 B。

执行上述任一命令后，系统弹出【块定义】对话框，如图 5-2 所示。

【块定义】对话框中主要选项的功能说明如下：

➢ 【名称】文本框：输入块名称，可以在下拉列表框中选择已有的块。

➢ 【基点】选项区域：设置块的插入基点位置。用户可以直接在 X、Y、Z 文本框中输入，也可以单击【拾取点】按钮，切换到绘图窗口并选择基点。

➢ 【对象】选项区域：设置组成块的对象。其中，单击【选择对象】按钮，可切换到绘图窗口选择组成块的各对象。

➢ 【方式】选项区域：设置组成块的对象显示方式。选择【注释性】复选框，可以将对象设置成注释性对象；选择【按同一比例缩放】复选框，设置对象是否按统一的比例进行缩放；选择【允许分解】复选框，设置对象是否允许被分解。

5.1.2　实例——创建台灯图块

（1）按 Ctrl+O 组合键，打开配套光盘提供的“第 05 章/5.1.2 创建台灯图块.dwg”素材文件，如图 5-1 所示。

（2）在命令行中输入 B【创建块】命令，并按回车键，系统弹出【块定义】对话框。

（3）在【名称】文本框中输入块的名称“台灯”。

（4）在【基点】选项区域中单击【拾取点】按钮，配合【对象捕捉】功能拾取图形中的下方端点，确定基点位置。

（5）单击【选择对象】按钮，选择整个图形，然后按 Enter 返回【块定义】对话框。

（6）在【块单位】下拉列表中选择【毫米】选项，设置单位为毫米。

（7）单击【确定】按钮保存设置，完成图块的定义，如图 5-2 所示。

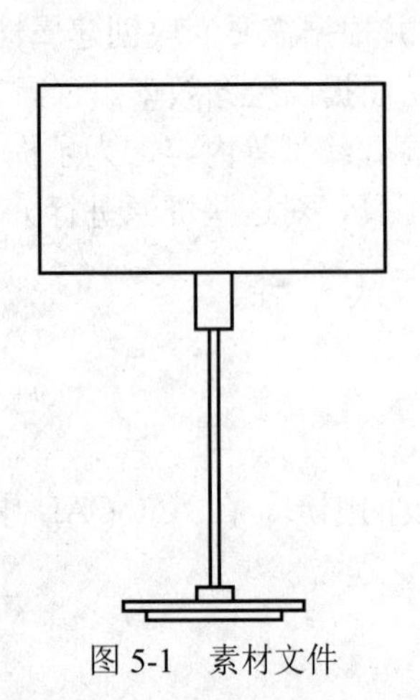

图 5-1　素材文件

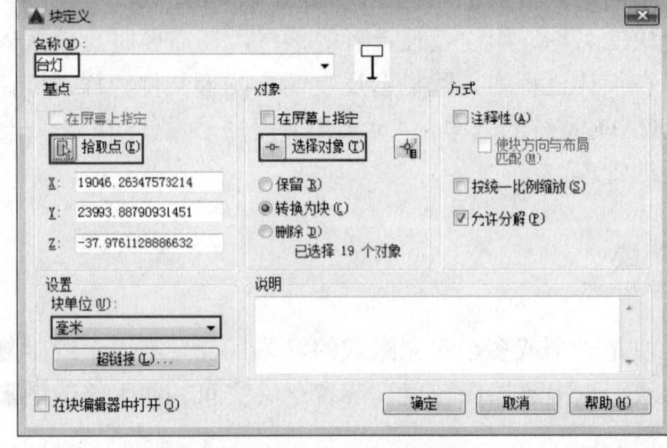

图 5-2 【块定义】对话框

提示：【创建块】命令所创建的块保存在当前图形文件中，可以随时调用并插入到当前图形文件中。其他图形文件如果要调用该图块，则可以通过设计中心或剪贴板。

5.1.3　写块

调用【创建块】命令所创建的块只能在定义该图块的文件内部使用，而【写块】命令则可以将创建的图块被所有的 AutoCAD 文档共享。

写块的过程，实质上就是将图块保存为一个单独的 DWG 图形文件，因为 DWG 文件可以被其他 AutoCAD 文件使用。

在 AutoCAD 中，调用【写块】命令的方法如下。

➢ 功能区：在【插入】选项卡中，单击【块定义】面板中的【写块】按钮。

➢ 命令行：WBLOCK 或 W。

执行上述任一命令后，系统弹出【写块】对话框，如图 5-3 所示。

【写块】对话框中各选项的含义如下。

➢ 【源】选项组：【块】将已经定义好的块保存，可以在下拉列表中选择已有的内部块。如果当前文件中没有定义的块，该单选按钮不可用。【整个图形】将当前工作区中的全部图形保存为外部块。【对象】选择图形对象定义外部块。该项是默认选项，一般情况下选择此项即可。

图 5-3 【写块】对话框

➢ 【基点】选项组：该选项组确定插入基点。方法同块定义。

➢ 【对象】选项组：该选项组选择保存为块的图形对象，操作方法与定义块时相同。

➢ 【目标】选项组：设置写块文件的保存路径和文件名。单击该选项组【文件名和路径】文本框右边的按钮[...]，可以在打开的对话框中选择保存路径。

5.1.4　实例——对选定的图块执行【写块】命令

（1）按 Ctrl+O 组合键，打开配套光盘提供的“第 05 章/5.1.4 对选定的图块执行【写块】命令.dwg”素材文件，结果如图 5-4 所示。

（2）在命令行中输入 W【写块】命令并按 Enter 键，系统弹出【写块】对话框，如图 5-5 所示。

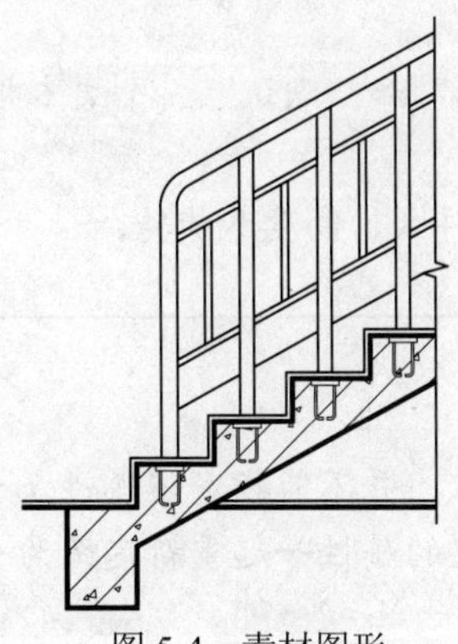

图 5-4　素材图形

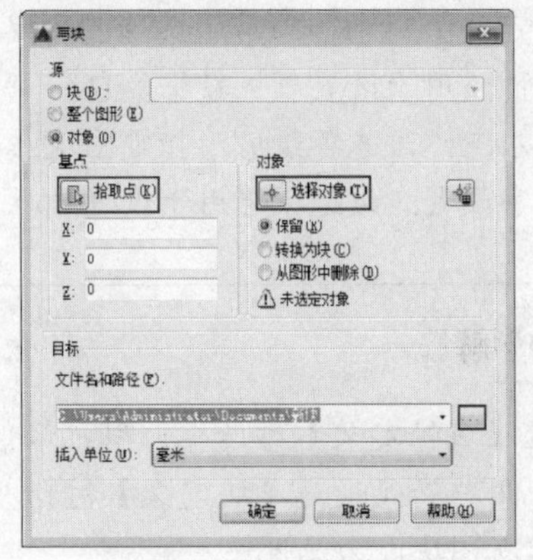

图 5-5　【写块】对话框

（3）在【对象】选项组中单击【选择对象】按钮[+]，在绘图区中选择素材对象。在【基点】选项组中单击【拾取点】按钮[↖]，单击素材对象的左下角为拾取点。

（4）在【写块】对话框中单击[...]按钮，弹出【浏览图形文件】对话框，如图 5-6 所示；设置文件名称及保存路径，单击【保存】按钮，即可完成写块的操作。

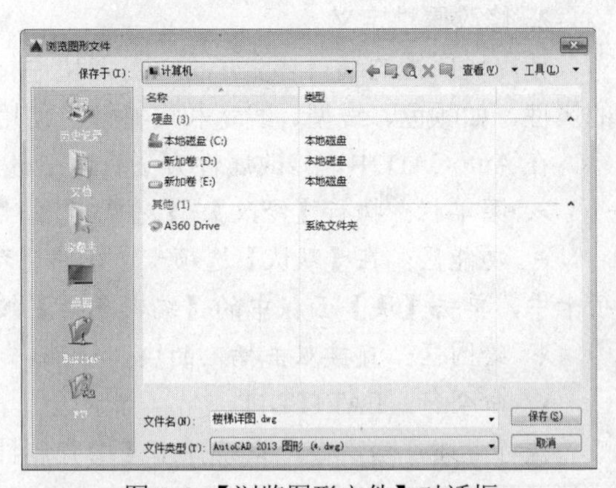

图 5-6　【浏览图形文件】对话框

提示：图块可以嵌套，即在一个块定义的内部还可以包含其他块定义，但不允许【循环嵌套】，也就是说在图块嵌套过程中不能包含图块自身，而只能嵌套其他图块。

5.1.5　添加块属性

图块包含的信息可以分为两类：图形信息和非图形信息。块属性是图块的非图形信息，例如办公室工程中定义办公桌图块，每个办公桌的编号、使用者等属性。块属性必须和图块结合在一起使用，在图纸上显示为块实例的标签或说明，单独的属性是没有意义的。

1. 创建块属性

在 AutoCAD 中添加块属性的操作主要分为三步：

（1）定义块属性。

（2）在定义图块时附加块属性。

（3）在插入图块时输入属性值。

定义块属性必须在定义块之前进行。定义块属性的命令启动方式有：

➢ 功能区：单击【插入】选项卡【属性】面板【定义属性】按钮。

➢ 菜单栏：单击【绘图】|【块】|【定义属性】命令。

➢ 命令行：ATTDEF 或 ATT。

执行上述任一命令后，系统弹出【属性定义】对话框，如图 5-7 所示。

【属性定义】对话框中常用选项的含义如下：

➢ 属性：用于设置属性数据，包括“标记”、“提示”和“默认”三个文本框。

➢ 插入点：该选项组用于指定图块属性的位置。

➢ 文字设置：该选项组用于设置属性文字的对正、样式、高度和旋转。

初学解答 **什么是属性块?**

通过【属性定义】对话框，用户只能定义一个属性，并不能指定该属性属于哪个图块，因此用户必须通过【块定义】对话框将图块和定义的属性一起重新定义为一个新的图块，该新图块即为属性块。

2. 修改属性定义

使用块属性的编辑功能，可以对图块进行再定义。在 AutoCAD 中，每个图块都有自己的属性，如颜色、线型、线宽和层特性。使用【增强属性编辑器】可以对块属性进行修改。

在 AutoCAD 中，修改属性方法有以下几种。

➢ 菜单栏：执行【修改】|【对象|【属性】|【单个】命令。

➢ 功能区：在【默认】选项卡，单击【块】面板中的【单个】按钮；或在【插入】选项卡中，单击【块】面板中的【编辑属性】按钮。

➢ 绘图区：直接双击插入的块。

➢ 命令行：EATTEDIT。

执行上述任一命令，系统弹出【增强属性编辑器】对话框。在【属性】选项卡的列表中选择要修改的文字属性，然后在下面的【值】文本框中输入块中定义的标记和值属性，如图 5-8 所示。

在【增强属性编辑器】对话框中，各选项卡的含义如下：

➢ 属性：显示了块中每个属性的标识、提示和值。在列表框中选择某一属性后，在【值】文本框中将显示出该属性对应的属性值，可以通过它来修改属性值。

➢ 文字选项：用于修改属性文字的格式，该选项卡如图 5-9 所示。

➢ 特性：用于修改属性文字的图层以及其线宽、线型、颜色及打印样式等，该选项卡如图 5-10 所示。

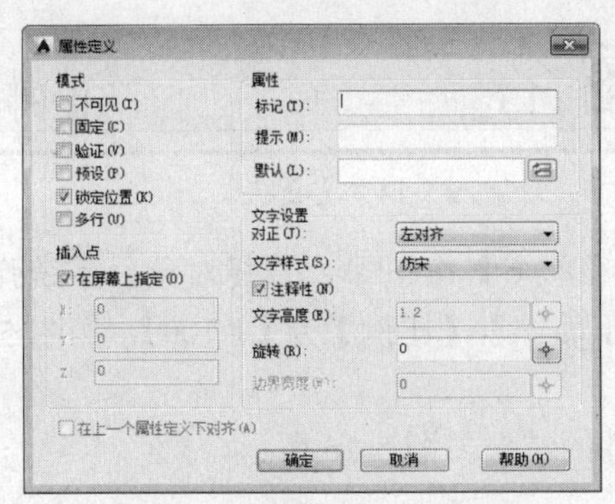

图 5-7 【属性定义】对话框

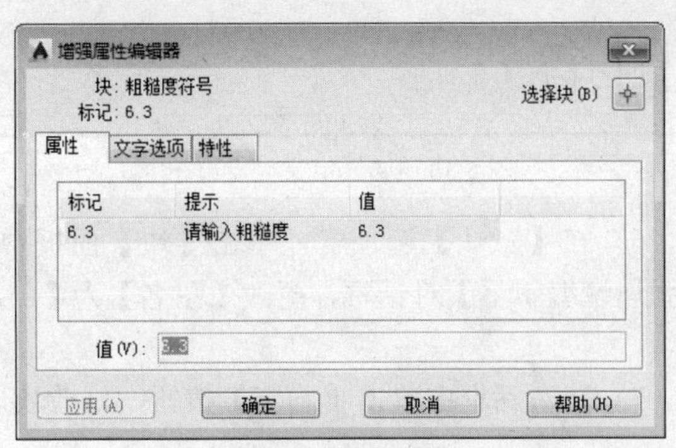

图 5-8 【增强属性编辑器】对话框

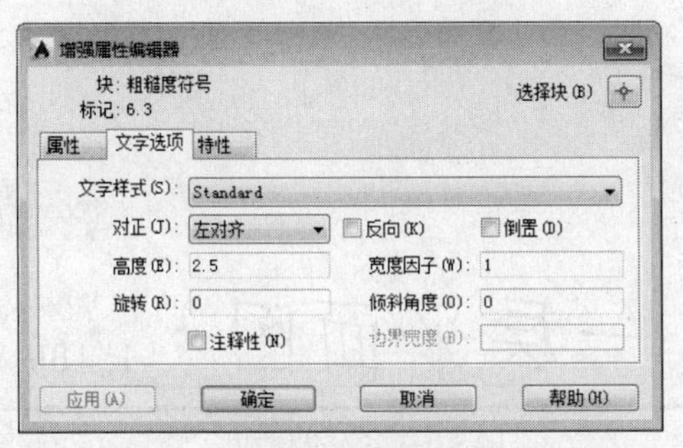

图 5-9 【文字选项】选项卡

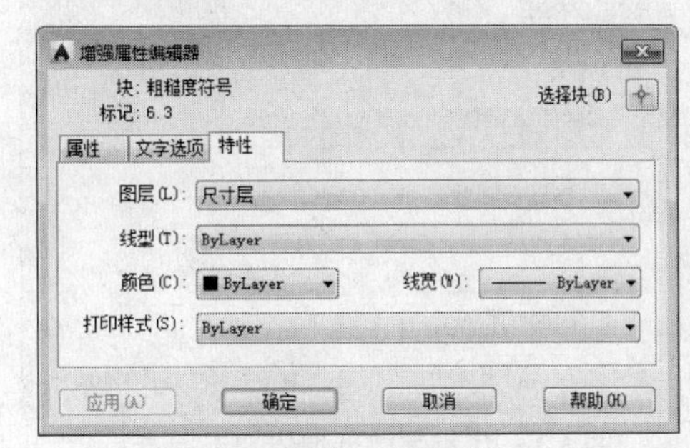

图 5-10 【特性】选项卡

5.1.6　实例——创建【图名标注】图块属性

（1）按 Ctrl+O 组合键，打开配套光盘提供的“第 05 章/5.1.6 创建【图名标注】图块属性.dwg”素材文件，结果如图 5-11 所示。

（2）在命令行中输入 ATT【定义属性】命令并按 Enter 键，系统弹出【属性定义】对话框，设置参数如图 5-12 所示。

图 5-11　素材文件

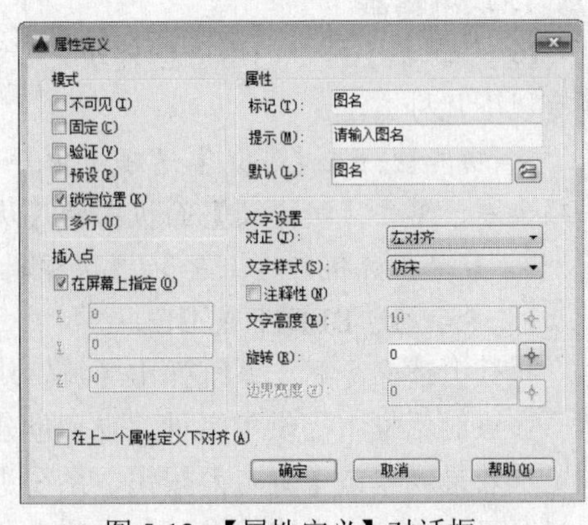

图 5-12 【属性定义】对话框

（3）在对话框中单击【确定】按钮，将属性参数置于合适区域，即可完成属性定义操作，结果如图 5-13 所示。

（4）用上述相同的方法，创建“比例”属性参数并置于合适区域，结果如图 5-14 所示。

（5）在命令行中输入 B【创建块】命令并按 Enter 键，选择对象，将图名标注创建为块。

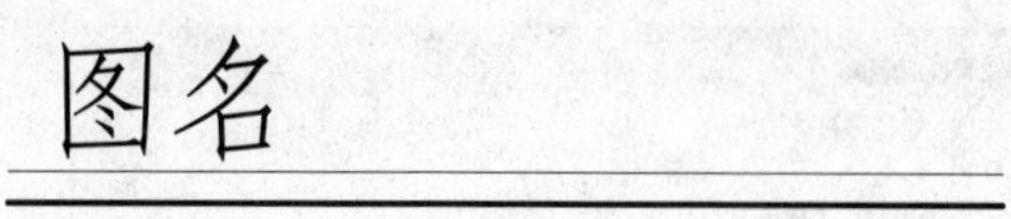

图名

图 5-13　属性定义

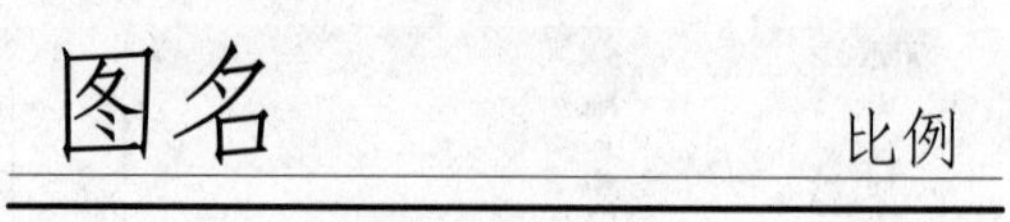

图名 比例

图 5-14　定义结果

（6）在【默认】选项卡，单击【块】面板中的【单个】按钮，选择对象，系统弹出【增强属性编辑器】对话框，更改【图名】为【一层平面图】；【比例】为【1:100】，如图 5-15 所示。

（7）在对话框中单击【确定】按钮，修改块属性的结果如图 5-16 所示。

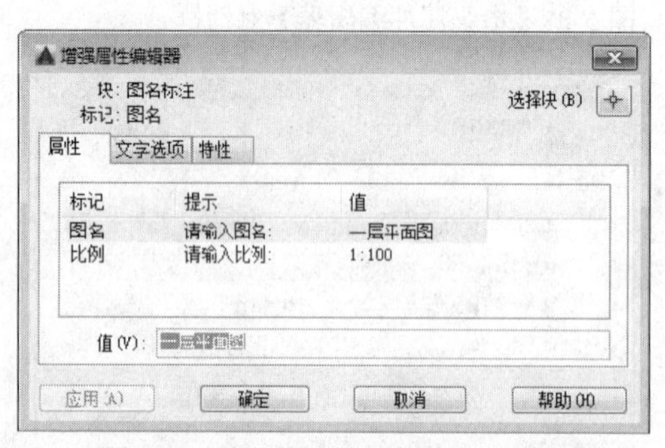

图 5-15　【增强属性编辑器】对话框

一层平面图 1:100

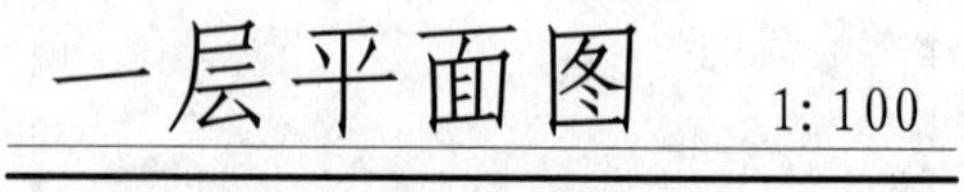

图 5-16　修改结果

5.1.7　创建动态图块

【动态图块】就是将一系列内容相同或相近的图形通过块编辑创建为块，并设置该块具有参数化的动态特性，在操作时通过自定义夹点或自定义特性来操作动态块。该类图块相对于常规图块来说具有极大的灵活性和智能性，提高绘图效率的同时减小图块库中的块数量。

1. 块编辑器

【块编辑器】是专门用于创建块定义并添加动态行为的编写区域。调用【块编辑器】对话框有以下几种方法。

- 功能区：在【默认】选项卡中，单击【块】面板上的【编辑】按钮；或在【插入】选项卡中，单击【块定义】面板中的【块编辑器】按钮。
- 菜单栏：执行【工具】|【块编辑器】命令。
- 命令行：BEDIT 或 BE。

执行上述命令后，系统弹出【编辑块定义】对话框，如图 5-17 所示。

在该对话框中提供了多种编辑和创建动态块的块定义，选择一个图块名称，则可在右侧预览块效果。单击【确定】按钮，系统进入默认为灰色背景的绘图区域，一般称该区域为块编辑窗口，并弹出【块编辑器】选项卡和【块编写选项板】，如图 5-18 所示。

在左侧的【块编写选项卡】中，包含参数、动作、参数集和约束四个选项卡，可创建动态块的所有特征。

【块编辑器】选项卡位于标签栏的上方，如图 5-19 所示。其各选项功能见表 5-1。

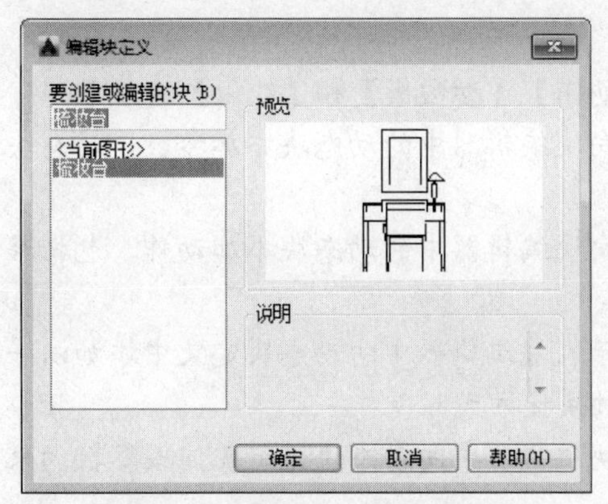

图 5-17 【编辑块定义】对话框

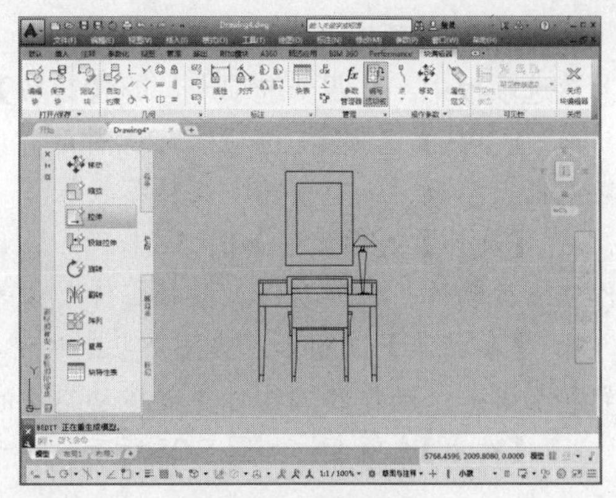

图 5-18 块编辑窗口

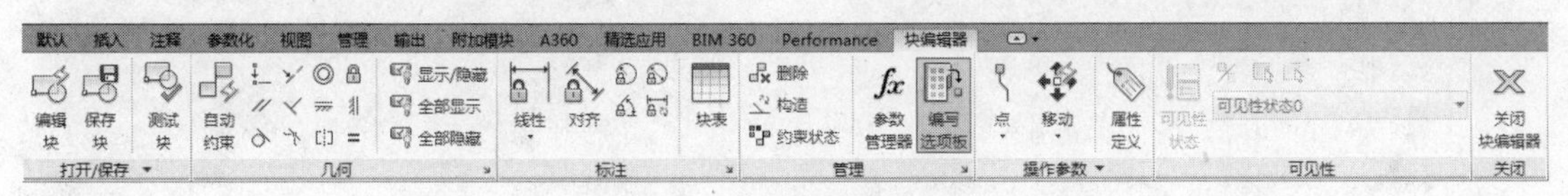

图 5-19 【块编辑器】选项卡

表 5-1　　　　　各 选 项 的 功 能

图标	名 称	功 能
	编辑块	单击该按钮，系统弹出【编辑块定义】对话框，用户可重新选择需要创建的动态块
	保存块	单击该按钮，保存当前块定义
	将块另存为	单击此按钮，系统弹出【将块另存为】对话框，用户可以重新输入块名称后保存此块
	测试块	测试此块能否被加载到图形中
	自动约束对象	对选择的块对象进行自动约束
	显示/隐藏约束栏	显示或者隐藏约束符号
	参数约束	对块对象进行参数约束
	块表	单击块表按钮系统弹出【块特性表】对话框，通过此对话框对参数约束进行函数设置
	属性定义	单击此按钮系统弹出【属性定义】对话框，从中可定义模式属性标记、提示、值等的文字选项
	编写选项板	显示或隐藏编写选项板
	参数管理器	打开或者关闭参数管理器

在该绘图区域 UCS 命令是被禁用的，绘图区域显示一个 UCS 图标，该图标的原点定义了块的基点。用户可以通过相对 UCS 图标原点移动几何体图形或者添加基点参数来更改块的基点。这样在完成参数的基础上添加相关动作，然后通过【保存块】按钮保存块定义，此时可以立即关闭编辑器并在图形中测试块。

如果在块编辑窗口中执行【文件】|【保存】命令，则保存的是图形而不是块定义。因此处于块编辑窗口时，必须专门对块定义进行保存。

2. 块编写选项板

该选项板中一共四个选项卡，即【参数】、【动作】、【参数集】和【约束】选项卡。

➢ 【参数】选项卡：如图 5-20 所示，用于向块编辑器中的动态块添加参数，动态块的参数包括点参数、线型参数、极轴参数等。

➢ 【动作】选项卡：如图 5-21 所示，用于向块编辑器中的动态块添加动作，包括移动动作、缩放动作、拉伸动作、极轴拉伸动作等。

➢ 【参数集】选项卡：如图 5-22 所示，用于在块编辑器中向动态块定义中添加以一个参数和至少一个动作的工具时，创建动态块的一种快捷方式。

➢ 【约束】选项卡：如图 5-23 所示，用于在块编辑器中向动态块进行几何或参数约束。

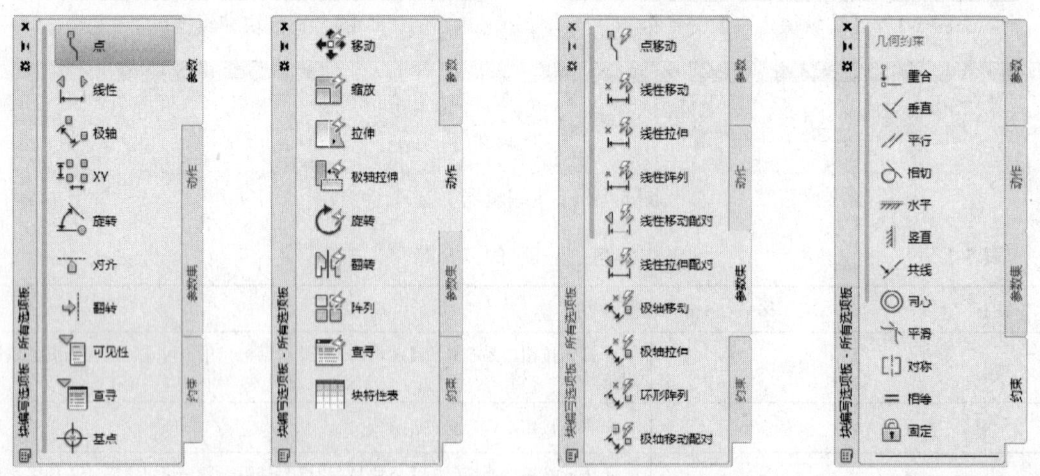

图 5-20 【参数】选项卡　图 5-21 【动作】选项卡　图 5-22 【参数集】选项卡　图 5-23 【约束】选项卡

5.1.8 实例——创建门符号动态图块

（1）按 Ctrl+O 组合键，打开配套光盘提供的“第 05 章/5.1.8 创建门符号动态图块.dwg”素材文件，如图 5-24 所示。

（2）在命令行中输入 BE 并按 Enter 键，系统弹出【编辑块定义】对话框，选择【门】图块，如图 5-25 所示。

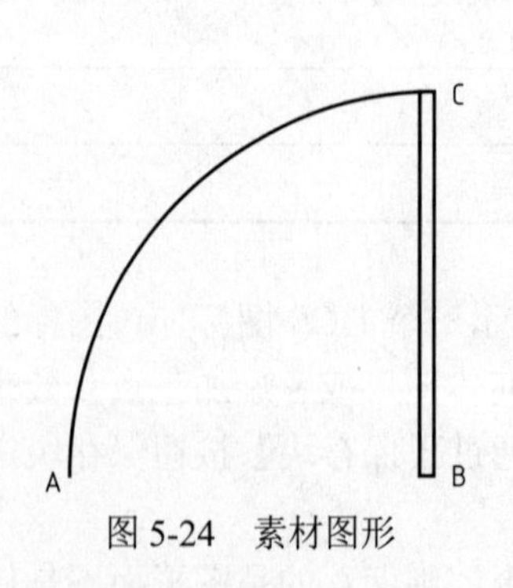

图 5-24 素材图形

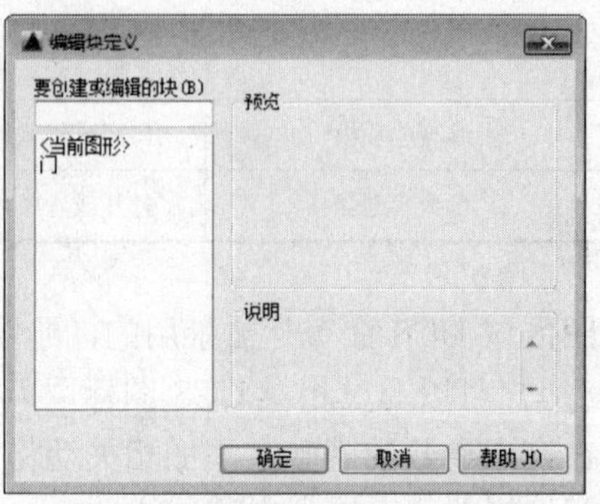

图 5-25 【编辑块定义】对话框

（3）单击【确定】按钮，进入块编辑模式，系统弹出【块编辑器】选项卡，同时弹出【块编写选项板】选项板，如图 5-26 所示。

（4）为块添加线性参数。选择【块编写选项板】选项板上的【参数】选项卡，单击【线性参数】按钮，为门的宽度添加一个线性参数，如图 5-27 所示。命令行操作如下：

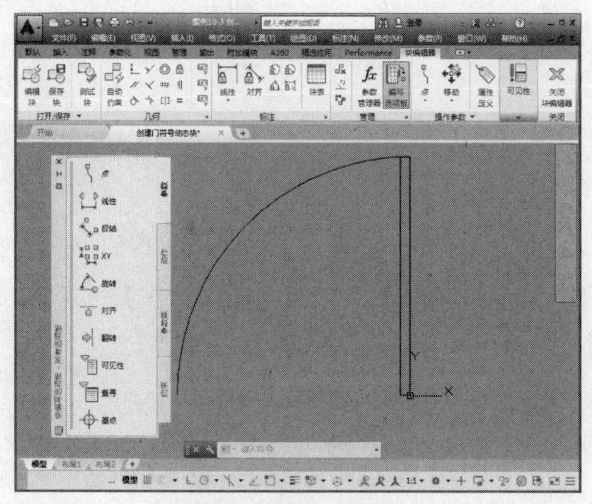

图 5-26　块编辑界面

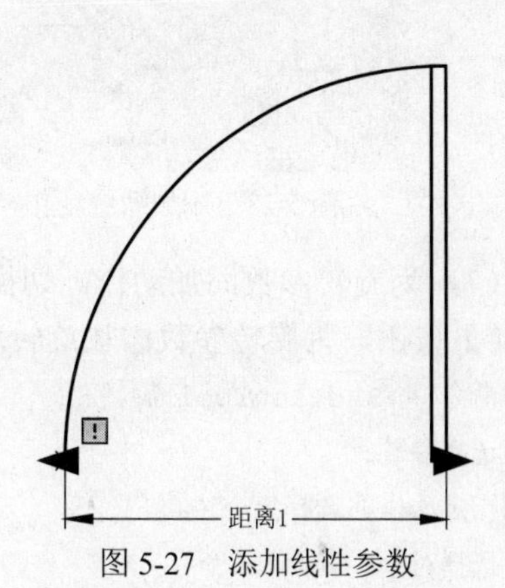

图 5-27　添加线性参数

命令：_BParameter 线性

指定起点或 [名称(N)/标签(L)/链(C)/说明(D)/基点(B)/选项板(P)/值集(V)]：

　　　　　　　　　　　　　　//选择圆弧端点 A

指定端点：　　　　　　　　　//选择矩形端点 B

指定标签位置：　　　　　　　//向下拖动指针，在合适位置放置线性参数标签

（5）为线性参数添加动作。切换到【块编写选项板】选项板上的【动作】选项卡，单击【缩放】按钮，为线性参数添加缩放动作，如图 5-28 所示。命令行操作如下：

命令：_BActionTool 缩放

选择参数：　　　　　　　　　//选择上一步添加的线性参数

指定动作的选择集

选择对象：找到 1 个

选择对象：找到 1 个，总计 2 个

　　　　　　　　　　　　　　//依次选择门图形包含的全部轮廓线，包括一条圆弧和一个矩形

选择对象：↙　　　　　　　　//按 Enter 键结束选择，完成动作的创建

（6）为块添加旋转参数。切换到【块编写选项板】选项板上的【参数】选项卡，单击【旋转】按钮，添加一个旋转参数，如图 5-29 所示。命令行操作如下：

命令：_BParameter 旋转

指定基点或 [名称(N)/标签(L)/链(C)/说明(D)/选项板(P)/值集(V)]：

　　　　　　　　　　　　　　//选择矩形角点 B 作为旋转基点

指定参数半径：　　　　　　　//选择矩形角点 C 定义参数半径

指定默认旋转角度或 [基准角度(B)] <0>：90↙　　//设置默认旋转角度为 90°

指定标签位置：　　　　　　　//拖动参数标签位置，在合适位置单击放置标签

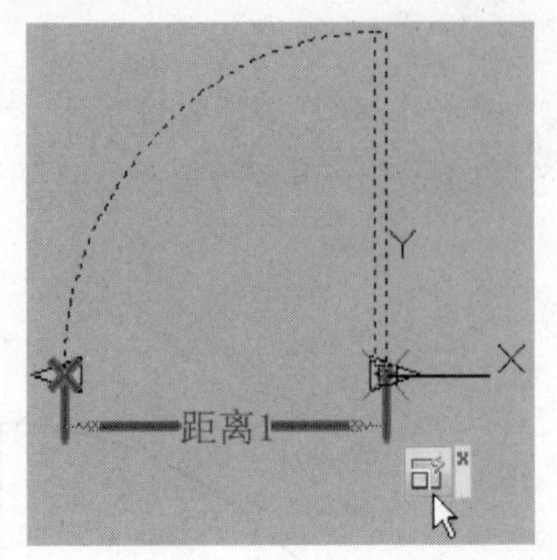

图 5-28　添加缩放动作

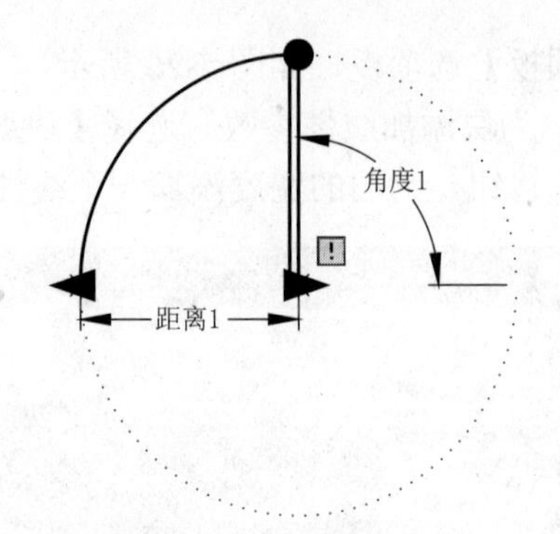

图 5-29　添加旋转参数

（7）为旋转参数添加动作。切换到【块编写选项板】选项板中的【动作】选项卡，单击【旋转】按钮，为旋转参数添加旋转动作，如图 5-30 所示。命令行操作如下：

```
命令：_BActionTool 旋转
选择参数：                                //选择创建的角度参数
指定动作的选择集
选择对象：找到 1 个                        //选择矩形作为动作对象
选择对象：                                //按 Enter 键结束选择，完成动作的创建
```

（8）在【块编辑器】选项卡中，单击【打开/保存】面板上的【保存块】按钮，保存对块的编辑。单击【关闭块编辑器】按钮关闭块编辑器，返回绘图窗口，此时单击创建的动态块，该块上出现 3 个夹点显示，如图 5-31 所示。

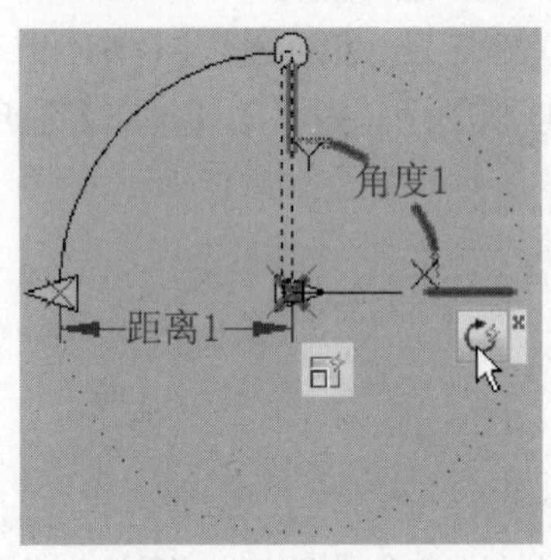

图 5-30　添加旋转动作

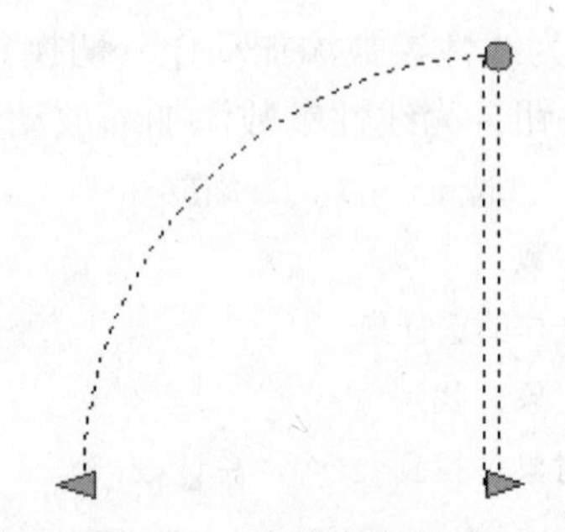

图 5-31　块的夹点显示

（9）拖动三角形夹点可以修改门的大小，如图 5-32 所示；而拖动圆形夹点可以修改门的打开角度，如图 5-33 所示。门符号动态块创建完成。

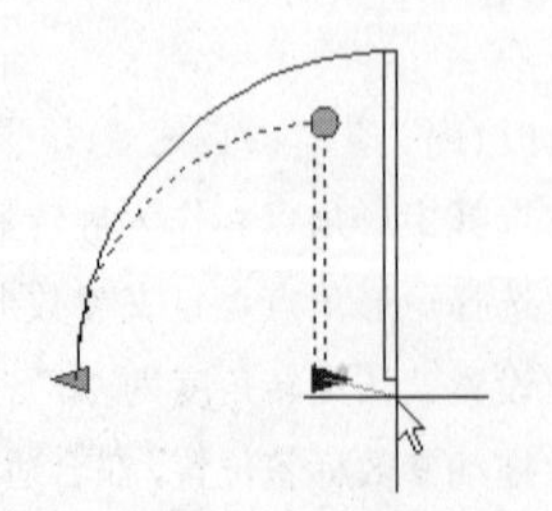

图 5-32　拖动三角形夹点

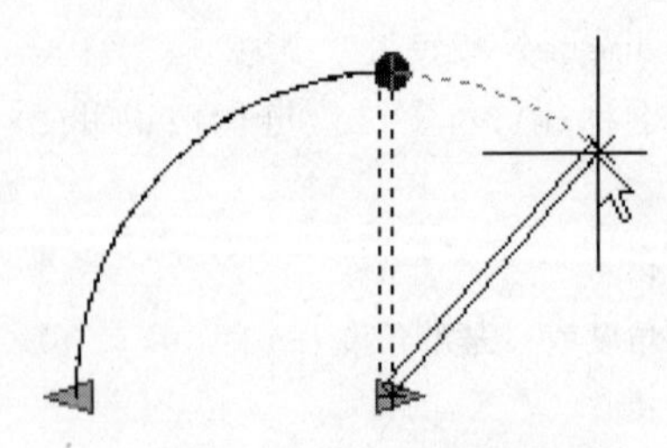

图 5-33　拖动圆形夹点

5.1.9　插入块

块定义完成后，就可以插入与块定义关联的块实例了。调用【插入块】命令有以下几种方法。

➢ 功能区：在【默认】选项卡，单击【块】面板中的【插入】按钮；或在【插入】选项卡中，单击【块定义】面板中的【插入】按钮。

➢ 菜单栏：执行【插入】|【块】命令。

➢ 命令行：INSERT 或 I。

执行上述任一命令后，系统弹出【插入】对话框，如图 5-35 所示。

该对话框中常用选项的含义如下：

➢ 【名称】下拉列表框：用于选择块或图形名称。可以单击其后的【浏览】按钮，系统弹出【打开图形文件】对话框，选择保存的块和外部图形。

➢ 【插入点】选项区域：设置块的插入点位置。

➢ 【比例】选项区域：用于设置块的插入比例。

➢ 【旋转】选项区域：用于设置块的旋转角度。可直接在【角度】文本框中输入角度值，也可以通过选中【在屏幕上指定】复选框，在屏幕上指定旋转角度。

➢ 【分解】复选框：可以将插入的块分解成块的各基本对象。

5.1.10　案例——插入台灯图块

（1）按 Ctrl+O 组合键，打开配套光盘提供的“第 05 章/5.1.10 插入台灯图块.dwg”素材文件，如图 5-34 所示。

（2）在命令行中输入 I【插入】命令并按 Enter 键，打开【插入】对话框，选单击【浏览】按钮，如图 5-35 所示。

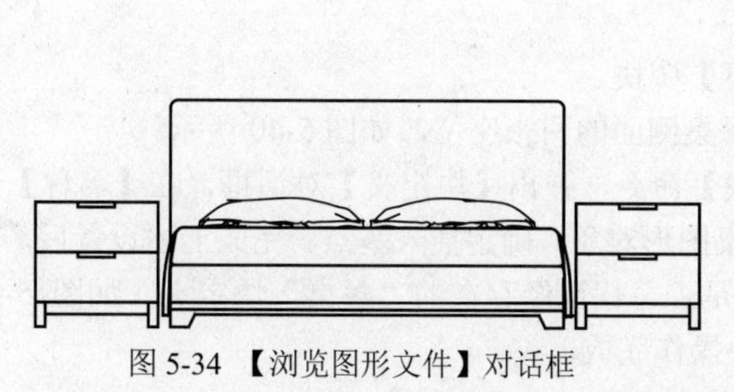

图 5-34 【浏览图形文件】对话框

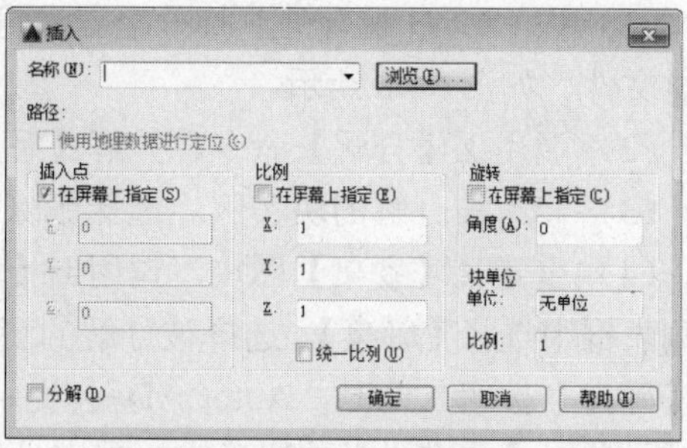

图 5-35 【插入】对话框

（3）在弹出的【选择图形文件】对话框中选择并打开【台灯.dwg】图块，如图 5-36 所示。然后返回【插入】对话框中单击【确定】按钮，如图 5-37 所示。

（4）在绘图区中指定插入块的插入点位置，如图 5-38 所示。

（5）用上述相同的方法绘制右边床头柜上方的台灯图块，结果如图 5-39 所示。

5.1.11　分解块

块实例是一个整体，AutoCAD 不允许对块实例进行局部修改。因此需要修改块实例，必

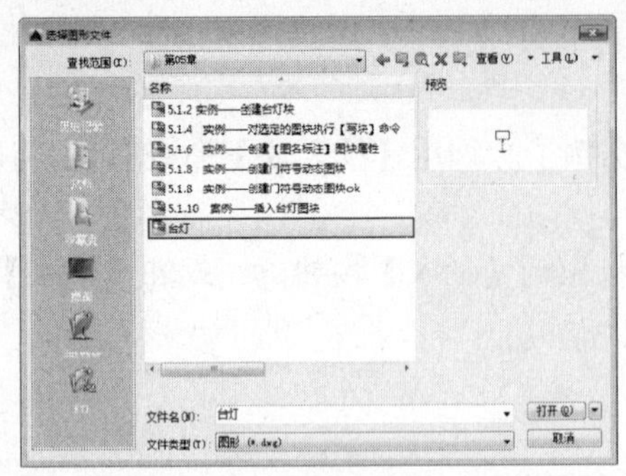

图 5-36 【选择图形文件】对话框

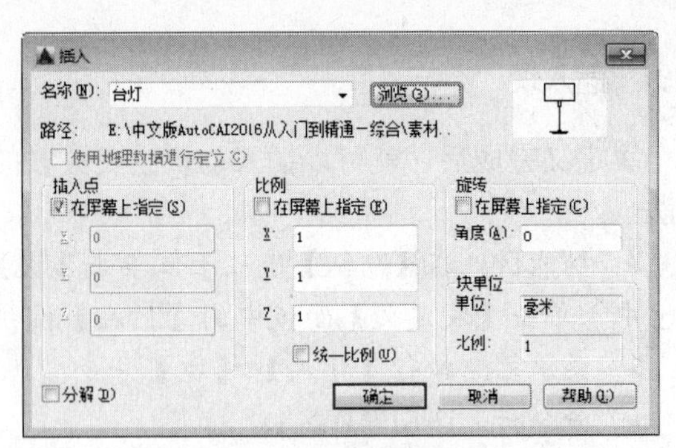

图 5-37 单击【确定】按钮

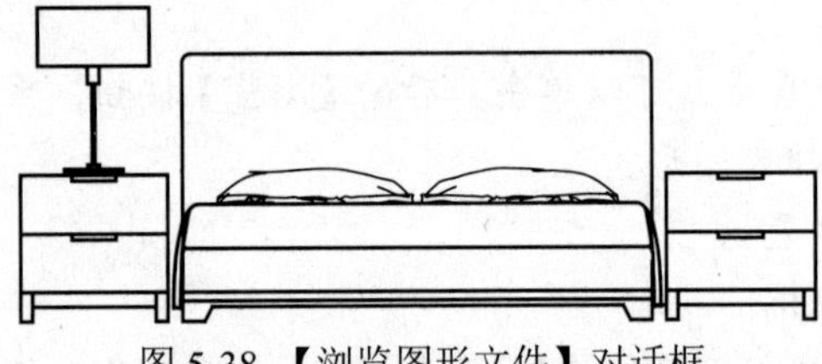

图 5-38 【浏览图形文件】对话框

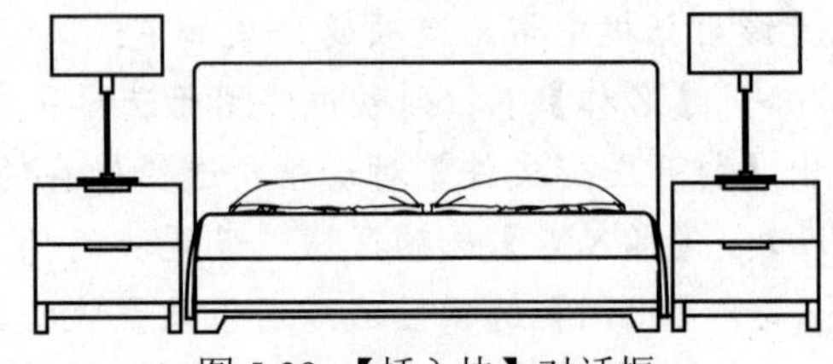

图 5-39 【插入块】对话框

须先用分解块命令将块实例分解。块实例被分解为彼此独立的普通图形对象后，每一个对象可以单独被选中，而且可以分别对这些对象进行修改操作。

调用【分解】命令有以下几种方法。

- 功能区：在【默认】选项卡中，单击【修改】面板【分解】按钮。
- 菜单栏：选择【修改】|【分解】命令。
- 命令行：EXPLODE 或 X。

5.1.12 实例——餐桌图块的重定义

（1）按 Ctrl+O 组合键，打开配套光盘提供的“第 05 章/5.1.12 餐桌图块的重定义.dwg”素材文件，如图 5-40 所示。

（2）调用 X【分解】命令，分解【餐桌】图块。

（3）修改被分解的块实例。选择删除餐桌侧面的两张座位，如图 5-40 所示。

（4）重定义【餐桌】图块。调用 B【块】命令，弹出【块定义】对话框，在【名称】下拉列表框中选择【餐桌】，选择被分解的餐桌图形对象，确定插入基点。完成上述设置后，单击【确定】按钮。此时，AutoCAD 会提示是否替代已经存在的“餐桌”块定义，如图 5-41 所示，单击【重定义】按钮确定。重定义块操作完成。

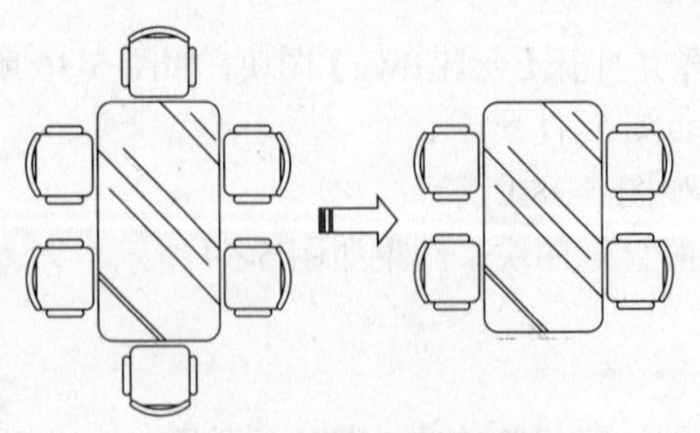

图 5-40 分解并删除图形

图 5-41 重定义块

5.2　外部参照

AutoCAD 将外部参照作为一种图块类型定义，它也可以提高绘图效率。但外部参照与图块有一些重要的区别，将图形作为图块插入时，它存储在图形中，不随原始图形的改变而更新；将图形作为外部参照时，会将该参照图形链接到当前图形，对参照图形所做的任何修改都会显示在当前图形中。一个图形可以作为外部参照同时附着插入到多个图形中，同样也可以将多个图形作为外部参照附着到单个图形中。

5.2.1　附着外部参照

用户可以将其他文件的图形作为参照图形附着到当前图形中，这样可以通过在图形中参照其他用户的图形来协调各用户之间的工作，查看当前图形是否与其他图形相匹配。

执行【附着】外部参照命令有以下几种方法。

- 菜单栏：执行【插入】|【DWG 参照】命令。
- 功能区：在【插入】选项卡中，单击【参照】面板中的【附着】按钮。
- 命令行：XATTACH 或 XA。

执行上述命令，选择一个 DWG 文件打开后，弹出【附着外部参照】对话框如图 5-42 所示。

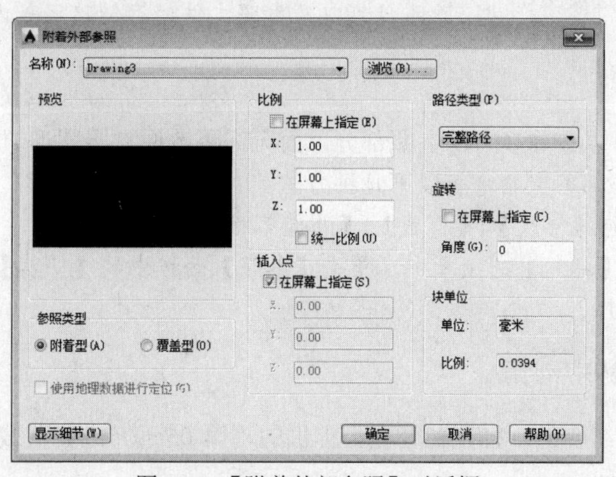

图 5-42 【附着外部参照】对话框

【附着外部参照】对话框各选项介绍如下。

- 【参照类型】选项组：选择【附着型】单选按钮表示显示出嵌套参照中的嵌套内容；选择【覆盖型】单选按钮表示不显示嵌套参照中的嵌套内容。
- 【路径类型】选项组：【完整路径】，使用此选项附着外部参照时，外部参照的精确位置将保存到主图形中，此选项的精确度最高，但灵活性最小，如果移动工程文件，AutoCAD 将无法融入任何使用完整路径附着的外部参照；【相对路径】，使用此选项附着外部参照时，将保存外部参照相对于主图形的位置，此选项的灵活性最大，如果移动工程文件夹，AutoCAD 仍可以融入使用相对路径附着的外部参照，只要此外部参照相对主图形的位置未发生变化；【无路径】，在不使用路径附着外部参照时，AutoCAD 首先在主图形中的文件夹中查找外部参照，当外部参照文件与主图形位于同一个文件夹中时，此选项非常有用。

5.2.2 拆离外部参照

作为参照插入的外部图形，主图形只是记录参照的位置和名称，图形文件信息并不直接加入。使用【拆离】命令，才能删除外部参照和所有关联信息。

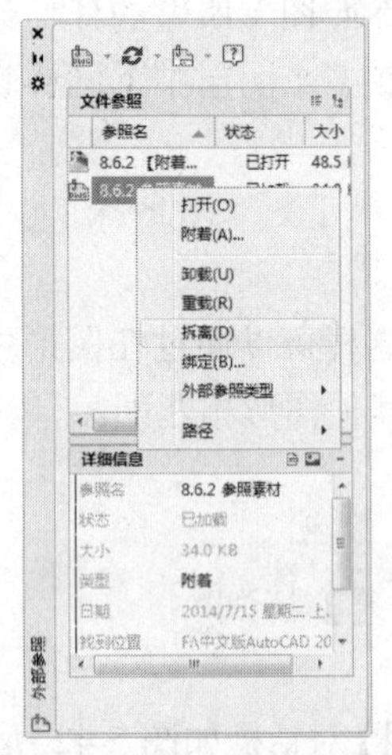

图 5-43 【外部参照】选项板

在 AutoCAD 中，可以在【外部参照】选项板中对外部参照进行拆离。调用【外部参照】选项板的方法如下。

- 菜单栏：执行【插入】|【外部参照】命令。
- 功能区：在【插入】选项卡中，单击【注释】面板右下角箭头按钮。
- 命令行：XREF 或 XR。

执行上述任一命令后，系统弹出【外部参照】选项板，在选项板中选择需要删除的外部参照，并在参照上单击鼠标右键，在弹出的快捷菜单中选择【拆离】，即可拆离选定的外部参考，如图 5-43 所示。

提示：【外部参照】选项板中除了可以对外部参照进行拆离外，还可以对外部参照的名称、加载状态、文件大小、参照类型、参照日期以及参照文件的存储路径等内容进行编辑和管理。

5.2.3 剪裁外部参照

剪裁外部参照可以去除多余的参照部分，而无需更改原参照图形。

执行【剪裁】外部参照命令有以下几种方法。

- 菜单栏：执行【修改】|【剪裁】|【外部参照】命令。
- 功能区：在【插入】选项卡中，单击【参照】面板中的【剪裁】按钮。
- 命令行：CLIP。

5.2.4 案例——剪裁外部参照

（1）按 Ctrl+O 组合键，打开配套光盘提供的“第 05 章/5.2.4 剪裁外部参照.dwg”素材文件，如图 5-44 所示。

（2）在【插入】选项板中，单击【参照】面板中的【剪裁】按钮，根据命令行的提示修剪参照，如图 5-45 所示，命令行操作如下：

```
命令: _xclip↙                                   //调用【剪裁】命令
选择对象: 找到 1 个                               //选择外部参照
输入剪裁选项
[开(ON)/关(OFF)/剪裁深度(C)/删除(D)/生成多段线(P)/新建边界(N)] <新建边界>: ON↙
                                                //激活【开(ON)】选项
输入剪裁选项
[开(ON)/关(OFF)/剪裁深度(C)/删除(D)/生成多段线(P)/新建边界(N)] <新建边界>: N↙
                                                //激活【新建边界(N)】选项
```

外部模式 - 边界外的对象将被隐藏

指定剪裁边界或选择反向选项:

[选择多段线(S)/多边形(P)/矩形(R)/反向剪裁(I)] <矩形>: P↙

//激活【多边形(P)】选项

指定第一点: //拾取A、B、C、D点指定剪裁边界，如图5-44所示

指定下一点或 [放弃(U)]:

指定下一点或 [放弃(U)]:

指定下一点或 [放弃(U)]: ↙ //按Enter完成修剪

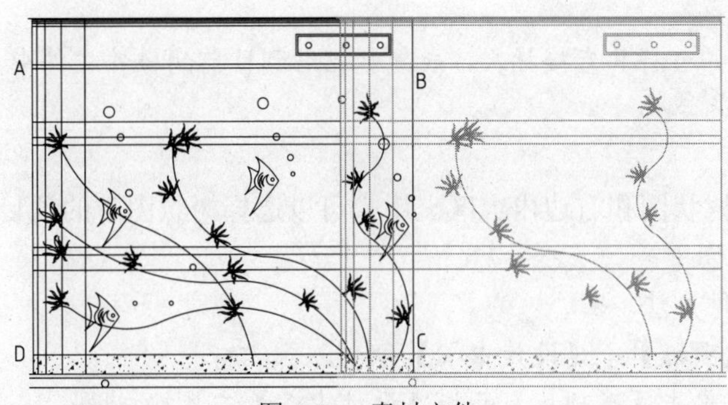

图5-44 素材文件

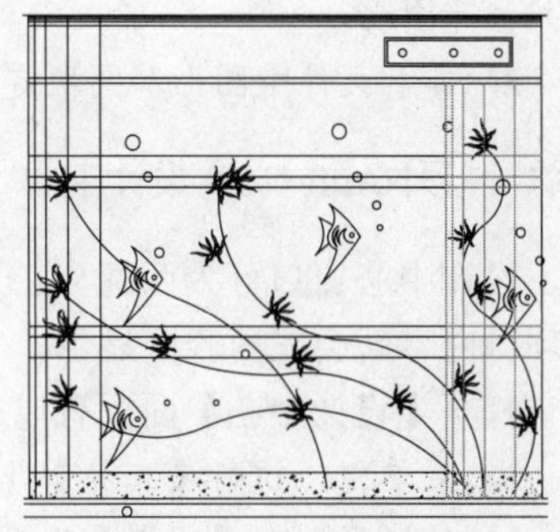

图5-45 剪裁后效果

精益求精 外部参照在图形设计中的应用

1. 保证各专业设计协作的连续一致性

外部参照可以保证各专业的设计、修改同步进行。例如，建筑专业对建筑条件做了修改，其他专业只要重新打开图或者重载当前图形，就可以看到修改的部分，从而马上按照最新建筑条件继续设计工作，从而避免了其他专业因建筑专业的修改而出现图纸对不上的问题。

2. 减小文件容量

含有外部参照的文件只是记录了一个路径，该文件的存储容量增大不多。采用外部参照功能可以使一批引用文件附着在一个较小的图形文件上而生成一个复杂的图形文件，从而可以大大提高图形的生成速度。在设计中，如果能利用外部参照功能，可以轻松处理由多个专业配合、汇总而成的庞大的图形文件。

3. 提高绘图速度

由于外部参照"立竿见影"的功效，各个相关专业的图纸都在随着设计内容的改变随时更新，而不需要不断复制，不断滞后，这样，不但可以提高绘图速度，而且可以大大减少修改图形所耗费的时间和精力。同时，CAD的参照编辑功能可以让设计人员在不打开部分外部参照文件的情况下对外部参照文件进行修改，从而加快了绘图速度。

4. 优化设计文件的数量

一个外部参照文件可以被多个文件引用，而且一个文件可以重复引用同一个外部参照文件，从而使图形文件的数量减少到最低，提高了项目组文件管理的效率。

5.3 AutoCAD 设计中心

本节介绍 AutoCAD 设计中心开启和使用的方法，在设计中心中可以便捷的管理图形文件，如更改图形文件信息、调用并共享图形文件等。

AutoCAD 设计中心的主要作用概括为以下几点。

➢ 浏览图形内容，包括从经常使用的文件图形到网络上的符号等。

➢ 在本地硬盘和网络驱动器上搜索和加载图形文件，可将图形从设计中心拖到绘图区域并打开图形。

➢ 查看文件中图形和图块定义，并可将其直接插入，或复制粘贴到目前的操作文件中。

5.3.1 打开 AutoCAD 设计中心

设计中心窗口分为两部分：左边树状图和右边内容区。用户可以选择树状图中的项目，此项目内容就会在内容区显示。

打开【设计中心】面板有以下几种方法。

➢ 菜单栏：执行【工具】|【选项板】|【设计中心】命令。

➢ 功能区：在【视图】选项卡，单击【选项板】面板【设计中心】工具按钮。

➢ 命令行：ADCENTER 或 ADC。

➢ 快捷键：Ctrl+2 组合键。

执行上述命令后，系统打开【设计中心】选项板，如图 5-46 所示。

5.3.2 案例——应用 AutoCAD 设计中心

AutoCAD 设计中心不仅可以查找需要的文件，还可以向图形中添加内容。下面将介绍 AutoCAD 设计中心的具体应用。

1. 查找文件

使用设计中心的搜索功能，可快速查找图形、块特征、图层特征和尺寸样式等内容，将这些资源插入当前图形，可辅助当前设计。单击【设计中心】选项板中的【搜索】按钮，系统弹出【搜索】对话框，在该对话框的查找栏中选择要查找的内容类型，包括标注样式、

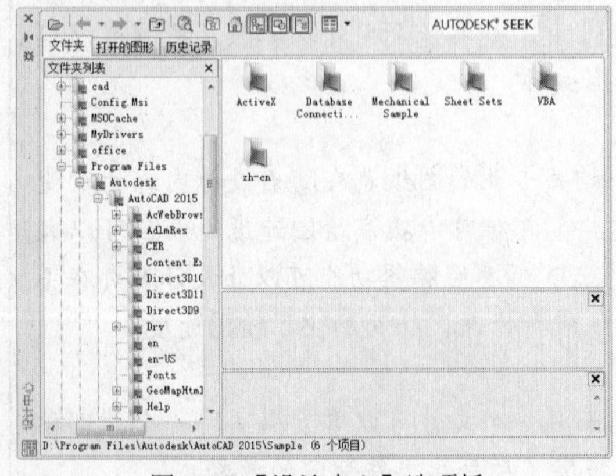

图 5-46 【设计中心】选项板

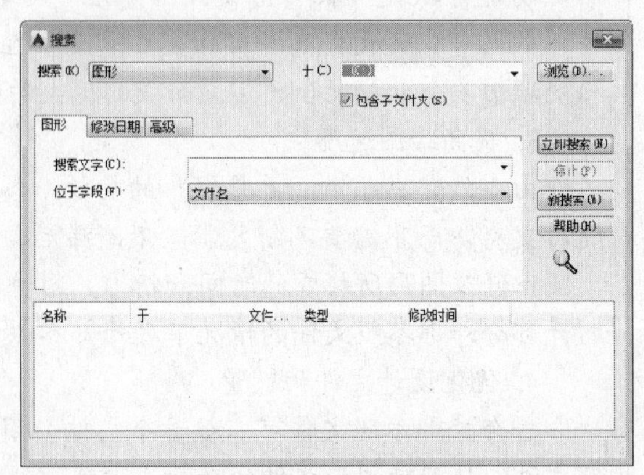

图 5-47 【搜索】对话框

布局、块、填充图案、图层、图形等类型。

搜索文件的具体操作步骤如下。

（1）在命令行中输入 ADC【设计中心】命令，打开【设计中心】选项板。

（2）单击工具栏中的【搜索】按钮，打开【搜索】对话框，然后单击【浏览】按钮，如图 5-47 所示。

（3）在打开的【浏览文件夹】对话框中选择搜索位置，然后单击【确定】按钮，如图 5-48 所示。

（4）返回【搜索】对话框中输入搜索的文字，然后单击【立即搜索】按钮，即可开始搜索指定的文件，其结果显示在对话框的下方列表中，如图 5-49 所示。

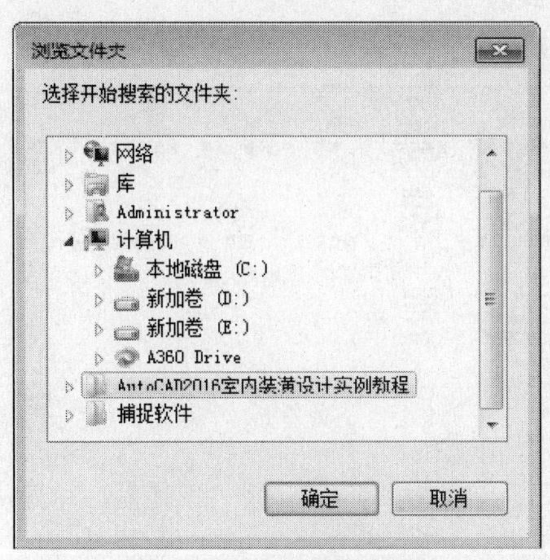

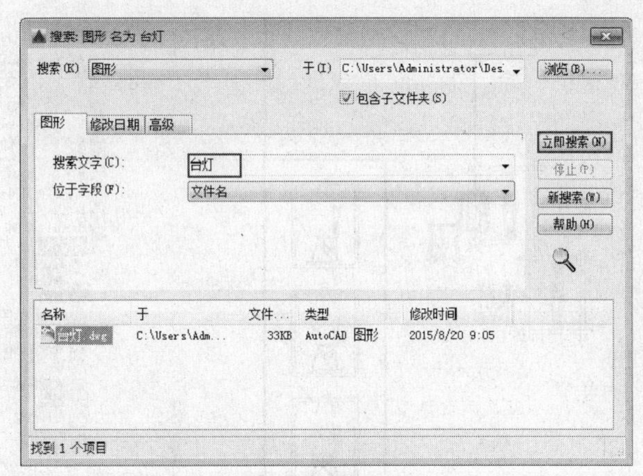

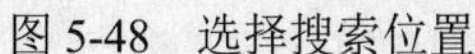
图 5-48　选择搜索位置　　　　图 5-49　搜索文件

（5）双击搜索到的文件，可以直接将其加载到【设计中心】选项板，如图 5-50 所示。

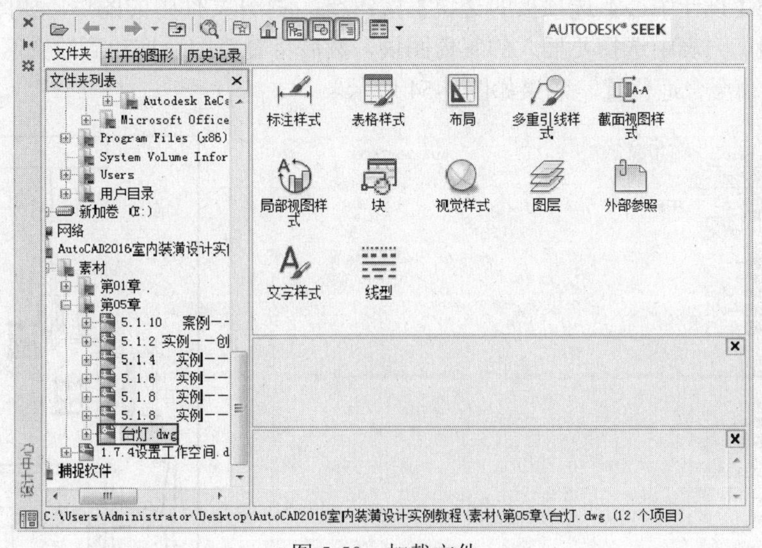

图 5-50　加载文件

提示：单击【立即搜索】按钮可开始进行搜索，如果在完成全部搜索前就已经找到所需的内容，可单击【停止】按钮停止搜索。

2. 向图形中添加对象

在打开的设计中心内容区有图形、图块或文字样式等图形资源，用户可以将这些图形资源插入到当前图形中去。

下面以在餐厅立面图中添加素材图形，具体操作步骤如下。

（1）按 Ctrl+O 组合键，打开配套光盘提供的“第 05 章/5.3.2 在餐厅立面图中添加图形.dwg”素材文件，如图 5-51 所示。

（2）在命令行中输入 ADC【设计中心】命令，打开【设计中心】选项板。在【设计中心】选项板左侧的资源管理器中，选择本书配套“下载资源”中的【餐椅.dwg】文件，然后单击【餐椅.dwg】文件左侧的【+】号，展开该文件属性，如图 5-52 所示。

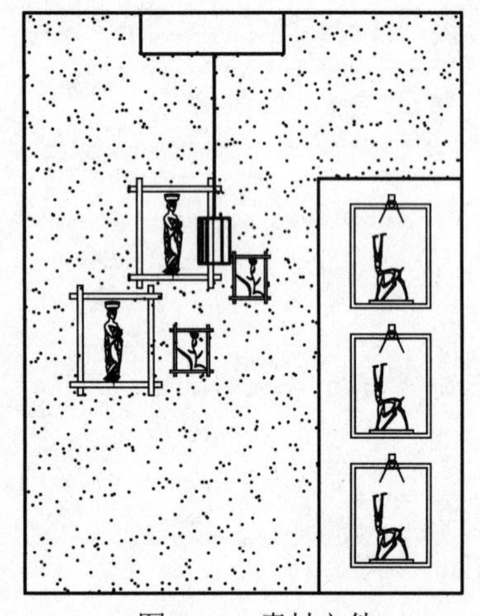

图 5-51　素材文件

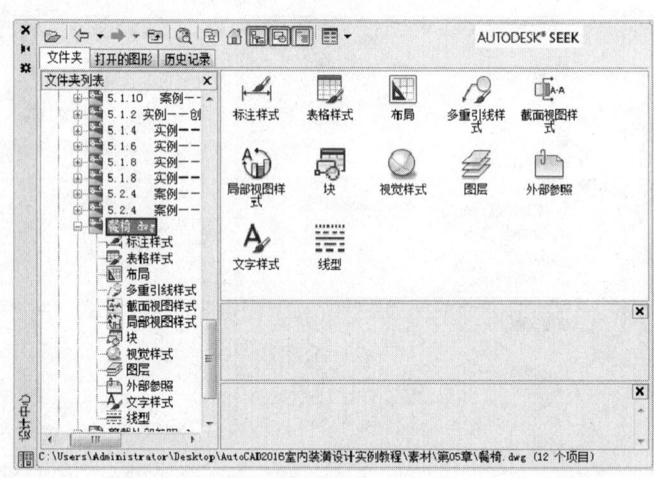

图 5-52　展开文件

（3）单击【设计中心】选项板的【块】按钮，打开文件中的图块，如图 5-53 所示。

（4）从图库列表中选择要插入的餐椅图块，然后将餐椅图块拖动到绘图区域，松开鼠标结束操作并移动至合适位置，效果如图 5-54 所示。

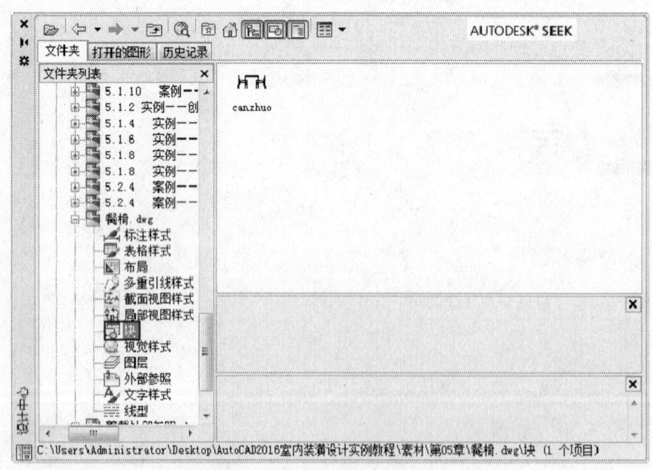

图 5-53　展开图块

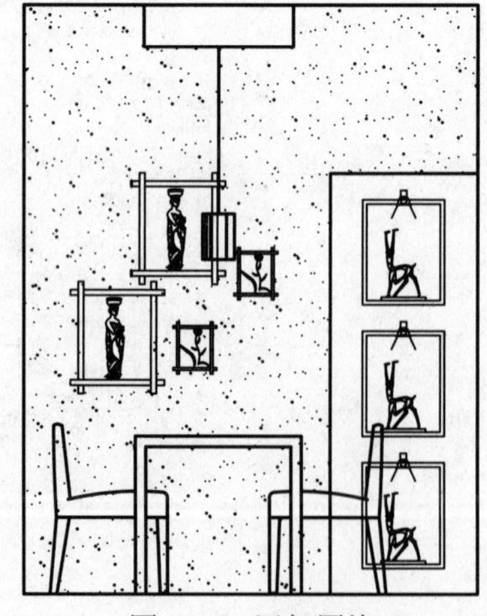

图 5-54　添加图块

5.4　课后练习

使用本章所学的块知识，将床、衣柜、门、床头灯、电视机、书桌、窗帘等图块插入并移动至合适位置，完善卧室平面图，如图 5-55 所示。

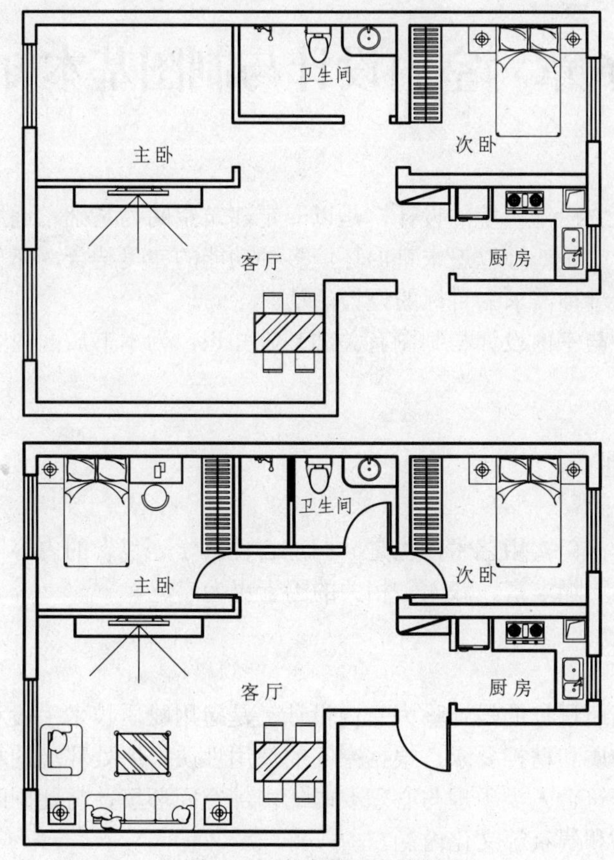

图 5-55　室内平面布置图

5.5　本章总结

本章学习了块、外部参照以及设计中心的创建与调用方法，这三部分内容均与图形的快捷绘制有关。图块可以由用户自行绘制，然后在相同文件中多次调用；而外部参照更多的是一种参考底图，通过引用外部的图形作为参考，来指引用户的本次作业，且外部参照图形更新的话，引用它的图纸均会统一更新，非常适合团队合作；设计中心类似于标准库，机械上的螺钉、螺母，建筑中的标高、门窗等均可以在其中找到现成的标准图形，无需用户另行绘制，极大提高了用户的绘图效率。

熟练掌握块、外部参照以及设计中心的使用方法，不仅能提高用户的绘图效率，还能让图形看起来更加工整、有水准，也能精简文件的大小，减少所占内存。

第2篇　家装设计篇

第6章　室内设计与制图基本知识

室内设计是建筑物内部环境的设计，是以一定建筑空间为基础，运用技术和艺术因素制造的一种人工环境，它是一种以追求室内环境多种功能的完美结合，充分满足人们的生活，工作中的物质需求和精神需求为目标的设计活动。

本章主要介绍了与室内设计与制图有关的基础知识，为本书后面内容的学习打下坚实的基础。

6.1　室内设计基础

现代室内设计是一门实用艺术，也是一门综合性科学。包含的内容同传统意义上的室内装饰相比较，其内容更加丰富、深入，相关的因素更为广泛。

6.1.1　室内设计概述

对建筑内部空间所进行的设计称为室内设计。是运用物质技术手段和美学原理，为满足人类生活、工作的物质和精神要求，根据空间的使用性质、所处环境的相应标准所营造出美观舒适、功能合理、符合人类生理与心理要求的内部空间环境，与此同时还应该反映相应的历史文脉、环境风格和气氛等文化内涵。

室内设计以人在室内的生理、心理和行为特点为前提，运用装饰、装修、家具、陈设、音响、照明、绿化等手段，并综合考虑室内各环境因素来组织空间，包括空间环境质量、艺术效果、材料结构和施工工艺等，结合人体工程学、视觉艺术心理、行为科学，从生态学的角度对室内空间作综合性的功能布置及艺术处理，以获得具有完善物质生活及精神生活的室内空间环境。

6.1.2　室内设计特点

1. 室内设计和建筑紧密相关

室内设计是从建筑派生出来的一门学科，建筑的发展直接影响着室内设计行业的发展。室内设计是在已有或拟建的建筑物基础上进行的，其结果会促使建筑空间结构向着更合理的方向改变。

2. 室内设计与生活密不可分

人的一生中绝大部分时间是在室内度过的，因此室内环境直接影响到人们生活和工作的质量。虽然建筑同样影响人们的生活和工作，但由于建筑的影响归根到底是通过装饰结构和装饰界面施加给人们的，所以室内空间的结构，室内界面的装饰效果等，都会给人的心理造成直接的影响。

3. 室内设计的生态环保性

室内环境包括室内的声环境、热环境、光环境和空气环境等。室内环境的设计是影响人们日常生活最本质的因素。随着环境保护的概念在人们心中的深化，室内环境的环保要求也逐渐在提高。创造一个更环保的生活环境逐渐成为室内设计的一个显著的特点。

4. 室内设计的美学特点

室内设计属于艺术设计的范畴，当然也就具备艺术设计的共有的特点。室内设计的实质就是用美学原理去整合科学技术的成果。这些科技成果包括声、光、电等与人们的生活密切相关的领域的科技成果。这些成果虽然也在努力使其成为一种更具美学特性的产品，但最终还必须整合在一套完整的室内设计方案当中。室内设计出了满足功能上的需求，还必须承担起宣传艺术美的责任。

5. 室内设计的发展性

在科技高速发展的今天，人们的生活节奏、生活理念都有着极大的变化，这就要求人们赖以生活的环境也要随着人们生活概念的发展和提高做出相应的回应。这就要求室内设计行业要不断更新设计理念。同时吸收各种先进的科技成果，并把他们运用到室内设计当中来，以便适应时代的发展要求。

6.2　室内设计原理

在室内设计中应坚持“以人为本”的设计原则，充分体现对人的关怀，比如，空间的舒适性与安全性以及人情味，对老弱病残孕的关注等。这里所说的包括功能和使用要求、精神和审美要求，且要符合经济原则，使各要素之间处于一种辩证统一的关系。

6.2.1　室内设计作用

从广义上讲，室内设计是一门大众参与最为广泛的艺术活动，是设计内涵集中体现的地方。室内设计是人类创造更好的生存和生活环境条件的重要活动，它通过运用现代的设计原理进行“适用、美观”的设计，使空间更加符合人们的生理和心理的需求，同时也促进了社会中审美意识的普遍提高，从而不仅对社会的物质文明建设有着重要的促进作用，而且，对于社会的精神文明建设也有了潜移默化的积极作用。一般认为，室内设计设计具有以下作用和意义。

1. 提高室内造型的艺术性，满足人们的审美需求

强化建筑及建筑空间的性格、意境和气氛，使不同类型的建筑及建筑空间更具性格特征、情感及艺术感染力，提高室外空间造型的艺术性，满足人们的审美需求。

在时代发展、高技术、高情感的指导下，强化建筑及建筑空间的性格、意境和气氛，使不同类型的建筑及建筑外部空间更具性格特征、情感及艺术感染力，以此来满足不同人群室外活动的需要。同时，通过对空间造型、色彩基调、光线的变化以及空间尺度的艺术处理，来营造良好的、开阔的、室外视觉审美空间。

因此，室内设计从舒适、美观入手，改善并提高人们的生活水平及生活质量，表现出空间造型的艺术性；同时，它还伴随着时间的流逝，运用创造性而凝铸在历史中的时空艺术。

2. 保护建筑主体结构的牢固性，延长建筑的使用寿命

弥补建筑空间的缺陷与不足，加强建筑的空间序列效果。增强构筑物、景观的物理性能，以及辅助设施的使用效果，提高室内空间的综合使用性能。

室内设计是门综合性的设计，它要求设计师不仅具备审美的艺术素质，同时还应具备环境保护学、园林学、绿化学、室内装修学、社会学、设计学等多门学科的综合知识体系。增强建筑的物理性能和设备的使用效果，提高建筑的综合使用性能。因此，家具、绿化、雕塑、水体、基面、小品等的设计也可以弥补由建筑而造成的空间缺陷与不足，加强室内设计空间的序列效果，增强对室内设计中各构成要素进行的艺术处理，提高室外空间的综合使用性能。

如在室内设计中，雕塑、小品、构筑物的设置既可以改变空间的构成形式，提高空间的利用效果；也可以提升空间的审美功能，满足人们对室外空间的综合性能的使用需要。

3. 协调好“建筑—人—空间”三者的关系

室内设计是以人为中心的设计，是空间环境的节点设计。室内设计是由建筑物围合而成，且具有限定性的空间小环境。自室内设计的产生，它就展现出“建筑—人—空间”三者之间协调与制约的关系。室内设计的设计就是要将建筑的艺术风格、形成的限制性空间的强弱；使用者的个人特征、需要及所具有的社会属性；小环境空间的色彩、造型、肌理等三者之间的关系按照设计者的思想，重新加加以组合，并以满足使用者“舒适、美观、安全、实用”的需求，实践在空间环境中。

总之，内设计设计的中心议题是如何通过对室外小空间进行艺术的、综合的、统一的设计，提升室外整体室空间环境的形象，提升室内空间环境形象，满足人们的生理及心理需求，更好地为人类的生活、生产和活动服务并创造出新的、现代的生活理念。

6.2.2 室内设计主体

室内设计所涉及的范围很广泛，单从其设计内容来看，可以归纳为三个方面；这三个方面的内容，相互联系又相互区别。

1. 室内空间组织和界面的处理

室内设计的空间组织，包括平面布置，首先需要对原有建筑设计的意图充分理解，对建筑物的总体布局、功能分析、人流动向以及结构体系等有深入的了解；在室内设计时对室内空间和平面布置予以完善、调整或再创造。

房地产开发商提供的户型模型，可以很好地说明该户型的空间组织，如图 6-1 所示。

室内界面处理，指对室内空间的各个围合—地面、墙面、隔断、平顶等各界的使用功能和特点的分析，对界面的形状、图形线脚、肌理构成的设计，以及界面和结构的连接构造，界面和风、水、电等管线设施的协调配合等方面的设计。

中式装修风格中，设计师喜用隔断来突出居室风格，以营造浓郁的古典装修风格，如图 6-2 所示。

室内空间组织和界面处理，是确定室内环境基本形体和线形的设计内容，设计时应以物质功能和精神功能为依据，考虑相关的客观环境因素和主观的身心感受。

图6-1　空间组织

图6-2　使用隔断

2. 室内光照、色彩设计

室内光照分两种，是指室内环境的天然采光和人工照明。光照除了能满足正常的工作生活环境的采光、照明要求外，光照产生的光影效果还能有效地起到烘托室内环境气氛的作用。

特定的场所会配备可以衬托该居室格调的灯光设计，如图6-3所示为某会所使用的灯光设计，给人以神秘幽静的感觉。

色彩是居室设计中最为生动、活跃的因素之一，室内色彩往往给人们留下室内环境的第一印象，并奠定居室的装潢格调。色彩最具表现力，通过人们的视觉感受产生的生理、心理和类似物理的效应，形成丰富的联想、深刻的寓意和象征。

地中海风格中蓝白色彩为主色调，强烈的色彩对比，将地中海中的蓝天白云搬到居室中来，让人有如沐海风之感，如图6-4所示。

光、色不分离，除了色光以外，色彩还依附于界面、家具、室内织物、绿化等物体。室内的色彩使用需要根据建筑物的性格、室内的使用性质、工作活动的特点以及停留时间长短等因素来确定室内主色调，选择适当的色彩配置。

图6-3　光照效果

图6-4　色彩选择

3. 室内材质的选用

材料的选用，是室内设计中直接关系到实用效果和经济效益的重要环节，巧于用材是室内设计中的一个大学问。

饰面材料的选用，应同时满足使用功能和人们身心感受这两方面的要求。如坚硬、平整的花岗石地面，平滑、精巧的镜面饰面，轻柔、细软的室内纺织品，以及自然、亲切的本质面材等，带给人们或刚硬、或精致、或柔和的感受。

不同的居室风格，所选用的材质是不同的。中式风格多使用原木材质，包括家具、墙面以及顶面装饰等，如图 6-5 所示为中式装饰风格的制作效果。

而大理石、铁艺以及色彩斑斓的壁纸，则是欧式风格的特定装饰元素，如图 6-6 所示为欧式风格的装饰效果。

图 6-5　中式材质

图 6-6　欧式材质

6.2.3　室内设计原则

1. 功能性原则

室内设计作为建筑设计的延续与完善，是一种创造性的活动。为了方便人们在其中的活动及使用，完善其功能，需要对这样的空间进行二次设计，室内设计完成的就是这样的一种工作。

如图 6-7 所示为室内装修中厨房备餐台的设置效果，充分体现了功能性原则。

2. 整体性原则

室内设计既是一门相对独立的设计艺术，同时又是依附于建筑整体的设计。室内设计是基于建筑整体设计，对各种环境、空间要素的重整合和再创造。在这一过程中，设计师个人意志的体现，个人风格的突显，个人创新的追求固然重要，但更重要的是将设计的艺术创造性和实用舒适性相结合，将创意构思的独特性和建筑空间的完整性相融合，这是室内设计整体性原则的根本要求。

如图 6-8 所示为美式风格中客餐厅一体化的设计风格。

图 6-7　功能性原则

图 6-8　整体性原则

3. 经济性原则

室内设计方案的设计需要考虑客户的经济承受能力，要善于控制造价，要创造出实用、安全、经济、美观的室内环境，这既是现实社会的要求，也是室内设计经济性原则的要求。

如图 6-9 所示为现代风格客厅的装饰效果，简洁的顶面、墙面、地面设计，衬以适量的家具陈设，符合经济性原则。

4. 艺术审美性原则

室内环境营造的目标之一，就是根据人们对于居住、工作、学习、交往、休闲、娱乐等行为和生活方式的要求，不仅在物质层面上满足其对实用及舒适程度的要求，同时还要求最大程度地与视觉审美方面的要求相结合，这就是室内设计的艺术审美性要求。

如图 6-10 所示为室内装修中书房的设计效果，在满足使用功能的前提下，墙面以及顶面装饰体现了艺术审美风格。

图 6-9　经济性原则

图 6-10　审美性原则

5. 环保性原则

尊重自然、关注环境、保护生态是生态环境原则的最基本内涵。使创造的室内环境能与社会经济、自然生态、环境保护统一发展，使人与自然能够和谐、健康地发展是环保性原则的核心。

如图 6-11 所示为室内装修中卧室的设计效果，简单的墙面装饰，辅以原木家具的摆设，符合家居设计中的环保性原则。

6. 创新的原则

创新是室内设计活动的灵魂。这种创新不同于一般艺术创新的特点在于，它只有将委托设计方的意图与设计者的追求，结合技术创新将建筑空间的限制与空间创造的意图完美地统一起来，才是真正有价值的创新。

如图 6-12 所示为室内装修中卫生间的设计效果，茶室与盥洗区配套设计，为室内装修中的创新之举。

6.3　室内设计制图要求和规范

室内设计制图主要是指使用 AutoCAD 绘制的施工图，关于施工图的绘制，国家制定了一些制图标准来对施工图进行规范化管理，以保证制图质量，提高制图效率，做到图面清晰、简明，图示明确，符合设计、施工、审查、存档的要求，适应工程建设的需要。

图 6-11 环保性原则

图 6-12 创新性原则

6.3.1 图幅和图框

图纸幅面是指图纸的大小。

图纸幅面以及图框的尺寸，应符合表 6-1 的规定。

表 6-1 幅 面 及 图 框 尺 寸 （mm）

尺寸代号 \ 幅面代号	A0	A1	A2	A3	A4
	841×1189	594×841	420×594	297×420	210×297
c	10			5	
a	25				

表 6-1 的幅面以及图框尺寸与《技术制图 图纸幅面和格式》（GB/T 14689）规定一致，但是图框内标题栏根据室内设计的需要略有调整。

图纸幅面及图框的尺寸，应符合如图 6-13～图 6-16 所示的格式。

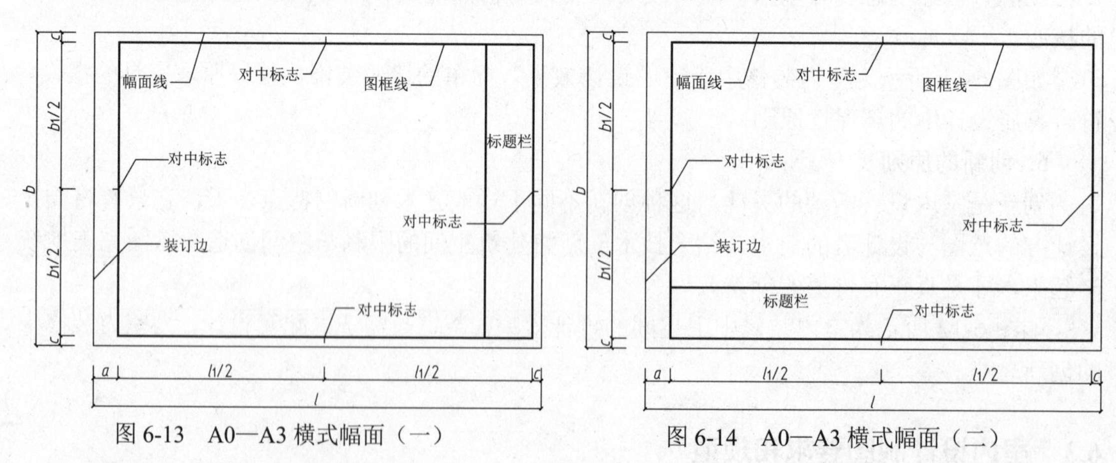

图 6-13 A0—A3 横式幅面（一）

图 6-14 A0—A3 横式幅面（二）

提示：*b*——幅面的短边尺寸；*l*——幅面的长边尺寸；*c*——图框线与幅面线间宽度；*a*——图框线与装订边间宽度。

需要微缩复制的图纸，其一个边上应附有一段准确米制尺度，四个边上均附有对中标志，米制尺度的总长应为 100m，分格应为 10㎜。对中标志应画在图纸各边长的中点处，线宽应为 0.35㎜，伸入框内 5㎜。

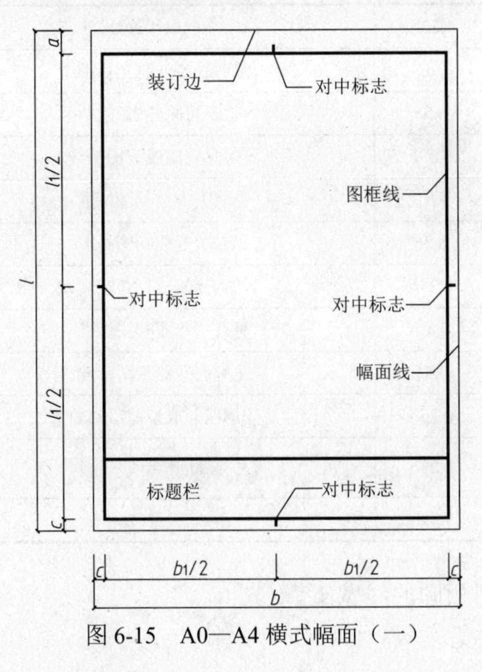

图 6-15　A0—A4 横式幅面（一）

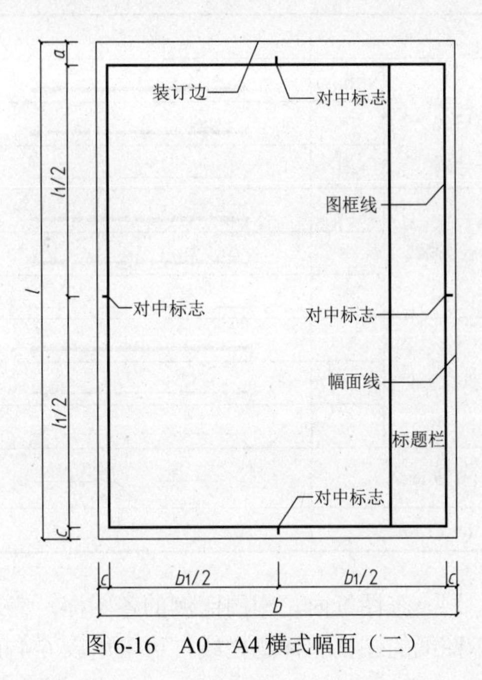

图 6-16　A0—A4 横式幅面（二）

6.3.2　线型要求

图线的宽度 b，宜从 1.4㎜、1.0㎜、0.7㎜、0.5㎜、0.35㎜、0.25㎜、0.18㎜、0.13㎜线宽系列中选取。图线宽度不应小于 0.1㎜。每个图样，应根据复杂程度与比例大小，先选定基本线宽 b，再选用中相应的线宽组，见表 6-2。

表 6-2　　线 宽 组　　（㎜）

线宽比	线宽组			
b	1.4	1.0	0.7	0.05
$0.7b$	1.0	1.7	0.5	0.35
$0.5b$	0.7	0.5	0.35	0.25
$0.25b$	0.35	0.25	0.18	0.13

注：1. 需要缩微的图纸，不宜采用 0.18 及更细的线宽。
2. 同一张图纸内，各不同线宽中的细线，可统一采用较细的线宽组的细线。

工程建设制图应选用表 6-3 所示的图线。

表 6-3　　图　线

名称		线 型	线宽	一般用途
实线	粗	━━━━	b	主要可见轮廓线
	中	━━━━	$0.5b$	可见轮廓线
	细	——	$0.25b$	可见轮廓线、图例线

续表

名称		线型	线宽	一般用途
虚线	粗		b	见有关专业制图标准
	中		$0.5b$	不可见轮廓线
	细		$0.25b$	不可见轮廓线、图例线
单点长画线	粗		b	见有关专业制图标准
	中		$0.5b$	见有关专业制图标准
	细		$0.25b$	中心线、对称线等
双点长画线	粗		b	见有关专业制图标准
	中		$0.5b$	见有关专业制图标准
	细		$0.25b$	假想轮廓线、成型前原始轮廓线
折断线			$0.25b$	断开界线
波浪线			$0.25b$	断开界线

同一张图纸内，相同比例的各图样，应选用相同的线宽组。

图纸的图框和标题栏线，可采用表 6-4 的线宽。

表 6-4　图框线、标题栏线的宽度　（mm）

幅面代号	图框线	标题栏外框线	标题栏分格线
A0、A1	b	$0.5b$	$0.25b$
A2、A3、A4	b	$0.7b$	$0.35b$

相互平行的图例线，其净间隙或线中间隙不宜小于 0.2㎜。

虚线、单点长画线或双点长画线的线段长度和间隔，宜各自相等。

单点长画线或双点长画线，当在较小图形中绘制有困难时，可用实线代替。

单点长画线或双点长画线的两端，不应是点。点画线与点画线交接点或点画线与其他图线交接时，应是线段交接。

虚线与虚线交接或虚线与其他图线交接时，应是线段交接。虚线为实线的延长线时，不得与实线相接。

图线不得与文字、数字或符号重叠、混淆，不可避免时，应首先保证文字的清晰。

6.3.3　尺寸标注

绘制完成的图形仅能表达物体的形状，必须标注完整的尺寸数据并配以相关的文字说明。才能作为施工等工作的依据。

本节为读者介绍尺寸标注的知识，包括尺寸界线、尺寸线和尺寸起止符号的绘制以及尺寸数字的标注规则和尺寸的排列与布置的要点。

1. 尺寸界线、尺寸线及尺寸起止符号

标注在图样上的尺寸，包括尺寸界线、尺寸线、尺寸起止符号和尺寸数字，标注的结果如图 6-17 所示。

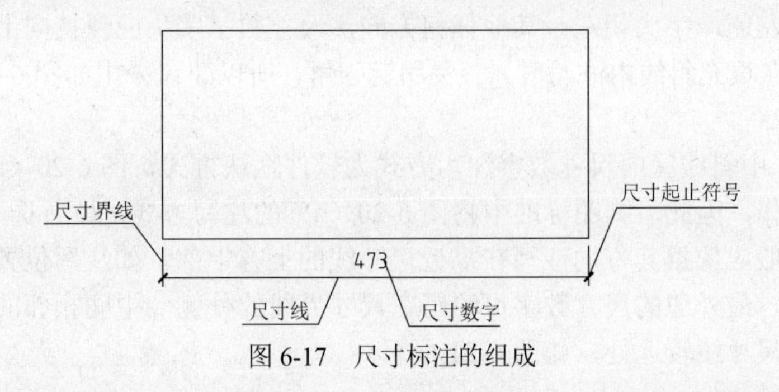

图 6-17　尺寸标注的组成

尺寸界线应用细实线绘制，一般应与被注长度垂直，其一端应离开图样轮廓线不小于 2㎜，另一端宜超出尺寸线 2～3㎜。图样轮廓线可用作尺寸线，如图 6-18 所示。

尺寸线应用细实线绘制，应与被注长度平行。图样本身的任何图线均不得用作尺寸线。

尺寸起止符号可用中粗短斜线来绘制，其倾斜方向应与尺寸界线成顺时针 45° 角，长度宜为 2～3㎜；可用黑色圆点绘制，其直径为 1㎜。半径、直径、角度与弧长的尺寸起止符号，宜用箭头表示，如图 6-19 所示。

尺寸起止符号一般情况下可用短斜线也可用小圆点，圆弧的直径、半径等用箭头，轴测图中用小圆点。

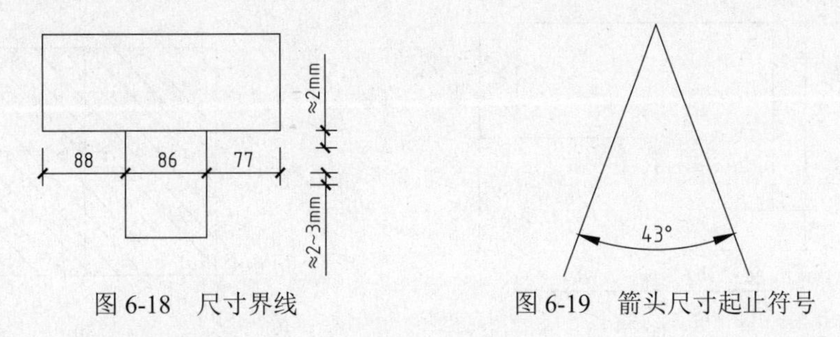

图 6-18　尺寸界线　　　　图 6-19　箭头尺寸起止符号

2. 尺寸数字

图样上的尺寸，应以尺寸数字为准，不得从图上直接截取。

图样上的尺寸单位，除标高及总平面图以米为单位之外，其他必须以毫米为单位。

尺寸数字的方向，应按如图 6-20（a）所示的规定注写。假如尺寸数字在填充斜线内，宜按照如图 6-20（b）所示的形式来注写。

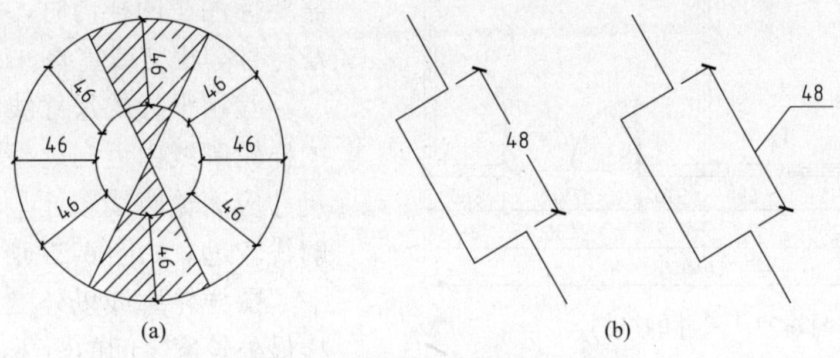

图 6-20　尺寸数字的标注方向

如图 6-20 所示，尺寸数字的注写方向和阅读方向规定为：当尺寸线为竖直时，尺寸数字注写在尺寸线的左侧，字头朝左；其他任何方向，尺寸数字字头应保持向上，且注写在尺寸线的上方，如果在填充斜线内注写时，容易引起误解，所以建议采用如图 6-20（b）所示两种水平注写方式。

图 6-20（a）中斜线区内尺寸数字注写方式为软件默认方式，图 6-20（b）所示注写方式比较适合手绘操作，因此，制图标准中将图 6-20（a）的注写方式定位首选方案。

尺寸数字一般应依据其方向注写在靠近尺寸线的上方中部。如注写位置相对密集，没有足够的注写位置，最外边的尺寸数字可注写在尺寸界线的外侧，中间相邻的尺寸数字可上下错开注写在离该尺寸线较近处，如图 6-21 所示。

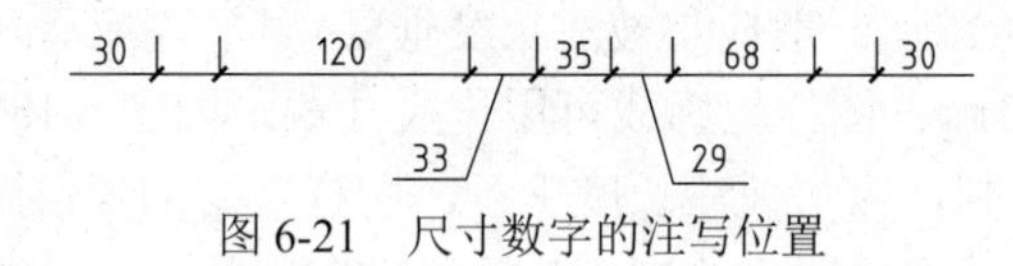

图 6-21　尺寸数字的注写位置

3. 尺寸的排列与布置

尺寸分为总尺寸、定位尺寸、细部尺寸三种。绘图时，应根据设计深度和图纸用途确定所需注写的尺寸。

尺寸标注应该清晰，不应该与图线、文字及符号等相交或重叠，如图 6-22 所示。

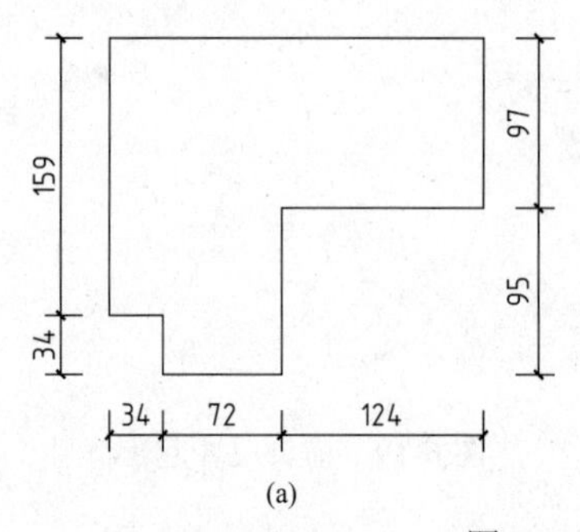

(a)

111

(b)

图 6-22　尺寸数字的注写

假如尺寸标注在图样轮廓内，且图样内已绘制了填充图案后，尺寸数字处的填充图案应断开，另外图样轮廓线也可用作尺寸界线，如图 6-22（b）所示。

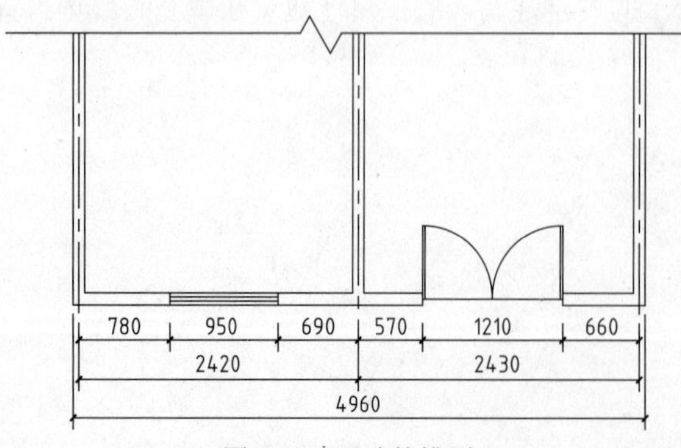

图 6-23　尺寸的排列

尺寸宜标注在图样轮廓线以外，当需要标注在图样内时，不应与图线文字及符号等相交或重叠。

互相平行的尺寸线，应从被注写的图样轮廓线由近向远整齐排列，较小的尺寸应离轮廓线较近，较大尺寸应离轮廓线较远，如图 6-23 所示。

图样轮廓线以外的尺寸界线，距图样最外轮廓之间的距离，不宜小于 10㎜。

平行排列的尺寸线的间距，宜为7～10㎜，并应保持一致，如图6-22（a）所示。

总尺寸的尺寸界线应靠近所指部位，中间的分尺寸的尺寸界线可稍短，但是其长度应相等，如图6-23所示。

6.3.4　文字说明

在绘制施工图的时候，包正确的注写文字、数字和符号，以清晰的表达图纸内容。

图纸上所需书写的文字、数字或符号等，均应比划清晰、字体端正、排列整齐；标点符号应清楚正确。

手工绘制的图纸，字体的选择及注写方法应符合《房屋建筑制图统一标准》的规定。对于计算机绘图，均可采用自行确定的常用字体等，《房屋建筑制图统一标准》未做强制规定。

文字的字高，应表6-5从中选用。字高大于10㎜的文字宜采用TrueType字体，如需书写更大的字，其高度应按$\sqrt{2}$倍数递增。

表6-5　　文字的字高　　（㎜）

字体种类	中文矢量字体	TrueType字体及非中文矢量字体
字高	3.5、5、7、10、14、20	3、4、6、8、10、14、20

拉丁字母、阿拉伯数字与罗马数字，假如为斜体字，则其斜度应是从字的底线逆时针向上倾斜75°。斜体字的高度和宽度应是与相应的直体字相等。

拉丁字母、阿拉伯数字与罗马数字的字高应不小于2.5㎜。

拉丁字母、阿拉伯数字与罗马数字与汉字并列书写时，其字高可比汉字小一～二号，如图6-24所示。

立面图 1:50

图6-24　字高的表示

分数、百分数和比例数的注写，要采用阿拉伯数字和数学符号，比如：四分之一、百分之三十五和三比二十则应分别书写成1/4、35%、3:20。

在注写的数字小于1时，须写出各位的“0”，小数点应采用圆点，并齐基准线注写，比如0.03。

长仿宋汉字、拉丁字母、阿拉伯数字与罗马数字的示例应符合现行国家标准《技术制图字体》GB/T 14691的规定。

汉字的字高，不应小于3.5㎜，手写汉字的字高则一般不小于5㎜。

6.3.5　常用材料符号

室内装饰装修材料的画法应该符合现行的国家标准《房屋建筑制图统一标准》GB/T 50001中的规定，具体的规定如下：

在《房屋建筑制图统一标准》GB/T 50001中，只规定了常用的建筑材料的图例画法，但是对图例的尺度和比例并不作具体的规定。在调用图例的时候，要根据图样的大小而定，且应符合下列的规定。

（1）图线应间隔均匀，疏密适度，做到图例正确，并且表示清楚。

（2）不同品种的同类材料在使用同一图例的时候，要在图上附加必要的说明。

（3）相同的两个图例相接时，图例线要错开或者使其填充方向相反，如图 6-25 所示。

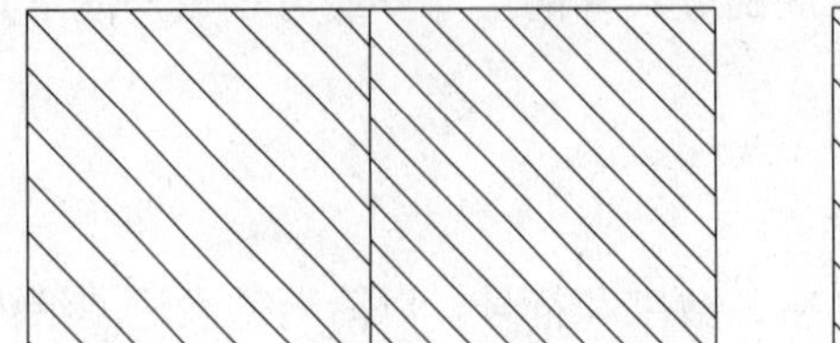
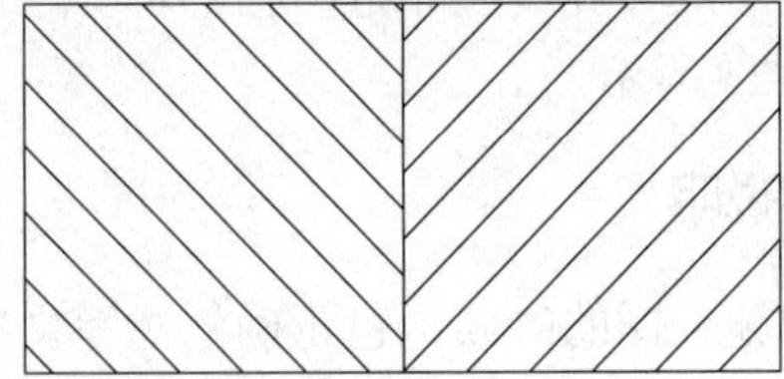

图 6-25　填充示意

出现以下情况时，可以不加图例，但是应该加文字说明。

（1）当一张图纸内的图样只用一种图例时。

（2）图形较小并无法画出建筑材料图例时。

当需要绘制的建筑材料图例面积过大的时候，在断面轮廓线内沿轮廓线作局部表示也可以，如图 6-26 所示。

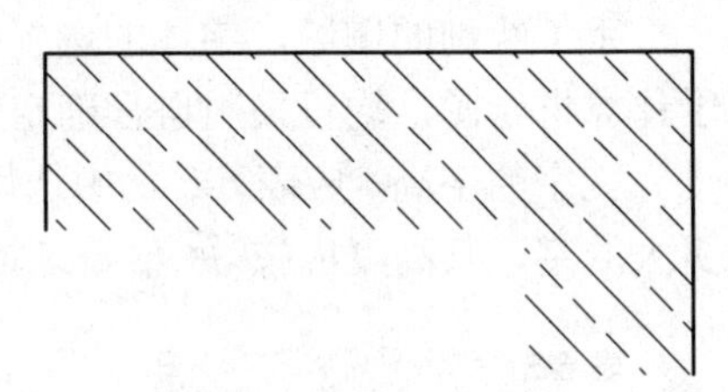

图 6-26　局部表示图例

常用房屋建筑材料、装饰装修材料的图例应按如表 6-6 所示的图例画法绘制。

表 6-6　　常用建筑装饰装修材料图例表

序号	名称	图例	序号	名称	图例
1	夯实土壤		9	混凝土	
2	砂砾石、碎砖三合土		10	钢筋混凝土	
3	石材		11	多孔材料	
4	毛石		12	纤维材料	
5	普通砖		13	泡沫塑料材料	
6	轻质砌块砖		14	密度板	
7	轻钢龙骨板材隔墙		15	实木	垫木、木砖或木龙骨 横断面 纵断面
8	饰面砖		16	胶合板	

续表

序号	名称	图例	序号	名称	图例
17	多层板	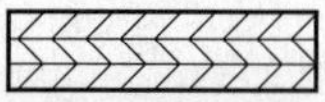	25	塑料	
18	木工板	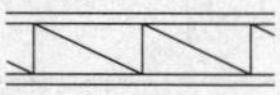	26	地毯	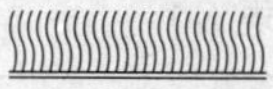
19	石膏板	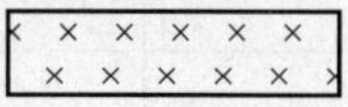	27	防水材料	
20	金属	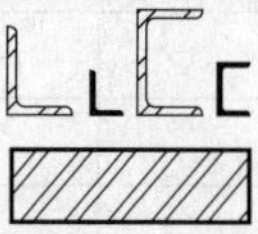	28	粉刷	
21	液体	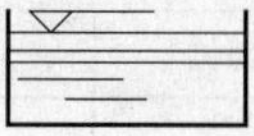	29	窗帘	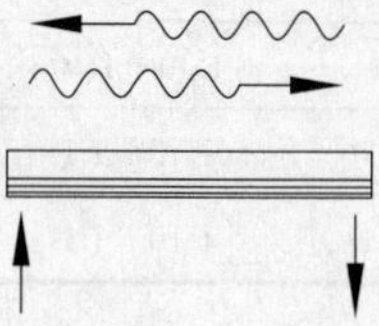
22	玻璃砖	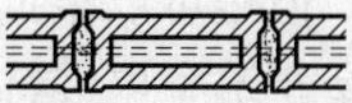	30	砂、灰土	
23	普通玻璃	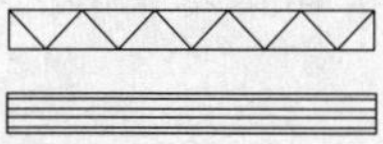	31	胶黏剂	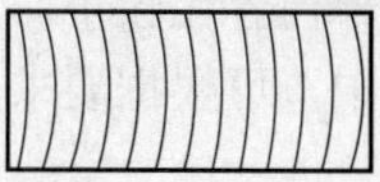
24	橡胶				

6.3.6　常用绘图比例

比例可以表示图样尺寸和物体尺寸的比值。在建筑室内装饰装修制图中，所注写的比例能够在图纸上反映物体的实际尺寸。

图样的比例，应是图形与实物相对应的线性尺寸之比。比例的大小，是指其比值的大小，比如 1:30 大于 1:100。

比例的符号应书写为“:”，比例数字则应以阿拉伯数字来表示，比如 1:2、1:3、1:100 等。

比例应注写在图名的右侧，字的基准线应取平；比例的字高应比图名的字高小一号或者二号，如图 6-27 所示。

平面图 1:100　③ 1:25

图 6-27　比例的注写

图样比例的选取是要根据图样的用途以及所绘对象的复杂程度来定的。在绘制房屋建筑装饰装修图纸的时候，经常使用到的比例为 1:1、1:2、1:5、1:10、1:15、1:20、1:25、1:30、1:40、1:50、1:75、1:100、1:150、1:200。

在特殊的绘图情况下，可以自选绘图比例；在这种情况下，除了要标注绘图比例之外，还须在适当位置绘制出相应的比例尺。

绘图所使用的比例，要根据房屋建筑室内装饰装修设计的不同部位、不同阶段图纸内容和要求，从表 6-7 中选用。

表 6-7　绘图所用的比例

比　例	部　位	图纸内容
1:200—1:100	总平面、总顶面	总平面布置图、总顶棚平面布置图
1:100—1:50	局部平面、局部顶棚平面	局部平面布置图、局部顶棚平面布置图
1:100—1:50	不复杂立面	立面图、剖面图
1:50—1:30	较复杂立面	立面图、剖面图
1:30—1:10	复杂立面	立面放大图、剖面图
1:10—1:1	平面及立面中需要详细表示的部位	详图
1:10—1:1	重点部位的构造	节点图

在通常情况下，一个图样应只选用一个比例。但是可以根据图样所表达的目的不同，在同一图纸中的图样也可选用不同的比例。因为房屋建筑室内装饰装修设计制图中需要绘制的细部内容比较多，所以经常使用较大的比例；但是在较大型的房屋建筑室内装饰装修设计制图中，可根据要求来采用较小的比例。

6.4　室内设计制图的内容

室内设计工程图是按照装饰设计方案确定的空间尺度、构造做法、材料选用、施工工艺等，并且遵照建筑及装饰设计规范所规定的要求编制的用于指导装饰施工生产的技术性文件；同时也是进行造价管理、工程监理等工作的重要技术性文件。

本章将为读者介绍各室内设计工程图的形成和绘制方法。

6.4.1　平面图

平面布置图是室内设计工程图的主要图样，是根据装饰设计原理、人体工程学以及业主的需求画出的用于反映建筑平面布局、装饰空间及功能区域的划分、家具设备的布置、绿化及陈设的布局等内容的图样，是确定装饰空间平面尺度及装饰形体定位的主要依据。

平面布置图是假想用一个水平剖切平面，沿着每层的门窗洞口位置进行水平剖切，移去剖切平面以上的部分，对以下部分所做的水平正投影图。平面布置图其实是一种水平剖面图，其常用比例为 1:50、1:100、1:150。

绘制平面布置图，首先要确定平面图的基本内容。

- 绘制定位轴线，以确定墙柱的具体位置；各功能分区与名称、门窗的位置和编号、门的开启方向等。
- 确定室内地面的标高。
- 确定室内固定家具、活动家具、家用电器的位置。
- 确定装饰陈设、绿化美化等位置及绘制图例符号。

➢ 绘制室内立面图的内视投影符号，按顺时针从上至下载圆圈中编号。

➢ 确定室内现场制作家具的定形、定位尺寸。

➢ 绘制索引符号、图名及必要的文字说明等。

如图 6-28 所示为绘制完成的三居室平面布置图。

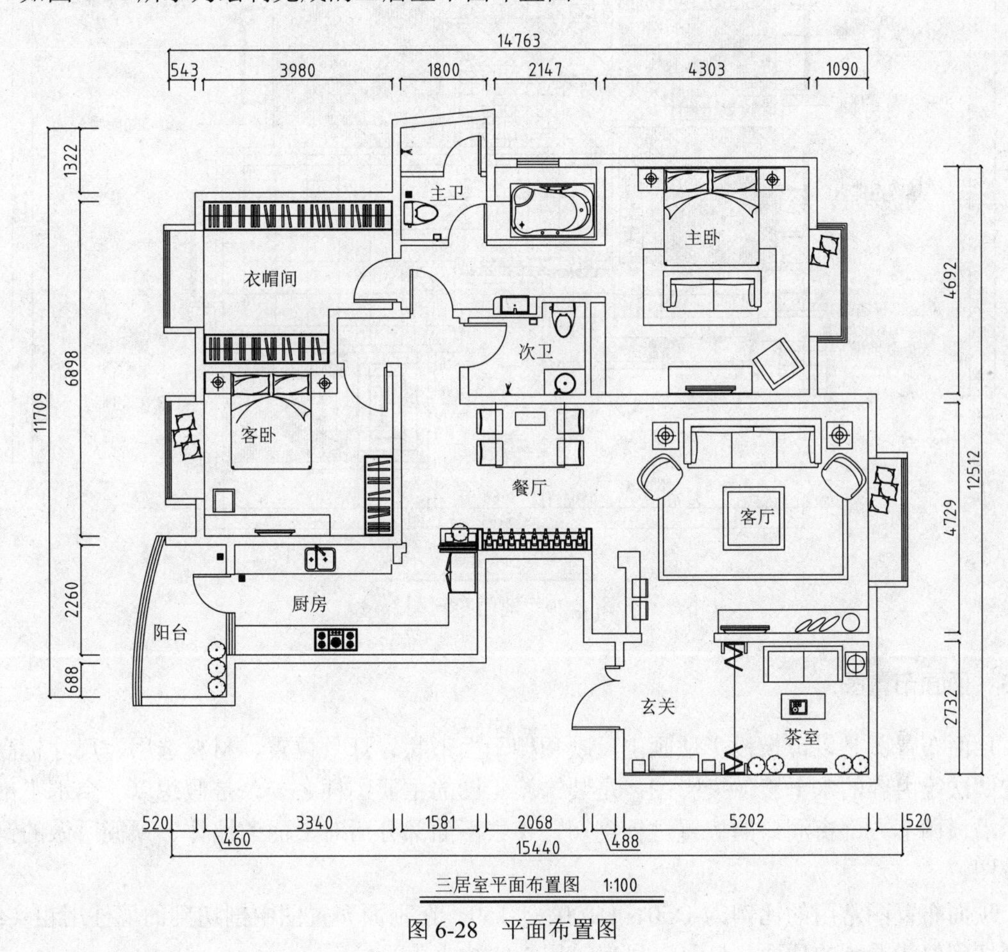

图 6-28　平面布置图

6.4.2　地面布置图

地面布置图同平面布置图的形成一样，有区别的是地面布置图不需要绘制家具及绿化等布置，只需画出地面的装饰分格，标注地面材质、尺寸和颜色、地面标高等。

地面布置图绘制的基本脉络是：

➢ 地面布置图中，应包含平面布置图的基本内容。

➢ 根据室内地面材料的选用、颜色与分格尺寸，绘制地面铺装的填充图案；并确定地面标高等。

➢ 绘制地面的拼花造型。

➢ 绘制索引符号、图名及必要的文字说明等。

如图 6-29 所示为绘制完成的三居室地面布置图。

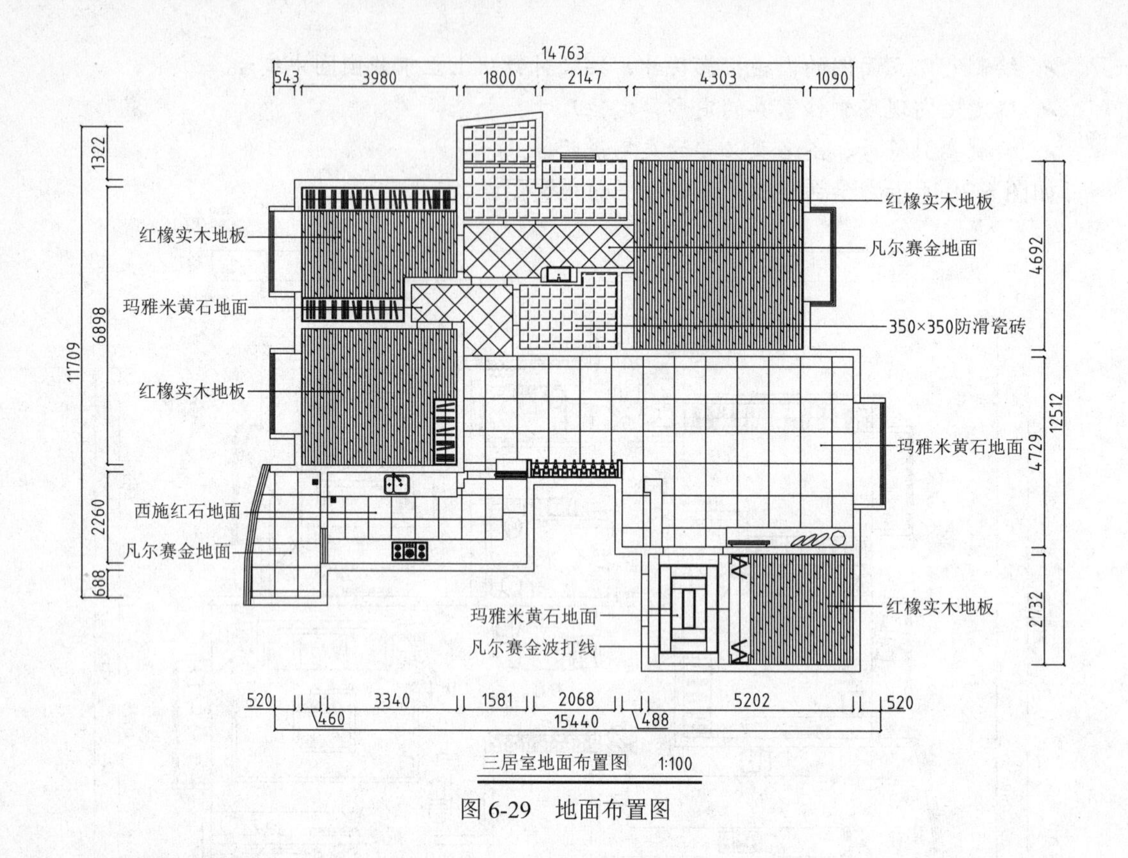

图 6-29 地面布置图

6.4.3 顶面布置图

顶面布置图是以镜像投影法画出反映顶棚平面形状、灯具位置、材料选用、尺寸标高及构造做法等内容的水平镜像投影图，是装饰施工图的主要图样之一。是假想以一个水平剖切平面沿顶棚下方门窗洞口的位置进行剖切，移去下面部分后对上面的墙体、顶棚所做的镜像投影图。

顶面布置图常用的比例为 1:50、1:100、1:150。在顶面布置图中剖切到的墙柱用粗实线，未剖切到但能看到的顶面、灯具、风口等用细实线来表示。

顶面布置图绘制的基本步骤为：

➢ 在平面图的门洞绘制门洞边线，不需绘制门扇及开启线。

➢ 绘制顶面的造型、尺寸、做法和说明，有时可以画出顶棚的重合断面图并标注标高。

➢ 绘制顶面灯具符号及具体位置，而灯具的规格、型号、安装方法则在电气施工图中反映。

➢ 绘制各顶面的完成面标高，按每一层楼地面为 ± 0.000 标注顶棚装饰面标高，这是实际施工中常用的方法。

➢ 绘制与顶面相接的家具、设备的位置和尺寸。

➢ 绘制窗帘及窗帘盒、窗帘帷幕板等。

➢ 确定空调送风口位置、消防自动报警系统以及与吊顶有关的音频设备的平面位置及安装位置。

➢ 绘制索引符号、图名及必要的文字说明等。

如图 6-30 所示为绘制完成的三居室顶面布置图。

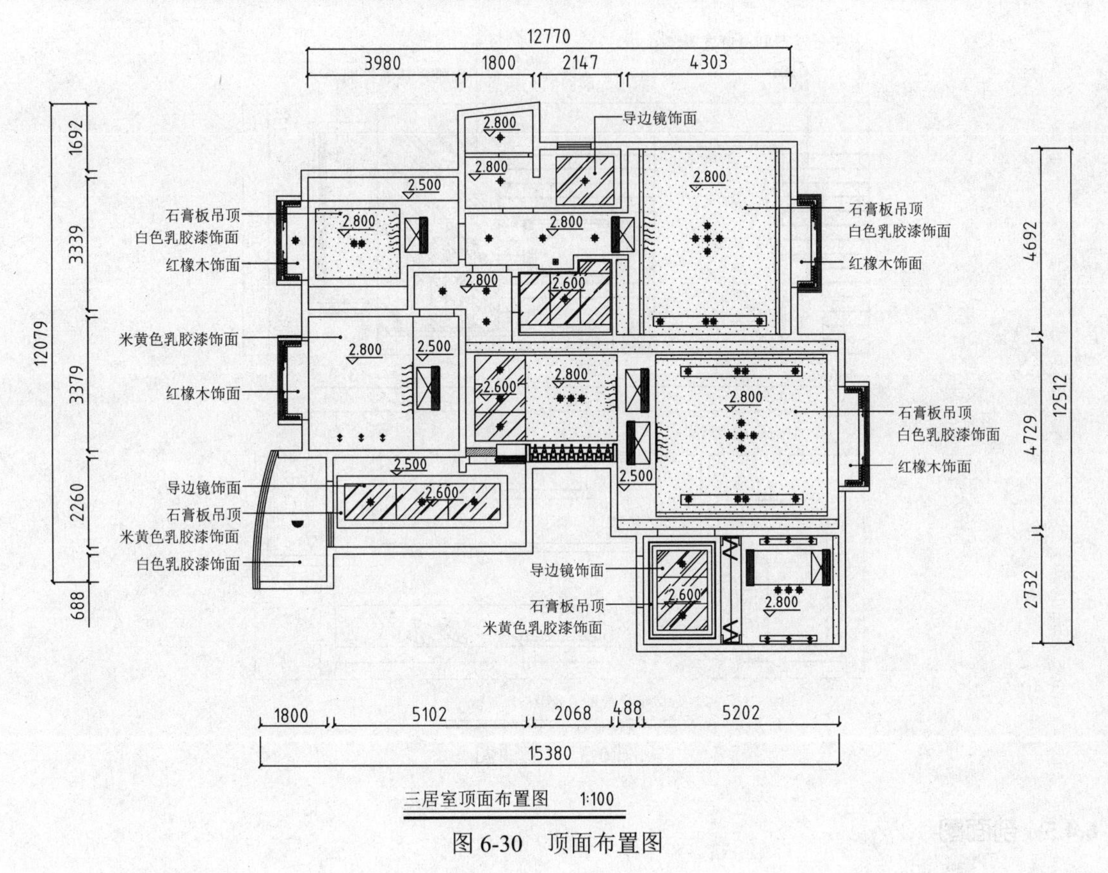

图 6-30　顶面布置图

6.4.4 立面图

立面图是将房屋的室内墙面按内视投影符号的指向，向直立投影面所做的正投影图。用于反映室内空间垂直方向的装饰设计形式、尺寸与做法、材料与色彩的选用等内容，是装饰施工图中的主要图样之一，是确定墙面做法的依据。房屋室内立面图的名称，应根据平面布置图中内视投影符号的编号或字母确定，比如②立面图、B 立面图。

立面图应包括投影方向可见的室内轮廓线和装饰构造、门窗、构配件、墙面做法、固定家具、灯具等内容及必要的尺寸和标高，并需表达非固定家具、装饰构件等情况。立面图常用的比例为 1:50，可用比例为 1:30、1:40。

绘制立面图的主要步骤是：

➢ 绘制立面轮廓线，顶棚有吊顶时要绘制吊顶、叠级、灯槽等剖切轮廓线，使用粗实线表示，墙面与吊顶的收口形式，可见灯具投影图等也需要绘制。

➢ 绘制墙面装饰造型及陈设，比如壁挂、工艺品等；门窗造型及分格、墙面灯具、暖气罩等装饰内容。

➢ 绘制装饰选材、立面的尺寸标高及做法说明。

➢ 绘制附墙的固定家具及造型。

➢ 绘制索引符号、图名及必要的文字说明等。

如图 6-31 所示为绘制完成的三居室电视背景墙立面布置图。

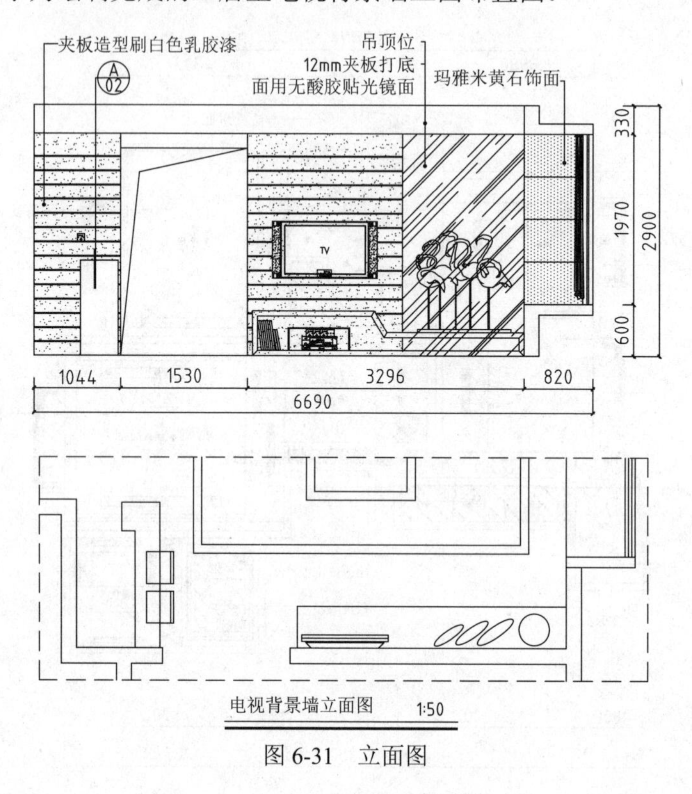

图 6-31　立面图

6.4.5　剖面图

剖面图是指假想将建筑物剖开，使其内部构造显露出来；让看不见的形体部分变成了看得见的部分，然后用实线画出这些内部构造的投影图。

绘制剖面图的操作如下：

➢ 选定比例、图幅。

➢ 绘制地面、顶面、墙面的轮廓线。

➢ 绘制被剖切物体的构造层次。

➢ 标注尺寸。

➢ 绘制索引符号、图名及必要的文字说明等。

如图 6-32 所示为绘制完成的顶棚剖面图。

6.4.6　详图

详图的图示内容主要包括：装饰形体的建筑做法、造型样式、材料选用、尺寸标高；所依附的建筑结构材料、连接做法，比如钢筋混凝土与木龙骨、轻钢及型钢龙骨等内部龙骨架的连接图示（剖面或者断面图），选用标准图时应加索引；装饰体基层板材的图示（剖面或者断面图），如石膏板、木工板、多层夹板、密度板、水泥压力板等用于找平的构造层次；装饰面层、胶缝及线角的图示（剖面或者断面图），复杂线角及造型等还应绘制大样图；色彩及做法说明、工艺要求等；索引符号、图名、比例等。

绘制装饰详图的一般步骤为：

- 选定比例、图幅。
- 画墙（柱）的结构轮廓。
- 画出门套、门扇等装饰形体轮廓。
- 详细绘制各部位的构造层次及材料图例。
- 标注尺寸。
- 绘制索引符号、图名及必要的文字说明等。

如图 6-33 所示为绘制完成的酒柜节点大样图。

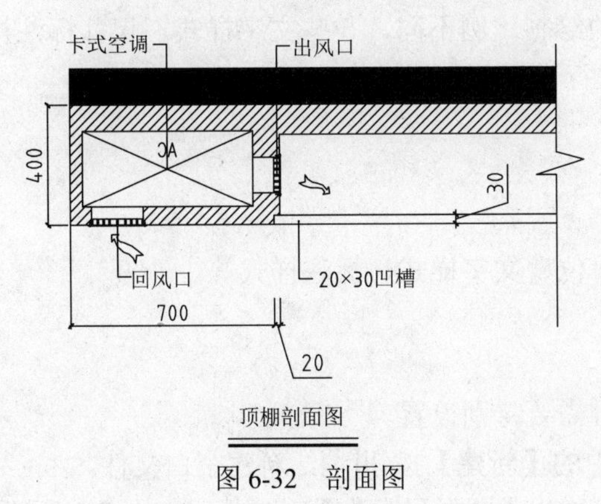

图 6-32　剖面图

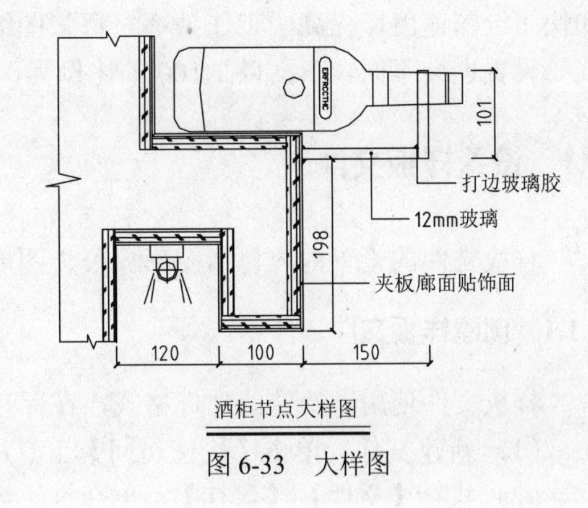

图 6-33　大样图

6.5　本章总结

本章主要讲解了室内设计基础、设计原理、设计制图要求和规范及设计制图内容，但这只是室内理论知识的一部分，读者还需要自己在实际过程中慢慢去总结和全面了解。

第 7 章　绘制室内绘图模板

为了避免绘制每一张施工图都重复地设置图层、线型、文字样式和标注样式等内容，我们可以预先将这些相同部分一次性设置好，然后将其保存为样板文件。

创建了样板文件后，在绘制施工图时，就可以在该样板文件基础上创建图形文件，从而加快了绘图速度，提高了工作效率。每张图纸的绘制比例不同，一些文字样式、尺寸标注样式等设置也会不同。下面以 1:100 的比例为例进行讲解，具体操作步骤如下。

7.1　设置样板文件

样板文件的设置内容包括图形界限、图形单位、文字样式、标注样式等。

7.1.1　创建样板文件

样板文件使用了特殊的文件格式，在保存时需要特别设置。

（1）新建文件。单击【快速访问】工具栏中的【新建】按钮，新建空白文件。

（2）执行【文件】|【保存】菜单命令，系统弹出【图形另存为】对话框，如图 7-1 所示。在【文件类型】下拉列表框中选择【AutoCAD 图形样板（*.dwt)】选项，输入文件名【室内装潢施工图模板】，单击【保存】按钮保存文件。

（3）下次绘图时，即可以该样板文件新建图形，在此基础上进行绘图，如图 7-2 所示。

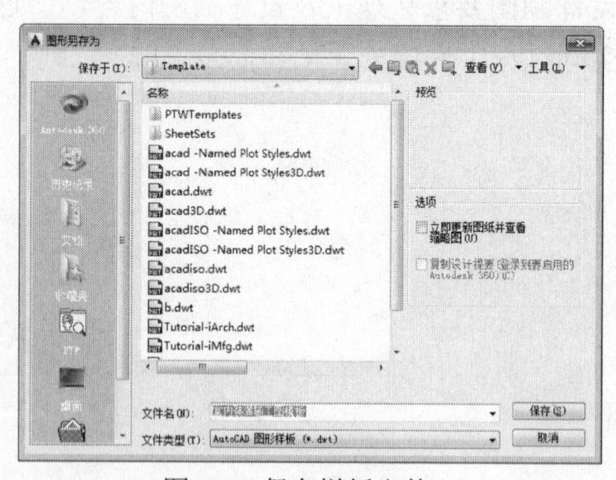

图 7-1　保存样板文件

图 7-2　以样板新建图形

7.1.2　设置图形界限

绘图界限就是 AutoCAD 的绘图区域，也称图限。通常所用的图纸都有一定的规格尺寸，室内装潢施工图一般调用 A3 图幅打印输出，打印输出比例通常为 1:100，所以图形界限通常设置为 42000㎜×29700㎜。为了将绘制的图形方便地打印输出，在绘图前应设置好图形界限。

（1）调用 LIMITS【图形界限】命令，设置图形界限为 42000 ㎜×29700 ㎜，命令行操作如下：

```
命令: _limits                                              //调用【图形界限】命令
重新设置模型空间界限:
指定左下角点或 [开(ON)/关(OFF)] <0.0,0.0>: 0,0↙              //指定坐标原点为图形界限左下角点
指定右上角点<42000.0,29700.0>: 42000,29700↙                  //指定右上角点
```

（2）右击状态栏上的【栅格】按钮▦，在弹出的快捷菜单中选择【网格设置】命令，或在命令行输入 SE 并按 Enter 键，系统弹出【草图设置】对话框，在【捕捉和栅格】选项卡中，取消选中【显示超出界限的栅格】复选框，如图 7-3 所示。

（3）单击【确定】按钮，设置的图形界限以栅格的范围显示，如图 7-4 所示。

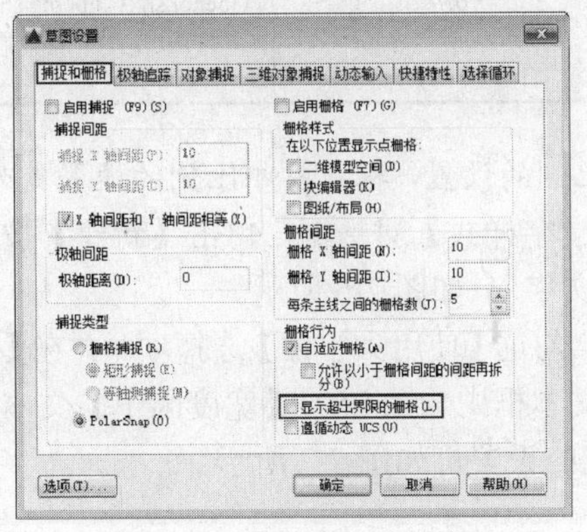

图 7-3 【草图设置】对话框

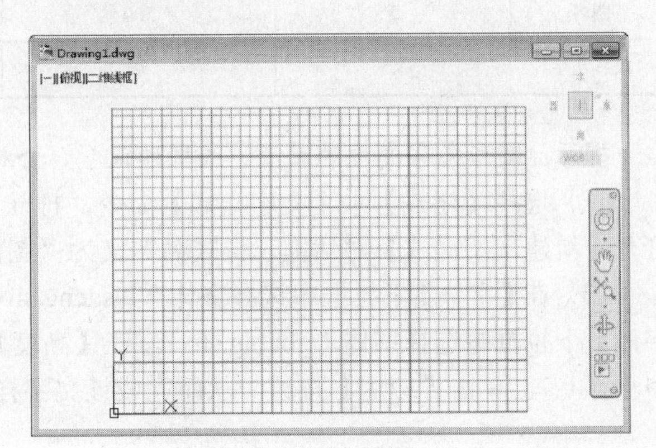

图 7-4　显示图形界限

7.1.3　设置图形单位

室内装潢施工图通常采用【毫米】作为基本单位，即一个图形单位为 1 ㎜，并且采用 1:1 的比例，即按照实际尺寸绘图，在打印时再根据需要设置打印输出比例。

（1）在命令行中输入 UN，打开【图形单位】对话框。【长度】选项组用于设置线性尺寸类型和精度，这里设置【类型】为【小数】,【精度】为 0，如图 7-5 所示。

（2）【角度】选项组用于设置角度的类型和精度。这里取消【顺时针】复选框勾选，设置角度【类型】为【十进制度数】，精度为 0。

（3）在【插入时的缩放比例】选项组中选择【用于缩放插入内容的单位】为【毫米】，这样当调用非毫米单位的图形时，图形能够自动根据单位比例进行缩放。最后单击【确定】关闭对话框，完成单位设置。

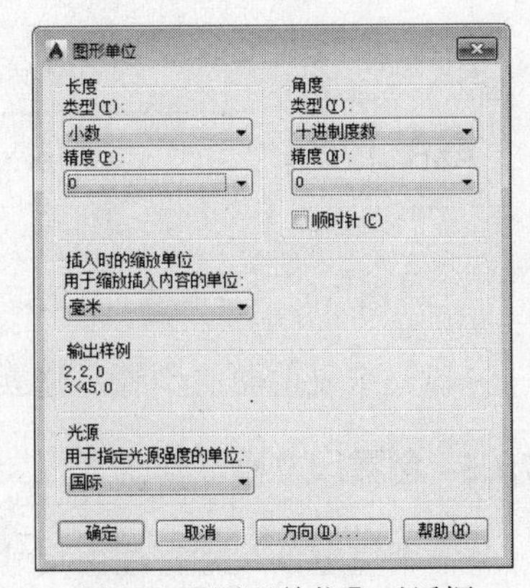

图 7-5 【图形单位】对话框

注意：图形精度影响计算机的运行效率，精度越高运行越慢，绘制室内装潢施工图，设置精度为 0 足以满足设计要求。

7.1.4 创建文字样式

设计图上的文字有尺寸文字、标高文字、图内文字说明、剖切符号文字、图名文字、轴线符号等，打印比例为 1:100，文字样式中的高度为打印到图纸上的文字高度与打印比例倒数的乘积。根据室内制图标准，该平面图文字样式的规划见表 7-1。

表 7-1　　　　　　　　　　　　　文 字 样 式

文字样式名	打印到图纸上的文字高度	图形文字高度（文字样式高度）	宽度因子	字体 | 大字体
图内文字	3.5	350		Gbenor.shx；gbcbig.shx
图名	5	500	0.7	Gbenor.shx；gbcbig.shx
尺寸文字	3.5	0		Gbenor.shx

提示：图形文字高度的设置、线型的设置、全局比例的设置，根据打印比例的设置更改。

（1）选择【格式】|【文字样式】命令，打开【文字样式】对话框，单击【新建】按钮打开【新建文字样式】对话框，样式名定义为“图内文字”，如图 7-6 所示。

（2）在【字体】下拉框中选择字体“Tssdeng.shx”，勾选【使用大字体】选择项，并在【大字体】下拉框中选择字体“gbcbig.shx”，在【高度】文本框中输入 350，【宽度因子】文本框中输入 0.7，单击【应用】按钮，从而完成该文字样式的设置，如图 7-7 所示。

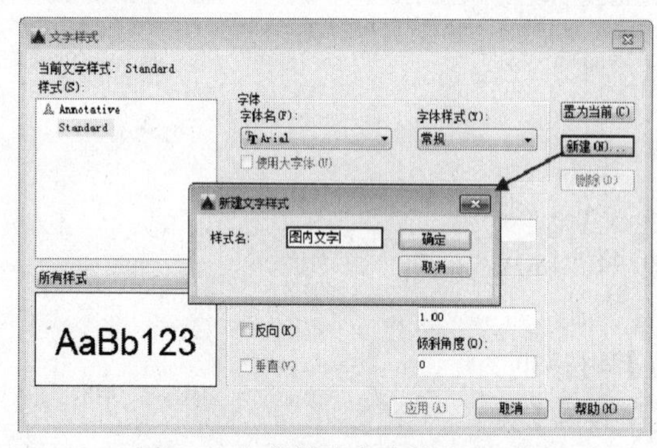

图 7-6　文字样式名称的定义

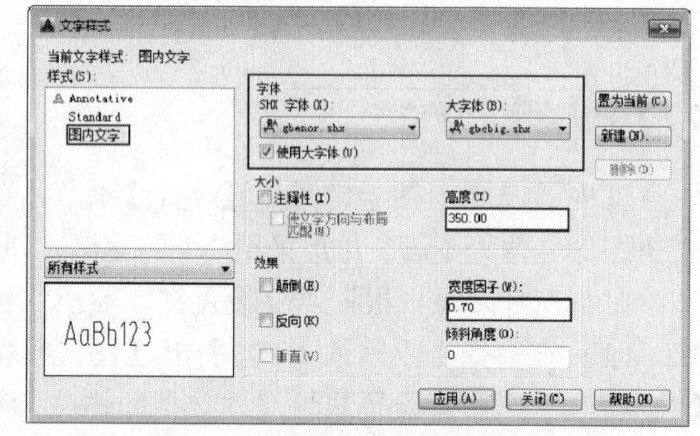

图 7-7　设置“图内文字”文字样式

（3）重复前面的步骤，建立表 7-1 中其他各种文字样式，如图 7-8 所示。

7.1.5 创建尺寸标注样式

一个完整的尺寸标注由尺寸线、尺寸界限、尺寸文本和尺寸箭头四个部分组成，下面将创建一个名称为【室内标注样式】的标注样式，所有的图形标注将调用该样式。

（1）选择【格式】|【标注样式】命令，打开【标注样式管理器】对话框，单击【新建】按钮，打开【创建新标注样式】对话框，新建样式名定义为“室内设计标注”，如图 7-9 所示。

（2）单击【继续】按钮过后，则进入到【新建标注样式】对话框，然后分别在各选项卡中设置相应的参数，其设置后的效果如表 7-2 所示。

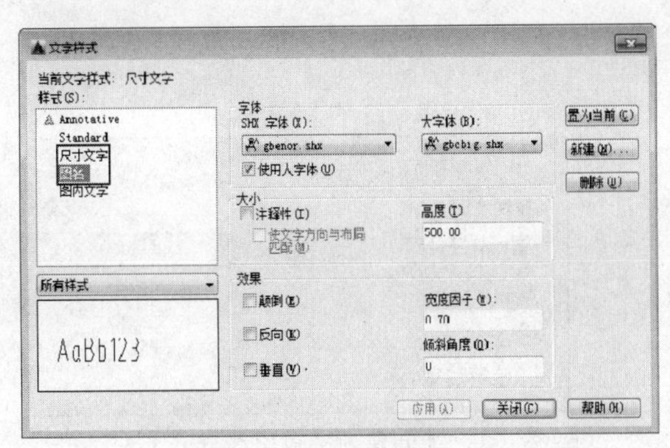

图 7-8　其他文字样式

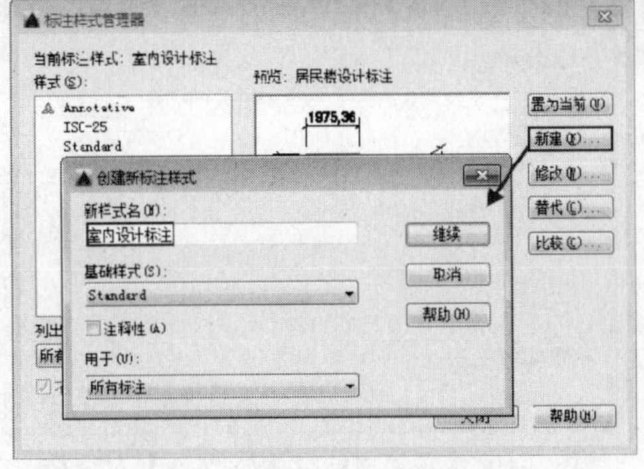

图 7-9　标注样式名称的定义

表 7-2　　尺寸标注样式的参数设置

【线】选项卡	【符号和箭头】选项卡	【文字】选项卡	【调整】选项卡
尺寸线 颜色(C)：ByBlock 线型(L)：ByBlock 线宽(G)：ByBlock 超出标记(N)：0 基线间距(A)：3.75 隐藏：尺寸线 1(M)　尺寸线 2(D) 超出尺寸线(X)：2.5 起点偏移量(F)：2.5 固定长度的尺寸界线(O) 长度(E)：10	箭头 第一个(T)：建筑标记 第二个(D)：建筑标记 引线(L)：实心闭合 箭头大小(I)：2	文字外观 文字样式(Y)：尺寸文字 文字颜色(C)：黑 填充颜色(L)：无 文字高度(T)：3.5 分数高度比例(H)：1 绘制文字边框(F) 文字位置 垂直(V)：上 水平(Z)：居中 观察方向(D)：从左到右 从尺寸线偏移(O)：1 文字对齐(A) 水平 与尺寸线对齐 ISO 标准	标注特征比例 注释性(A) 将标注缩放到布局 使用全局比例(S)：100

7.1.6　设置引线样式

引线标注用于对指定部分进行文字解释说明，由引线、箭头和引线内容三部分组成。引线样式用于对引线的内容进行规范和设置，引出线与水平方向的夹角一般采用 0°、30°、45°、60° 或 90°。下面创建一个名称为【室内标注样式】的引线样式，用于室内施工图的引线标注。

（1）执行【格式】|【多重引线样式】命令，打开【多重引线样式管理器】对话框，结果如图 7-10 所示。

（2）在对话框中单击【新建】按钮，弹出【创建新多重引线】对话框，设置新样式名为“室内标注样式”，如图 7-11 所示。

（3）在对话框中单击【继续】按钮，弹出【修改多重引线样式：室内标注样式】对话框；选择【引线格式】选项卡，设置参数如图 7-12 所示。

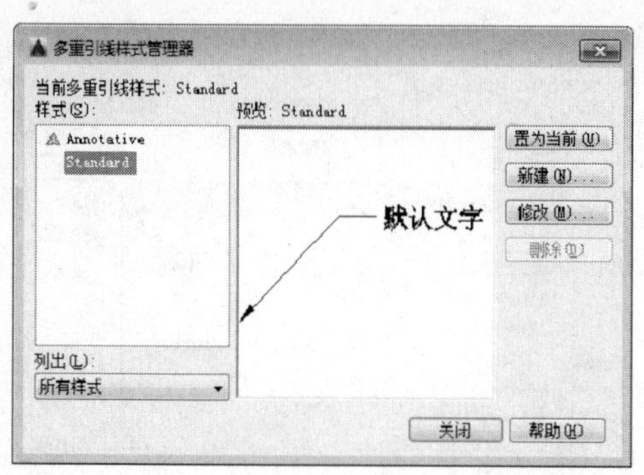

图 7-10 【多重引线样式管理器】对话框

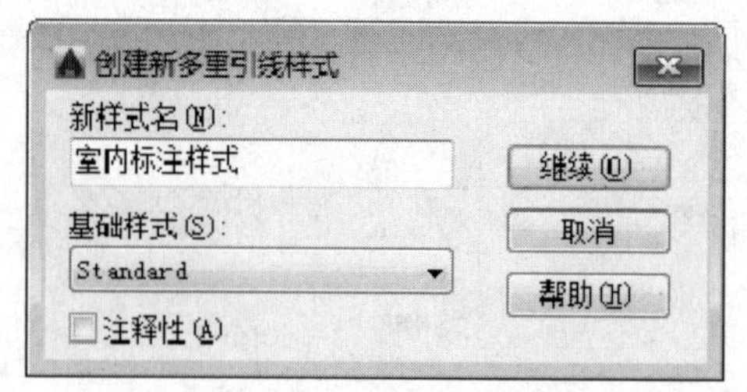

图 7-11 【创建新多重引线样式】对话框

（4）选中【引线结构】选项卡，设置参数如图 7-13 所示。

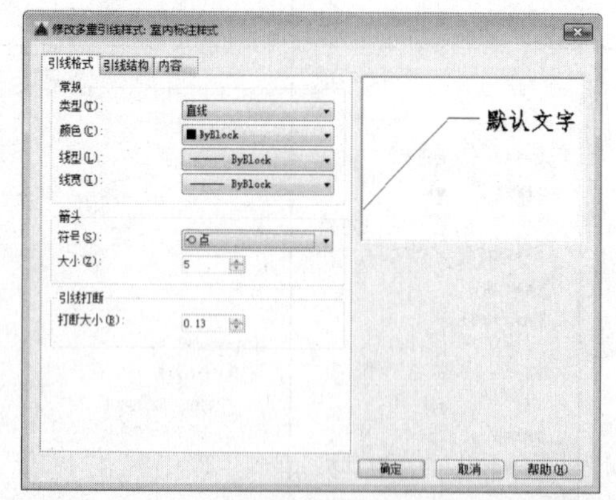

图 7-12 【修改多重引线样式：室内标注样式】对话框

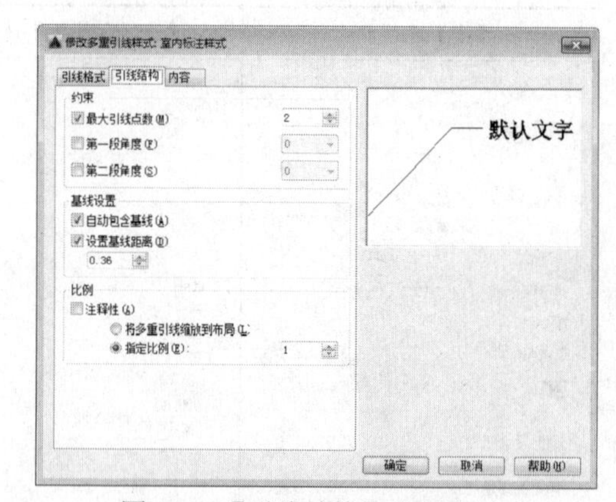

图 7-13 【引线结构】选项卡

（5）选择【内容】选项卡，设置参数如图 7-14 所示。

（6）单击【确定】按钮，关闭【修改多重引线样式：室内标注样式】对话框；返回【多重引线样式管理器】对话框，将【室内标注样式】置为当前，单击【关闭】按钮，关闭【多重引线样式管理器】对话框。

（7）多重引线的创建结果如图 7-15 所示。

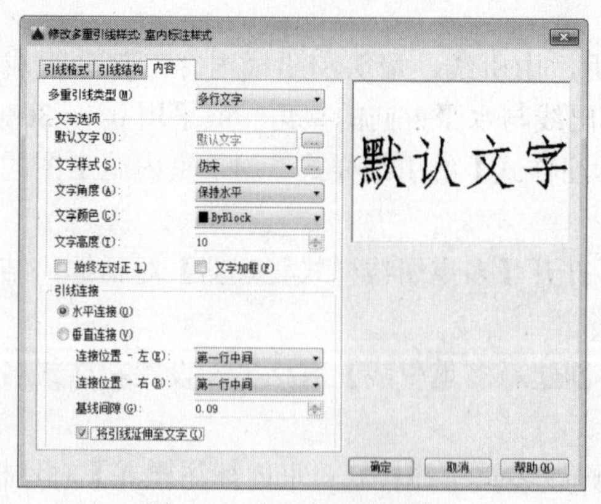

图 7-14 【内容】选项卡

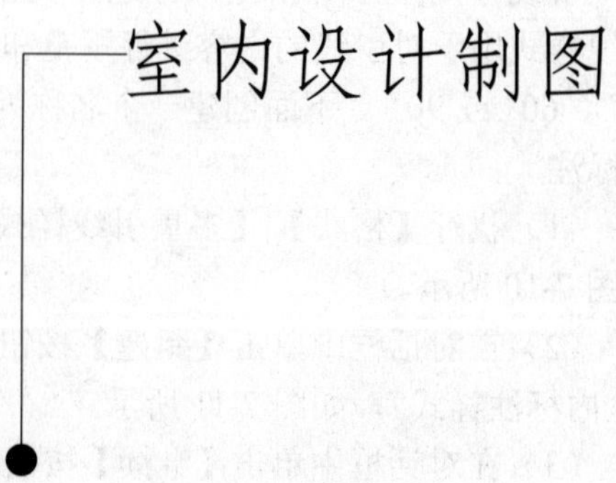

室内设计制图

图 7-15 创建结果

7.1.7　设置图层

绘制室内装潢施工图需要创建轴线、墙体、门、窗、楼梯、标注、节点、电气、吊顶、地面、填充、立面和家具等图层，因此绘制平面图形时，应建立表 7-3 的图层。下面以创建轴线图层为例，介绍图层的创建与设置方法。

表 7-3　　图 层 设 置

序号	图层名	描述内容	线宽	线型	颜色	打印属性
1	轴线	定位轴线	默认	点划(ACAD_ISOO4W100)	红色	不打印
2	墙体	墙体	0.30㎜	实线(CONTINUOUS)	黑色	打印
3	柱子	墙柱	默认	实线(CONTINUOUS)	8 色	打印
4	门窗	门窗	默认	实线(CONTINUOUS)	青色	打印
5	尺寸标注	尺寸标注	默认	实线(CONTINUOUS)	绿色	打印
6	文字标注	图内文字、图名、比例	默认	实线(CONTINUOUS)	黑色	打印
7	标高	标高文字及符号	默认	实线(CONTINUOUS)	绿色	打印
8	设施	布置的设施	默认	实线(CONTINUOUS)	蓝色	打印
9	填充	图案、材料填充	默认	实线(CONTINUOUS)	9 色	打印
10	灯具	灯具	默认	实线(CONTINUOUS)	洋红色	打印
11	其他	附属构件	默认	实线(CONTINUOUS)	黑色	打印

（1）选择【格式】|【图层】命令，将打开【图层特性管理器】面板，根据前面如所示来设置图层的名称、线宽、线型和颜色等，如图 7-16 所示。

（2）选择【格式】|【线型】命令，打开【线型管理器】对话框，单击【显示细节】按钮，打开细节选项组，设置【全局比例因子】为 100，然后单击【确定】按钮，如图 7-17 所示。

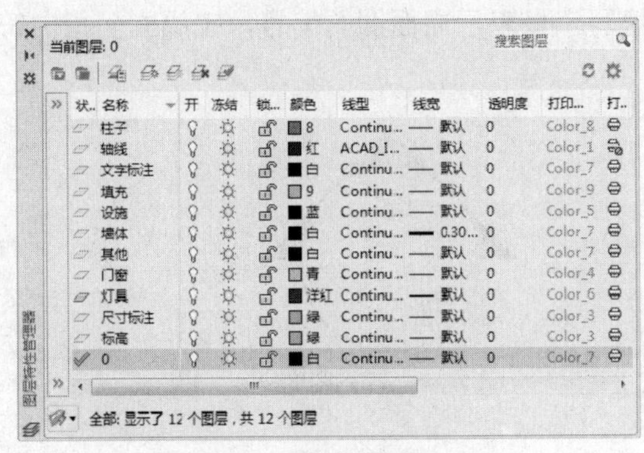

图 7-16　规划的图层

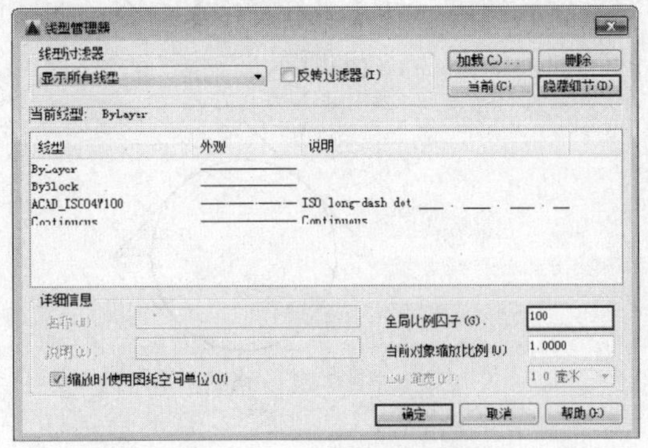

图 7-17　设置线型比例

7.2　绘制室内常用符号

本节讲解室内符号类图形的绘制方法，以便让读者更加了解室内常用符号，以及这些符号的规范和具体尺寸。

7.2.1 绘制立面索引指向符号

立面指向符是室内装修施工图中特有的一种标识符号，主要用于立面图编号。

立面指向符由等边直角三角形、圆和字母组成，其中字母为立面图的编号，黑色的箭头指向立面的方向。如图 7-18（a）所示为单向内视符号，图 7-18（b）所示为双向内视符号，图 7-18（c）所示为四向内视符号（按顺时针方向进行编号）。

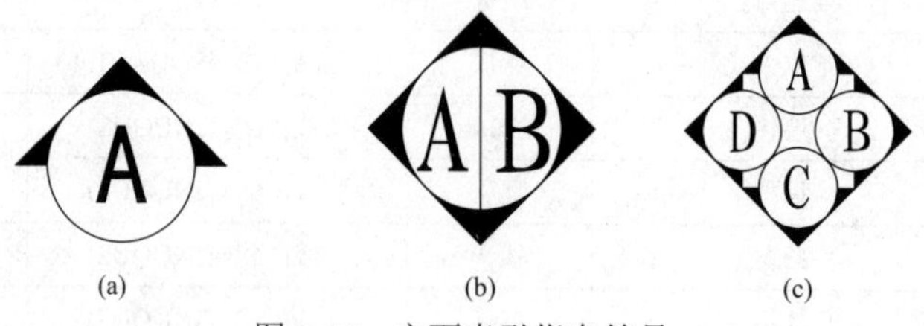

图 7-18 立面索引指向符号

（1）调用 PL【多段线】命令，绘制等边直角三角形，如图 7-19 所示。

（2）调用 C【圆】命令，绘制圆，如图 7-20 所示。

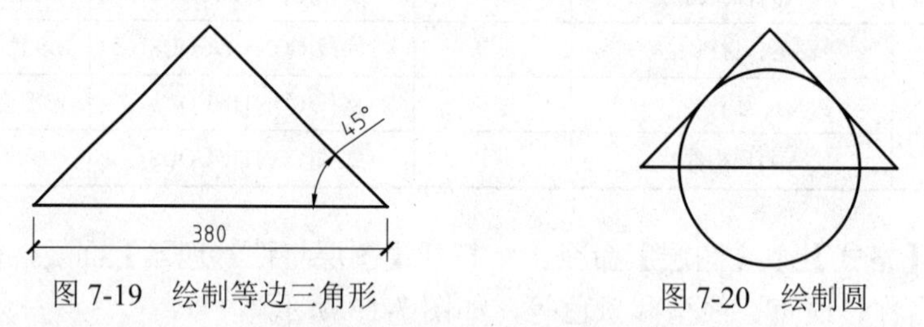

图 7-19 绘制等边三角形　　　　图 7-20 绘制圆

（3）调用 TR【修剪】命令，修剪三角形，如图 7-21 所示。

（4）调用 H【填充】命令，在三角形内填充 SOLID 图案，结果如图 7-22 所示。

（5）调用 MT【多行文字】命令，在圆内填写字母表示立面图的编号，完成立面指向符的绘制，如图 7-18 (a)所示。

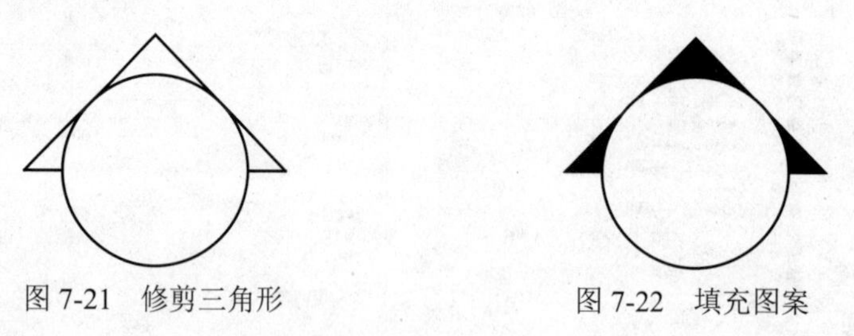

图 7-21 修剪三角形　　　　图 7-22 填充图案

7.2.2 绘制室内标高

标高用于表示地面装修完成的高度和顶棚造型的高度。

（1）绘制标高图形。调用 REC【矩形】命令，绘制一个 80 ㎜×40 ㎜的矩形，效果如图 7-23 所示。

（2）调用 L【直线】命令，捕捉矩形的第一个角点，将其与矩形的中点连接，再连接第二个角点，效果如图 7-24 所示。

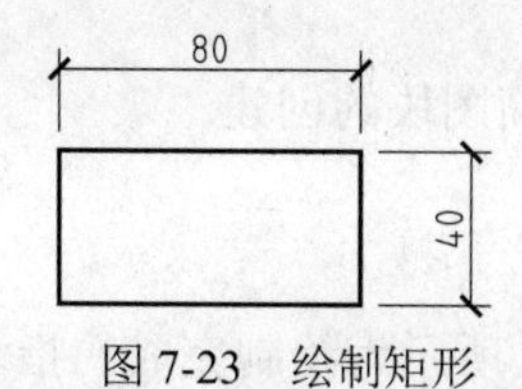

图 7-23　绘制矩形

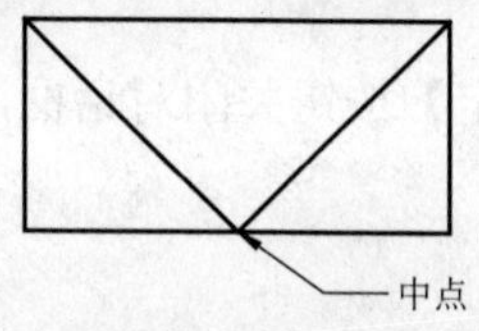

图 7-24　绘制线段

（3）删除多余的线段，只留下一个三角形，利用三角形的边画一条直线，如图 7-25 所示，标高符号绘制完成。

（4）标高定义属性。单击【块】面板上的【定义属性】按钮，打开【属性定义】对话框，在【属性】参数栏中设置【标记】为【0.000】，设置【提示】为【请输入标高值】，设置【默认】为 0.000。

（5）在【文字设置】参数栏中设置【文字样式】为【仿宋 2】，勾选【注释性】复选框，如图 7-26 所示。

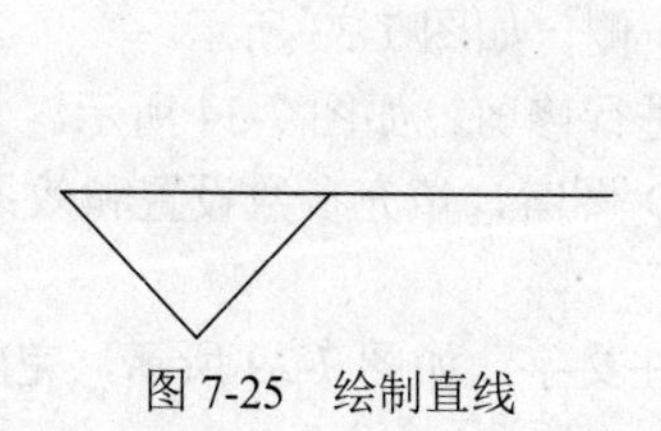

图 7-25　绘制直线

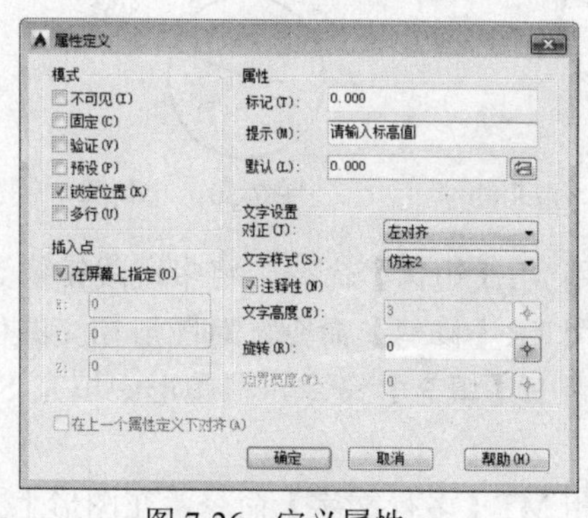

图 7-26　定义属性

（6）单击【确定】按钮确认，将文字放置在前面绘制的图形上，如图 7-27 所示。

（7）创建标高图块。选择图形和文字，调用 B【创建块】命令并按回车键，打开【块定义】对话框，如图 7-28 所示。

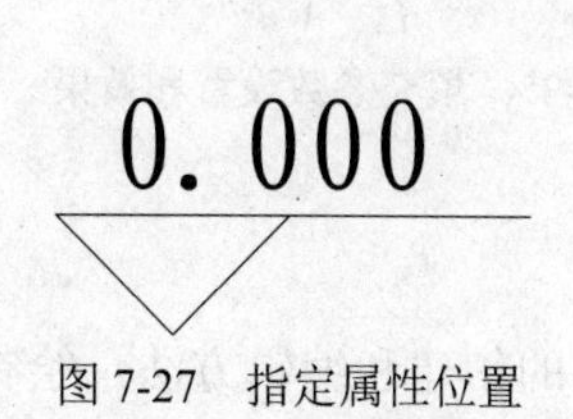

图 7-27　指定属性位置

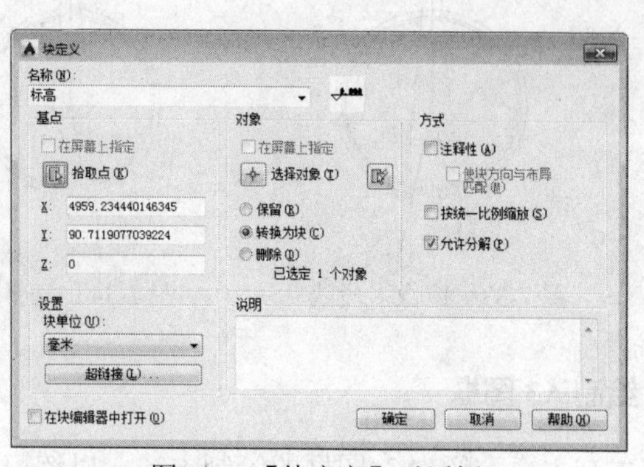

图 7-28　【块定义】对话框

（8）在【对象】参数栏中单击【选择对象】按钮，在图形窗口中选择标高图形，按回车键返回【块定义】对话框。

（9）在【基点】参数栏中单击【拾取点】按钮，捕捉并单击三角形左上角的端点作为图块的插入点。

（10）单击【确定】按钮关闭对话框，完成标高图块的创建。

7.2.3 绘制指北针

指北针是一种用于指示方向的工具，如图 7-29 所示为绘制完成的指北针。

（1）调用 C【圆】命令，绘制半径为 1185㎜的圆，如图 7-30 所示。

（2）调用 O【偏移】命令，将圆向内偏移 80㎜和 40㎜，如图 7-31 所示。

（3）调用 PL【多段线】命令，绘制多段线，如图 7-32 所示。

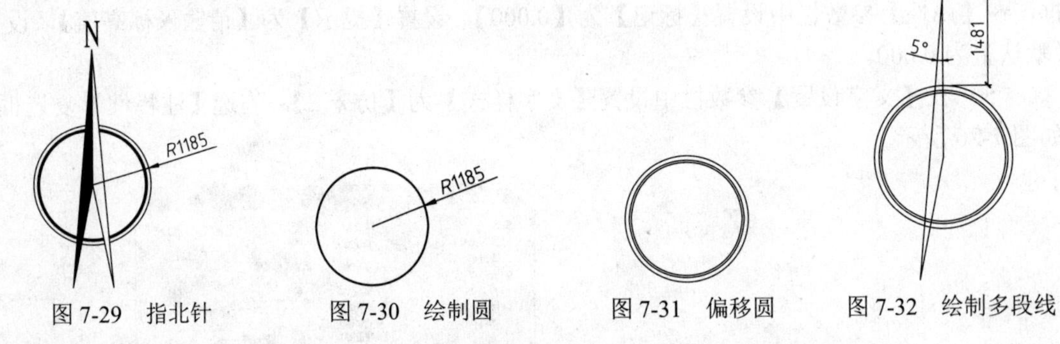

图 7-29 指北针　图 7-30 绘制圆　图 7-31 偏移圆　图 7-32 绘制多段线

（4）调用 MI【镜像】命令，将多段线镜像到另一侧，如图 7-33 所示。

（5）调用 TR【修剪】命令，对图形相交的位置进行修剪，如图 7-34 所示。

（6）调用 H【填充】命令，在图形中填充 SOLID 图案，填充参数设置和效果如图 7-35 所示。

（7）调用 MT【多行文字】命令，在图形上方标注文字，如图 7-29 所示，完成指北针的绘制。

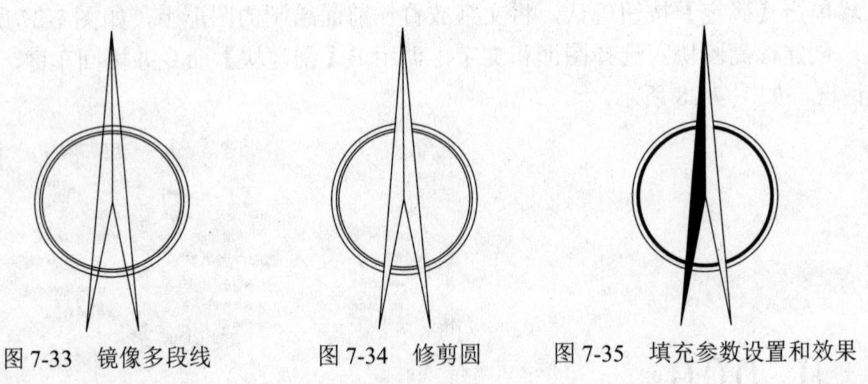

图 7-33 镜像多段线　图 7-34 修剪圆　图 7-35 填充参数设置和效果

7.2.4 绘制 A3 图框

在本节主要介绍 A3 图框的绘制方法，以练习表格和文字的创建和编辑方法，绘制完成的 A3 图框，如图 7-36 所示。

（1）调用 REC【矩形】命令，绘制 420㎜×297㎜的矩形，如图 7-37 所示。

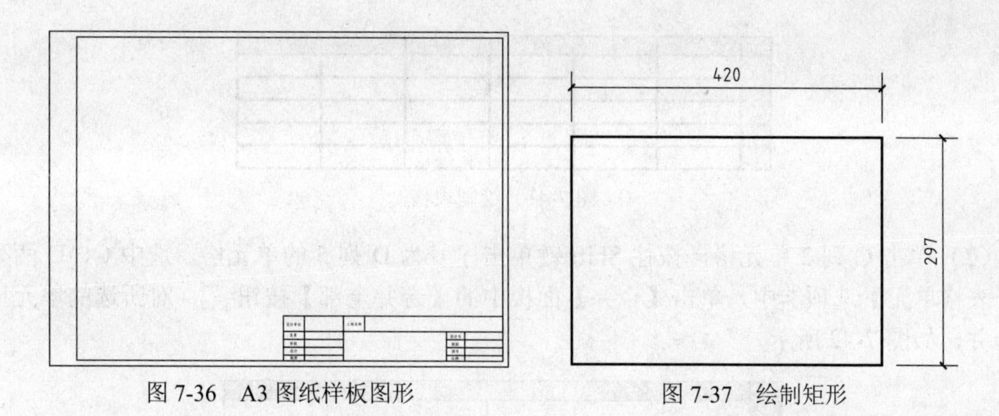

图 7-36　A3 图纸样板图形　　　　图 7-37　绘制矩形

（2）调用 O【偏移】命令，将左边的线段向右偏移 25，分别将其他三个边长向内偏移 5。修剪多余的线条，如图 7-38 所示。

（3）插入表格。调用 REC【矩形】命令，绘制一个 200㎜×40㎜的矩形，作为标题栏的范围。

（4）调用 M【移动】命令，将绘制的矩形移动至标题框的相应位置，如图 7-39 所示。

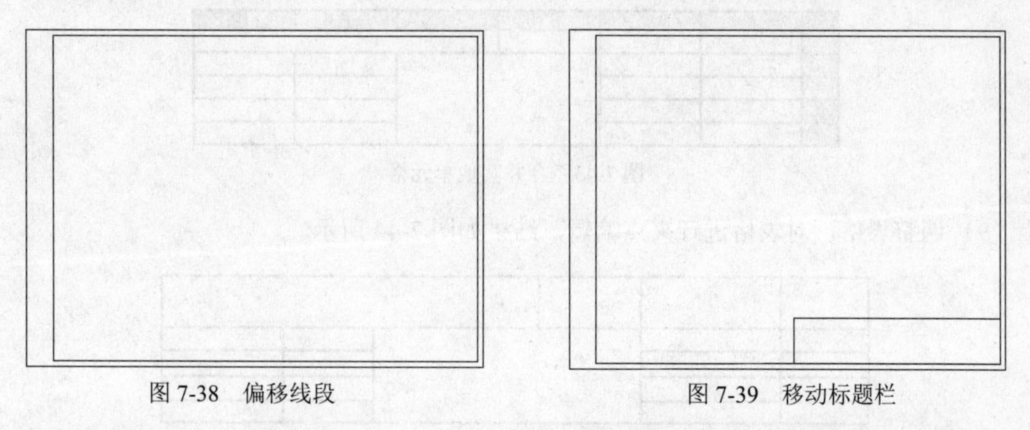

图 7-38　偏移线段　　　　图 7-39　移动标题栏

（5）新建表格。在【默认】选项卡中，单击【注释】面板上的【表格】按钮，设置参数，如图 7-40 所示。

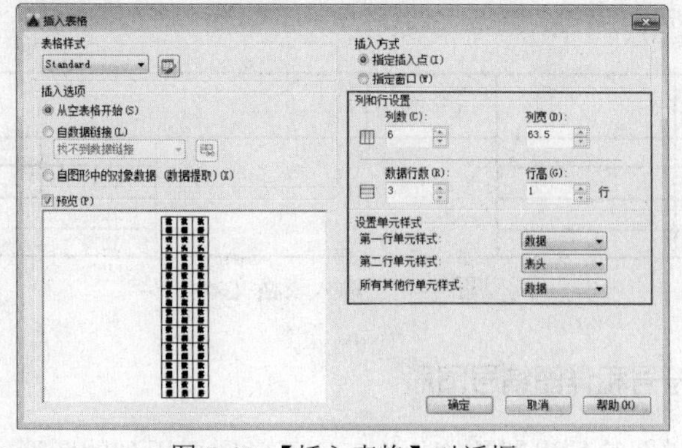

图 7-40　【插入表格】对话框

（6）插入表格。在绘图区空白处单机鼠标左键，将表格放置合适位置，如图 7-41 所示。

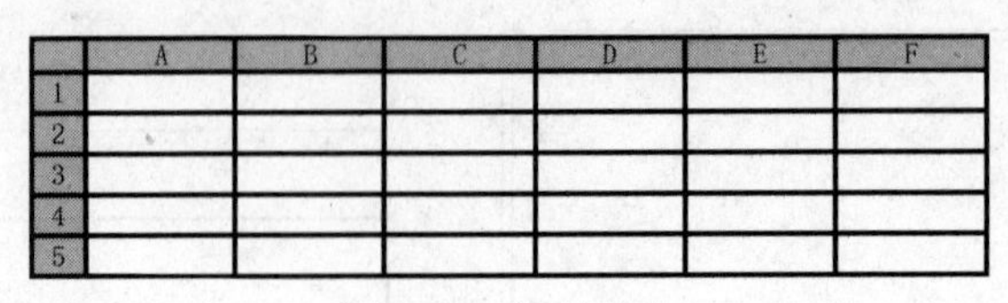

图 7-41　绘制表格

（7）单击 C 列 2 单元格，按住 Shift 键单击序号为 D 列 5 的单元格，选中 C、D 两列，在【表格单元】选项卡中，单击【合并】面板中的【合并全部】按钮，对所选的单元格进行合并，如图 7-42 所示。

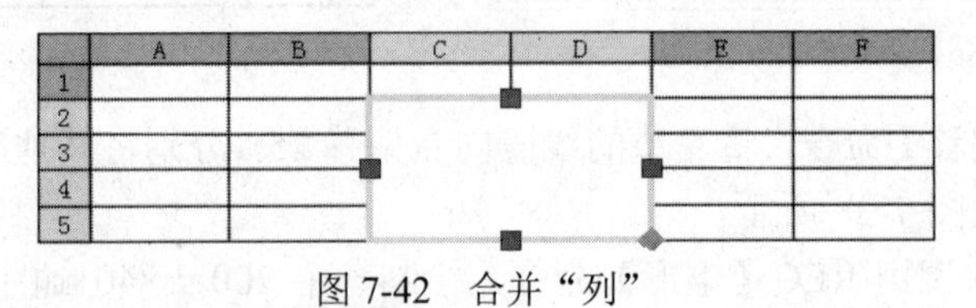

图 7-42　合并“列”

（8）重复操作，对单元格进行合并操作，如图 7-43 所示。

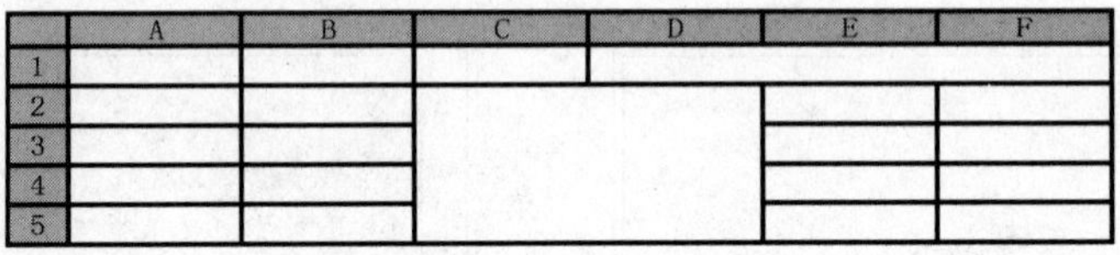

图 7-43　合并其他单元格

（9）调整表格，对表格进行夹点编辑，结果如图 7-44 所示。

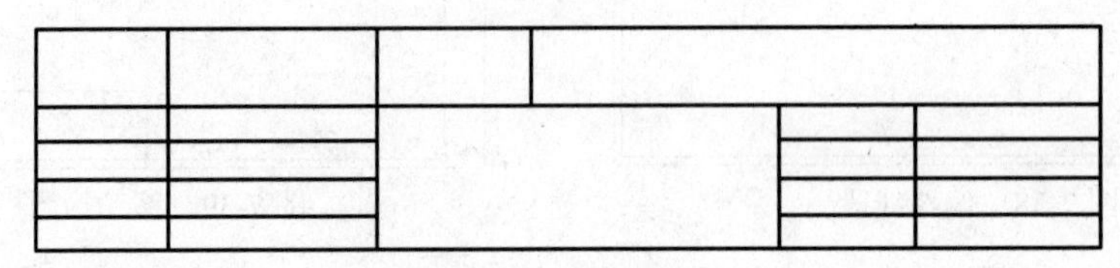

图 7-44　调整表格

（10）输入表格中的文本。双击激活单元格，输入相关文字，按 Ctrl+Enter 组合键完成文字输入，如图 7-45 所示。

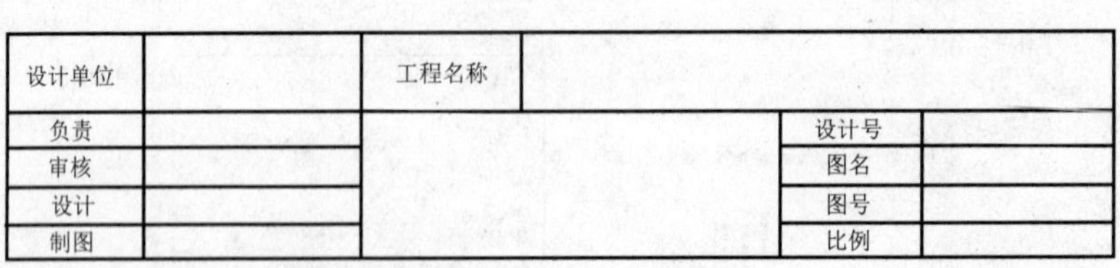

设计单位		工程名称			
负责				设计号	
审核				图名	
设计				图号	
制图				比例	

图 7-45　输入表格文本

7.2.5　绘制详图索引符号和详图编号图形

详图索引符号、详图编号也都是绘制施工图经常需要用到的图形。室内平、立、剖面图中，在需要另设详图表示的部位，标注一个索引符号，以表明该详图的位置，这个索引符号就是详图索引符号。

如图 7-46 所示（a)、(b）图为详图索引符号，(c)、(d）图为剖面详图索引符号。详图索引符号采用细实线绘制，圆圈直径约 10㎜左右。当详图在本张图样时，采用图 7-46（a)、(c）的形式，当详图不在本张图样时，采用（b)、(d）的形式。

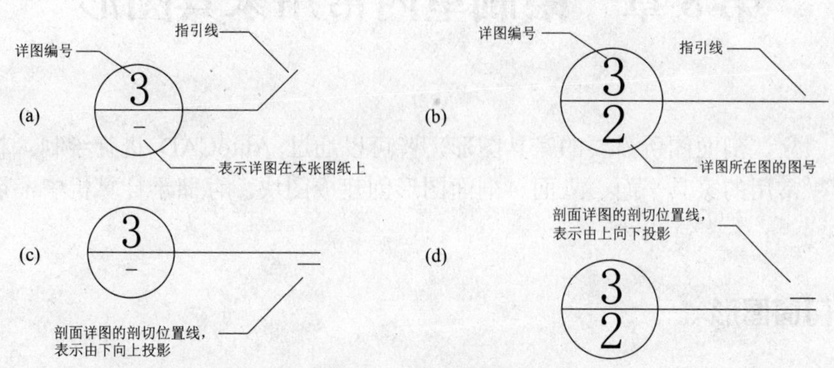

图 7-46　详图索引符号

详图的编号用粗实线绘制，圆圈直径 14㎜左右，如图 7-47 所示。

图 7-47　详图编号

7.3　课后练习

绘制常用的室内材料符合，对称符号和连接符号，如图 7-48 与图 7-49 所示。

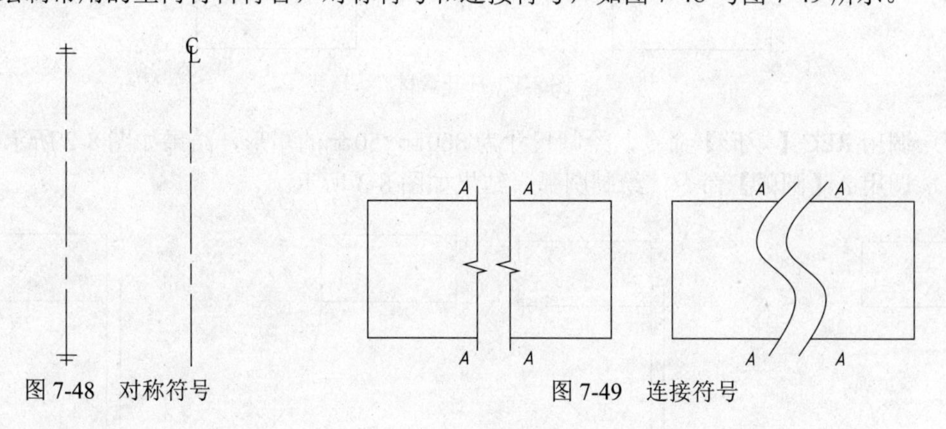

图 7-48　对称符号

图 7-49　连接符号

7.4　本章总结

本章主要讲解了绘制室内绘图模板和室内常用的一些符号，提前创建模板和符号可以节省大量的绘图时间，提高绘图效率，当然这只是设置其中一部分，读者可以根据自己的作图习惯进行添加和删除。

第 8 章　绘制室内常用家具图形

绘制平、立、剖面图所需要的家具图形，皆可以通过 AutoCAD 进行绘制。将绘制完成的门窗图形、常用的家具平面、立面、剖面图形创建成图块，存储于计算机中，以方便后续使用。

8.1　绘制门窗图形

门窗图形是施工图纸必不可少的图形之一，在图纸上表明门窗的尺寸，为施工和设计提供现实依据。本节介绍各类门窗的绘制方法。包括门的平面图块、立面图块以及窗户的立面图块等。

8.1.1　绘制门平面图

门的平面图块主要由矩形和圆弧组成。在绘制图形的时候，可以先调用矩形命令绘制矩形，然后调用圆弧命令绘制圆弧，即可完成门图形的创建。

（1）按 Ctrl+O 组合键，打开配套光盘提供的“第 08 章/8.1.1 绘制门平面图.dwg”素材文件，结果如图 8-1 所示。

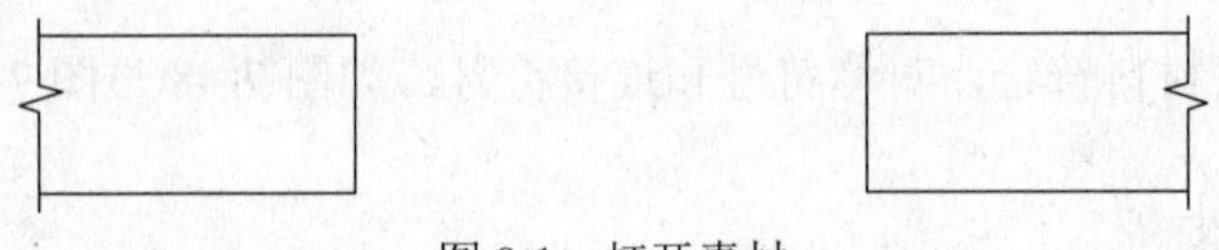

图 8-1　打开素材

（2）调用 REC【矩形】命令，绘制尺寸为 800㎜×50㎜的矩形，结果如图 8-2 所示。

（3）调用 A【圆弧】命令，绘制圆弧，结果如图 8-3 所示。

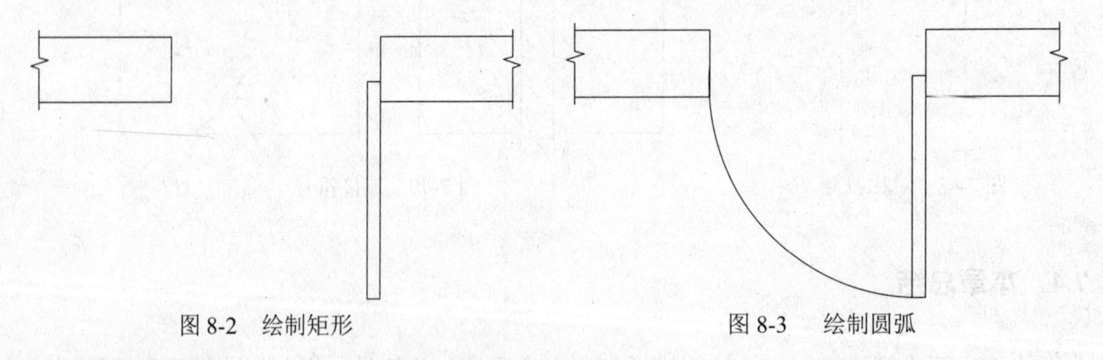

图 8-2　绘制矩形　　　图 8-3　绘制圆弧

8.1.2　绘制门立面图

门的立面图形主要由门套、门扇以及把手组成。门套和门扇可以调用矩形命令、偏移命令等绘制，而门把手则主要调用圆形命令来绘制。

（1）绘制门扇。调用 REC【矩形】命令，绘制尺寸为 800㎜×2000㎜的矩形，结果如图 8-4 所示。

（2）绘制门套。调用 X【分解】命令，分解矩形；调用 O【偏移】命令，偏移矩形边，结果如图 8-5 所示。

（3）调用 F【圆角】命令，设置圆角半径为 0，对偏移的矩形边进行圆角处理，结果如图 8-6 所示。

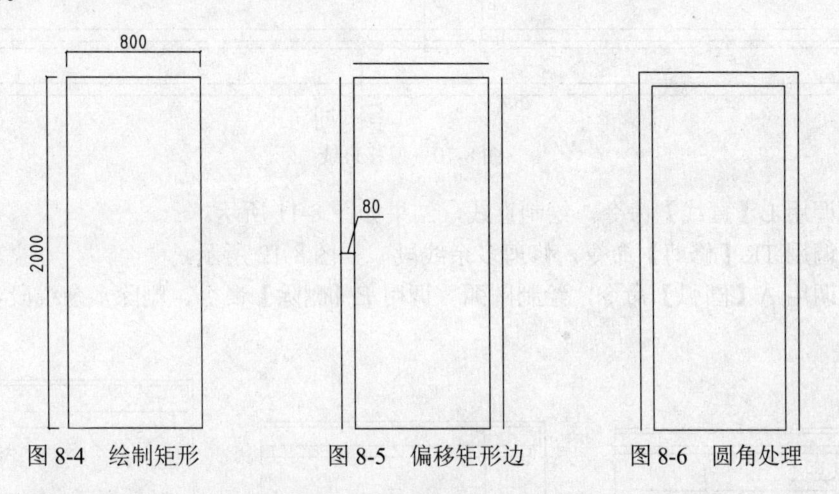

图 8-4　绘制矩形　　图 8-5　偏移矩形边　　图 8-6　圆角处理

（4）绘制把手。调用 C【圆】命令，绘制半径为 40㎜的圆，结果如图 8-7 所示。

（5）调用 O【偏移】命令，设置偏移距离为 25 ㎜，向内偏移圆形，结果如图 8-8 所示。

（6）调用 L【直线】命令，绘制直线。

（7）绘制门开启方向线。调用 PL【多段线】命令，绘制折断线，结果如图 8-9 所示。

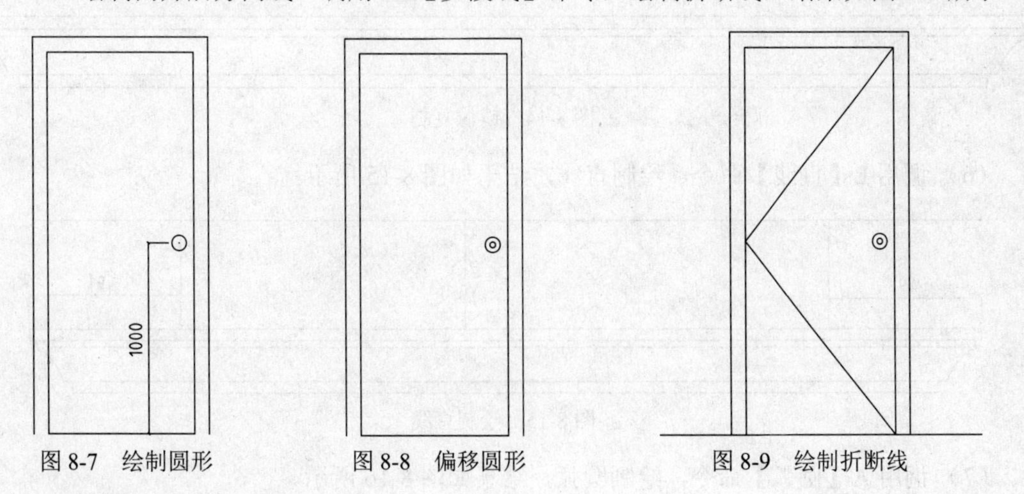

图 8-7　绘制圆形　　图 8-8　偏移圆形　　图 8-9　绘制折断线

8.1.3　绘制窗户立面图块

窗的立面图块主要由窗套和窗扇组成。窗的立面图形主要调用矩形命令、偏移命令来绘制，推拉窗的推拉方向指示箭头调用多段线来绘制。

窗体是房屋建筑中的围护构件，其主要功能是采光、通风和透气，对建筑物的外观和室内装修造型都有较大的影响。窗体的分类，从不同的角度有不同的分法。例如：按功能分有客厅窗、卧室窗、厨房窗、过道窗、隔窗、封闭窗、开放窗等；按材料分有合金窗、木窗、玻璃窗等；按形式分有百叶窗、飘窗等。

（1）调用 L【直线】命令，绘制长度为 3082㎜的直线。调用 O【偏移】命令，指定偏移距离为 36㎜、22㎜、107㎜、36㎜，向下偏移直线，结果如图 8-10 所示。

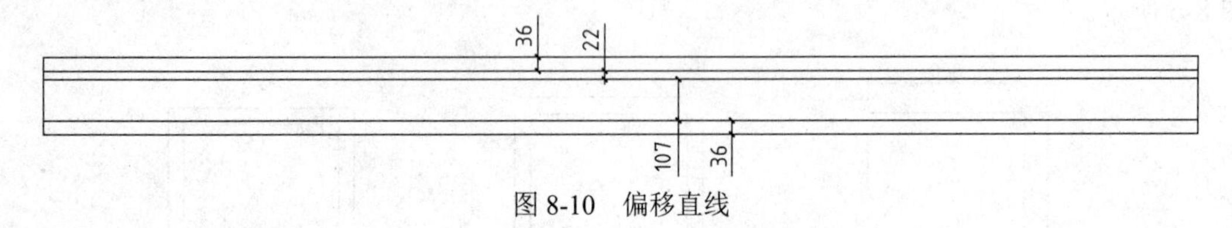

图 8-10　偏移直线

（2）调用 L【直线】命令，绘制直线，结果如图 8-11 所示。

（3）调用 TR【修剪】命令，修剪多余线段，如图 8-12 所示。

（4）调用 A【圆弧】命令，绘制圆弧。调用 E【删除】命令，删除多余线段，结果如图 8-13 所示。

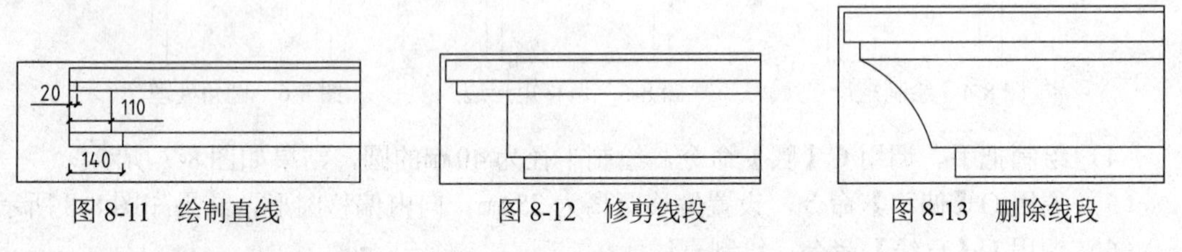

图 8-11　绘制直线　　图 8-12　修剪线段　　图 8-13　删除线段

（5）调用 MI【镜像】命令，镜像复制所绘制的图形，结果如图 8-14 所示。

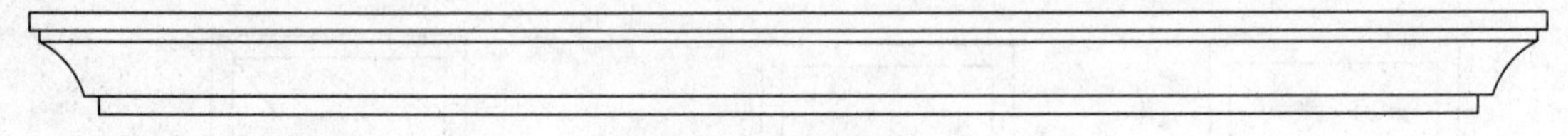

图 8-14　镜像复制

（6）调用 L【直线】命令，绘制直线，结果如图 8-15 所示。

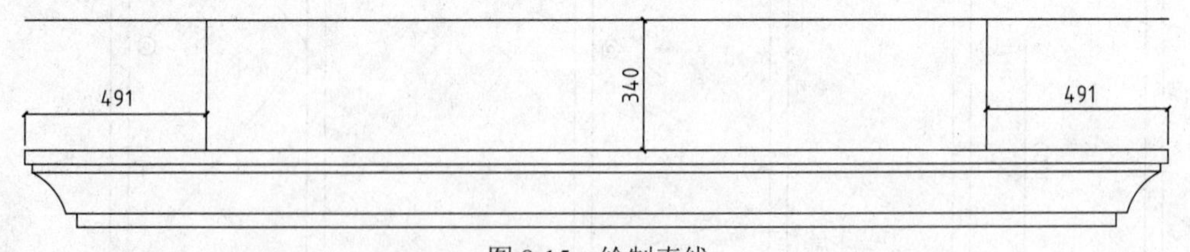

图 8-15　绘制直线

（7）调用 A【圆弧】命令，绘制圆弧，结果如图 8-16 所示。

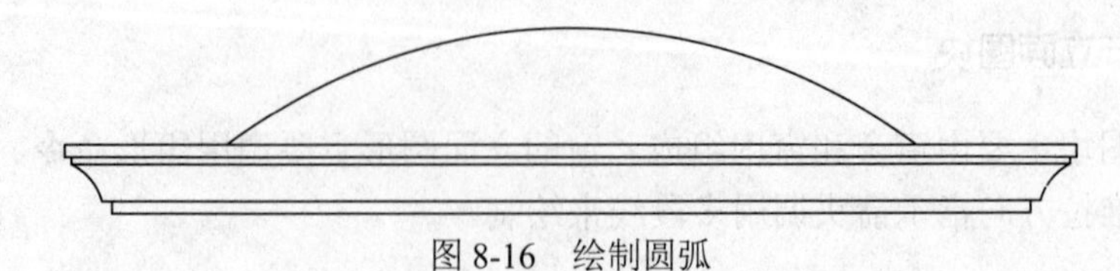

图 8-16　绘制圆弧

（8）调用 O【偏移】命令，向下偏移圆弧。调用 TR【修剪】命令，修剪多余线段，结果如图 8-17 所示。

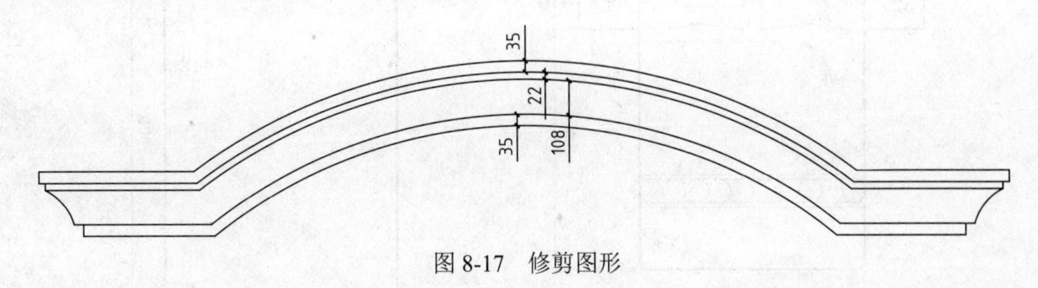

图 8-17　修剪图形

（9）按 Ctrl+O 组合键，打开配套光盘提供的“素材/第 08 章/家具图例.dwg”文件，将其中的“罗马柱”等图形复制粘贴到当前图形中，结果如图 8-18 所示。

（10）沿用前面介绍的方法，绘制窗台图形，完成欧式窗户的绘制，结果如图 8-19 所示。

图 8-18　调入图块

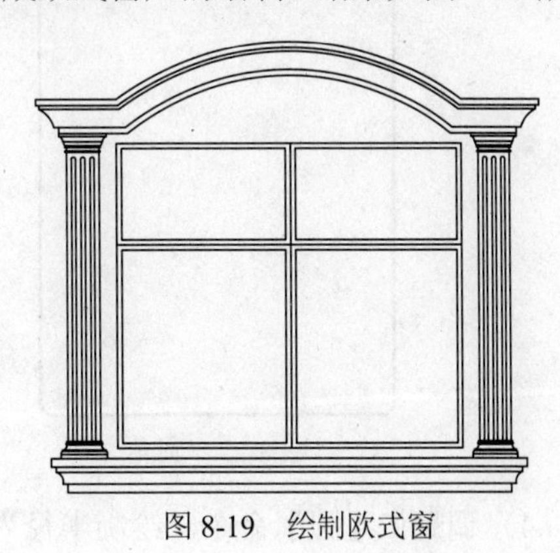

图 8-19　绘制欧式窗

8.2　绘制室内家具陈设

室内家具陈设是室内设计中必不可少的环节，家具陈设体现设计理念和设计风格，居室内有了家具，才有了氛围。时至今日，家具陈设的画龙点睛地位日益凸显，使得设计行业中的分工越来越细，陈设设计以及软装设计行业的发展势头也愈演愈烈。

本节介绍室内绘图中常见家具图块的绘制方法。

8.2.1　绘制床和床头柜

双人床图形包括两个床头柜以及双人床，如图 8-20 所示。床头柜图形主要调用矩形命令和偏移命令来绘制，而床头台灯图形则主要调用圆形来绘制。双人床图形除了调用矩形命令之外，还要调用圆弧命令进而修剪命令来进行辅助绘制。

（1）绘制床。调用 REC【矩形】命令，绘制尺寸为 1500㎜×2000㎜的矩形，如图 8-21 所示。

（2）调用 F【圆角】命令，对矩形进行圆角，圆角半径为 50㎜，如图 8-22 所示。

（3）调用 L【直线】命令和 O【偏移】命令，绘制线段，如图 8-23 所示。

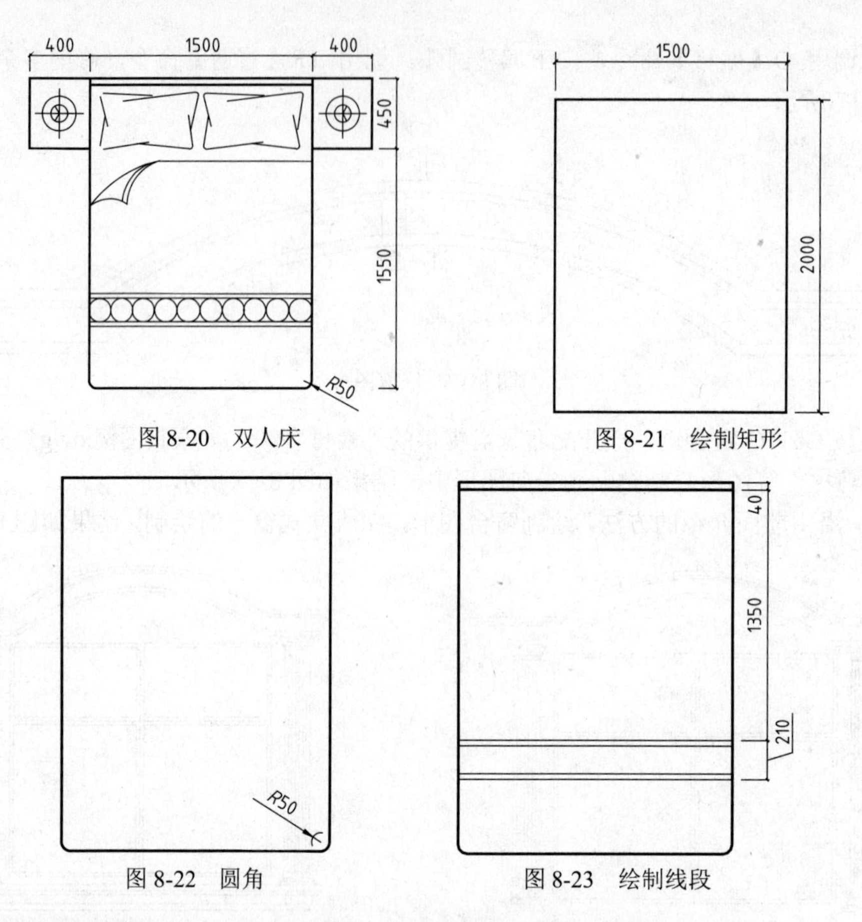

图 8-20 双人床　　图 8-21 绘制矩形

图 8-22 圆角　　图 8-23 绘制线段

（4）调用 C【圆】命令，绘制半径为 75㎜的圆，如图 8-24 所示。

（5）调用 CO【复制】命令，将圆向右复制，如图 8-25 所示。

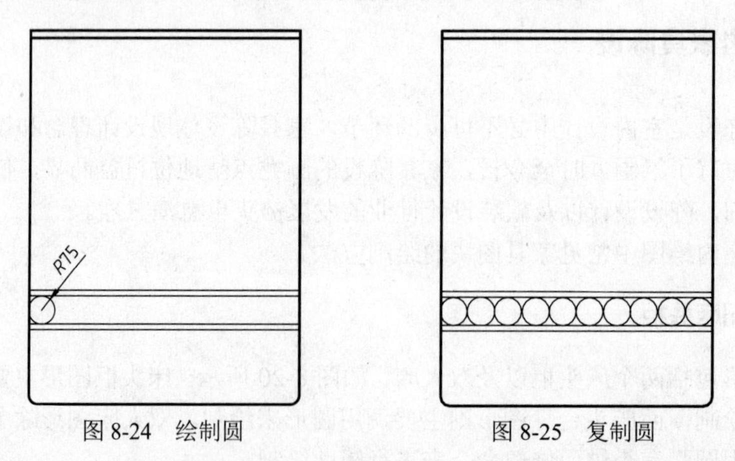

图 8-24 绘制圆　　图 8-25 复制圆

（6）绘制床头柜。调用 REC【矩形】命令，绘制尺寸为 400㎜×450㎜的矩形，如图 8-26 所示。

（7）调用 C【圆】命令、O【偏移】命令和 L【直线】命令，绘制台灯，如图 8-27 所示。

（8）调用 MI【镜像】命令，将床头柜和台灯镜像到右侧，如图 8-28 所示。

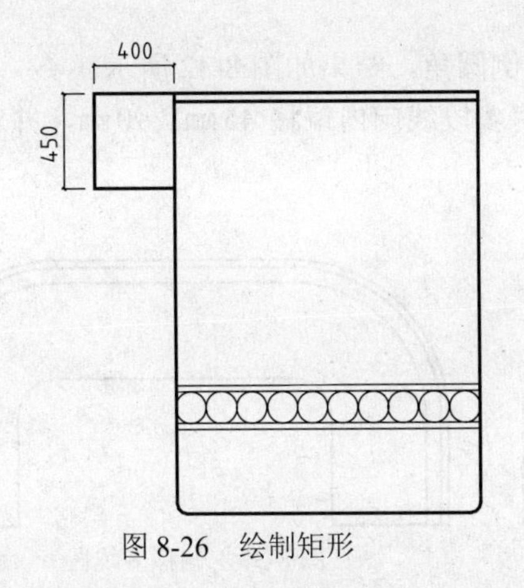

图 8-26　绘制矩形

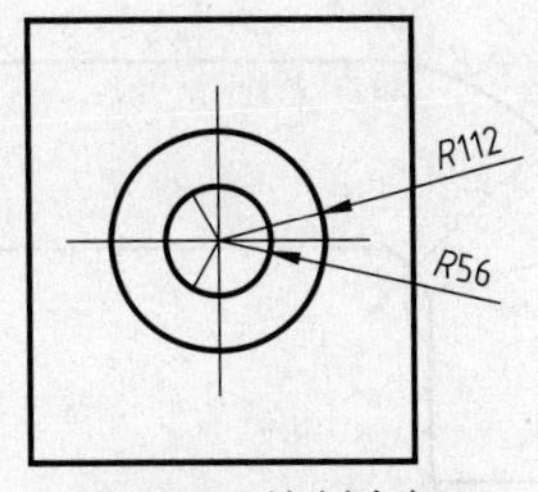

图 8-27　绘制台灯

（9）插入图块。按 Ctrl+O 快捷键，打开配套光盘提供的"第 08 章/家具图例.dwg"素材文件，选择其中的枕头和被子图块，将其复制到床的区域，如图 8-29 所示，完成双人床的绘制。

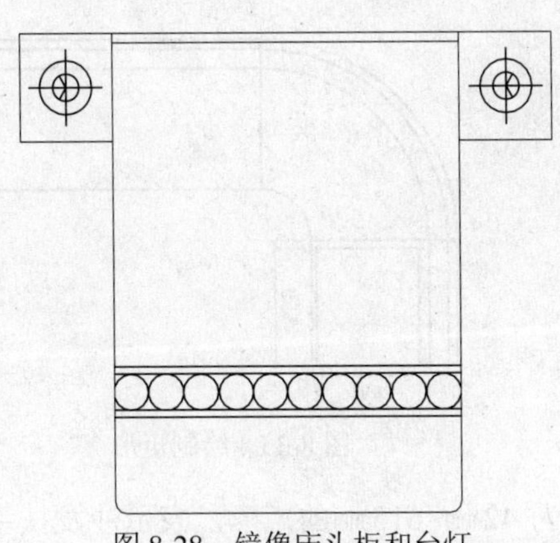
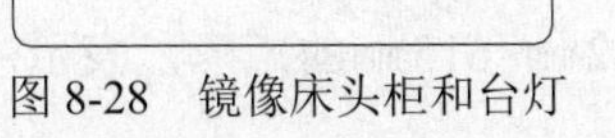

图 8-28　镜像床头柜和台灯

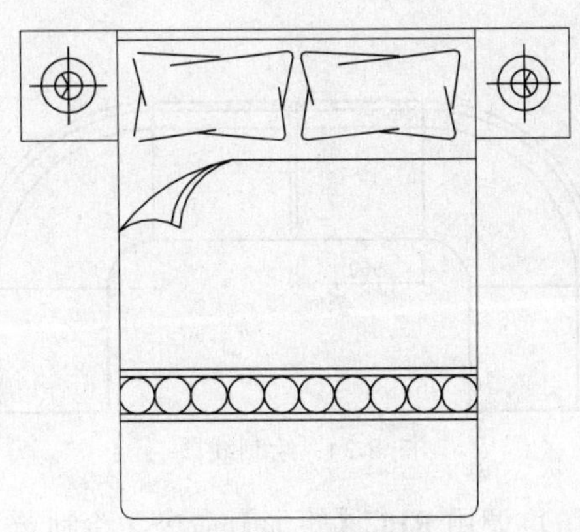

图 8-29　插入图块

8.2.2　绘制转角沙发和茶几

沙发和茶几通常摆放在客厅或者办公空间、酒店休息区等区域。本节介绍如图 8-30 所示转角沙发和茶几的绘制方法。

（1）绘制沙发。调用 PL【多段线】命令，绘制多段线，如图 8-31 所示。

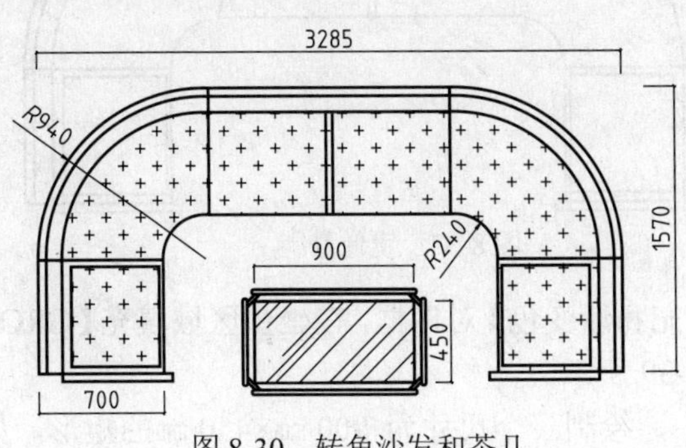

图 8-30　转角沙发和茶几

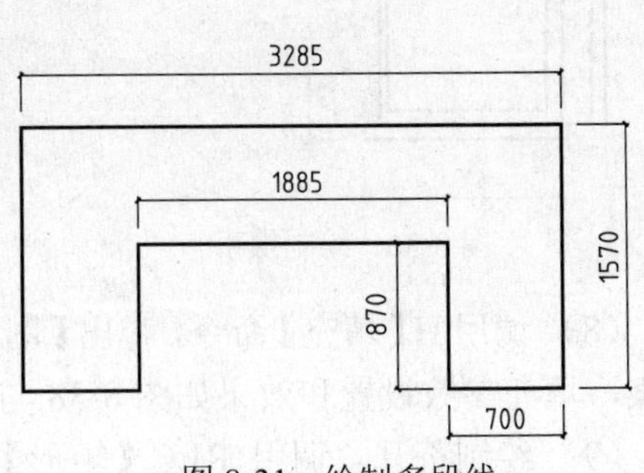

图 8-31　绘制多段线

（2）调用 F【圆角】命令，对多段线进行倒圆角，结果如图 8-32 所示。

（3）调用 O【偏移】、X【分解】命令，将多段线向内偏移 45㎜、90㎜，并对图形进行调整，结果如图 8-33 所示。

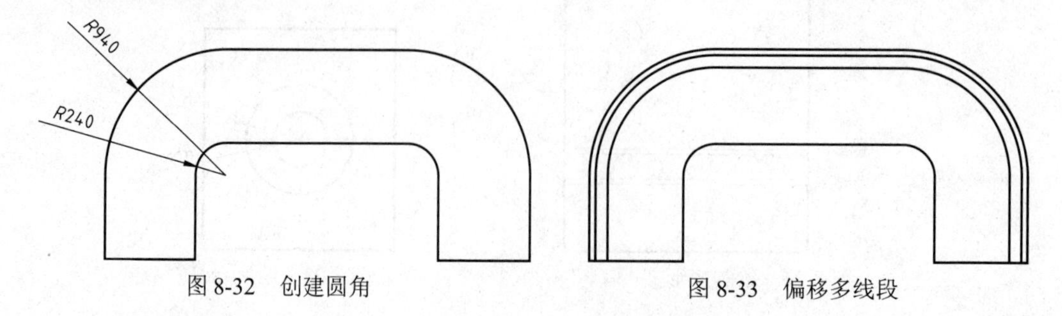

图 8-32　创建圆角　　　　图 8-33　偏移多线段

（4）调用 L【直线】、O【偏移】命令，绘制线段，结果如图 8-34 所示。

（5）调用 REC【矩形】命令，绘制一个尺寸为 490㎜×550㎜的矩形，并移动至相应的位置，如图 8-35 所示。

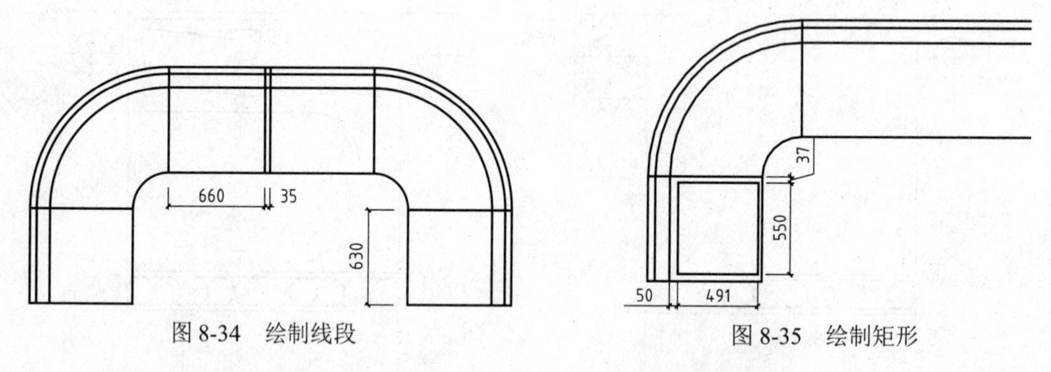

图 8-34　绘制线段　　　　图 8-35　绘制矩形

（6）调用 REC【矩形】命令，绘制一个尺寸为 42㎜×615㎜的矩形，表示沙发扶手，如图 8-36 所示。

（7）调用 MI【镜像】命令，镜像复制绘制完成的图形，结果如图 8-37 所示。

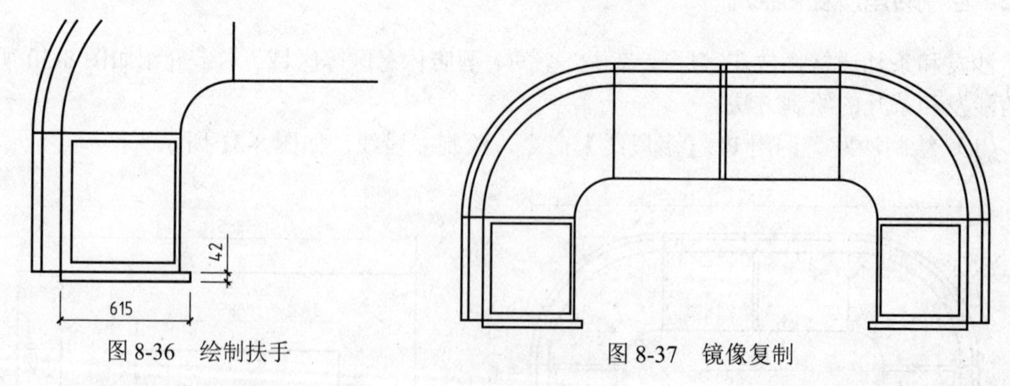

图 8-36　绘制扶手　　　　图 8-37　镜像复制

（8）调用 H【填充】命令，弹出【图案填充和渐变色】对话框，在坐垫区域填充【GROSS】图案，填充参数设置和效果如图 8-38 与图 8-39 所示。

（9）绘制茶几。调用 REC【矩形】命令，绘制一个尺寸为 900㎜×450㎜的矩形，如图 8-40 所示。

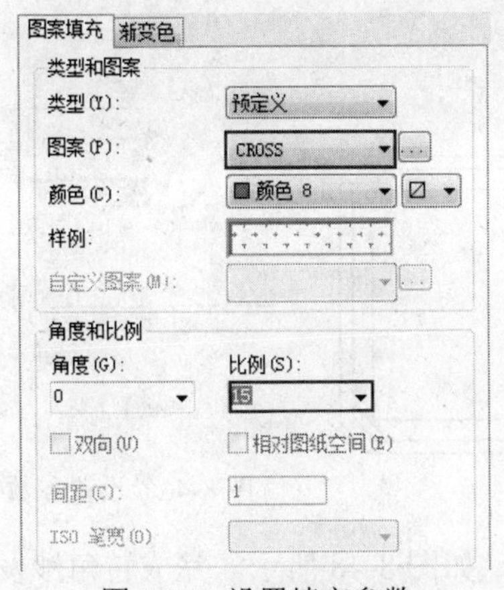

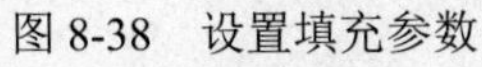

图 8-38　设置填充参数

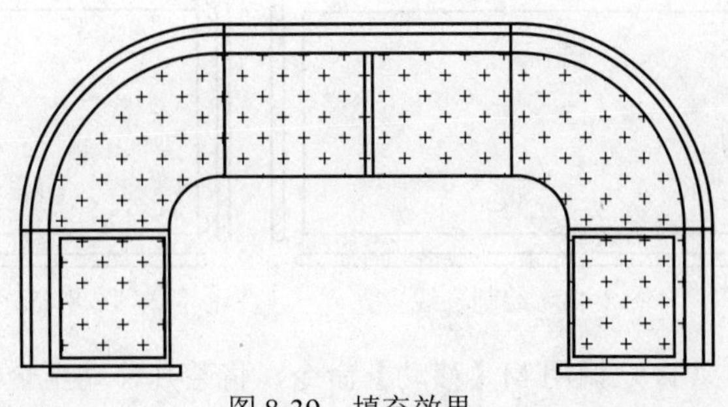

图 8-39　填充效果

（10）调用 REC【矩形】命令，绘制一个尺寸为 930㎜×25㎜、圆角半径为 10㎜的圆角矩形，并移动至合适位置，如图 8-41 所示。

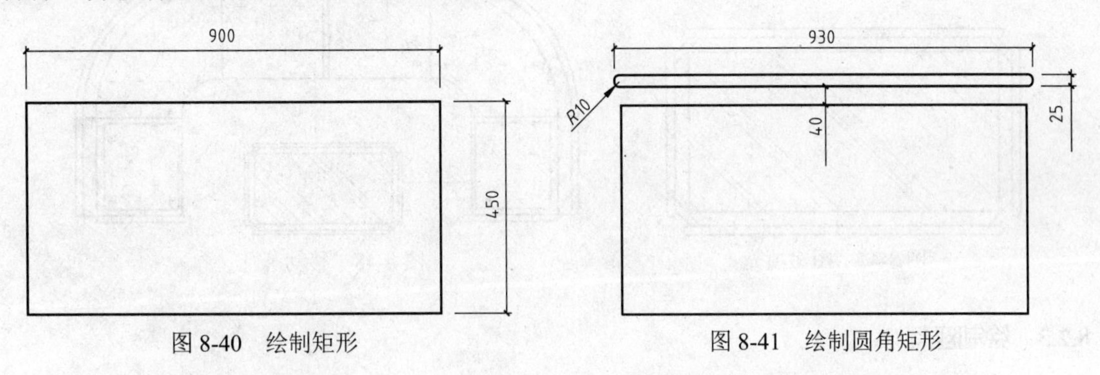

图 8-40　绘制矩形　　　　图 8-41　绘制圆角矩形

（11）调用 MI【镜像】命令，镜像复制绘制完成的图形，如图 8-42 所示。

（12）使用上述相同的方法，绘制两侧的圆角矩形，如图 8-43 所示。

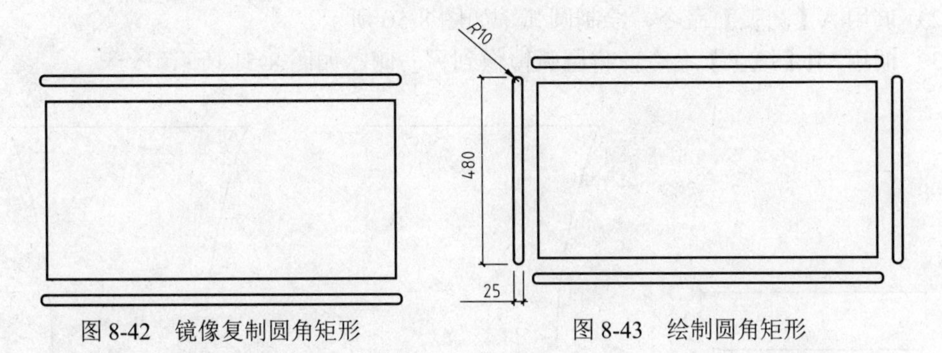

图 8-42　镜像复制圆角矩形　　　　图 8-43　绘制圆角矩形

（13）调用 L【直线】、O【偏移】命令，绘制直线，结果如图 8-44 所示。

（14）调用 MI【镜像】命令，镜像复制绘制完成的图形，如图 8-45 所示。

（15）填充茶几表面图案。调用 H【填充】命令，弹出【图案填充和渐变色】对话框，设置参数如图 8-46 所示。

（16）在绘图区中拾取填充区域，绘制图案填充的结果如图 8-47 所示。

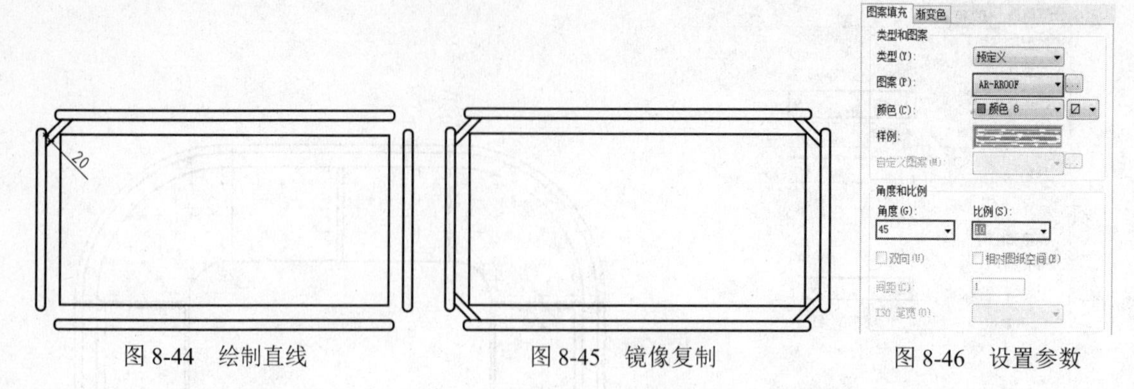

图 8-44　绘制直线　　图 8-45　镜像复制　　图 8-46　设置参数

（17）调用 M【移动】命令，将茶几移动至合适位置，如图 8-48 所示，完成转角沙发和茶几的绘制。

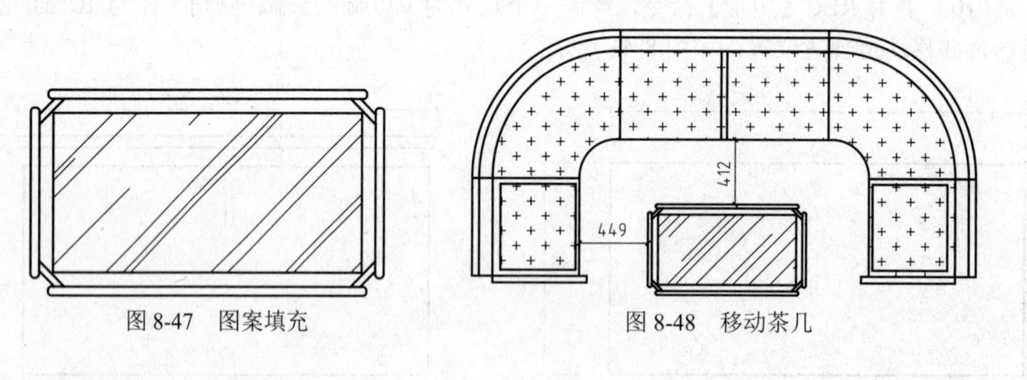

图 8-47　图案填充　　图 8-48　移动茶几

8.2.3　绘制座椅

座椅是一种有靠背、有的还有扶手的坐具，下面讲解绘制方法。

（1）绘制靠背。调用 L【直线】命令，绘制长度为 550㎜的线段，如图 8-49 所示。

（2）调用 A【圆弧】命令，绘制圆弧，如图 8-50 所示。

（3）调用 MI【镜像】命令，将圆弧镜像到另一侧，如图 8-51 所示。

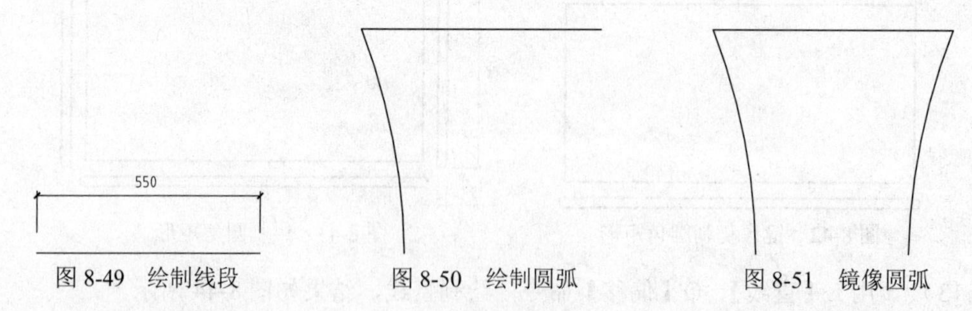

图 8-49　绘制线段　　图 8-50　绘制圆弧　　图 8-51　镜像圆弧

（4）调用 O【偏移】命令，将线段和圆弧向内偏移 50，并对线段进行调整，如图 8-52 所示。

（5）调用 L【直线】命令和 O【偏移】命令，绘制线段，如图 8-53 所示。

（6）绘制坐垫。调用 REC【矩形】命令，绘制尺寸为 615㎜×100㎜的矩形，如图 8-54

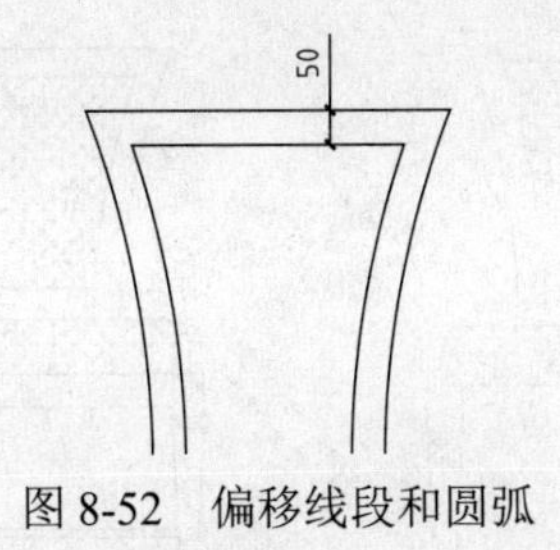

图 8-52　偏移线段和圆弧

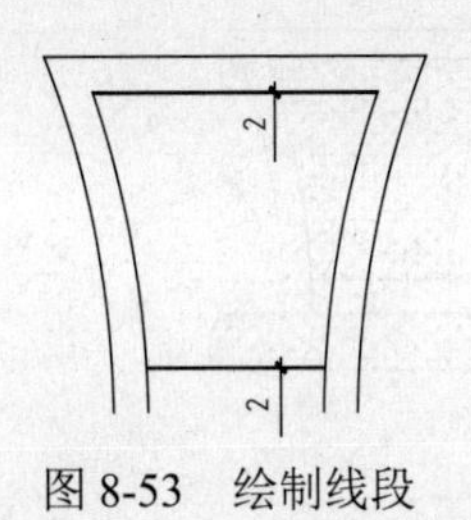

图 8-53　绘制线段

所示。

（7）调用 F【圆角】命令，对矩形进行圆角，圆角半径为 40㎜，如图 8-55 所示。

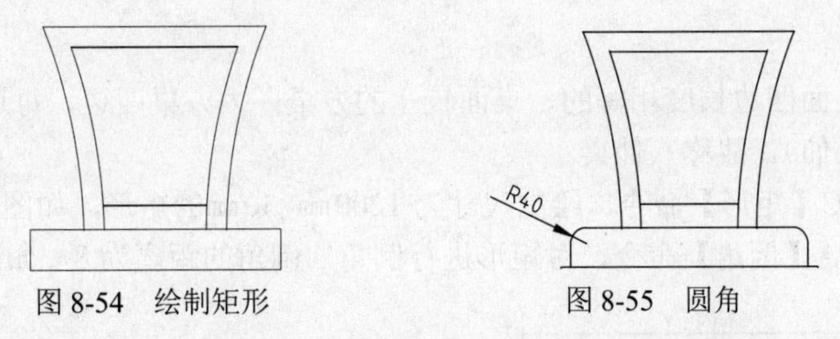

图 8-54　绘制矩形　　　　图 8-55　圆角

（8）调用 H【填充】命令，在靠背和坐垫区域填充 CROSS 图案，填充参数设置和效果如图 8-56 所示。

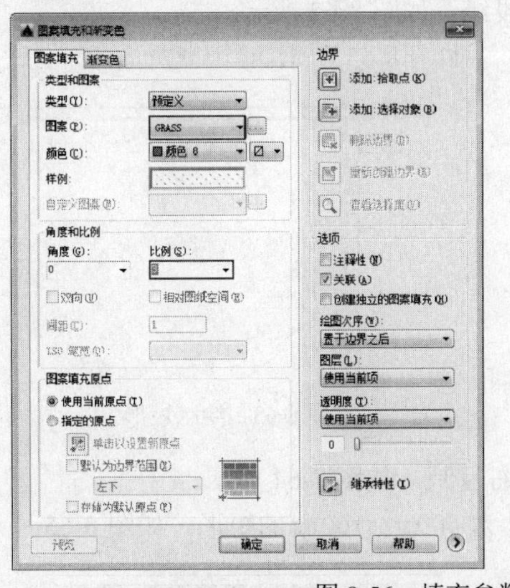

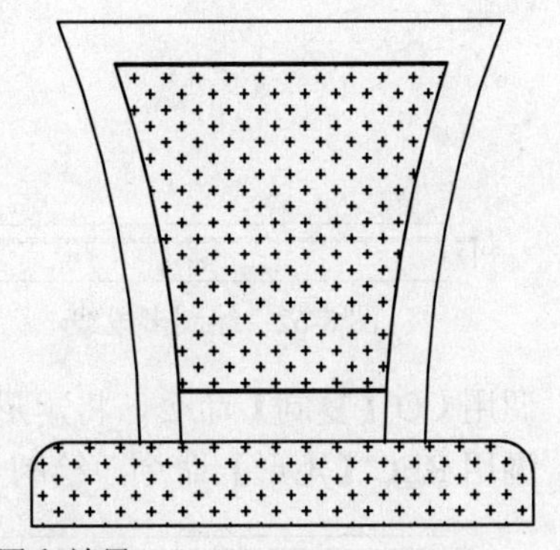

图 8-56　填充参数设置和效果

（9）绘制椅脚。调用 PL【多段线】命令、A【圆弧】命令和 L【直线】命令，绘制椅脚，如图 8-57 所示。

（10）调用 MI【镜像】命令，将椅脚镜像到另一侧，如图 8-58 所示。

（11）调用 L【直线】命令和 O【偏移】命令，绘制线段，如图 8-59 所示，完成座椅的绘制。

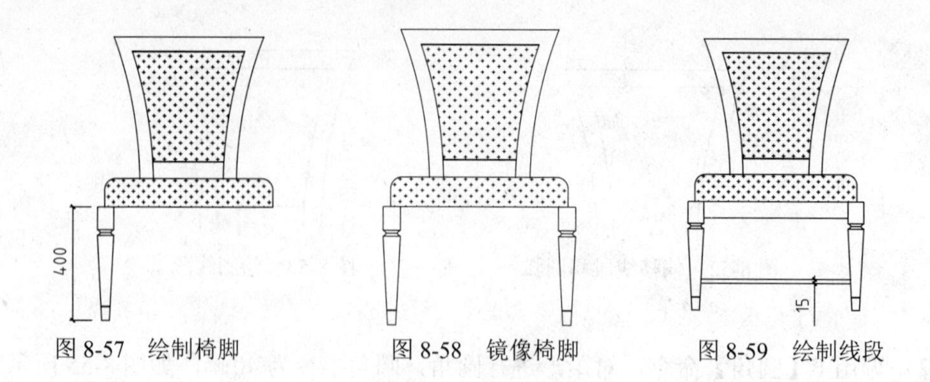

图 8-57　绘制椅脚　　图 8-58　镜像椅脚　　图 8-59　绘制线段

8.2.4 绘制八仙桌

八仙桌，指桌面四边长度相等的、桌面较宽的方桌，大方桌四边，每边可坐二人，四边围坐八人（犹如八仙），故称八仙桌。

（1）调用 REC【矩形】命令，绘制尺寸为 1200㎜×30㎜的矩形，如图 8-60 所示。

（2）调用 CHA【倒角】命令，对矩形进行倒角，倒角的距离为 8，如图 8-61 所示。

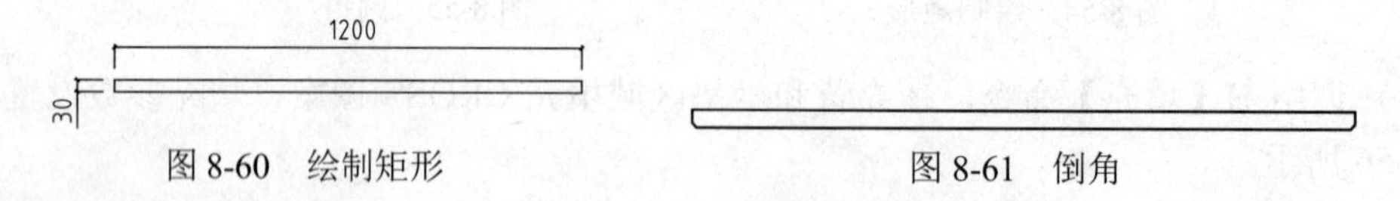

图 8-60　绘制矩形　　图 8-61　倒角

（3）调用 PL【多段线】命令，绘制多段线，如图 8-62 所示。

（4）调用 REC【矩形】命令，绘制矩形，如图 8-63 所示。

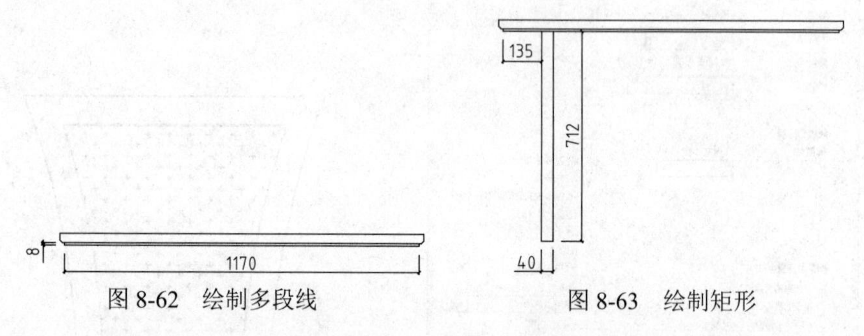

图 8-62　绘制多段线　　图 8-63　绘制矩形

（5）调用 CO【复制】命令，将矩形向右复制，如图 8-64 所示。

（6）调用 REC【矩形】命令，绘制尺寸为 400㎜×160㎜的矩形，如图 8-65 所示。

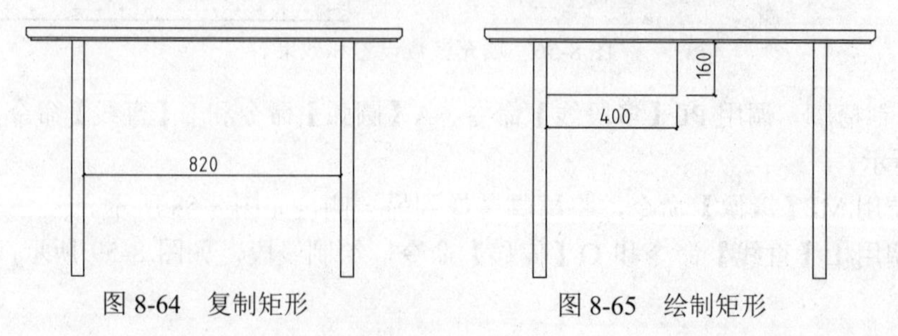

图 8-64　复制矩形　　图 8-65　绘制矩形

（7）调用 O【偏移】命令，将矩形向内偏移 15 和 5，如图 8-66 所示。

（8）调用 L【直线】命令，绘制线段链接矩形，如图 8-67 所示。

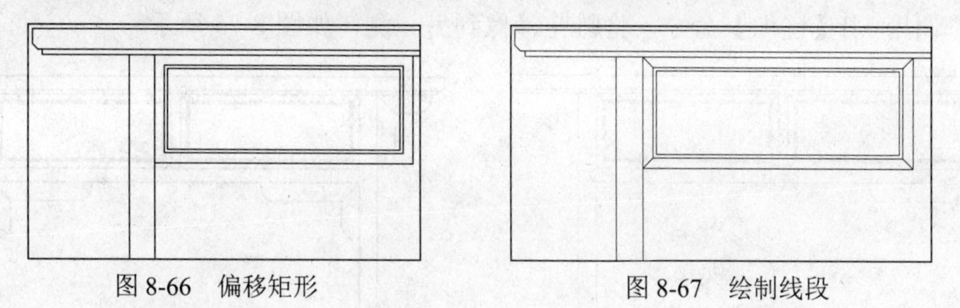

图 8-66　偏移矩形　　图 8-67　绘制线段

（9）调用 MI【镜像】命令，将抽屉镜像到另一侧，如图 8-68 所示。

（10）调用 L【直线】命令和 O【偏移】命令，绘制线段，如图 8-69 所示。

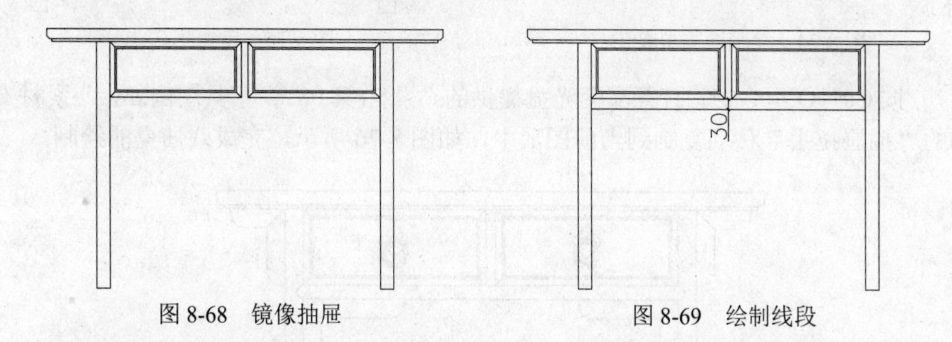

图 8-68　镜像抽屉　　图 8-69　绘制线段

（11）调用 A【圆弧】命令，绘制圆弧，并对多余的线段进行修剪，如图 8-70 所示。

（12）调用 PL【多段线】命令，绘制多段线，如图 8-71 所示。

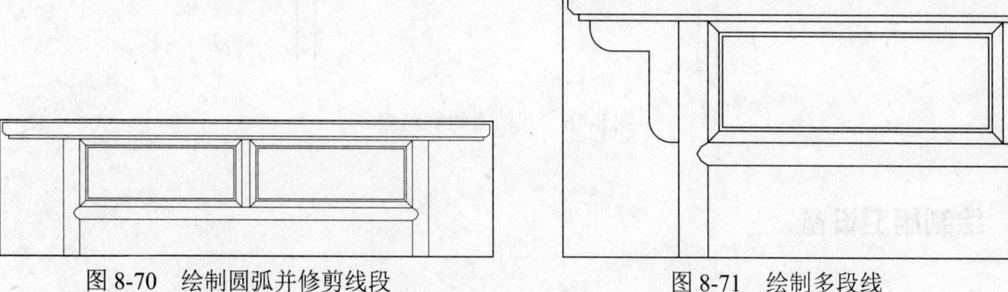

图 8-70　绘制圆弧并修剪线段　　图 8-71　绘制多段线

（13）调用 F【圆角】命令，对多段线进行圆角，圆角半径为 30㎜，如图 8-72 所示。

（14）调用 L【直线】命令，绘制线段，如图 8-73 所示。

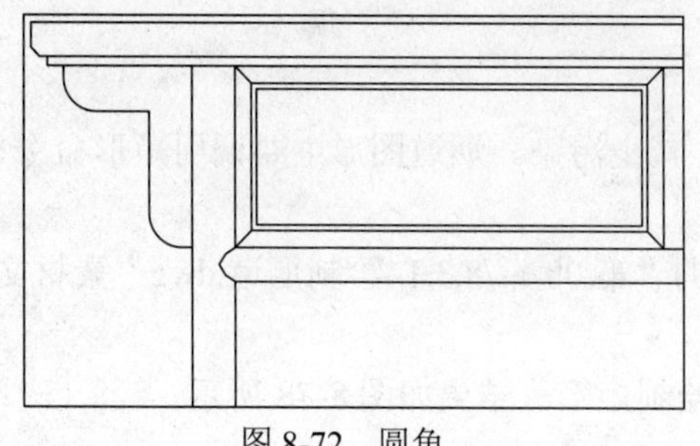

图 8-72　圆角

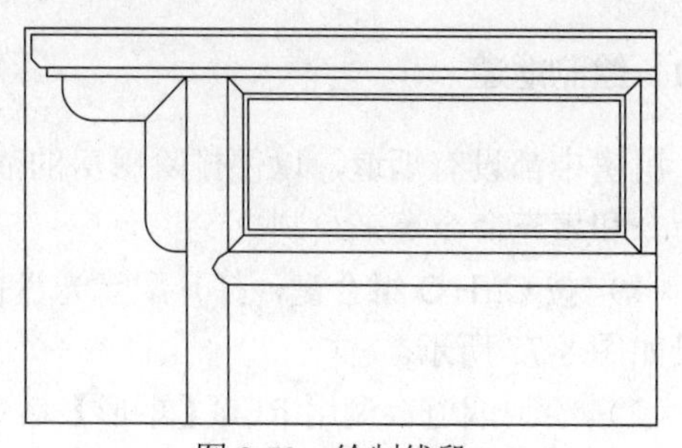

图 8-73　绘制线段

（15）使用同样的方法绘制同类型雕花，如图 8-74 所示。

（16）调用 MI【镜像】命令，将雕花镜像到另一侧，如图 8-75 所示。

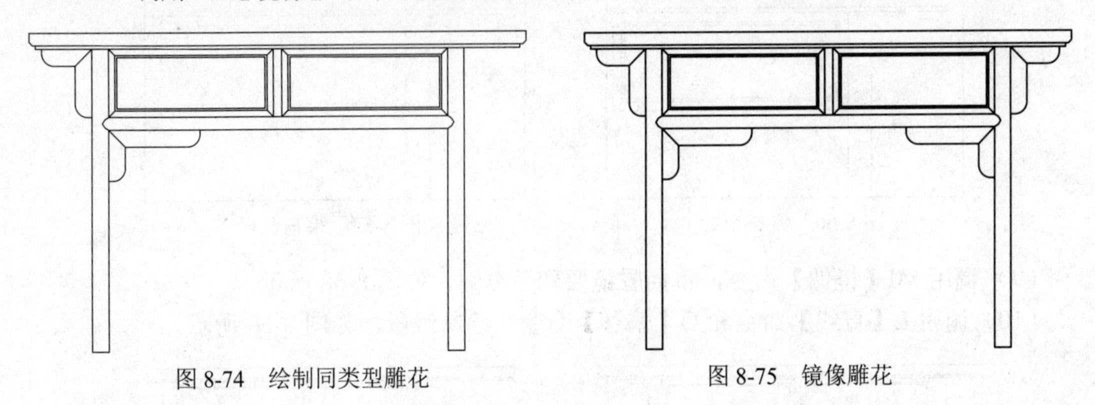

图 8-74 绘制同类型雕花　　图 8-75 镜像雕花

（17）按 Ctrl+O 组合键，打开配套光盘提供的“素材/第 08 章/家具图例.dwg”素材文件，将其中的“抽屉拉手”移动复制到当前图形中，如图 8-76 所示，完成八仙桌的绘制。

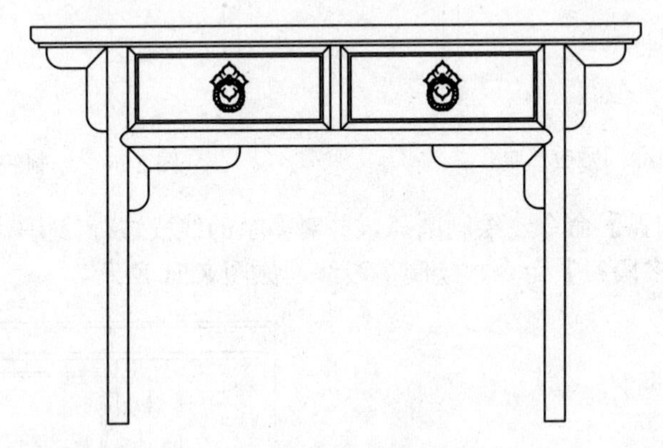

图 8-76 八仙桌绘制结果

8.3 绘制厨卫设备

厨卫设备是每个家庭中必备的家具之一，同理，反映居室设计的施工图也不能缺少厨卫设备图形。厨卫设备主要包括燃气灶、洗菜盆、洗衣机、浴缸及坐便器等图形。

本节主要介绍常用厨卫设备的绘制方法。

8.3.1 绘制烟道

厨房中都设有烟道，以便排除厨房的油烟，减少污染。烟道图形主要调用矩形命令、偏移命令和填充命令等来绘制。

（1）按 Ctrl+O 组合键，打开配套光盘提供的“第 08 章/8.3.1 绘制烟道.dwg”素材文件，结果如图 8-77 所示。

（2）绘制烟道。调用 REC【矩形】命令，绘制矩形，结果如图 8-78 所示。

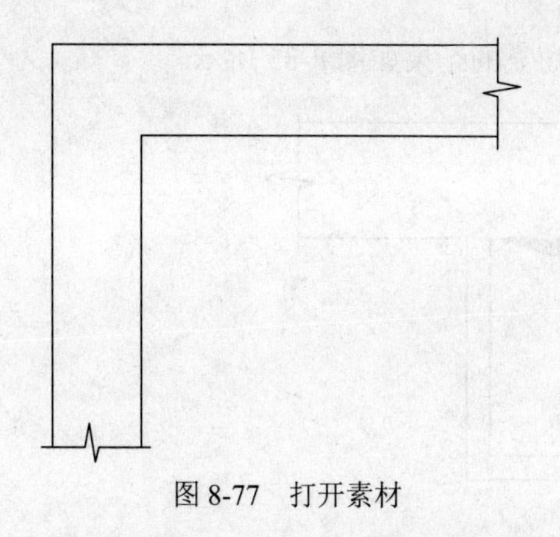

图 8-77　打开素材

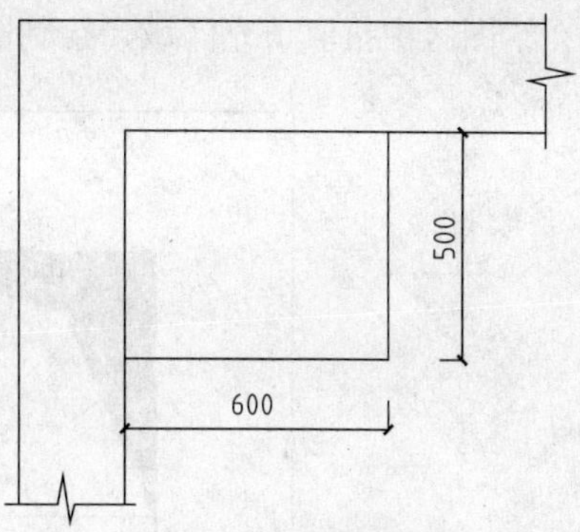

图 8-78　绘制矩形

（3）调用 X【分解】命令，分解矩形；调用 O【偏移】命令，偏移矩形边，结果如图 8-79 所示。

（4）调用 TR【修剪】命令，修剪线段，结果如图 8-80 所示。

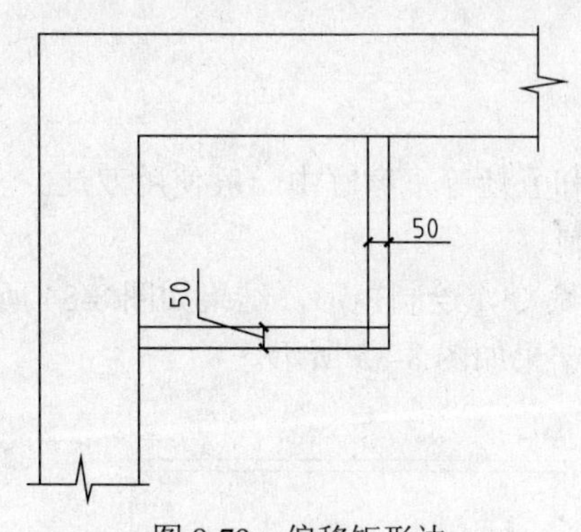

图 8-79　偏移矩形边

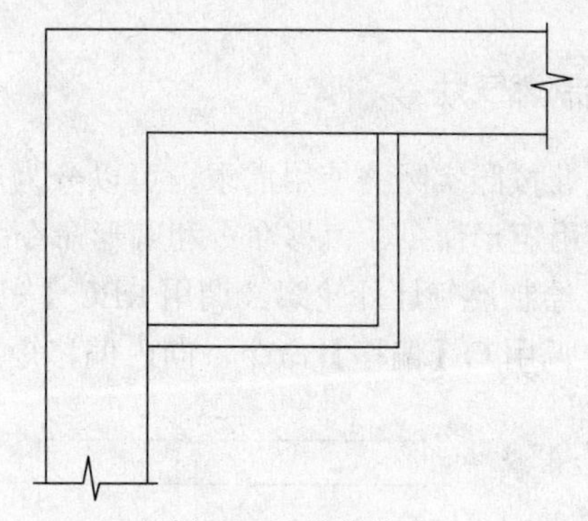

图 8-80　修剪线段

（5）调用 PL【多段线】命令，绘制折断线，结果如图 8-81 所示。

（6）填充烟道图案。调用 H【填充】命令，弹出【图案填充和渐变色】对话框，设置参数如图 8-82 所示。

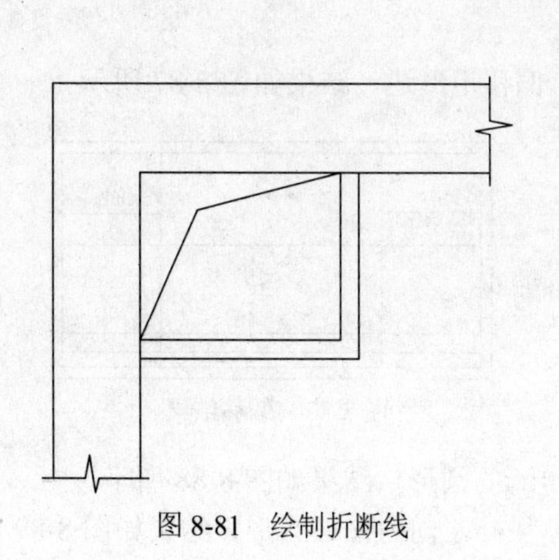

图 8-81　绘制折断线

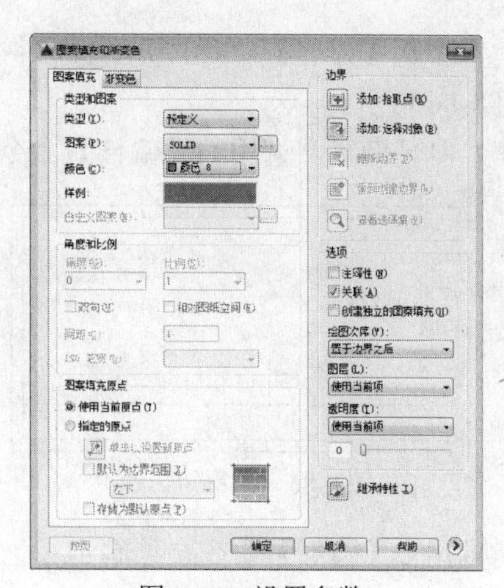

图 8-82　设置参数

（7）在绘图区中拾取填充区域，绘制图案填充的结果如图 8-83 所示。

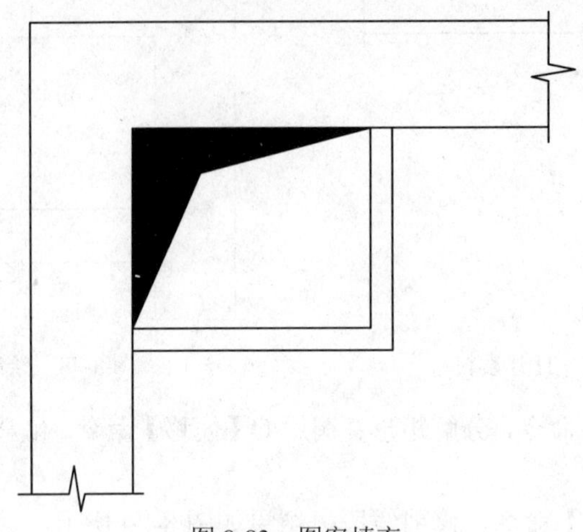

图 8-83　图案填充

8.3.2　绘制燃气灶

燃气灶按照实际的使用需求，可以分为双灶和五灶等，家庭中一般使用双灶。燃气灶图形主要调用矩形命令、偏移命令和圆形命令来绘制。

（1）绘制燃气灶外轮廓。调用 REC【矩形】命令，绘制矩形，结果如图 8-84 所示。

（2）调用 O【偏移】命令，向内偏移矩形，结果如图 8-85 所示。

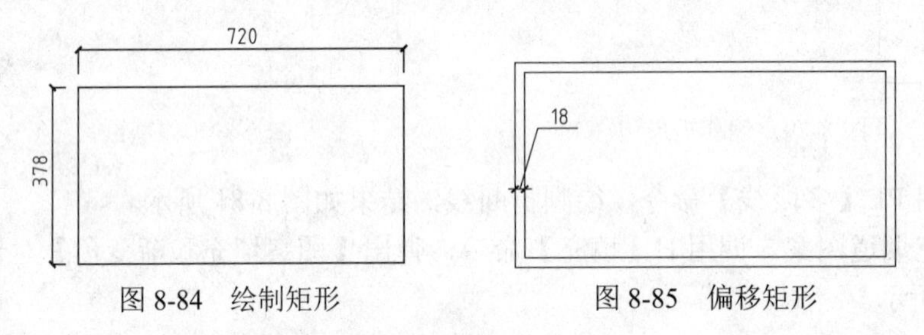

图 8-84　绘制矩形　　　图 8-85　偏移矩形

（3）调用 X【分解】命令，分解偏移得到的矩形。调用 O【偏移】命令，偏移矩形边，结果如图 8-86 所示。

（4）绘制辅助线。调用 O【偏移】命令，偏移矩形边，结果如图 8-87 所示。

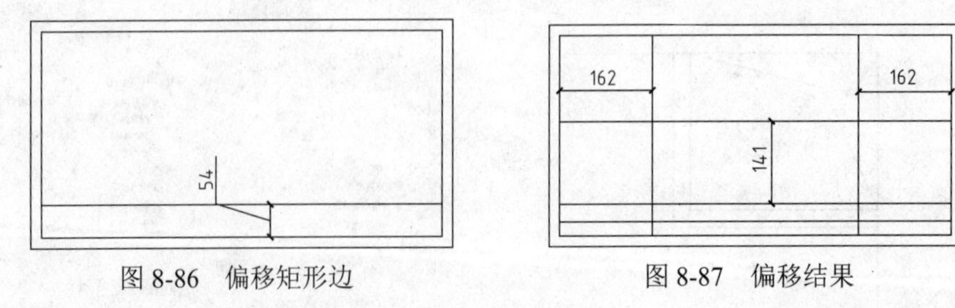

图 8-86　偏移矩形边　　　图 8-87　偏移结果

（5）调用 C【圆形】命令，绘制半径为 90㎜的圆形，结果如图 8-88 所示。

（6）调用 O【偏移】命令，设置偏移距离为 45，向内偏移圆形，结果如图 8-89 所示。

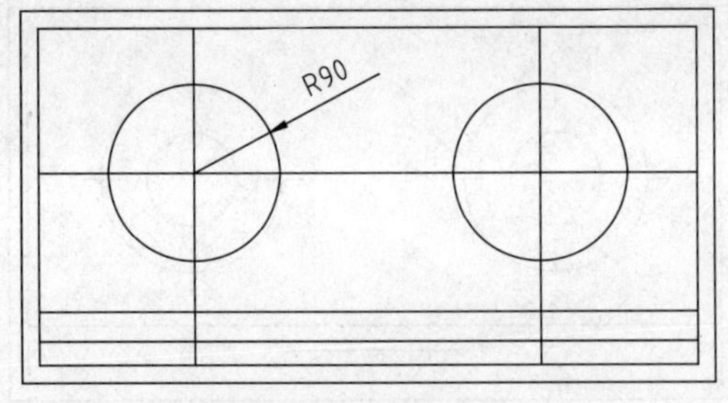

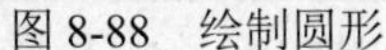
图 8-88　绘制圆形

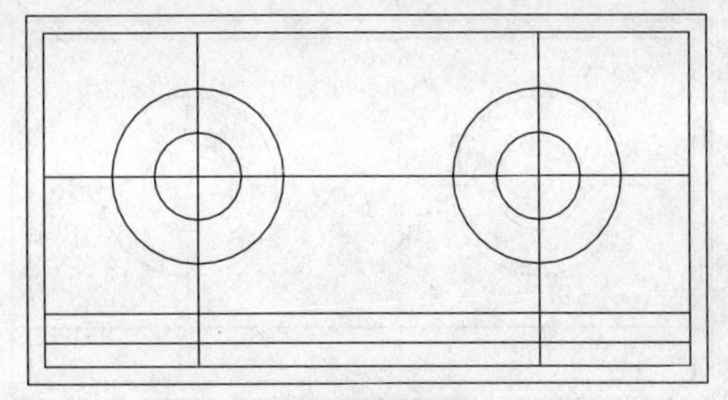
图 8-89　偏移圆形

（7）绘制开关。调用 C【圆】命令，绘制半径为 11㎜的圆形，结果如图 8-90 所示。

（8）调用 O【偏移】命令，设置偏移距离为 22，往外偏移半径为 90 的圆形，结果如图 8-91 所示。

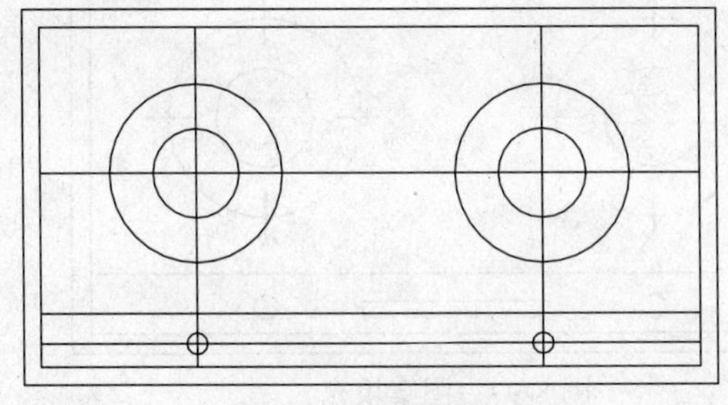
图 8-90　绘制圆形

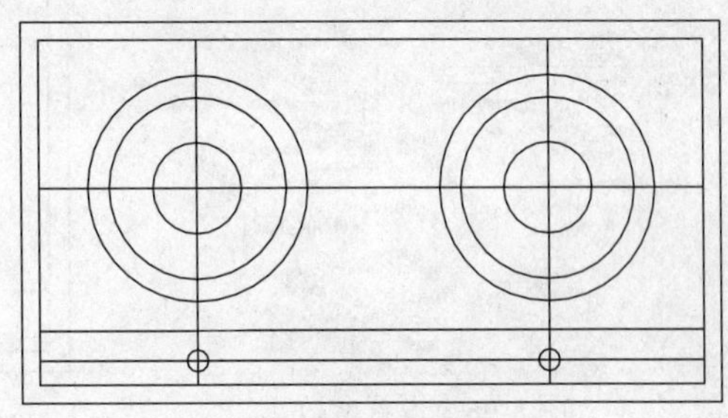
图 8-91　偏移圆形

（9）调用 O【偏移】命令，设置偏移距离为 23，向内偏移半径为 90 的圆形，结果如图 8-92 所示。

（10）调用 TR【修剪】命令，修剪多余线段，结果如图 8-93 所示。

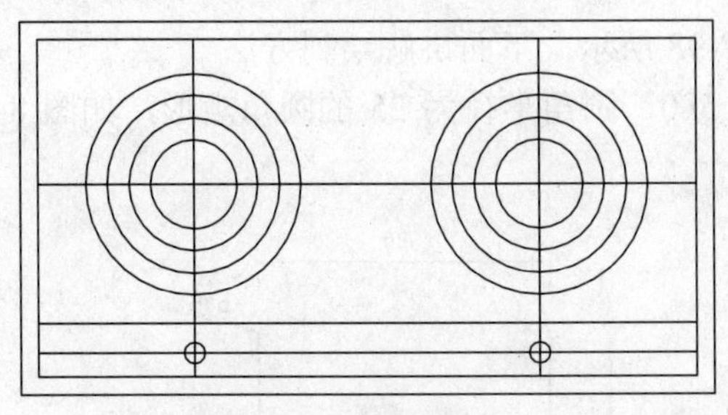
图 8-92　偏移圆形

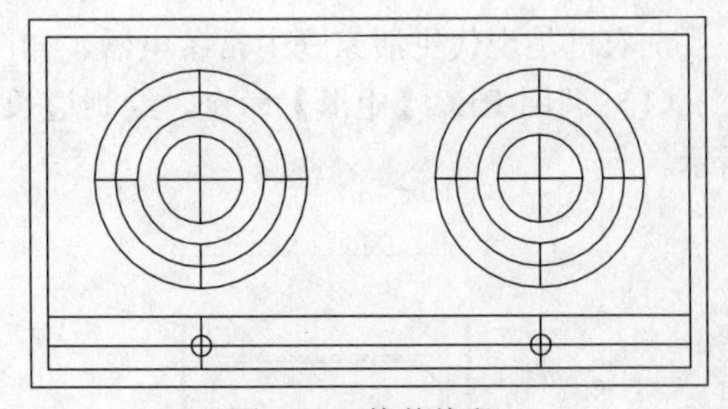
图 8-93　修剪线段

（11）调用 E【删除】命令，删除多余图形，结果如图 8-94 所示。

（12）绘制商标。调用 REC【矩形】命令，绘制尺寸为 171㎜×14㎜的矩形，结果如图 8-95 所示。

（13）填充燃气灶图案。调用 H【填充】命令，弹出【图案填充和渐变色】对话框，设置参数如图 8-96 所示。

（14）在绘图区中拾取填充区域，绘制图案填充的结果如图 8-97 所示。

（15）创建成块。调用 B【块】命令，打开【块定义】对话框；框选绘制完成的燃气灶图形，设置图形名称，单击【确定】按钮，即可将图形创建成块，方便以后调用。

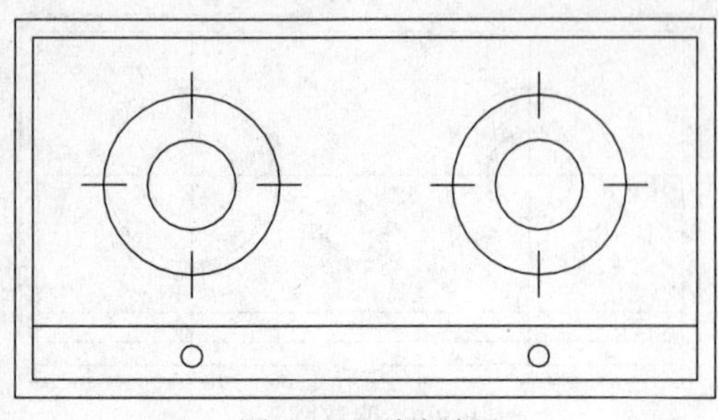

图 8-94　删除结果

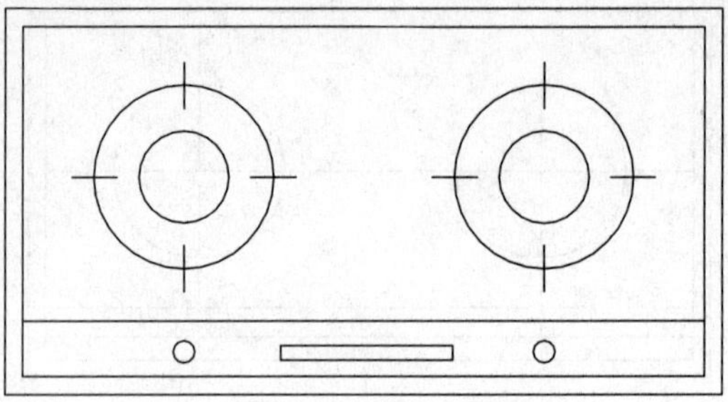

图 8-95　绘制矩形

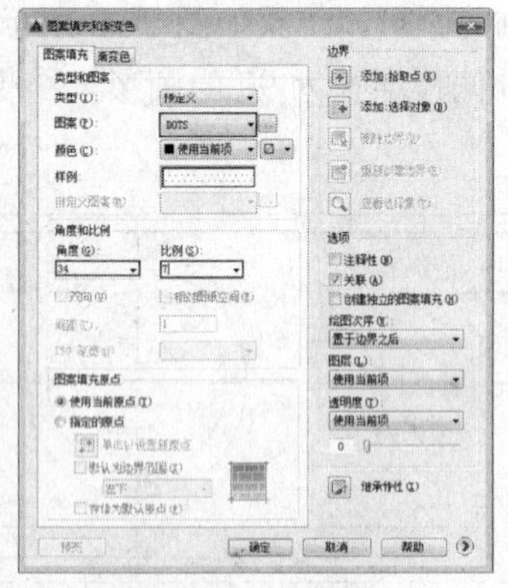

图 8-96　设置参数

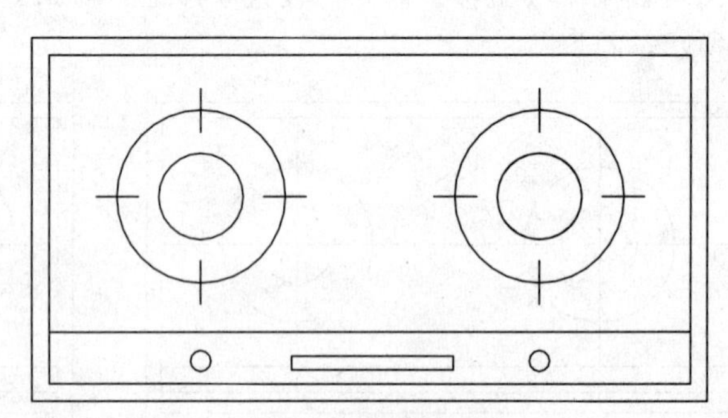

图 8-97　图案填充

8.3.3　绘制洗衣机

洗衣机可以减少人们的劳动量，一般放置在阳台或者卫生间。洗衣机图形主要调用矩形命令、圆角命令和圆形命令来绘制。

洗衣机是现代生活家庭中常备电器，如图 8-98 所示，下面讲解绘制方法。

（1）调用 REC【矩形】命令，绘制边长为 580，圆角半径为 25 的圆角矩形，如图 8-99 所示。

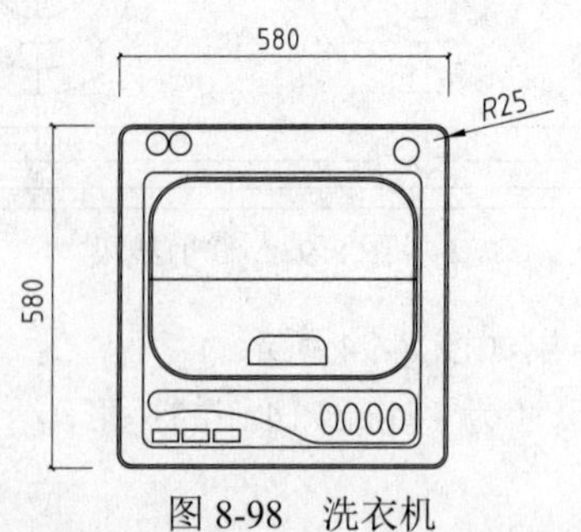

图 8-98　洗衣机

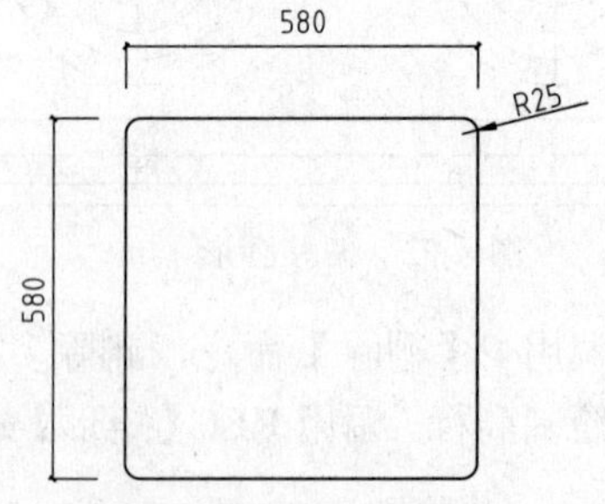

图 8-99　绘制圆角矩形

（2）调用 O【偏移】命令，将圆角矩形向内偏移 5，如图 8-100 所示。

（3）调用 REC【矩形】命令和 O【偏移】命令，绘制圆角矩形，如图 8-101 所示。

（4）调用 L【直线】命令，绘制线段，如图 8-102 所示。

（5）调用 REC【矩形】命令和 CHA【倒角】命令，绘制拉手，如图 8-103 所示。

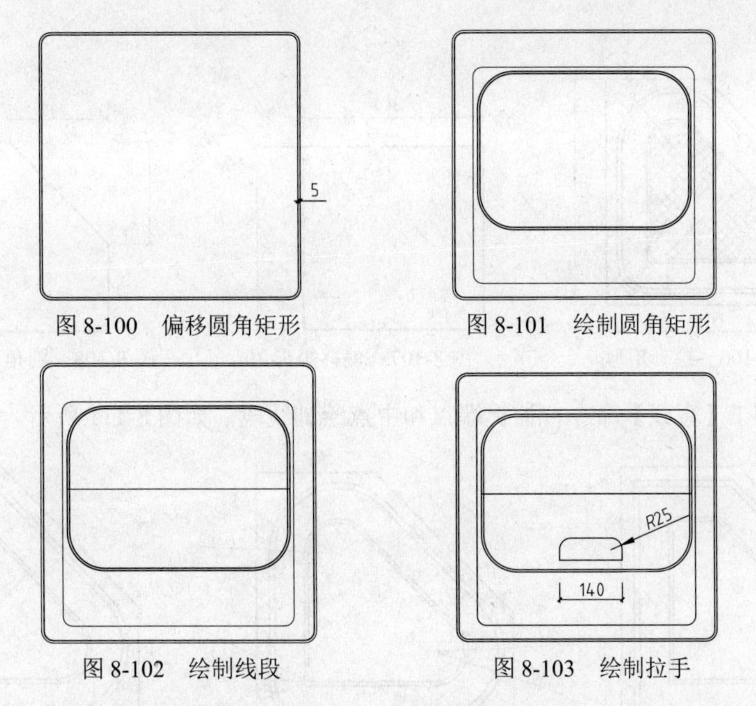

图 8-100　偏移圆角矩形

图 8-101　绘制圆角矩形

图 8-102　绘制线段

图 8-103　绘制拉手

（6）调用 REC【矩形】命令、A【圆弧】命令和 TR【修剪】命令，绘制图形，如图 8-104 所示。

（7）调用 REC【矩形】命令、C【圆】命令和 EL【椭圆】命令，绘制洗衣机上的按钮，如图 8-105 所示，完成洗衣机的绘制。

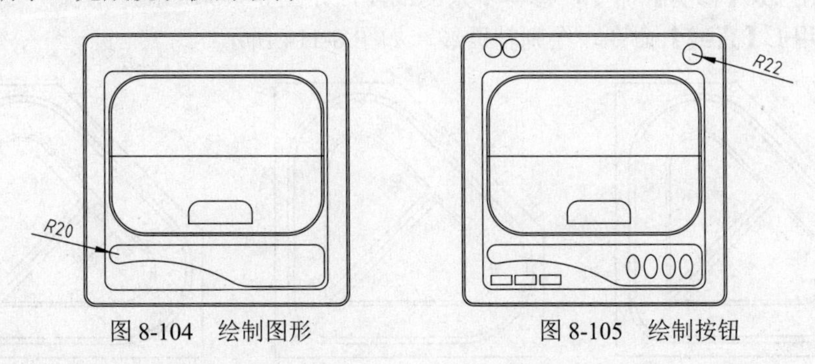

图 8-104　绘制图形

图 8-105　绘制按钮

8.3.4　绘制浴缸

浴缸有心形、圆形、椭圆形、长方形和三角形等，本小节讲解如图 8-106 所示心形浴缸的绘制方法。心形浴缸大多放在墙角，以充分利用卫生间的空间。

（1）绘制浴缸外轮廓。调用 REC【矩形】命令，绘制尺寸为 1300㎜×1300㎜矩形，如图 8-107 所示。

（2）调用 CHA【倒角】命令，设置倒角距离为 700，如图 8-108 所示。

（3）调用 O【偏移】命令，将倒角后的矩形向内偏移 65㎜、30㎜、150㎜、20㎜，如图 8-109 所示。

（4）调用 F【圆角】命令，对偏移后的矩形进行圆角处理，如图 8-110 所示。

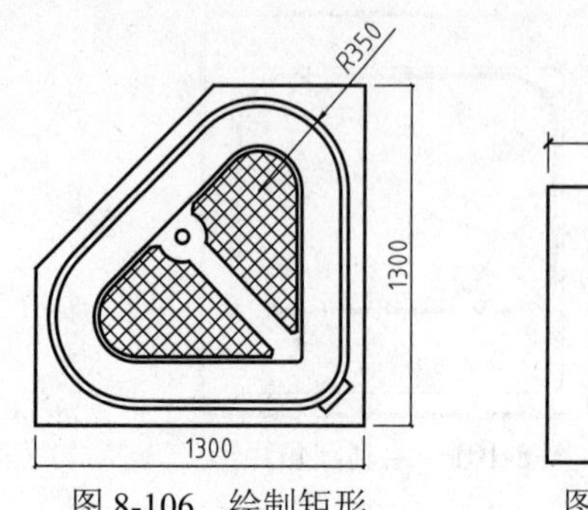

图 8-106　绘制矩形

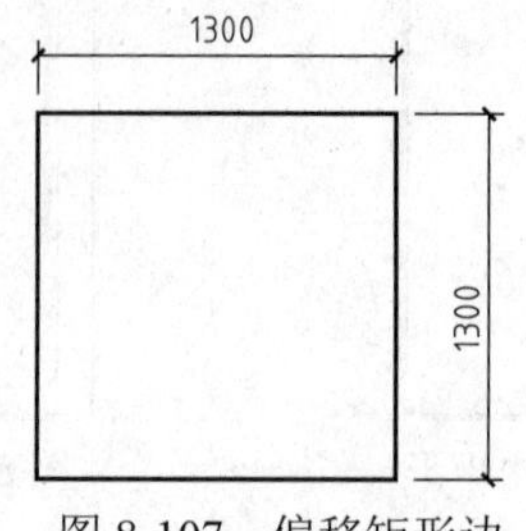

图 8-107　偏移矩形边

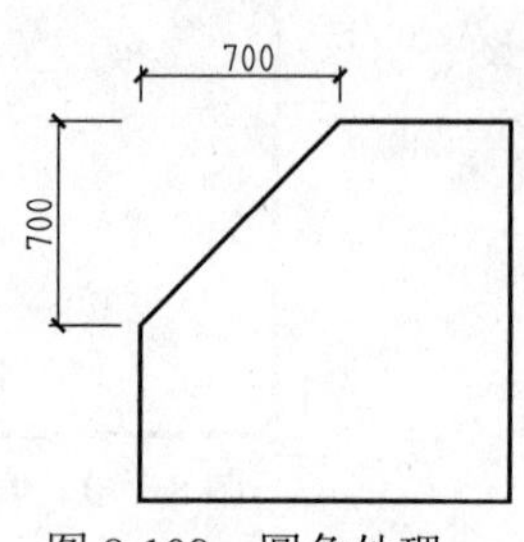

图 8-108　圆角处理

（5）调用 L【直线】命令，捕捉端点和中点绘制线段，如图 8-111 所示。

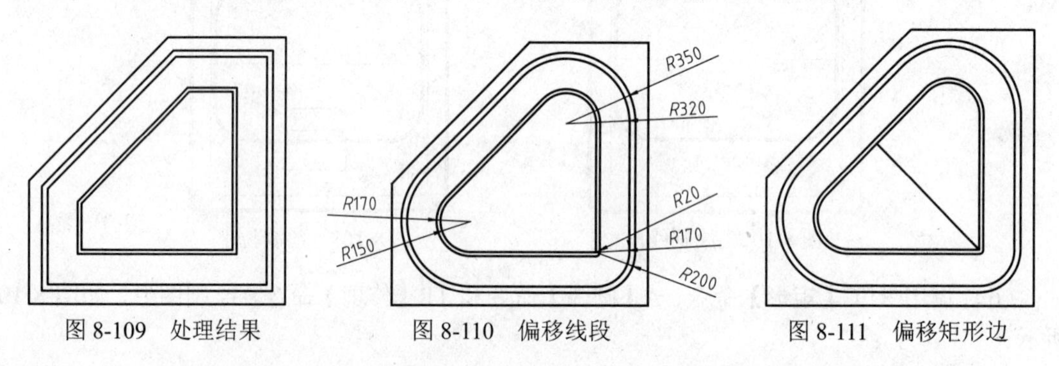

图 8-109　处理结果　　图 8-110　偏移线段　　图 8-111　偏移矩形边

（6）调用 O【偏移】命令，将线段分别向两侧偏移 35，如图 8-112 所示。

（7）调用 TR【修剪】命令，修剪多余的线段，如图 8-113 所示。

（8）调用 L【直线】命令，绘制辅助线，如图 8-114 所示。

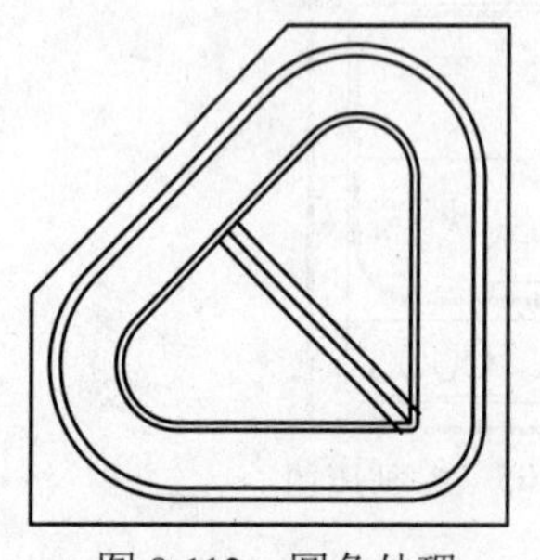
图 8-112　圆角处理

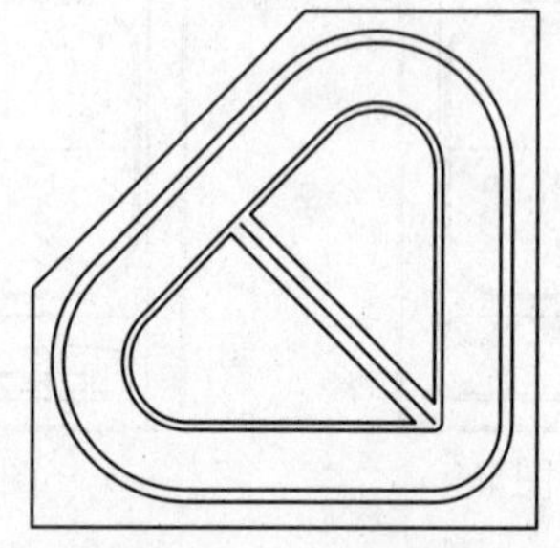
图 8-113　处理结果

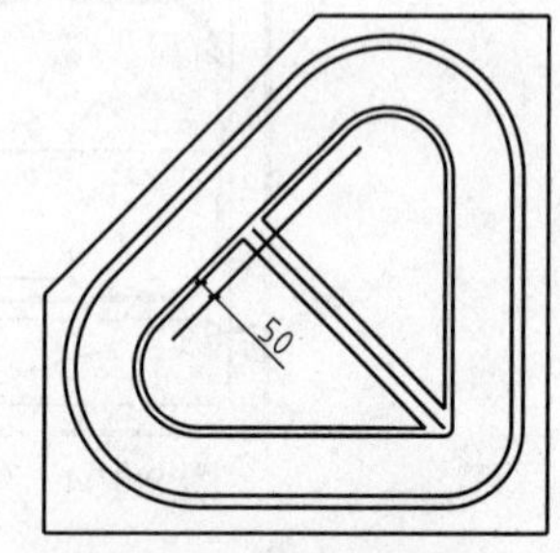

图 8-114　绘制矩形

（9）调用 C【圆】命令，绘制半径为 25㎜、95㎜的两个同心圆形，并删除辅助线，如图 8-115 所示。

（10）调用 TR【修剪】命令，修剪多余的线段和圆，如图 8-116 所示。

（11）调用 A【圆弧】命令，绘制圆弧，并对线段进行调整，结果如图 8-117 所示。

（12）调用 H【填充】命令，弹出【图案填充和渐变色】对话框，设置参数，如图 8-118 所示。

（13）在绘图区中拾取填充区域，绘制图案填充的结果如图 8-119 所示。

（14）调用 PL【多段线】命令，绘制多段线，如图 8-120 所示，完成浴缸的绘制。

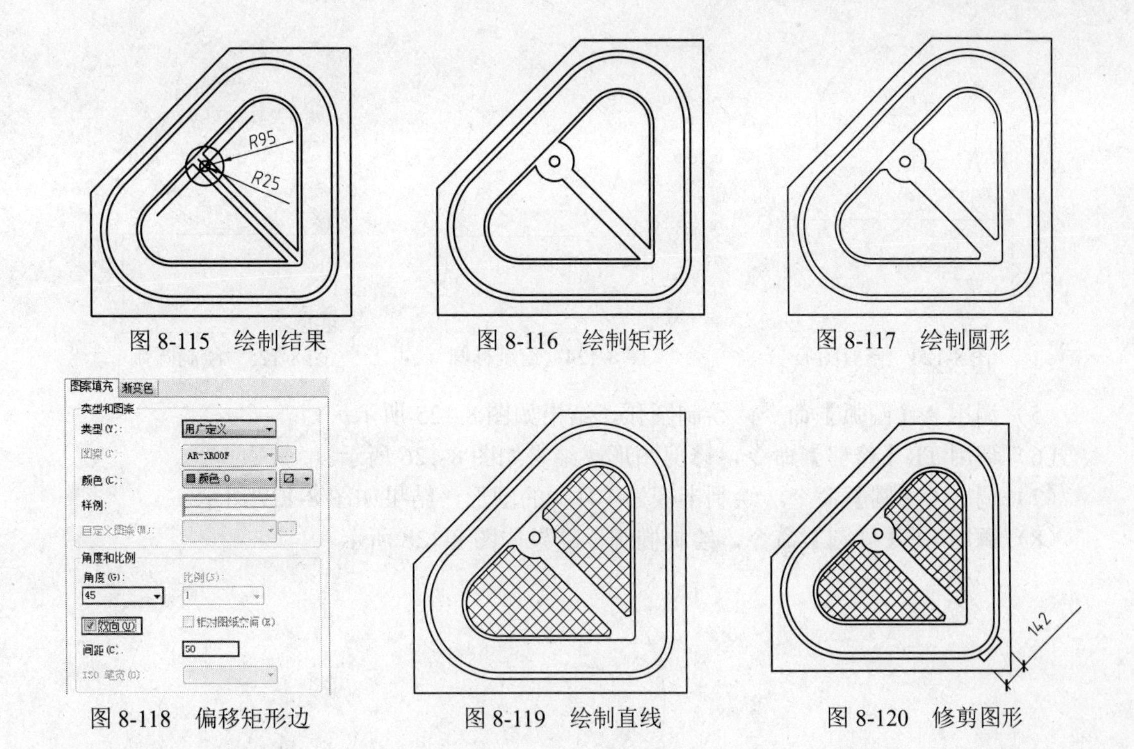

图 8-115　绘制结果　　图 8-116　绘制矩形　　图 8-117　绘制圆形

图 8-118　偏移矩形边　　图 8-119　绘制直线　　图 8-120　修剪图形

8.3.5　绘制坐便器图块

坐便器是卫生间中最重要的洁具图形之一。绘制坐便器图形，主要调用矩形命令、圆形命令、椭圆命令来绘制。

（1）绘制坐便器外轮廓。调用 REC【矩形】命令，绘制矩形，结果如图 8-121 所示。

（2）调用 C【圆】命令，绘制圆形，结果如图 8-122 所示。

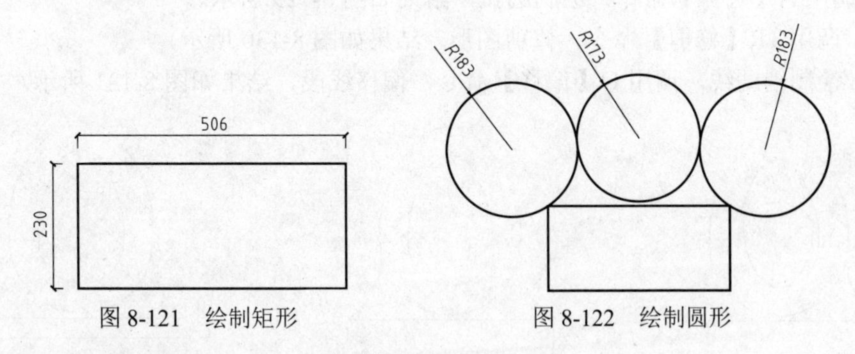

图 8-121　绘制矩形　　图 8-122　绘制圆形

（3）调用 TR【修剪】命令，修剪图形，结果如图 8-123 所示。

（4）调用 EL【椭圆】命令，命令行提示如下：

命令：ELLIPSE↙　　//调用【椭圆】命令

指定椭圆的轴端点或 [圆弧(A)/中心点(C)]：　　//以半径为 173 的圆形的圆心为轴端点

指定轴的另一个端点：276　　//鼠标向上移动，指定另一轴端点的距离

指定另一条半轴长度或 [旋转(R)]：125

//鼠标向右移动，指定另一条半轴长度参数，绘制椭圆的结果如图 8-124 所示。

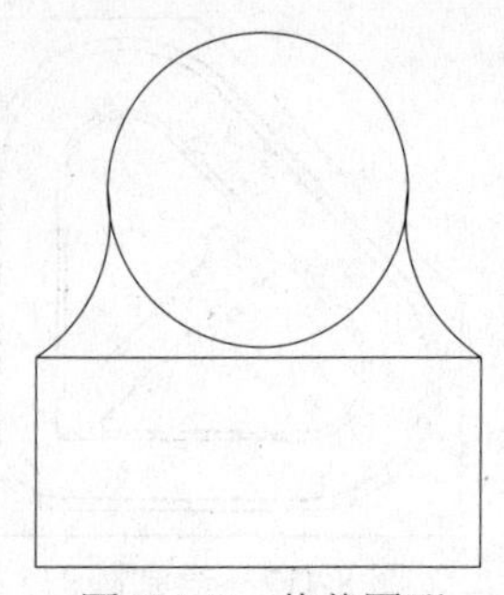
图 8-123　修剪图形

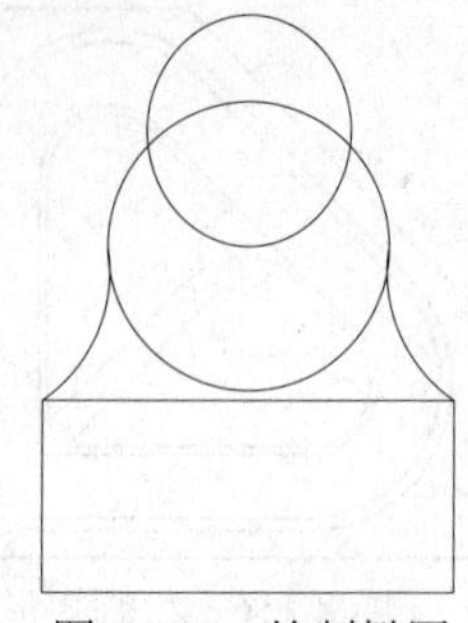
图 8-124　绘制椭圆

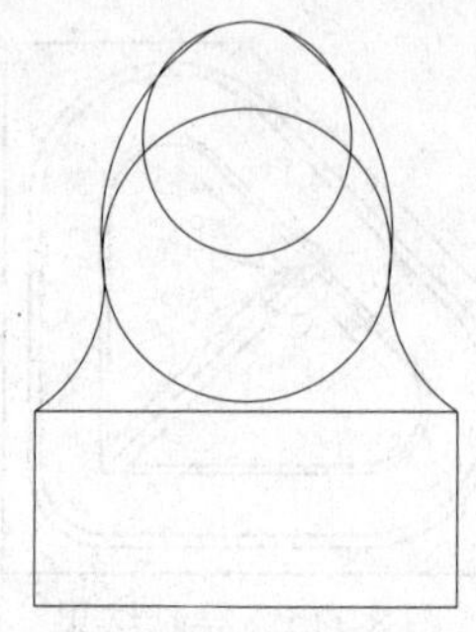
图 8-125　绘制圆弧

（5）调用 A【圆弧】命令，绘制圆弧，结果如图 8-125 所示。

（6）调用 TR【修剪】命令，修剪图形，结果如图 8-126 所示。

（7）调用 C【圆】命令，绘制半径为 104㎜的圆形，结果如图 8-127 所示。

（8）调用 EL【椭圆】命令，绘制椭圆，结果如图 8-128 所示。

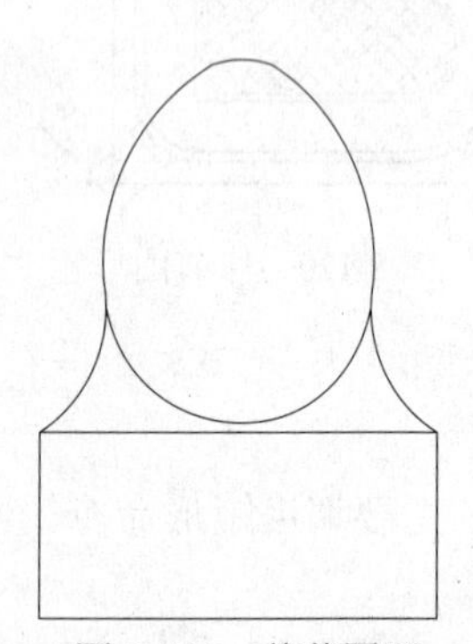
图 8-126　修剪图形

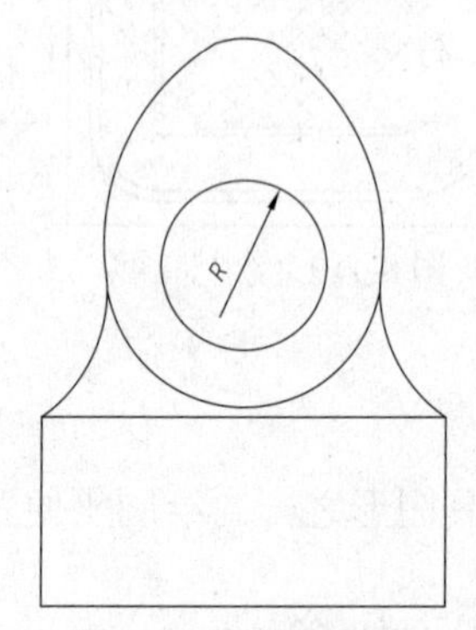

图 8-127　绘制圆形

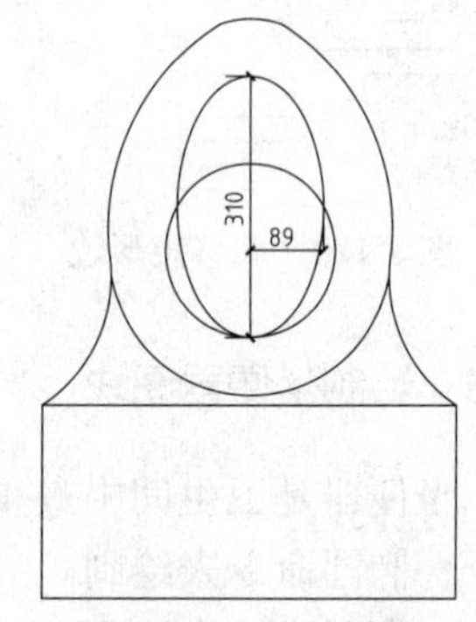

图 8-128　绘制椭圆

（9）调用 A【圆弧】命令，绘制圆弧，结果如图 8-129 所示。

（10）调用 TR【修剪】命令，修剪图形，结果如图 8-130 所示。

（11）绘制辅助线。调用 O【偏移】命令，偏移线段，结果如图 8-131 所示。

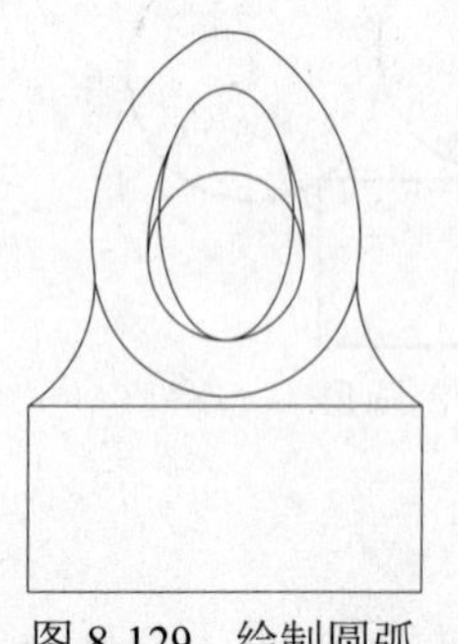
图 8-129　绘制圆弧

图 8-130　修剪图形

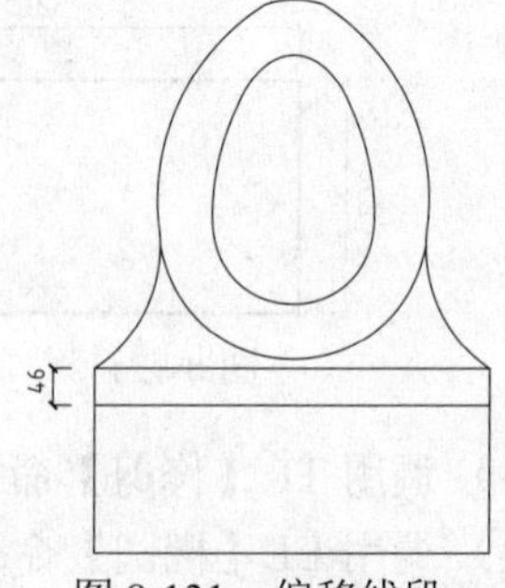

图 8-131　偏移线段

（12）调用 O【偏移】命令，偏移线段，结果如图 8-132 所示。

（13）调用 L【直线】命令，绘制直线，结果如图 8-133 所示。

（14）调用 E【删除】命令，删除线段；调用 TR【修剪】命令，修剪线段，结果如图 8-134 所示。

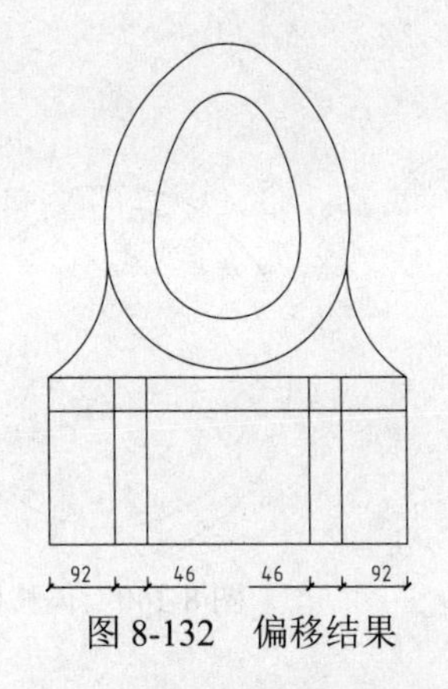

图 8-132　偏移结果

图 8-133　绘制直线

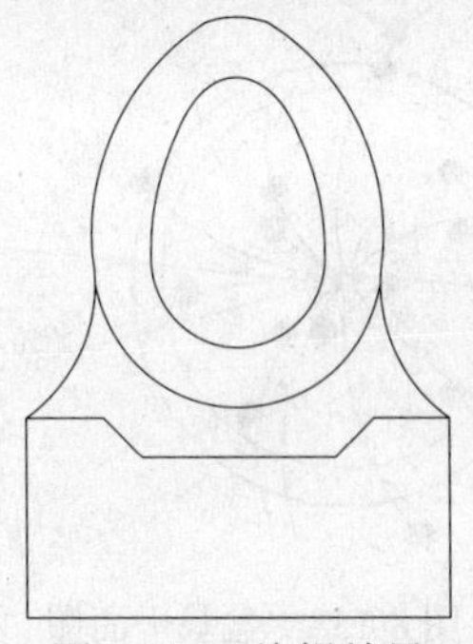
图 8-134　编辑结果

（15）调用 REC【矩形】命令，绘制尺寸为 69㎜×23㎜的矩形，结果如图 8-135 所示。

（16）调用 C【圆形】命令，绘制半径为 12 ㎜的圆形，结果如图 8-136 所示。

（17）调用 TR【修剪】命令，修剪图形，结果如图 8-137 所示。

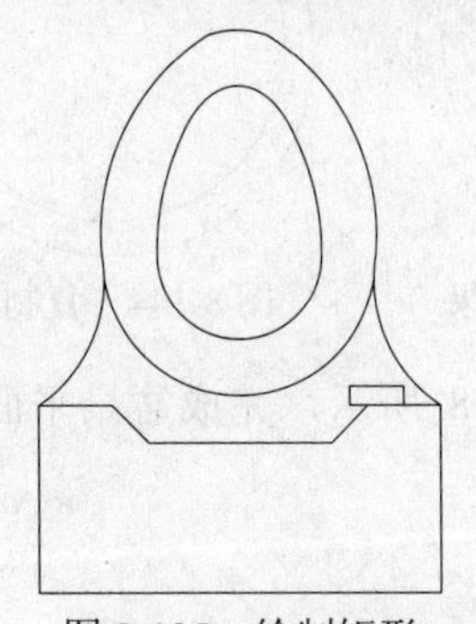
图 8-135　绘制矩形

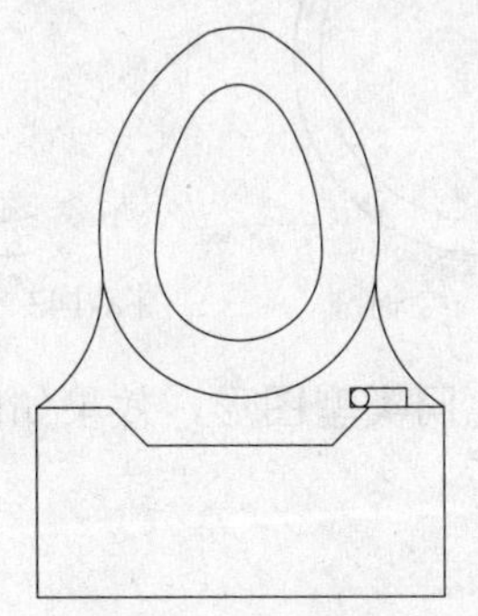
图 8-136　绘制圆形

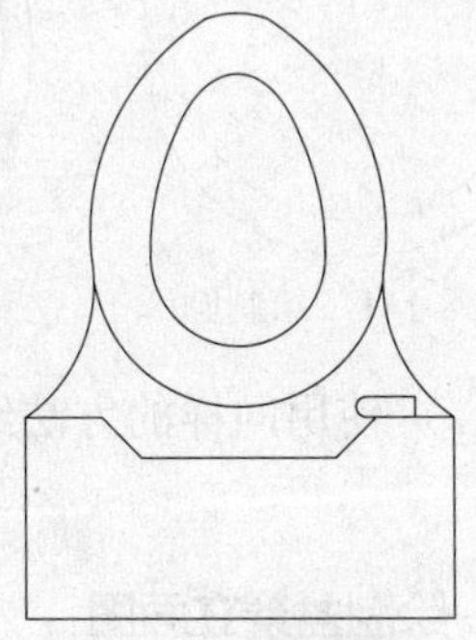
图 8-137　修剪圆形

（18）创建成块。调用 B【块】命令，打开【块定义】对话框；框选绘制完成的坐便器图形，设置图形名称，单击【确定】按钮，即可将图形创建成块，方便以后调用。

8.4　绘制阳台装饰物

常会在阳台摆放植物，这样可以美化阳台，本节介绍盆景的立面图平面的绘制方法。

8.4.1　绘制盆景平面图

盆景平面图如图 8-138 所示，下面讲解绘制方法。

（1）调用 C【圆】命令，绘制半径为 175㎜的圆，如图 8-139 所示。

（2）调用 O【偏移】命令，将圆向内偏移 25，如图 8-140 所示。

（3）调用 A【圆弧】命令，绘制圆弧，如图 8-141 所示。

（4）调用 C【圆】命令，绘制圆，如图 8-142 所示。

（5）调用 H【填充】命令，在圆内填充 SOLID 图案，效果如图 8-143 所示。

（6）调用 CO【复制】命令，对圆进行复制，如图 8-144 所示。

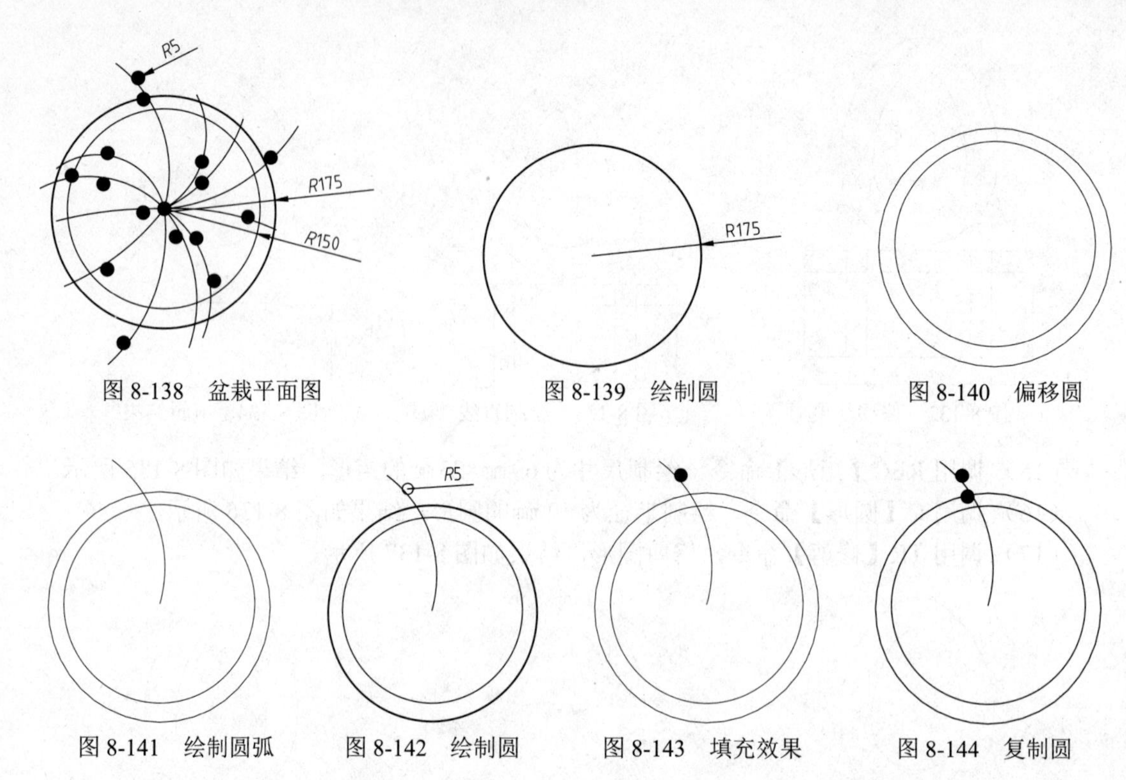

图 8-138 盆栽平面图　　图 8-139 绘制圆　　图 8-140 偏移圆

图 8-141 绘制圆弧　　图 8-142 绘制圆　　图 8-143 填充效果　　图 8-144 复制圆

（7）使用同样的方法绘制其他同类型图形，效果如图 8-138 所示，完成盆景平面图的绘制。

8.4.2 绘制盆景立面图

如图 8-145 所示为盆景立面图，下面讲解绘制方法。

（1）调用 REC【矩形】命令，绘制边长为 235㎜的矩形，如图 8-146 所示。

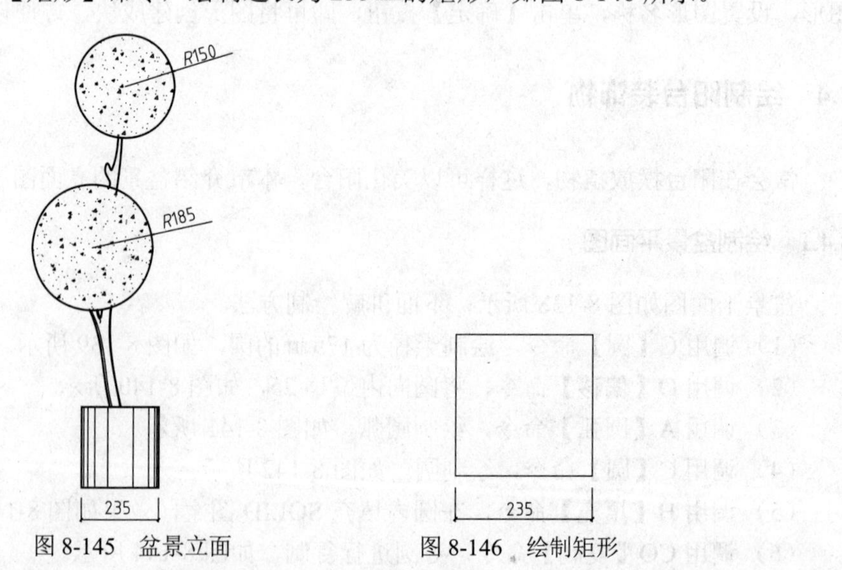

图 8-145 盆景立面　　图 8-146 绘制矩形

（2）调用 L【直线】命令和 O【偏移】命令，绘制线段，如图 8-147 所示。

（3）调用 A【圆弧】命令和 O【偏移】命令，绘制枝干，如图 8-148 所示。

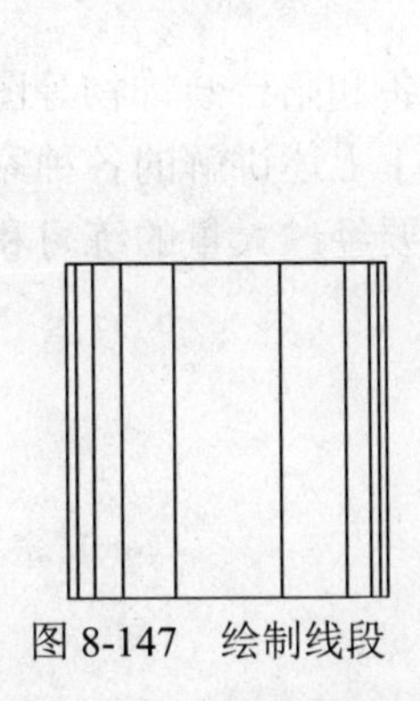

图 8-147　绘制线段

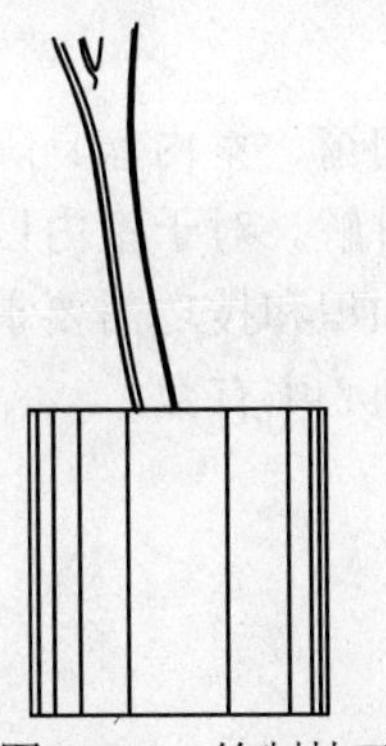

图 8-148　绘制枝干

（4）调用 C【圆】命令，绘制半径为 185㎜的圆，如图 8-149 所示。

（5）调用 H【填充】命令，在圆内填充 AR-CONC 图案，填充参数设置和效果如图 8-150 所示。

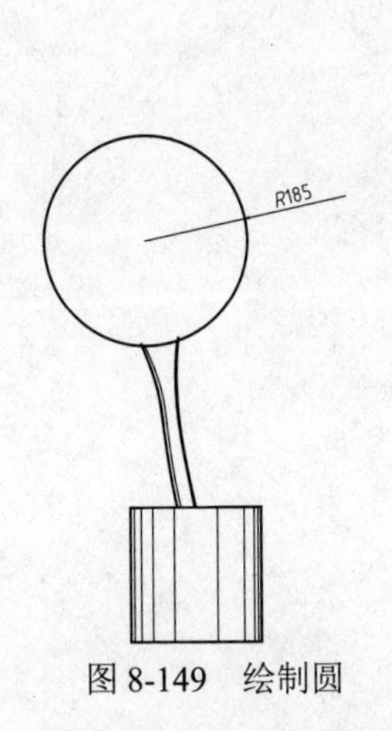

图 8-149　绘制圆

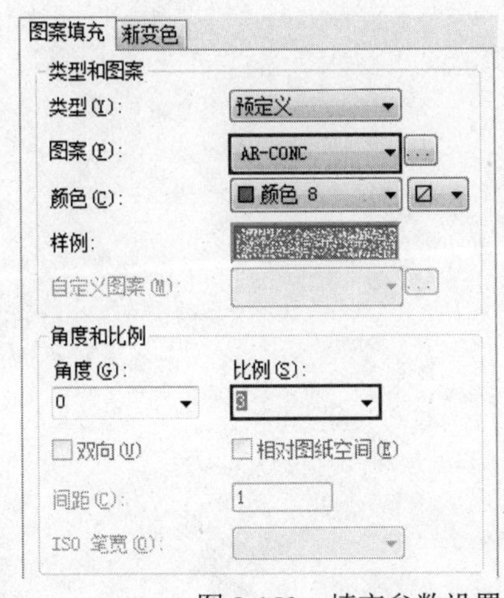

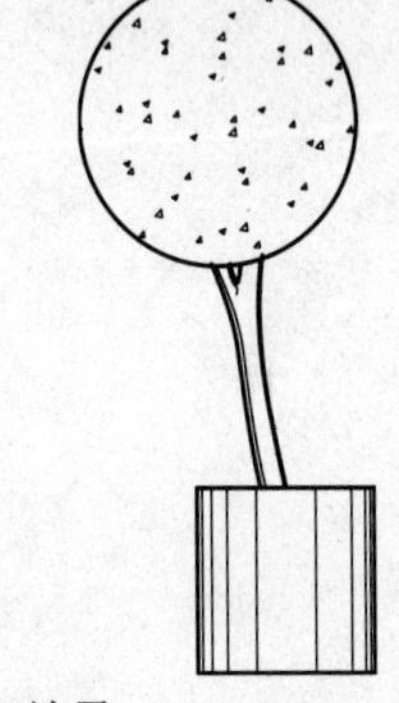

图 8-150　填充参数设置和效果

（6）使用同样的方法绘制其他同类型图形，完成盆景立面图的绘制。

8.5　课后练习

使用本章所学的知识，绘制台灯，如图 8-151 所示。

具体操作步骤提示如下：

（1）调用 C【圆】、TR【修剪】、CO【复制】、A【圆弧】命令，绘制灯罩。

（2）调用 REC【矩形】、L【直线】命令，绘制灯柱。

（3）完成台灯的绘制。

图 8-151　绘制台灯

8.6 本章总结

本章主要介绍了门窗、室内家具陈设、厨卫设备和阳台装饰物等图形的绘制方法，同时对图形含义进行大致讲解。对于室内设计来说，除了上述讲解的各种家具图形的绘制，还有很多其余家具的基础知识和技巧需要掌握，读者需要经过大量的练习和实际项目的操作，熟练掌握室内尺寸，做到心中有数。

第9章　绘制现代风格三居室室内设计

现代设计，追求的是空间的实用性和灵活性。居住空间是根据相互间的功能关系组合而成的，而且功能空间相互渗透，空间的利用率更高。本章介绍现代风格三居室室内设计施工图纸的绘制方法，主要有原始结构图、平面布置图、顶面布置图、地面布置图以及立面图等。

9.1　三居室设计概述

三居室是相对成熟的一种户型，最适合国内最常见的三口之家，除了主人房和儿童房（次卧）之外的第三个房间，既可以作为客人房或老人房，也可以作为书房使用，自由度较大，完全能够满足普通家庭的居住需求。

9.1.1　三居室装饰设计原则

1. 三居室装饰设计要满足使用功能要求

室内设计是以创造良好的室内空间环境为宗旨，把满足人们在室内进行生产、生活、工作和休息的要求置于首位，所以在室内设计时要充分考虑使用功能要求，使室内环境合理化、舒适化和科学化；要考虑人们的活动规律处理好空间关系，空间尺寸，空间比例；合理配置陈设与家具，妥善解决室内通风，采光与照明，注意室内色调的总体效果。

2. 三居室装饰设计要满足精神功能要求

室内设计在考虑使用功能要求的同时，还必须考虑精神功能的要求（视觉反映心理感受和艺术感染等）。室内设计的精神就是要影响人们的情感，乃至影响人们的意志和行动，所以要研究人们的认识特征和规律；研究人的情感与意志；研究人和环境的相互作用。设计者要运用各种理论和手段去冲击影响人的情感，使其升华达到预期的设计效果。室内环境如能突出地表明某种构思和意境，那么，它将会产生强烈的艺术感染力，更好地发挥其在精神功能方面的作用。

3. 三居室装饰设计要满足现代技术要求

建筑空间的创新和结构造型的创新有着密切的联系，二者应取得协调统一，充分考虑结构造型中美的形象，把艺术和技术融合在一起。这就要求室内设计者必须具备必要的结构类型知识，熟悉和掌握结构体系的性能和特点。现代室内装饰设计，它置身于现代科学技术的范畴之中，要使室内设计更好地满足精神功能的要求，就必须最大限度的利用现代科学技术的最新成果。

4. 三居室装饰设计要符合地区特点与民族风格要求

由于人们所处的地区和地理气候条件的差异，各民族生活习惯与文化传统的不一样，在建筑风格上确实存在着很大的差别。我国是多民族的国家，各个民族的地区特点、民族性格、风俗习惯以及文化素养等因素的差异，使室内装饰设计也有所不同。设计中要有各自不同的风格和特点，要体现民族和地区特点以唤起人们的民族自尊心和自信心。

9.1.2 三居室装饰设计要素

1. 空间要素

空间的合理化并给人们以美的感受是设计基本的任务。要勇于探索时代和技术赋予空间的新形象，不要拘泥于过去形成的空间形象。

2. 色彩要求

室内色彩除对视觉环境产生影响外，还直接影响人们的情绪和心理。科学的用色有利于工作，有助于健康。色彩处理得当既能符合功能要求又能取得美的效果。室内色彩除了必须遵守一般的色彩规律外，还随着时代审美观的变化而有所不同。

3. 光影要求

人类喜爱大自然的美景，常常把阳光直接引入室内，以消除室内的黑暗感和封闭感，特别是顶光与柔和的散射光，会使室内空间更为亲切自然。光影的变换，使室内更加丰富多彩，给人以多种感受。

4. 装饰要素

室内整体空间中不可缺少的建筑构件，如柱子、墙面等，结合功能需要加以装饰，可共同构成完美的室内环境。充分利用不同装饰材料的质地特征，可以获得千变万化和不同风格的室内艺术效果，同时还能体现地区的历史文化特征。

5. 陈设要素

室内家具、地毯和窗帘等，均为生活必需品，其造型往往具有陈设特征，大多数起着装饰作用。实用和装饰二者应互相协调，使功能和形式统一而有变化，使室内空间舒适得体，富有个性。

6. 绿化要素

室内设计中绿化以成为改善室内环境的重要手段。室内移花栽木，利用绿化和小品以沟通室内外环境、扩大室内空间感及美化空间均起着积极作用。

9.2 调用样板新建文件

本书第 7 章创建了室内装潢施工图样板，该样板已经设置了相应的图形单位、样式和图层等，后面图纸的绘制都可以直接在此样板的基础上进行绘制。

（1）执行【文件】|【新建】命令，在弹出的【选择样板】对话框中选择“室内装潢施工图模板”，如图 9-1 所示。

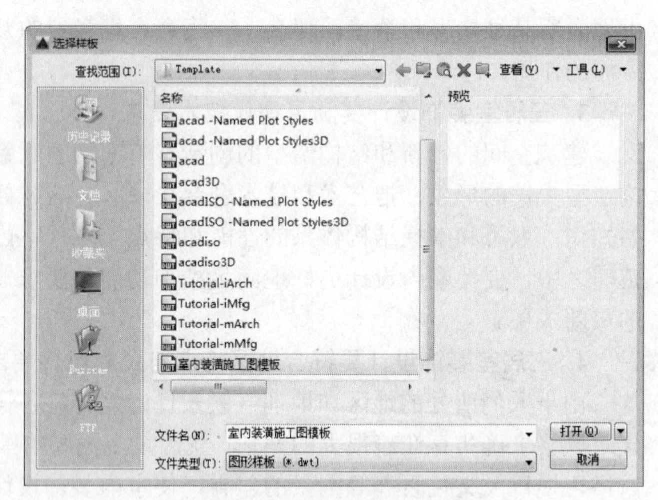

图 9-1 【选择样板】对话框

（2）单击【打开】按钮，以样板创建图形，新图形中包含了样板中创建的图层、样式等内容。

（3）选择【文件】|【保存】命令，打开【图形另存为】对话框，在“文

件名”文本框中输入文件名，单击【保存】按钮保存图形。

9.3　绘制三居室原始户型图

在经过实地量房之后，设计师需要将测量结果用图纸表示出来，包括房型结构、空间关系和尺寸等，这是室内设计绘制的第一张图，即原始户型图，其他专业的施工图都是在原始户型图的基础上进行绘制的。本实例介绍三居室原始户型图的绘制方法，其中主要介绍墙体的绘制与编辑方法，门窗洞的绘制方法等，如图 9-2 所示。

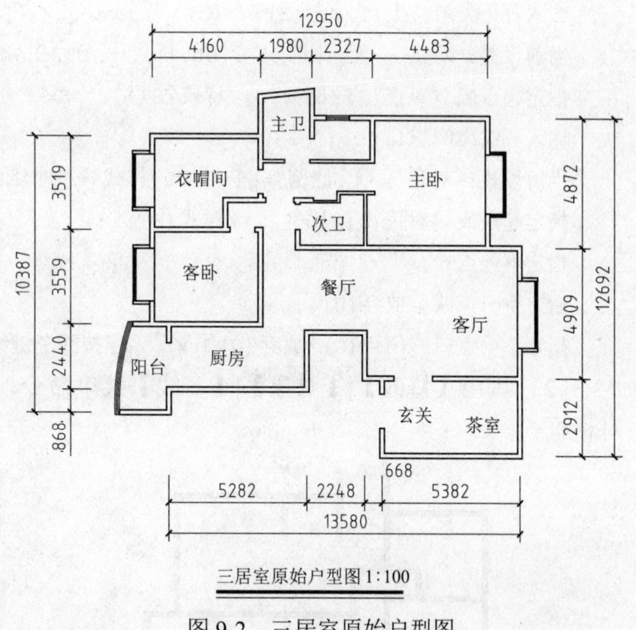

图 9-2　三居室原始户型图

9.3.1　绘制轴线

轴线有定位功能，可以辅助绘制墙体和门窗图形，在绘制墙体之前，需要绘制轴线。

（1）设置【轴线】图层为当前图层。调用 L【直线】命令，绘制相互垂直的直线，如图 9-3 所示。

（2）调用 O【偏移】命令，设置偏移距离分别为 640、2174、1346、1410、351、218、2030、297、371、4112、1270，水平偏移直线。

（3）重复调用 O【偏移】命令，设置偏移距离分别为 689、2411、1108、664、2895、300、1713、427、868、1617，向上偏移直线，结果如图 9-4 所示。

（4）调用 TR【修剪】命令，修剪轴线，结果如图 9-5 所示。

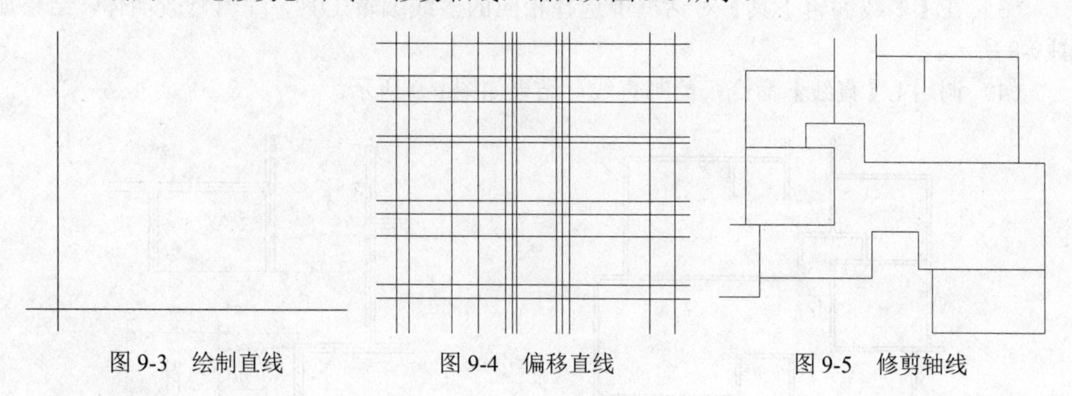

图 9-3　绘制直线　　图 9-4　偏移直线　　图 9-5　修剪轴线

9.3.2　绘制墙体

（1）设置【墙体】图层为当前图层。调用 ML【多线】命令，绘制墙体图形，命令行提示如下：

```
命令: MLINE↙
当前设置: 对正 = 上,比例 = 1.00,样式 = STANDARD
指定起点或 [对正(J)/比例(S)/样式(ST)]:  J↙             //输入 J,选择"对正"选项
输入对正类型 [上(T)/无(Z)/下(B)] <上>:  Z↙             //输入 Z,选择"无"选项
当前设置: 对正 = 无,比例 = 1.00,样式 = STANDARD
指定起点或 [对正(J)/比例(S)/样式(ST)]:  S↙             //输入 S,选择"比例"选项
输入多线比例 <1.00>:  180↙
当前设置: 对正 = 无,比例 = 180.00,样式 = STANDARD
指定起点或 [对正(J)/比例(S)/样式(ST)]:                 //指定多线的起点
指定下一点:
指定下一点或 [放弃(U)]:
指定下一点或 [闭合(C)/放弃(U)]:↙      //按回车键结束绘制,墙体的绘制结果如图 9-6 所示。
```

（2）调用【修改】|【对象】|【多线】菜单命令，打开如图 9-7 所示的 【多线编辑工具】对话框。

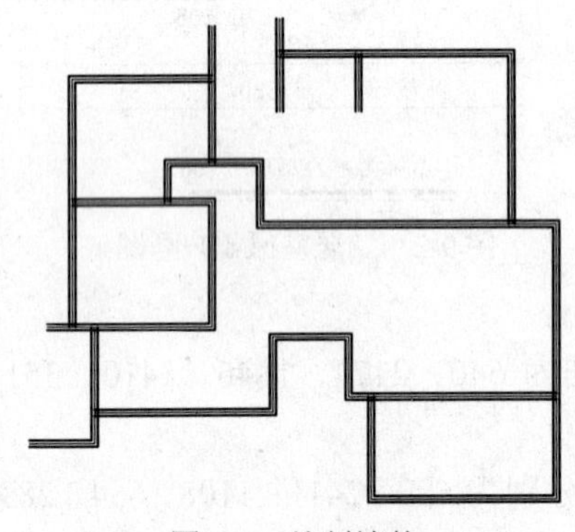

图 9-6　绘制墙体

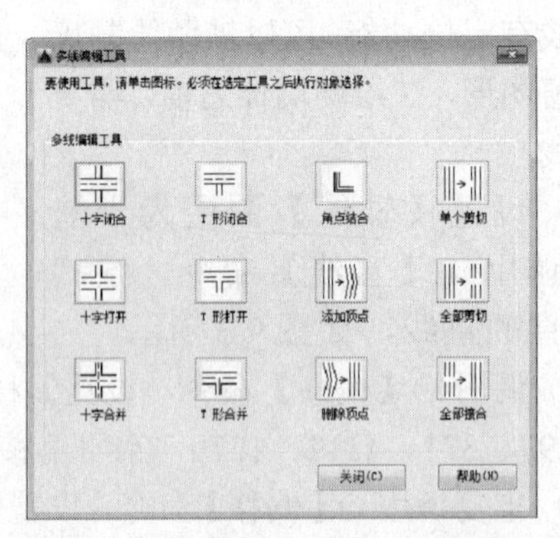

图 9-7　【多线编辑工具】对话框

（3）在【多线编辑工具】对话框中选择相应的多线编辑工具，编辑修改墙体，结果如图 9-8 所示。

（4）调用 L【直线】命令，绘制直线，结果如图 9-9 所示。

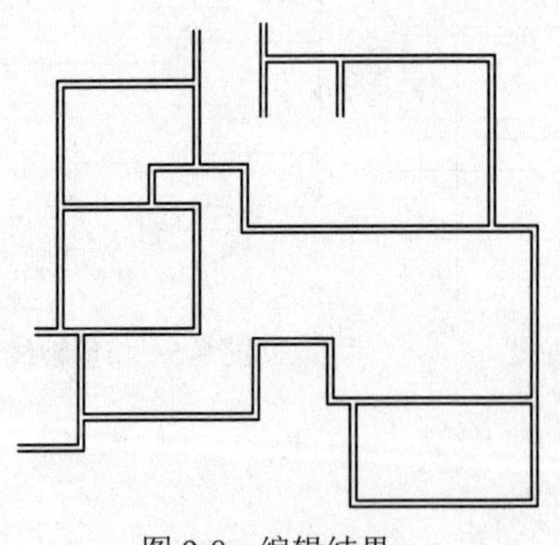

图 9-8　编辑结果

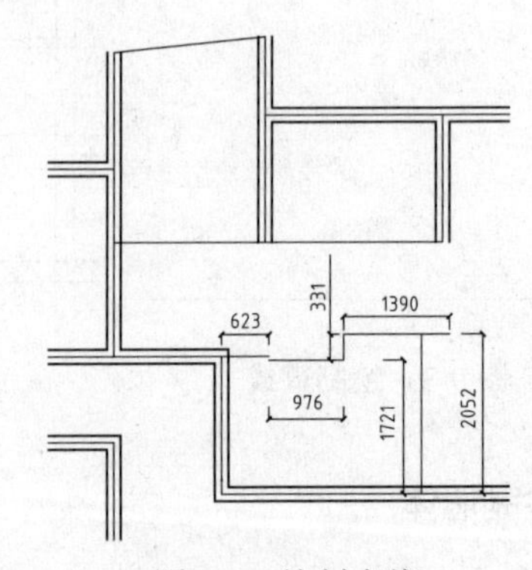

图 9-9　绘制直线

（5）调用 ML【多线】命令，绘制比例为 120 的墙体，如图 9-10 所示。

（6）重复调用【多线】命令，绘制比例为 78 的墙体，如图 9-11 所示。

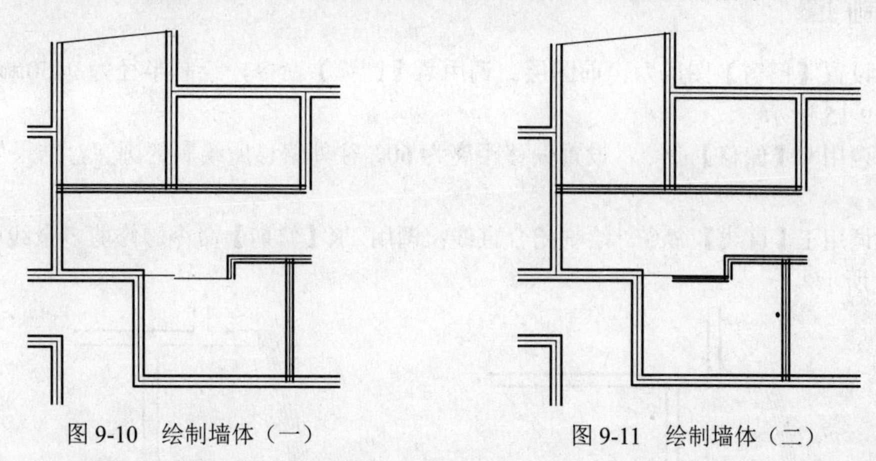

图 9-10　绘制墙体（一）　　　　图 9-11　绘制墙体（二）

（7）继续调用【多线】命令，绘制比例为 180 的墙体，如图 9-12 所示。

（8）调用【修改】|【对象】|【多线】菜单命令，打开【多线编辑工具】对话框；选择相应的多线编辑工具，编辑修改墙体，结果如图 9-13 所示。

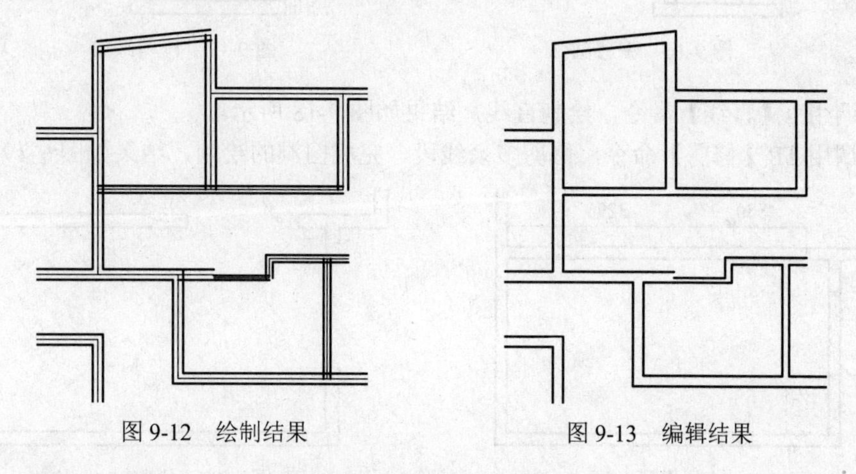

图 9-12　绘制结果　　　　图 9-13　编辑结果

（9）调用 L【直线】命令，绘制闭合直线，结果如图 9-14 所示。

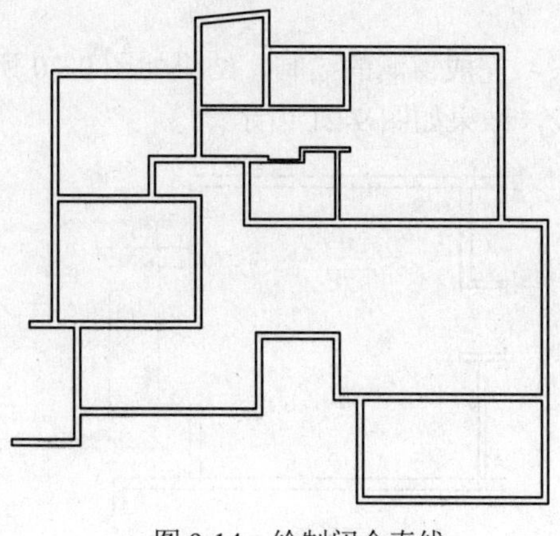

图 9-14　绘制闭合直线

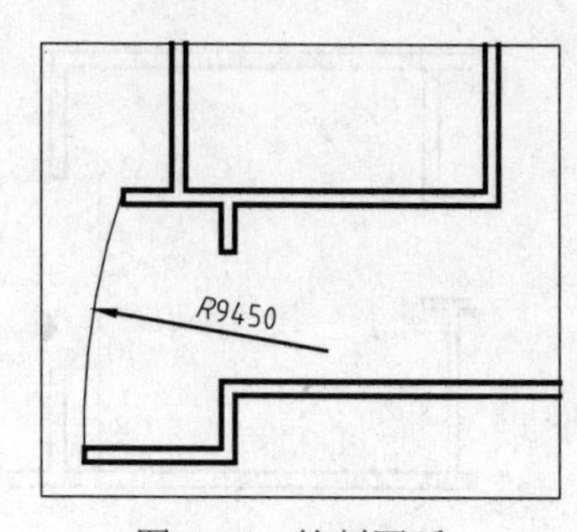

图 9-15　绘制圆弧

9.3.3 绘制门窗

（1）设置【门窗】图层为当前图层。调用 A【圆弧】命令，绘制半径为 9450㎜的圆弧，结果如图 9-15 所示。

（2）调用 O【偏移】命令，设置偏移距离为 60，往外偏移所绘制的圆弧，结果如图 9-16 所示。

（3）调用 L【直线】命令，绘制闭合直线；调用 TR【修剪】命令，修剪多余线段，结果如图 9-17 所示。

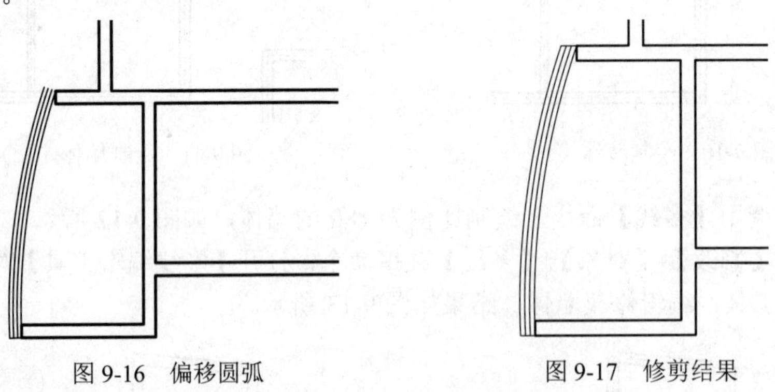

图 9-16 偏移圆弧　　图 9-17 修剪结果

（4）调用 L【直线】命令，绘制直线，结果如图 9-18 所示。

（5）调用 TR【修剪】命令，修剪多余线段，完成门洞的绘制，结果如图 9-19 所示。

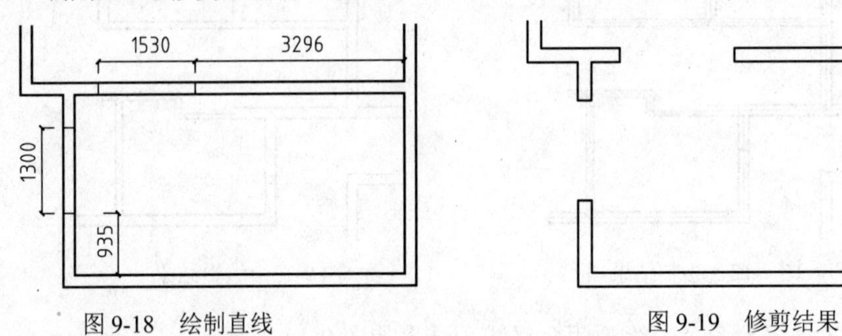

图 9-18 绘制直线　　图 9-19 修剪结果

（6）调用 L【直线】命令，绘制直线。

（7）调用 TR【修剪】命令，修剪多余线段，完成窗洞的绘制，结果如图 9-20 所示。

（8）调用 PL【多段线】命令，绘制多段线，结果如图 9-21 所示。

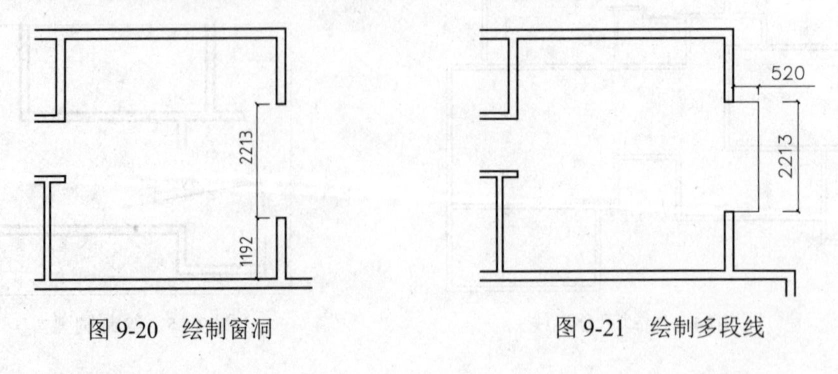

图 9-20 绘制窗洞　　图 9-21 绘制多段线

（9）调用 O【偏移】命令，设置偏移距离为 40，往外偏移所绘制的多段线，结果如图 9-22 所示。

（10）重复同样的操作，绘制门洞和窗洞，结果如图 9-23 所示。

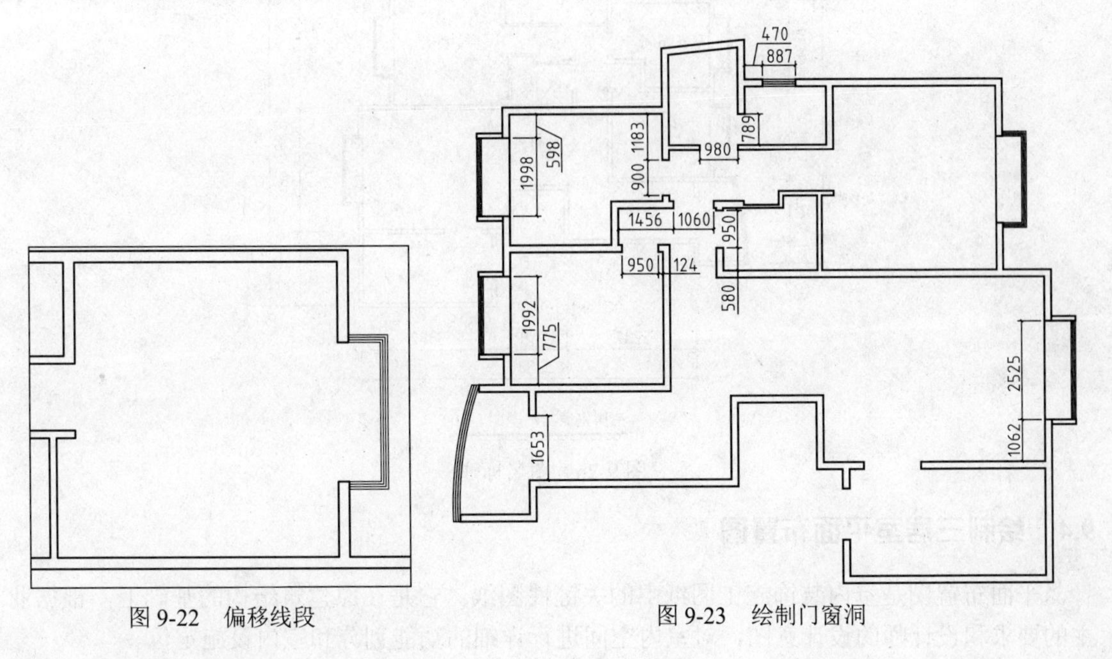

图 9-22　偏移线段　　图 9-23　绘制门窗洞

9.3.4 标注文字和尺寸

（1）设置【文字标注】图层为当前图层。文字标注。调用 MT【多行文字】命令，对房间空间类型进行标注，结果如图 9-24 所示。

（2）设置【尺寸标注】图层为当前图层。尺寸标注。调用 DLI 线性标注命令，为原始结构图标注尺寸，结果如图 9-25 所示。

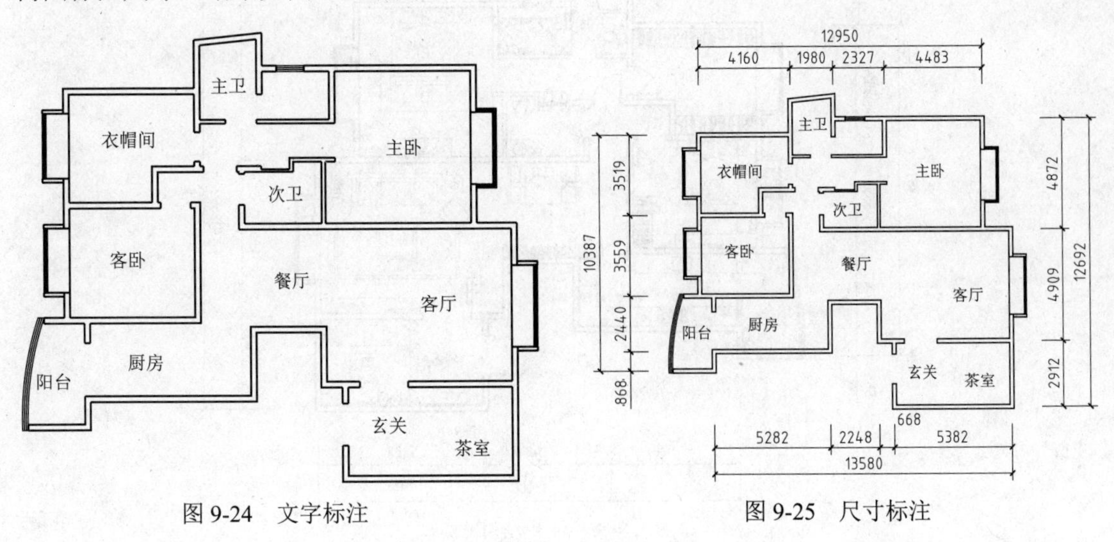

图 9-24　文字标注　　图 9-25　尺寸标注

（3）图名标注。调用 DT【单行文字】命令，进行图名标注，结果如图 9-26 所示。

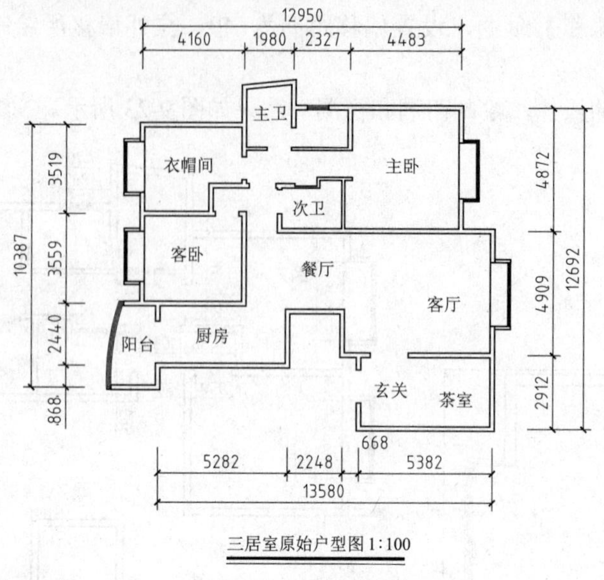

图 9-26 图名标注

9.4 绘制三居室平面布置图

平面布置图是室内装饰施工图纸中的关键性图纸。它是在原建筑结构的基础上，根据业主的要求和设计师的设计意图，对室内空间进行详细的功能划分和室内设施定位。

本例以如图 9-26 所示的原始平面图为基础绘制如图 9-27 所示的平面布置图。其一般绘制步骤为：先对原始平面图进行整理和修改，然后分区插入室内家具图块，最后进行文字和尺寸等标注。

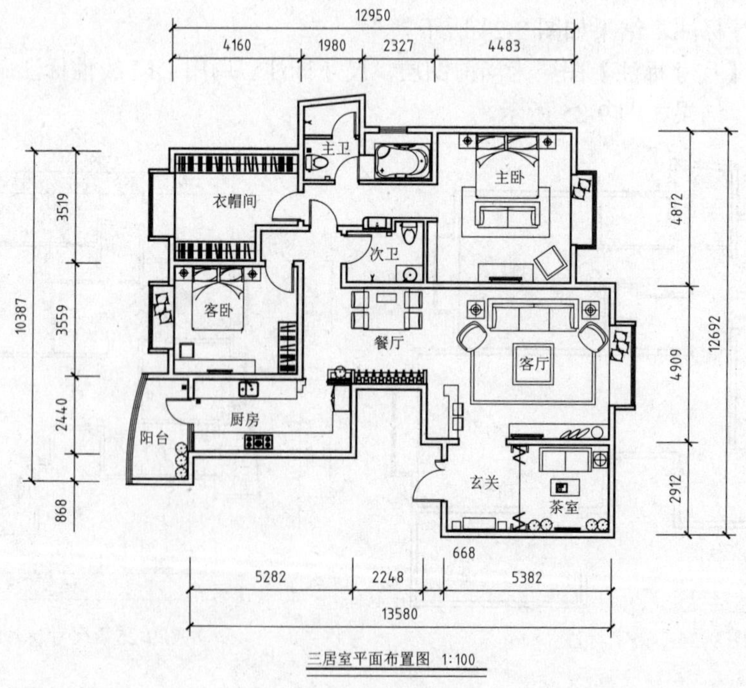

图 9-27 平面布置图

9.4.1　整理图形

隐藏【轴线】图层。调用 I【插入】命令，插入随书光盘中的【入户门】、【普通室内门】、【阳台门】、【茶室门】和【厨房门】图块，将其插入图中相应位置，并根据需要调节大小和方向，如图 9-28 所示。

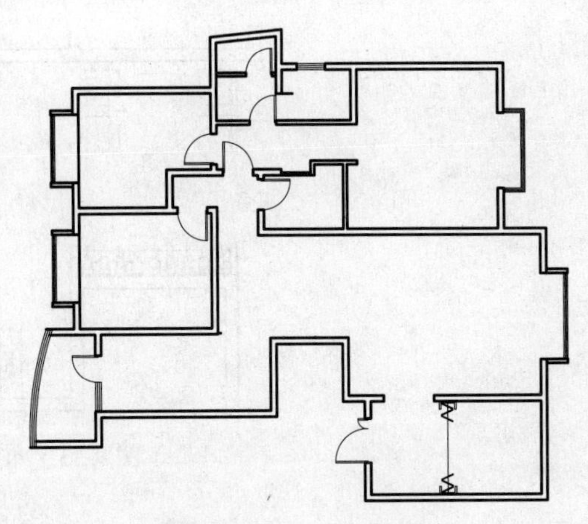

图 9-28　插入【门】图块

9.4.2　绘制客厅和餐厅布置图

（1）设置【设施】图层为当前图层。绘制酒柜。调用 REC【矩形】命令，绘制尺寸为 122㎜×444㎜ 的矩形。

（2）调用 O【偏移】命令，设置偏移距离为 20，偏移矩形边。调用 TR 修剪命令，修剪多余线段。

（3）调用 L【直线】命令，绘制横向直线，并用 REC【矩形】命令，绘制尺寸为 60㎜×182㎜的矩形。

（4）调用 REC【矩形】命令，绘制尺寸为 104㎜×182㎜的矩形。并使用 O【偏移】命令，设置偏移距离为 12，调用 TR【修剪】命令，修剪多余线段。

（5）调用 AR【阵列】命令，阵列 104㎜×182㎜的矩形，选择列数为 8，间距为 240，结果如图 9-29 与图 9-30 所示。

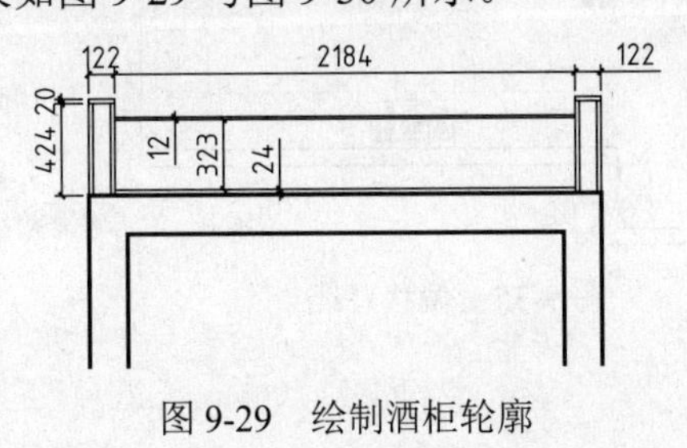

图 9-29　绘制酒柜轮廓

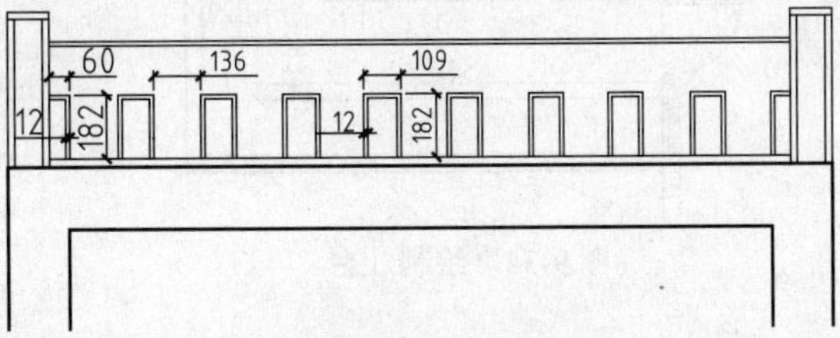

图 9-30　分割酒柜

（6）绘制电视柜。调用 REC【矩形】命令，绘制尺寸为 3210㎜×480㎜的矩形，如图 9-31 所示。

（7）绘制吧台。调用 PL【多段线】命令，绘制如图 9-32 所示图形。

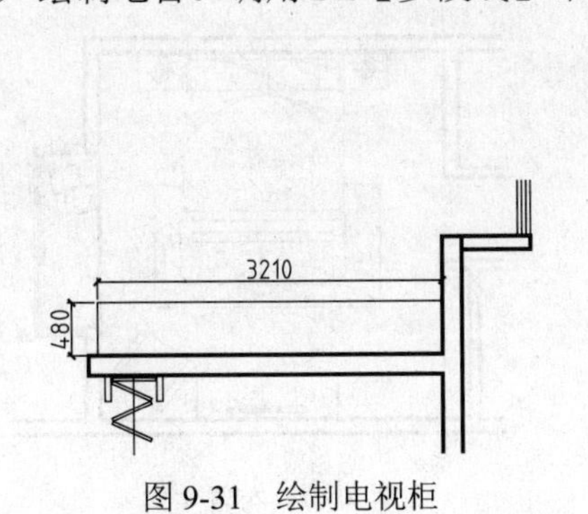

图 9-31　绘制电视柜

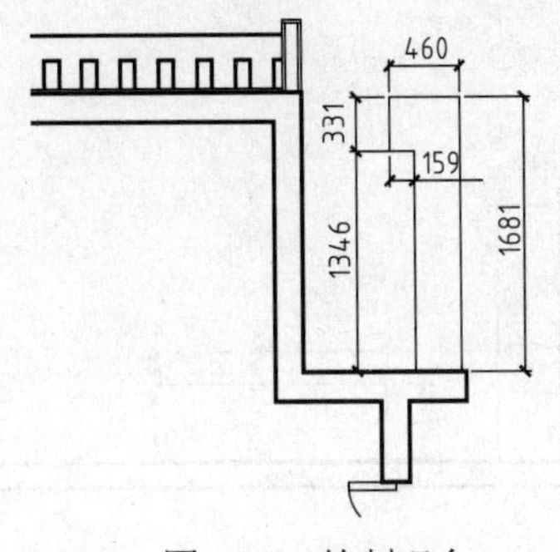

图 9-32　绘制吧台

（8）按 Ctrl+O 组合键，打开“第 09 章/家具图例.dwg”文件，将其中的【沙发组】和【餐桌椅】等图形复制粘贴到图形中，客厅和餐厅的绘制结果如图 9-33 所示。

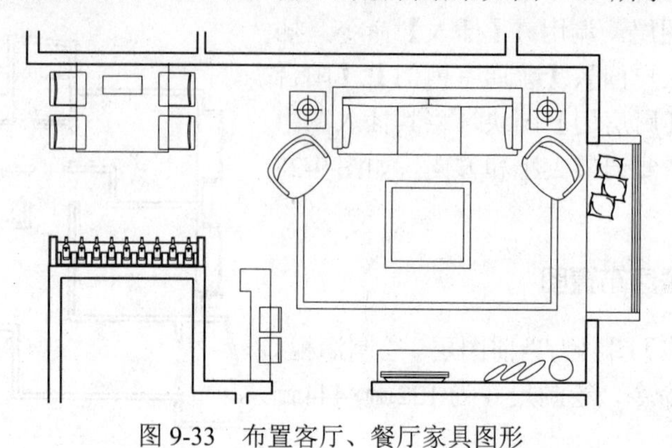

图 9-33　布置客厅、餐厅家具图形

9.4.3　绘制餐厅和阳台布置图

（1）绘制灶台。调用 L【直线】命令，沿厨房脚边绘制灶台，结果如图 9-34 所示。

（2）按 Ctrl+O 组合键，打开“第 09 章/家具图例.dwg”文件，将其中的【洗菜池】、【厨灶】和【植物】等图形复制粘贴到图形中，厨房和阳台布置结果如图 9-35 所示。

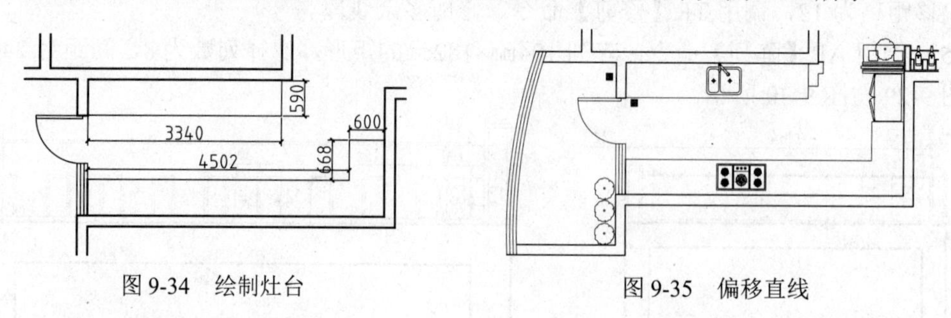

图 9-34　绘制灶台　　图 9-35　偏移直线

9.4.4　绘制主卧布置图

（1）绘制电视柜和梳妆台。调用 L【直线】命令，绘制如图 9-36 所示图形。

（2）调用 I【插入】命令，插入随书光盘中的【双人床】、【沙发】和【电视】等图块，将其插入图中相应位置，如图 9-37 所示。

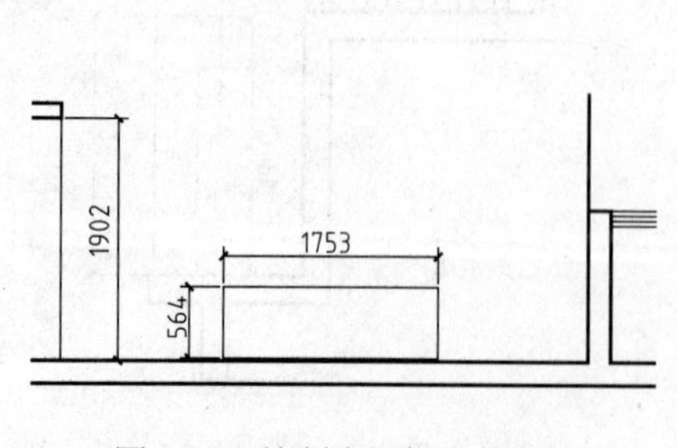

图 9-36　绘制电视柜和梳妆台

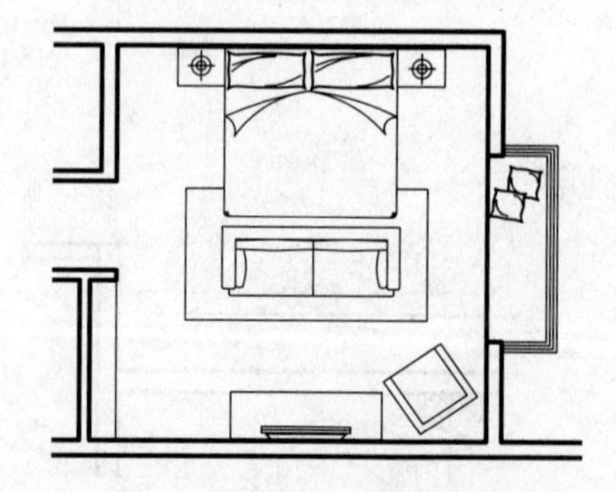

图 9-37　布置主卧室

（3）绘制主卫布置图。调用 I【插入】命令，插入随书光盘中的【洗手池】、【坐便器】和【浴缸】等图块，将其插入图中相应位置，如图 9-38 所示。

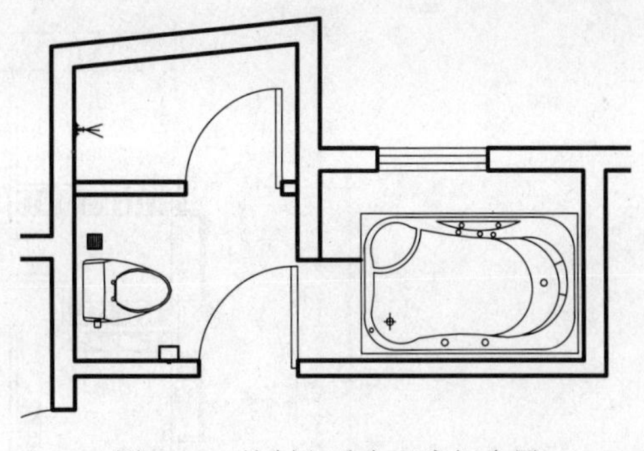

图 9-38　绘制主卧室卫生间布置

9.4.5　绘制其他区域布置图

（1）绘制卫生间布置图。调用 I【插入】命令，插入随书光盘中的【坐便池】、【洗手台】和【淋浴器】等图块，将其插入图中相应位置，如图 9-39 所示。

（2）绘制茶室和玄关布置图。调用 I【插入】命令，插入随书光盘中的【沙发】、【台灯】和【茶几】等图块，将其插入图中相应位置，并根据需要调节大小和方向，如图 9-40 所示。

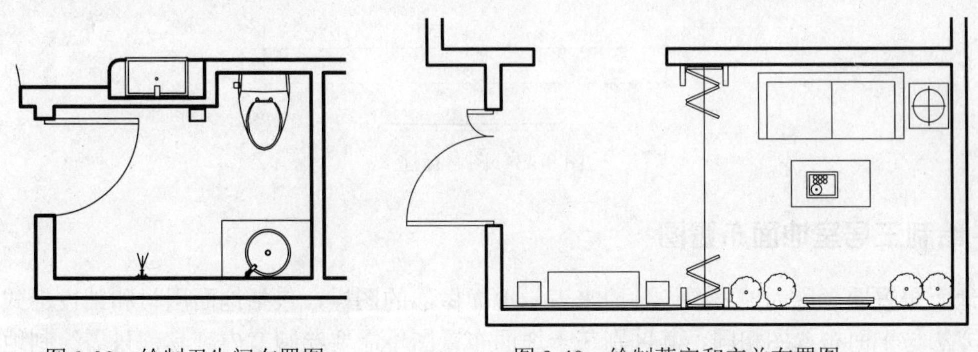

图 9-39　绘制卫生间布置图　　图 9-40　绘制茶室和玄关布置图

（3）绘制衣帽间和次卧布置。按上述相同的放置方法布置衣帽间和次卧，结果如图 9-41 与图 9-42 所示。

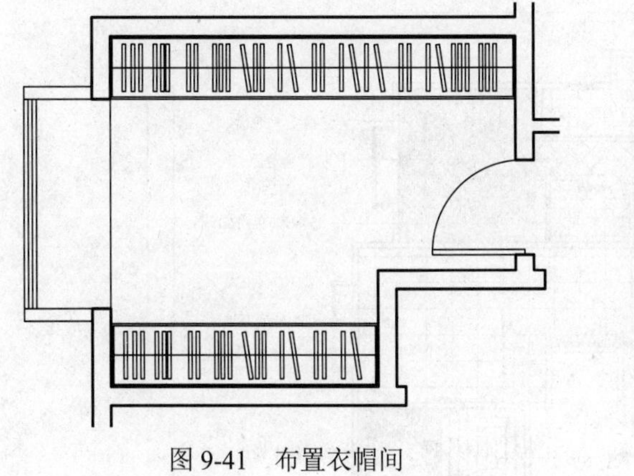

图 9-41　布置衣帽间

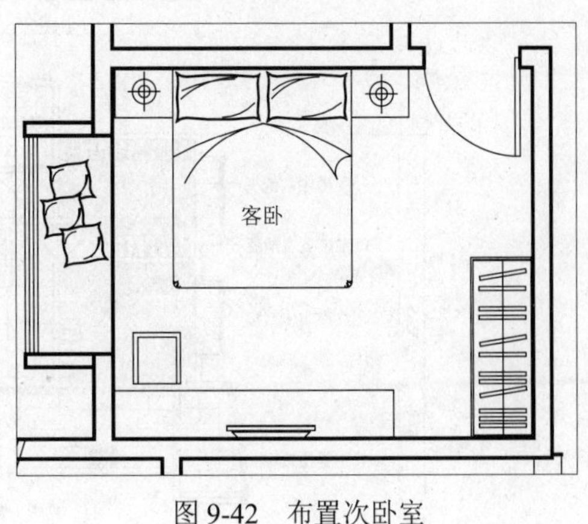

图 9-42　布置次卧室

9.4.6　标注文字和尺寸

设置【尺寸标注】图层为当前图层。图名标注。调用 DT【单行文字】命令，进行图名标注，至此三居室平面布置图绘制完成，结果如图 9-43 所示。

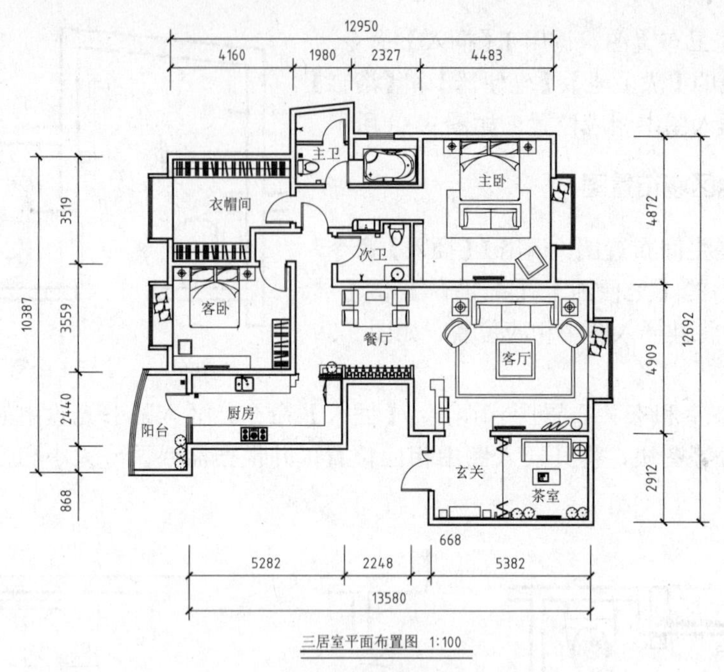

图 9-43 图名标注

9.5 绘制三居室地面布置图

地面布置图又称为地材图，是用来表示地面做法的图样，包括地面用材和铺设形式。其形成方法与平面布置图相同，其区别在于地面布置图不需要绘制室内家具，只需绘制地面所使用的材料和固定于地面的设备与设施图形。

本例绘制的地面布置图如图 9-44 所示，其一般绘制步骤为：先清理平面布置图，再对需

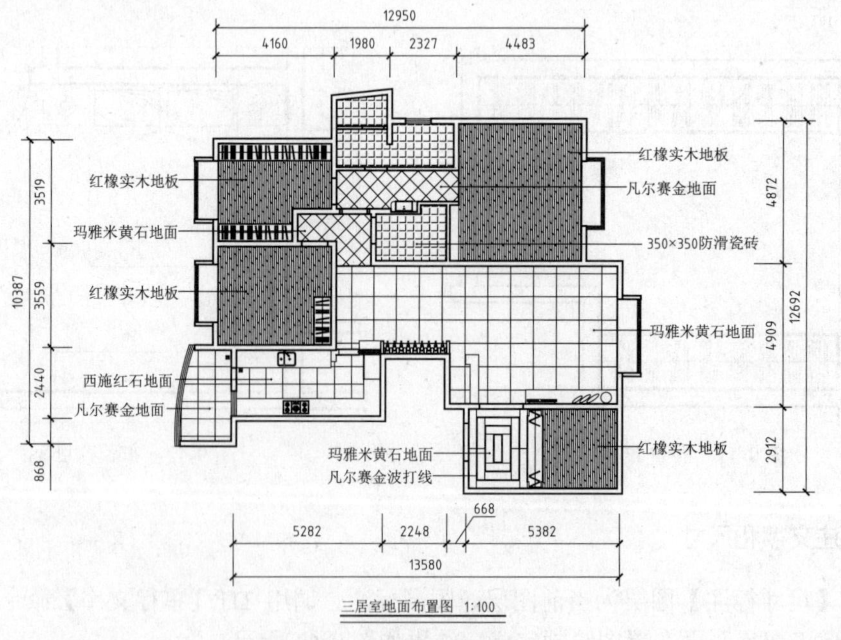

图 9-44 地面布置图

要填充的区域描边以方便填充，然后填充图案以表示地面材质，最后进行引线标注，说明地面材料和规格。

9.5.1　整理图形

（1）调用 CO【复制】命令，移动复制一份平面布置图至绘图区空白处，并对其进行清理，保留书柜、衣柜和鞋柜等图块好，删除其他图块和标注。

（2）设置【其他】图层为当前图层。调用 L【直线】命令，对门洞口进行描边处理，整理结果如图 9-45 所示。

9.5.2　绘制玄关地面布置图

（1）绘制玄关地材。调用 L【直线】、O【偏移】、TR【修剪】命令，绘制如图 9-46 所示图形。

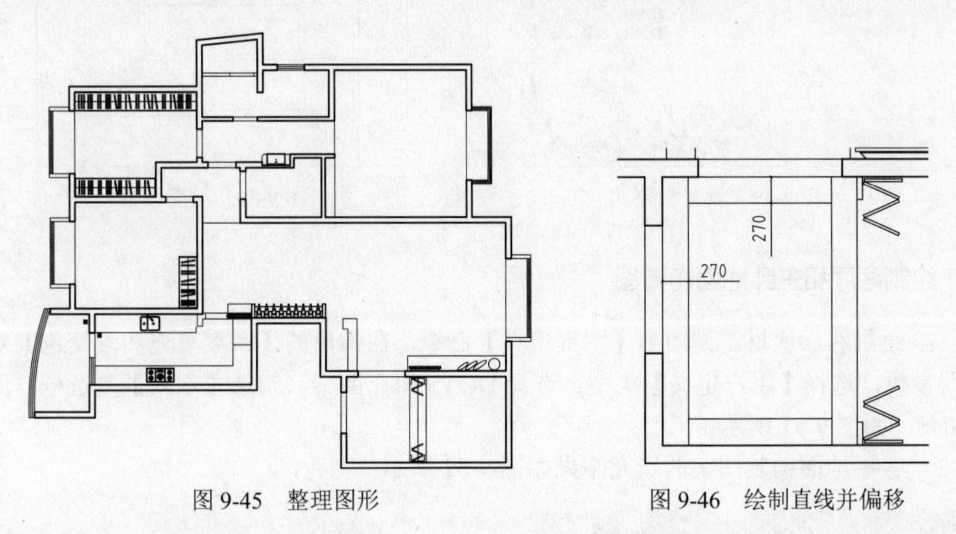

图 9-45　整理图形　　图 9-46　绘制直线并偏移

（2）调用 O【偏移】命令，偏移直线。调用 TR【修剪】命令，修剪线段，结果如图 9-47 所示。

（3）调用 L【直线】命令，绘制直线，结果如图 9-48 所示。

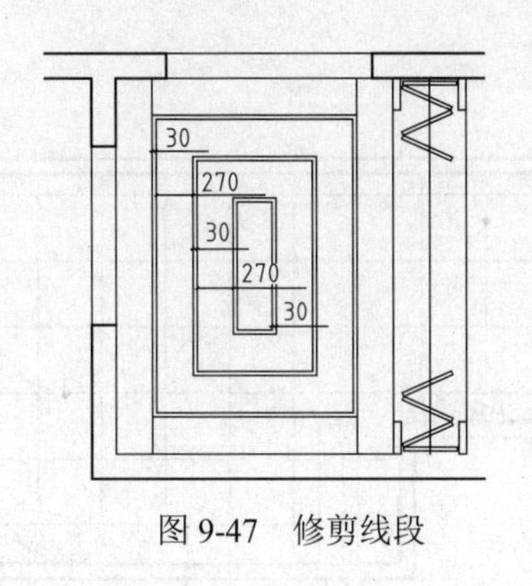

图 9-47　修剪线段

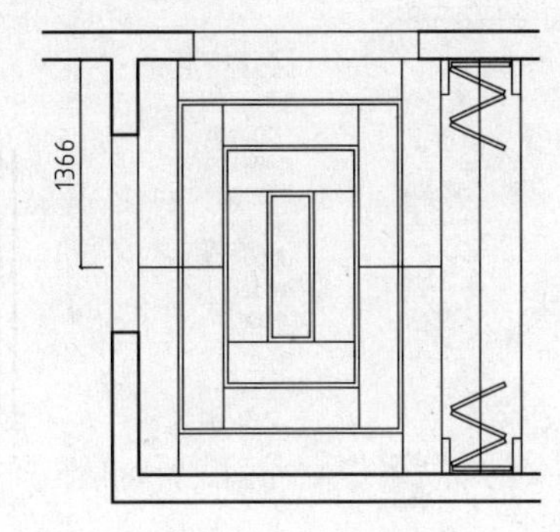

图 9-48　绘制直线

（4）设置【填充】图层为当前图层。调用 H【图案填充】命令，在弹出的【图案填充和渐变色】对话框中设置参数，如图 9-49 所示。

（5）单击【添加：拾取点】按钮，在绘图区中拾取填充区域，图案填充结果如图 9-50 所示。

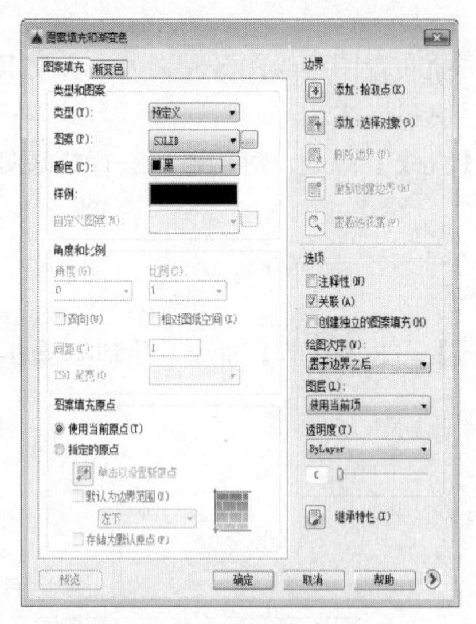

图 9-49 设置参数

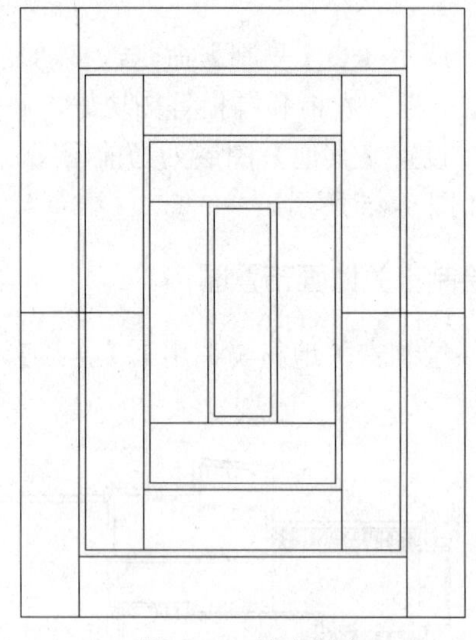

图 9-50 填充图案

9.5.3 绘制客厅和主卧地面布置图

（1）绘制客厅地材。调用 H【图案填充】命令，在弹出的【图案填充和渐变色】对话框中设置参数，选择【用户定义】类型，选择 DOTS 填充图案，勾选【双向】复选框，间距设为 800㎜，如图 9-51 所示。

（2）客厅地面铺装图案的填充结果如图 9-52 所示。

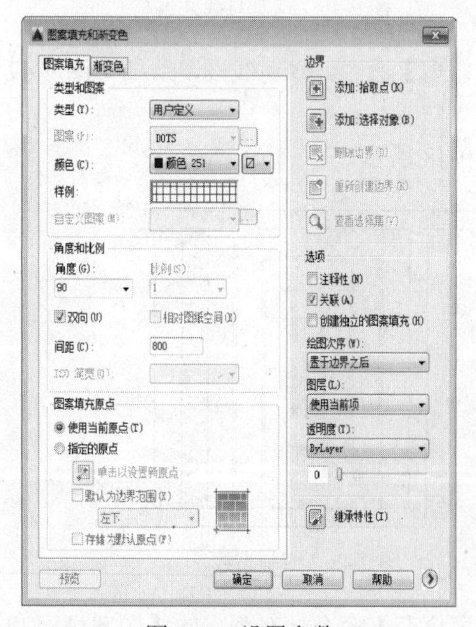

图 9-51 设置参数

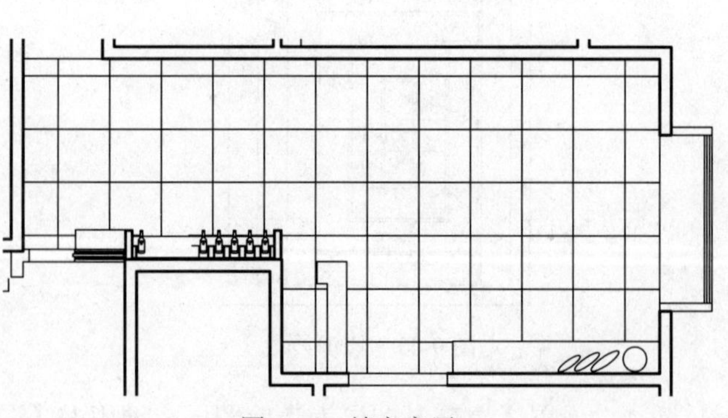

图 9-52 填充客厅

（3）绘制主卧室地材。调用 H【图案填充】命令，在弹出的【图案填充和渐变色】对话框中设置参数，选择【预定义】类型，选择 DOLMIT 填充图案，比例设为 12，如图 9-53 所示。

（4）主卧室地面铺装图案填充结果如图 9-54 所示。

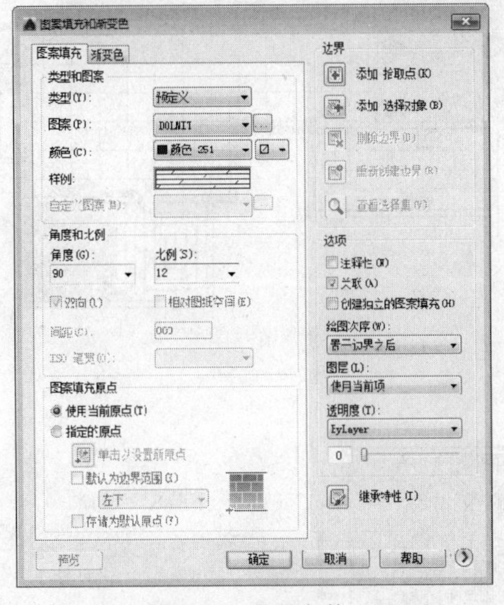

图 9-53　设置参数

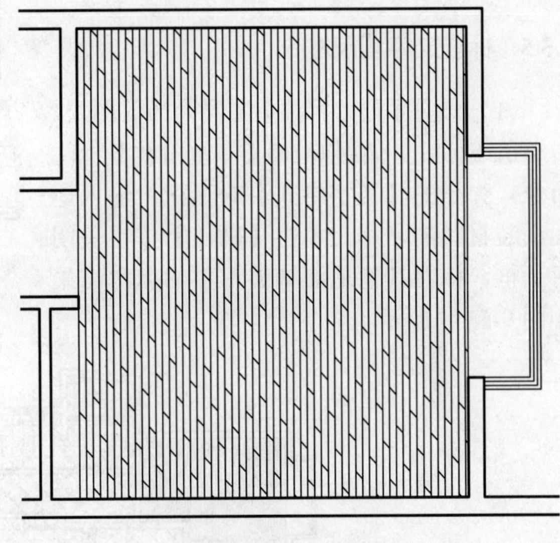

图 9-54　填充主卧

（5）绘制主卫地材。调用 H【图案填充】命令，在弹出的【图案填充和渐变色】对话框中设置参数，选择【用户定义】类型，选择 ANGLE 填充图案，比例设为 40，主卫生间地面铺装图案的填充参数和效果如图 9-55 与图 9-56 所示。

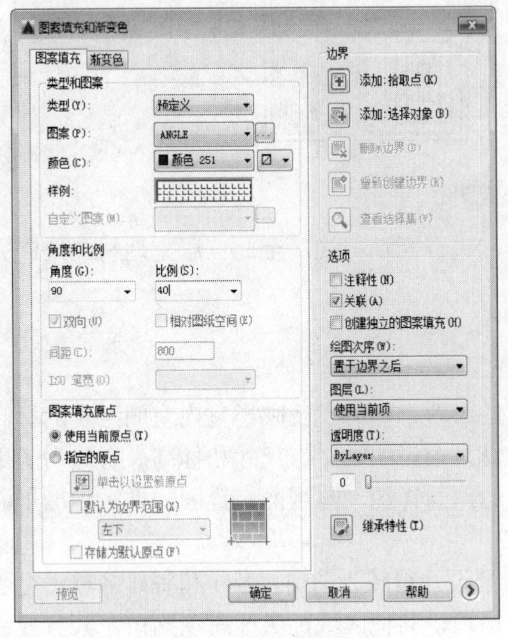

图 9-55　设置参数

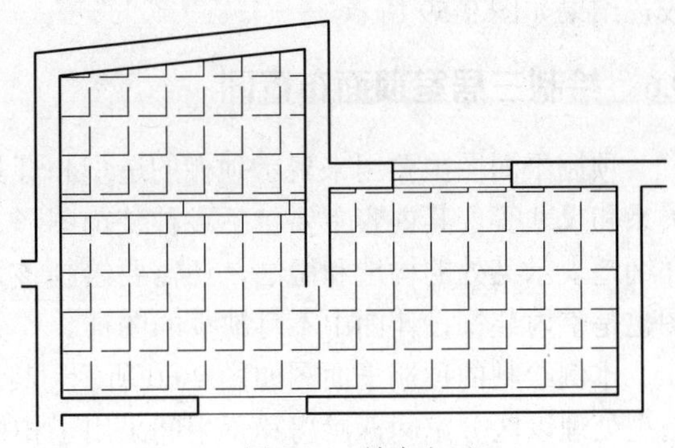

图 9-56　填充主卫

9.5.4 绘制其他区域地面布置图

继续在【图案填充和渐变色】对话框中设置参数，为其他功能区域填充图案，结果如图 9-57 所示。

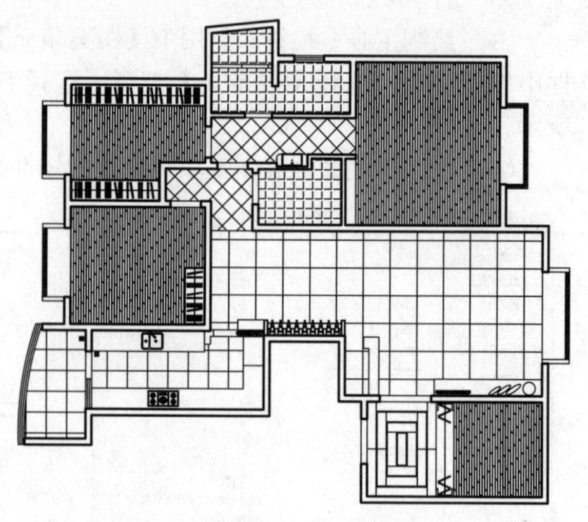

图 9-57 填充图案

9.5.5 标注文字和尺寸

（1）设置【尺寸标注】图层为当前图层。多重引线标注。调用 MLD【多重引线】标注命令，弹出的【文字格式】对话框，输入地面铺装材料的名称。单击【确定】按钮关闭对话框，标注其他地面铺装材料的名称结果如图 9-58 与所示。

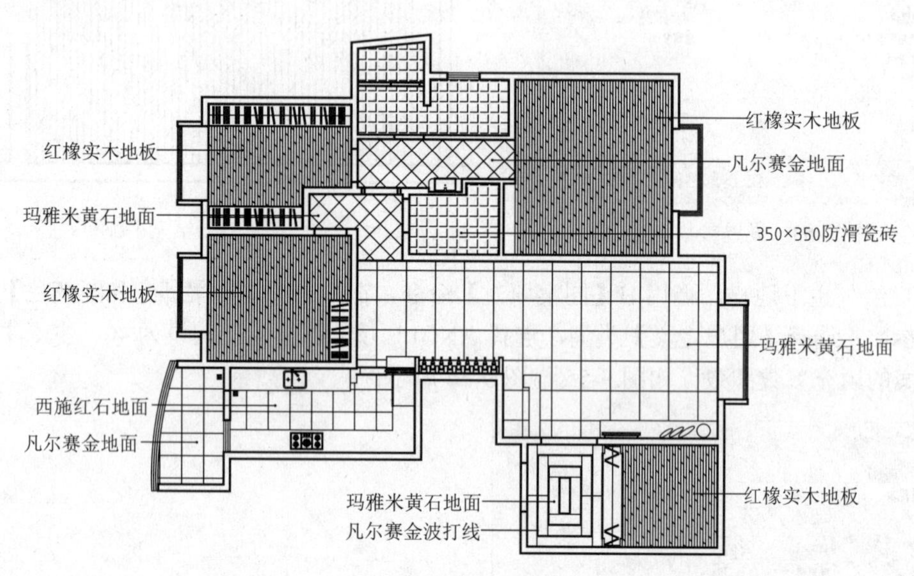

图 9-58 多重引线标注

（2）图名标注。调用 DT【单行文字】命令，进行图名标注，至此三居室地材图绘制完成，结果如图 9-59 所示。

9.6 绘制三居室顶面布置图

顶棚平面图主要用来表示顶棚的造型和灯具的布置，同时也反映了室内空间组合的标高关系和尺寸等。其内容主要包括各种装饰图形、灯具、说明文字、尺寸和标高。有时为了更详细地表示某处的构造和做法，还需要绘制该处的剖面详图。与平面布置图一样，顶棚平面图也是室内装饰设计图中不可缺少的图样。

本例绘制的顶棚平面图如图 9-60 所示，其造型设计得较为简单，客厅和餐厅区域进行了造型处理以区分空间，厨房和卫生间采用了扣板吊顶，其他区域都实行原顶刷白。其一般绘制步骤为：首先修改备份的平面布置整理图以完善图形，再绘制吊顶，然后插入灯具图块，最后进行各种标注。

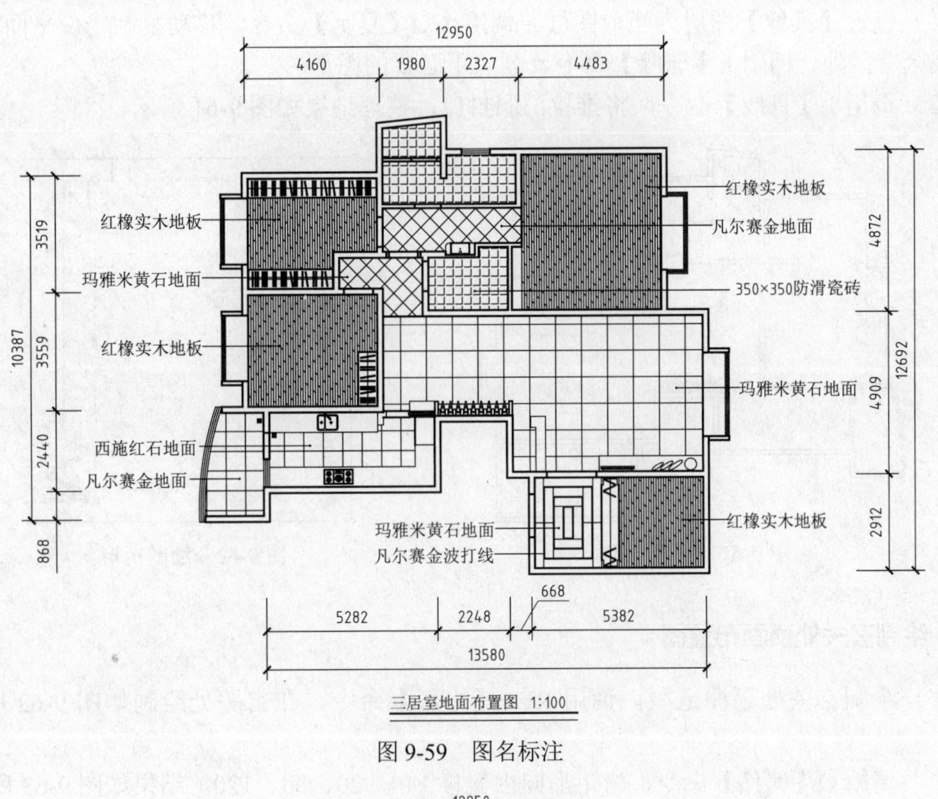

图 9-59　图名标注

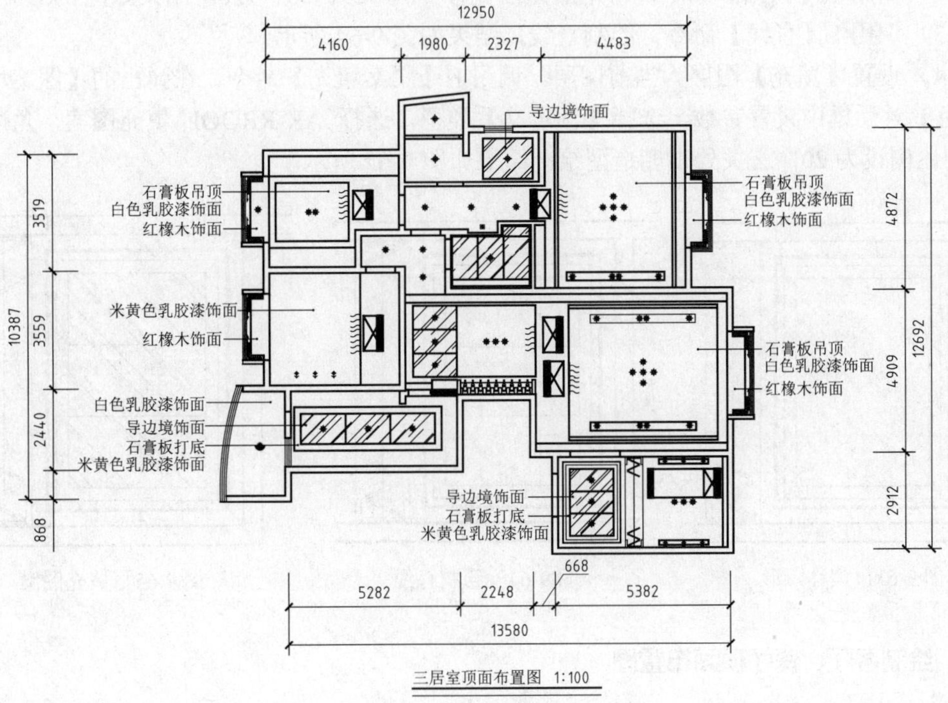

图 9-60　顶棚布置图

9.6.1 整理图形

（1）设置【其他】图层为当前图层。调用 CO【复制】命令，移动复制一份平面布置图至绘图区空白处。调用 E【删除】命令，删除不必要的图形。

（2）调用 L【直线】命令，将推拉门洞封口，整理结果如图 9-61 所示。

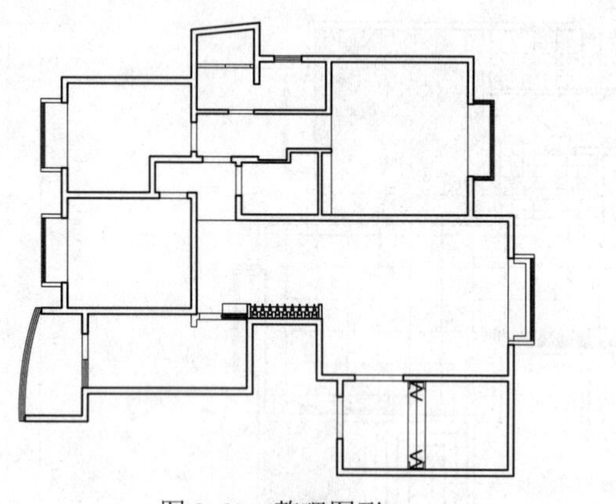

图 9-61 整理图形

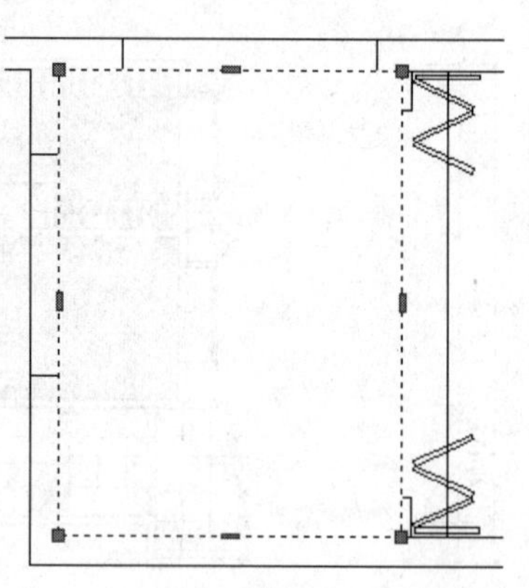

图 9-62 绘制矩形

9.6.2 绘制玄关处顶面布置图

（1）绘制玄关处顶棚造型。调用 REC【矩形】命令，在玄关处绘制如图 9-62 所示的矩形。

（2）调用 O【偏移】命令，将矩形向内偏移 140、20、80、120，结果如图 9-63 所示。

（3）调用 L【直线】命令，绘制直线，结果如图 9-64 所示。

（4）设置【填充】图层为当前图层。调用 H【图案填充】命令，在弹出的【图案填充和渐变色】对话框中设置参数，选择【预定义】类型，选择 AR-RROOF 填充图案，角度设为 45°，比例设为 20，玄关处顶棚造型绘制结果如图 9-65 所示。

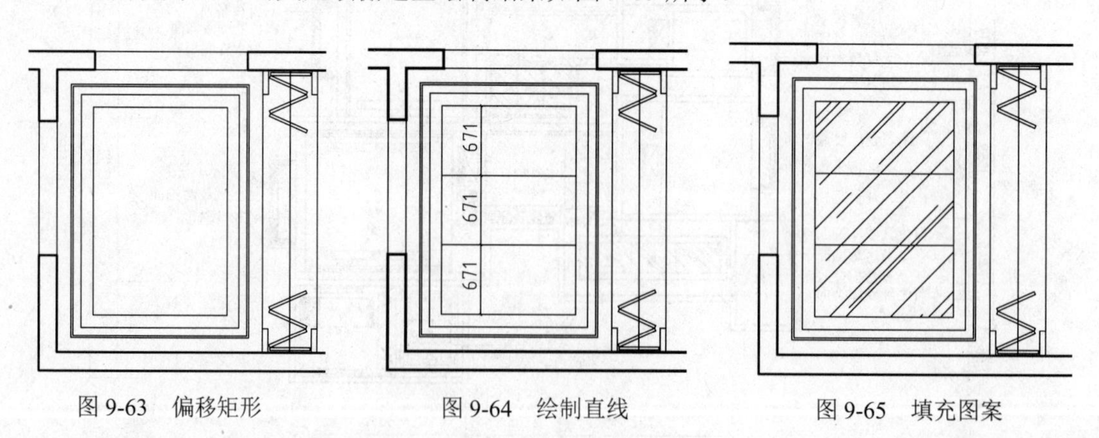

图 9-63 偏移矩形　　图 9-64 绘制直线　　图 9-65 填充图案

9.6.3 绘制客厅、餐厅顶面布置图

（1）设置【其他】图层为当前图层。绘制客厅和餐厅顶棚造型。调用 PL【多段线】命

令，绘制窗帘盒，结果如图 9-66 所示。

（2）调用 L【直线】命令，绘制直线，结果如图 9-67 所示。

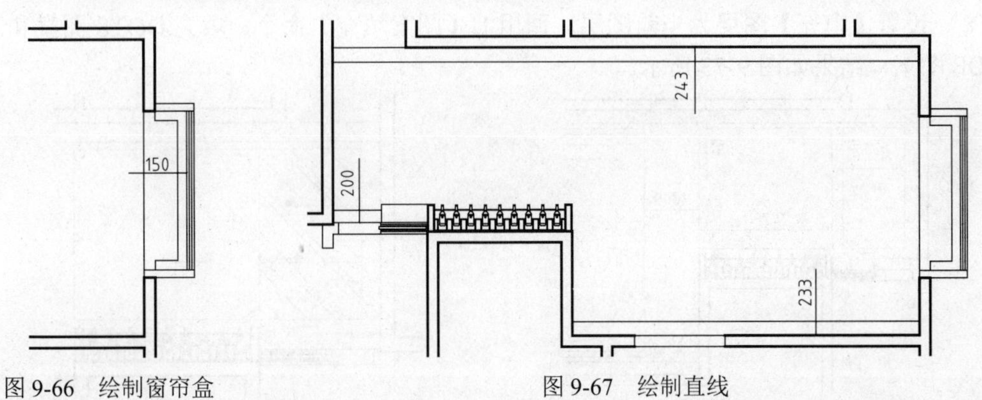

图 9-66　绘制窗帘盒　　　　图 9-67　绘制直线

（3）调用 REC【矩形】命令，绘制尺寸为 4561㎜×4073㎜的矩形，并移动至合适位置，结果如图 9-68 所示。

（4）调用 O【偏移】命令，偏移刚绘制的矩形边，结果如图 9-69 所示。

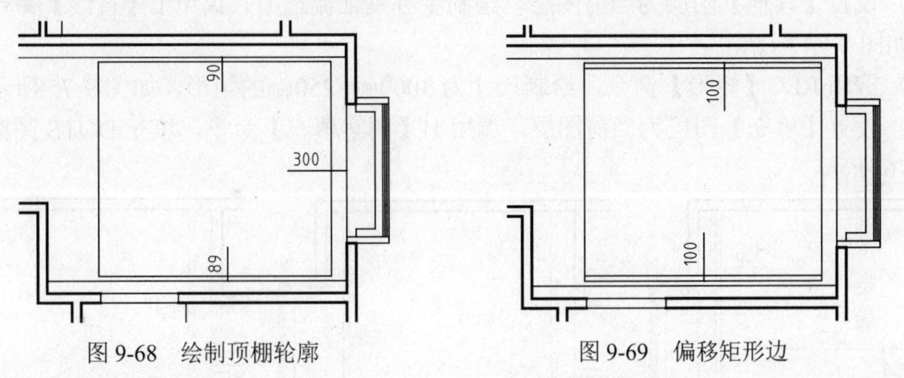

图 9-68　绘制顶棚轮廓　　　　图 9-69　偏移矩形边

（5）调用 REC【矩形】命令，绘制尺寸为 3240㎜×250㎜的矩形，结果如图 9-70 所示。

（6）设置【填充】图层为当前图层。调用 H【图案填充】命令，在弹出的【图案填充和渐变色】对话框中设置参数，选择【预定义】类型，选择 DOTS 填充图案，角度设为 45°，比例设为 30，客厅处顶棚造型绘制结果如图 9-71 所示。

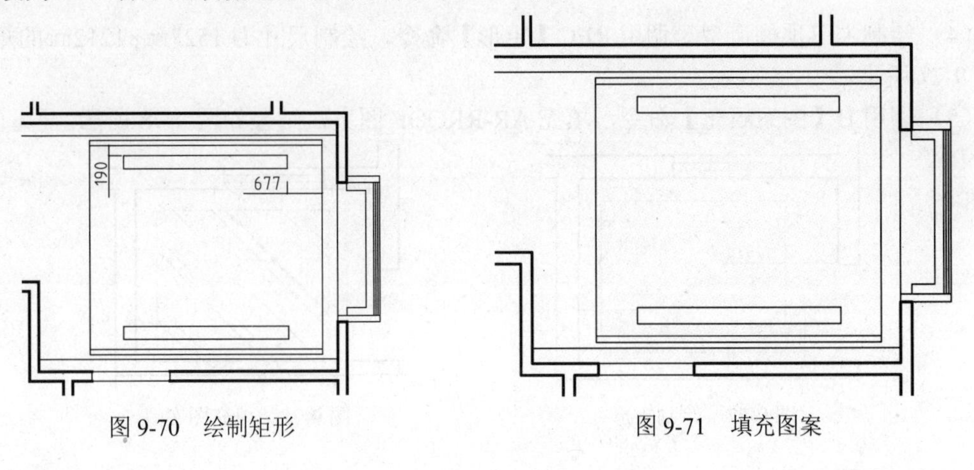

图 9-70　绘制矩形　　　　图 9-71　填充图案

（7）设置【其他】图层为当前图层。调用 REC【矩形】命令，绘制尺寸为 3770㎜×2150㎜的矩形。调用 L【直线】命令，绘制直线，结果如图 9-72 所示。

（8）设置【填充】图层为当前图层。调用 H【图案填充】命令，填充 DOTS 图案和 AR-RROOF 图案，结果如图 9-73 所示。

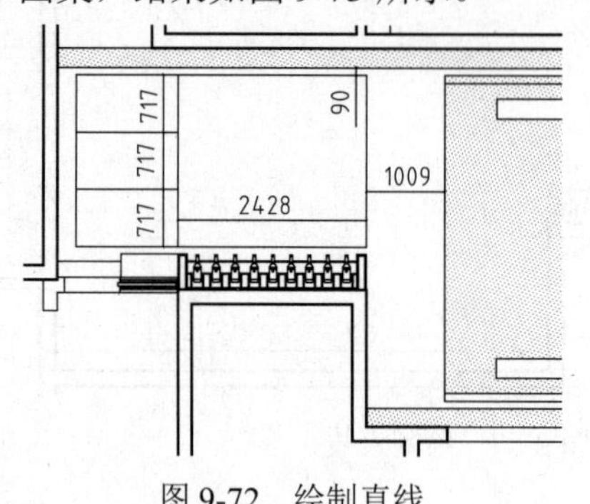

图 9-72　绘制直线

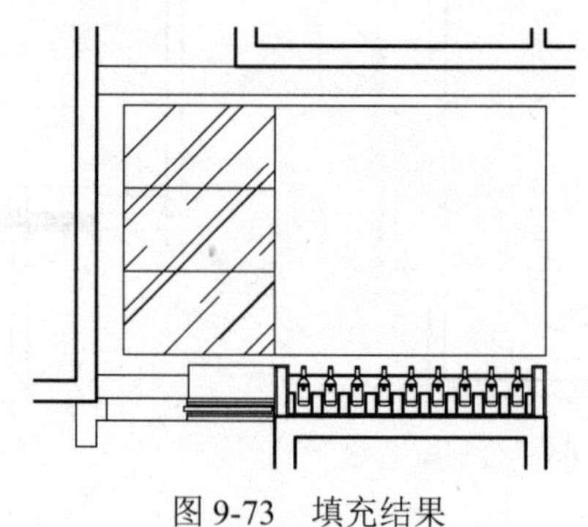

图 9-73　填充结果

9.6.4　绘制主卧顶面布置图

（1）设置【其他】图层为当前图层。绘制主卧室顶棚造型。调用 L【直线】命令，绘制直线，如图 9-74 所示。

（2）调用 REC【矩形】命令，绘制尺寸为 3000㎜×250㎜的矩形，如图 9-75 所示。

（3）设置【填充】图层为当前图层。调用 H【图案填充】命令，填充 DOTS 图案，结果如图 9-76 所示。

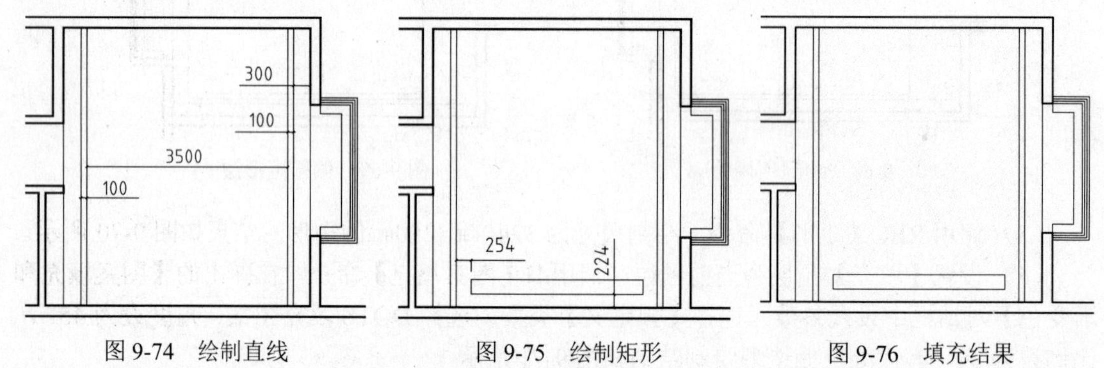

图 9-74　绘制直线　　图 9-75　绘制矩形　　图 9-76　填充结果

（4）绘制主卫顶棚造型。调用 REC【矩形】命令，绘制尺寸为 1527㎜×1212㎜的矩形，如图 9-77 所示。

（5）调用 H【图案填充】命令，填充 AR-RROOF 图案，结果如图 9-78 所示。

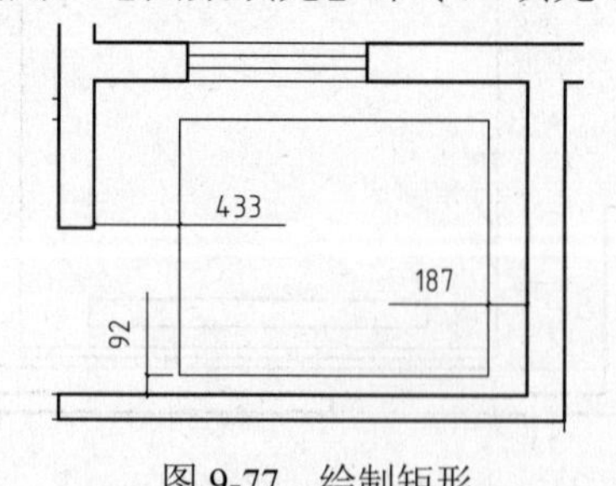

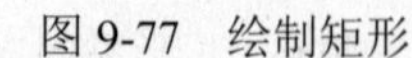

图 9-77　绘制矩形

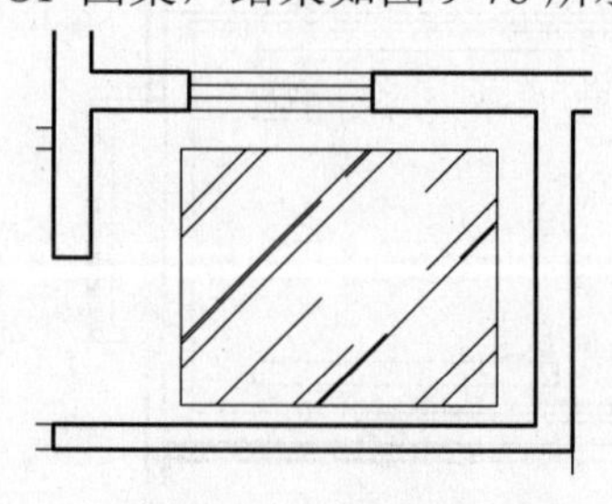

图 9-78　填充图案

9.6.5　绘制其他区域顶面布置图

（1）重复同样的操作，绘制其他功能区域顶棚图，结果如图 9-79 所示。

（2）设置【灯具】和【设施】图层为当前图层。按 Ctrl+O 组合键，打开“第 09 章/家具图例.dwg”文件，将其中的【空调】、【排气扇】和【灯具】等图形复制粘贴到图形中，结果如图 9-80 所示。

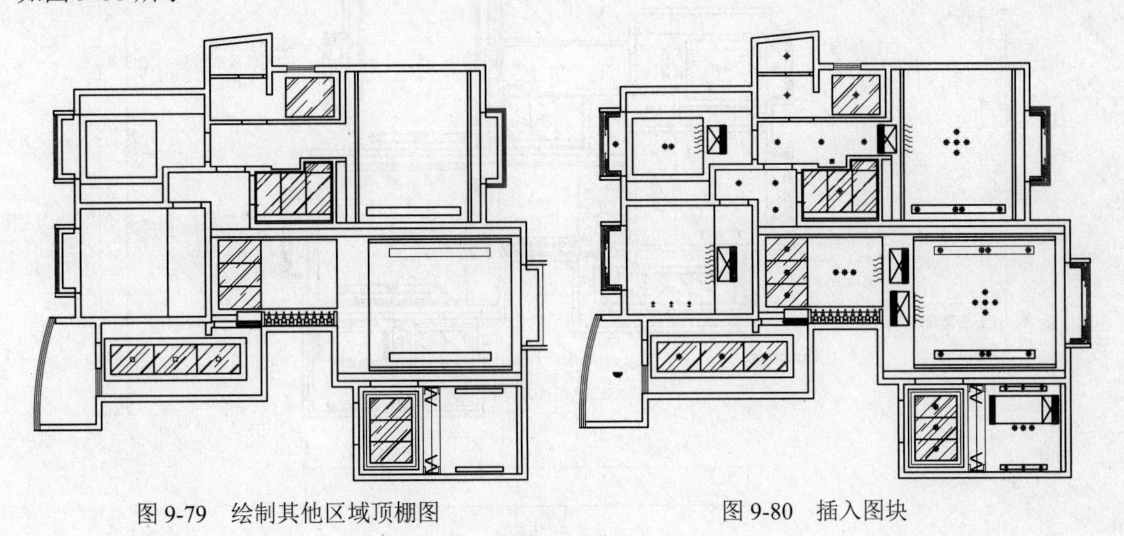

图 9-79　绘制其他区域顶棚图　　　　图 9-80　插入图块

9.6.6　标注文字和尺寸

（1）设置【尺寸标注】图层为当前图层。多重引线标注。调用 MLD【多重引线】标注命令，弹出【文字格式】对话框，输入顶面铺装材料的名称。单击【确定】按钮关闭对话框，标注结果如图 9-81 所示。

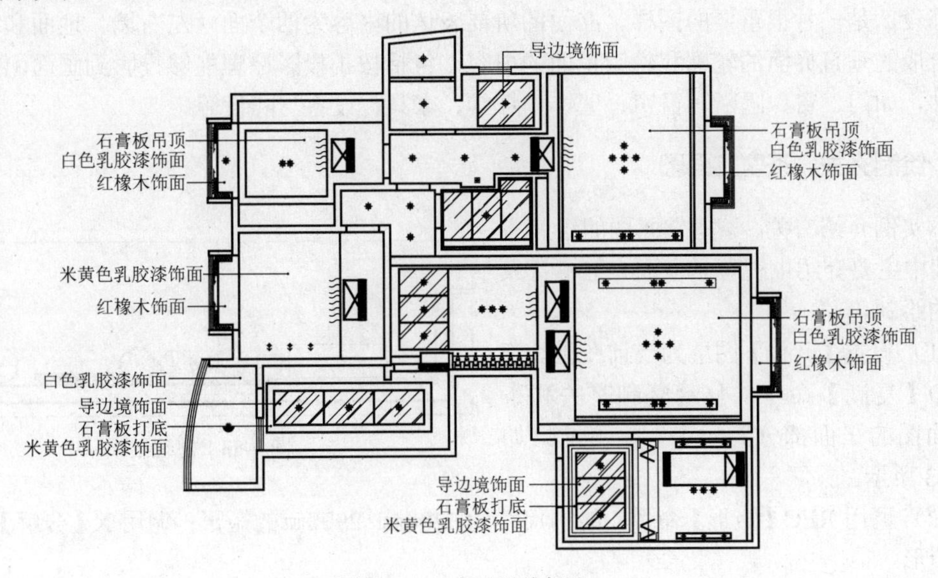

图 9-81　多重引线标注

（2）图名标注。调用 DT【单行文字】命令，进行图名标注，至此三居室顶棚图绘制完成，结果如图 9-82 所示。

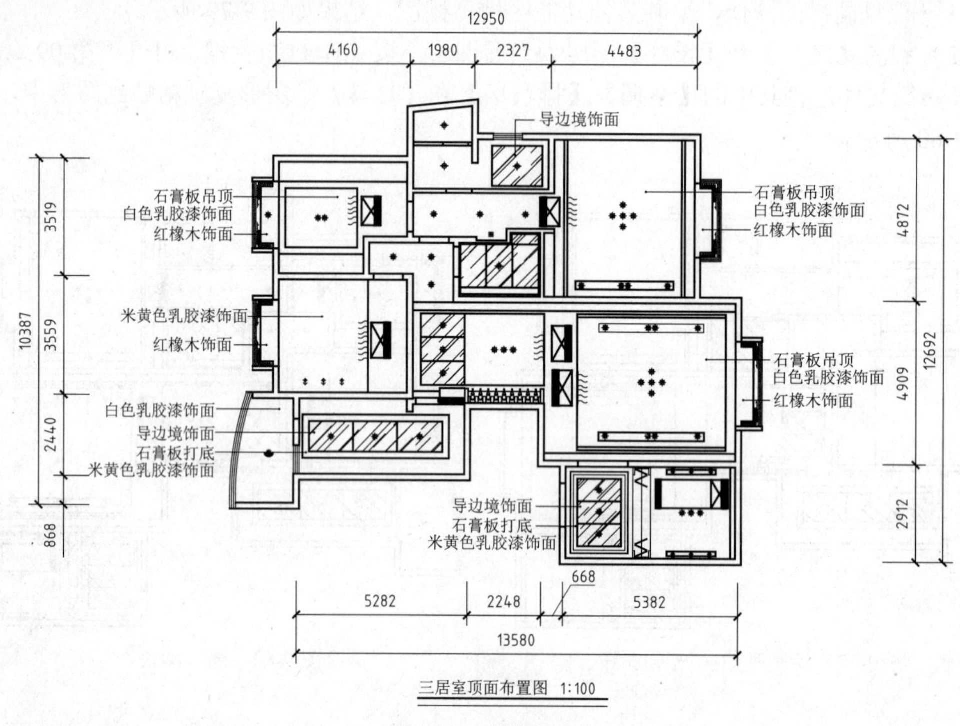

图 9-82　图名标注

9.7　绘制三居室立面图

立面图是一种与垂直界面平行的正投影图，它能够反映垂直界面的形状、装修做法和其上的陈设，是一种很重要的图样。立面图所要表达的内容为四个面（左右墙、地面和顶棚）所围合成的垂直界面的轮廓和轮廓里面的内容，包括按正投影原理能够投影到画面上的所有构配件，如门、窗、隔断、窗帘、壁饰、灯具、家具、设备与陈设等。

9.7.1　绘制玄关、茶室立面图

本实例介绍玄关、茶室立面图的绘制方法，其中主要介绍电视背景立面、鞋柜背景立面的绘制。

（1）设置【其他】图层为当前图层。调用 CO【复制】命令，移动复制玄关和茶室立面图的平面部分到一旁，整理结果如图 9-83 所示。

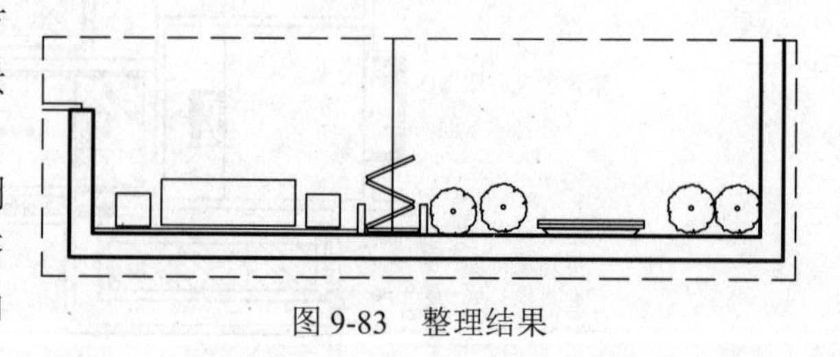

图 9-83　整理结果

（2）调用 REC【矩形】命令，绘制尺寸为 5200㎜×2900㎜的矩形；调用 X【分解】命令，分解矩形。

（3）调用 O【偏移】命令，偏移矩形边，结果如图 9-84 所示。

（4）继续 REC【矩形】命令，绘制尺寸为 2060㎜×2400㎜的矩形；调用 O【偏移】命令，偏移矩形边；结果如图 9-85 所示。

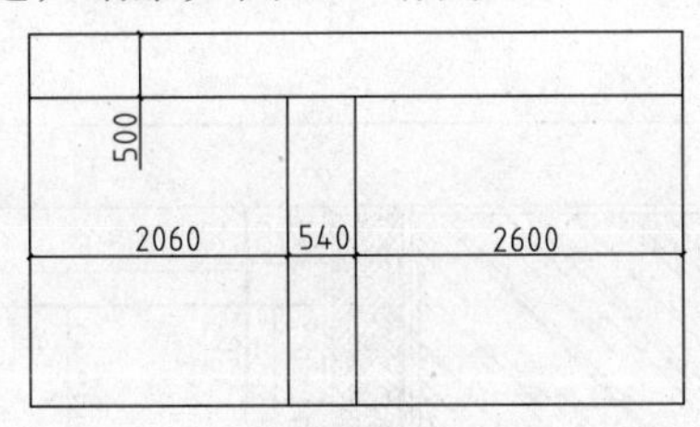

图 9-84　偏移矩形边

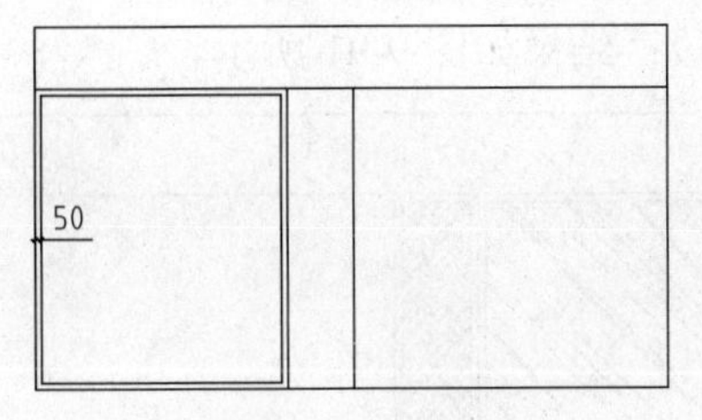

图 9-85　修剪线段

（5）设置【填充】图层为当前图层。调用 H【填充】命令，在弹出的【图案填充和渐变色】对话框中设置参数，如图 9-86 所示。

（6）单击【添加：拾取点】按钮，在绘图区中拾取填充区域，图案填充结果如图 9-87 所示。

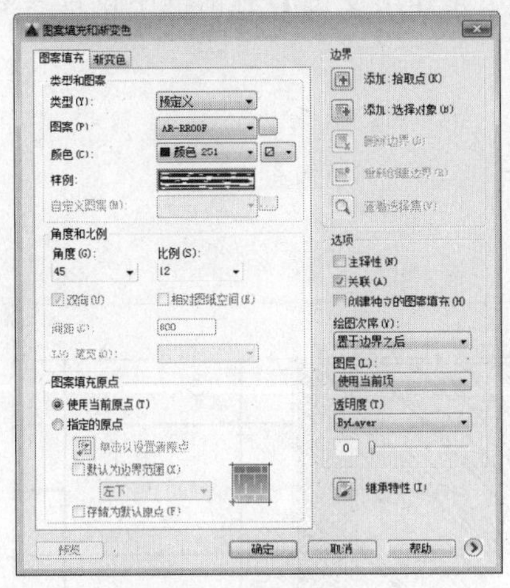

图 9-86　设置参数

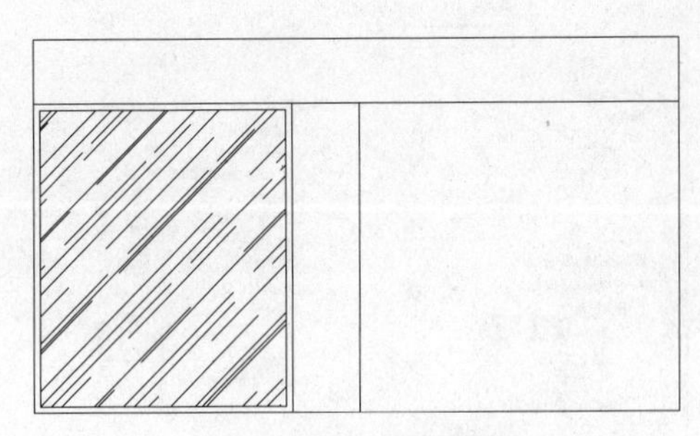

图 9-87　填充图案

（7）调用 REC【矩形】命令，绘制尺寸为 540㎜×2400㎜的矩形；O【偏移】命令，设置偏移命令为 50，偏移线段；调用 L【直线】命令，绘制直线，结果如图 9-88 所示。

（8）调用 H【填充】命令，在弹出的【图案填充和渐变色】对话框中设置参数，如图 9-89 所示。

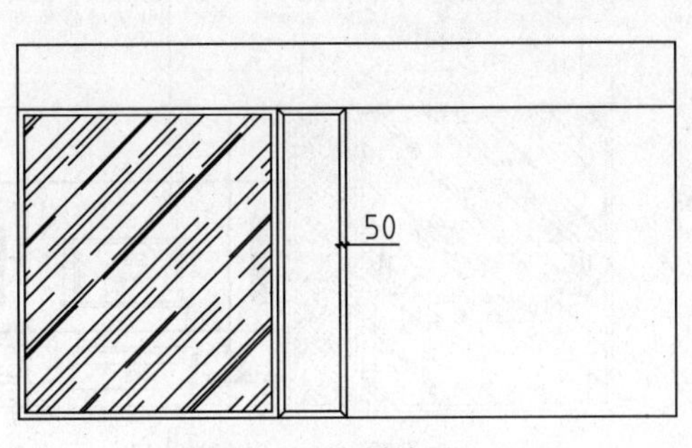

图 9-88　绘制结果

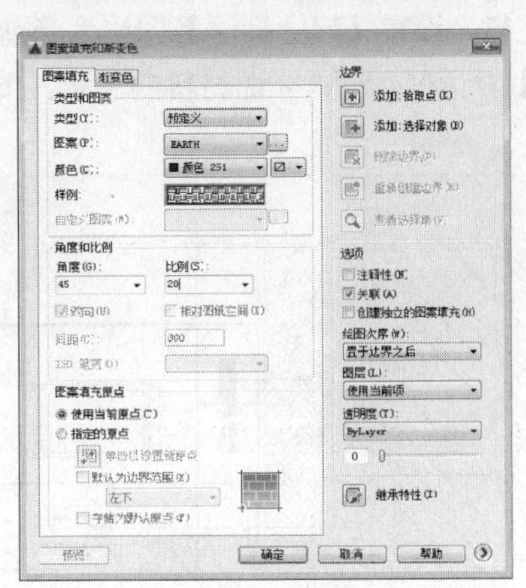

图 9-89　设置参数

（9）单击【添加：拾取点】按钮，在绘图区中拾取填充区域，图案填充结果如图 9-90 所示。

（10）调用 O【偏移】命令，设置偏移命令为 50，偏移线段；调用 TR【修剪】命令，修剪多余线段；结果如图 9-91 所示。

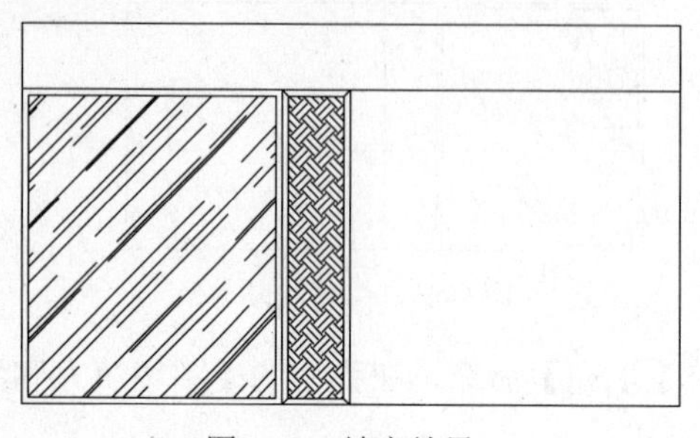

图 9-90　填充结果

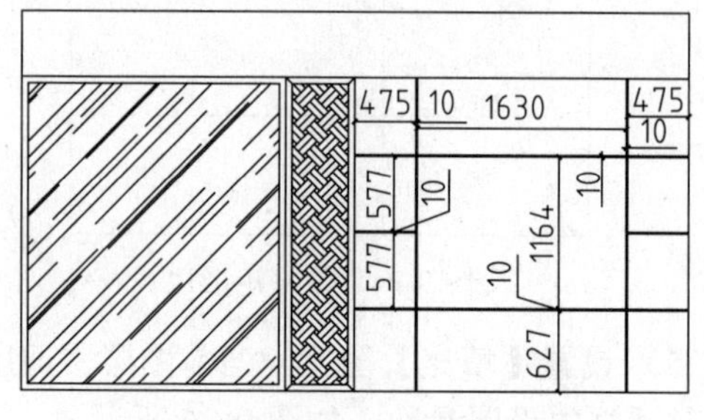

图 9-91　绘制结果

（11）调用 H【填充】命令，在弹出的【图案填充和渐变色】对话框中设置参数，如图 9-92 所示；填充结果如图 9-93 所示。

图 9-92　设置参数

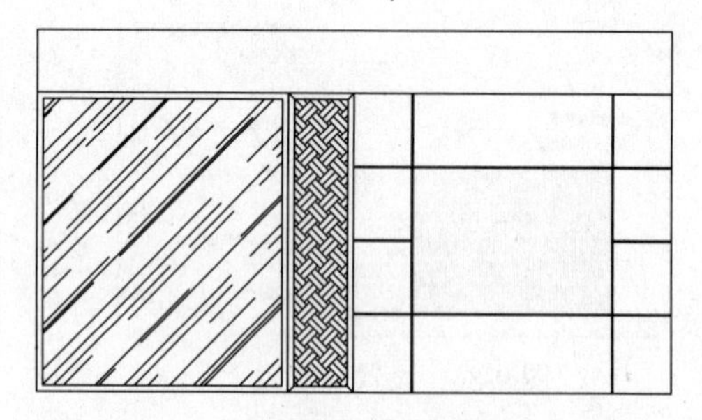

图 9-93　填充结果

（12）设置【设施】图层为当前图层。按 Ctrl+O 组合键，打开“第 09 章/家具图例.dwg”文件，将其中的家具等图形复制粘贴到图形中，结果如图 9-94 所示。

（13）设置【尺寸标注】图层为当前图层。调用 MLD【多重引线】标注命令，弹出【文字格式】对话框，输入立面材料的名称。单击【确定】按钮关闭对话框，标注结果如图 9-95 所示。

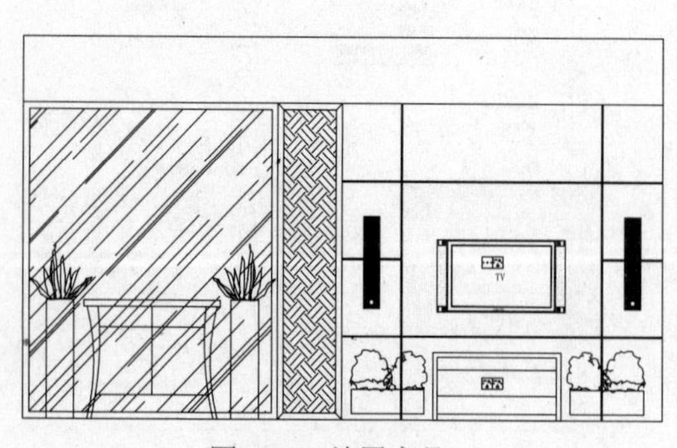

图 9-94　放置家具

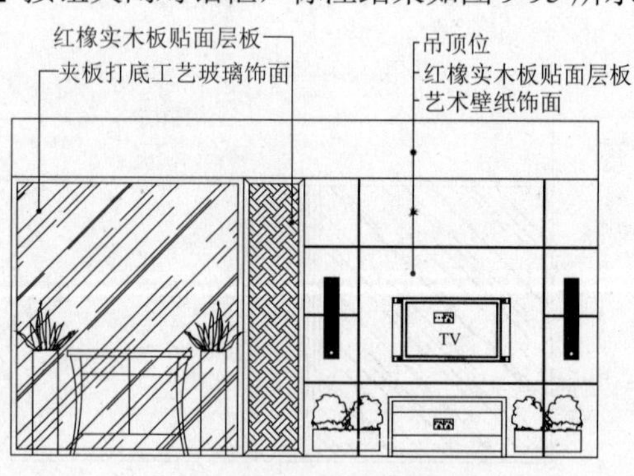

图 9-95　标注结果

（14）调用 DLI【线性】标注命令，标注立面图尺寸，结果如图 9-96 所示。

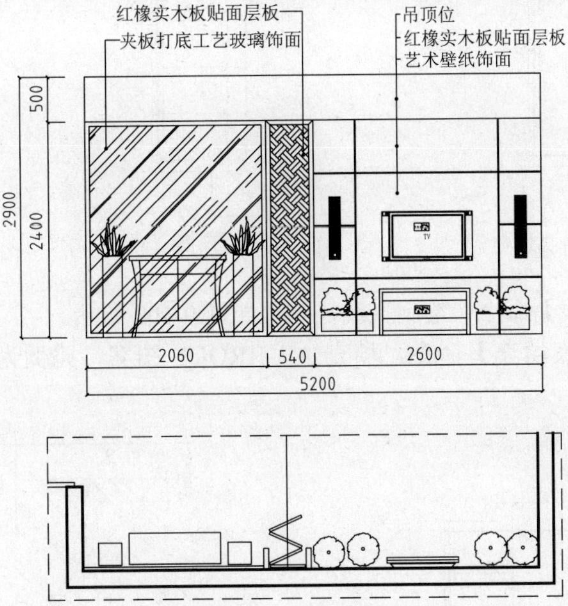

图 9-96　尺寸标注

9.7.2　绘制电视背景墙立面图

本例绘制的客厅电视背景墙立面图，其一般绘制步骤为：先绘制总体轮廓，再绘制墙体和吊顶，接下来绘制墙体装饰，以及插入图块，最后进行标注。

（1）设置【其他】图层为当前图层。调用 CO【复制】命令，移动复制电视背景墙立面图的平面部分到一旁，整理结果如图 9-97 所示。

（2）绘制总体轮廓和墙体。调用 REC【矩形】命令，绘制尺寸为 6690㎜×2900㎜的矩形。调用 O【偏移】命令，偏移线段，结果如图 9-98 所示。

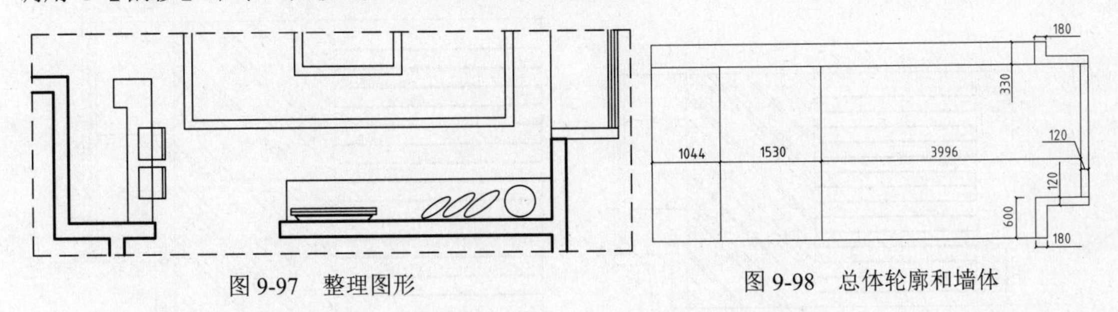

图 9-97　整理图形　　　　图 9-98　总体轮廓和墙体

（3）绘制窗户立面。调用 O【偏移】命令，设置偏移距离为 50、20、50，完成窗户立面图的绘制，结果如图 9-99 所示。

（4）绘制电视背景墙外框架。调用 L【直线】，绘制直线，结果如图 9-100 所示。

（5）设置【填充】图层为当前图层。调用 H【图案填充】命令，填充 DOTS 图案，比例为 20，结果如图 9-101 所示。

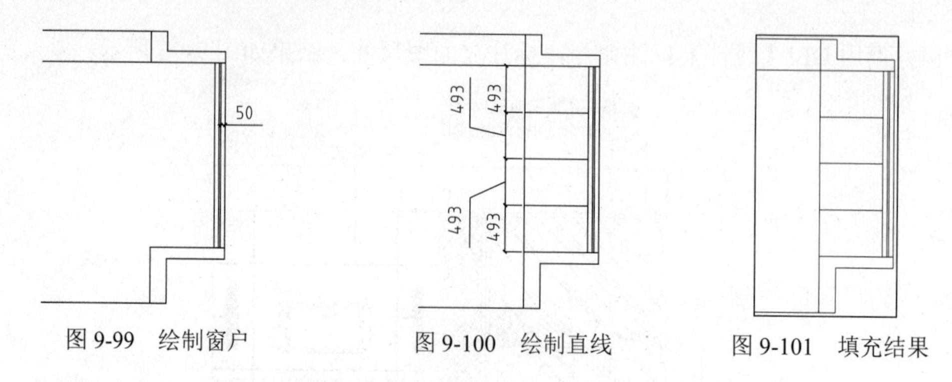

图 9-99　绘制窗户　　图 9-100　绘制直线　　图 9-101　填充结果

（6）调用 L【直线】命令，绘制直线，结果如图 9-102 所示。

（7）调用 H【图案填充】命令，填充 AR-RROOF 图案，比例为 12，结果如图 9-103 所示。

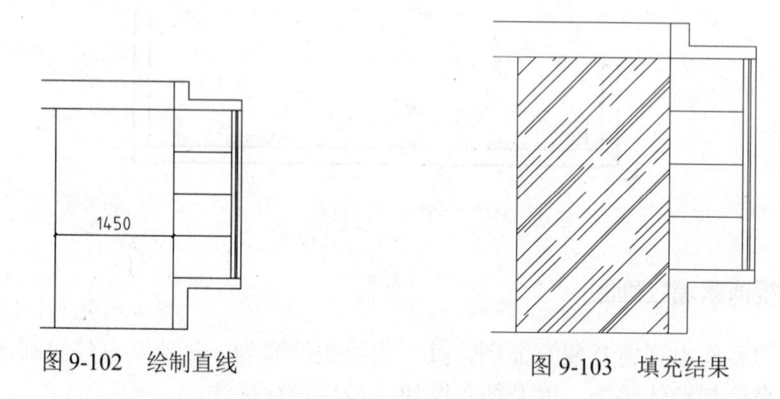

图 9-102　绘制直线　　图 9-103　填充结果

（8）调用 L【直线】、O【偏移】命令，绘制直线并偏移。调用 AR【阵列】命令，将绘制和偏移的直线进行阵列，行数为 14，间距为 165，结果如图 9-104 所示。

（9）调用 H【图案填充】命令，填充 AR-SAND 图案，比例为 3，结果如图 9-105 所示。

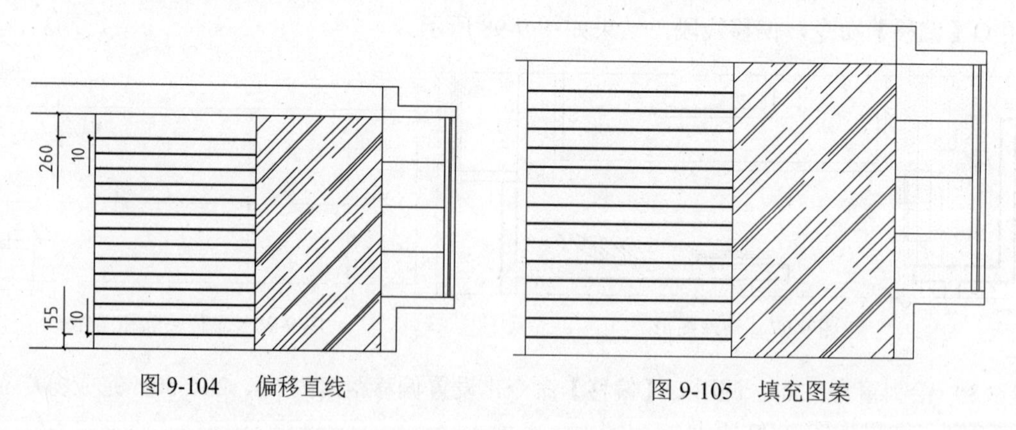

图 9-104　偏移直线　　图 9-105　填充图案

（10）调用 L【直线】命令，绘制直线。调用 PL【多段线】，绘制多段线，结果如图 9-106 所示。

（11）调用 REC【矩形】命令，绘制尺寸为 1100㎜×460㎜的矩形，结果如图 9-107 所示。

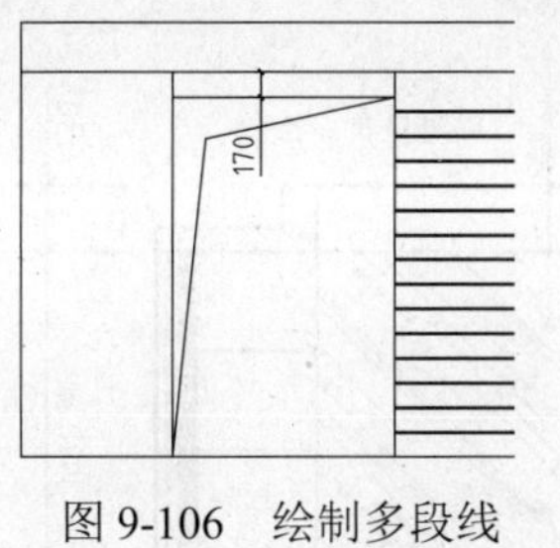

图 9-106　绘制多段线

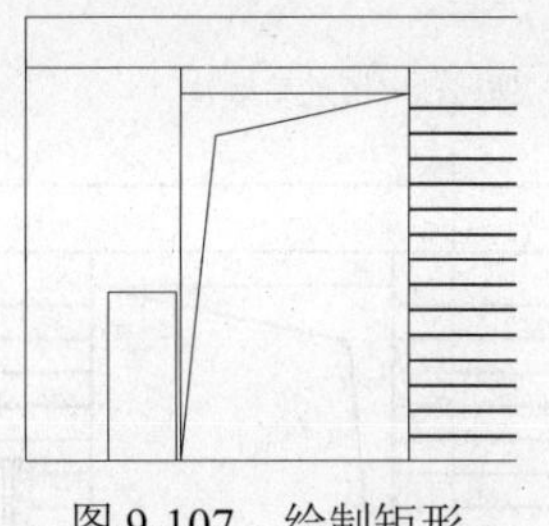

图 9-107　绘制矩形

（12）沿用上面介绍的方法，绘制酒吧区背景墙。调用 REC【矩形】命令，绘制一个尺寸大小为 460㎜×1100㎜的矩形，向左偏移 30。并用 TR【修剪】命令修剪重叠的线段，结果如图 9-108 所示。

（13）设置【设施】图层为当前图层。按 Ctrl+O 组合键，打开“第 09 章/家具图例.dwg”文件，将其中的家具等图形复制粘贴到图形中，并调用 TR【修剪】命令，修剪多余线段，结果如图 9-109 所示。

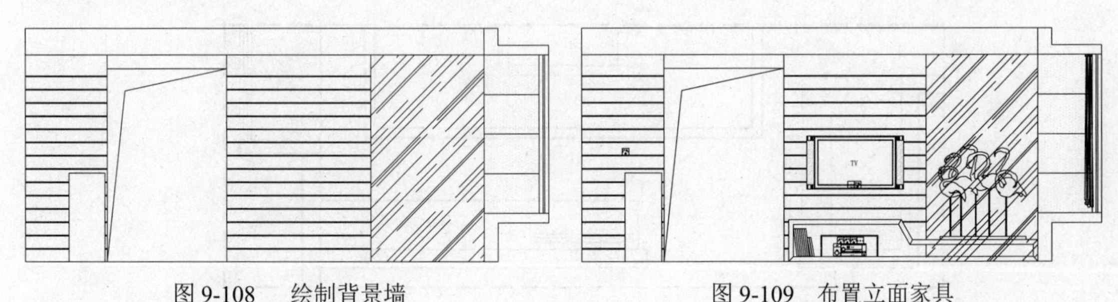

图 9-108　绘制背景墙　　　图 9-109　布置立面家具

（14）设置【尺寸标注】图层为当前图层。调用 MLD【多重引线】标注命令，弹出的【文字格式】对话框，输入立面材料的名称和施工做法。单击【确定】按钮关闭对话框，标注结果如图 9-110 所示。

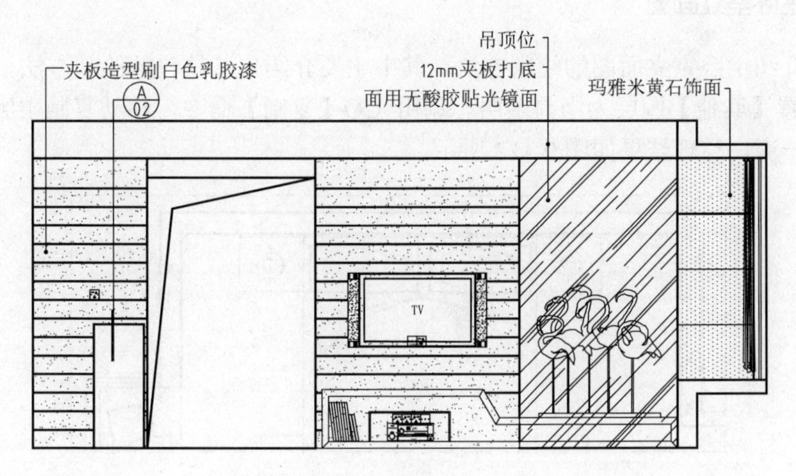

图 9-110　标注材料名称和做法

（15）调用 DLI【线性标注】命令，标注立面图尺寸，结果如图 9-111 所示。

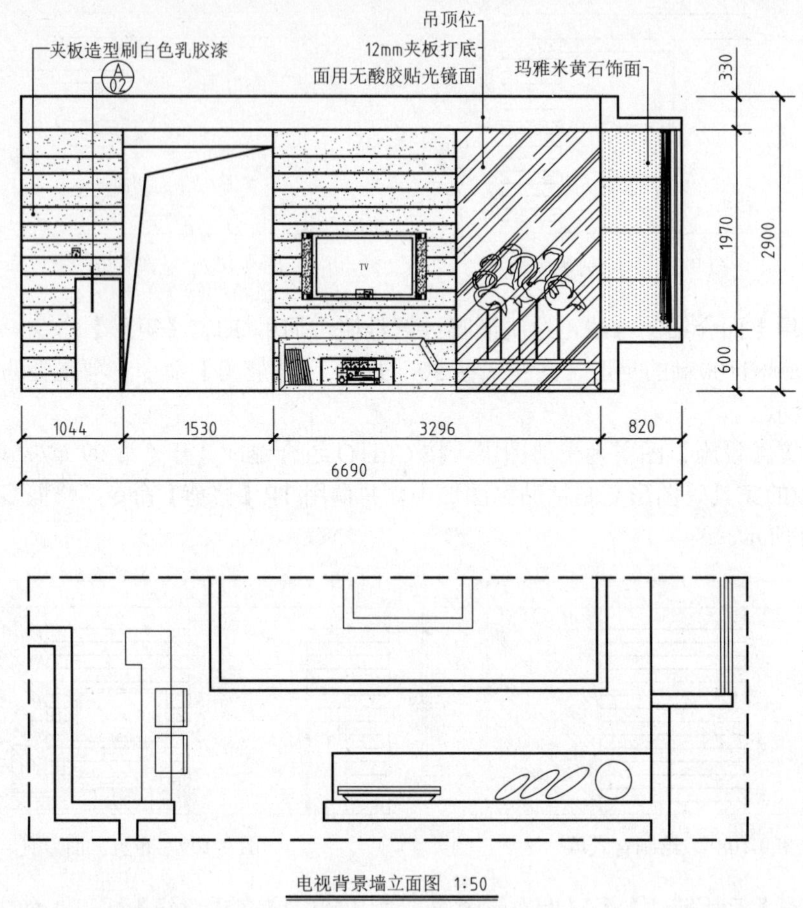

图 9-111　尺寸标注

9.7.3　绘制主卧室立面图

本实例介绍主卧室立面图的绘制方法，其中主要介绍皮革软包的绘制方法。

（1）设置【其他】图层为当前图层。调用 CO【复制】命令，移动复制主卧室立面图的平面部分到一旁，整理结果如图 9-112 所示。

图 9-112　整理图形

（2）调用 REC【矩形】命令，绘制尺寸为 5213㎜×2900㎜的矩形；调用 X【分解】命令，将矩形分解；调用 O【偏移】命令，偏移线段，结果如图 9-113 所示。

（3）调用 L【直线】命令，绘制直线，结果如图 9-114 所示。

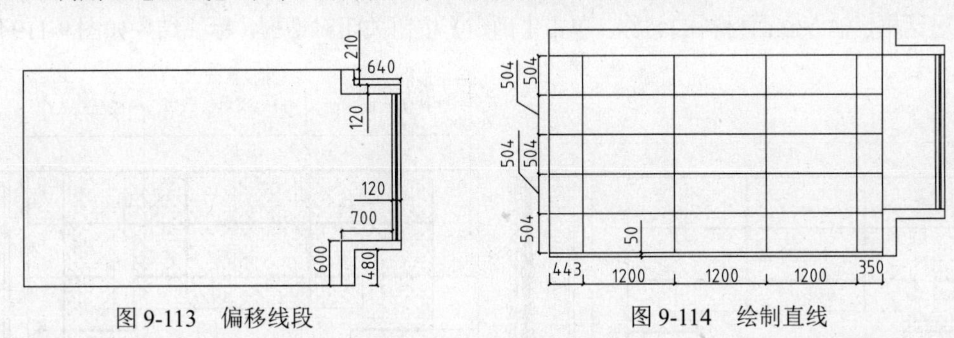

图 9-113　偏移线段　　　　图 9-114　绘制直线

（4）调用 REC【矩形】命令，绘制尺寸为 1180㎜×484㎜的矩形；调用 M【移动】命令，移动距离为 10；调用 AR【阵列】命令阵列矩形，列数为 3，行数为 5，列之间距离为 1200，行之间距离为 504，如图 9-115 所示。

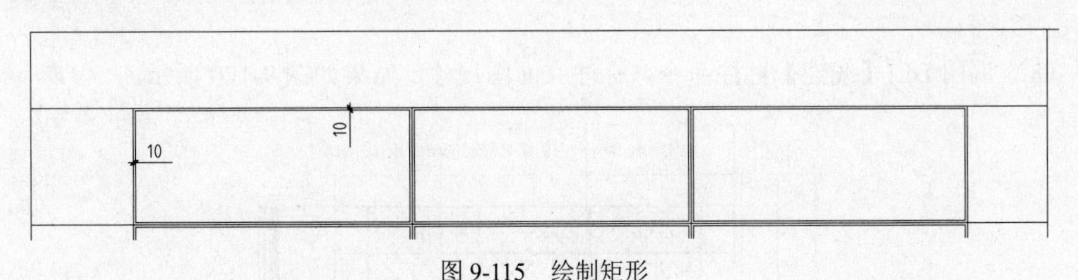

图 9-115　绘制矩形

（5）设置【填充】图层为当前图层。调用 H【填充】命令，在弹出的【图案填充和渐变色】对话框中设置参数，如图 9-116 所示，填充结果如图 9-117 所示。

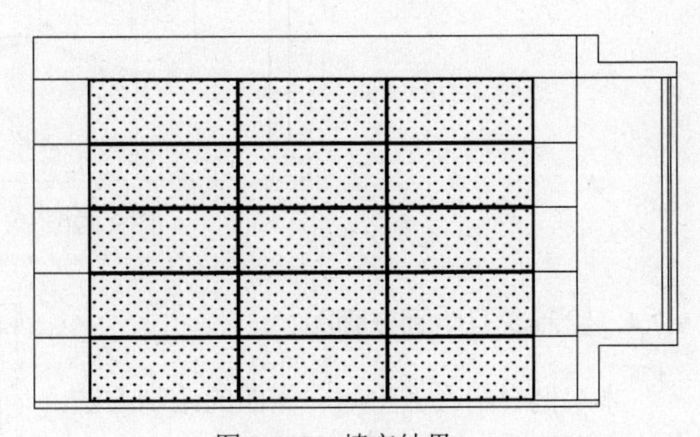

图 9-116　设置参数　　　　图 9-117　填充结果

（6）设置【设施】图层为当前图层。按 Ctrl+O 组合键，打开“第 09 章/家具图例.dwg”文件，将其中的家具等图形复制粘贴到图形中，并调用【修剪】命令修剪多余线段，结果如图 9-118 所示。

（7）设置【尺寸标注】图层为当前图层。调用 MLD【多重引线】标注命令，弹出的【文字格式】对话框，输入立面材料的名称。单击【确定】按钮关闭对话框，标注结果如图 9-119 所示。

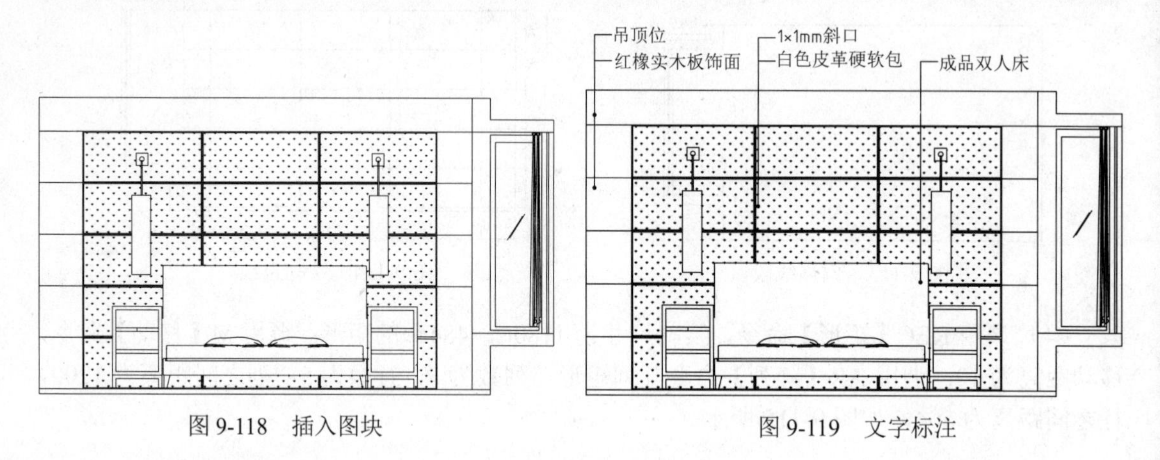

图 9-118　插入图块　　　　图 9-119　文字标注

（8）调用 DLI【线性】标注命令，标注立面图尺寸，结果如图 9-120 所示。

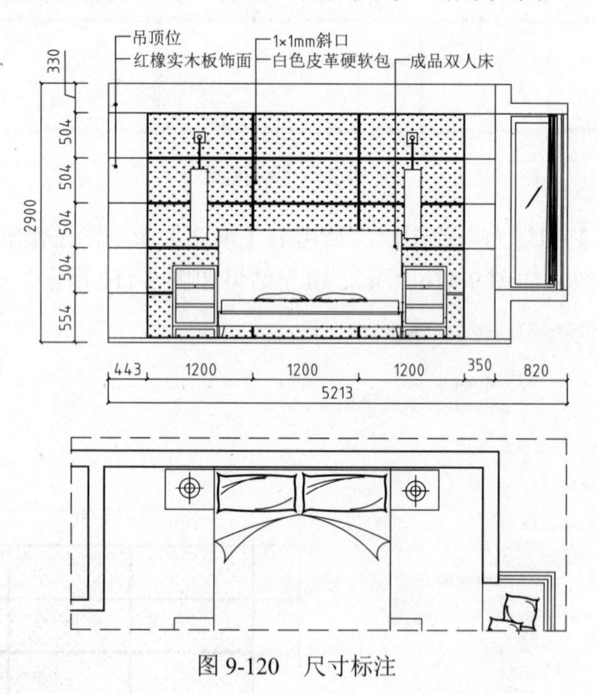

图 9-120　尺寸标注

9.7.4　绘制次卫生间立面图

本实例介绍次卫生间立面图的绘制方法，其中主要调用矩形、偏移和填充等命令。

（1）设置【其他】图层为当前图层。调用 CO【复制】命令，移动复制次卫生间立面图的平面部分到一旁，整理结果如图 9-121 所示。

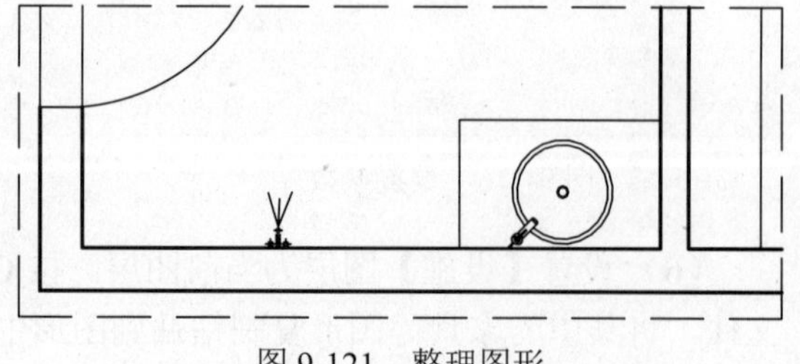

图 9-121　整理图形

（2）调用 REC【矩形】命令，绘制尺寸为 2469㎜×2900㎜的矩形；调用 X【分解】命令，将矩形分解；调用 O【偏移】命令，偏移线段，结果如图 9-122 所示。

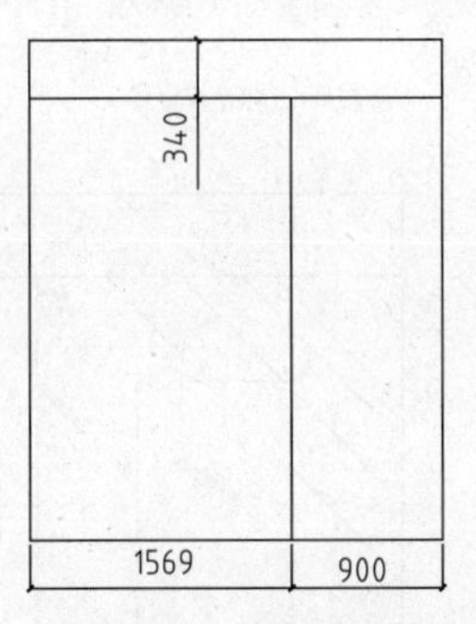

图 9-122　绘制并偏移

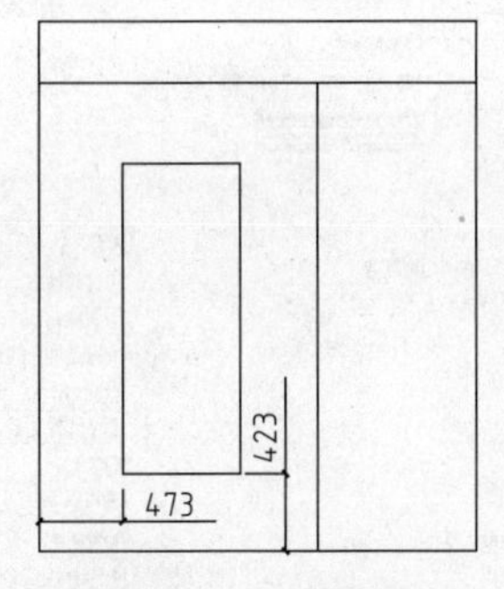

图 9-123　绘制矩形

（3）调用 REC【矩形】命令，绘制尺寸为 1696㎜×664㎜的矩形，如图 9-123 所示。

（4）设置【填充】图层为当前图层。调用 H【填充】命令，在弹出的【图案填充和渐变色】对话框中设置参数，如图 9-124 所示；填充结果如图 9-125 所示。

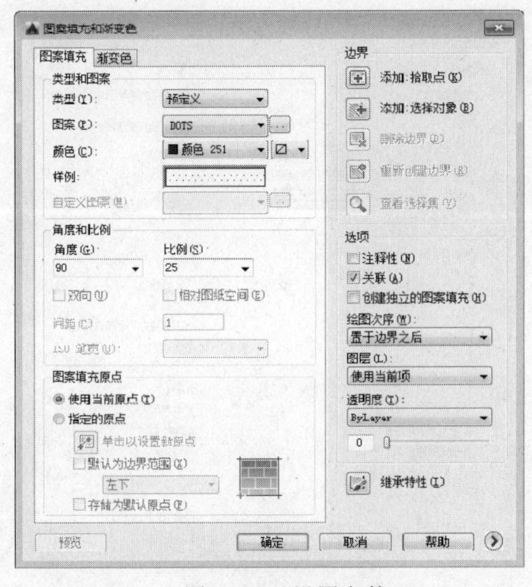

图 9-124　设置参数

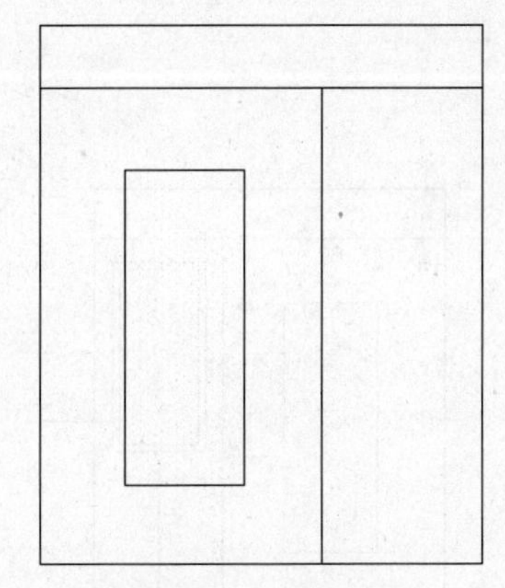

图 9-125　填充结果

（5）调用 H【填充】命令，在弹出的【图案填充和渐变色】对话框中设置参数，如图 9-126 所示，填充结果如图 9-127 所示。

（6）调用 REC【矩形】命令，绘制尺寸为 648㎜×1290㎜的矩形；调用 O【偏移】命令，设置偏移距离为 50，向内偏移矩形，结果如图 9-128 所示。

（7）调用 H【填充】命令，在弹出的【图案填充和渐变色】对话框中设置参数，如图 9-129 所示，填充结果如图 9-130 所示。

（8）调用 REC【矩形】命令，绘制尺寸为 900㎜×550㎜的矩形；调用 X【分解】命令，分解所绘制的矩形；调用 O【偏移】命令，偏移矩形边，结果如图 9-131 所示。

（9）调用 L【直线】命令，绘制直线，结果如图 9-132 所示。

图 9-126　设置参数

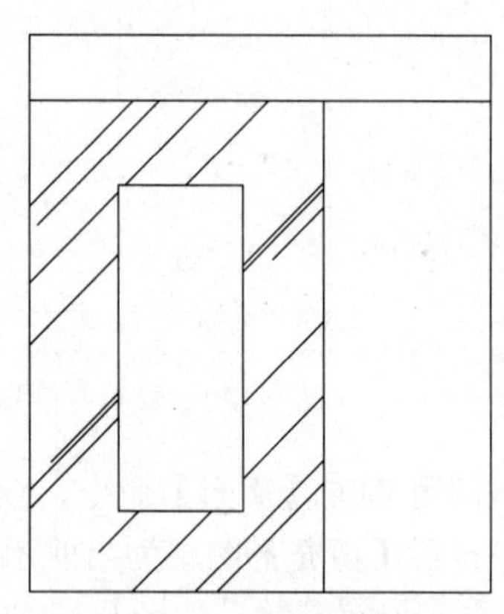

图 9-127　填充结果

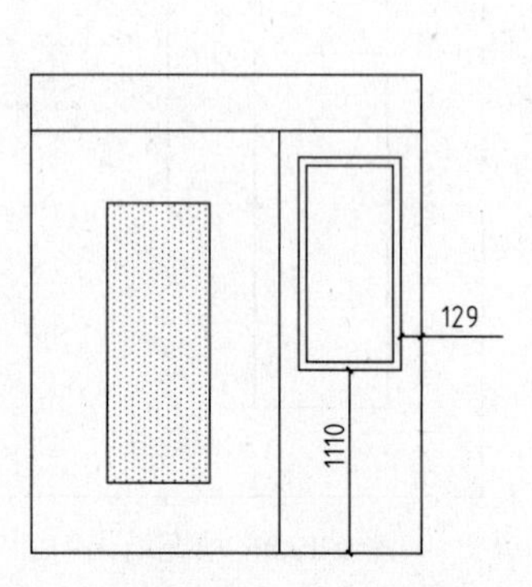

图 9-128　绘制结果

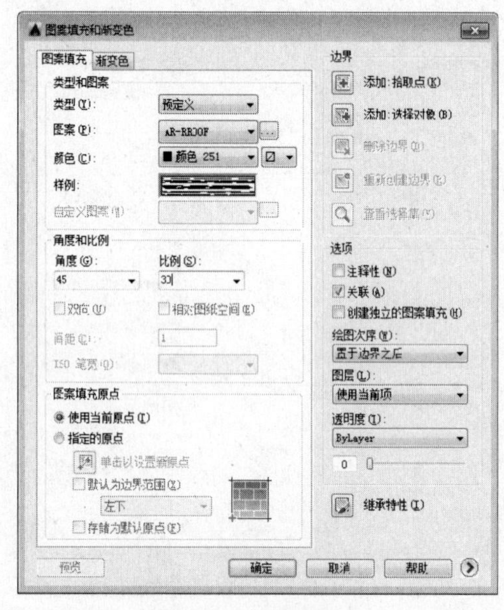

图 9-129　设置参数

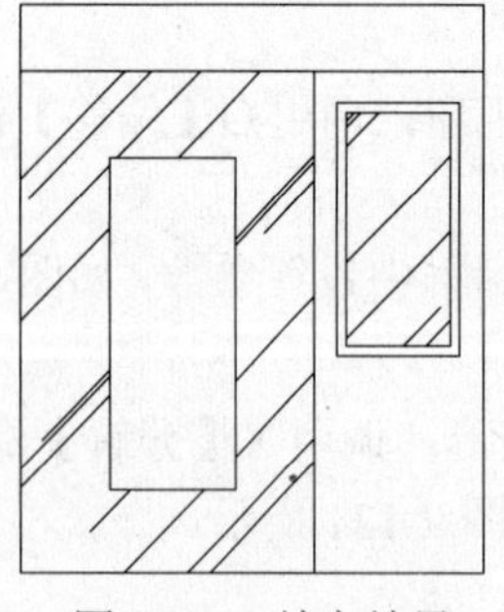

图 9-130　填充结果

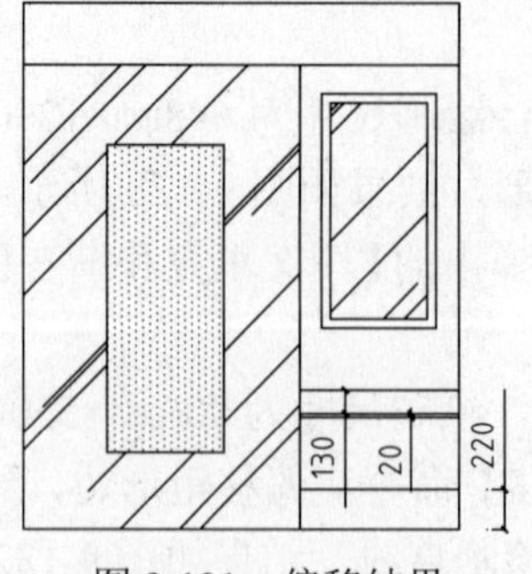

图 9-131　偏移结果

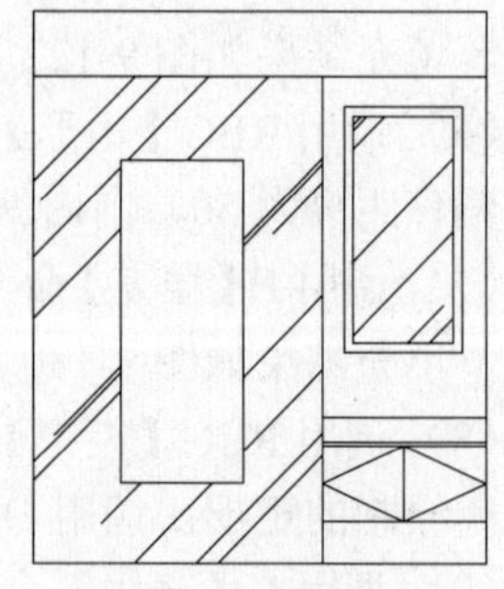

图 9-132　绘制直线

（10）设置【设施】图层为当前图层。按 Ctrl+O 组合键，打开“第 09 章/家具图例.dwg”文件，将其中的“洗脸盆”等图形复制粘贴到图形中，结果如图 9-133 所示。

（11）设置【尺寸标注】图层为当前图层。调用 MLD【多重引线】标注命令，弹出的【文字格式】对话框，输入立面材料的名称。单击【确定】按钮关闭对话框，标注结果如图 9-134 所示。

（12）调用 DLI【线性】标注命令，标注立面图尺寸，结果如图 9-135 所示。

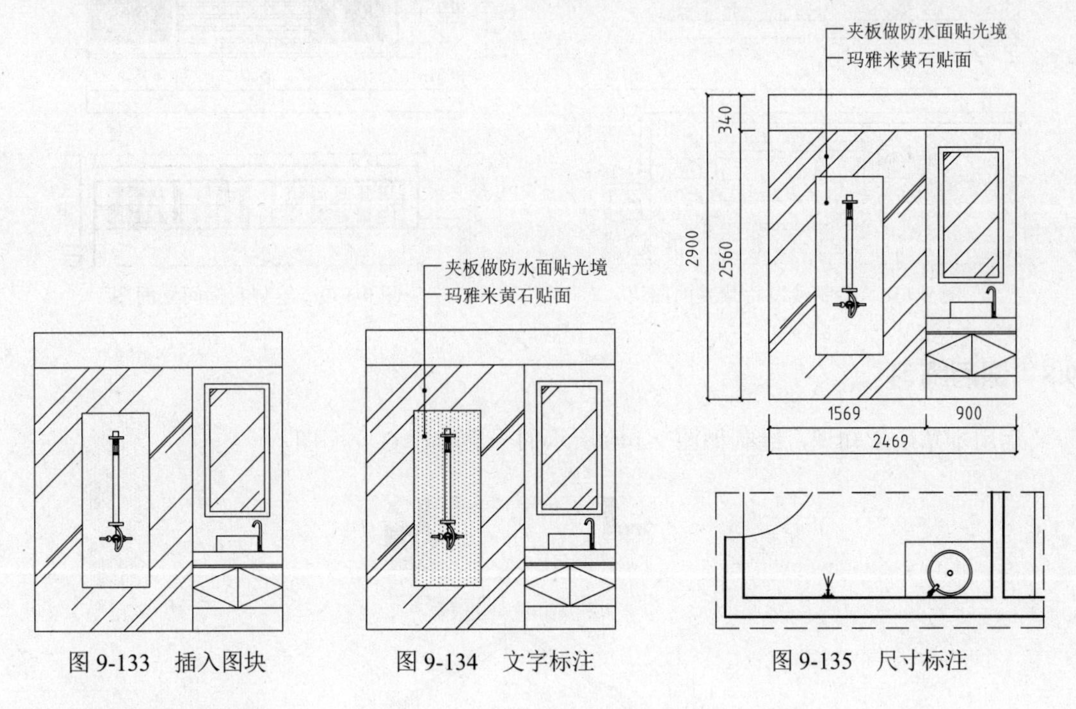

图 9-133　插入图块　　图 9-134　文字标注　　图 9-135　尺寸标注

9.7.5　绘制其他立面图

运用上述相同的方法，读者可自己完成其他立面图的绘制，如图 9-136～图 9-139 所示。

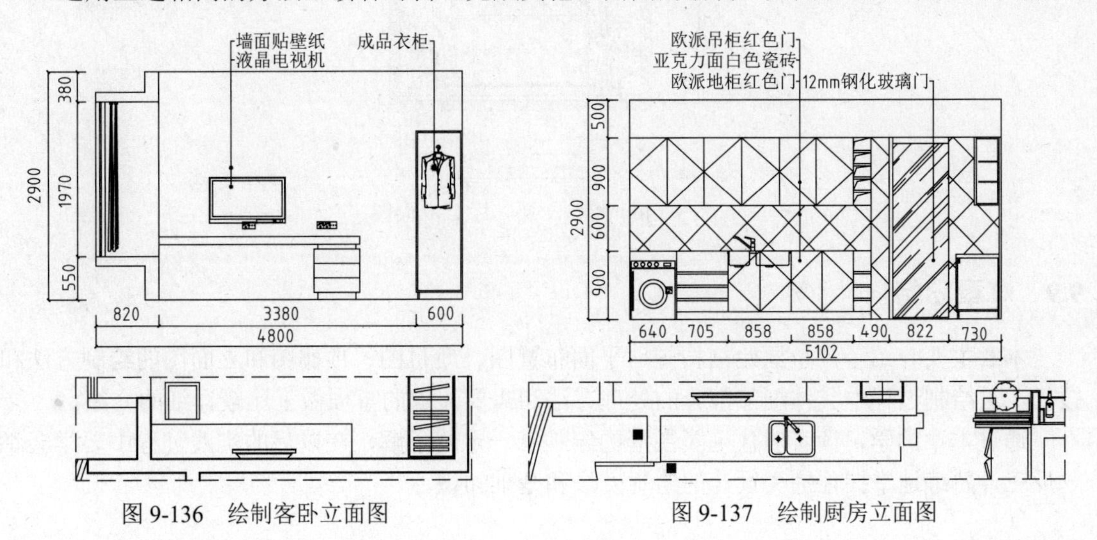

图 9-136　绘制客卧立面图　　图 9-137　绘制厨房立面图

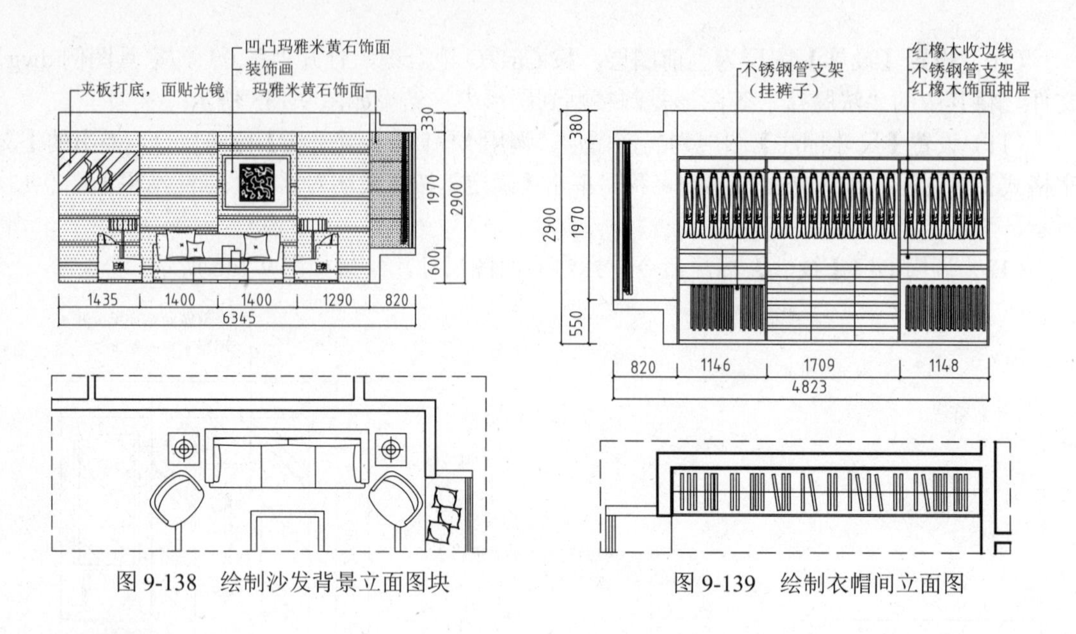

图 9-138　绘制沙发背景立面图块　　　　图 9-139　绘制衣帽间立面图

9.8　课后练习

运用本章所学知识，绘制如图 9-140 所示的一层客厅 C 立面图。

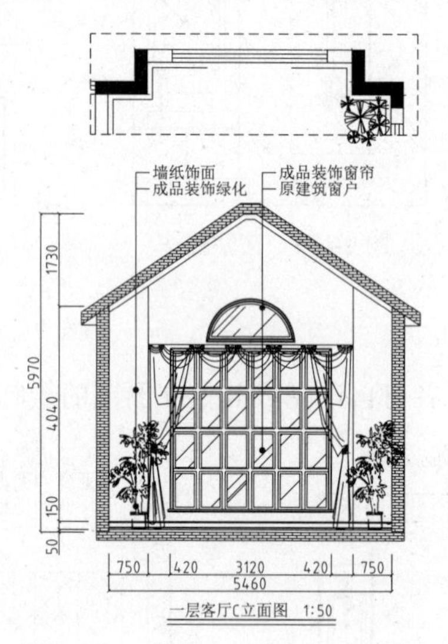

图 9-140　绘制一层客厅 C 立面图

9.9　本章总结

本章主要介绍了户型原始结构图、平面布置图、地材图、顶棚图和立面图的绘制方法和技巧，对绘制过程中具体细节部分的处理方法和需要注意的事项做了比较详细的介绍。

通过本章的学习读者对住宅类图形的绘制有一定的了解，在以后的实践过程中要学会举一反三，熟练地掌握住宅类设计的绘制方法和基础知识。

第 3 篇　公装设计篇

第 10 章　办公空间室内设计

随着社会经济的发展，各种公司应运而生，现代办公空间作为一个企业的指挥部越来越受到人们的重视，已初步形成了一个独特的空间类型，办公空间设计也成了装修企业一个必须研究的科目。本章以某设计公司办公室为例，向读者讲解办公空间室内设计施工图纸的绘制。通过本章的学习，读者可以学习到绘制办公类场所施工图纸的方法。

10.1　办公空间设计概述

办公空间设计是指对布局、格局、空间的物理和心理分割。办公空间设计需要考虑多方面的问题，涉及科学、技术、人文和艺术等诸多因素。办公空间室内设计的最大目标就是要为工作人员创造一个舒适、方便、卫生、安全和高效的工作环境，以便更大限度地提高员工的工作效率。这一目标在当前商业竞争日益激烈的情况下显得更加重要，它是办公空间设计的基础，是办公空间设计的首要目标。

10.1.1　办公室的设计要素

现代办公室的装饰装修方面，从选材至装饰，都有比较严格的规定。因为，办公室环境氛围的好坏，直接影响到员工的工作情绪。

1. 色彩应用

办公室装修时，色彩的选用方面越来越多样化，早已不再拘泥于既定的几种颜色。越来越多的色彩被用在办公室装修设计中来，当然这些颜色的选择基于各个空间预期的视觉和感觉而定。暖色调可以给办公室装修营造一种舒适温馨的环境，鲜艳的颜色可以给办公室装修营造一种欢快的、充满活力的办公环境。颜色在很大程度上影响着办公室内办公人员的工作情绪。

2. 使用环保的材料

在现代办公室装修中选材更趋向于天然环保型材料。石材、板岩以及中间色至深色的木表面越来越流行，此外，环保的、可循环利用的褐色地毯变得更常用。绿色建材越来越受青睐，室内环境的污染性物质也越来越少。所以，地毯和系统家具也有很多好处。

3. 灯光配饰

现在的办公室装修自然采光非常受设计师以及业主的青睐，但是办公室装修同样不可能没有灯。现在办公场所设计的趋势之一便是打开一块空间，让尽可能多的自然光线射入，同时还配有高大的窗户、天窗、太阳能电池板和中庭。而灯光光源，一般情况下，向上照射灯光和 LED 的照明在办公室装修业界备受青睐，原因是它们较其他灯具更节能而且使用起来更耐久。

10.1.2 办公室各空间设计要点

办公室设计中的功能区域设计要求，首先要符合工作和实际使用的需要。办公室装修区域设计通常的布局序列是公共区、工作区域、服务用房和领导办公室等。下面对各空间进行详细讲解。

1. 公共区域设计

办公空间中的公共区，包括前厅、走廊、等候、会议、接待室、展厅、员工休息室和茶水间等。

前厅是给访客第一印象的地方，装修较高级，平均面积装饰花费也相对较高，基本组成有背景墙、服务台、等候区或接待区。背景墙的作用是体现机构名称、机构文化。服务台一般设在入口处最为醒目的地方，以方便与来访者的交流，功能为咨询、文件转发、联络内部工作区等。但其前厅功能只作让人通过和稍作等待之用，因此办公室装修时应注意门厅面积适度，过大会浪费空间和资金，过小则会显得小气而影响公司形象。在门厅范围内，可根据需要在合适的位置设置接待秘书台和等待的休息区，面积较大要求讲究的门厅，还可安排一定的园林绿化小景和装饰品陈列区。另外前厅也是直接展示企业或公司文化形象特征的场所，同时在平面规划上形成连接对外交流、会议和内部办公的枢纽。在做办公室设计时，应根据机构的运行管理模式和现场空间形态决定是否设置服务台。如果不设置服务台，则必须有独立的路线，使访客能够自行找到所要去往区域的路线。

会议室可以根据对内或对外不同需求进行平面位置分布。按照人数则可分为大会议室、中型会议室和小会议室。常规以会议桌为核心的会议室人均额定面积为 $0.8m^2$，无会议桌或者课堂式座位排列的会议空间中人均所占面积应为 $1.8m^2$。会议室兼顾了对外与客户沟通和对内召开机构大型会议双重功能，基本配置有投影屏幕、写字板、储藏柜和遮光等。在强弱电设计上，地面及墙面应预留足够数量的插座和网线；灯光应分路控制或为可调节光。根据客户的要求考虑应设麦克风和视频会议系统等特殊功能。

接待室的部分是洽谈和访客等待的地方，往往也是展示产品和宣传公司形象的场所，装修应有特色，面积则不宜过大，通常面积在十几至几十平方米之间，家具可选用沙发茶几组合，也可用桌椅组合，必要时可两者共用。如果需要，还可预留陈列柜、摆设镜框和宣传品的位置。

展厅是很多机构对外展示机构形象或对内进行文化宣传、增强企业凝聚力的功能。具体位置应设立在便于外部参观的动线上，避免阳光直射而尽量用灯光做照明，也可以充分利用前厅接待、大会议室和公共走廊等公共空间的剩余面积或墙面作为展示。

休息室和茶水间是供员工午休或是员工休闲喝茶，沟通的空间，在功能上要具备基本的沙发、茶几、凳子和吧台等，在色彩的选择上要温馨给员工一个充分休息的空间，色彩不宜太冷。

2. 工作区域

工作区属办公空间主体结构，根据类型的不同分为独立单间式和开放式工作区，根据性质的不同分为领导、市场、人事、财务、业务和 IT 等不同部门。独立单间式办公室一般按职位等级分为普通单间和套间式。一般而言，单间普通办公室净面积不宜小于 $10m^2$。开放工作区内根据职位级别和功能需求，又可分为标准办公单元、半封闭式主管级工作单元、配套的文件柜以及供临时交谈用的小型洽谈或接待区等。普通级别的文案处理人员的标准人均使用面积 $3.5m^2$，高级行政主管的标准面积至少 $6.5m^2$，专业设计绘图人员则需 $5.0m^2$。

员工办公空间设计应根据工作需要和部门人数并参考建筑结构设定面积和位置。首先应平衡各室之间的大关系，然后再作室内安排。布置时应注意不同工作的使用要求，如对外接洽的，要面向门口；做文案和设计的，则应有相对安静的空间。还要注意人和家具、设备、空间、通道的关系，确保使用方便、合理、安全。办公台多为平行垂直方向摆设。大的办公空间，做整齐的斜向排列也颇有新意，但要注意使用方便和与整体风格协调。

3. 服务用房

包括档案室、资料室、图书室、复印、打印机房和机房等属为办公工作提供方便和服务的辅助性功能空间。档案室、资料室、图书室应根据业主所提供的资料数量来进行面积计算，位置尽量安放在不太重要的空间剩余角落内。空间尺寸应考虑未来存放资料或书籍的储藏家具的尺寸模数，以最合理有效的空间放置设施。资料室的设计应了解是否采用轨道密集柜，一方面根据密集柜的使用区域进行房间尺寸计算，另一方面，如果面积过大，则需要考虑楼板荷载问题，需要与结构工程师共同确定安放位置。服务用房应采取防火、防潮和防尘等处理措施，并保持通风，采用易于清洁的墙和地面材料。

如图 10-1～图 10-3 所示为公共区域设计、办公区域设计及服务用房设计的效果。

图 10-1　公共区域设计

图 10-2　办公区域设计

图 10-3　服务用房设计

10.2　调用样板新建文件

本书第 7 章创建了室内装潢施工图样板，该样板已经设置了相应的图形单位、样式和图层等，后面图纸的绘制都可以直接在此样板的基础上进行绘制。

（1）执行【文件】|【新建】命令，在弹出的【选择样板】对话框中选择“室内装潢施工图模板”，如图 10-4 所示。

（2）单击【打开】按钮，以样板创建图形，新图形中包含了样板中创建的图层、样式等内容。

（3）选择【文件】|【保存】命令，打开【图形另存为】对话框，在“文件名”文本框中输入文件名，单击【保存】按钮保存图形。

10.3　绘制办公空间原始结构图

本实例介绍办公空间原始结构图的绘制方法，其中主要讲解了墙体的绘制与编辑。

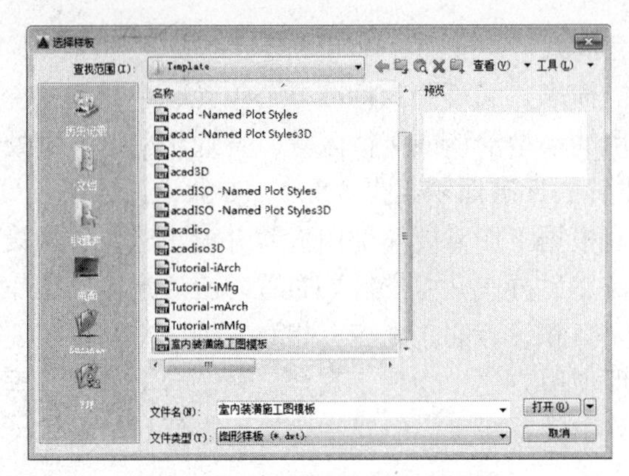

图 10-4 【选择样板】对话框

10.3.1 绘制墙体

（1）设置【轴线】图层为当前图层。调用 L【直线】命令，绘制两条相交直线，结果如图 10-5 所示。

（2）调用 O【偏移】命令，偏移直线，结果如图 10-6 所示。

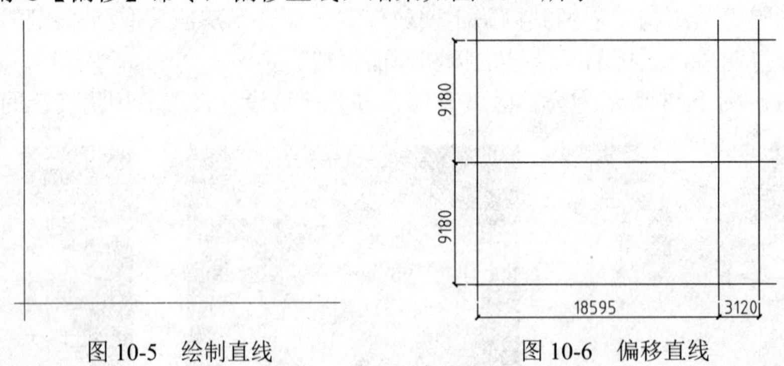

图 10-5 绘制直线　　图 10-6 偏移直线

（3）设置【墙体】图层为当前图层。调用 ML【多线】命令，设置多线比例为 240，绘制结果如图 10-7 所示。

（4）调用 O【偏移】命令，偏移轴线，结果如图 10-8 所示。

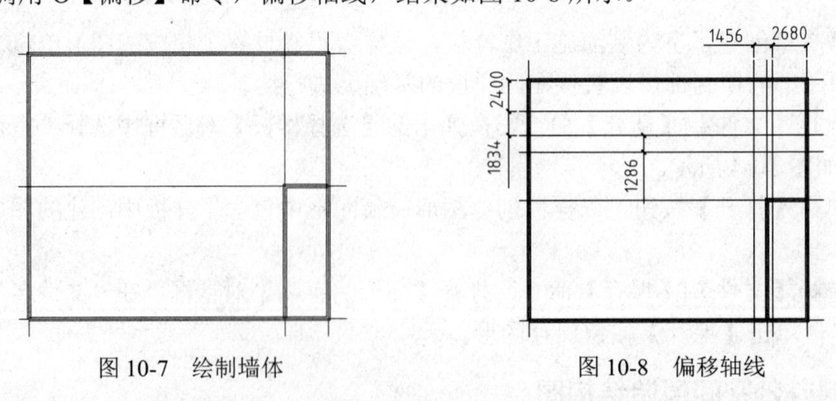

图 10-7 绘制墙体　　图 10-8 偏移轴线

（5）调用 ML【多线】命令，设置多线比例为 120，绘制结果如图 10-9 所示。

（6）调用【修改】|【对象】|【多线】菜单命令，弹出如图 10-10 所示的【多线编辑工具】

对话框。

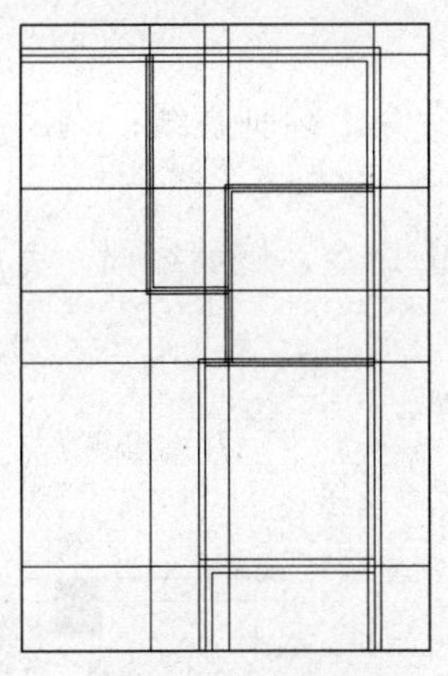

图 10-9　绘制结果

图 10-10　选择多线编辑工具

（7）单击对话框中【T 形打开】按钮，在绘图区中分别单击垂直墙体和水平墙体并编辑，结果如图 10-11 所示。

（8）重复操作，完成墙体的编辑，结果如图 10-12 所示。

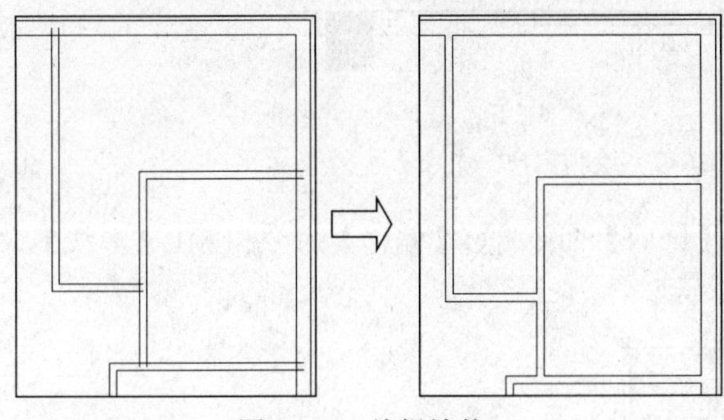

图 10-11　编辑墙体

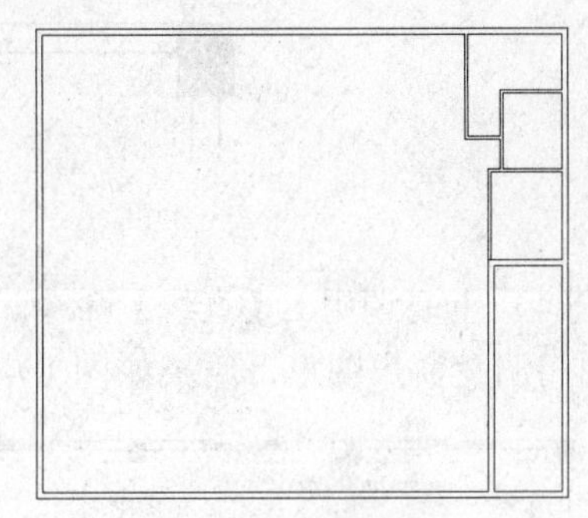

图 10-12　编辑结果

10.3.2　绘制柱子

（1）设置【柱子】图层为当前图层。调用 REC【矩形】命令，绘制尺寸为 480㎜×600㎜ 的矩形，作为柱子图形，结果如图 10-13 所示。

（2）调用 H【填充】命令，在【图案填充和渐变色】对话框中选择 SOLID 图案，填充柱子图形，结果如图 10-14 所示。

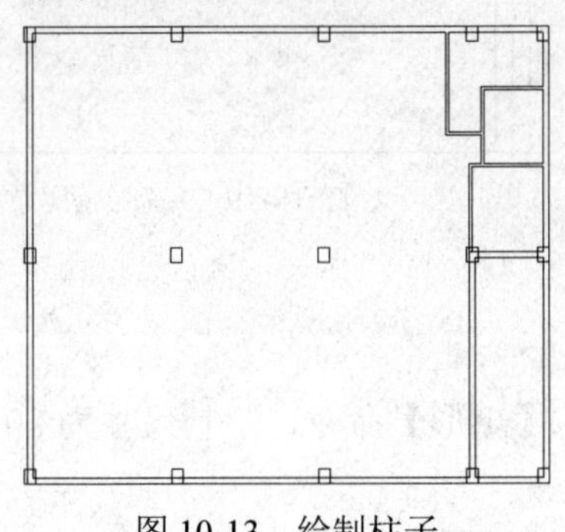

图 10-13　绘制柱子

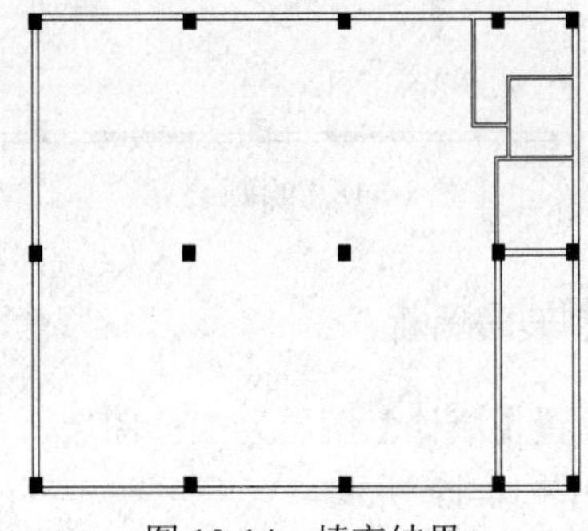

图 10-14　填充结果

10.3.3 绘制门窗

（1）设置【门窗】图层为当前图层。调用 L【直线】命令，绘制直线；调用 TR【修剪】命令，修剪线段，门洞的绘制结果如图 10-15 所示。

（2）调用 L【直线】命令，绘制直线；调用 TR【修剪】命令，修剪线段，完成窗洞的绘制，结果如图 10-16 所示。

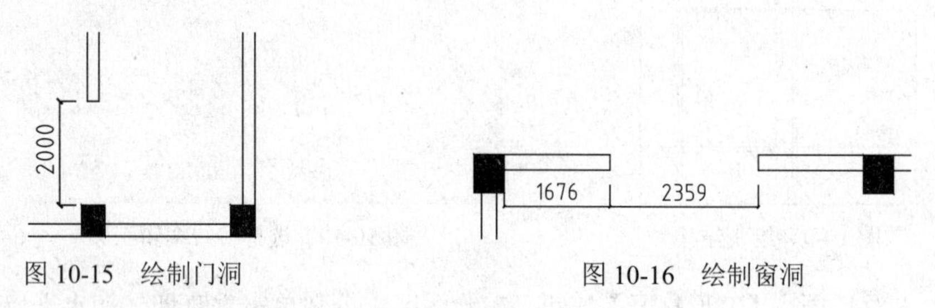

图 10-15 绘制门洞　　图 10-16 绘制窗洞

（3）调用 L【直线】命令，绘制直线；调用 O【偏移】命令，偏移线段，窗户平面图形的绘制结果如图 10-17 所示。

图 10-17 绘制窗户

（4）重复调用 L【直线】命令、TR【修剪】命令、O【偏移】命令和 ML【多线】命令，绘制门洞及窗户图形，结果如图 10-18 所示。

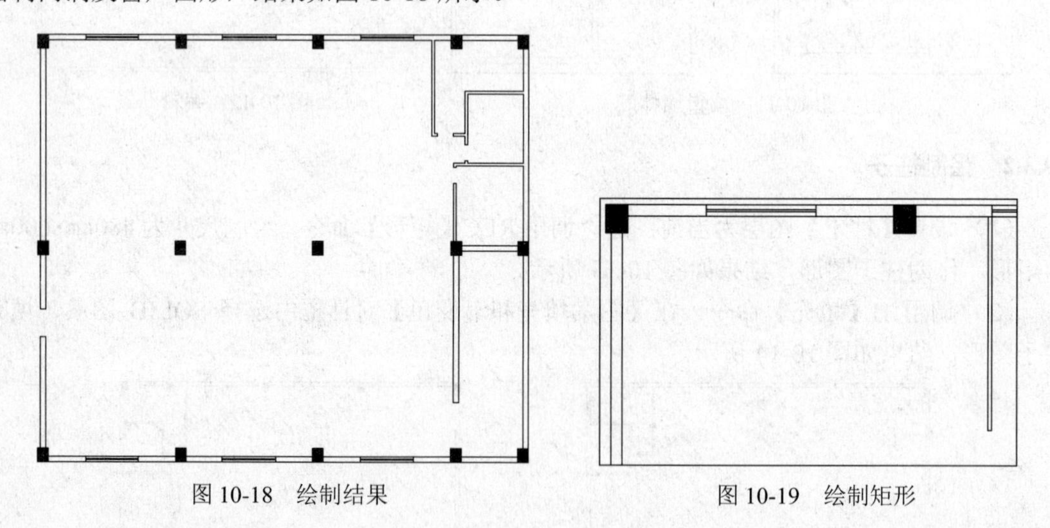

图 10-18 绘制结果　　图 10-19 绘制矩形

10.3.4 绘制玻璃隔断

（1）设置【墙体】图层为当前图层。调用 REC【矩形】命令，绘制尺寸为 80㎜×4486㎜的矩形，如图 10-19 所示。

（2）调用 L【直线】命令，绘制辅助线；调用 A【圆弧】命令，绘制圆弧，结果如图 10-20

所示。

（3）调用 E【删除】命令，删除辅助线；调用 REC【矩形】命令，绘制尺寸为 80㎜×3340㎜的矩形，如图 10-21 所示。

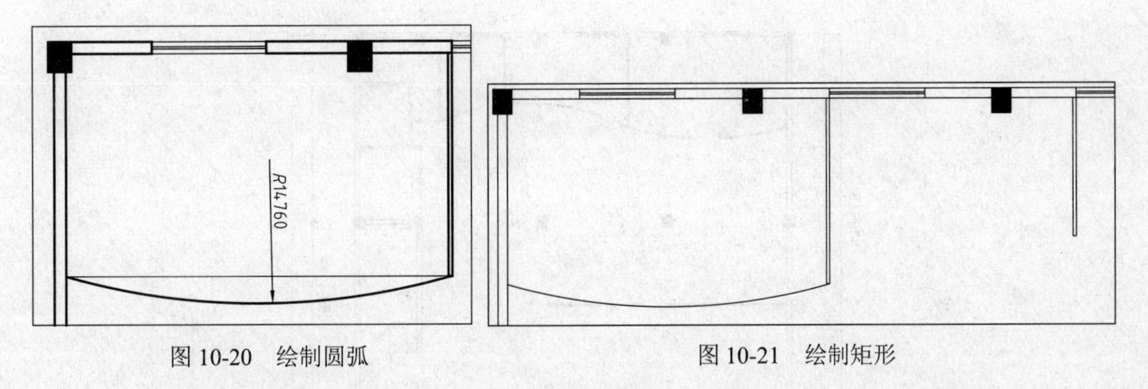

图 10-20　绘制圆弧　　　　图 10-21　绘制矩形

（4）调用 A【圆弧】命令，绘制圆弧，结果如图 10-22 所示。

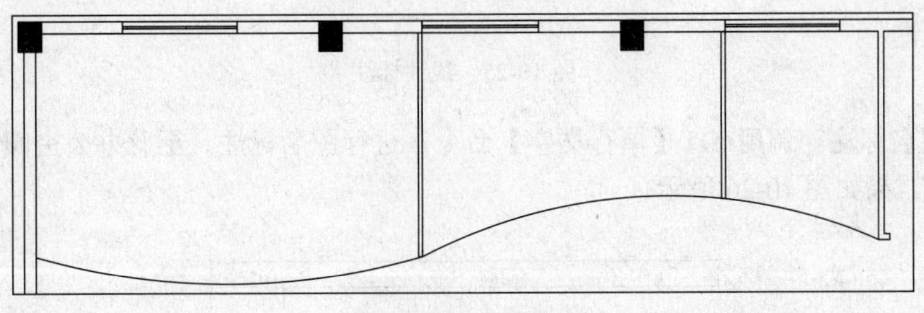

图 10-22　绘制圆弧

（5）调用 O【偏移】命令，设置偏移距离为 40，偏移矩形边和圆弧；调用 TR【修剪】命令，修剪多余线段，结果如图 10-23 所示。

（6）重复操作，绘制另一玻璃隔断，结果如图 10-24 所示。

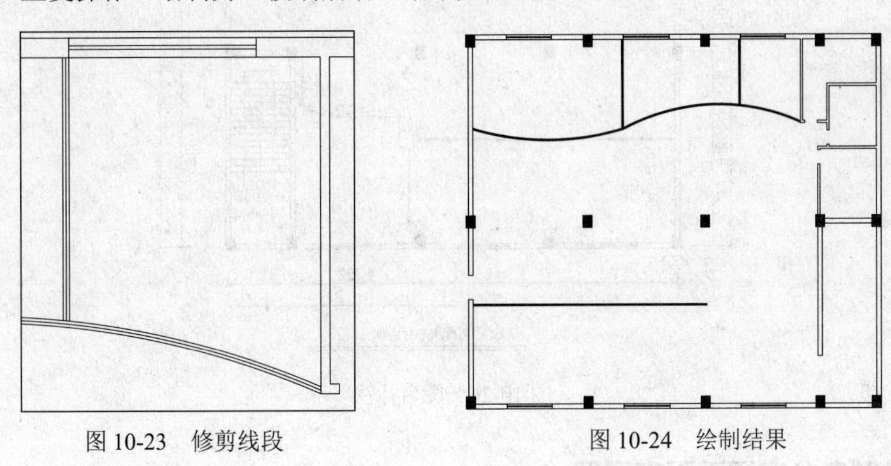

图 10-23　修剪线段　　　　图 10-24　绘制结果

10.3.5　标注文字和尺寸

（1）设置【尺寸标注】图层为当前图层。线性标注。调用 DLI【线性】标注命令，为原始结构图标注尺寸，结果如图 10-25 所示。

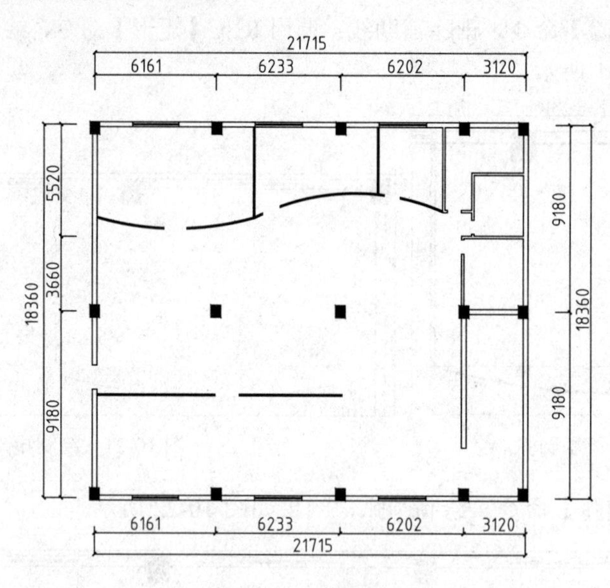

图 10-25　线性标注

（2）图名标注。调用 DT【单行文字】命令，进行图名标注，至此办公空间原始结构图绘制完成，结果如图 10-26 所示。

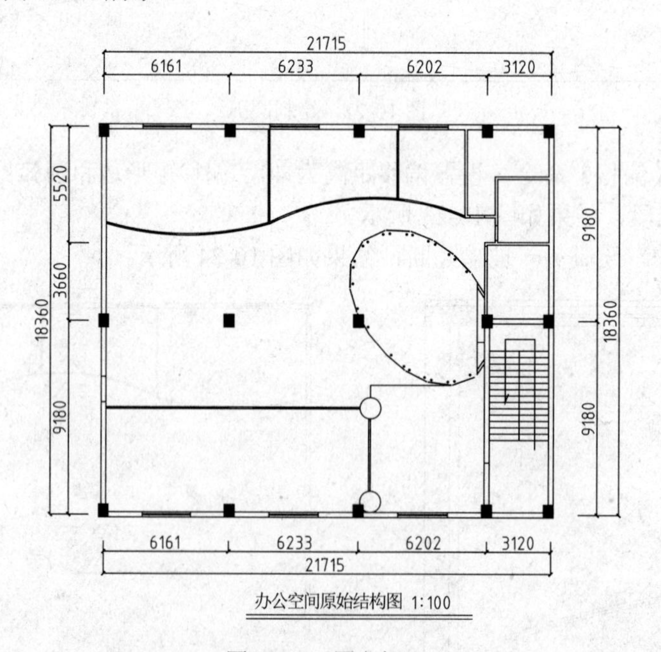

图 10-26　图名标注

10.4　绘制办公空间平面布置图

本实例办公空间平面布置图的绘制方法，其中主要讲解设计室和女卫生间的绘制。

10.4.1　绘制设计室和厂长房平面布置图

（1）设置【其他】图层为当前图层。绘制设计室平面布置。调用 C【圆】命令，绘制半径为 500㎜的圆，结果如图 10-27 所示。

（2）调用 L【直线】命令，绘制直线；调用 O【偏移】命令，偏移直线，调用 TR【修剪】命令，修剪多余线段，结果如图 10-28 所示。

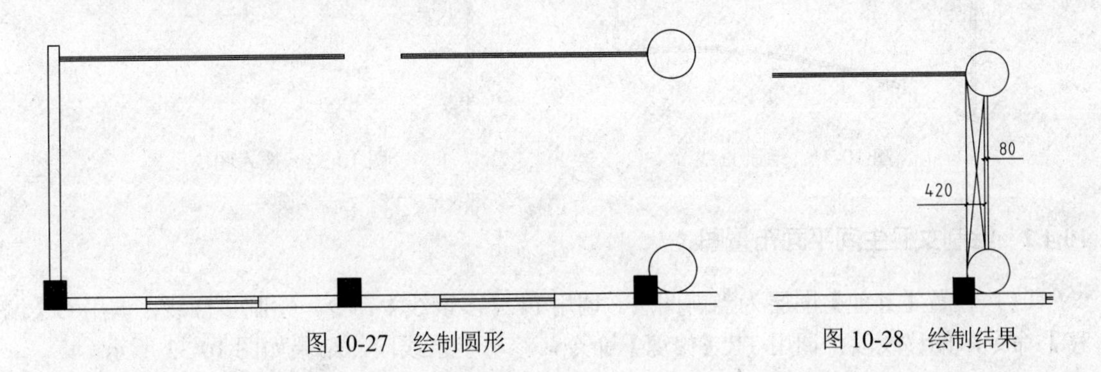

图 10-27　绘制圆形　　图 10-28　绘制结果

（3）调用 PL【多段线】命令，绘制多段线；调用 O【偏移】命令，偏移线段；调用 TR【修剪】命令，修剪多余线段，结果如图 10-29 所示。

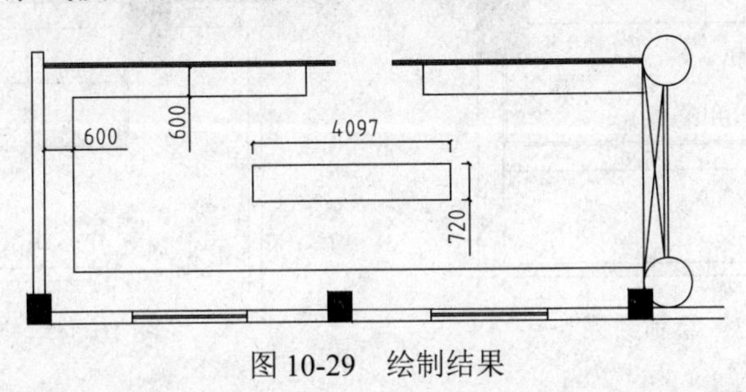

图 10-29　绘制结果

（4）设置【设施】图层为当前图层。按 Ctrl+O 组合键，打开“第 10 章/家具图例.dwg”文件，将其中的“椅子”“电脑”等图形复制粘贴到图形中，绘制结果如图 10-30 所示。

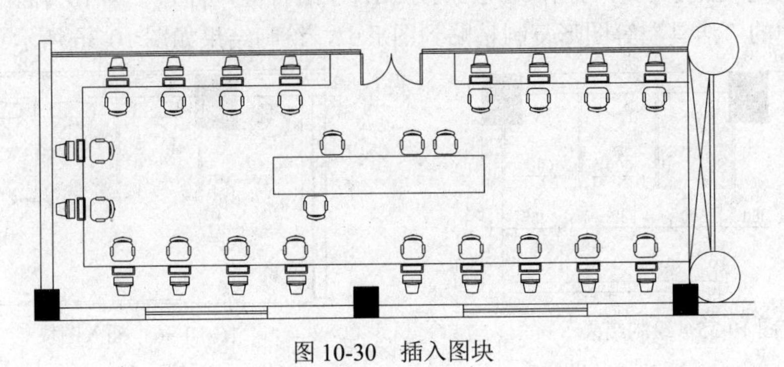

图 10-30　插入图块

（5）设置【其他】图层为当前图层。绘制厂长房平面布置。调用 L【直线】命令，绘制直线，结果如图 10-31 所示。

（6）设置【设施】图层为当前图层。继续打开“第 10 章/家具图例.dwg”文件，将其中的“沙发组”等图形复制粘贴到图形中，绘制结果如图 10-32 所示。

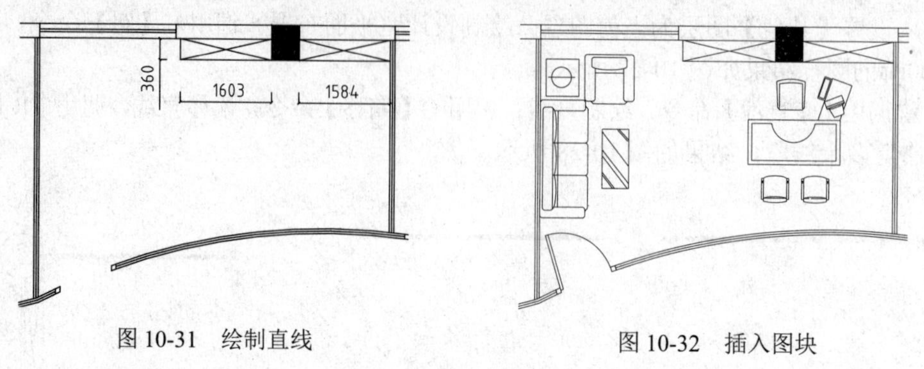

图 10-31　绘制直线　　　　图 10-32　插入图块

10.4.2　绘制女卫生间平面布置图

（1）设置【其他】图层为当前图层。调用 PL【多段线】命令，绘制多段线；调用 O【偏移】命令，偏移线段；调用 TR【修剪】命令，修剪多余线段，结果如图 10-33 所示。

（2）调用 L【直线】命令，绘制直线；调用 TR【修剪】命令，修剪多余线段，结果如图 10-34 所示。

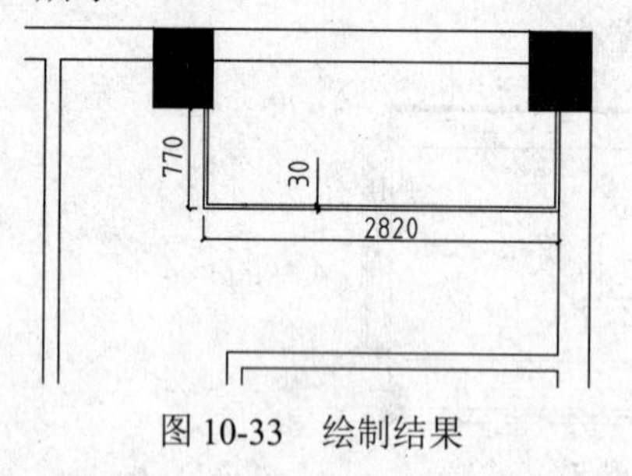

图 10-33　绘制结果

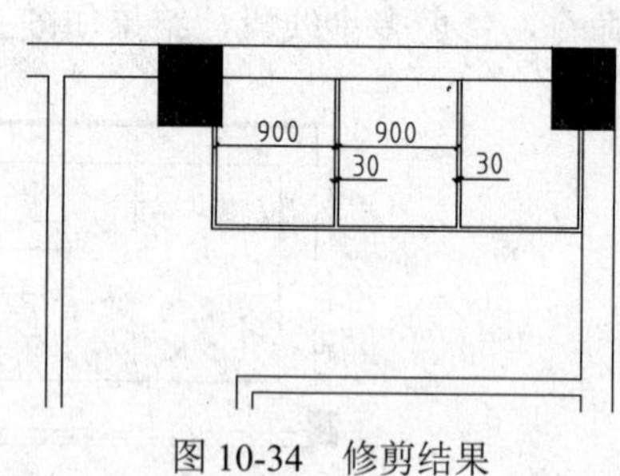

图 10-34　修剪结果

（3）调用 L【直线】命令，绘制直线；调用 TR【修剪】命令，修剪多余线段，结果如图 10-35 所示。

（4）设置【设施】图层为当前图层。按 Ctrl+O 组合键，打开“第 10 章/家具图例.dwg”文件，将其中的“洁具”等图形复制粘贴到图形中，绘制结果如图 10-36 所示。

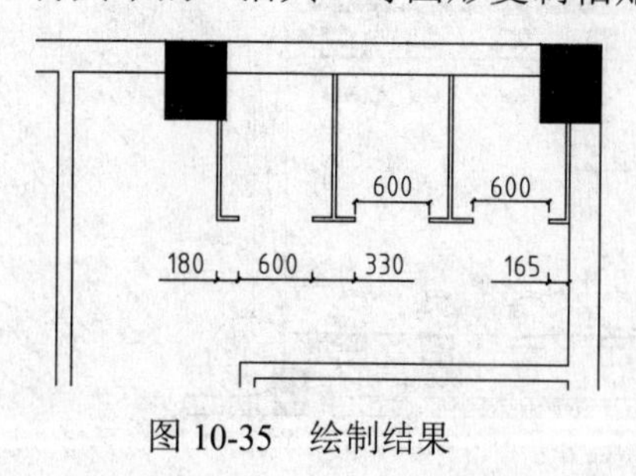

图 10-35　绘制结果

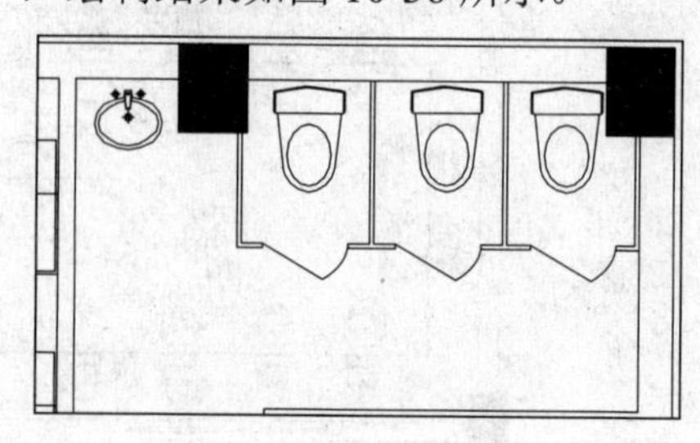

图 10-36　插入图块

10.4.3　绘制其他区域平面布置图

沿用上述方法，绘制其他区域的平面布置图，结果如图 10-37 所示。

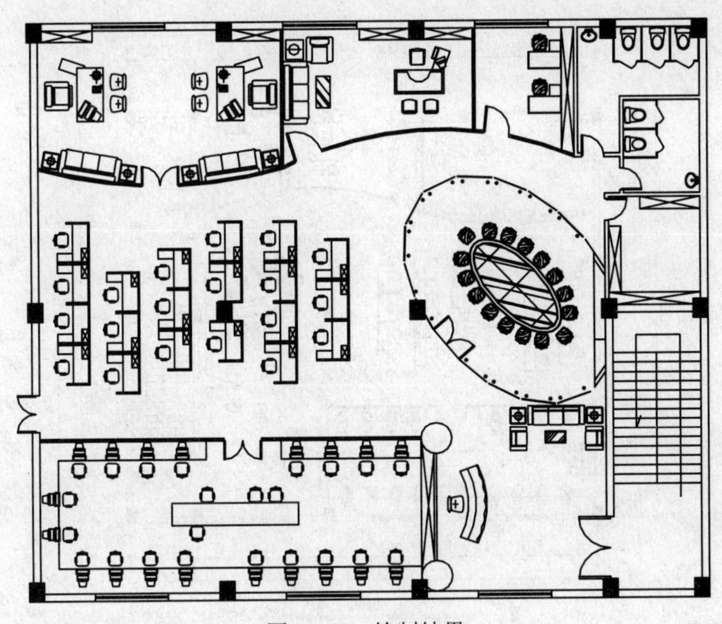

图 10-37　绘制结果

10.4.4　标注文字和尺寸

（1）设置【文字标注】图层为当前图层。文字标注。调用 MT【多行文字】命令，在绘图区指定文字标注的两个对角点，在弹出的【文字格式】对话框中输入功能区的名称；单击【确定】按钮，关闭【文字格式】对话框，文字标注结果如图 10-38 所示。

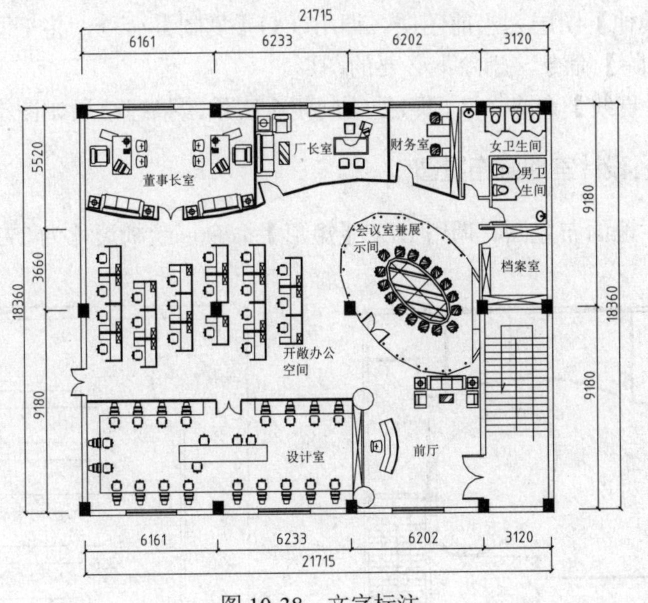

图 10-38　文字标注

（2）设置【尺寸标注】图层为当前图层。图名标注。调用 DT【单行文字】命令，进行图名标注，至此办公空间平面布置图绘制完成，结果如图 10-39 所示。

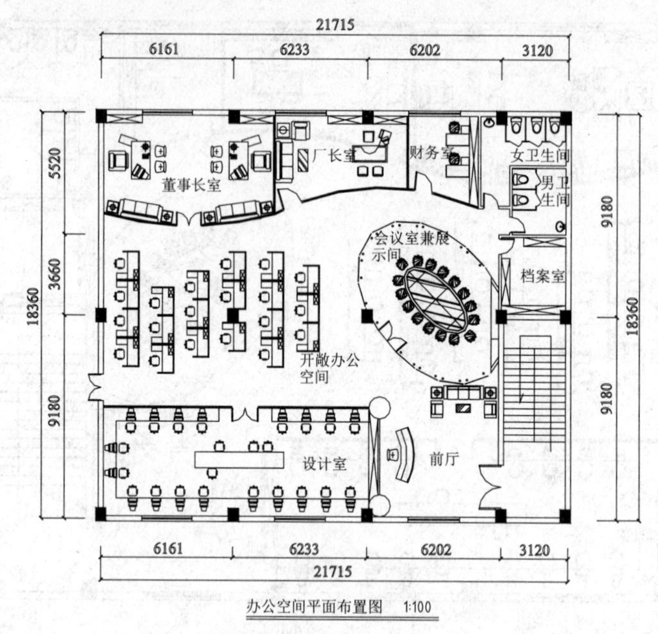

图 10-39 图名标注

10.5 绘制办公空间地面布置图

本实例办公空间地面布置图的绘制方法，其中主要讲解前厅和设计室地面铺装的绘制。

10.5.1 整理图形

（1）设置【其他】图层为当前图层。调用 CO【复制】命令，将平面布置图复制一份到一旁；调用 E【删除】命令，删除不必要的图形。

（2）调用 L【直线】命令，在门口处绘制闭合直线，整理结果如图 10-40 所示。

10.5.2 绘制前厅、设计室地面布置图

（1）绘制前厅地面布置图。调用 REC【矩形】命令，绘制尺寸为 3730㎜×300㎜的矩形，如图 10-41 所示。

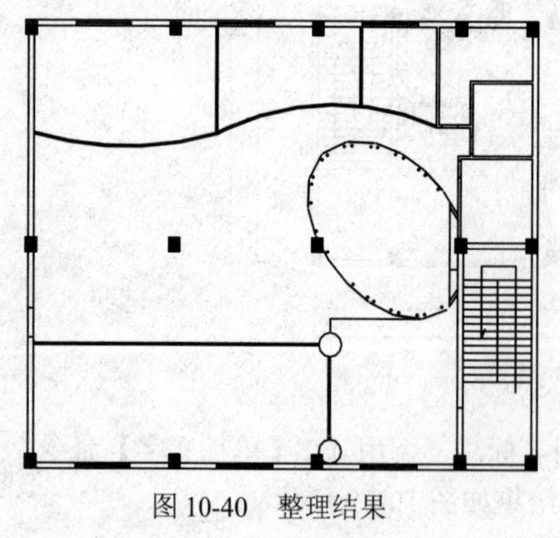

图 10-40 整理结果

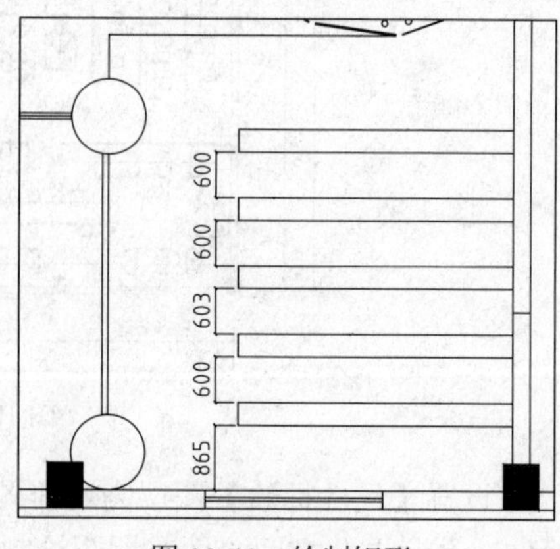

图 10-41 绘制矩形

（2）调用 A【圆弧】命令，绘制圆弧；调用 TR【修剪】命令，修剪多余线段，结果如图 10-42 所示。

（3）设置【填充】图层为当前图层。调用 H【填充】命令，在弹出的【图案填充和渐变色】对话框中设置参数，如图 10-43 所示。

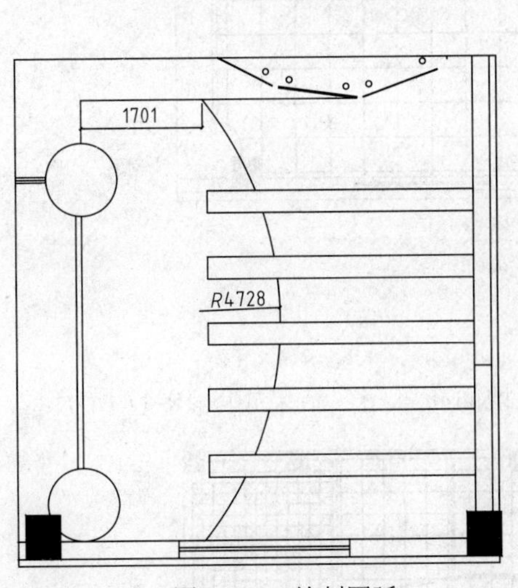

图 10-42　绘制圆弧

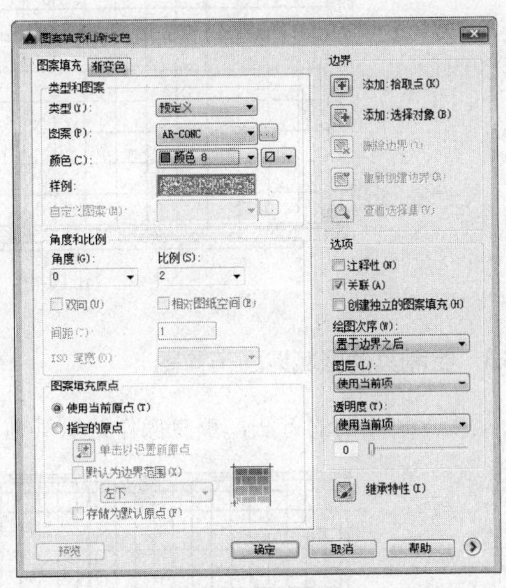

图 10-43　设置参数

（4）在对话框中单击【添加：拾取点】按钮，在绘图区中拾取填充区域，填充结果如图 10-44 所示。

（5）绘制设计室地面布置图。调用 H【填充】命令，在弹出的【图案填充和渐变色】对话框中设置参数，如图 10-45 所示。

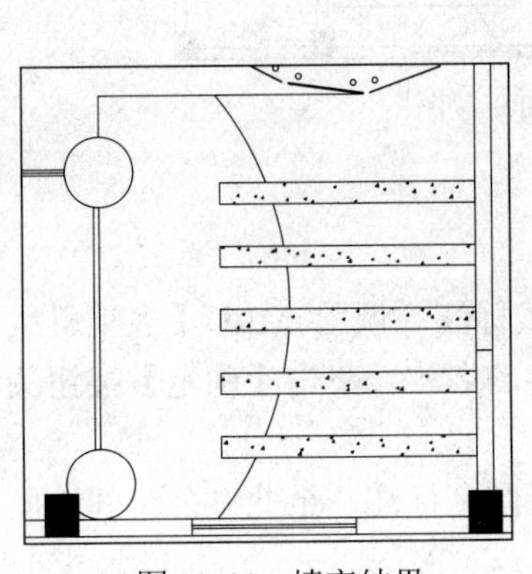

图 10-44　填充结果

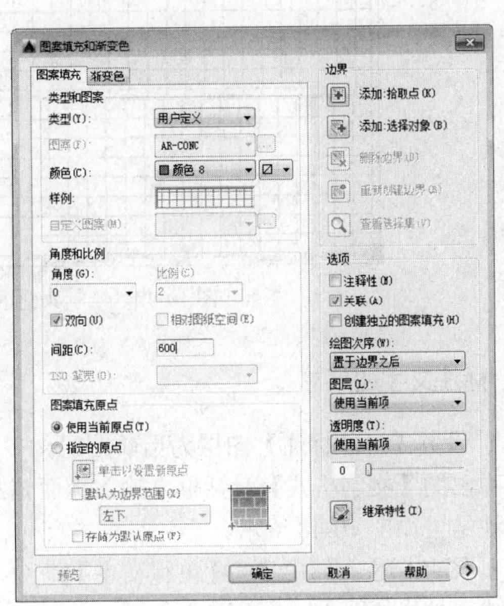

图 10-45　设置参数

（6）在对话框中单击【添加：拾取点】按钮，在绘图区中拾取填充区域，填充结果如图 10-46 所示。

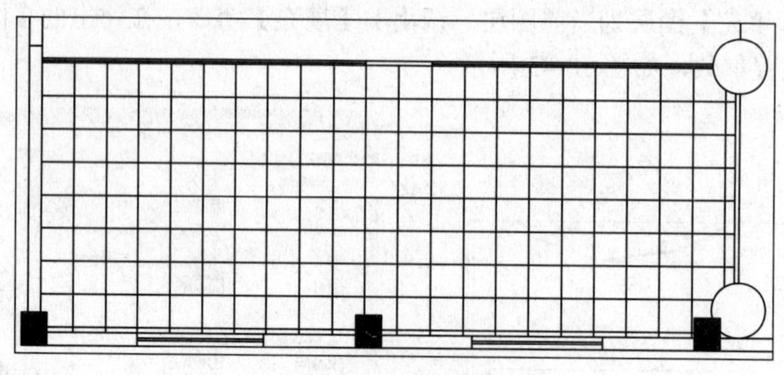

图 10-46　填充结果

10.5.3　绘制其他区域地面布置图

运用上述相同的方法，重复操作绘制其他区域地面布置图，结果如图 10-47 所示。

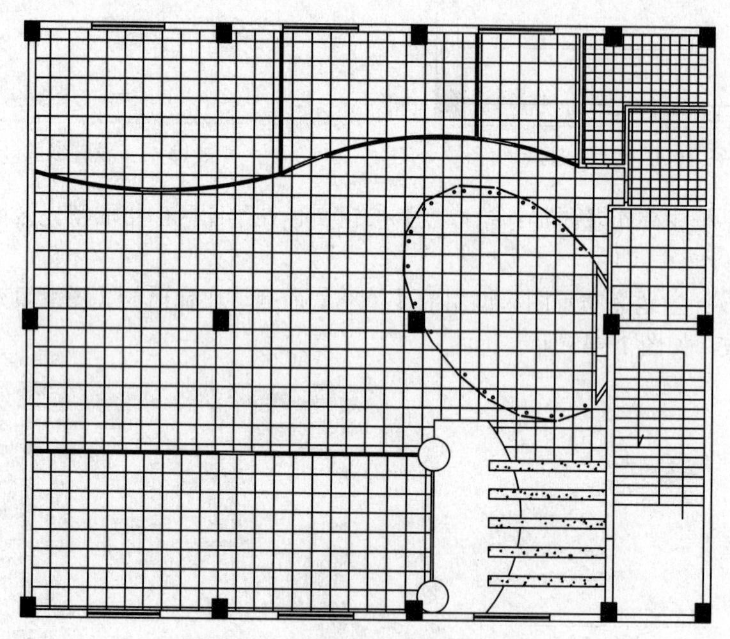

图 10-47　绘制其他区域地面布置图

10.5.4　标注文字和尺寸

（1）设置【尺寸标注】图层为当前图层。多重引线标注。调用 MLD【多重引线】标注命令，弹出的【文字格式】对话框，输入地面铺装材料的名称。单击【确定】按钮关闭对话框，标注结果如图 10-48 所示。

（2）图名标注。调用 DT【单行文字】命令，进行图名标注，至此办公空间地面布置图绘制完成，结果如图 10-49 所示。

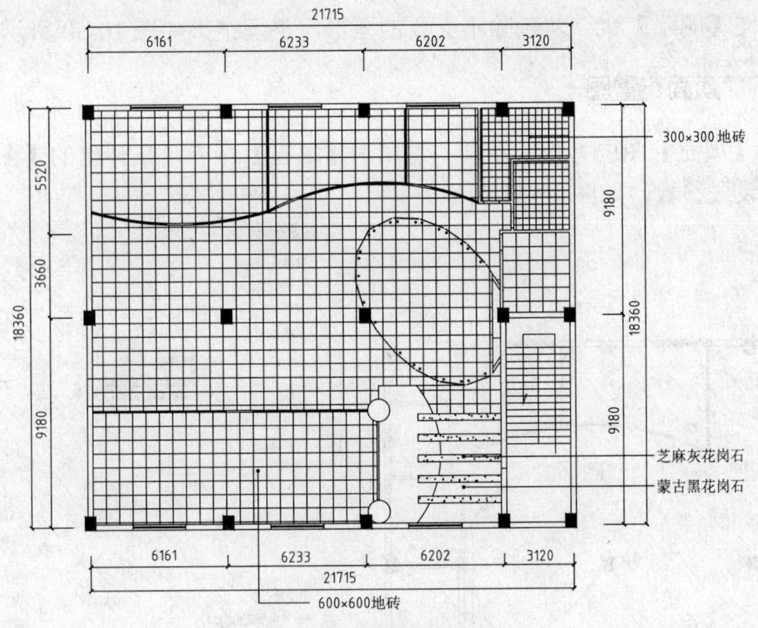

图 10-48　多重引线标注

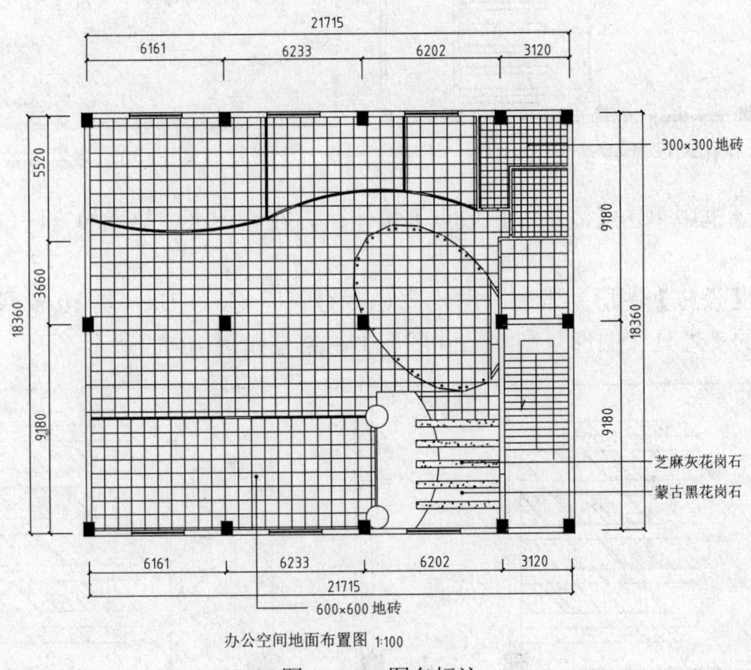

图 10-49　图名标注

10.6　绘制办公空间顶面布置图

本实例办公空间顶面布置图的绘制方法，其中主要讲解前厅和设计室顶面铺装的绘制。

10.6.1　整理图形

（1）调用 CO【复制】命令，将地面布置图复制一份到一旁。

（2）调用 E【删除】命令，删除不必要的图形，整理结果如图 10-50 所示。

10.6.2 绘制前厅顶面布置图

（1）设置【填充】图层为当前图层。调用 H【填充】命令，在弹出的【图案填充和渐变色】对话框中设置参数，如图 10-51 所示。

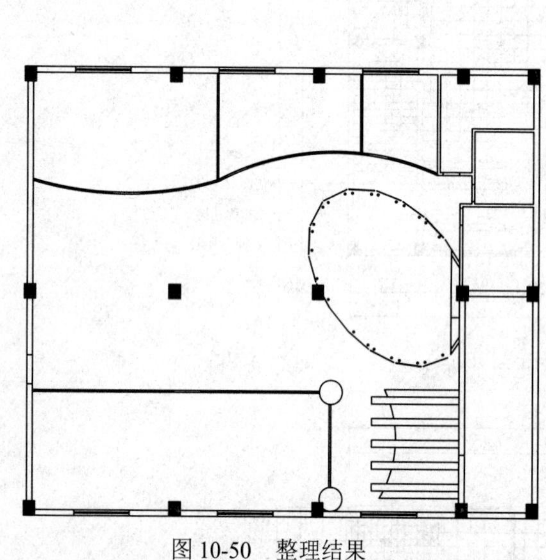

图 10-50 整理结果

图 10-51 设置参数

（2）在对话框中单击【添加：拾取点】按钮，在绘图区中拾取填充区域，填充结果如图 10-52 所示。

（3）设置【设施】图层为当前图层。按 Ctrl+O 组合键，打开“第 10 章/家具图例.dwg”文件，将其中的“灯具”图形复制粘贴到图形中，结果如图 10-53 所示。

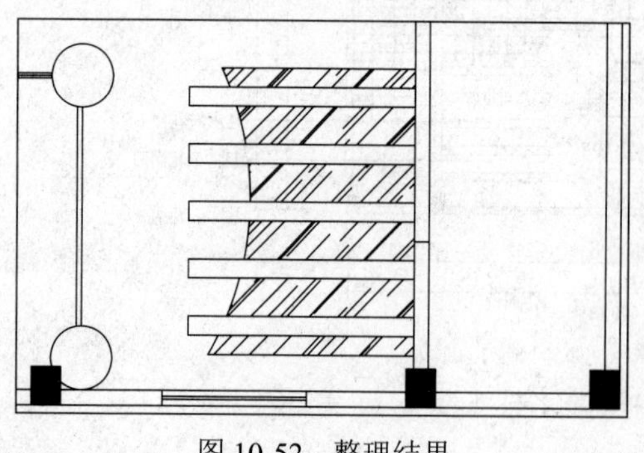

图 10-52 整理结果

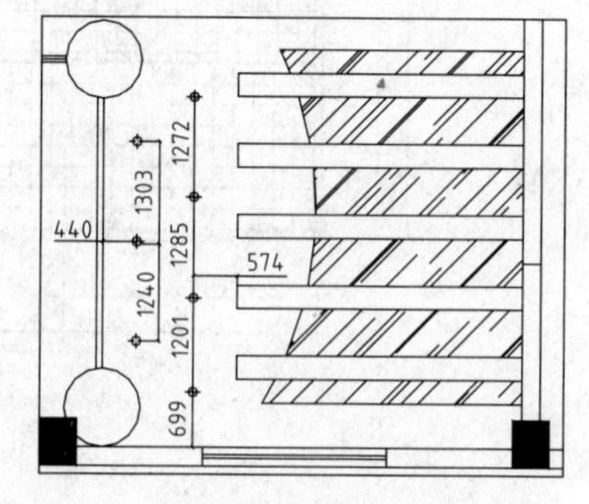

图 10-53 插入图块

10.6.3 绘制设计室顶面布置图

（1）按 Ctrl+O 组合键，打开“第 10 章/家具图例.dwg”文件，将其中的“灯具”图形复制粘贴到图形中，结果如图 10-54 所示。

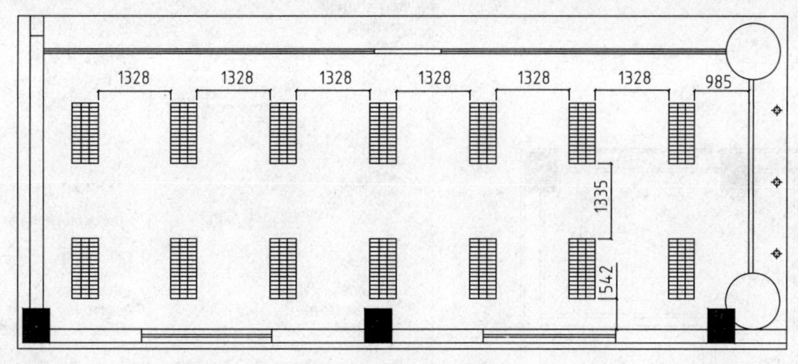

图 10-54　插入图块

（2）设置【填充】图层为当前图层。调用 H 填充命令，在弹出的【图案填充和渐变色】对话框中设置参数，如图 10-55 所示。

（3）在对话框中单击【添加：拾取点】按钮，在绘图区中拾取填充区域，填充结果如图 10-56 所示。

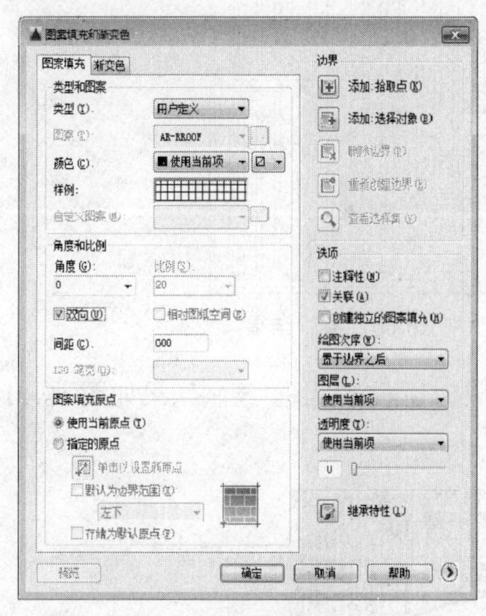

图 10-55　设置参数

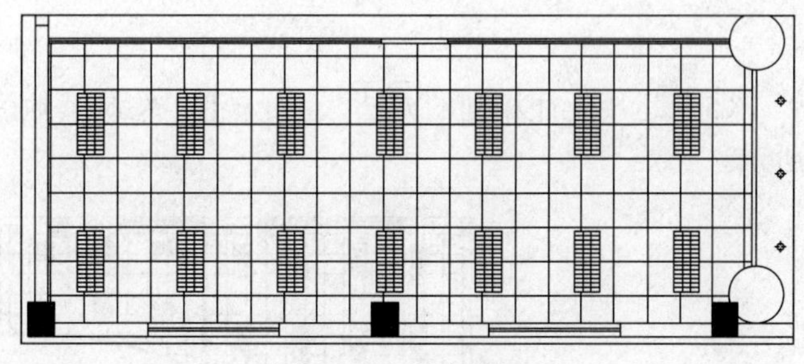

图 10-56　填充结果

10.6.4　绘制其他区域顶面布置图

（1）绘制卫生间顶棚图。调用 PL【多段线】命令，绘制多段线；调用 O【偏移】命令，偏移直线，结果如图 10-57 所示。

（2）调用 H【填充】命令，在弹出的【图案填充和渐变色】对话框中设置参数，如图 10-58 所示。

（3）在对话框中单击【添加：拾取点】按钮，在绘图区中拾取填充区域，填充结果如图 10-59 所示。

（4）重复操作，绘制男卫生间的顶面布置图，结果如图 10-60 所示。

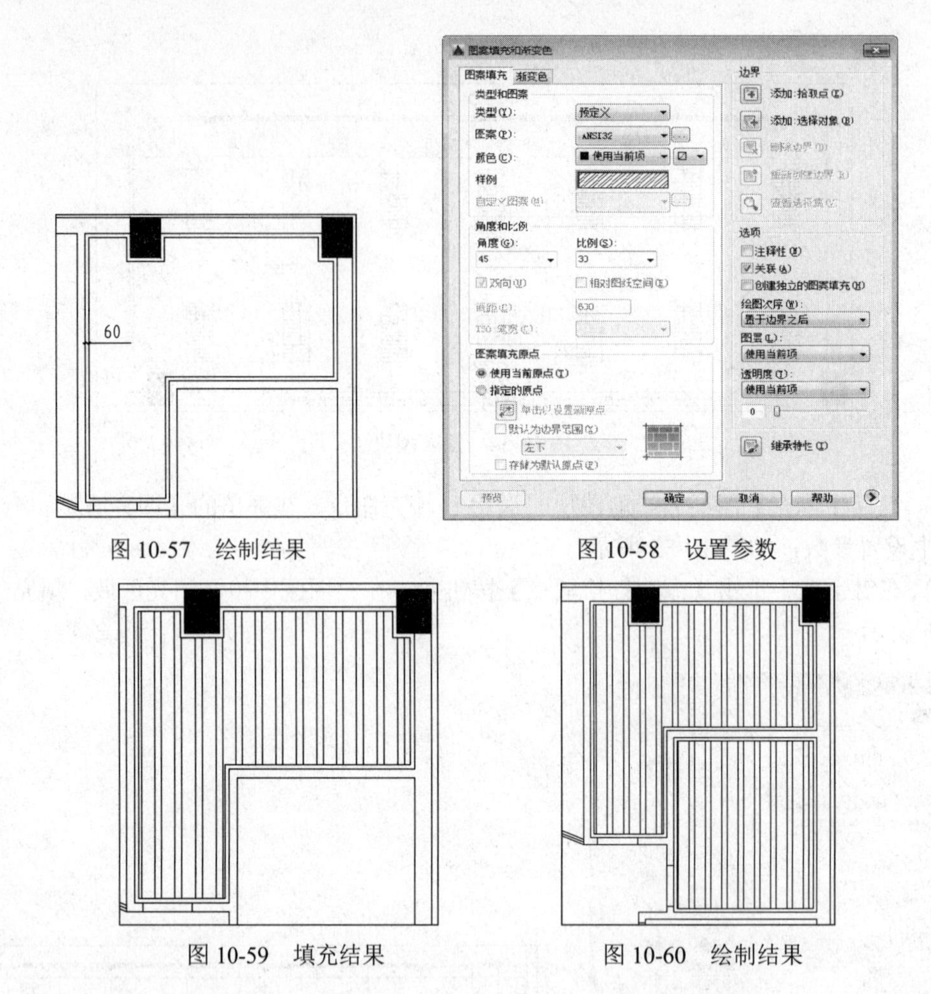

图 10-57　绘制结果　　　　图 10-58　设置参数

图 10-59　填充结果　　　　图 10-60　绘制结果

（5）运用上述相同的方法，重复操作，绘制其他区域的顶面布置图，绘制结果如图 10-61 所示。

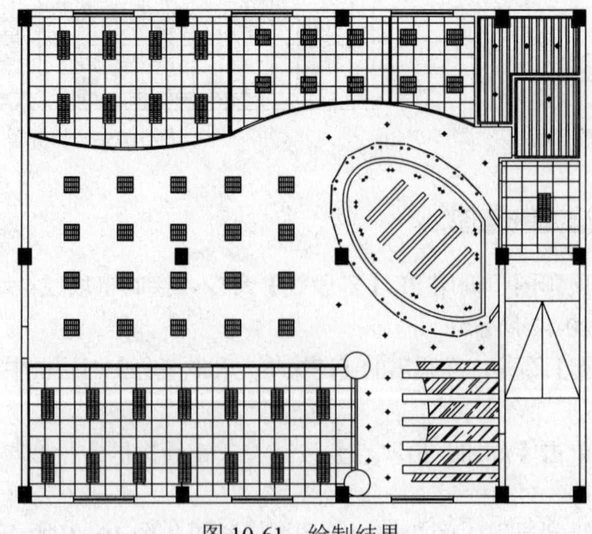

图 10-61　绘制结果

10.6.5　标注文字和尺寸

（1）设置【尺寸标注】图层为当前图层。调用 MT【多行文字】命令、MLD【多重引线】标注命令，为顶面图标注文字，结果如图 10-62 所示。

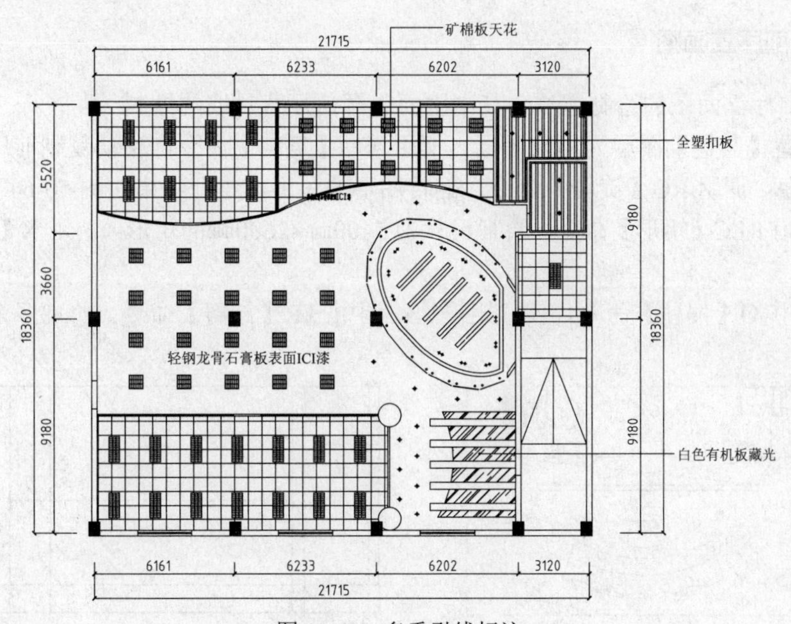

图 10-62　多重引线标注

（2）图名标注。调用 DT【单行文字】命令，进行图名标注，至此办公空间顶棚图绘制完成，结果如图 10-63 所示。

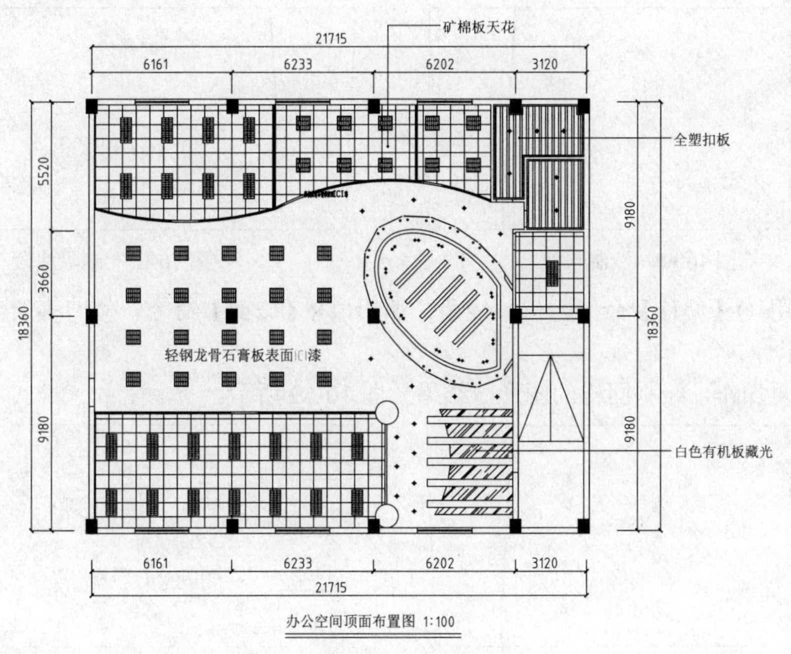

图 10-63　图名标注

10.7 绘制办公空间立面图

本实例办公空间立面图的绘制方法，其中主要讲解前厅、厂长室、会议室、董事长室及设计室等的绘制。

10.7.1 绘制前厅立面图

本实例前厅立面图的绘制方法，其中主要讲解前厅背景墙的绘制。

（1）设置【其他】图层为当前图层。调用 CO【复制】命令，移动复制前厅立面图的平面部分到一旁；调用 RO【旋转】命令，翻转图形的角度，整理结果如图 10-64 所示。

（2）调用 REC【矩形】命令，绘制尺寸为 5400㎜×2600㎜的矩形；调用 X【分解】命令，分解矩形。

（3）调用 O【偏移】命令，偏移矩形边；调用 TR【修剪】命令，修剪多余线段，结果如图 10-65 所示。

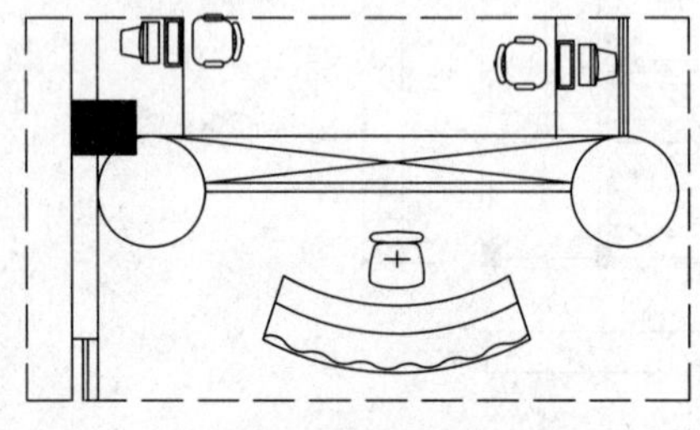

图 10-64 整理结果

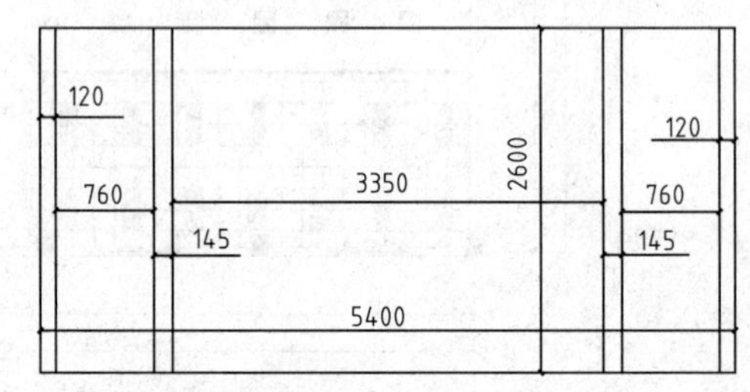

图 10-65 绘制结果

（4）调用 L【直线】命令，绘制直线，结果如图 10-66 所示。

（5）调用 E【删除】命令，删除多余线段，结果如图 10-67 所示。

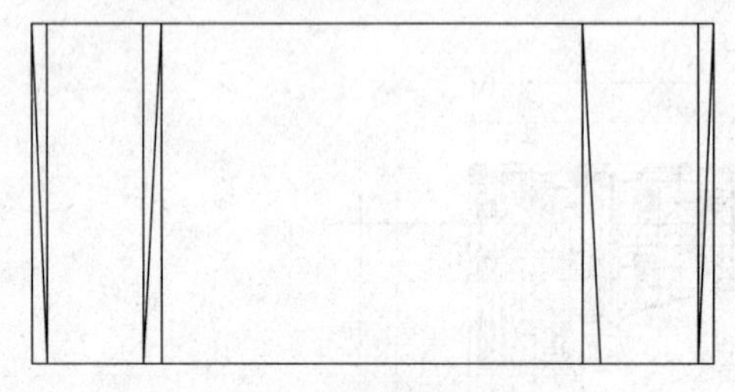

图 10-66 绘制直线

图 10-67 删除线段

（6）调用 O【偏移】命令，偏移线段；调用 TR【修剪】命令，修剪多余线段，结果如图 10-68 所示。

（7）重复操作，绘制同样的图形，结果如图 10-69 所示。

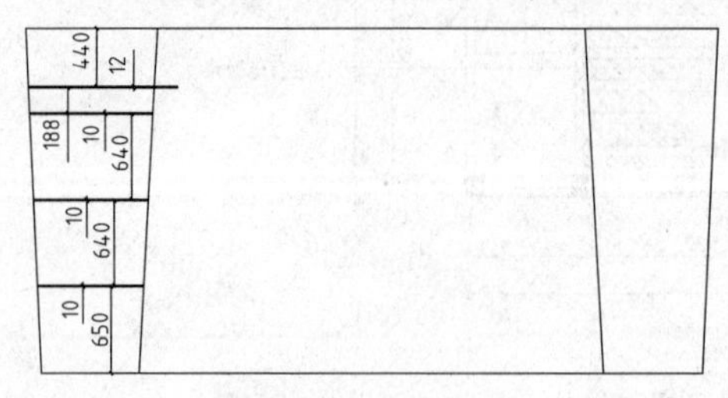

图 10-68 绘制直线

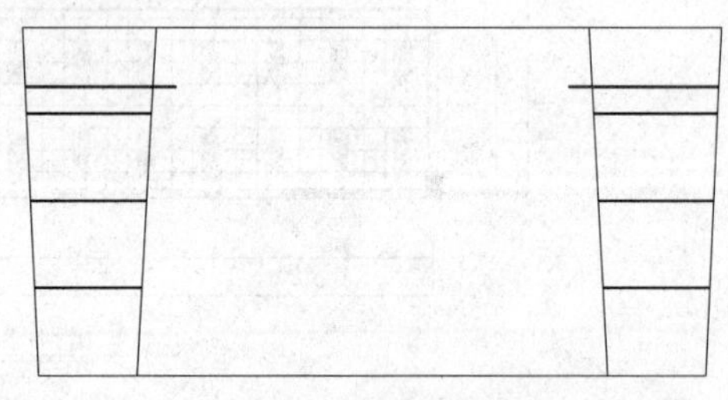

图 10-69 绘制结果

（8）调用 O【偏移】命令，偏移线段。并将偏移得到的线段的线型更改为虚线，光管的绘制结果如图 10-70 所示。

（9）调用 O【偏移】命令，偏移线段；调用 TR【剪命】令，修剪多余线段，结果如图 10-71 所示。

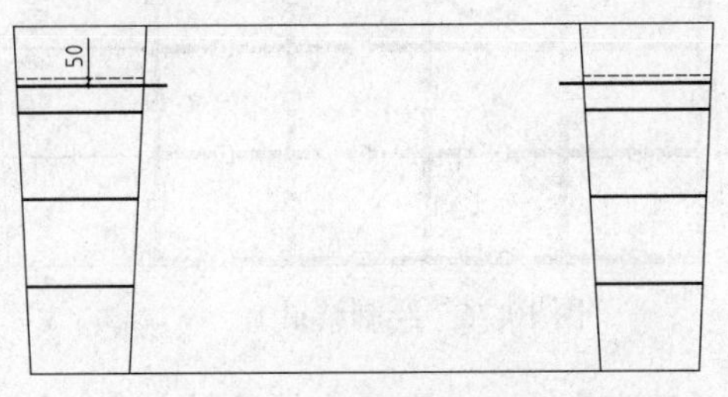

图 10-70　绘制光管

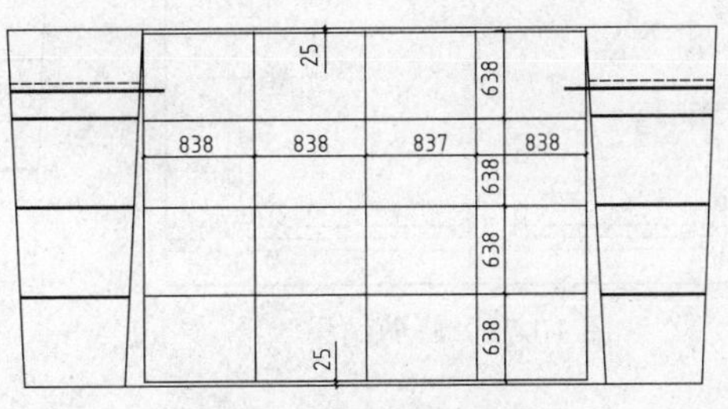

图 10-71　绘制光管

（10）调用 O【偏移】命令，设置偏移距离为 20，偏移线段；调用 TR【修剪】命令，修剪多余线段，结果如图 10-72 所示。

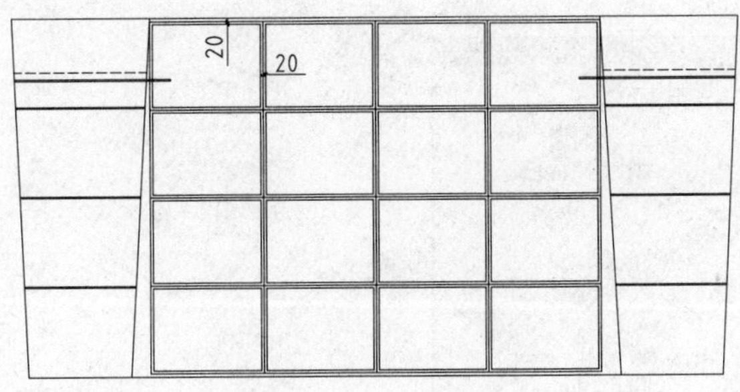

图 10-72　修剪线段

（11）调用 REC【矩形】命令，绘制尺寸为 50㎜×25㎜、25㎜×12㎜的矩形；并调用 M【移动】命令，移动矩形。

（12）调用 TR【修剪】命令，修剪多余线段，结果如图 10-73 所示。

（13）重复操作，绘制其他图形，结果如图 10-74 所示。

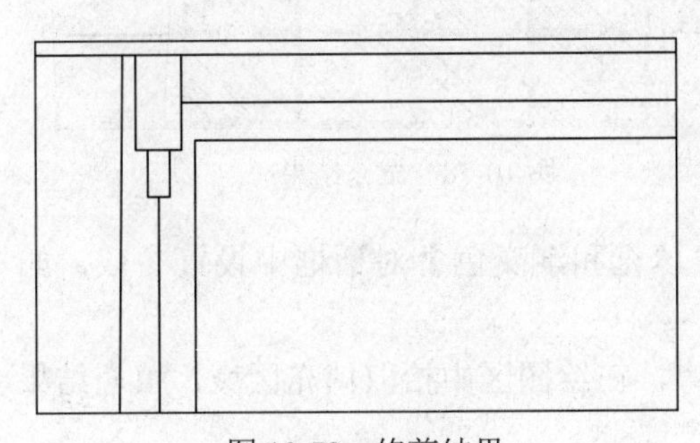

图 10-73　修剪结果

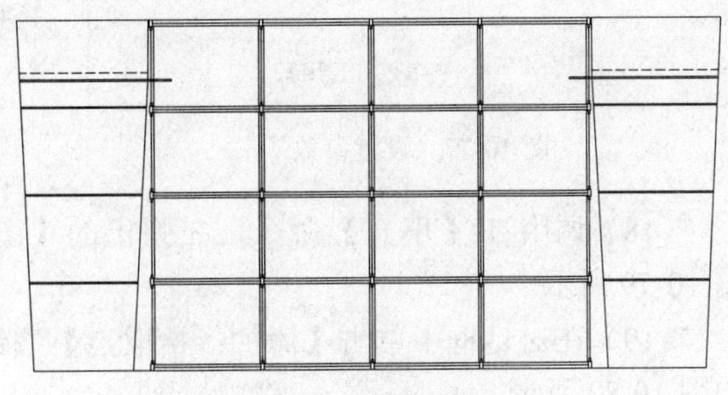

图 10-74　绘制结果

（14）设置【设施】图层为当前图层。调用 REC【矩形】命令，绘制尺寸为 100㎜×100㎜的矩形；调用 C 圆形命令，绘制半径为 13㎜的圆形；调用 TR【修剪】命令，修剪多余线段，结果如图 10-75 所示。

（15）重复操作，绘制其他图形，结果如图 10-76 所示。

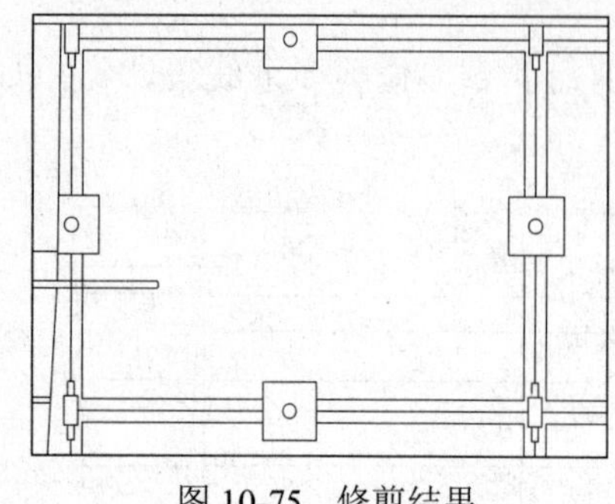

图 10-75　修剪结果

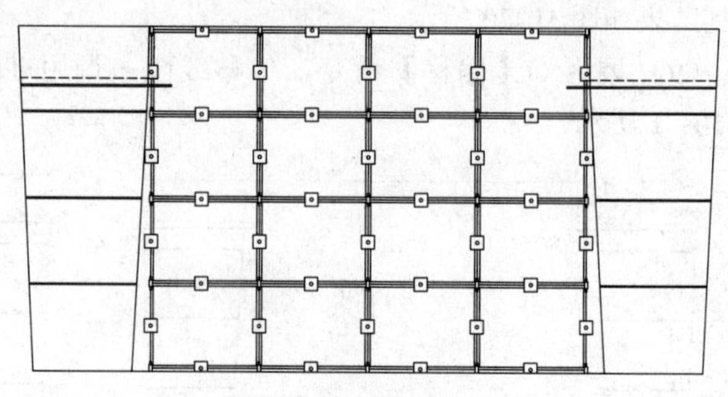

图 10-76　绘制结果

（16）设置【填充】图层为当前图层。调用 H【填充】命令，在弹出的【图案填充和渐变色】对话框中设置参数，如图 10-77 所示。

（17）在对话框中单击【添加：拾取点】按钮，在绘图区中拾取填充区域，填充结果如图 10-78 所示。

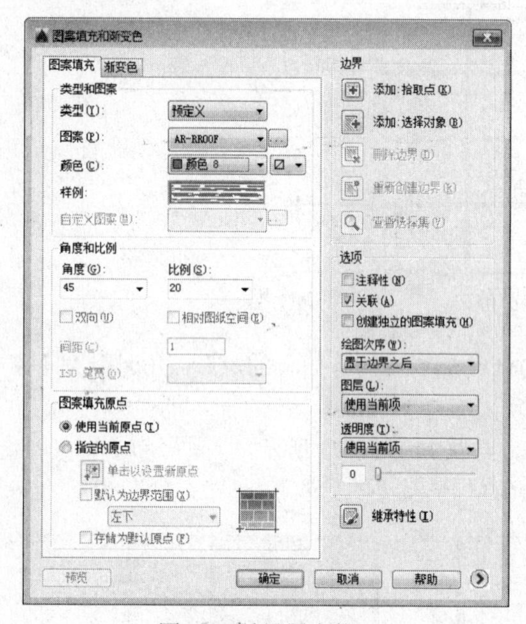

图 10-77　设置参数

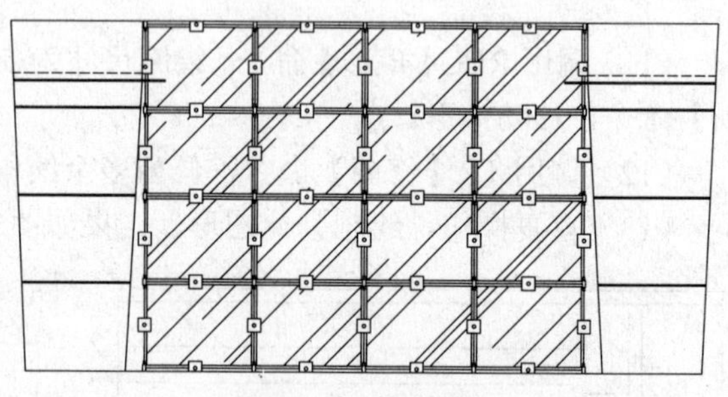

图 10-78　填充结果

（18）调用 H【填充】命令，在弹出的【图案填充和渐变色】对话框中设置参数，如图 10-79 所示。

（19）在对话框中单击【添加：拾取点】按钮，在绘图区中拾取填充区域，填充结果如图 10-80 所示。

（20）设置【尺寸标注】图层为当前图层。调用 MLD【多重引线】标注命令，弹出的【文字格式】对话框，输入立面材料的名称。单击【确定】按钮关闭对话框，标注结果如图 10-81 所示。

（21）调用 DLI【线性】标注命令，标注立面图尺寸，结果如图 10-82 所示。

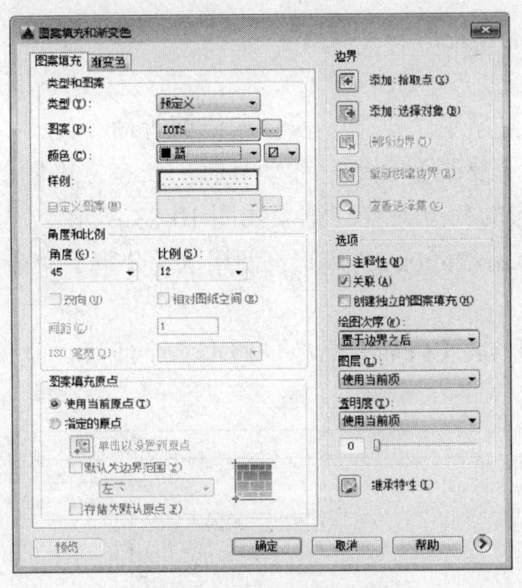

图 10-79 设置参数

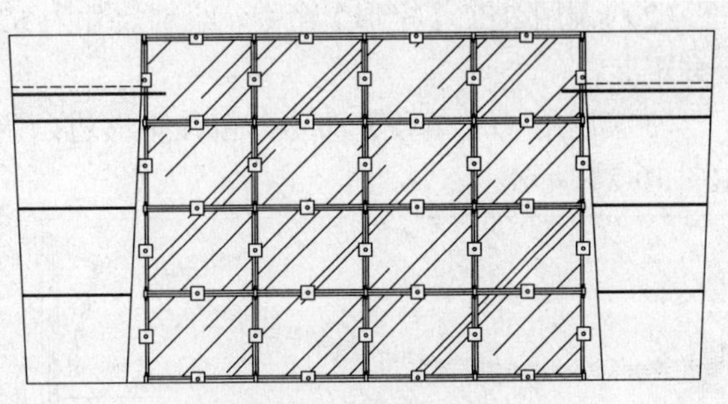

图 10-80 填充结果

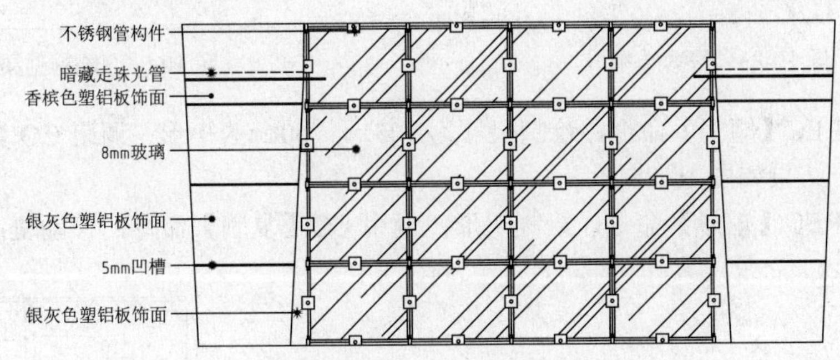

图 10-81 文字标注

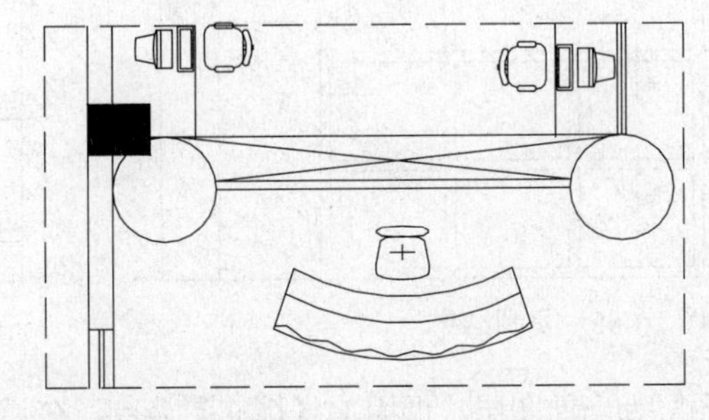

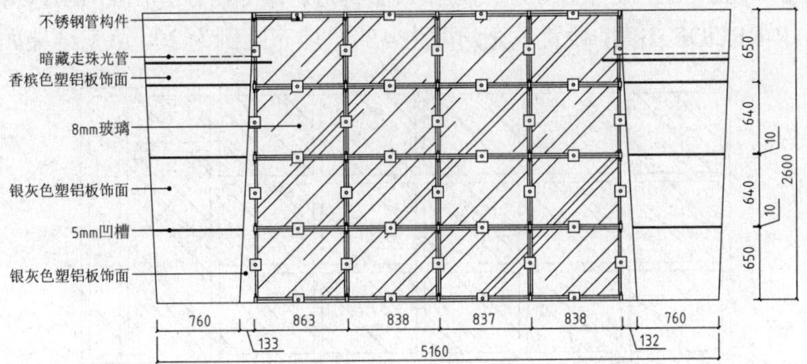

图 10-82 尺寸标注

10.7.2 绘制厂长室立面图

本实例介绍厂长室立面图的绘制方法，其中主要调用了矩形、偏移和修剪等命令。

（1）设置【其他】图层为当前图层。调用 CO【复制】命令，移动复制厂长室立面图的平面部分到一旁；调用 RO【旋转】命令，翻转图形的角度，整理结果如图 10-83 所示。

（2）调用 REC【矩形】命令，绘制尺寸为 6270㎜×2600㎜的矩形；调用 X【分解】命令，分解矩形。

（3）调用 O【偏移】命令，偏移矩形边；调用 TR【修剪】命令，修剪多余线段，结果如图 10-84 所示。

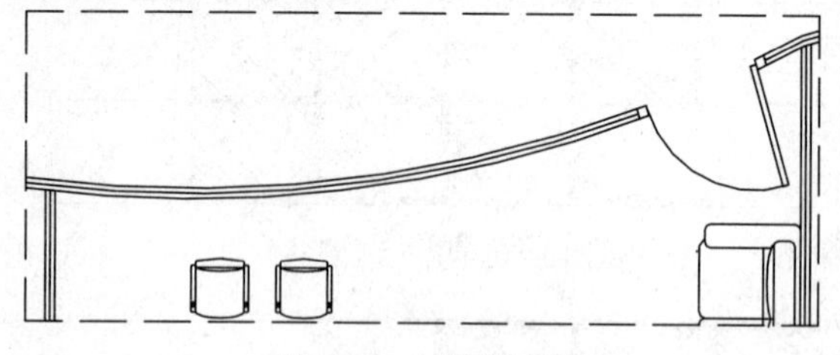

图 10-83 整理结果

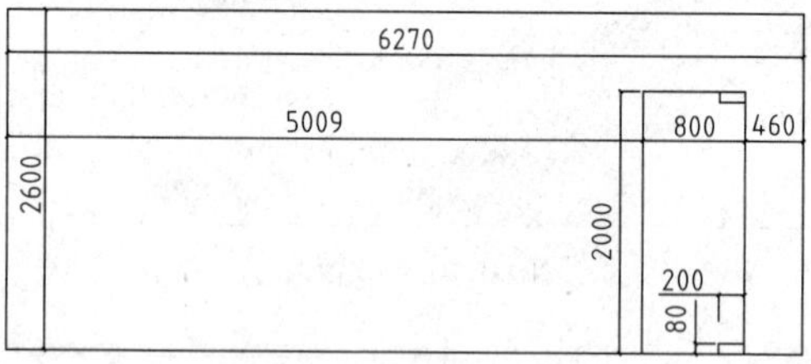

图 10-84 绘制结果

（4）调用 REC【矩形】命令，绘制尺寸为 905㎜×760㎜的矩形；调用 CO【复制】命令，移动复制矩形，结果如图 10-85 所示。

（5）调用 REC【矩形】命令，绘制矩形；调用 CO【复制】命令，移动复制矩形，结果如图 10-86 所示。

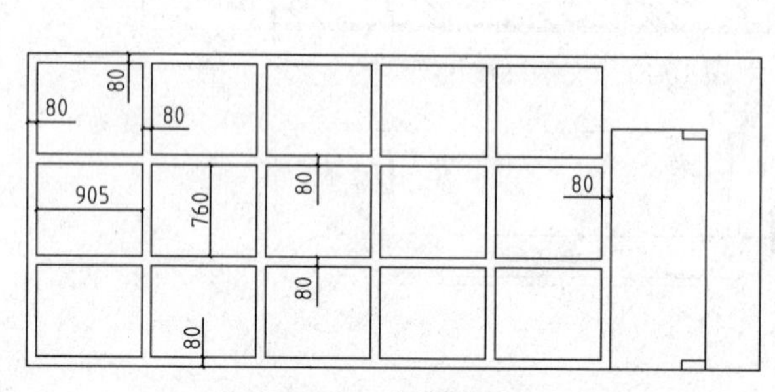

图 10-85 复制结果

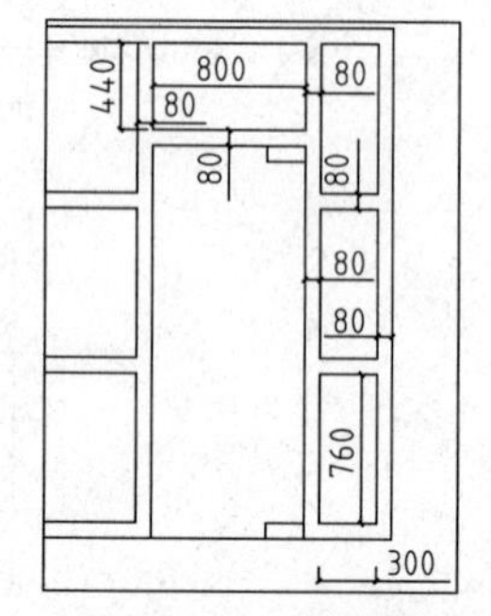

图 10-86 绘制结果

（6）设置【填充】图层为当前图层。调用 H【填充】命令，在弹出的【图案填充和渐变色】对话框中选择 AR-RROOF 图案，设置填充角度为 45°，填充比例为 20，填充结果如图 10-87 所示。

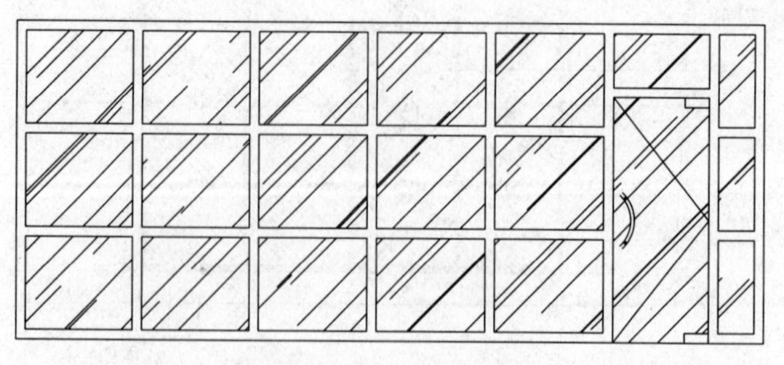

图 10-87 填充结果

（7）设置【尺寸标注】图层为当前图层。调用 MLD【多重引线】标注命令，弹出的【文字格式】对话框，输入立面材料的名称。单击【确定】按钮关闭对话框，标注结果如图 10-88 所示。

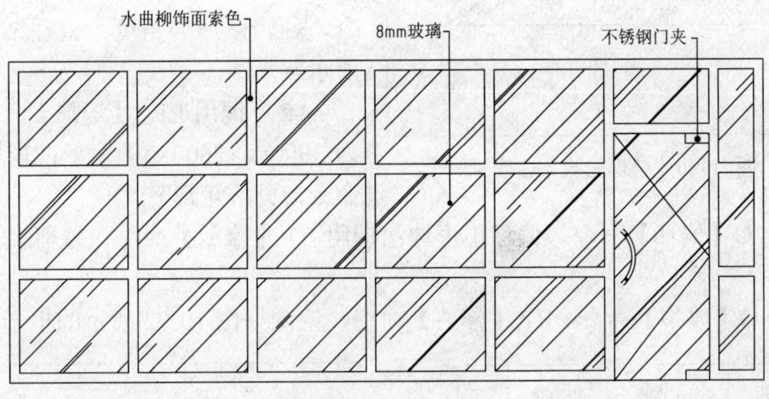

图 10-88　文字标注

（8）调用 DLI【线性】标注命令，标注立面图尺寸，结果如图 10-89 所示。

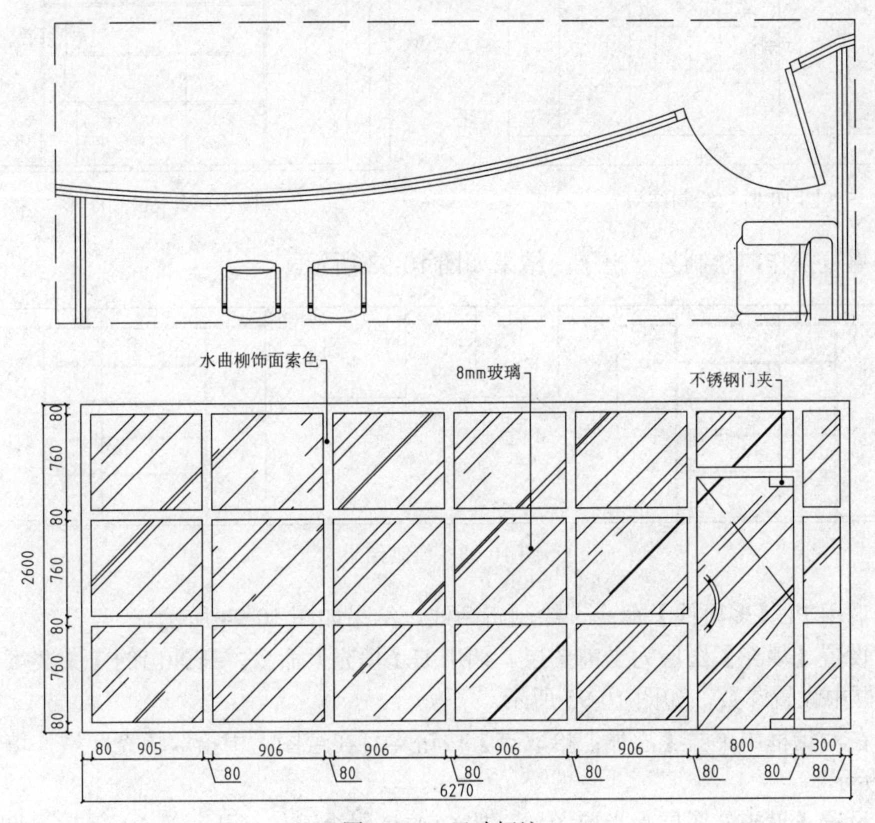

图 10-89　尺寸标注

10.7.3　绘制会议室立面图

本实例介绍会议室立面图的绘制方法，其中主要讲解了背景墙的绘制。

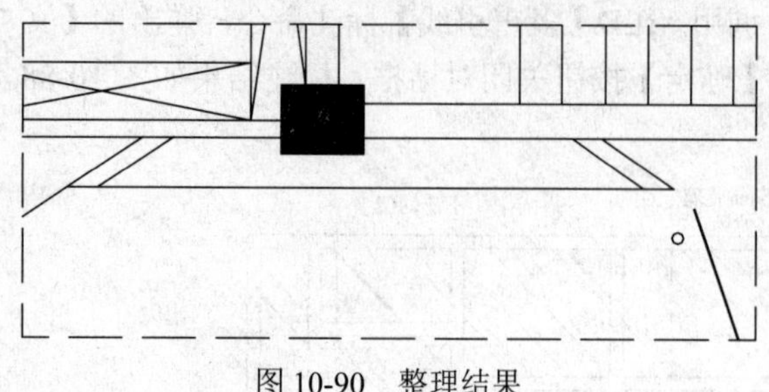

图 10-90 整理结果

（1）设置【其他】图层为当前图层。调用 CO【复制】命令，移动复制会议室立面图的平面部分到一旁；调用 RO【旋转】命令，翻转图形的角度，整理结果如图 10-90 所示。

（2）调用 REC【矩形】命令，绘制尺寸为 3900㎜×2600㎜的矩形；调用 X【分解】命令，分解矩形。

（3）调用 O【偏移】命令，偏移矩形边；调用 TR【修剪】命令，修剪多余线段，结果如图 10-91 所示。

（4）调用 O【偏移】命令、TR【修剪】命令，绘制如图 10-92 所示的柜子图形。

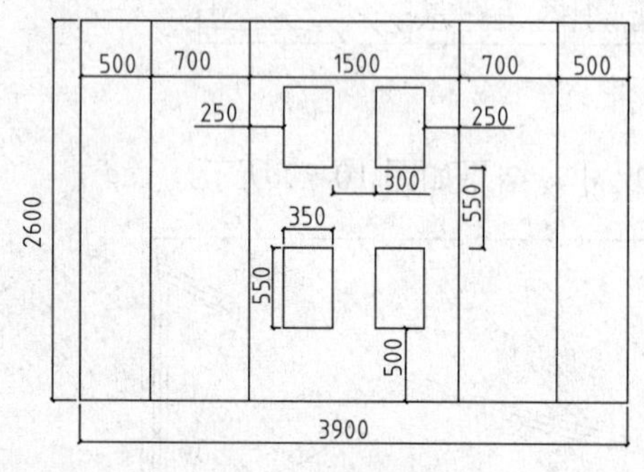

图 10-91 绘制结果

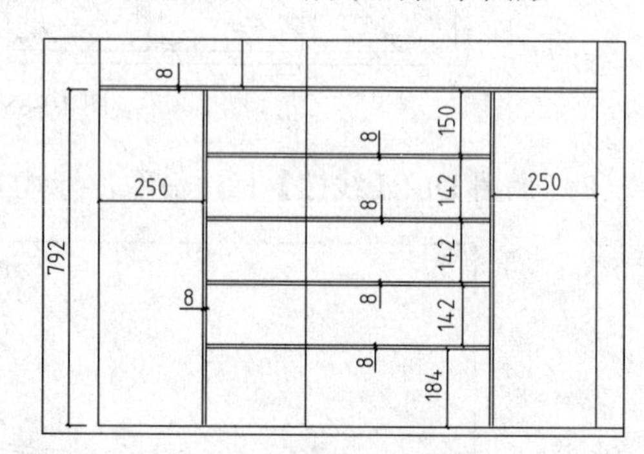

图 10-92 绘制图形

（5）重复操作，绘制另一柜子，结果如图 10-93 所示。

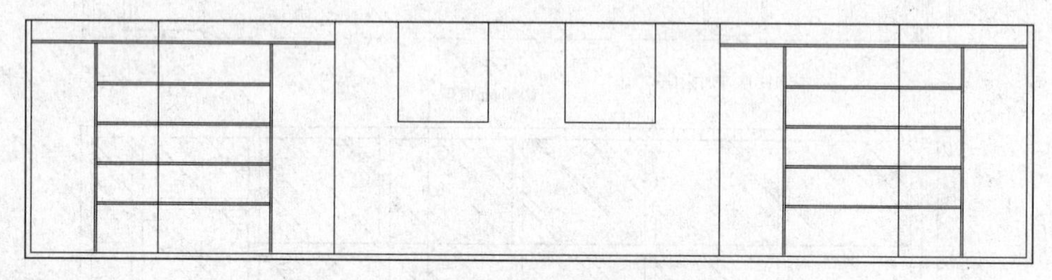

图 10-93 绘制结果

（6）调用 PL【多段线】命令，绘制折断线，结果如图 10-94 所示。

（7）设置【填充】图层为当前图层。调用 H【填充】命令，在弹出的【图案填充和渐变色】对话框中设置参数，如图 10-95 所示。

（8）在对话框中单击【添加：拾取点】按钮，在绘图区中拾取填充区域，填充结果如图 10-96 所示。

（9）设置【设施】图层为当前图层。按 Ctrl+O 组合键，打开“第 10 章/家具图例.dwg”文件，将其中的“灯”图形复制粘贴到图形中，绘制结果如图 10-97 所示。

（10）设置【尺寸标注】图层为当前图层。调用 MLD【多重引线】标注命令，弹出的【文字格式】对话框，输入立面材料的名称。单击【确定】按钮关闭对话框，标注结果如图 10-98 所示。

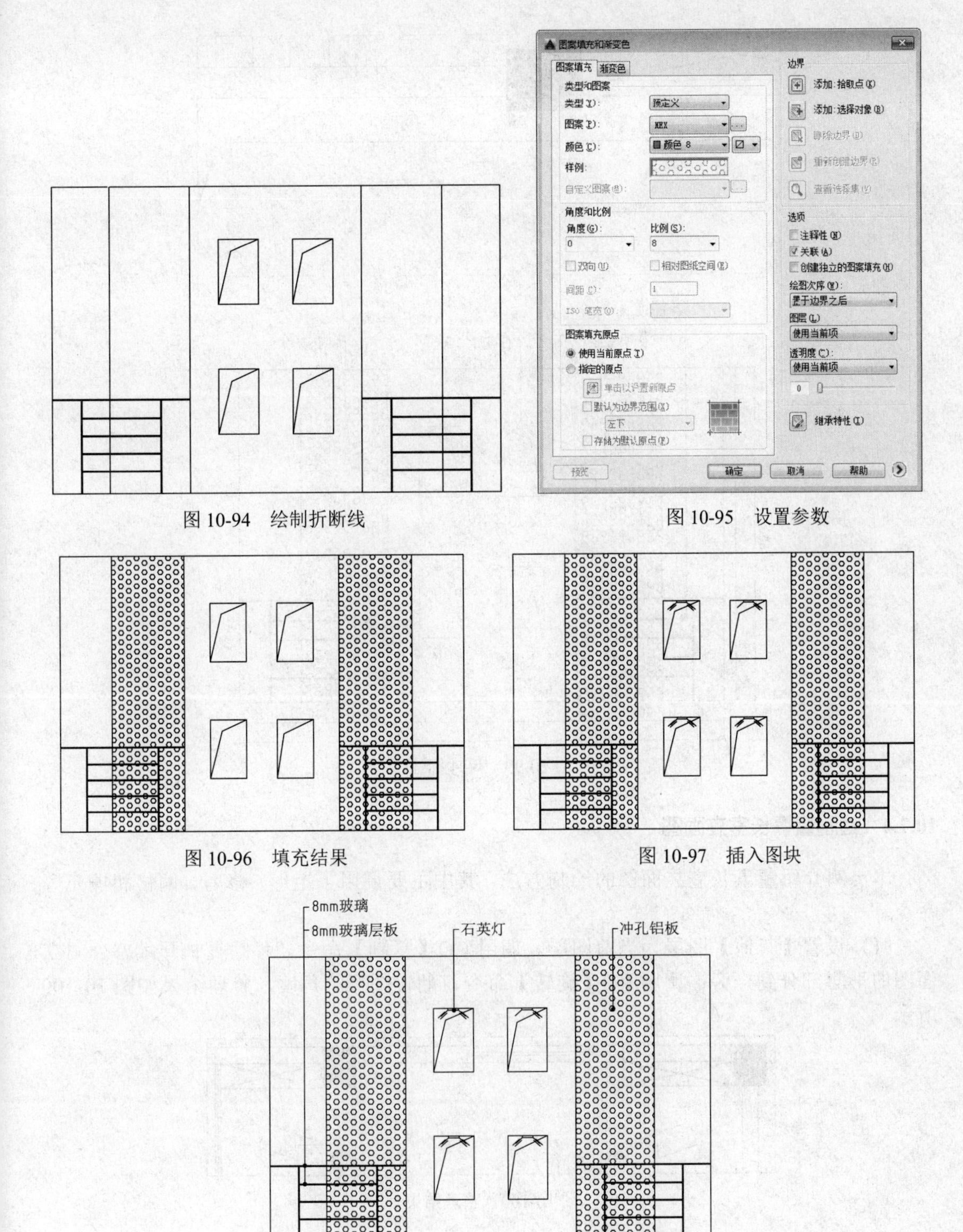

图 10-94　绘制折断线

图 10-95　设置参数

图 10-96　填充结果

图 10-97　插入图块

图 10-98　文字标注

（11）调用 DLI【线性】标注命令，标注立面图尺寸，结果如图 10-99 所示。

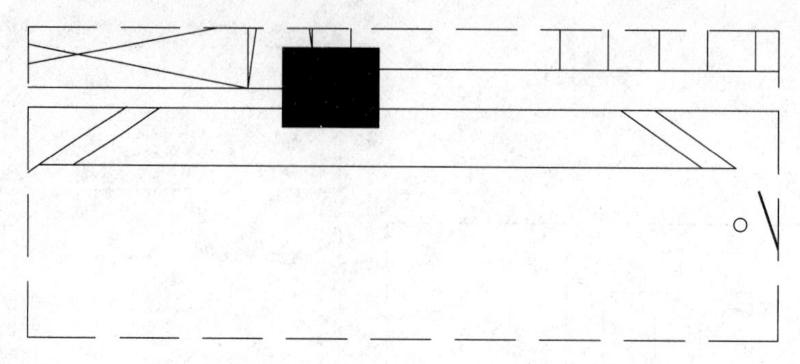

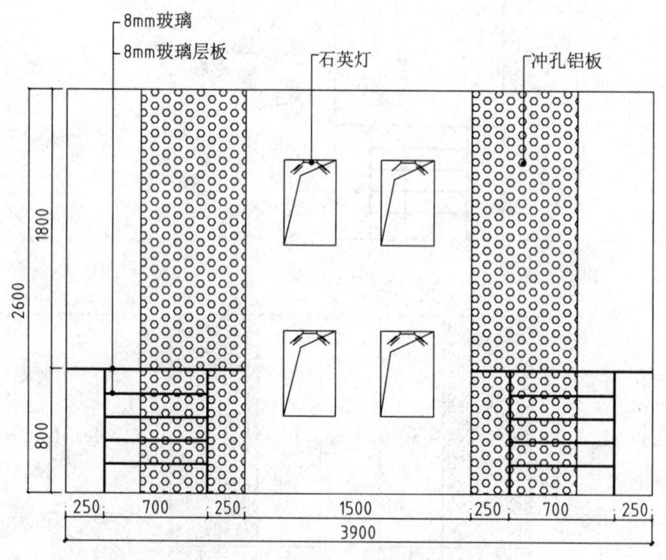

图 10-99　尺寸标注

10.7.4　绘制董事长室立面图

本实例介绍董事长室立面图的绘制方法，其中主要调用了矩形、修剪、偏移和填充等命令。

（1）设置【其他】图层为当前图层。调用 CO【复制】命令，移动复制开敞办公间立面图的平面部分到一旁；调用 RO【旋转】命令，翻转图形的角度，整理结果如图 10-100 所示。

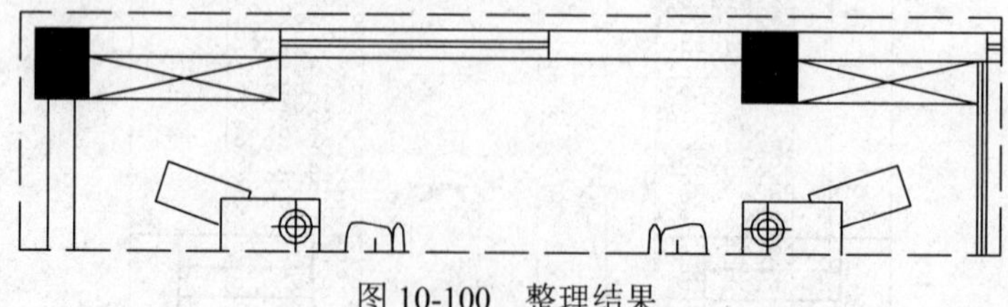

图 10-100　整理结果

（2）调用 REC【矩形】命令，绘制尺寸为 7890㎜×2600㎜的矩形；调用 X【分解】命令，分解矩形。

（3）调用 O【偏移】命令，偏移矩形边；调用 TR【修剪】命令，修剪多余线段，结果如图 10-101 所示。

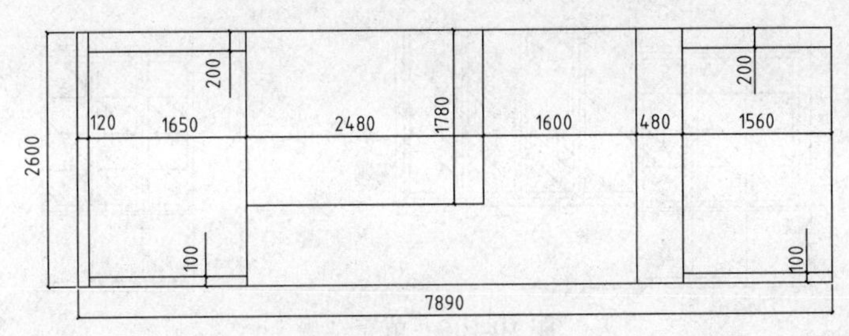

图 10-101　绘制结果

（4）调用 O【偏移】命令，偏移直线；调用 TR【修剪】命令，修剪多余线段，结果如图 10-102 所示。

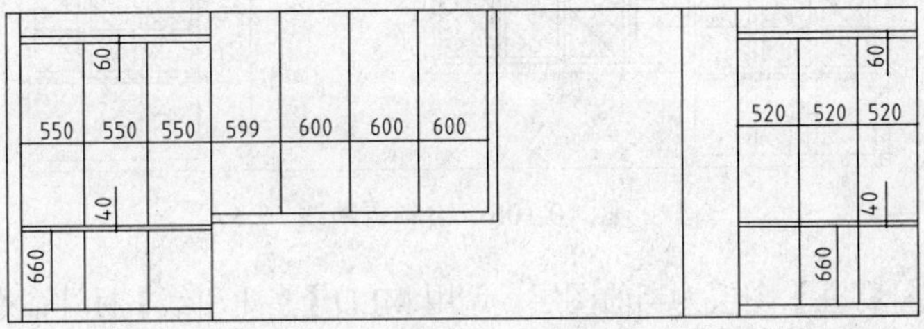

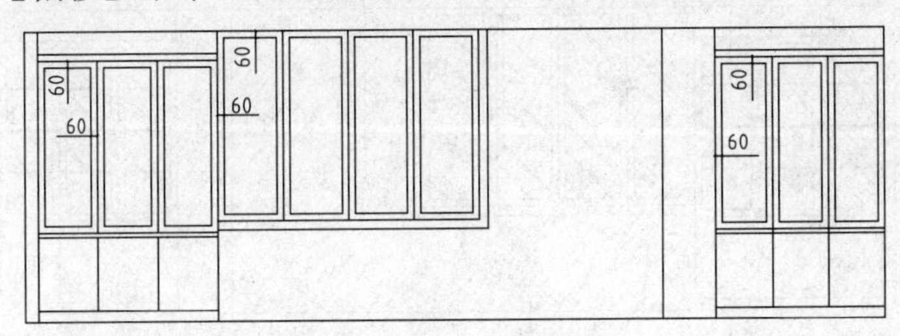

图 10-102　修剪结果

（5）调用 O【偏移】命令、TR【修剪】命令，绘制如图 10-103 所示的图形。

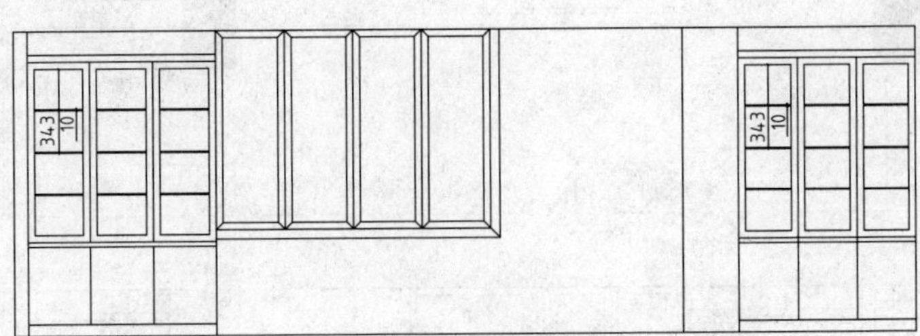

图 10-103　绘制结果

（6）调用 O【偏移】命令，偏移直线；调用 TR【修剪】命令，修剪多余线段，结果如图 10-104 所示。

图 10-104　修剪结果

（7）设置【填充】图层为当前图层。调用 H【填充】命令，在弹出的【图案填充和渐变色】对话框中选择 AR-RROOF 图案，设置填充角度为 45°，填充比例为 20，填充结果如图 10-105 所示。

（8）设置【其他】图层为当前图层。调用 PL【多段线】命令，绘制折断线，结果如图 10-106 所示。

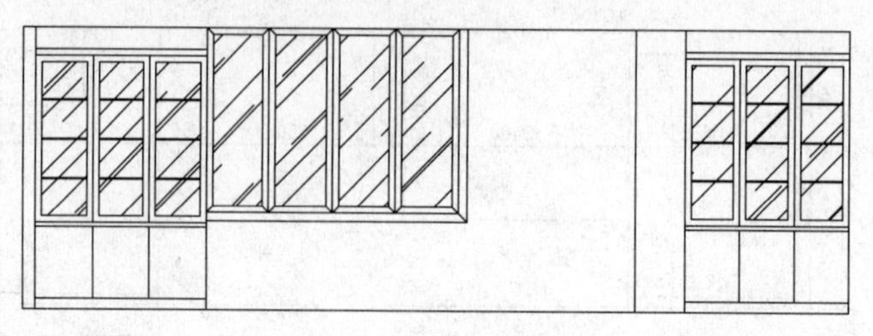

图 10-105 填充结果

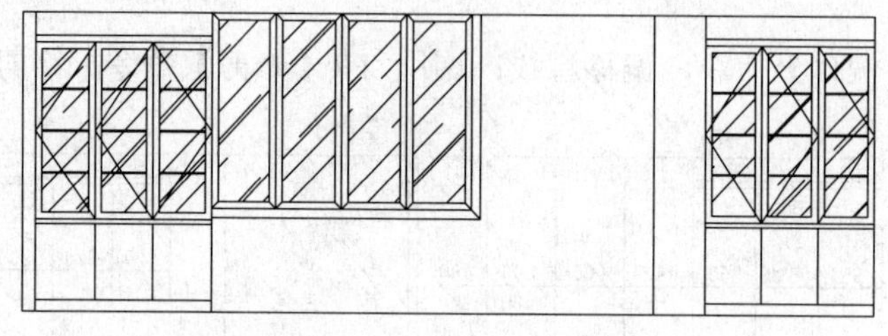

图 10-106 绘制折断线

（9）设置【尺寸标注】图层为当前图层。调用 MLD【多重引线】标注命令，弹出的【文字格式】对话框，输入立面材料的名称。单击【确定】按钮关闭对话框，标注结果如图 10-107 所示。

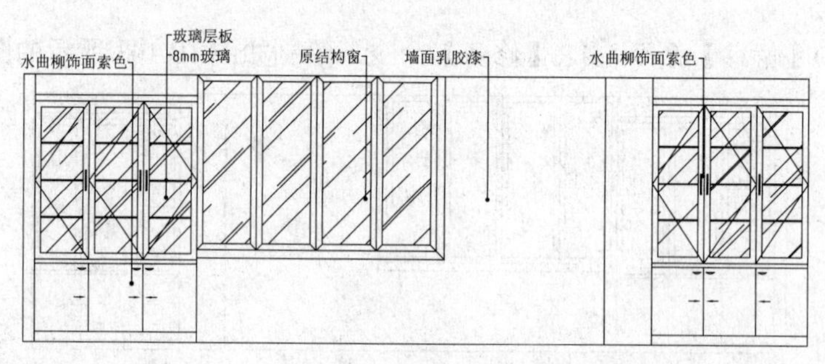

图 10-107 文字标注

（10）调用 DLI【线性】标注命令，标注立面图尺寸，结果如图 10-108 所示。

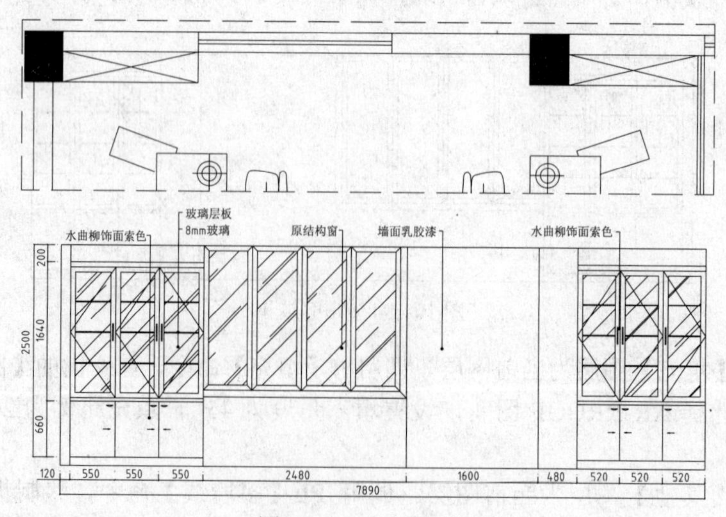

图 10-108 尺寸标注

10.7.5　绘制设计室立面图

本实例介绍设计室立面图的绘制方法，其中主要调用了矩形、修剪和偏移等命令。

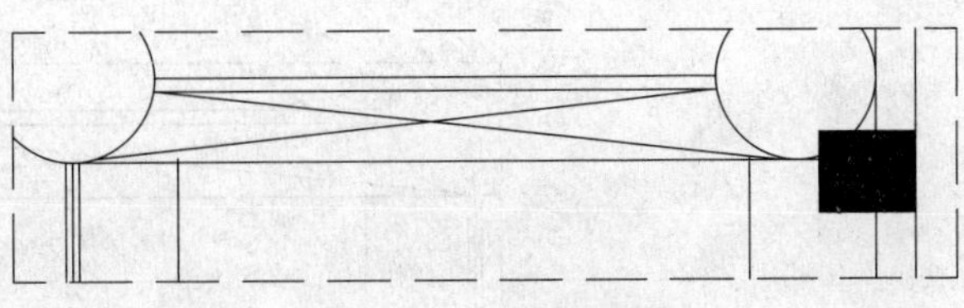

图 10-109　整理结果

（1）设置【其他】图层为当前图层。调用 CO【复制】命令，移动复制设计室立面图的平面部分到一旁；调用 RO【旋转】命令，翻转图形的角度，整理结果如图 10-109 所示。

（2）调用 REC【矩形】命令，绘制尺寸为4860㎜×2600㎜的矩形；调用 X【分解】命令，分解矩形。

（3）调用 O【偏移】命令，偏移矩形边；调用 TR【修剪】命令，修剪多余线段，结果如图 10-110 所示。

（4）调用 O【偏移】命令和 TR【修剪】命令，绘制如图 10-111 所示的图形。

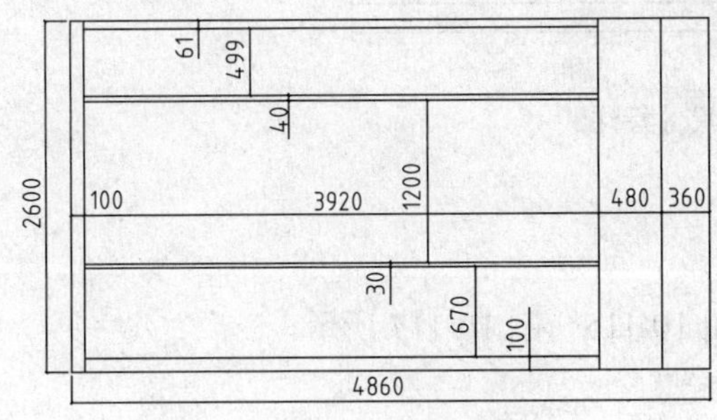

图 10-110　绘制结果

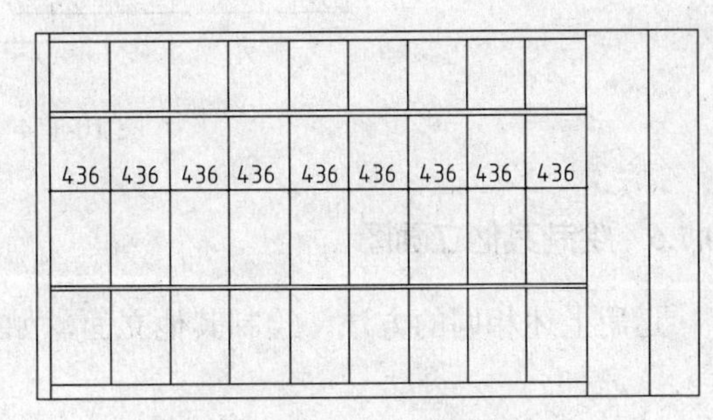

图 10-111　修剪结果

（5）调用 PL【多段线】命令，绘制折断线，结果如图 10-112 所示。

（6）设置【尺寸标注】图层为当前图层。调用 MLD【多重引线】标注命令，弹出的【文字格式】对话框，输入立面材料的名称。单击【确定】按钮关闭对话框，标注结果如图 10-113 所示。

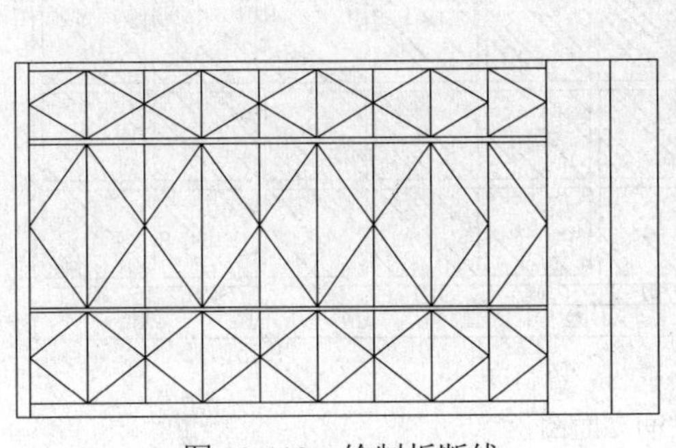

图 10-112　绘制折断线

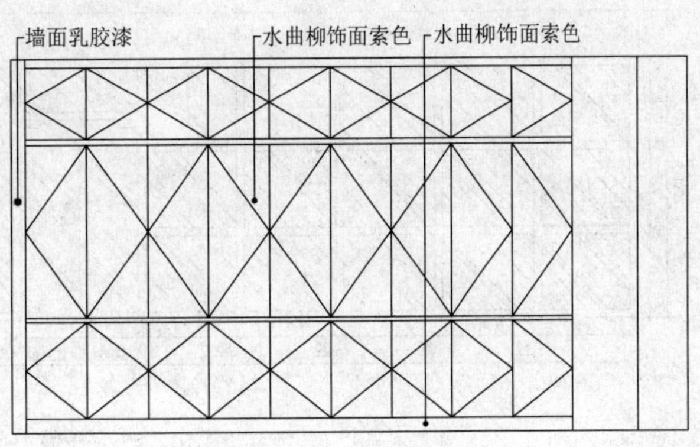

图 10-113　文字标注

（7）调用 DLI【线性】标注命令，标注立面图尺寸，结果如图 10-114 所示。

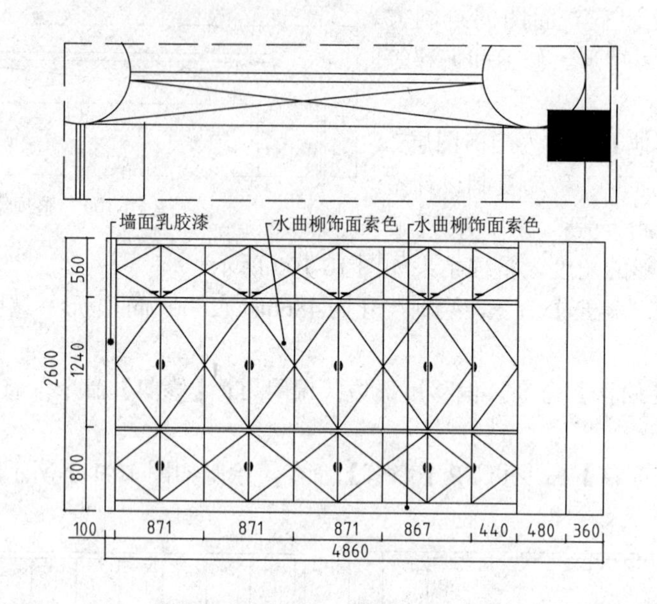

图 10-114　尺寸标注

10.7.6　绘制其他立面图

运用上述相同的方法，绘制其他立面，如图 10-115～图 10-117 所示。

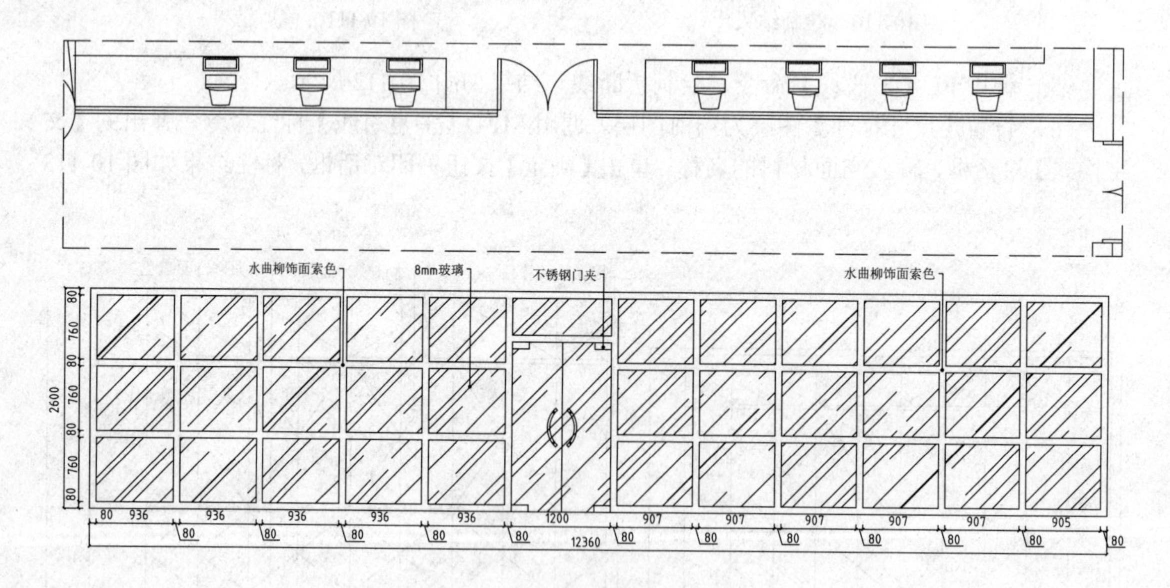

图 10-115　开敞办空间立面图

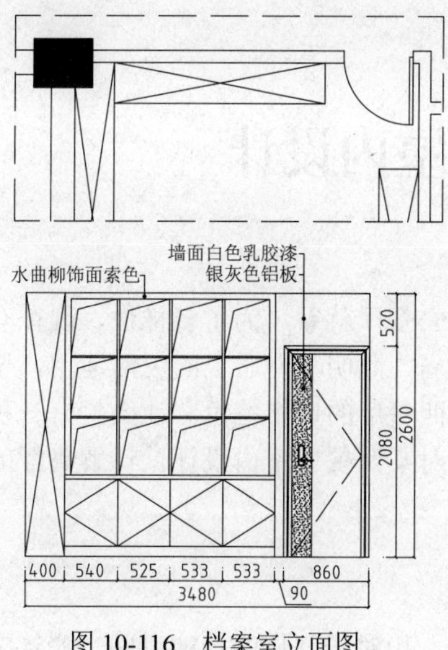

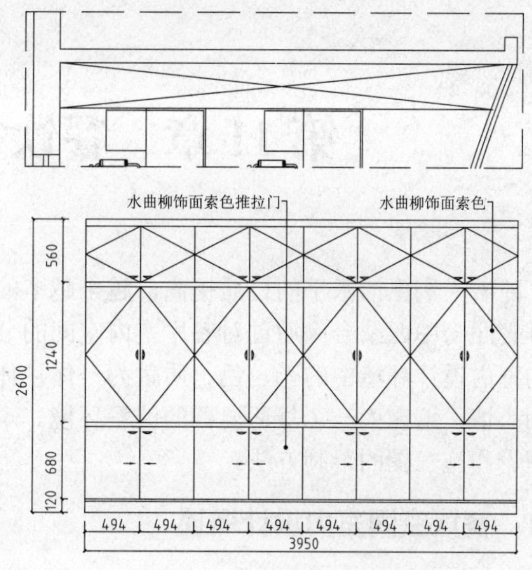

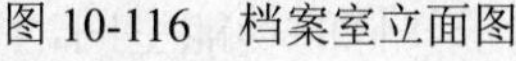

图 10-116　档案室立面图　　　　图 10-117　财务室立面图

10.8　课后练习

运用本章所学知识绘制如图 10-118 所示的开敞办公间 C 立面图。

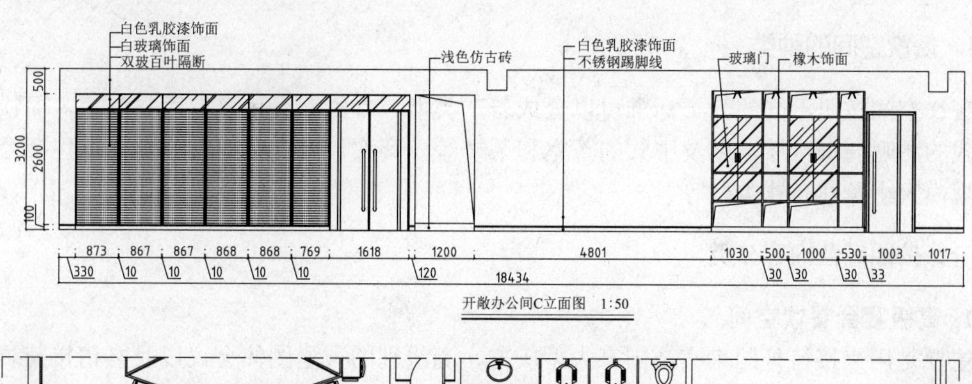

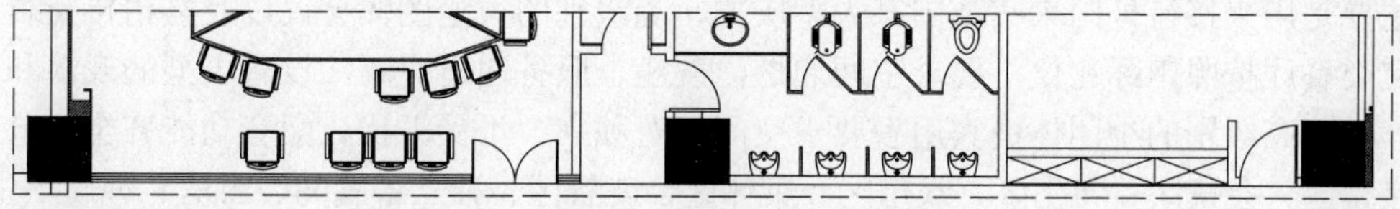

图 10-118　开敞办公间 C 立面图

10.9　本章总结

本章主要讲解办公空间室内施工图的绘制方法，对办公空间平面、地面、顶面和立面绘制的具体细节部分的处理、注释文字的标注房做了比较详细的介绍，通过本章的学习，读者可以学习到绘制办公类场所施工图纸的方法。

真正进行办公空间设计的时候，还要考虑实际环境因素等影响，绘制办公空间的平面图、立面图等，设计起来比较麻烦。这需要熟练掌握基础图形的绘制，平时多做练习。

第 11 章　餐饮空间室内设计

随着人们生活水平的日益提高，越来越多的人喜欢去餐厅就餐。为了多样性，现在有一部分餐厅为中西结合。通过对餐厅室内空间的分隔、布局、照明与材质上的灵活运用，使餐厅的室内设计环境中的光、色、质融为一体，体现出中西餐厅的风格特色。让人们有一种放松的心情，给客人一个舒适温馨的就餐环境。本节通过对某西餐厅室内设计，讲解餐厅的设计理论和施工图的绘制方法。

11.1　餐饮空间室内设计概述

餐饮空间是人们日常生活不可缺少的饮食消费场所，相对于其他的功能空间，餐饮空间是人们更能营造出多样风格特性的休闲场所。随着经济水平的提高、消费观念的转变，越来越多的消费者步入餐厅，而随之的人们社交聚会的活动也日益增多，许多休闲餐厅的就餐环境也开始突出温馨、浪漫情调，使客人流连忘返。

11.1.1　餐饮空间的种类

餐饮空间按照不同的分类标准可以分成若干类型。首先，餐代表餐厅与餐馆，而饮则包含西式的酒吧与咖啡厅，以及中式的茶室和茶楼等。其次，餐饮空间的分类标准包括经营内容，规模大小及其布置类型等。

一、按照经营内容分类

1. 高级宴会餐饮空间

主要是用来接待外国来宾或国家大型庆典、高级别的大型团体会议以及宴请接待贵宾之用。这类餐厅按照国际礼仪，要求空间通透，餐座、服务通道宽阔，设有大型的表演和演讲舞台。一些高级别的小团体贵宾用餐要求空间相对独立、不受干扰、配套功能齐全，甚至还设有接待区、会谈区、文化区、娱乐区、康体区、就餐区、独立备餐间、厨房、独立卫生间、衣帽间和休息卧室等功能空间。

2. 普通餐饮空间

主要是经营传统的高、中、低档次的中餐厅和专营地方特色菜系或专卖某种菜式的专业餐厅，适应机关团体、企业接待、商务洽谈、小型社交活动、家庭团聚、亲友聚会和喜庆宴请等。这类餐厅要求空间舒适、大方、体面、富有主题特色，文化内涵丰富，服务亲切周到，功能齐全，装饰美观。

3. 食街、快餐厅

主要经营传统地方小食、点心、风味特色小菜或中、低档次的经济饭菜，适应简单、经济、方便、快捷的用餐需要。如茶餐厅、食街、自助餐厅、餐厅、“大排档”和粥粉面食店等。这类餐厅要求空间简洁、运作快捷、经济方便、服务简单、干净卫生。

4. 西餐厅

西餐厅主要是满足西方人生活饮食习惯的餐厅。其环境按西式的风格与格调并采用西式的食谱来招待顾客，分传统西餐厅、地方特色西餐厅和综合和休闲式西餐厅。前者主要经营西方菜系，以传统的用餐方式和正餐为主的餐厅，有散点式、套餐式、自助餐式、西餐、快餐等街头快餐。后者主要是为人们提供休闲交谈、会友和小型社交活动的场所，如咖啡厅、酒吧、茶室等。

二、按照空间规模分类

（1）小型：指 100m^2 以内的餐饮空间，这类空间比较简单，主要着重于室内气氛的营造。

（2）中型：指 100～500m^2 的餐饮空间，这类空间功能比较复杂，除了加强环境气氛的营造之外，还要进行功能分区，流线组织以及一定程度的围合处理。

（3）大型：指 500m^2 以上的餐饮空间，这类空间应特别注重功能分区和流线组织。

三、按照空间布置类型分类

（1）独立式的单层空间：一般为小型餐馆、茶室等采用的类型。

（2）独立式的多层空间：一般为中型餐馆采用的类型，也是为大型的食府或美食城所采用的空间形式。

（3）附建于多层或高层建筑：大多数的办公餐厅或食堂常属于这种类型。

（4）附属于高层建筑的裙房：部分宾馆、综合楼的餐饮部或餐厅、宴会厅等大中型餐饮空间。

11.1.2　餐饮空间设计原则

餐厅的设计与装饰，除了要整体设计相协调这一基本原则外，还特别考虑餐厅的实用功能和美化效果。一般餐厅在陈设和设备上是具有共性的，那就是舒适温馨又具有文化特征的就餐环境。以下就餐饮空间设计的基本原则问题，简单介绍在设计构思过程中所需要注意的问题：

1. 满足使用功能要求

了解餐厅的格局、经营理念、经营内容和方式以及销售阶层后，餐厅设计中空间大小、形式、组合方式必须从功能出发，注重餐厅空间设计的合理性。

2. 满足精神功能要求

精神功能是餐饮业发展的灵魂，餐饮空间设计需要针对特定的消费人群的精神需求，用不同的空间主题来迎合消费心理。

3. 满足技术功能的要求

了解材料性能、加工、成型、搭配，作为表达设计理念的手段。满足技术环境的设计要求，包括声音环境、采光系统、采暖系统和消防系统的技术要求。

4. 具有独特个性的要求

独特的个性是餐饮业的生命，餐厅空间设计应在“独特”上下功夫，塑造出本餐厅独一无二的个性，突出空间环境的特色。

5. 满足顾客目标导向的需求

餐厅空间设计以目标市场为依据，设计者必须把握顾客的经济承受能力和心理需求，为顾客提供一个在经济和心理上都满意的餐厅。

11.2 调用样板新建文件

本书第 7 章创建了室内装潢施工图样板，该样板已经设置了相应的图形单位、样式和图层等，后面图纸的绘制都可以直接在此样板的基础上进行绘制。

（1）执行【文件】|【新建】命令，在弹出的【选择样板】对话框中选择“室内装潢施工图模板”，如图 11-1 所示。

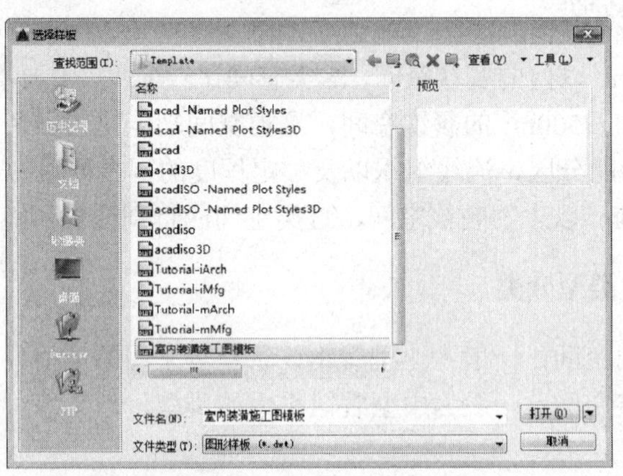

图 11-1 【选择样板】对话框

（2）单击【打开】按钮，以样板创建图形，新图形中包含了样板中创建的图层和样式等内容。

（3）选择【文件】|【保存】命令，打开【图形另存为】对话框，在“文件名”文本框中输入文件名，单击【保存】按钮保存图形。

11.3 绘制餐饮空间原始结构图

本实例介绍了餐厅原始结构图的绘制，其中主要讲解了墙体的绘制和编辑的技巧。

11.3.1 绘制墙体

（1）设置【轴线】图层为当前图层。调用 L【直线】命令，绘制两条相交直线，结果如图 11-2 所示。

（2）调用 O【偏移】命令，偏移直线，结果如图 11-3 所示。

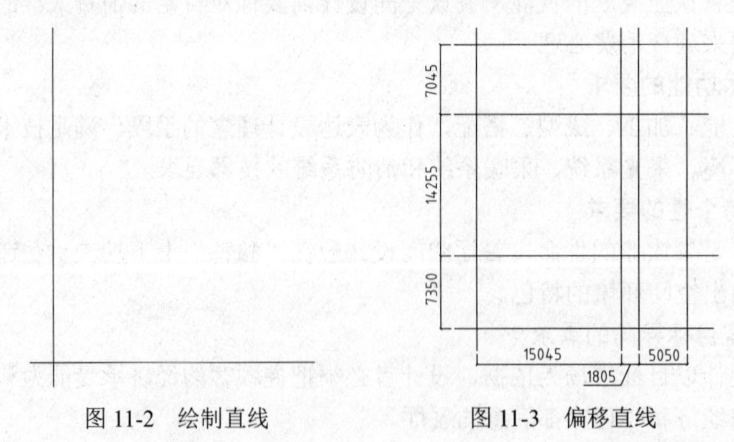

图 11-2 绘制直线　　图 11-3 偏移直线

（3）调用 TR【修剪】命令，修剪轴线，结果如图 11-4 所示。

（4）设置【墙体】图层为当前图层。调用 ML【多线】命令，设置多线比例为 200，绘制墙体的结果如图 11-5 所示。

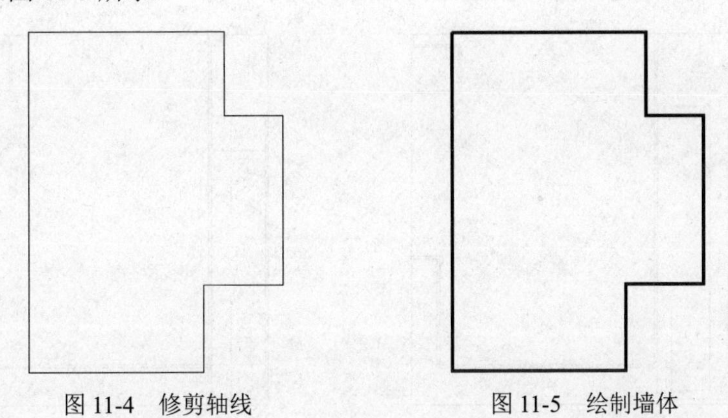

图 11-4　修剪轴线　　　　图 11-5　绘制墙体

（5）调用【修改】|【对象】|【多线】菜单命令，弹出【多线编辑工具】对话框；在对话框中选择【角点结合】按钮，在绘图区中分别单击垂直墙体和水平墙体并编辑，结果如图 11-6 所示。

（6）调用 O【偏移】命令，偏移轴线；调用 TR【修剪】命令，修剪轴线，结果如图 11-7 所示。

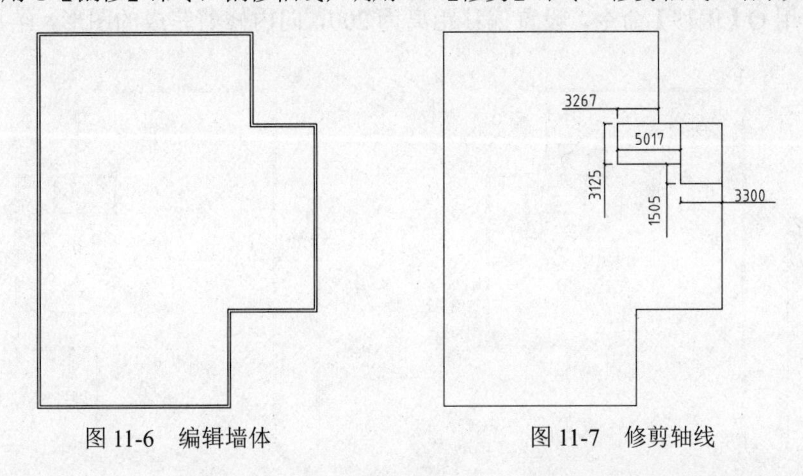

图 11-6　编辑墙体　　　　图 11-7　修剪轴线

（7）调用 ML【多线】命令，设置多线比例为 150，绘制墙体的结果如图 11-8 所示。

（8）调用【修改】|【对象】|【多线】菜单命令，弹出【多线编辑工具】对话框；在对话框中单击【T 形打开】按钮，在绘图区中分别单击垂直墙体和水平墙体并编辑，结果如图 11-9 所示。

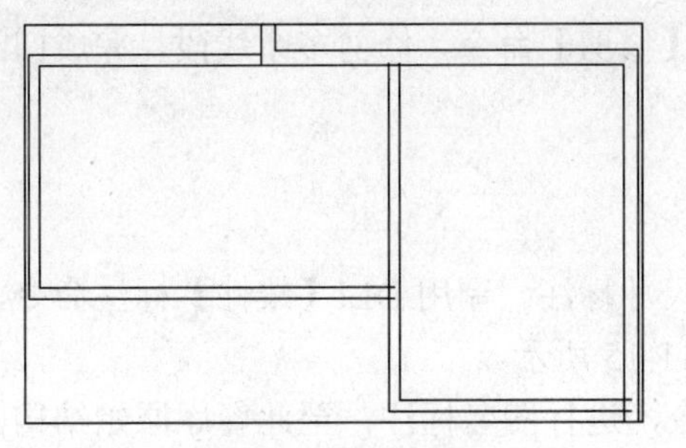

图 11-8　绘制墙体

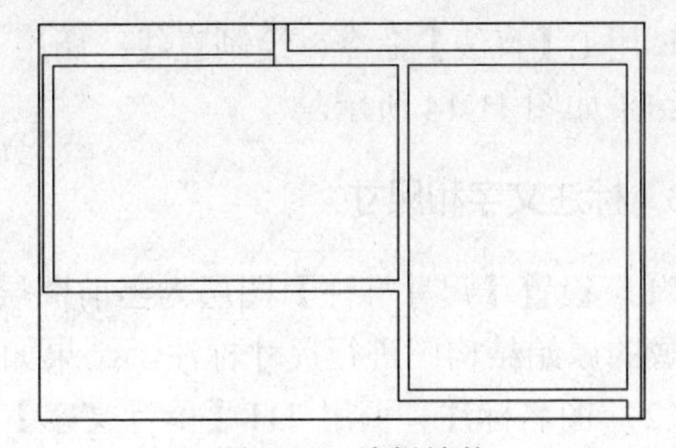

图 11-9　编辑墙体

（9）调用 L【直线】命令，绘制直线；调用 TR【修剪】命令，修剪多余线段，结果如图 11-10 所示。

（10）调用 O【偏移】命令，偏移直线，结果如图 11-11 所示。

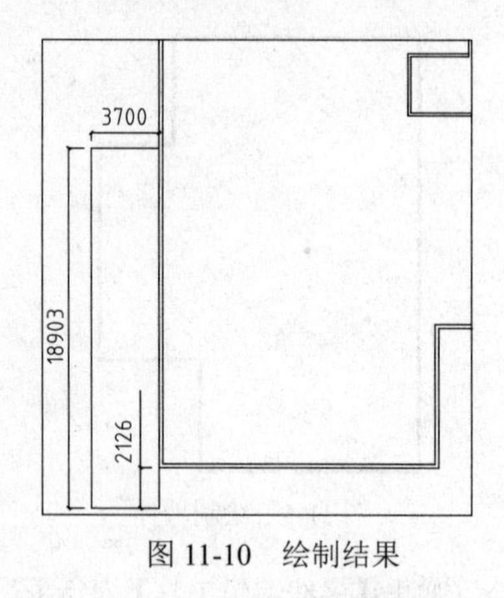

图 11-10　绘制结果

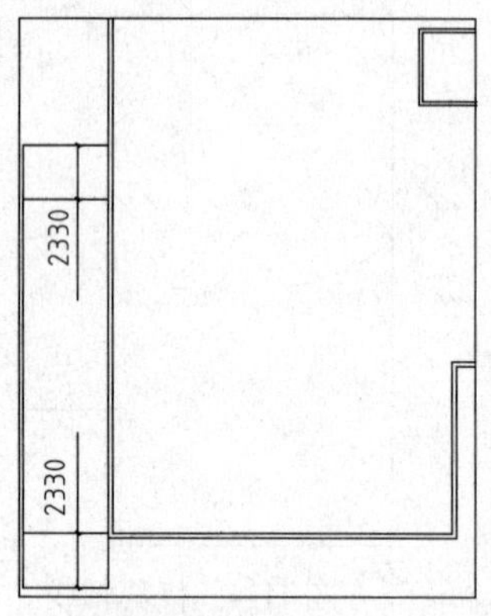

图 11-11　偏移直线

（11）调用 A【圆弧】命令，绘制圆弧；调用 TR【修剪】命令，修剪多余线段，结果如图 11-12 所示。

（12）调用 O【偏移】命令，设置偏移距离为 200，向内修剪完成的图形，结果如图 11-13 所示。

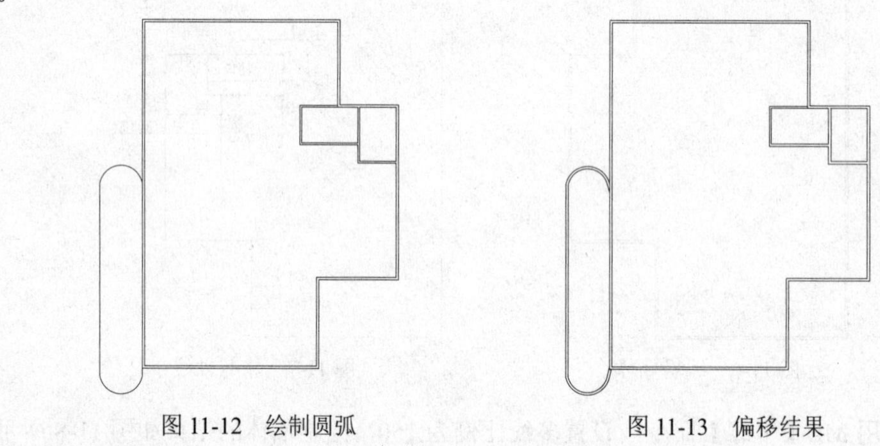

图 11-12　绘制圆弧　　图 11-13　偏移结果

11.3.2　绘制门洞

调用 L【直线】命令，绘制直线；调用 TR【修剪】命令，修剪多余线段，完成门洞的绘制，结果如图 11-14 所示。

11.3.3　标注文字和尺寸

（1）设置【尺寸标注】图层为当前图层。尺寸标注。调用 DLI【线性】标注命令，对绘制完成的原始结构图进行尺寸标注，结果如图 11-15 所示。

（2）图名标注。调用 DT【单行文字】命令，进行图名标注，至此餐厅原始结构图绘制完成，结果如图 11-16 所示。

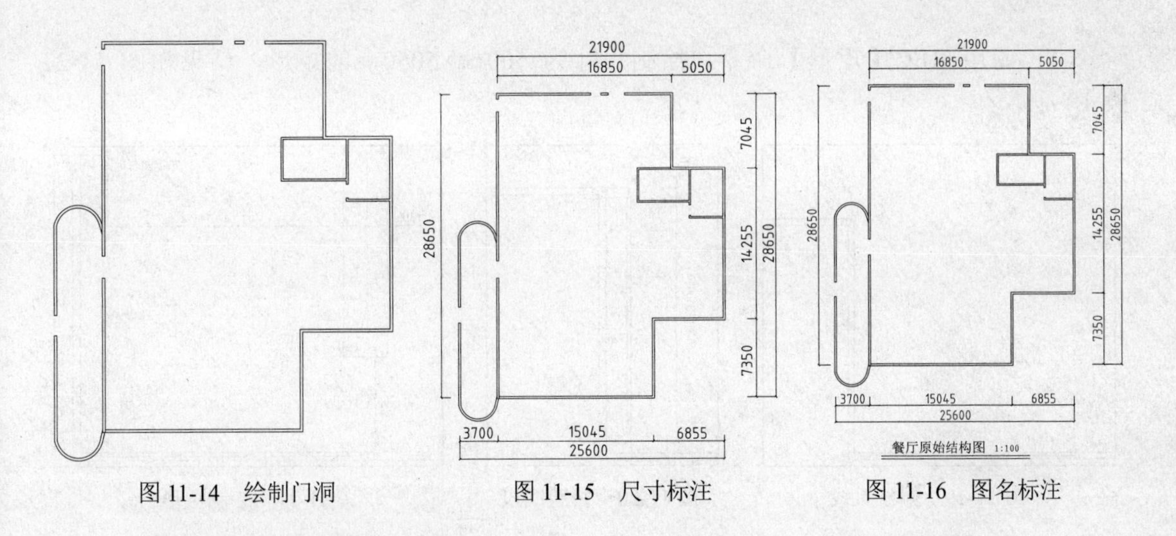

图 11-14　绘制门洞　　图 11-15　尺寸标注　　图 11-16　图名标注

11.4　绘制餐饮空间平面布置图

本实例介绍了餐厅平面布置的绘制，其中主要讲解了散客区、厢房、吧台的绘制。

11.4.1　整理图形

调用 CO【复制】命令，复制一份原始结构图到一旁，如图 11-17 所示。

11.4.2　绘制散客区平面布置图

（1）设置【门窗】图层为当前图层。用 L【直线】命令，绘制直线；调用 TR【修剪】命令，修剪多余线段，完成窗洞的绘制，结果如图 11-18 所示。

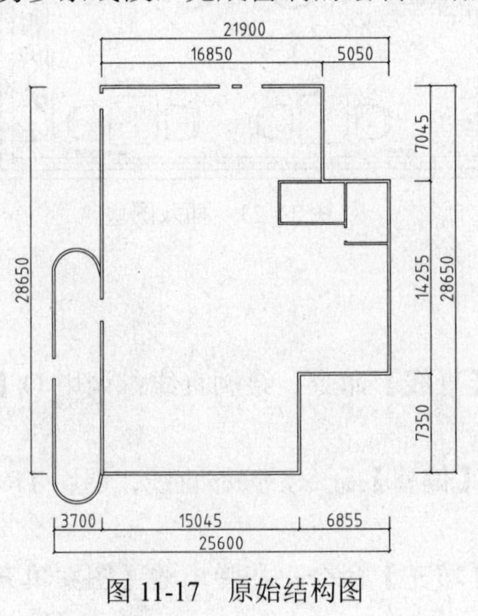

图 11-17　原始结构图

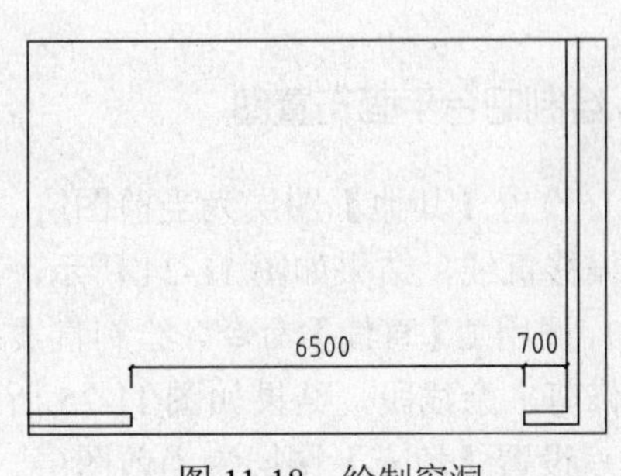

图 11-18　绘制窗洞

（2）调用 L【直线】命令，绘制直线；调用 O【偏移】命令，设置偏移距离为 100，偏移直线，结果如图 11-19 所示。

（3）设置【其他】图层为当前图层。调用 L【直线】命令，绘制直线；调用 TR【修剪】命令，修剪多余线段，绘制结果如图 11-20 所示。

（4）调用 REC【矩形】命令，绘制尺寸为 500㎜×5050㎜的矩形，结果如图 11-21 所示。

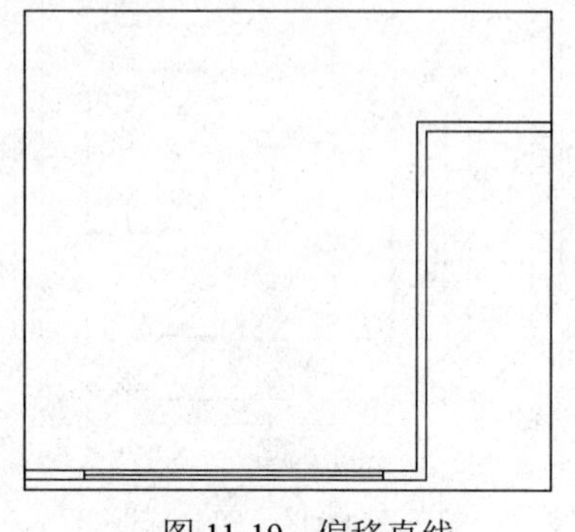

图 11-19 偏移直线

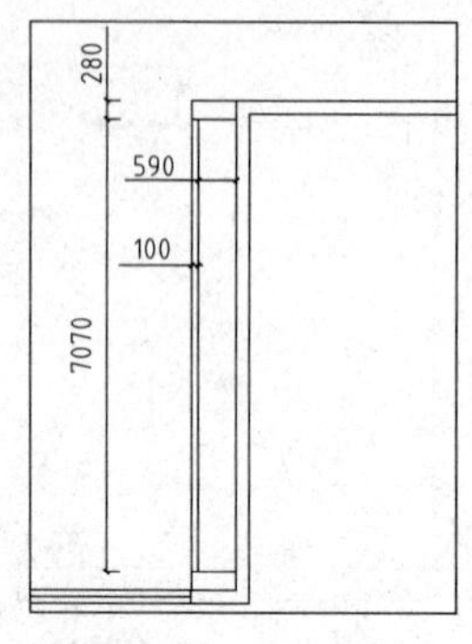

图 11-20 修剪线段

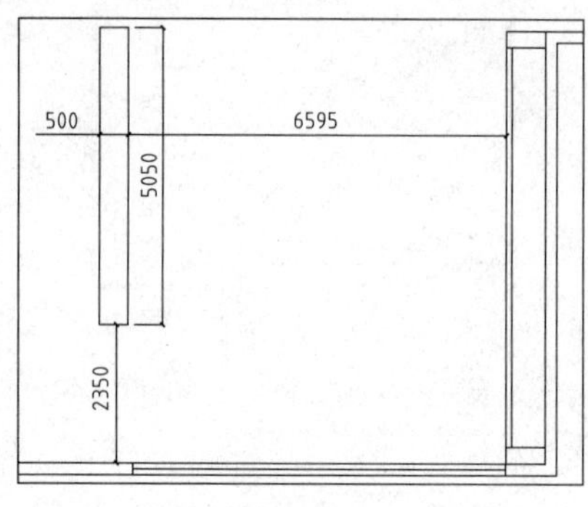

图 11-21 绘制矩形

（5）调用 L【直线】命令，绘制直线，结果如图 11-22 所示。

（6）设置【设施】图层为当前图层。按 Ctrl+O 组合键，打开“第 11 章/家具图例.dwg”文件，将其中的家具图形复制粘贴到图形中，结果如图 11-23 所示。

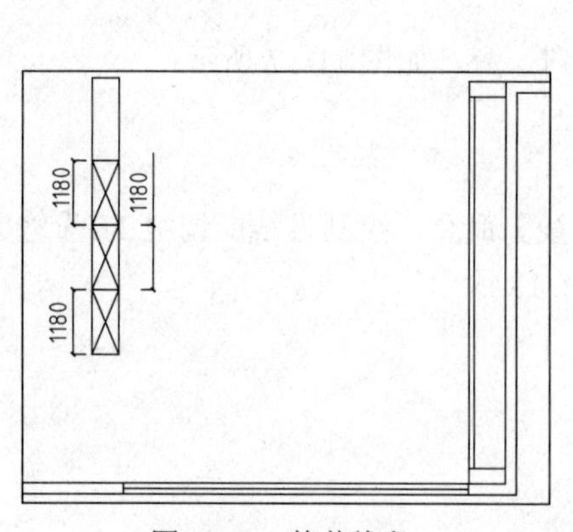

图 11-22 修剪线段

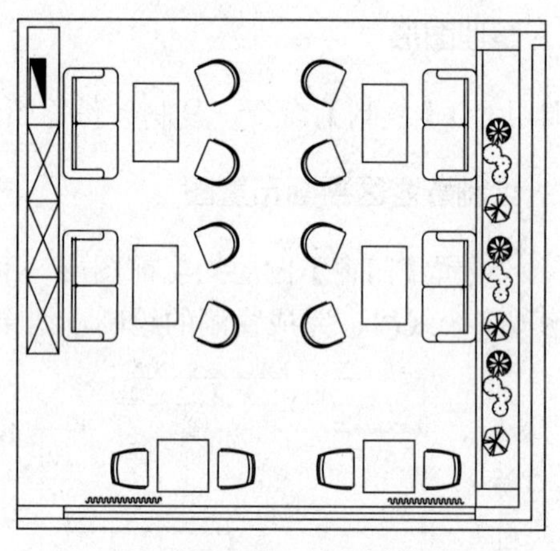

图 11-23 插入图块

11.4.3 绘制吧台平面布置图

（1）设置【其他】图层为当前图层。调用 L【直线】命令，绘制直线；调用 O【偏移】命令，偏移直线，结果如图 11-24 所示。

（2）调用 L【直线】命令，绘制直线；调用 O【偏移】命令，偏移直线；调用 TR【修剪】命令，修剪多余线段，结果如图 11-25 所示。

（3）设置【填充】图层为当前图层。调用 H【填充】命令，在弹出的【图案填充和渐变色】对话框中设置参数，如图 11-26 所示。

（4）在对话框中单击【添加：拾取点】按钮，在绘图区中拾取填充区域，填充结果如图 11-27 所示。

（5）调用 L【直线】命令、O【偏移】命令、TR【修剪】命令，绘制吧台图形，结果如图 11-28 所示。

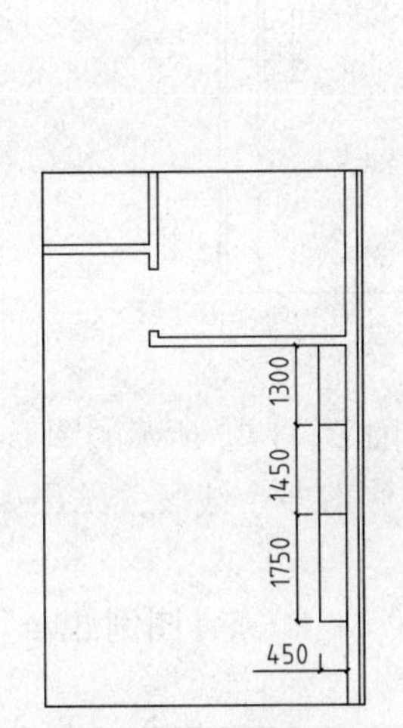

图 11-24　偏移直线

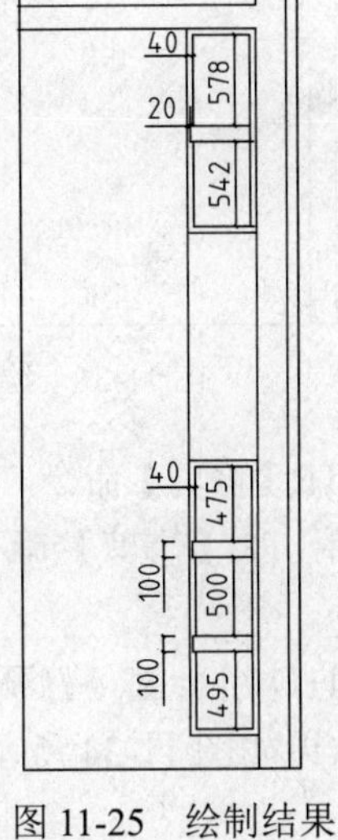

图 11-25　绘制结果

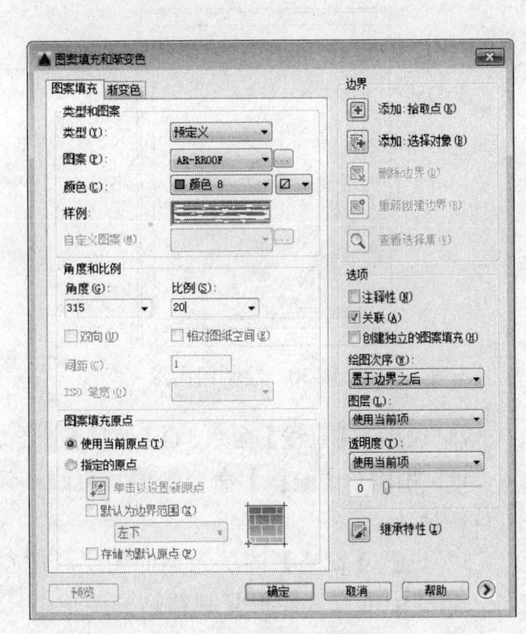

图 11-26　设置参数

（6）设置【设施】图层为当前图层。按 Ctrl+O 组合键，打开“第 11 章/家具图例.dwg”文件，将其中的家具图形复制粘贴到图形中，结果如图 11-29 所示。

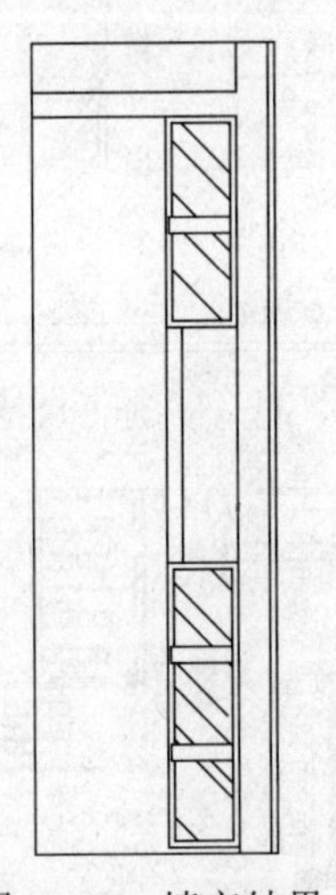

图 11-27　填充结果

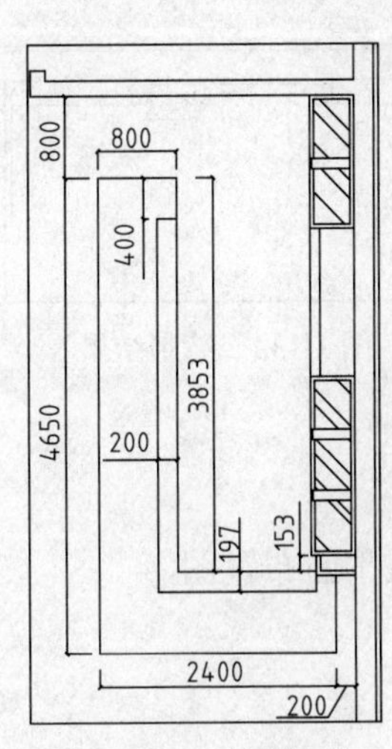

图 11-28　绘制吧台

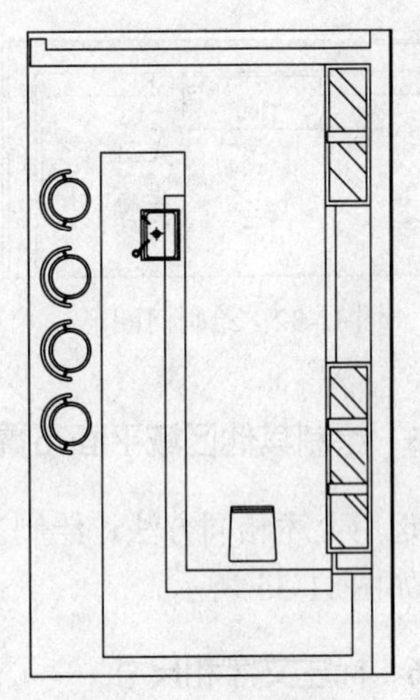

图 11-29　插入图块

11.4.4　绘制 C 厢房平面布置图

（1）设置【门窗】图层为当前图层。调用 REC【矩形】命令，绘制尺寸为 1000㎜×50㎜ 的矩形；调用 A【圆弧】命令，绘制圆弧，包厢门图形的绘制结果如图 11-30 所示。

（2）设置【其他】图层为当前图层。调用 L【直线】命令，绘制直线；调用 O【偏移】命令，偏移直线；调用 T【修剪】命令，修剪多余线段；结果如图 11-31 所示。

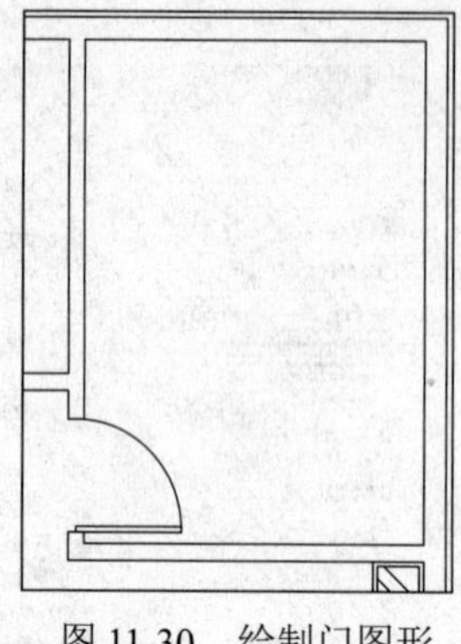

图 11-30　绘制门图形

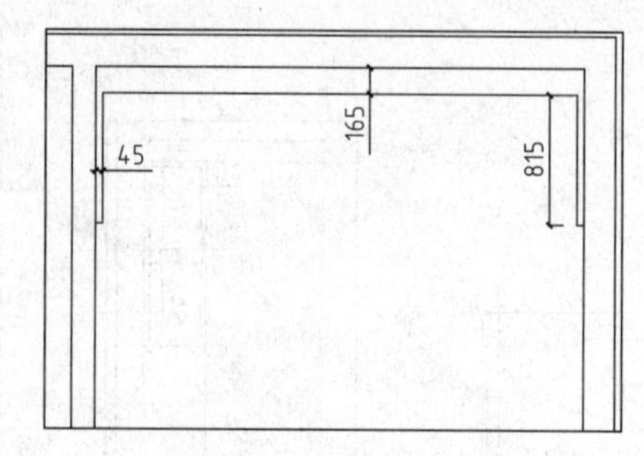

图 11-31　绘制结果

（3）调用 L【直线】命令、O【偏移】命令、TR【修剪】命令，绘制如图 11-32 所示的图形。

（4）调用 O【偏移】命令，偏移直线；调用 TR【修剪】命令，修剪多余线段；结果如图 11-33 所示。

（5）设置【设施】图层为当前图层。按 Ctrl+O 组合键，打开“第 11 章/家具图例.dwg”文件，将其中的家具图形复制粘贴到图形中，结果如图 11-34 所示。

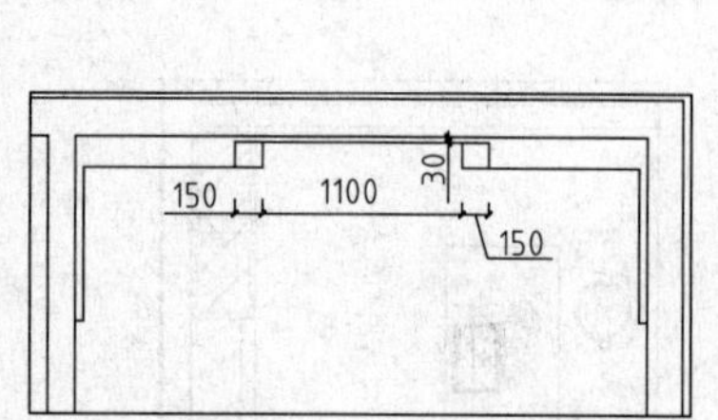

图 11-32　绘制门图形

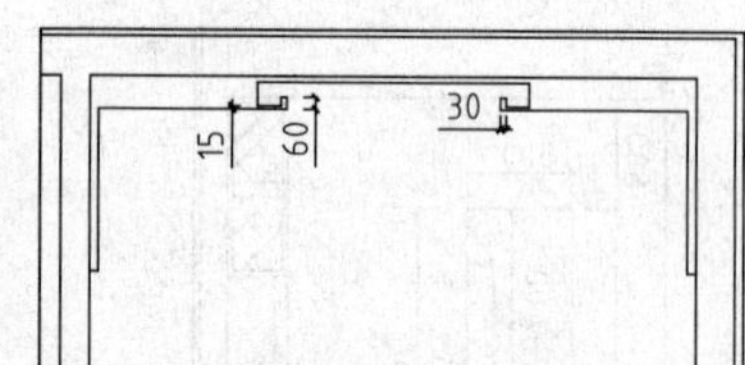

图 11-33　绘制结果

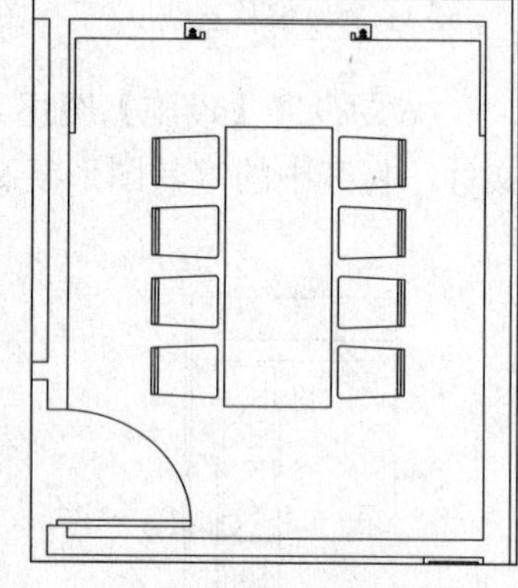

图 11-34　插入图块

11.4.5　绘制其他区域平面布置图

运用上述相同方法，绘制其他区域平面布置图，结果如图 11-35 所示。

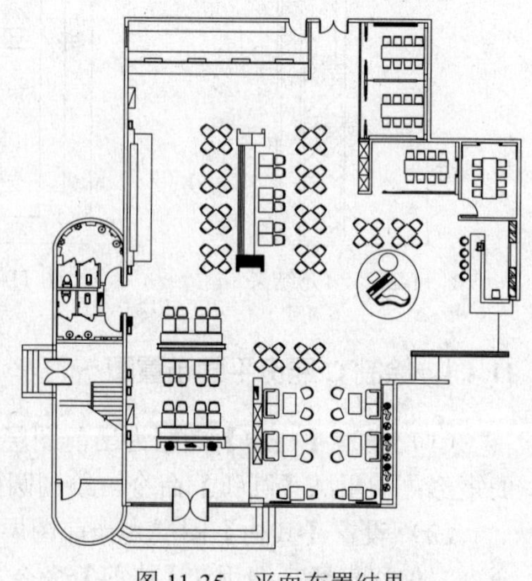

图 11-35　平面布置结果

11.4.6　标注文字和尺寸

（1）设置【文字标注】图层为当前图层。文字标注。调用 MT【多行文字】命令，弹出的【文字格式】对话框，输入功能区的名称，单击【确定】按钮关闭对话框，对房间空间类型进行标注，如图 11-36 所示。

（2）设置【尺寸标注】图层为当前图层。图名标注。调用 DT【单行文字】命令，进行图名标注，结果如图 11-37 所示。

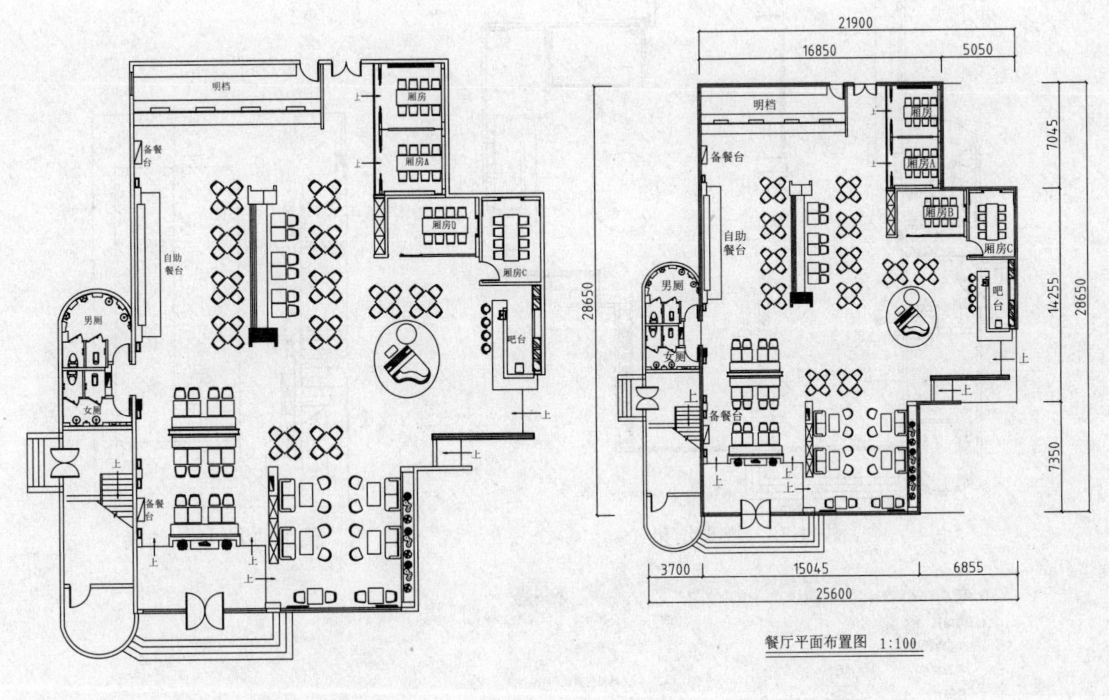

图 11-36　文字标注　　　　图 11-37　图名标注

11.5　绘制餐饮空间地面布置图

本实例介绍餐厅地面布置图的绘制方法，其中主要讲解了散客区和包厢等地面铺贴的绘制。

11.5.1　整理图形

（1）设置【其他】图层为当前图层。调用 CO【复制】命令，复制一份平面布置图到一旁；调用 E【删除】命令，删除不必要的图形。

（2）调用 L【直线】命令，在门口处绘制直线，整理结果如图 11-38 所示。

11.5.2　绘制散客区地面布置图

（1）调用 L【直线】命令，绘制直线；调用 TR【修剪】命令，修剪多余线段，结果如图 11-39 所示。

（2）设置【填充】图层为当前图层。调用 H【填充】命令，在弹出的【图案填充和渐变色】对话框中设置参数，如图 11-40 所示。

（3）在对话框中单击【添加：拾取点】按钮，在绘图区中拾取填充区域，填充结果如图 11-41 所示。

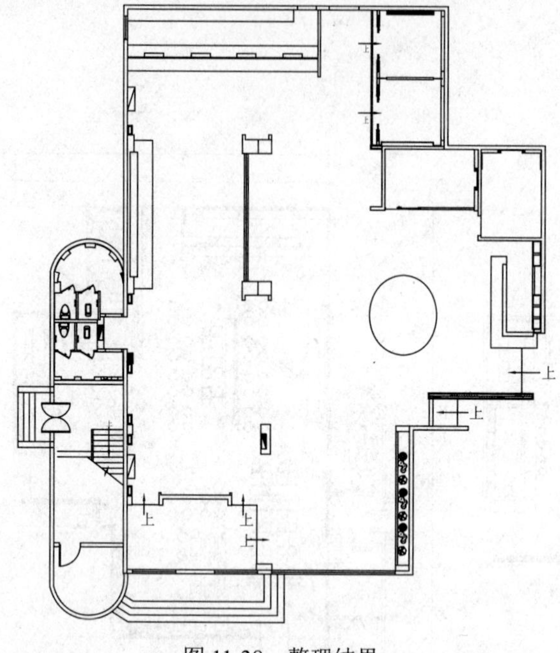

图 11-38　整理结果

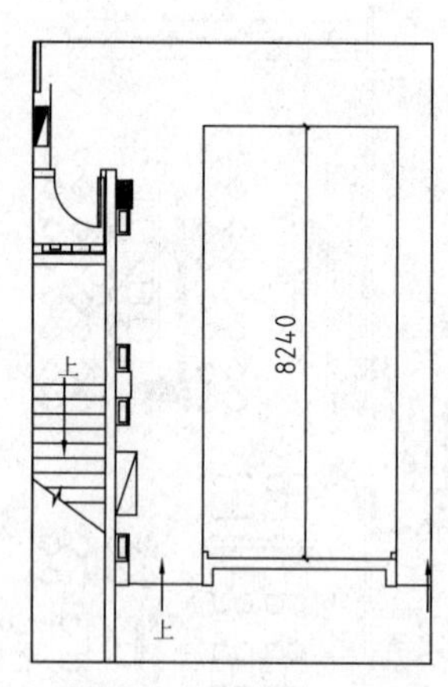

图 11-39　绘制结果

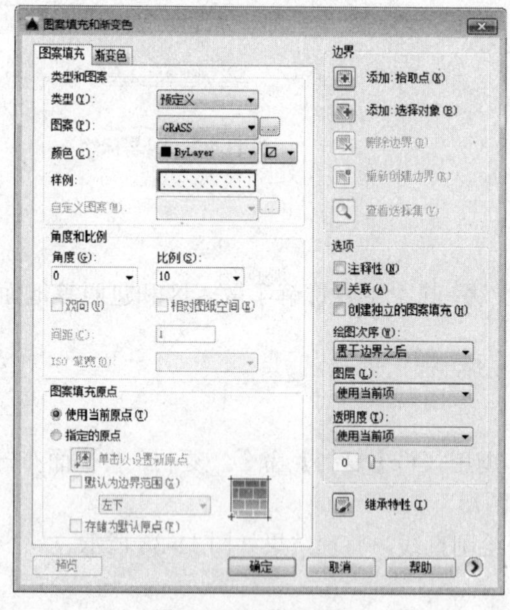

图 11-40　设置参数

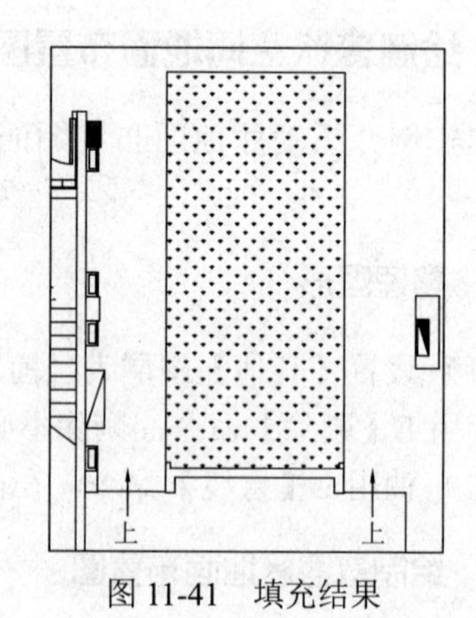

图 11-41　填充结果

11.5.3　绘制 C 厢房和钢琴展台地面布置图

（1）设置【其他】图层为当前图层。绘制 C 厢房地面布置图。调用 L【直线】命令、O【偏移】命令、TR【修剪】命令，绘制如图 11-42 所示的图形。

（2）调用 O【偏移】命令，设置偏移距离为 50，偏移线段；调用 TR【修剪】命令，修剪多余线段，并将偏移得到线段的线型更改为虚线，灯带的绘制结果如图 11-43 所示。

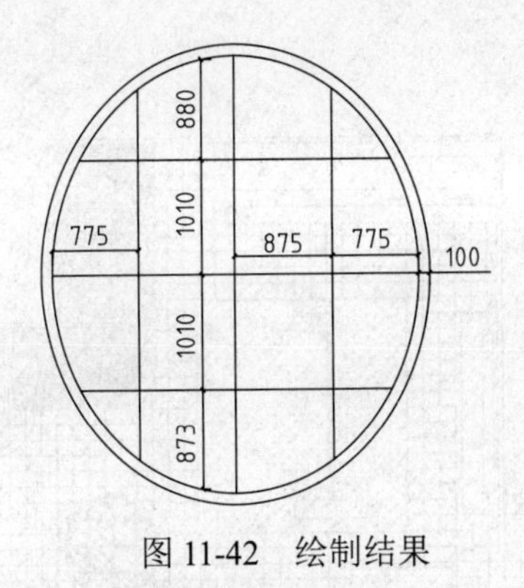

图 11-42　绘制结果

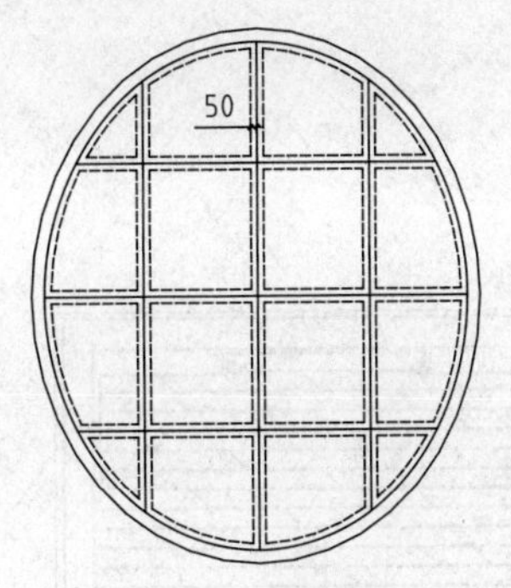

图 11-43　绘制灯带

（3）设置【填充】图层为当前图层。调用 H【填充】命令，在弹出的【图案填充和渐变色】对话框中选择 AR-RROOF 图案，设置填充角度为 45°，填充比例为 20，填充结果如图 11-44 所示。

（4）绘制钢琴展台地面布置图。调用 H【填充】命令，在弹出的【图案填充和渐变色】对话框中设置参数，如图 11-45 所示。

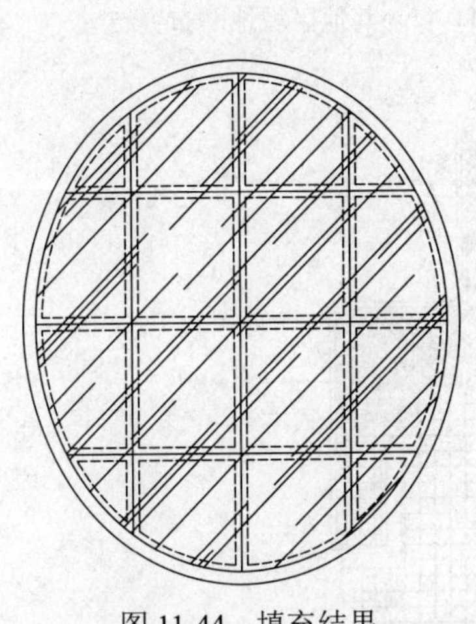

图 11-44　填充结果

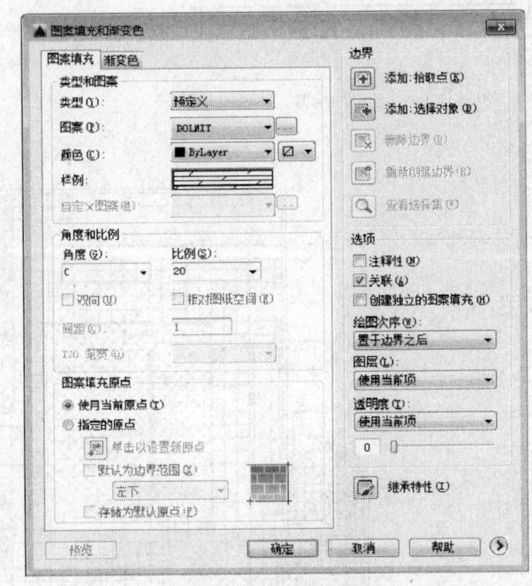

图 11-45　设置参数

（5）在对话框中单击【添加：拾取点】按钮，在绘图区中拾取填充区域，填充结果如图 11-46 所示。

11.5.4　绘制其他区域地面布置图

运用上述相同的方法，绘制其他区域地面布置图，结果如图 11-47 所示。

11.5.5　标注文字和尺寸

（1）设置【尺寸标注】图层为当前图层。多重引线标注。调用 MLD【多重引线】标注命令，弹出的【文字格式】对话框，输入地面铺装材料的名称。单击【确定】按钮关闭对话框，标注结果如图 11-48 所示。

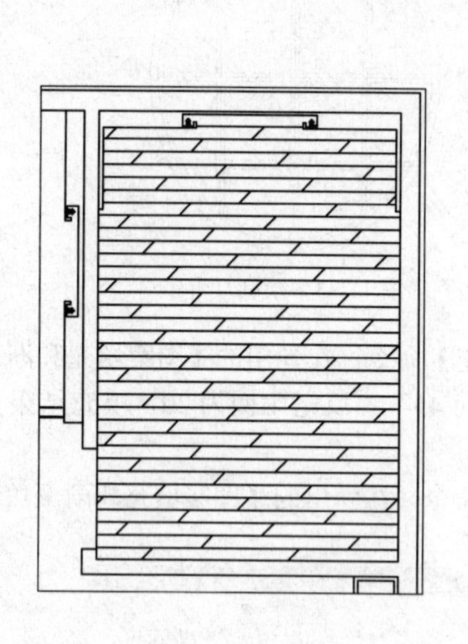

图 11-46 填充结果

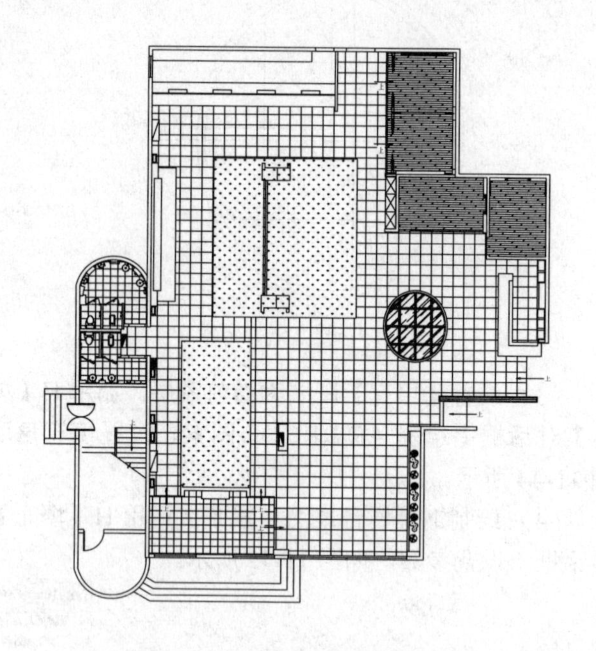

图 11-47 其他区域地面布置结果

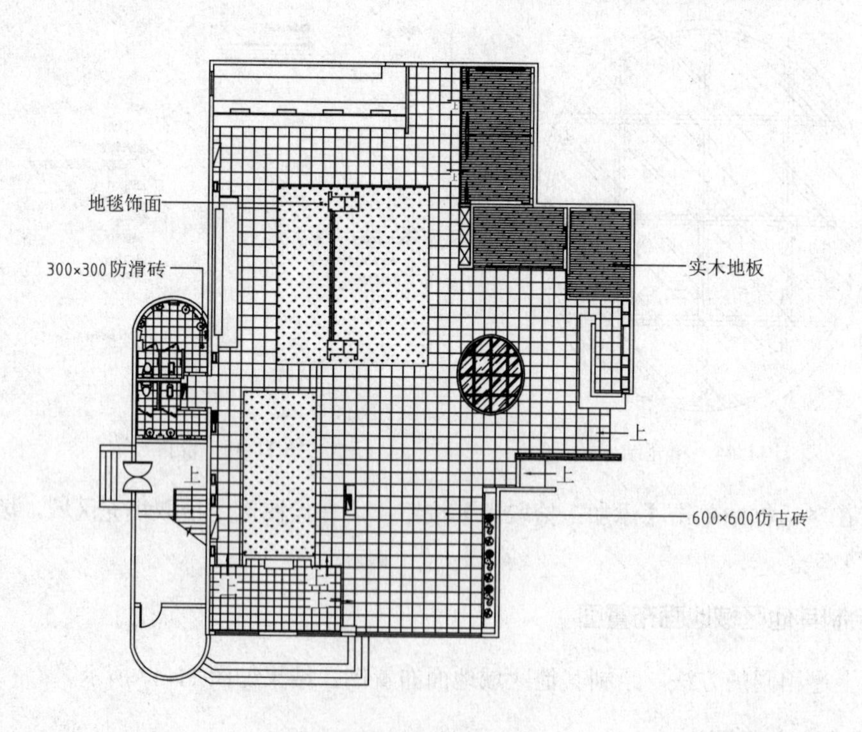

图 11-48 多重引线标注

（2）图名标注。调用 DT【单行文字】命令，进行图名标注，结果如图 11-49 所示。

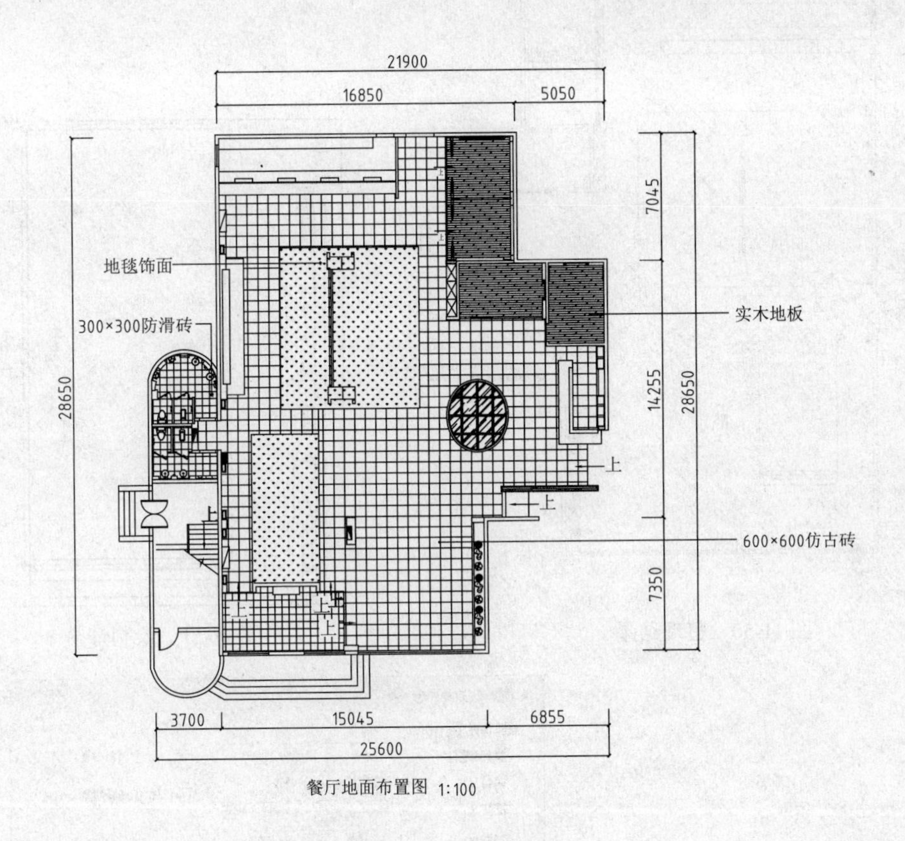

图 11-49　图名标注

11.6　绘制餐饮空间顶面布置图

本实例介绍餐厅顶面布置图的绘制方法，其中主要讲解了散客区、吧台和包厢等顶面图的绘制。

11.6.1　整理图形

（1）设置【其他】图层为当前图层。调用 CO【复制】命令，复制一份地面布置图到一旁；调用 E【删除】命令，删除不必要的图形。

（2）调用 L【直线】命令，在门口处绘制直线，整理结果如图 11-50 所示。

11.6.2　绘制散客区顶面布置图

（1）调用 O【偏移】命令，设置偏移距离为 100，偏移线段；调用 TR【修剪】命令，修剪多余线段，并将偏移线段的线型更改为虚线，完成灯带的绘制，结果如图 11-51 所示。

（2）调用 REC【矩形】命令，绘制尺寸为 3200㎜×2300㎜的矩形；调用 CO【复制】命令，移动复制矩形，结果如图 11-52 所示。

（3）设置【填充】图层为当前图层。调用 H【填充】命令，在弹出的【图案填充和渐变色】对话框中设置参数，如图 11-53 所示。

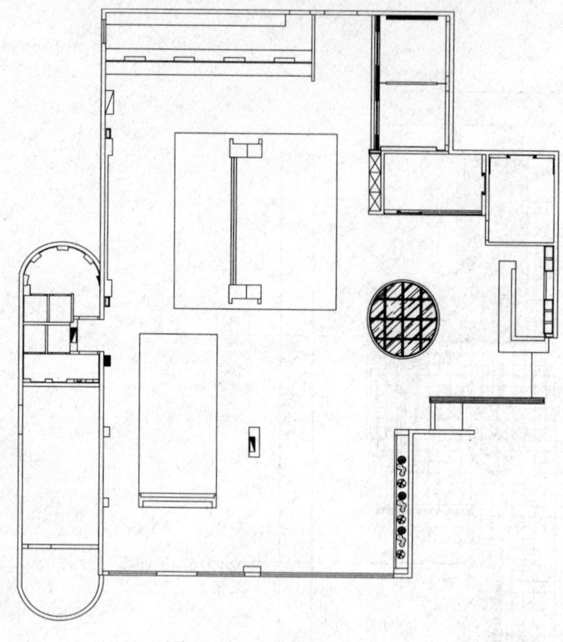

图 11-50 整理结果

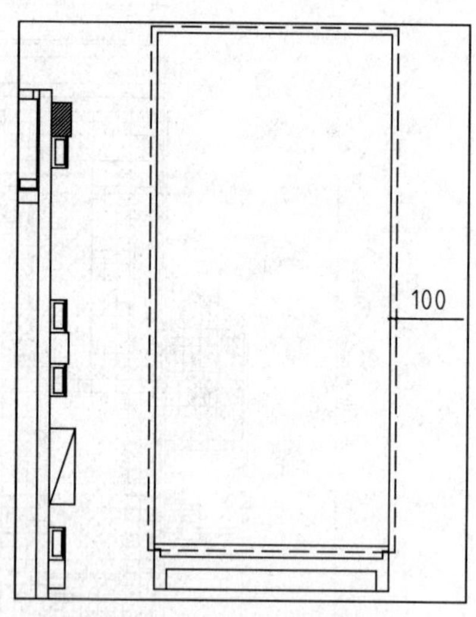

图 11-51 绘制灯带

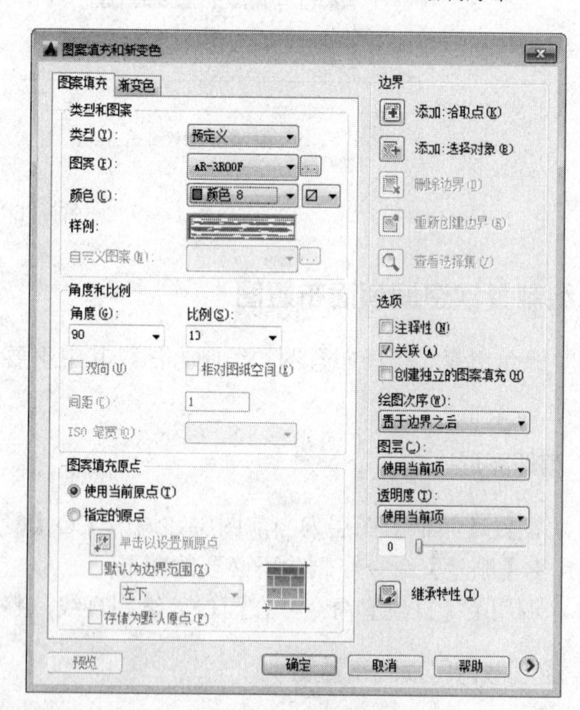

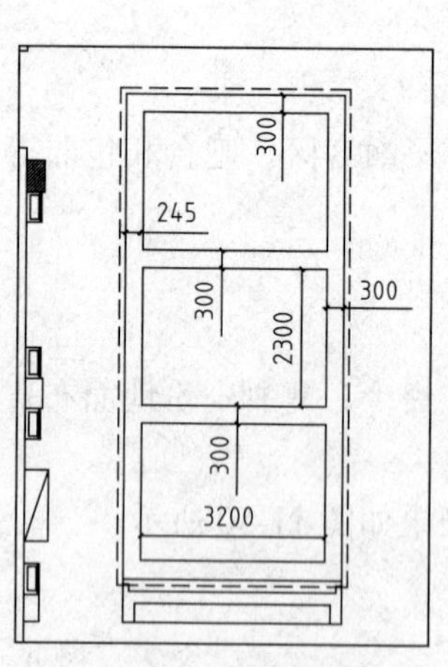

图 11-52 绘制矩形

图 11-53 设置参数

（4）在对话框中单击【添加：拾取点】按钮，在绘图区中拾取填充区域，填充结果如图 11-54 所示。

（5）按 Ctrl+O 组合键，打开“第 11 章/家具图例.dwg”文件，将其中的“灯具”图形复制粘贴到图形中，结果如图 11-55 所示。

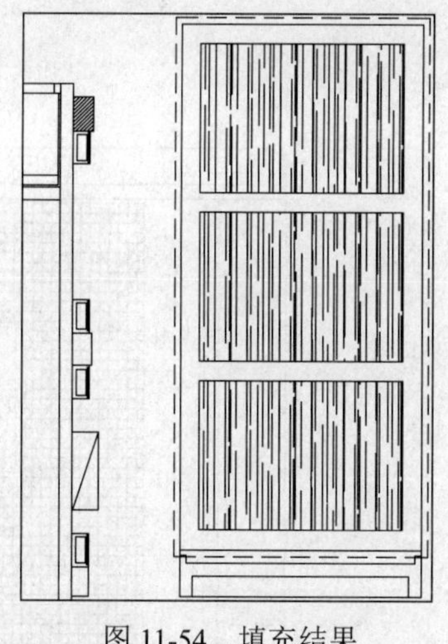

图 11-54　填充结果

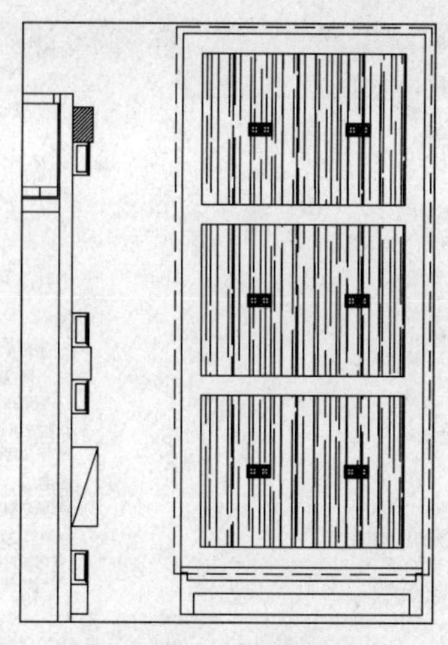

图 11-55　插入图块

11.6.3　绘制吧台顶面布置图

（1）设置【前厅】图层为当前图层。调用 O【偏移】命令，偏移线段；调用 TR【修剪】命令，修剪多余线段，结果如图 11-56 所示。

（2）调用 O【偏移】命令，偏移线段，并将偏移线段的线型更改为虚线，完成灯带的绘制，结果如图 11-57 所示。

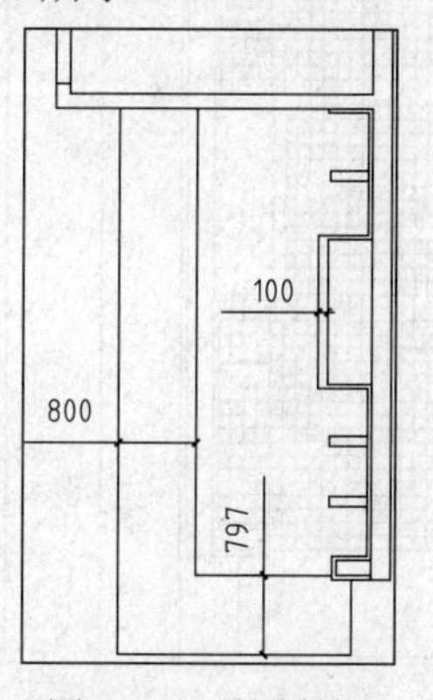

图 11-56　绘制结果

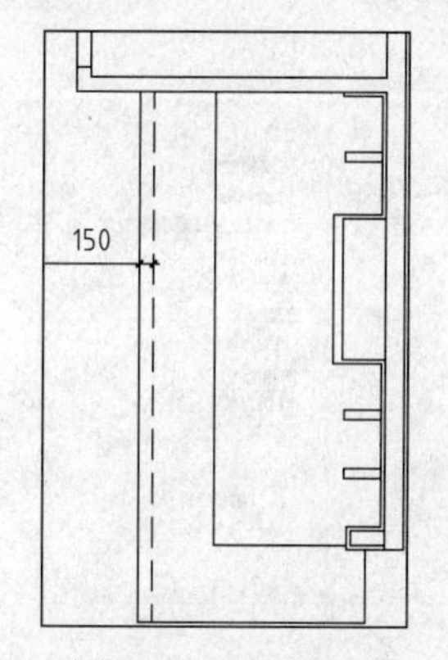

图 11-57　绘制灯带

（3）设置【填充】图层为当前图层。调用 H【填充】命令，在弹出的【图案填充和渐变色】对话框中设置参数，如图 11-58 所示。

（4）在对话框中单击【添加：拾取点】按钮，在绘图区中拾取填充区域，填充结果如图 11-59 所示。

（5）调用 H【填充】命令，在弹出的【图案填充和渐变色】对话框中设置参数，如图 11-60 所示。

（6）在对话框中单击【添加：拾取点】按钮，在绘图区中拾取填充区域，填充结果如图 11-61 所示。

（7）设置【设施】图层为当前图层。按 Ctrl+O 组合键，打开“第 11 章/家具图例.dwg”文件，将其中的“灯具”图形复制粘贴到图形中，结果如图 11-62 所示。

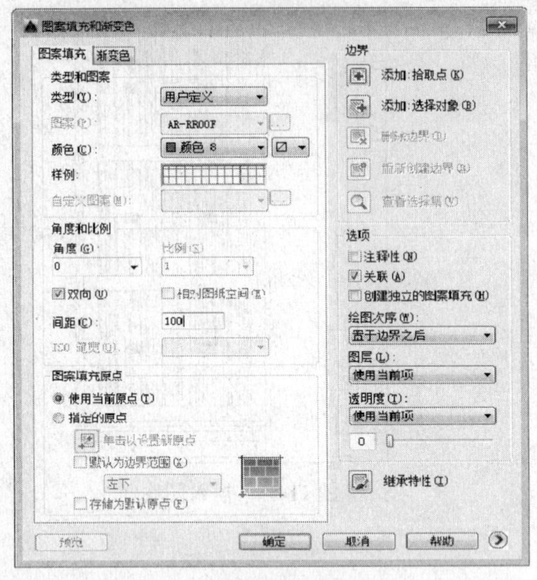

图 11-58 设置参数

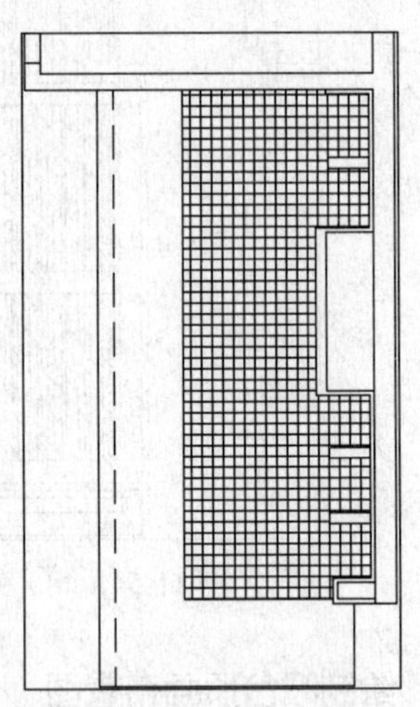

图 11-59 填充结果

图 11-60 设置参数

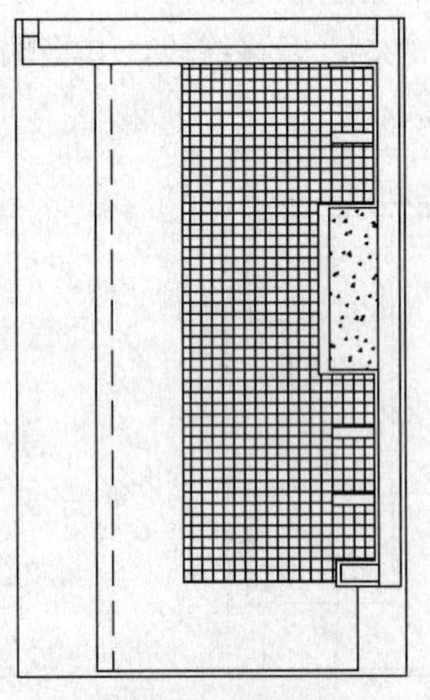

图 11-61 填充结果

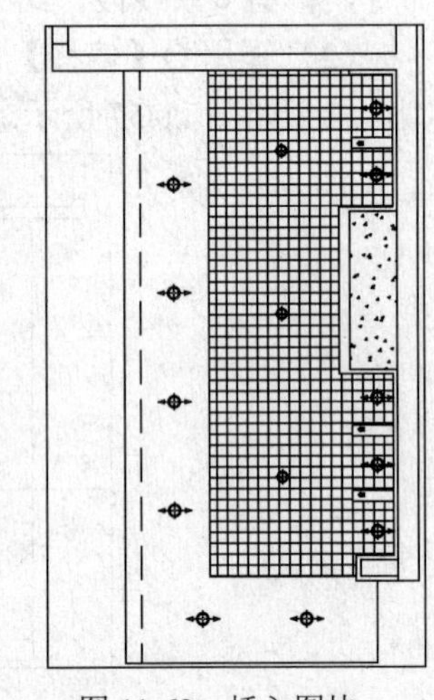

图 11-62 插入图块

11.6.4 绘制 C 厢房顶面布置图

（1）设置【其他】图层为当前图层。调用 O【偏移】命令，偏移线段；调用 TR【修剪】命令，修剪多余线段，并将偏移线段的线型更改为虚线，完成灯带的绘制，结果如图 11-63 所示。

（2）设置【填充】图层为当前图层。调用 H【填充】命令，在弹出的【图案填充和渐变色】对话框中设置参数，如图 11-64 所示。

（3）在对话框中单击【添加：拾取点】按钮，在绘图区中拾取填充区域，填充结果如图 11-65 所示。

（4）设置【设施】图层为当前图层。按 Ctrl+O 组合键，打开“第 11 章/家具图例.dwg”文件，将其中的“灯具”图形复制粘贴到图形中，结果如图 11-66 所示。

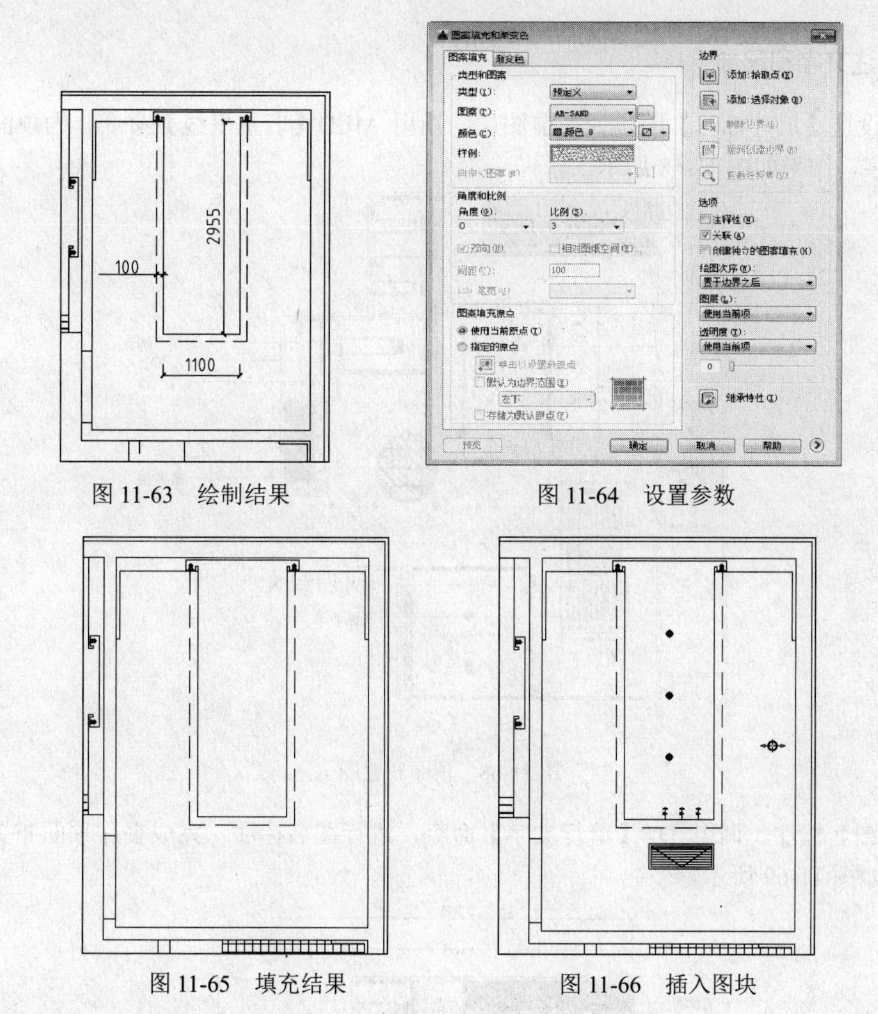

图 11-63　绘制结果

图 11-64　设置参数

图 11-65　填充结果

图 11-66　插入图块

11.6.5　绘制其他区域顶面布置图

运用上述相同的方法，绘制其他区域顶面布置图，结果如图 11-67 所示。

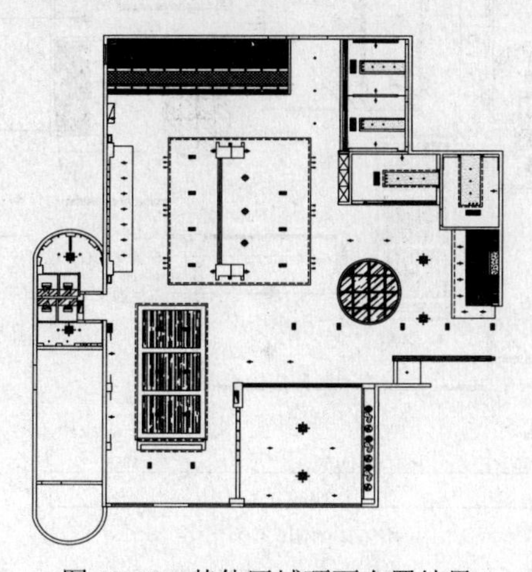

图 11-67　其他区域顶面布置结果

11.6.6 标注文字和尺寸

（1）设置【尺寸标注】图层为当前图层。调用 MLD【多重引线】命令，为顶面铺装材料标注文字，结果如图 11-68 所示。

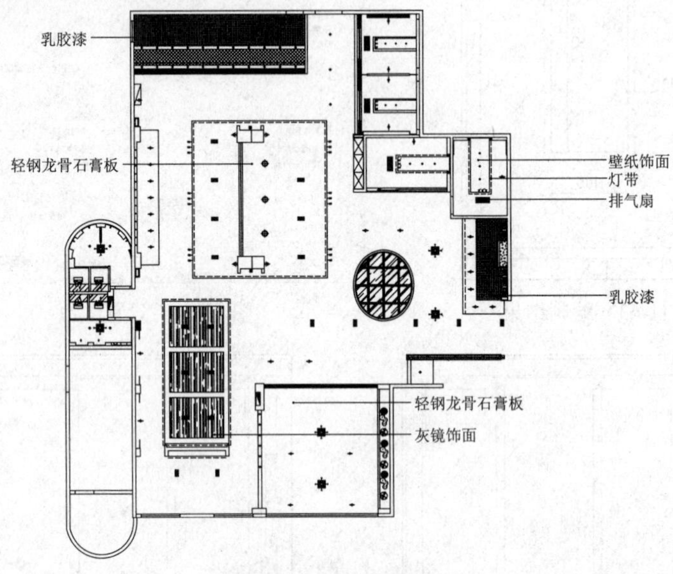

图 11-68 顶面布置图

（2）图名标注。调用 DT【单行文字】命令，进行图名标注，完成餐厅顶面布置图的绘制，结果如图 11-69 所示。

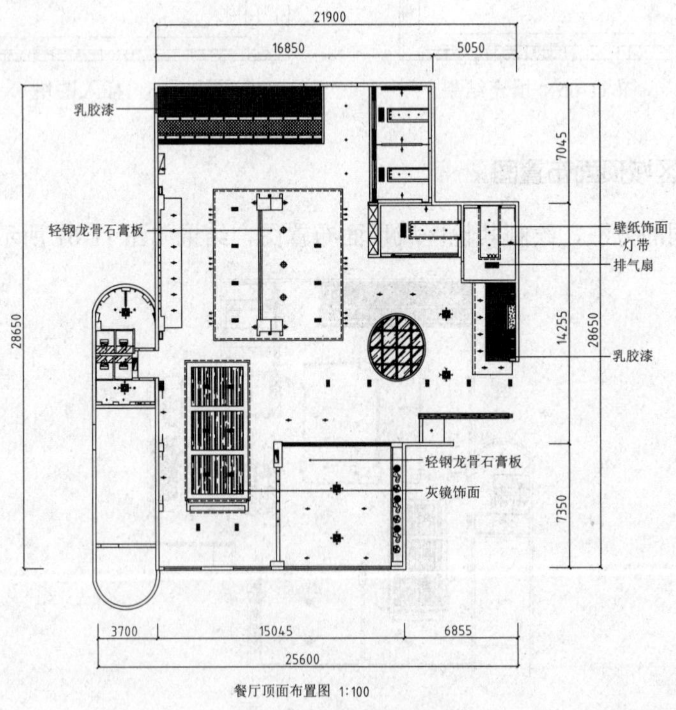

图 11-69 顶面布置图

11.7　绘制餐饮空间立面图

本实例介绍餐厅立面的绘制方法，其中主要讲解了自助餐台、厢房过道、餐厅入口和吧台等立面图的绘制。

11.7.1　绘制自助餐台立面图

本实例介绍自助餐台立面图的绘制方法，其中主要调用了填充、偏移、修剪等命令。

（1）设置【其他】图层为当前图层。调用 CO【复制】命令，移动复制自助餐台立面图的平面部分到一旁；调用 RO【旋转】命令，翻转图形的角度，整理结果如图 11-70 所示。

图 11-70　整理结果

（2）调用 REC【矩形】命令，绘制尺寸为 9025㎜×3300㎜的矩形；调用 X【分解】命令，分解矩形。

（3）调用 O【偏移】命令，偏移矩形边；调用 TR【修剪】命令，修剪多余线段，结果如图 11-71 所示。

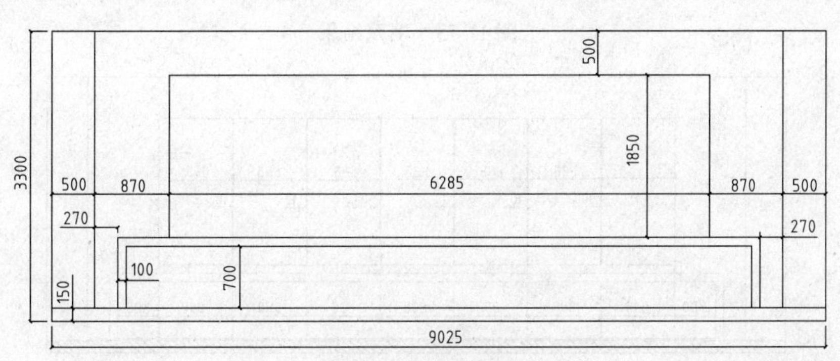

图 11-71　绘制结果

（4）设置【填充】图层为当前图层。调用 H【填充】命令，在弹出的【图案填充和渐变色】对话框中设置参数，如图 11-72 所示。

（5）在对话框中单击【添加：拾取点】按钮，在绘图区中拾取填充区域，填充结果如图 11-73 所示。

（6）设置【其他】图层为当前图层。调用 O【偏移】命令，偏移线段；调用 TR【修剪】命令，修剪多余线段，结果如图 11-74 所示。

（7）调用 O【偏移】命令，偏移线段，并将偏移线段的线型更改为虚线，完成灯带的绘制，结果如图 11-75 所示。

图 11-72 设置参数

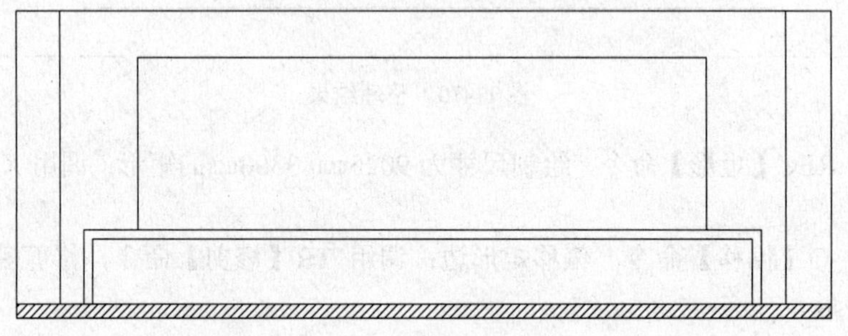

图 11-73 填充结果

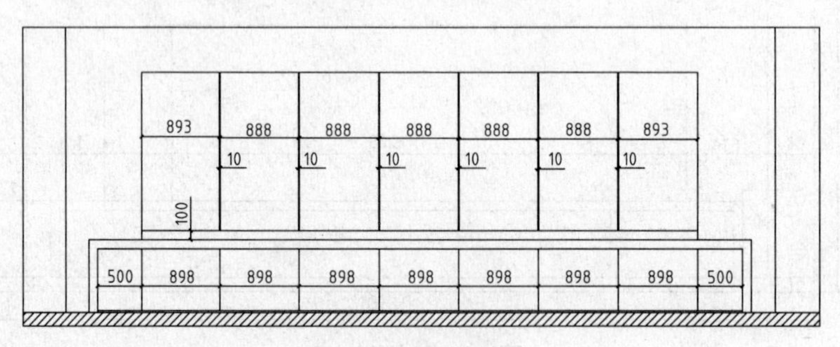

图 11-74 修剪结果

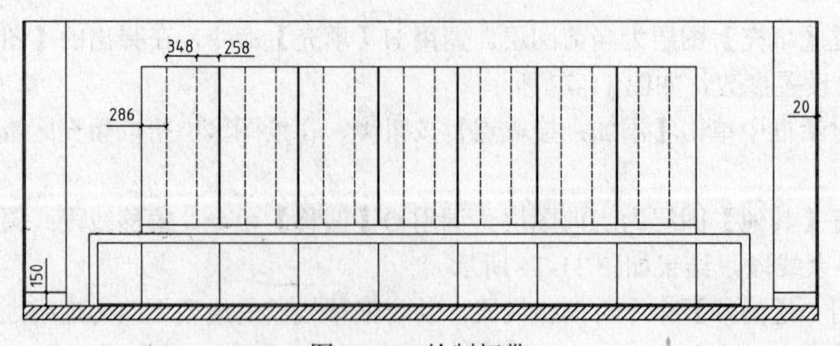

图 11-75 绘制灯带

（8）调用 O【偏移】命令，偏移线段；调用 TR【修剪】命令，修剪多余线段，结果如图 11-76 所示。

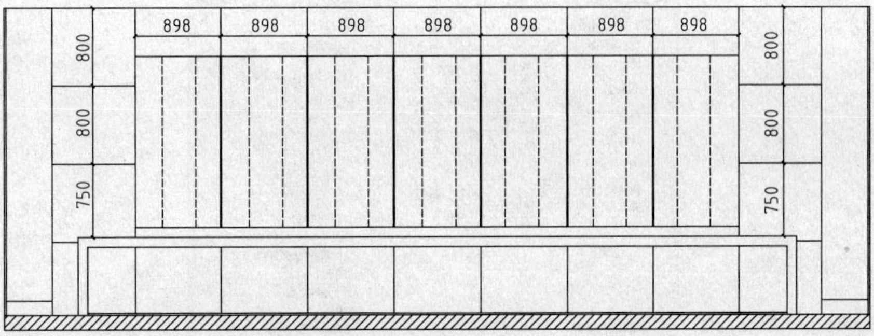

图 11-76　修剪结果

（9）设置【填充】图层为当前图层。调用 H【填充】命令，在弹出的【图案填充和渐变色】对话框中设置参数，如图 11-77 所示。

图 11-77　设置参数

（10）在对话框中单击【添加：拾取点】按钮，在绘图区中拾取填充区域，填充结果如图 11-78 所示。

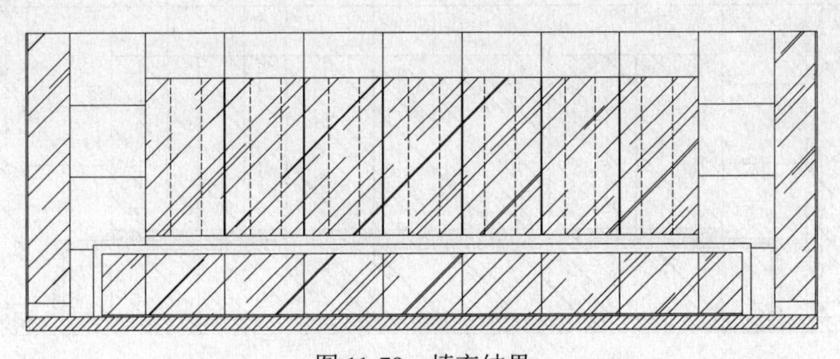

图 11-78　填充结果

（11）调用 H【填充】命令，在弹出的【图案填充和渐变色】对话框中设置参数，如图 11-79 所示。

图 11-79　设置参数

（12）在对话框中单击【添加：拾取点】按钮，在绘图区中拾取填充区域，填充结果如图 11-80 所示。

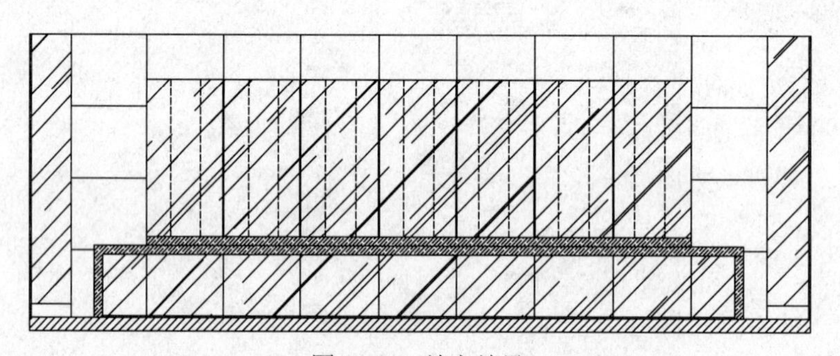

图 11-80　填充结果

（13）设置【尺寸标注】图层为当前图层。调用 MLD【多重引线】标注命令，弹出的【文字格式】对话框，输入立面材料的名称。单击【确定】按钮关闭对话框，标注结果如图 11-81 所示。

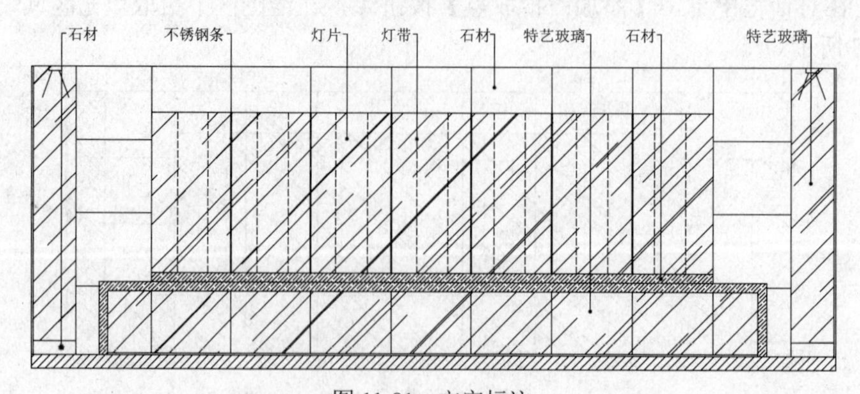

图 11-81　文字标注

（14）调用 DLI【线性】标注命令，标注立面图尺寸，结果如图 11-82 所示。

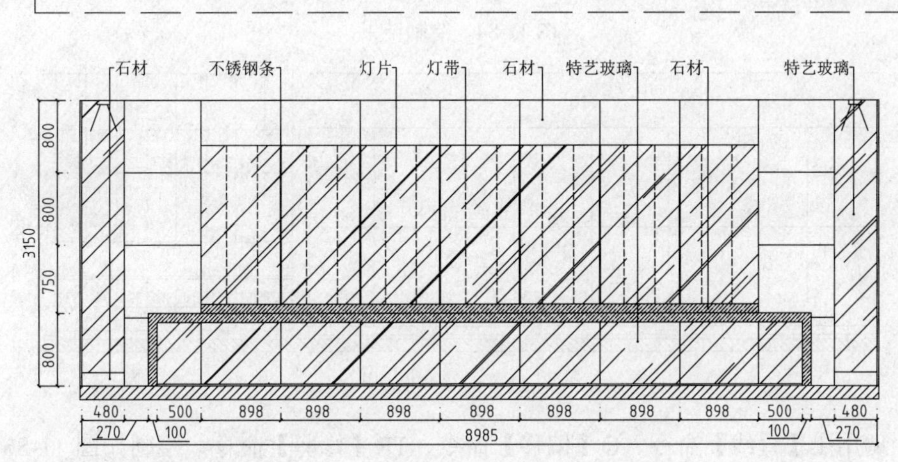

图 11-82　尺寸标注

11.7.2　绘制厢房过道立面图

本实例介绍了厢房过道立面图的绘制方法，其中主要介绍了推拉门和储藏柜的绘制方法。

（1）设置【其他】图层为当前图层。调用 CO【复制】命令，移动复制自助餐台立面图的平面部分到一旁；调用 RO【旋转】命令，翻转图形的角度，整理结果如图 11-83 所示。

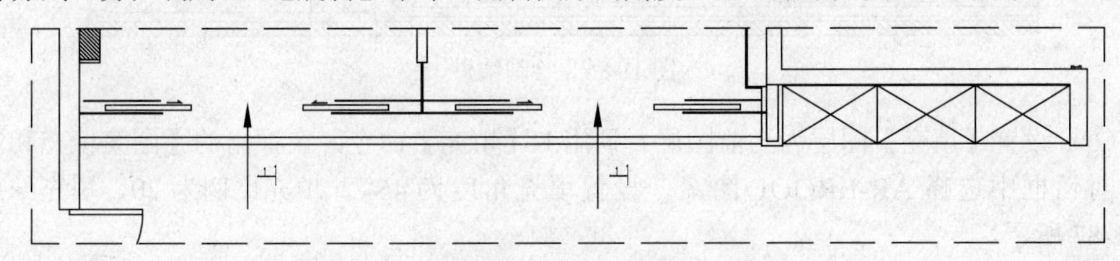

图 11-83　整理结果

（2）调用 REC【矩形】命令，绘制尺寸为 10220㎜×3300㎜的矩形；调用 X【分解】命令，分解矩形。

（3）调用 O【偏移】命令，偏移矩形边；调用 TR【修剪】命令，修剪多余线段，结果如图 11-84 所示。

（4）调用 L【直线】命令，绘制直线；调用 O【偏移】命令，偏移线段；调用 TR【修剪】命令，修剪多余线段，结果如图 11-85 所示。

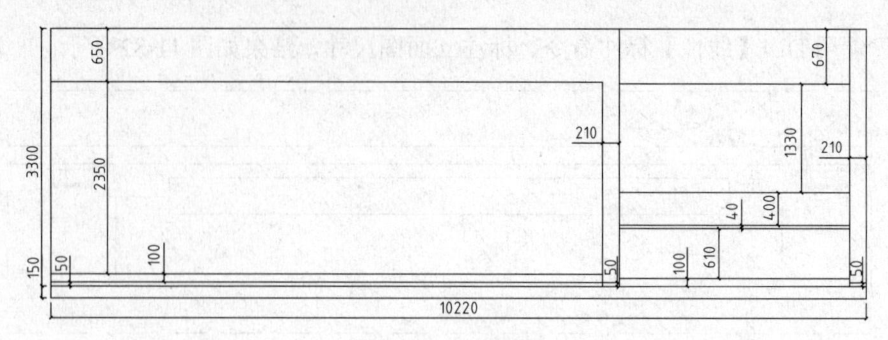

图 11-84　绘制结果

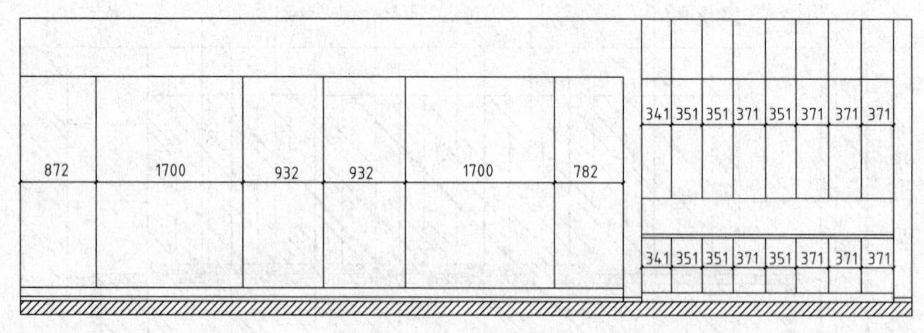

图 11-85　绘制结果

（5）调用 L【直线】命令、O【偏移】命令、TR【修剪】命令，绘制如图 11-86 所示的图形。

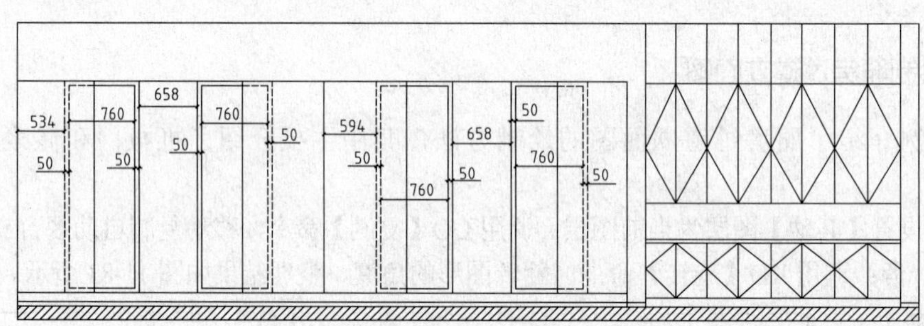

图 11-86　绘制结果

（6）设置【填充】图层为当前图层。调用 H【填充】命令，在弹出的【图案填充和渐变色】对话框中选择 AR-RROOF 图案，设置填充角度为 45°，填充比例为 20，填充结果如图 11-87 所示。

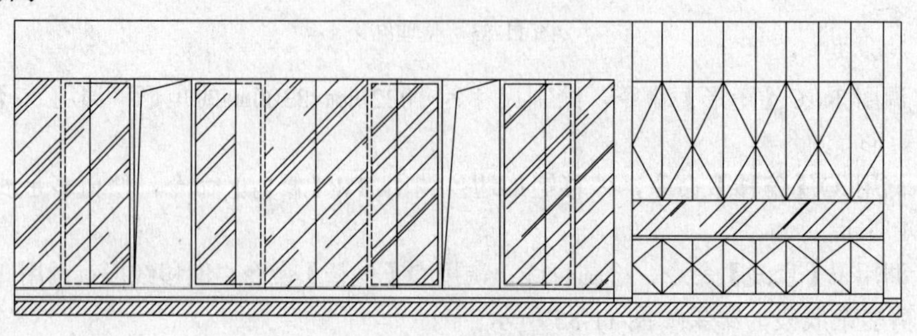

图 11-87　填充结果

（7）调用 H【填充】命令，在弹出的【图案填充和渐变色】对话框中选择 AR-RROOF 图案，设置填充角度为 90°，填充比例为 20，填充结果如图 11-88 所示。

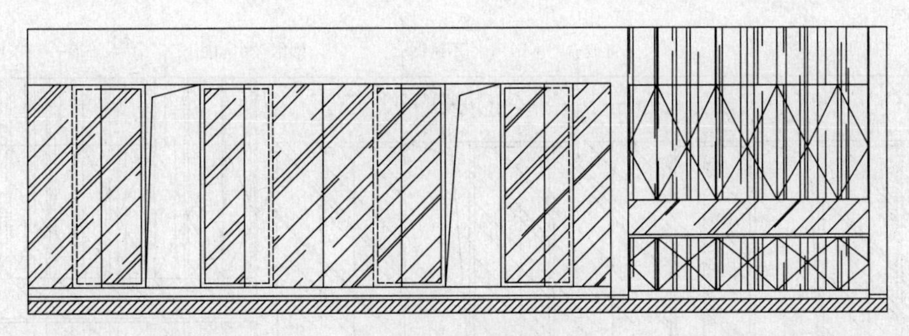

图 11-88　填充结果

（8）调用 H【填充】命令，在弹出的【图案填充和渐变色】对话框中设置参数，如图 11-89 所示。

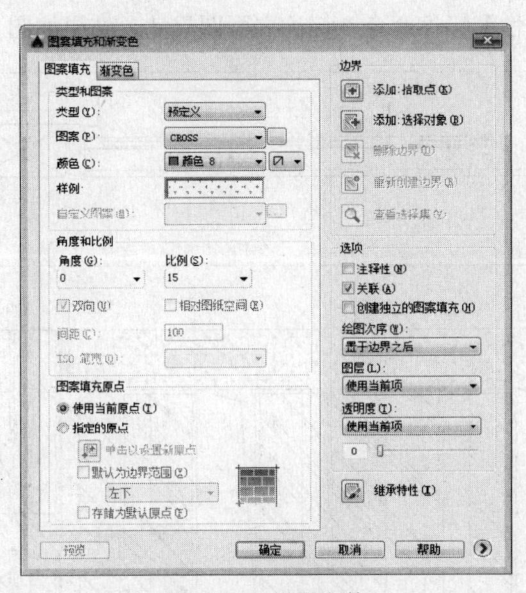

图 11-89　设置参数

（9）在对话框中单击【添加：拾取点】按钮，在绘图区中拾取填充区域，填充结果如图 11-90 所示。

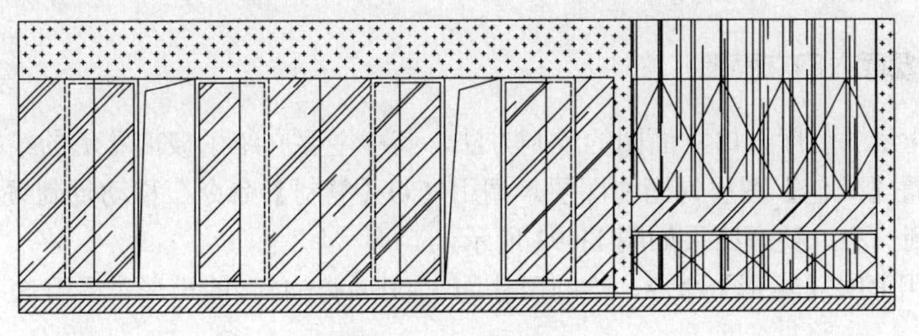

图 11-90　填充结果

（10）设置【尺寸标注】图层为当前图层。调用 MLD【多重引线】标注命令，弹出的【文字格式】对话框，输入立面材料的名称。单击【确定】按钮关闭对话框，标注结果如图 11-91 所示。

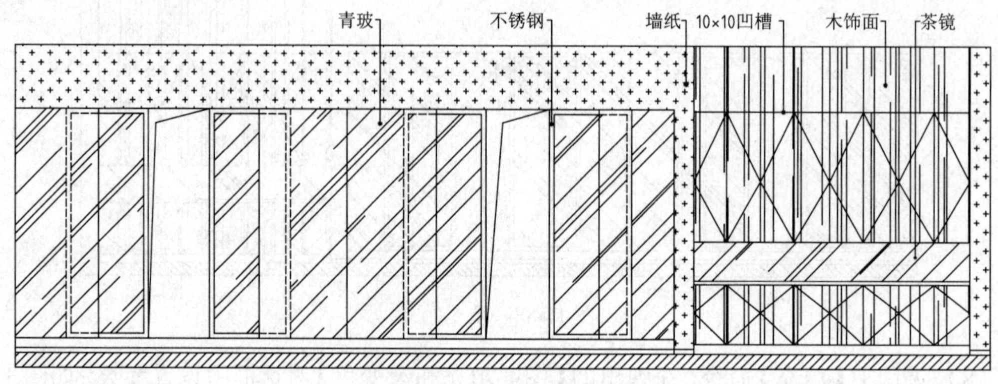

图 11-91　文字标注

（11）调用 DLI【线性】标注命令，标注立面图尺寸，结果如图 11-92 所示。

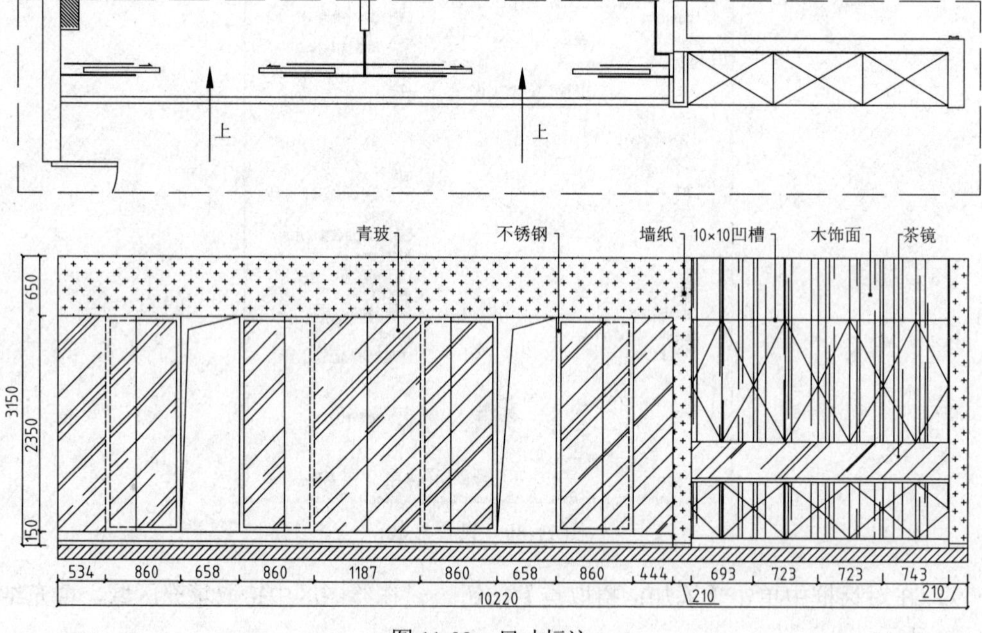

图 11-92　尺寸标注

11.7.3　绘制餐厅入口立面图

本实例介绍了餐厅入口立面图的绘制方法，其中主要介绍了玻璃幕墙的绘制方法。

（1）设置【其他】图层为当前图层。调用 CO【复制】命令，移动复制餐厅入口立面图的平面部分到一旁，整理结果如图 11-93 所示。

（2）调用 REC【矩形】命令，绘制尺寸为 3300㎜×7645㎜的矩形；调用 X【分解】命令，分解矩形。

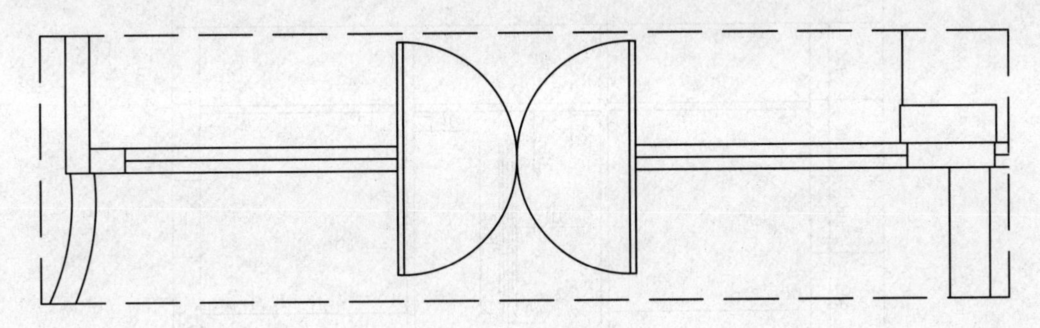

图 11-93　整理结果

（3）调用 O【偏移】命令，偏移线段；调用 TR【修剪】命令，修剪多余线段，结果如图 11-94 所示。

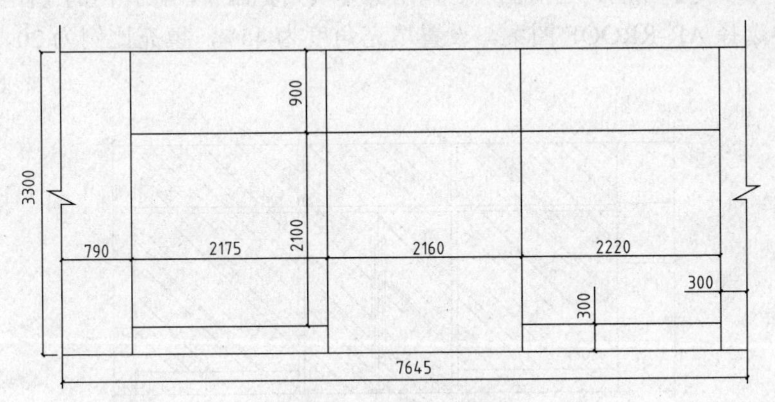

图 11-94　绘制结果

（4）调用 O【偏移】命令、TR【修剪】命令，绘制如图 11-95 所示的图形。

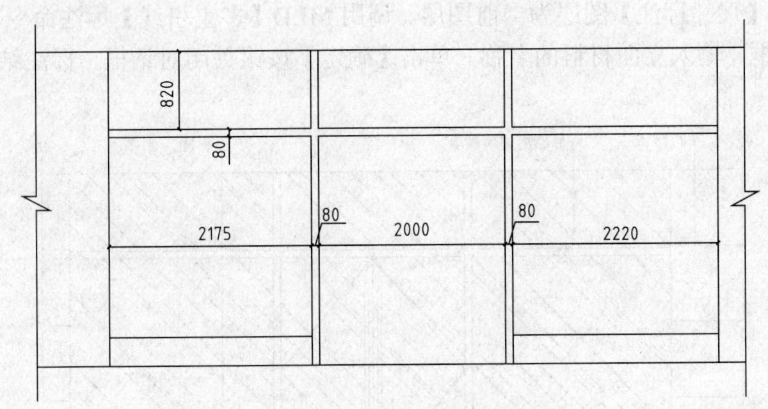

图 11-95　修剪结果

（5）调用 REC【矩形】命令，绘制尺寸为 1800㎜×40㎜、48㎜×184㎜的矩形。

（6）调用 O【偏移】命令，偏移线段；调用 TR【修剪】命令，修剪多余线段，结果如图 11-96 所示。

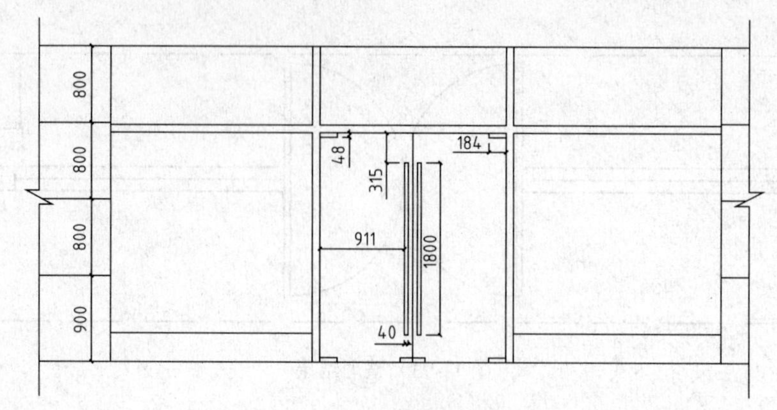

图 11-96 绘制结果

（7）设置【填充】图层为当前图层。调用 H【填充】命令，在弹出的【图案填充和渐变色】对话框中选择 AR-RROOF 图案，设置填充角度为 45°，填充比例为 20，填充结果如图 11-97 所示。

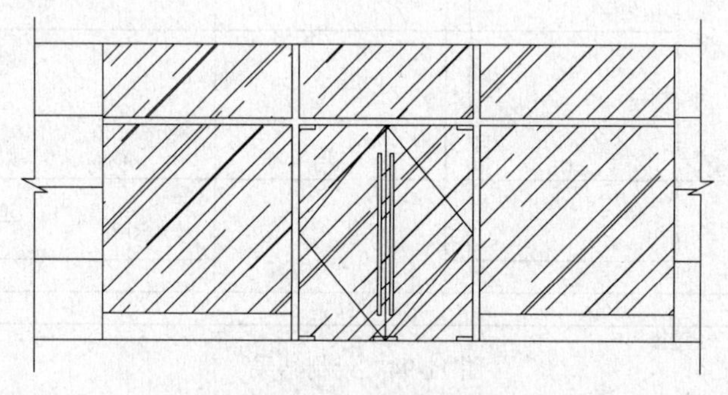

图 11-97 设置参数

（8）设置【尺寸标注】图层为当前图层。调用 MLD【多重引线】标注命令，弹出的【文字格式】对话框，输入立面材料的名称。单击【确定】按钮关闭对话框，标注结果如图 11-98 所示。

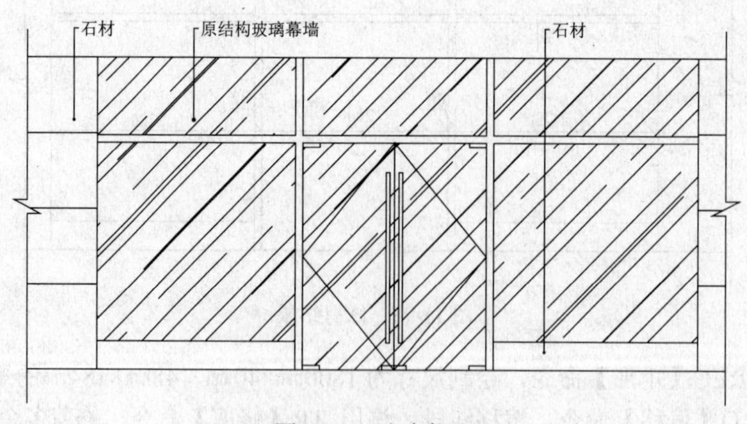

图 11-98 文字标注

（9）调用 DLI【线性】标注命令，标注立面图尺寸，结果如图 11-99 所示。

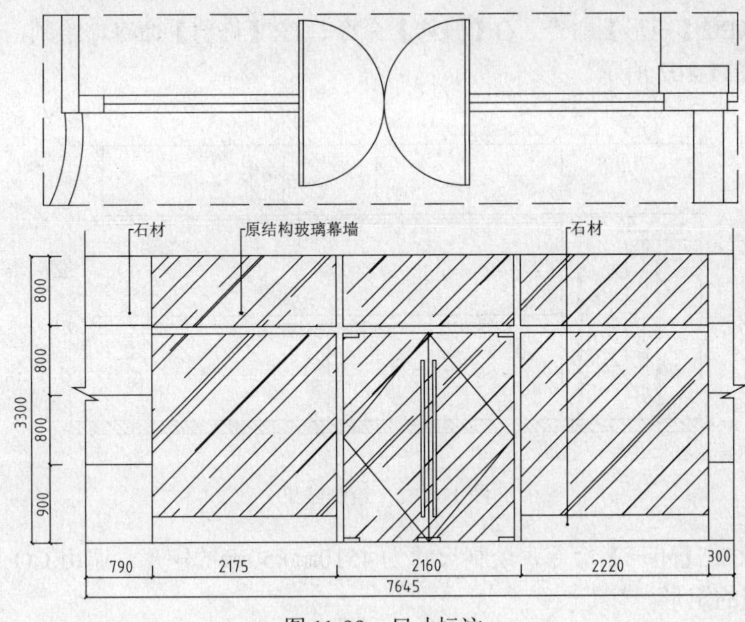

图 11-99　尺寸标注

11.7.4　绘制吧台立面图

实例介绍了吧台立面图的绘制方法，其中主要介绍了吧台和墙面装饰的绘制方法。

（1）设置【其他】图层为当前图层。调用 CO【复制】命令，移动复制吧台立面图的平面部分到一旁；调用 RO【旋转】命令，翻转图形的角度，整理结果如图 11-100 所示。

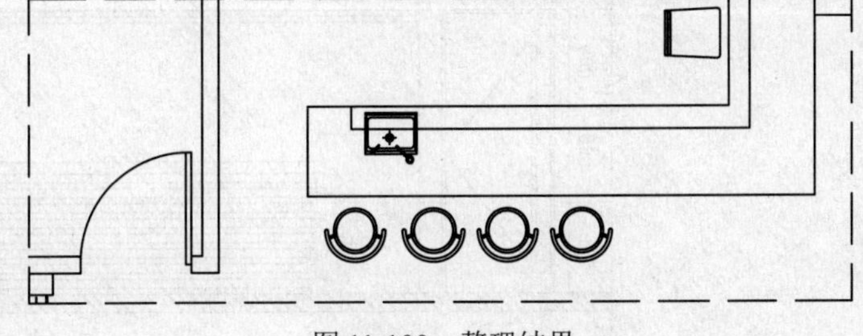

图 11-100　整理结果

（2）调用 REC【矩形】命令，绘制尺寸为 3300 ㎜×7436 ㎜的矩形；调用 X【分解】命令，分解矩形。

（3）调用 O【偏移】命令，偏移矩形边；调用 TR【修剪】命令，修剪多余线段，结果如图 11-101 所示。

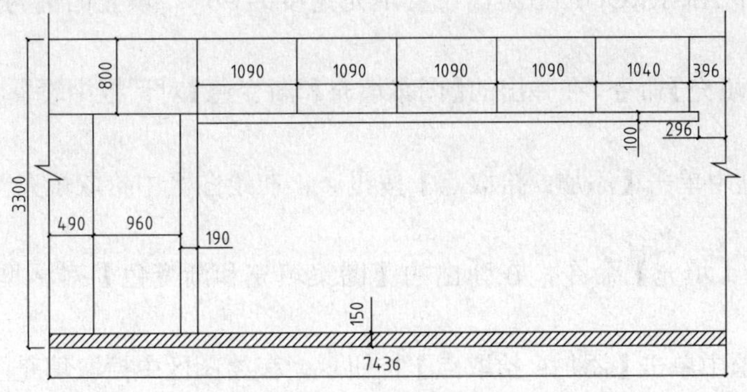

图 11-101　绘制结果

（4）调用 REC【矩形】命令、O【偏移】命令、TR【修剪】命令，绘制门图形以及灯带图形，结果如图 11-102 所示。

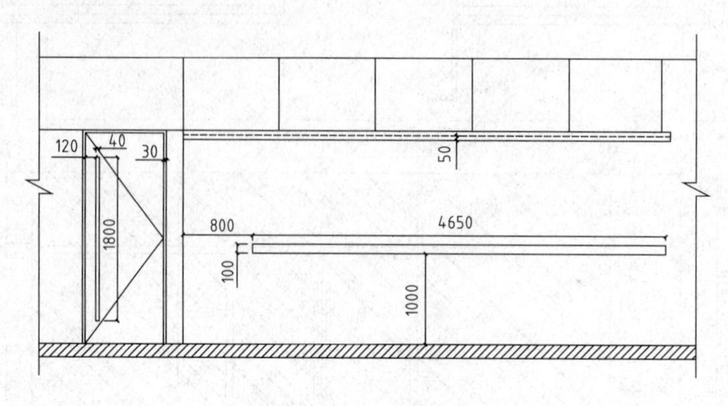

图 11-102　绘制结果

（5）调用 REC【矩形】命令，绘制尺寸为 4510㎜×50㎜的矩形；调用 CO【复制】命令，移动复制所绘制的矩形。

（6）调用 L【直线】命令，绘制直线；调用 TR【修剪】命令，修剪多余线段，结果如图 11-103 所示。

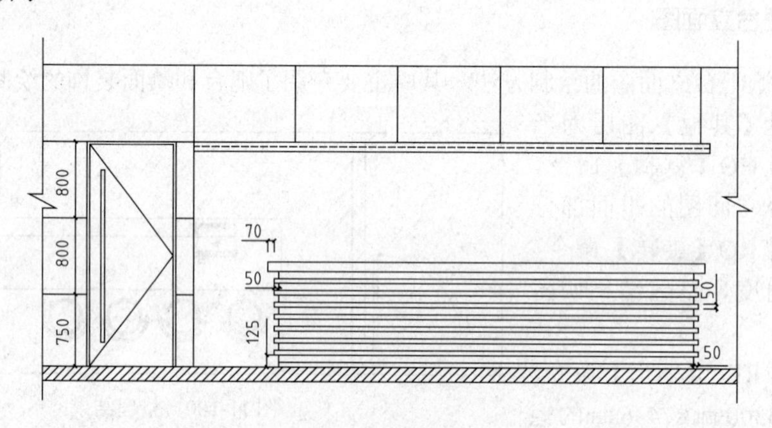

图 11-103　修剪结果

（7）设置【填充】图层为当前图层。调用 H【填充】命令，在弹出的【图案填充和渐变色】对话框中选择 AR-RROOF 图案，设置填充角度为 90°，填充比例为 15，填充结果如图 11-104 所示。

（8）调用 H【填充】命令，在弹出的【图案填充和渐变色】对话框中设置参数，如图 11-105 所示。

（9）在对话框中单击【添加：拾取点】按钮，在绘图区中拾取填充区域，填充结果如图 11-106 所示。

（10）调用 H【填充】命令，在弹出的【图案填充和渐变色】对话框中设置参数，如图 11-107 所示。

（11）在对话框中单击【添加：拾取点】按钮，在绘图区中拾取填充区域，填充结果如图 11-108 所示。

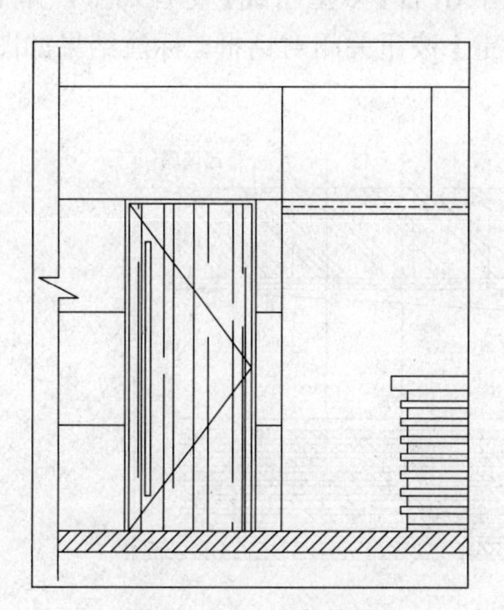

图 11-104　填充结果

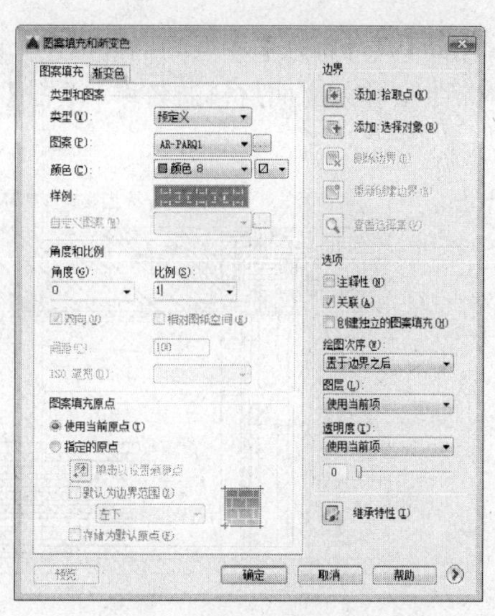

图 11-105　设置参数

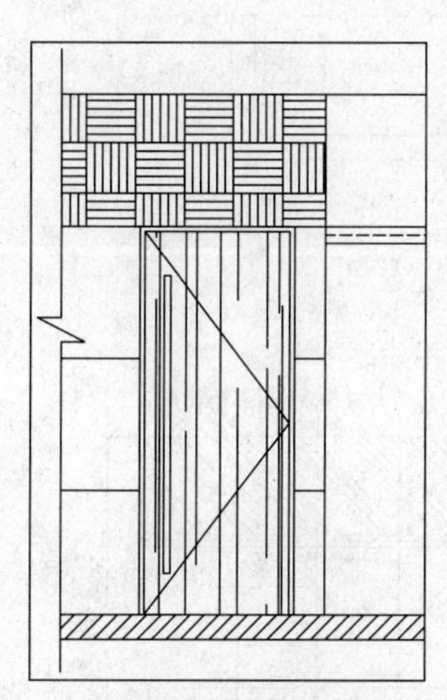

图 11-106　填充结果

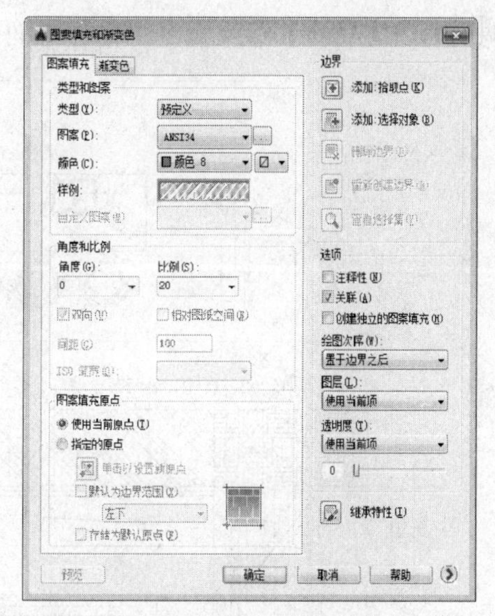

图 11-107　设置参数

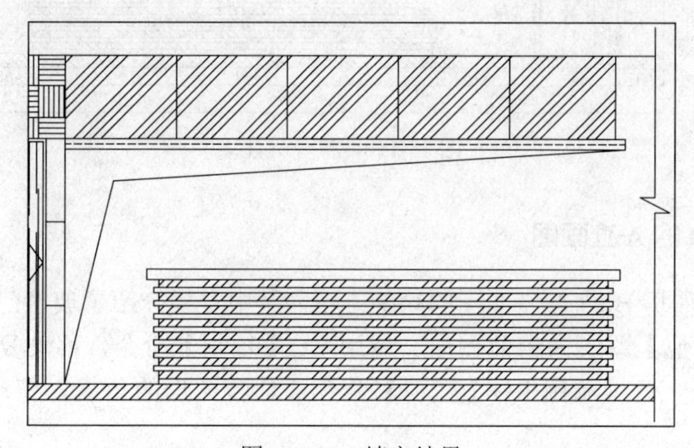

图 11-108　填充结果

（12）设置【尺寸标注】图层为当前图层。调用 MLD【多重引线】标注命令，弹出的【文字格式】对话框，输入立面材料的名称。单击【确定】按钮关闭对话框，标注结果如图 11-109 所示。

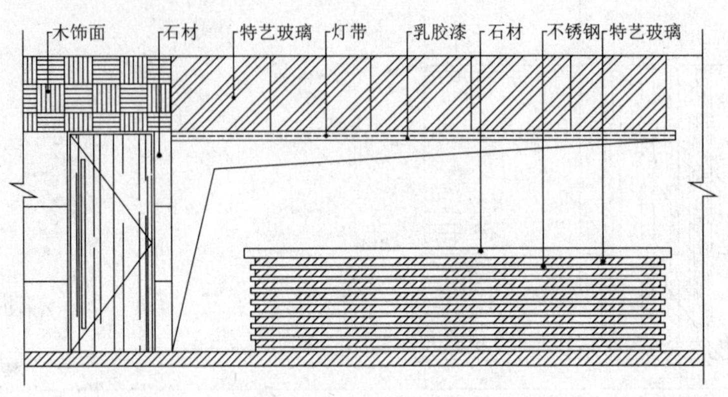

图 11-109　文字标注

（13）调用 DLI【线性】标注命令，标注立面图尺寸，结果如图 11-110 所示。

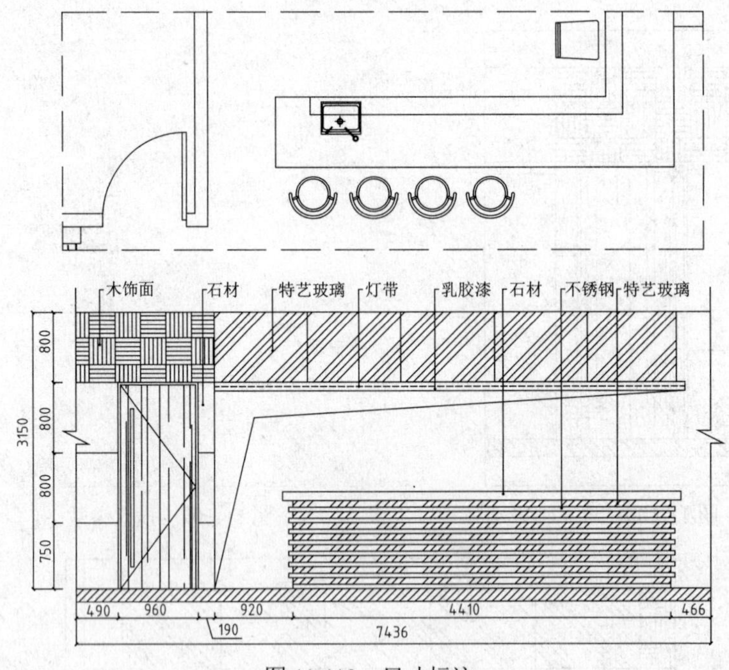

图 11-110　尺寸标注

11.7.5　绘制厢房 B 的 A 立面图

本实例介绍了厢房 B 的 A 立面图的绘制方法，其中主要介绍了玻璃门的绘制方法。

（1）设置【其他】图层为当前图层。调用 CO【复制】命令，移动复制厢房 B 的 A 立面图的平面部分到一旁；调用 RO【旋转】命令，翻转图形的角度，整理结果如图 11-111 所示。

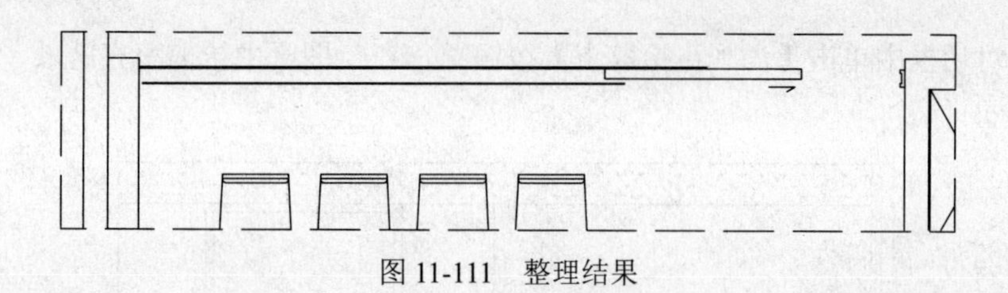

图 11-111　整理结果

（2）调用 REC【矩形】命令，绘制尺寸为 2750㎜×4760㎜的矩形；调用 X【分解】命令，分解矩形。

（3）调用 O【偏移】命令，偏移矩形边；调用 TR【修剪】命令，修剪多余线段，结果如图 11-112 所示。

（4）调用 L【直线】命令，绘制直线，并将所绘制直线的线型更改为虚线，完成灯带的绘制，结果如图 11-113 所示。

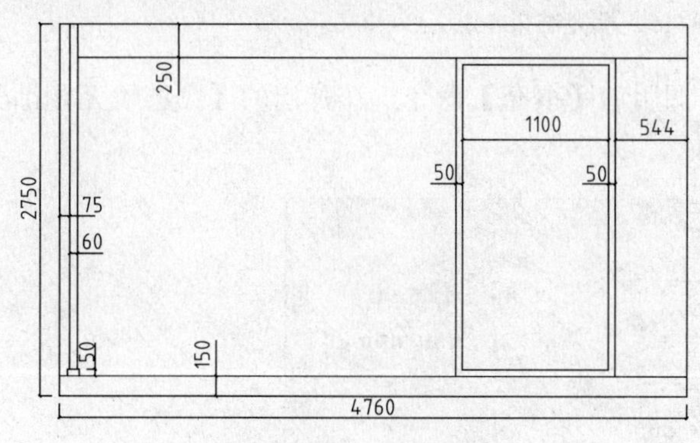

图 11-112　绘制结果

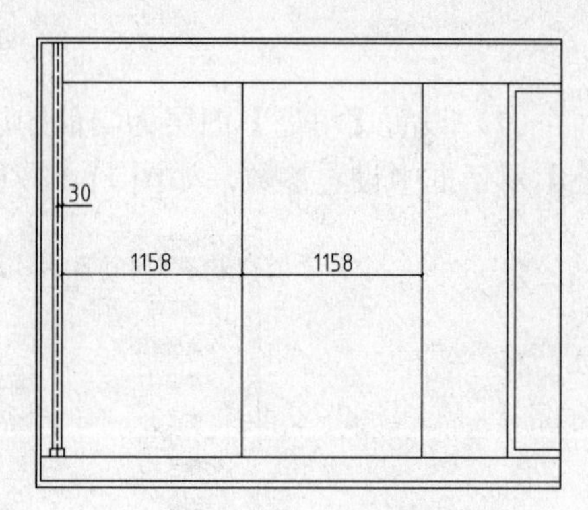

图 11-113　绘制灯带

（5）设置【填充】图层置为当前图层。调用 H【填充】命令，在弹出的【图案填充和渐变色】对话框中设置参数，如图 11-114 所示。

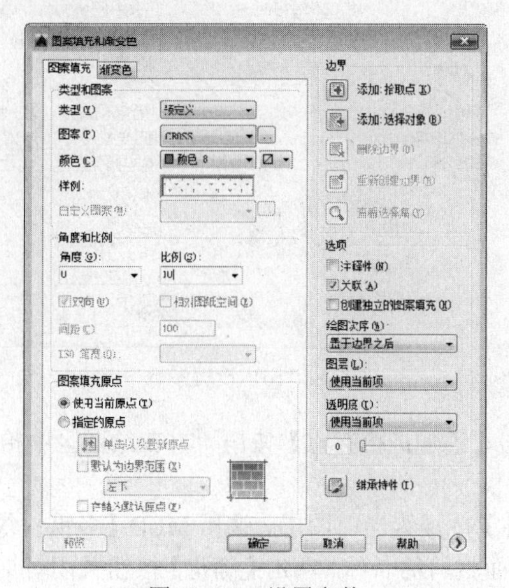

图 11-114　设置参数

（6）在对话框中单击【添加：拾取点】按钮，在绘图区中拾取填充区域，填充结果如图 11-115 所示。

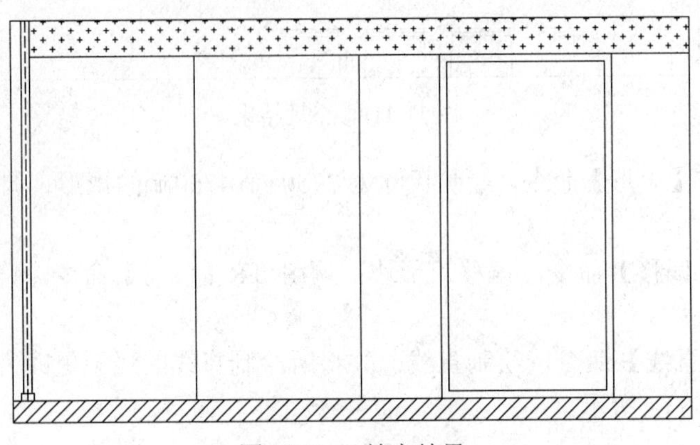

图 11-115 填充结果

（7）设置【填充】图层为当前图层。调用 H【填充】命令，在弹出的【图案填充和渐变色】对话框中设置参数，如图 11-116 所示。

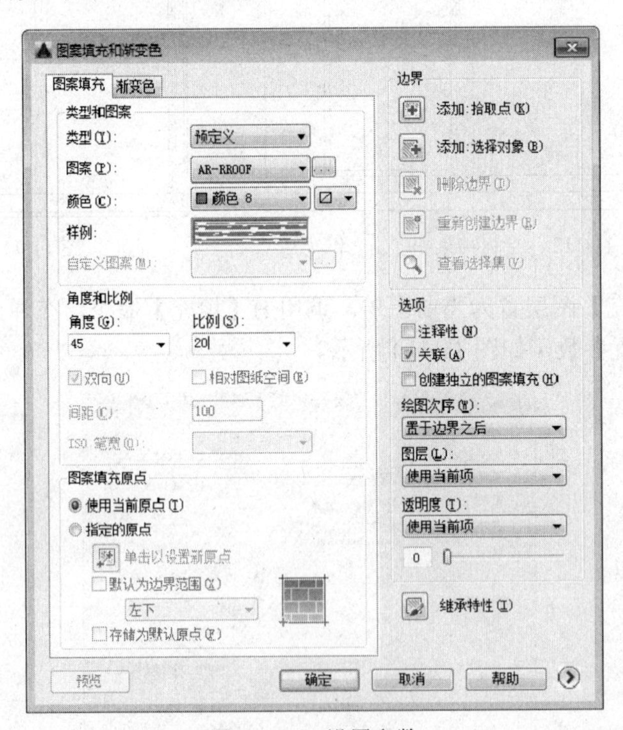

图 11-116 设置参数

（8）在对话框中单击【添加：拾取点】按钮，在绘图区中拾取填充区域，填充结果如图 11-117 所示。

（9）设置【尺寸标注】图层为当前图层。调用 MLD【多重引线】标注命令，弹出的【文字格式】对话框，输入立面材料的名称。单击【确定】按钮关闭对话框，标注结果如图 11-118 所示。

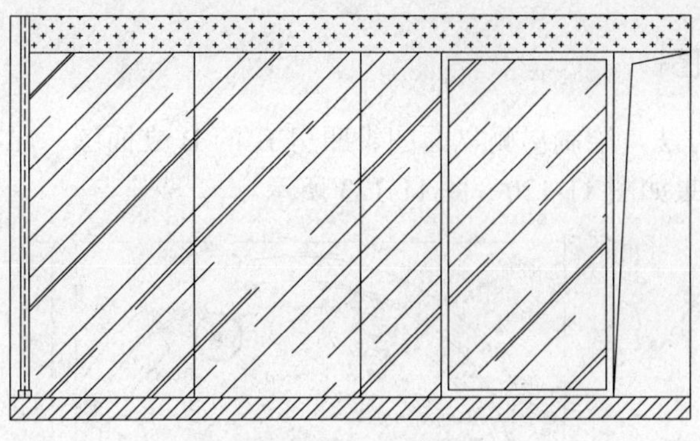

图 11-117　填充结果

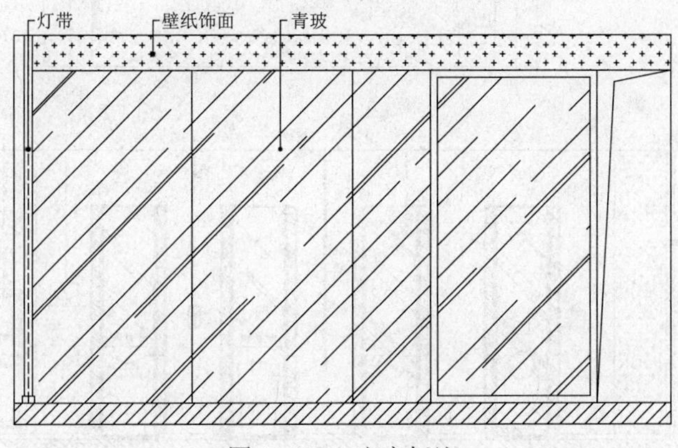

图 11-118　文字标注

（10）调用 DLI【线性】标注命令，标注立面图尺寸，结果如图 11-119 所示。

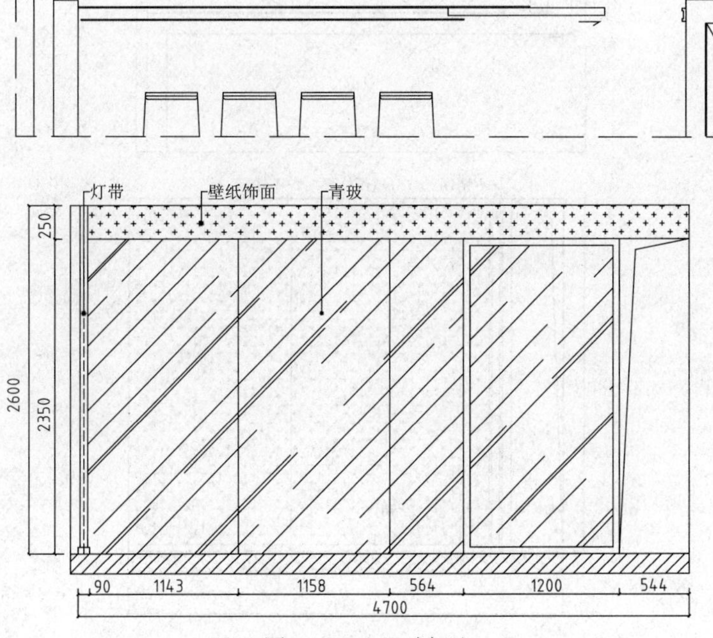

图 11-119　尺寸标注

11.7.6 绘制其他立面图

运用上述相同的方法，绘制男厕立面图、厢房 B 的 B 立面图、厢房 B 的 C 立面图和厢房 B 的 D 立面图，结果如图 11-120～图 11-123 所示。

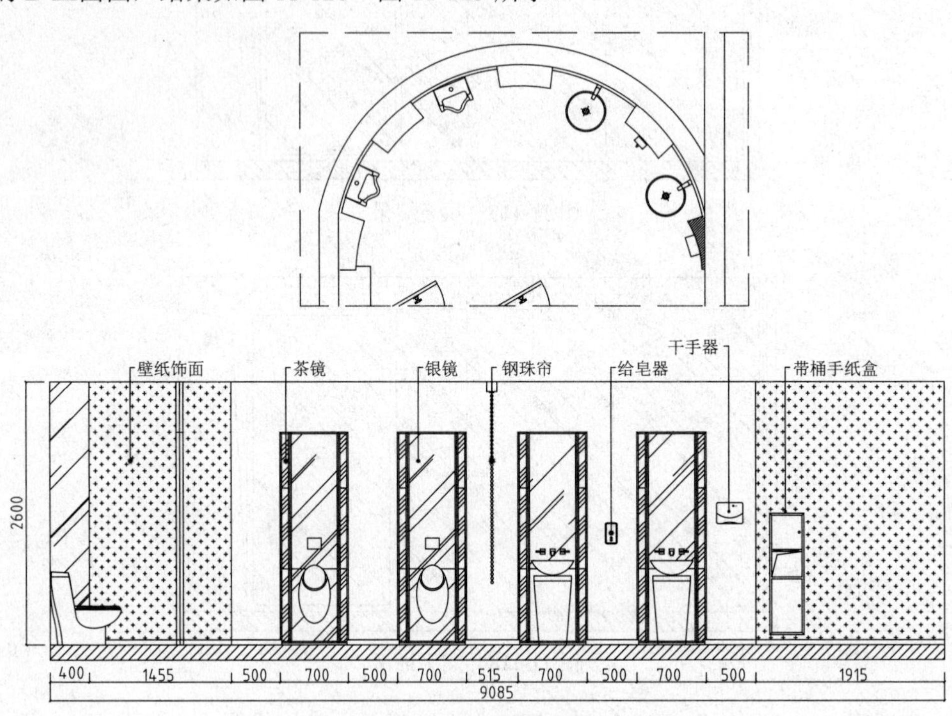

图 11-120 男厕立面图

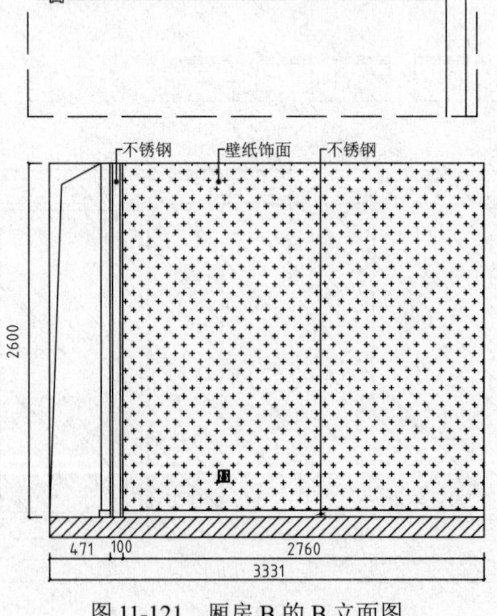

图 11-121 厢房 B 的 B 立面图

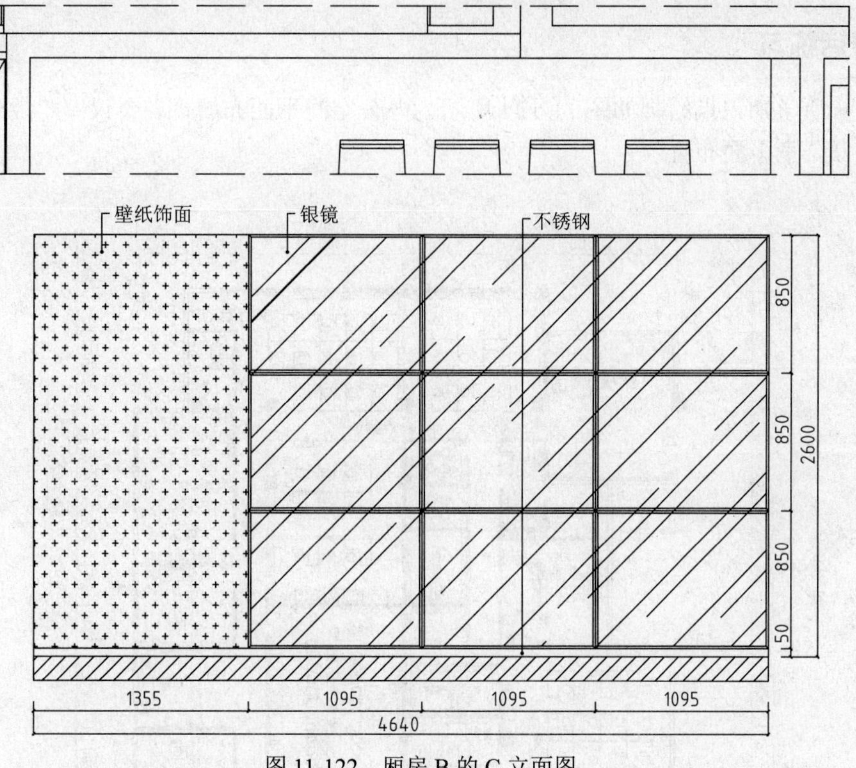

图 11-122　厢房 B 的 C 立面图

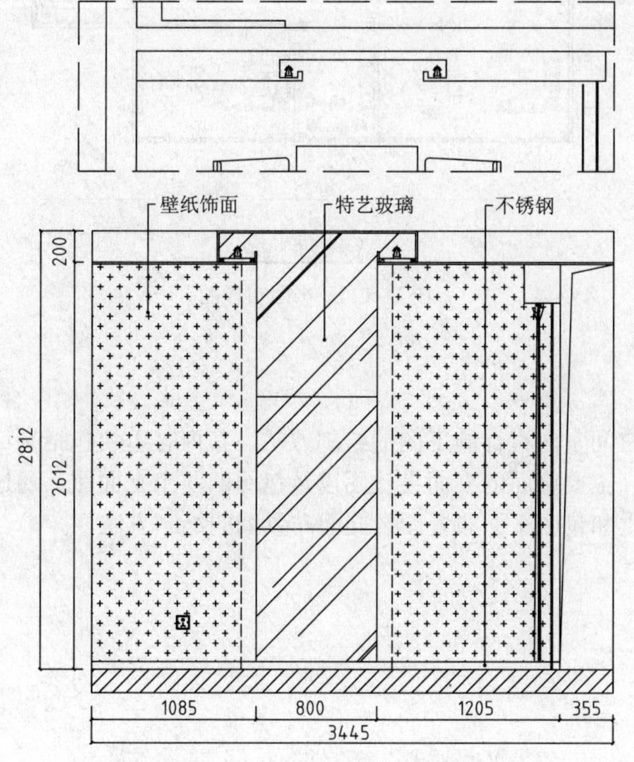

图 11-123　厢房 B 的 D 立面图

11.8 课后练习

用本章所学知识点绘制如图 11-124 所示为办公空间平面布置图，会议室、敞开式办公区和董事长办公室平面布置。

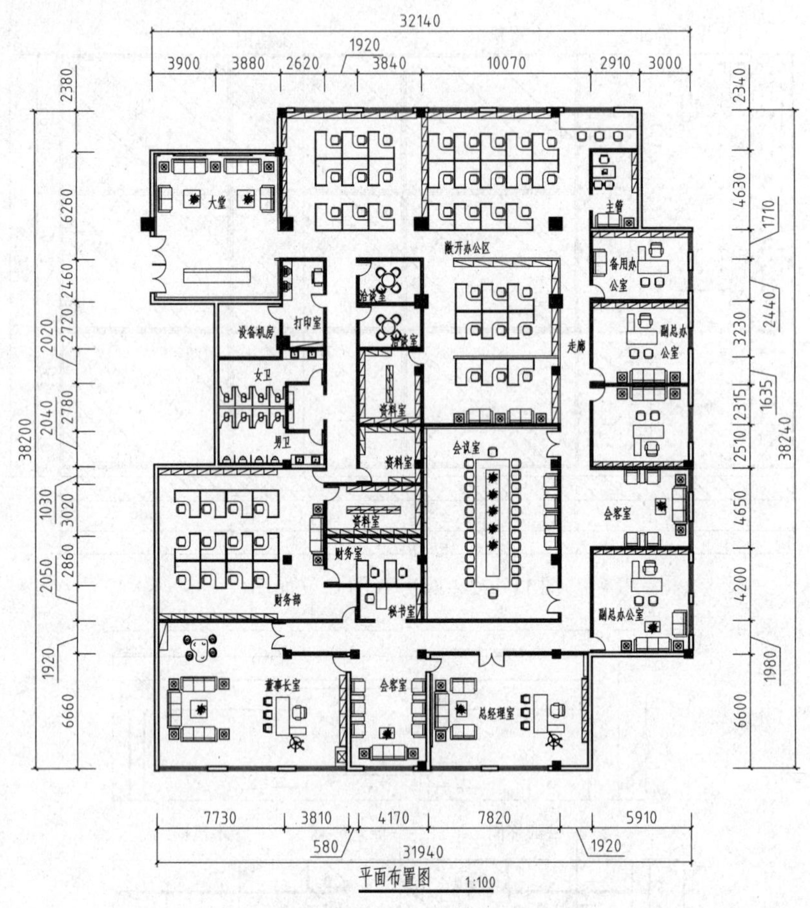

图 11-124 平面布置图

11.9 本章总结

本章介绍餐饮空间室内设计施工图的绘制方法，其内容主要包括餐厅总平面图、地面布置图及顶面布置图、主要墙面的立面设计图以及包厢的四个立面图。通过本章的学习，读者可以学习到餐厅大堂和包厢平面布置图及立面布置图的绘制方法。

第4篇　设备、详图及打印输出篇

第12章　绘制室内设计电气图

电气图用来反映室内装修的配电情况，也包括配电箱的规格、型号、配置以及照明、插座开关等线路的敷设方式和安装说明等。

本章以三居室为例，讲解电气系统图的绘制方法。

12.1　电气设计基础

电气工程根据用途分为两类：一类为强电工程，为人们提供能源及动力和照明；另一类为弱电工程，为人们提供信息服务，如电话线和有线电视等。不同用途的电气工程应独立设置为一个系统，如照明系统、动力系统、电话系统、电视系统、消防系统和电气接地系统等。同一个建筑内可以按照需要来同时设多个电气系统。

室内电气设计牵涉到很多相关的电工知识，为了使没有电工基础的读者也能够理解本章的内容，这里首先简单介绍一些相关的电气基础知识。

12.1.1　室内照明设计的原则

1. 实用性

室内照明应保证规定的照度水平，满足工作、学习和生活的需要。设计应从室内整体环境出发，全面考虑光源、光质，投光方向和角度的选择；使室内活动的功能、使用性质、空间造型和色彩陈设等与其相协调，以取得整体环境效果。

2. 安全性

在一般情况下，线路、开关、灯具的设置都需有可靠的安全措施；诸如分电盘和分线路一定要有专人管理，电路和配电方式要符合安全标准，不允许超载；在危险地方要设置明显标志，以防止漏电、短路等火灾和伤亡事故发生。

3. 经济性

照明设计的经济性有两个方面的意义：一是采用先进技术。充分发挥照明设施的实际效果，尽可能以较少的投入获得较大的照明效果。二是在确定照明设计时要符合我国当前在电力供应，设备和材料方面的生产水平。

4. 艺术性

照明装置不仅具有装饰房间，还有美化环境的作用。室内照明有助于丰富空间，形成一定的环境气氛；照明可以增加空间的层次和深度，光与影的变化使静止的空间生动起来，能够创造出美的意境和氛围。

所以室内照明设计时应正确选择照明方式、光源种类、灯具造型及体量，同时处理好颜色、光的投射角度，以取得改善空间感，增强环境的艺术效果。

12.1.2 电气施工图的图示内容

电气平面图主要表达某一电气施工中电气设备、装置和线路的平面布置，一般在建筑平面图的基础上绘制。其图示内容如下。

（1）配电线路的方向、相互连接的关系。

（2）线路编号、敷设方式以及规格型号等。

（3）各种电器的位置、安装方式。

（4）各种电气设施进线口位置以及接地保护点等。

12.1.3 电气施工图的识读

电气施工图的识图步骤如下：

（1）查看施工图集中的设计说明，明了该图纸所绘建筑对象的电气设计思路。

（2）查看图纸目录，了解图纸的张数及类型。

（3）在查看电气平面图时，可一边结合规格表和电气符号图表，一边了解图样内容，读懂图样中电气符号的意义。

（4）读电气平面图时应按照房间的顺序有次序地阅读，以了解线路的走向、设备的安装位置等。

（5）阅读平面图时应与系统图一起对照，弄清楚图纸中所表达的意思。

（6）电气平面图中不绘制具体的电气设备图形，只以图例来表示。表 12-1～表 12-8 所示为电气图常用的图形符号。

表 12-1　　灯 具 图 例

名　称	图　例	名　称	图　例
单管荧光灯		五管荧光灯	5
安全出口指示灯	E	格栅顶灯	
自带电源事故照明灯		聚光灯	
普通灯		壁灯	
半嵌入式吸顶灯		荧光花吊灯	

续表

名　称	图　例	名　称	图　例
安装插座灯		嵌入筒灯	
顶棚灯		局部照明灯	

表 12-2　　开　关　图　例

名　称	图　例	名　称	图　例
开关		双联开关	
三联开关		四联开关	
防爆单极开关		具有指示灯的开关	
双控开关		定时开关	
限制接近按钮		按钮	
延时开关	t	钥匙开关	
中间开关		定时器	T

表 12-3　　插　座　图　例

名　称	图　例	名　称	图　例
电视插座	TV	电话插座	TP
网络插座	TD	双联插座	2
安装插座		密闭插座	

续表

名　称	图　例	名　称	图　例
空调插座		插座箱	
单相插座		单相暗敷插座	
单相防爆插座		带保护点的插座	
密闭单相插座		带联锁的开关	
带熔断器的插座		地面插座盒	
风扇		轴流风扇	

表 12-4　　动 力 设 备 图 例

名　称	图　例	名　称	图　例
电热水器		280°防火阀	
接地		配电屏	
接线盒		电铃	
信号板、箱、屏		电阻箱	
电磁阀		直流电焊机	
直流发电机		交流发电机	
电磁阀		小时计	
电度表		钟	
电阻加热装置		电锁	
管道泵		风机盘管	

续表

名　　称	图　　例	名　　称	图　　例
分体式空调器（空调器）	AC	分体式空调器（冷凝器）	AF
整流器		桥式全波整流器	
电动机起动器		变压器	
调节启动器		风扇	

表 12-5　　箱 柜 设 备 图 例

名　　称	图　　例	名　　称	图　　例
屏、箱、台、柜		动力照明配电箱	
信号板、箱、屏		电源自动切换箱	
自动开关箱		刀开关箱	
带熔断器的刀开关箱		照明配电箱	
熔断器箱		组合开关箱	
事故照明配电箱		多种电源配电箱	
直流配电盘		交流配电盘	
电能表箱		鼓形控制器	

表 12-6　　消 防 设 备 图 例

名　　称	图　　例	名　　称	图　　例
感温探测器		感烟探测器	
感光探测器		气体探测器	

续表

名　称	图　例	名　称	图　例
感烟感温探测器		定温探测器	
消火栓起泵按钮		报警电话	
手动报警装置		火灾警铃	
火灾警报扬声器		水流指示器	
防火阀 70°		湿式自动报警阀	
集中型火灾报警控制器	C	区域型火灾报警控制器	Z
输入输出模块	I/O	电源模块	P
电信模块	T	模块箱	M
火灾电话插孔		水流指示器（组）	L
信号阀		雨淋报警阀（组）	
室外消火栓		室内消火栓（单口、系统）	
火灾报警装置		增压送风口	

表 12-7　　　　广 播 设 备 图 例

名　称	图　例	名　称	图　例
传声器		扬声器	
报警扬声器		扬声器箱	
带录音机		放大器	

续表

名　称	图　例	名　称	图　例
无线电接收机	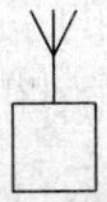	音量控制器	
播放机	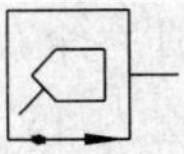	音箱	
有线广播台	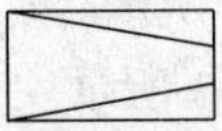	静电式传声器	
监听器	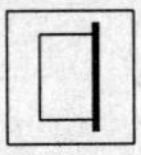	传声器插座	 M

表 12-8　　电话设备图例

名　称	图　例	名　称	图　例
有线终端站	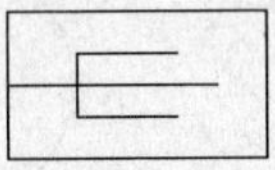	警卫电话站	
电话机	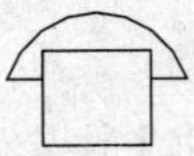	带扬声器电话机	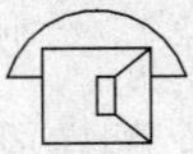
人工交换机	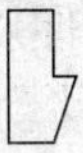	扩音对讲设备	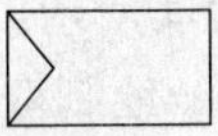
功放单元		警卫信号总报警器	
放大器		电视	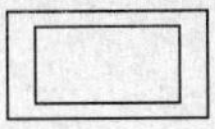
带阻滤波器		有线转接站	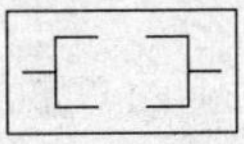
均衡器		卫星接收天线	

12.2　绘制图例表

在绘制电气图的时候，开关或者灯具的表示均使用图例来表示。图例有国家规定的通行标准，也有行业内惯用的表示方法。本小节以国家最新颁布的《房屋建筑室内装饰装修制图标准》为例，为读者介绍其中的关于开关类、灯具类和插座类图例的绘制方法。

12.2.1 绘制开关类图例

开关根据使用方法可以分为多种不同的类型，常见的主要有单联单控开关、双联双控开关、三联单控开关等。本小节为读者介绍这些常见开关的图例的表示方法，各开关图例的图示效果都相差不大，可以在彼此的基础上进行编辑修改来得到另一类的开关图形。

（1）绘制单联单控开关。调用 C【圆】命令，绘制半径为 50㎜的圆形，如图 12-1 所示。

（2）按下 F10 键，开启极轴功能，并将增量角设置为 45°。

（3）调用 L【直线】命令，绘制直线，如图 12-2 所示。

（4）调用 TR【修剪】命令，修剪线段，如图 12-3 所示。

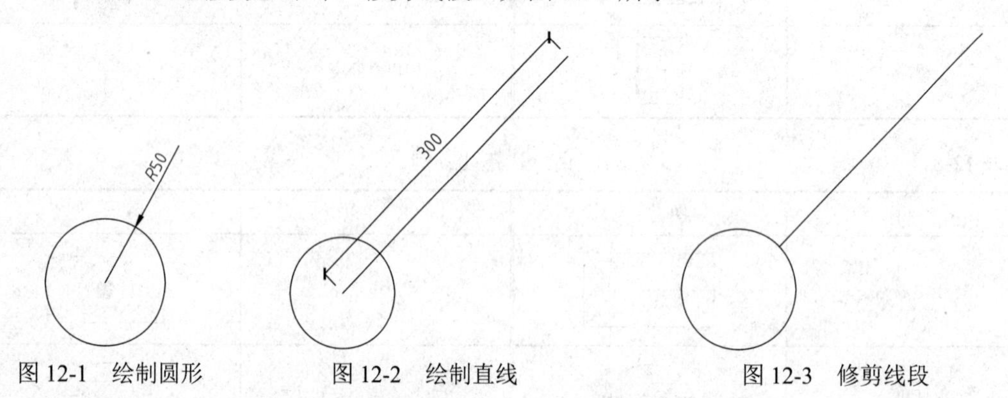

图 12-1　绘制圆形　　图 12-2　绘制直线　　图 12-3　修剪线段

（5）创建成块。调用 B【创建块】命令，在弹出的【块定义】对话框中设置图块的名称，如图 12-4 所示；将绘制完成的开关图形创建成块，以方便以后调用。

（6）绘制双联单控开关。调用 CO【复制】命令，移动复制一份绘制完成的单联单控开关；调用 L【直线】命令，绘制直线，如图 12-5 所示。

（7）调用 RO【旋转】命令，旋转所绘制的直线图形，如图 12-6 所示。

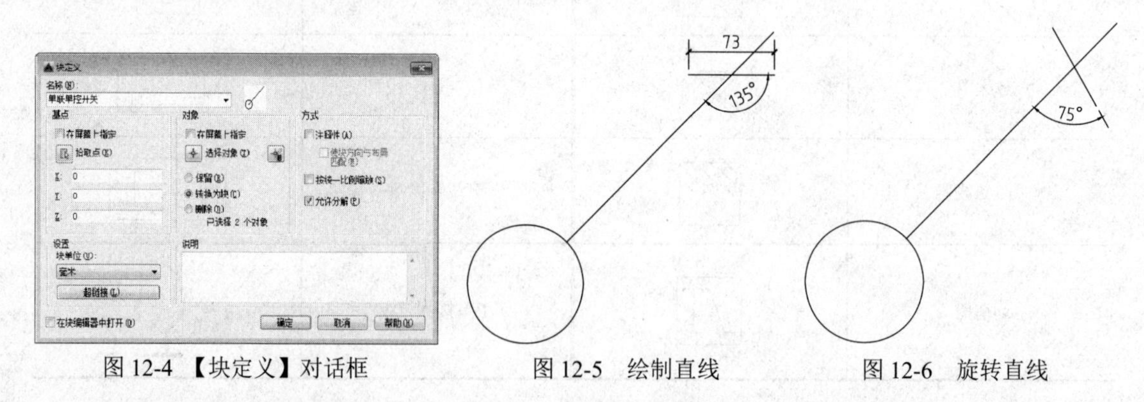

图 12-4 【块定义】对话框　　图 12-5　绘制直线　　图 12-6　旋转直线

（8）调用 O【偏移】命令，偏移直线，如图 12-7 所示。

（9）调用 M【移动】命令，移动偏移得到的直线，使长度相一致的两条直线相互对齐，如图 12-8 所示。

（10）绘制三联单控开关。调用 O【偏移】命令，设置偏移距离为 30，偏移直线，注意三条直线要相互对齐，如图 12-9 所示。

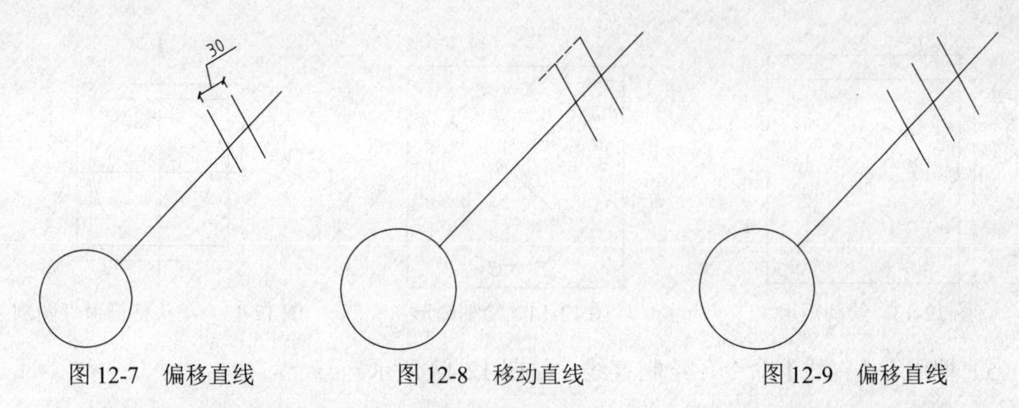

图 12-7　偏移直线　　图 12-8　移动直线　　图 12-9　偏移直线

（11）绘制双极开关。调用 CO【复制】命令，移动复制一份绘制完成的单联单控开关；调用 L【直线】命令，绘制直线，如图 12-10 所示。

（12）调用 O【偏移】命令，设置偏移距离为 30，偏移直线；调用 TR【修剪】命令，修剪直线，如图 12-11 所示。

（13）绘制双控单极开关。调用 CO【复制】命令，移动复制一份绘制完成的双极开关图形；调用 E【删除】命令，删除多余线段；调用 MI【镜像】命令，镜像复制图形，完成双控单极开关图形的绘制，如图 12-12 所示。

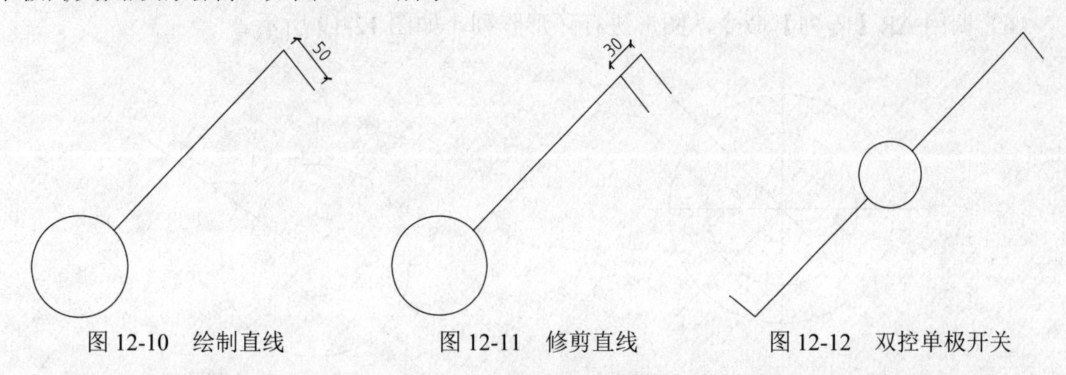

图 12-10　绘制直线　　图 12-11　修剪直线　　图 12-12　双控单极开关

提示：在绘制完成一个开关图形后，都应该调用 B【创建块】命令，将其创建成块，方便调用。

12.2.2　绘制灯具类图例

灯具的种类比开关的种类更多，特别是为了满足装饰效果而设计生产、流通的灯具更是不计其数。本小节仅为读者介绍一些在室内装饰装潢中常见的灯具类型图例的绘制方法，包括射灯、吸顶灯、吊灯等类型的灯具。

（1）绘制格栅射灯。调用 REC【矩形】命令，绘制尺寸为 235㎜×235㎜的矩形，如图 12-13 所示。

（2）调用 C【圆】命令，绘制半径为 94㎜的圆形，如图 12-14 所示。

提示：在《房屋建筑室内装饰装修制图标准》中，单头的格栅射灯图例如图 12-15 所示。因为在本书所选的实例中对格栅射灯进行简化，故提供标准中的规范图例予读者以提供参考。

（3）绘制吸顶灯。调用 C【圆】命令，绘制半径为 179㎜的圆形，如图 12-16 所示。

（4）调用 O【偏移】命令，将圆向内偏移 50㎜，如图 12-17 所示。

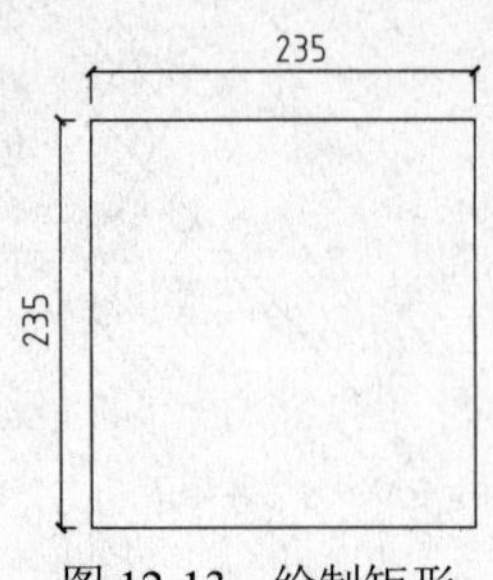

图 12-13　绘制矩形

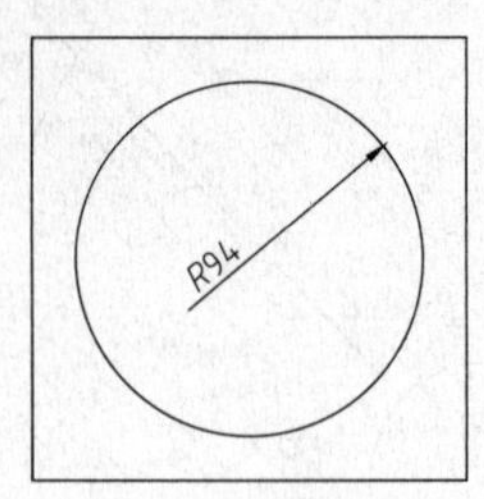

图 12-14　绘制圆形

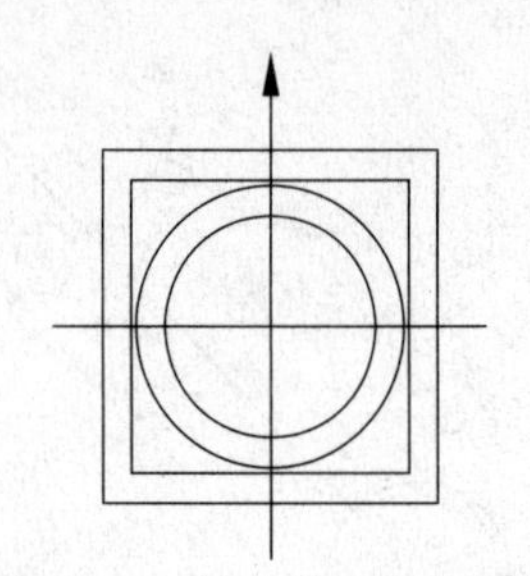
图 12-15　单头格栅射灯图例

（5）调用 L【直线】命令，绘制直线，如图 12-18 所示。

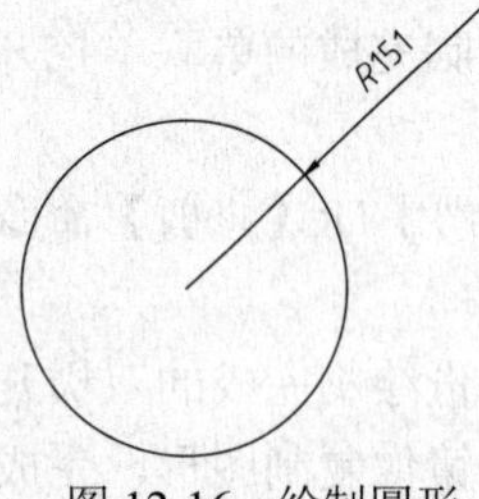

图 12-16　绘制圆形

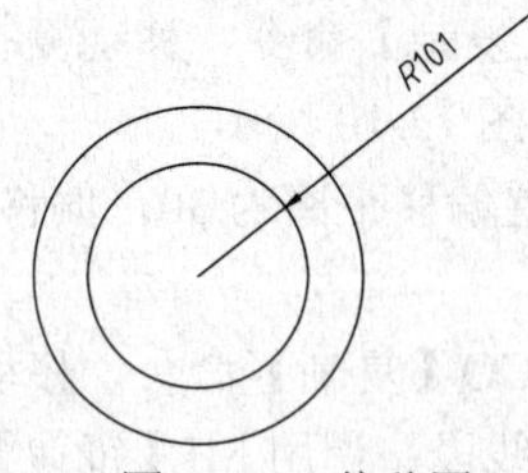

图 12-17　偏移圆

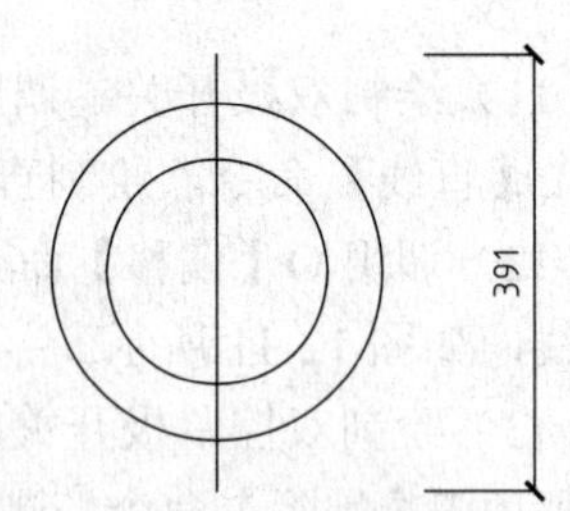

图 12-18　绘制直线

（6）调用 AR【阵列】命令，图形进行环形阵列，如图 12-19 所示。

图 12-19　阵列直线

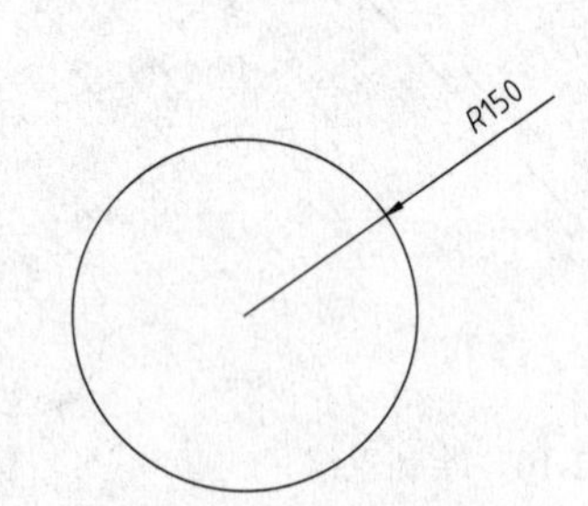

图 12-20　绘制圆形

（7）绘制艺术吊灯。调用 C【圆】命令，绘制一个半径为 150㎜的圆，如图 12-20 所示。
（8）调用 O【偏移】命令，将圆向外偏移 35㎜，如图 12-21 所示。
（9）调用 L【直线】命令，绘制一条线段穿过圆心，如图 12-22 所示。
（10）调用 C【圆】命令，在线段上方绘制半径为 69㎜的圆，如图 12-23 所示。
（11）调用 L【直线】命令，绘制一条水平线段穿过圆心，如图 12-24 所示。

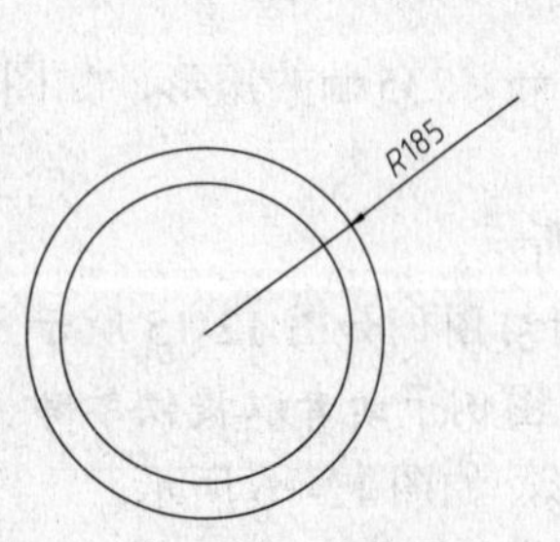

图 12-21　偏移圆

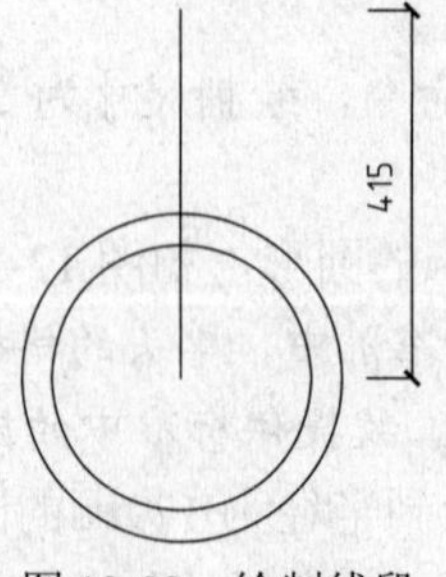

图 12-22　绘制线段

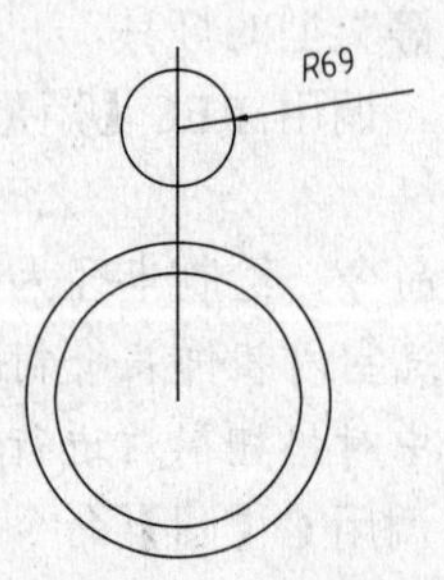

图 12-23　绘制圆

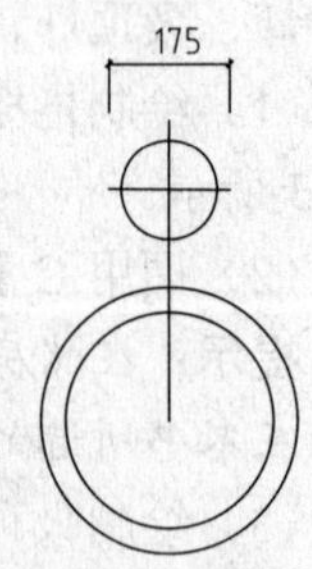

图 12-24　绘制水平线段

（12）调用 AR【阵列】命令，图形进行环形阵列，设置阵列中心点为大圆的圆心，设置项目数为 8，效果如图 12-25 所示，完成艺术吊灯的绘制。

（13）绘制壁灯。调用 C【圆】命令，绘制半径分别为 100㎜、80㎜的圆形，如图 12-26 所示。

图 12-25　阵列

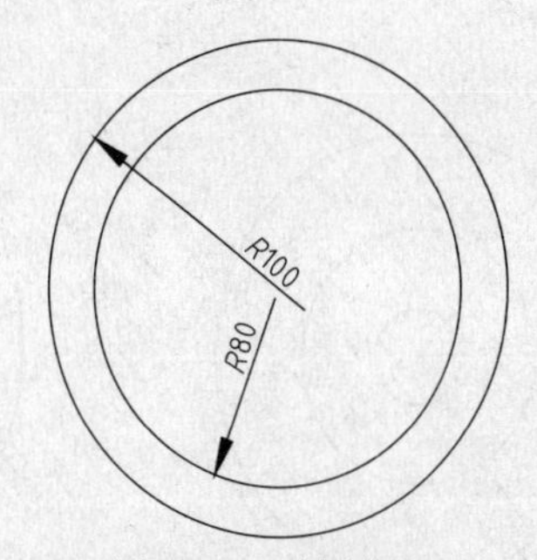

图 12-26　绘制圆形

（14）调用 L【直线】命令，绘制直线，如图 12-27 所示。

（15）调用 E【删除】命令，删除半径为 100㎜的圆形，完成吊灯的绘制，如图 12-28 所示。

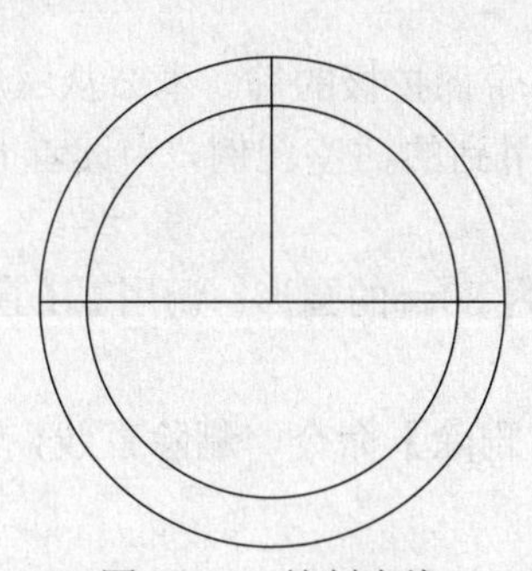
图 12-27　绘制直线

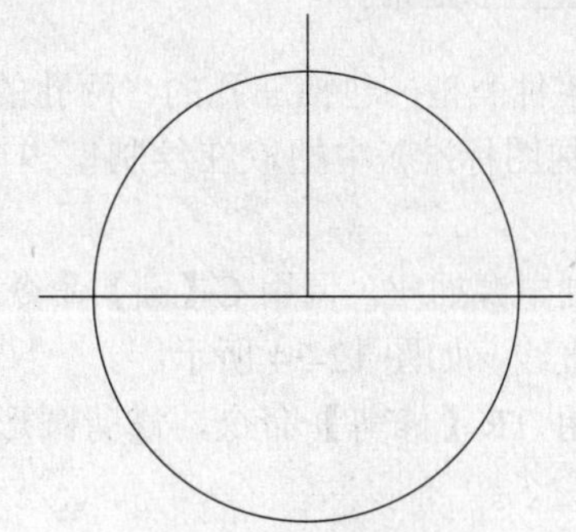
图 12-28　删除圆形

（16）填充图案。调用 H【图案填充】命令，在弹出的【图案填充和渐变色】对话框中设置参数，如图 12-29 所示。

（17）在对话框中单击【添加：拾取点】按钮，在绘图区中拾取填充区域；按回车键返回对话框，单击【确定】按钮关闭对话框即可完成图案填充，绘制壁灯，如图 12-30 所示。

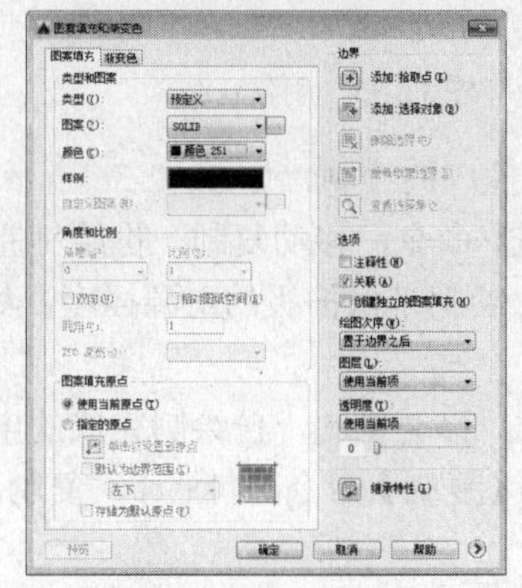
图 12-29 【图案填充和渐变色】对话框

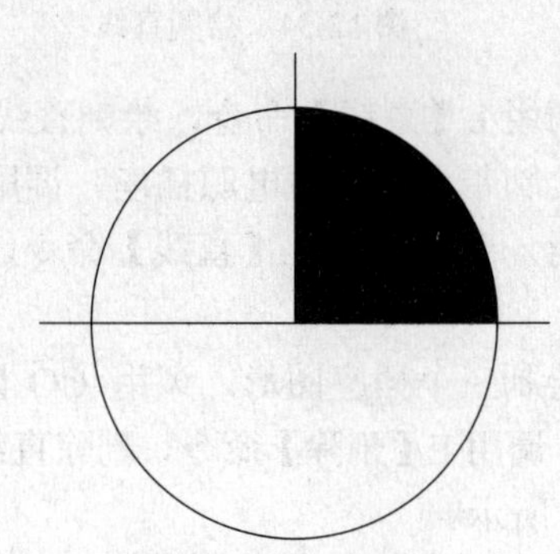
图 12-30　图案填充

（18）绘制台灯。调用 C【圆】命令，分别绘制半径为 140㎜、80㎜、30㎜的圆形，如图 12-31 所示。

（19）调用 L【直线】命令，绘制直线，如图 12-32 所示。

（20）调用 E【删除】命令，删除半径为 140㎜的圆形，绘制台灯，如图 12-33 所示。

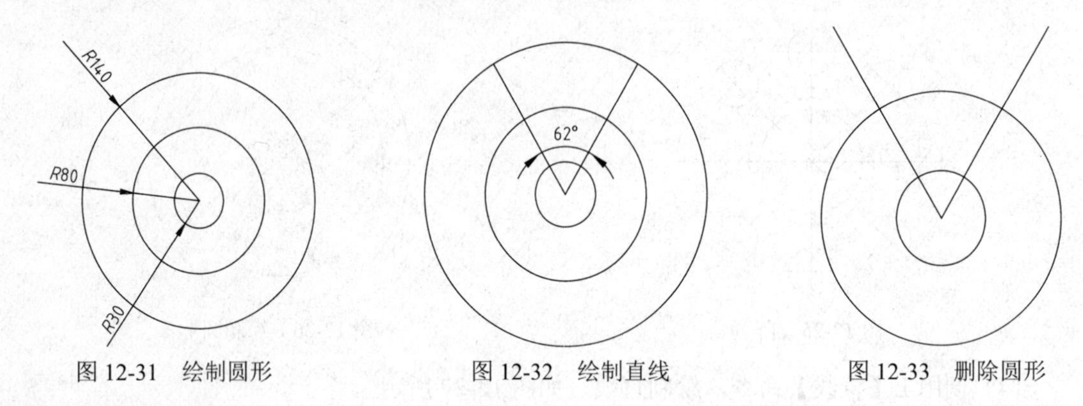

图 12-31　绘制圆形　　图 12-32　绘制直线　　图 12-33　删除圆形

12.2.3　绘制插座类图例

插座有各种类型，包括三孔的、两孔的，防水的、带保护极的等。本节从《房屋建筑室内装饰装修制图标准》中抽取在绘制室内电气图时常用到的插座图例，为读者介绍其绘制方法。

（1）绘制电源插座。调用 C【圆】命令，绘制半径为 80㎜的圆形；调用 L【直线】命令，过圆心绘制直线，如图 12-34 所示。

（2）调用 TR【修剪】命令，修剪圆形；调用 E【删除】命令，删除直线，如图 12-35 所示。

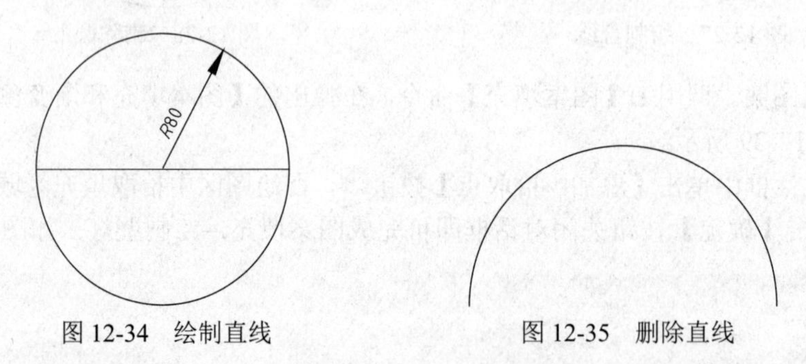

图 12-34　绘制直线　　图 12-35　删除直线

（3）调用 L【直线】命令，绘制直线，完成电源插座的绘制，如图 12-36 所示。

（4）绘制带保护极的电源插座。调用 CO【复制】命令，移动复制一份绘制完成的电源插座图形至一旁；调用 L【直线】命令，绘制直线，绘制带保护极的电源插座，如图 12-37 所示。

（5）绘制三个插座图形。调用 CO【复制】命令，移动复制一份绘制完成的电源插座图形至一旁；调用 E【删除】命令，删除直线；调用 CO【复制】命令，向上移动复制半圆图形，如图 12-38 所示。

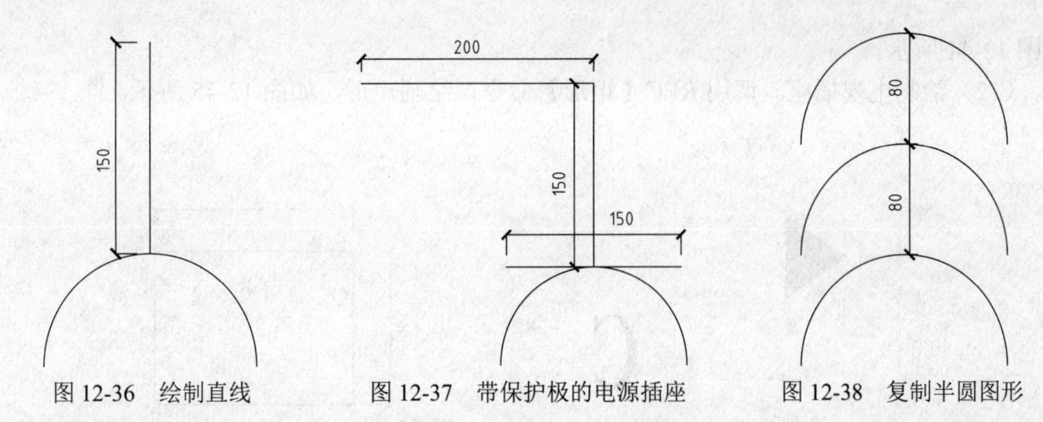

图 12-36　绘制直线　　图 12-37　带保护极的电源插座　　图 12-38　复制半圆图形

（6）调用 L【直线】命令，绘制直线，完成三个插座图形的绘制，如图 12-39 所示。

（7）绘制单相二、三级插座。调用 CO【复制】命令，移动复制一份绘制完成的三个插座图形至一旁；调用 E【删除】命令，删除多余图形；调用 L【直线】命令，绘制直线，绘制单相二、三级插座，如图 12-40 所示。

（8）绘制电话插座。调用 REC【矩形】命令，绘制矩形，如图 12-41 所示。

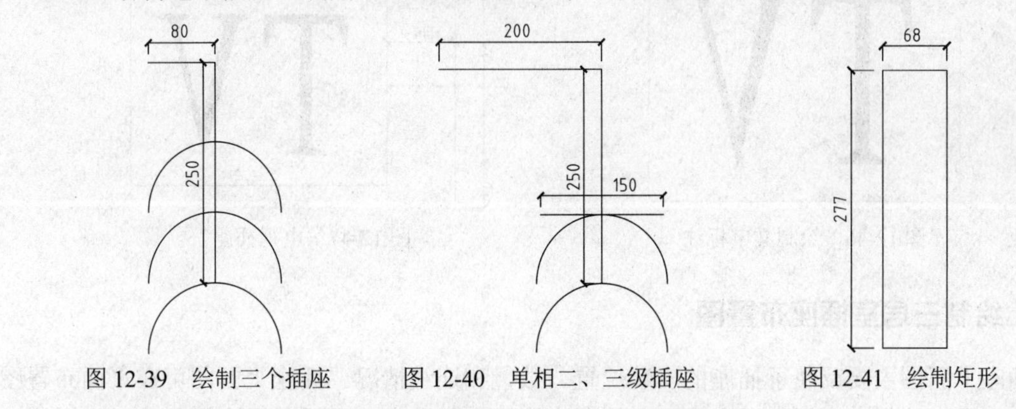

图 12-39　绘制三个插座　　图 12-40　单相二、三级插座　　图 12-41　绘制矩形

（9）调用 L【直线】命令，绘制直线，如图 12-42 所示。

（10）填充图案。调用 H【图案填充】命令，在弹出的【图案填充和渐变色】对话框中选择【预定义】类型图案，选择名称为 SOLID 的填充图案，为图形绘制图案填充，完成电话插座的绘制，如图 12-43 所示。

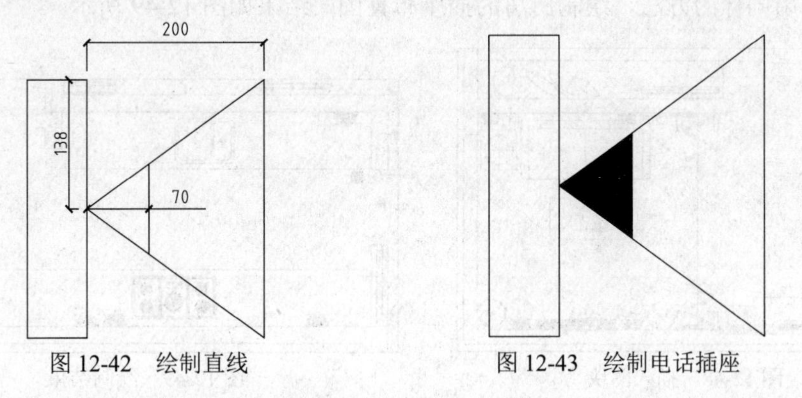

图 12-42　绘制直线　　图 12-43　绘制电话插座

（11）绘制网络插座。调用 MT【多行文字】命令，绘制文字标注，完成网络插座的标注，

如图 12-44 所示。

（12）绘制电视插座。调用 REC【矩形】命令，绘制矩形，如图 12-45 所示。

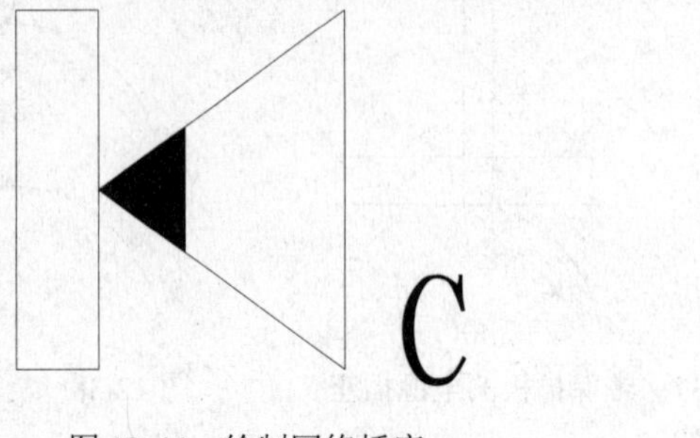

图 12-44 绘制网络插座

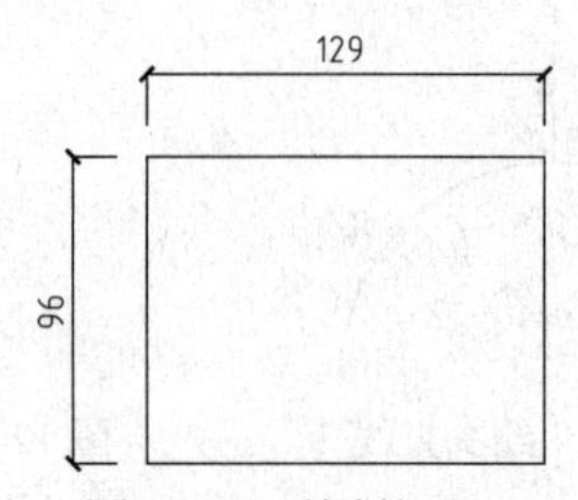

图 12-45 绘制矩形

（13）调用 MT【多行文字】命令，绘制文字标注，如图 12-46 所示。

（14）调用 L【直线】命令，绘制直线，完成电视插座的绘制，如图 12-47 所示。

图 12-46 绘制文字标注

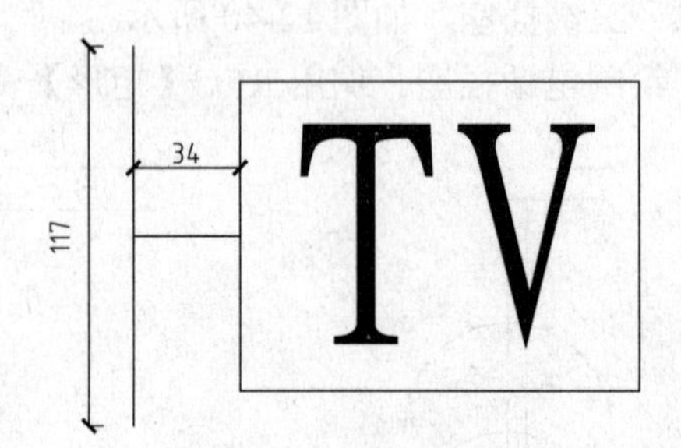

图 12-47 电视插座

12.3 绘制三居室插座布置图

插座平面图主要反映了插座的安装位置、数量和连线情况。插座平面图可在平面布置图的基础上进行绘制，主要由插座、配电箱和连线等部分组成，下面讲解绘制方法。

（1）调用 CO【复制】命令，移动复制一份三居室平面布置图到一旁。

（2）调用 CO【复制】命令，从电气图例表中移动复制插座图形到平面布置图中，结果如图 12-48 所示。

（3）使用同样的方法，绘制厨房的插座布置图，结果如图 12-49 所示。

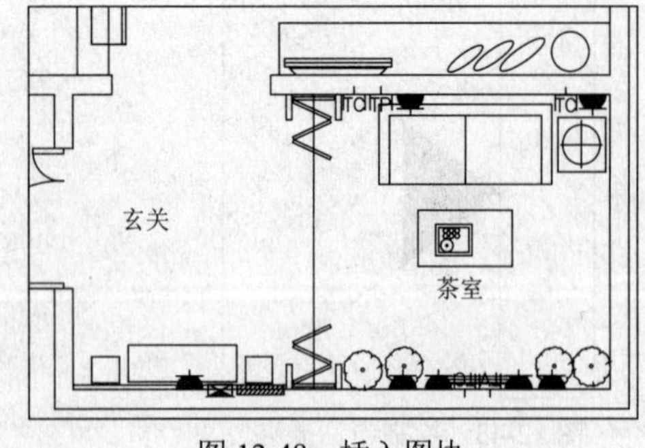

图 12-48 插入图块

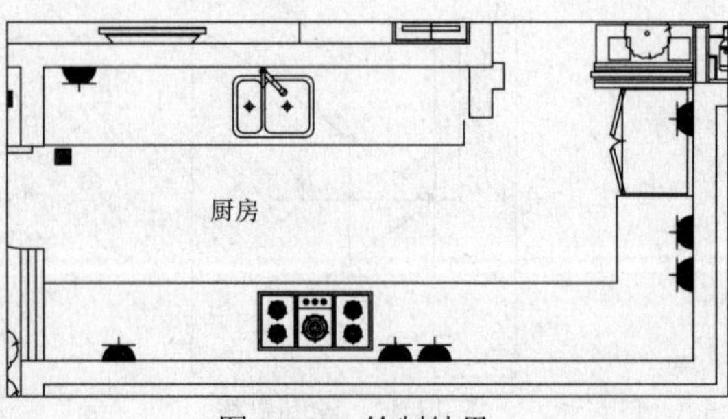

图 12-49 绘制结果

（4）沿用上述相同的方法，绘制三居室插座平面布置图，结果如图 12-50 所示。

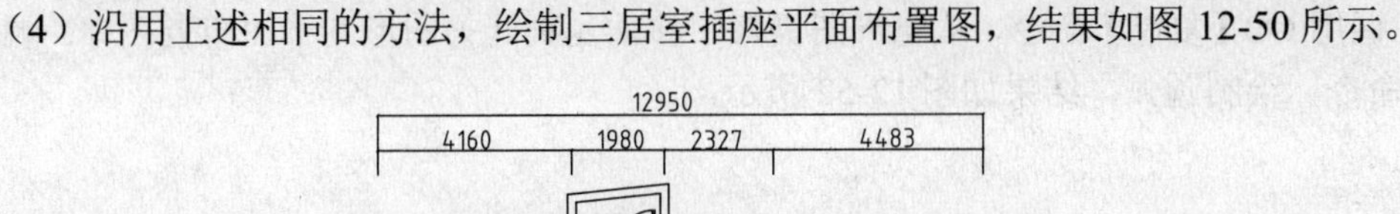

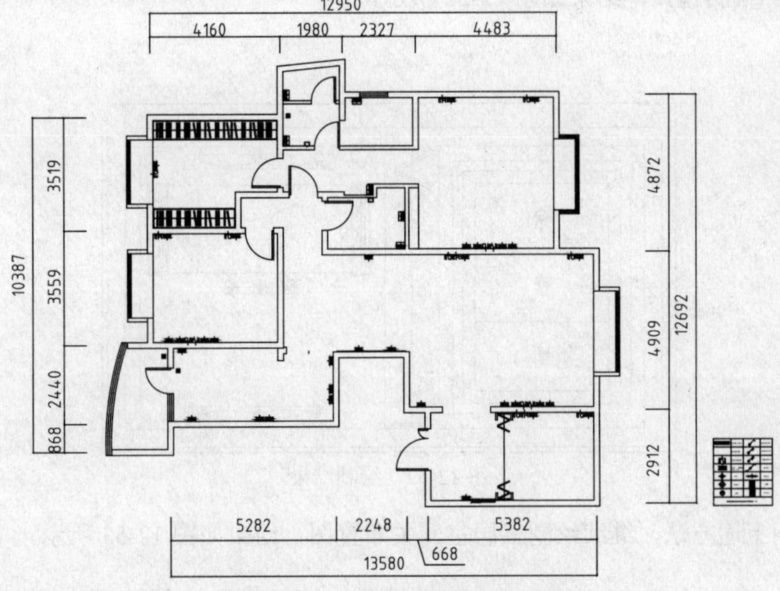

图 12-50　三居室插座平面布置图

12.4　绘制三居室照明布置图

照明平面图是反映了灯具、开关的安装位置、数量和连线的走向，是电气施工不可缺少的图样，同时也是将来电气线路检修和改造的主要依据。

照明平面图在顶棚图的基础上绘制，主要由灯具、开关以及它们之间的连线组成。

照明平面图绘制方法与插座平面图基本相同，下面讲解绘制方法。

（1）调用 CO【复制】命令，移动复制一份三居室顶面布置图到一旁。

（2）调用 E【删除】命令，删除不必要的图形，整理结果如图 12-51 所示。

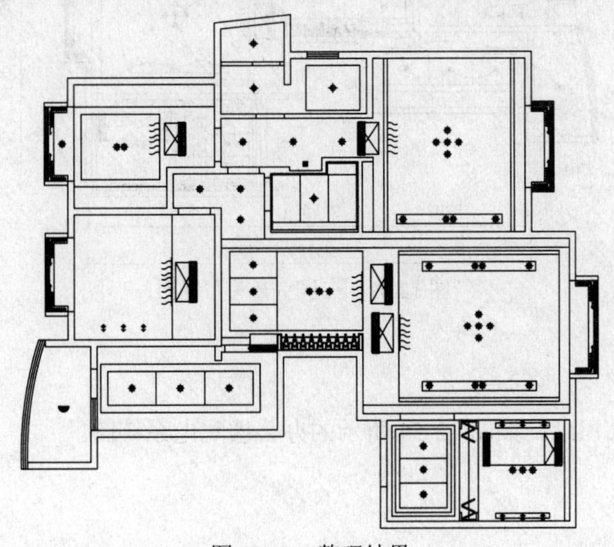

图 12-51　整理结果

（3）调用 CO【复制】命令，从电气图例表中移动复制开关图形到平面布置图中；调用 A【圆弧】命令，绘制圆弧，结果如图 12-52 所示。

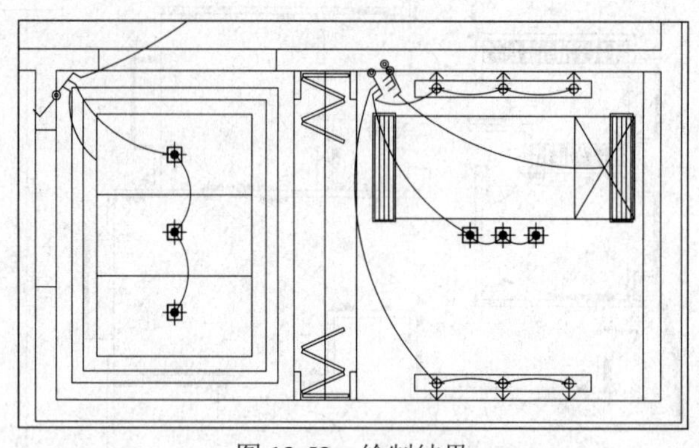

图 12-52 绘制结果

（4）沿用上述方法，继续绘制三居室开关布置图，结果如图 12-53 所示。

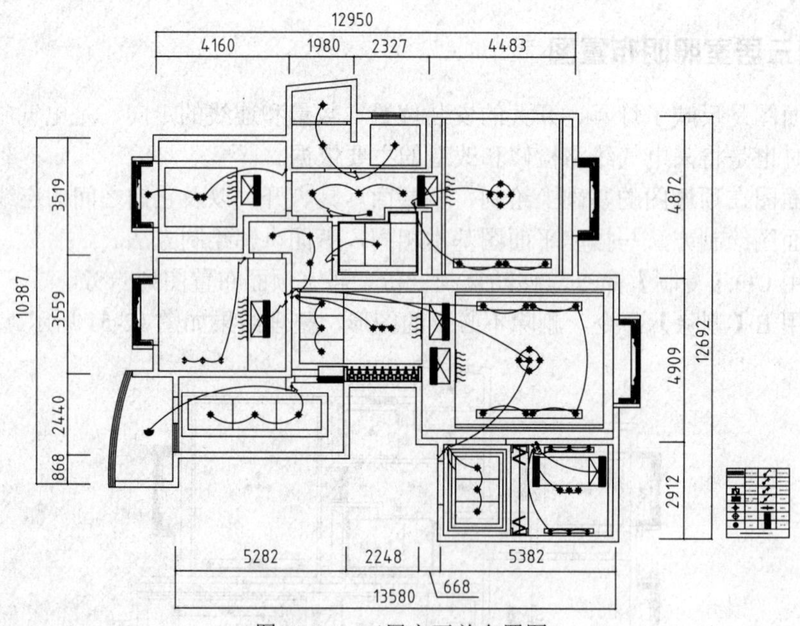

图 12-53 三居室开关布置图

12.5 课堂练习

运用本章所学知识绘制如图 12-54 所示的办公楼配电系统图。

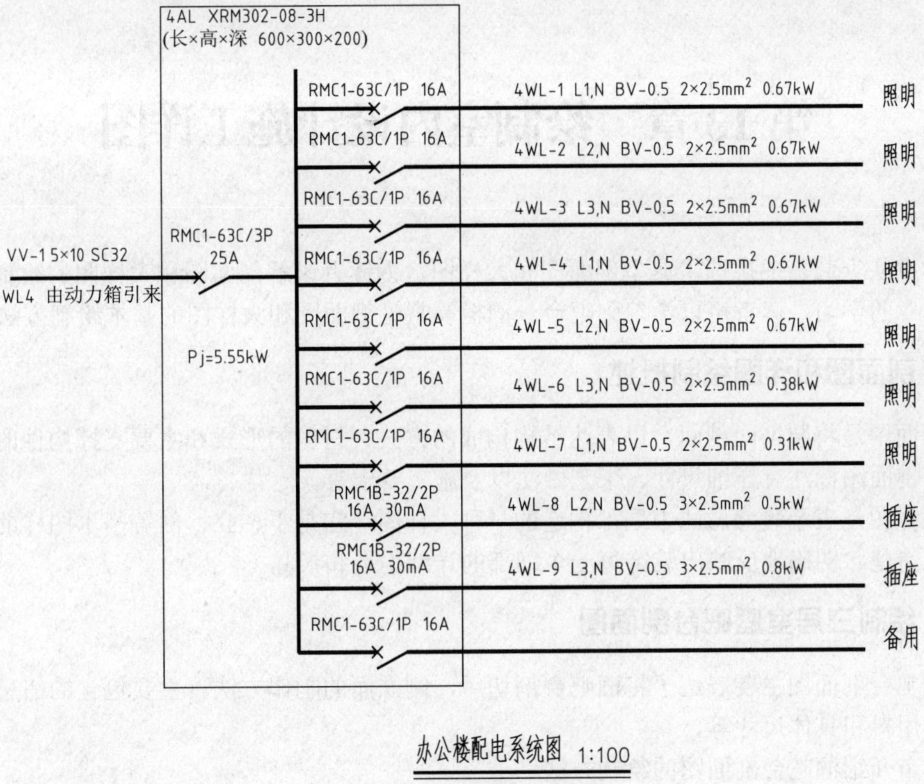

4AL XRM302-08-3H
(长×高×深 600×300×200)

VV-1 5×10 SC32
WL4 由动力箱引来
RMC1-63C/3P
25A
Pj=5.55kW

RMC1-63C/1P 16A　4WL-1 L1,N BV-0.5 2×2.5mm^2 0.67kW　照明
RMC1-63C/1P 16A　4WL-2 L2,N BV-0.5 2×2.5mm^2 0.67kW　照明
RMC1-63C/1P 16A　4WL-3 L3,N BV-0.5 2×2.5mm^2 0.67kW　照明
RMC1-63C/1P 16A　4WL-4 L1,N BV-0.5 2×2.5mm^2 0.67kW　照明
RMC1-63C/1P 16A　4WL-5 L2,N BV-0.5 2×2.5mm^2 0.67kW　照明
RMC1-63C/1P 16A　4WL-6 L3,N BV-0.5 2×2.5mm^2 0.38kW　照明
RMC1-63C/1P 16A　4WL-7 L1,N BV-0.5 2×2.5mm^2 0.31kW　照明
RMC1B-32/2P 16A 30mA　4WL-8 L2,N BV-0.5 3×2.5mm^2 0.5kW　插座
RMC1B-32/2P 16A 30mA　4WL-9 L3,N BV-0.5 3×2.5mm^2 0.8kW　插座
RMC1-63C/1P 16A　备用

办公楼配电系统图 1:100

图 12-54　办公楼配电系统图

12.6 本章总结

本章主要介绍了开关类图例、灯具类图例和插座类图例的绘制方法，同时对居住电气的绘制方法和技巧以及电气、电路的图形布置做了比较详细的介绍。

对于电气设计来说，除了各种基本电气图形、基本电气元件的绘制，还有很多基础知识和技巧需要掌握，如电气设计的原则、具体内容、常用电气元件和规格等。

第 13 章　绘制室内设计施工详图

本章从家装篇中挑选了典型剖面图和大样图，为读者讲解剖面图和大样图的绘制方法。通过本章的学习，读者可以学习到吧台、酒柜等常见剖面图和大样图的基本绘制方法。

13.1　剖面图和详图绘制概述

剖面图是将装饰面剖面，以表达结构构成的方式、材料的形式和主要支撑构件的相互关系等。剖面图标注有详细尺寸、工艺做法以及施工要求等。

大样图是表示装修做法中局部构造的一种大样图，它是平、立、剖等基本图样的有效补充，以清楚、明确地反映出装饰每一个细部的详细构造和尺寸。

13.2　绘制三居室酒吧台剖面图

酒吧台剖面图主要表达了将酒吧台剖切后，侧立面的制作方法。主要包含的信息有，酒吧台的用料和具体尺寸等。

本节介绍酒吧台剖面图的绘制方法。

1. 插入图块

调用 I【插入】命令，在三居室客厅立面中插入剖切索引符号，结果如图 13-1 所示。

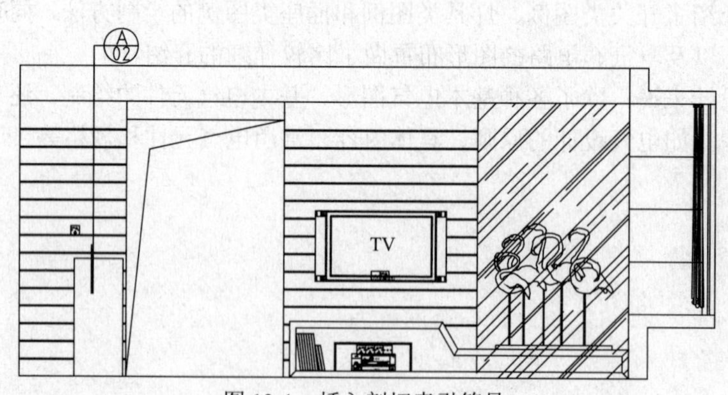

图 13-1　插入剖切索引符号

2. 绘制酒吧台剖面图

（1）调用 REC【矩形】命令，绘制尺寸为 260㎜×15㎜、15㎜×250㎜、15㎜×34㎜的矩形，结果如图 13-2 所示。

（2）调用 REC【矩形】命令，绘制矩形，结果如图 13-3 所示。

（3）调用 L【直线】命令，绘制直线；调用 O【偏移】命令，偏移线段；调用 TR【修剪】命令，修剪多余线段，绘制结果如图 13-4 所示。

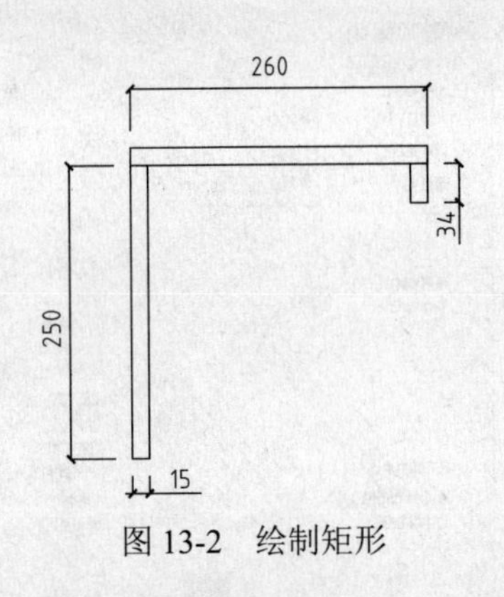

图 13-2　绘制矩形

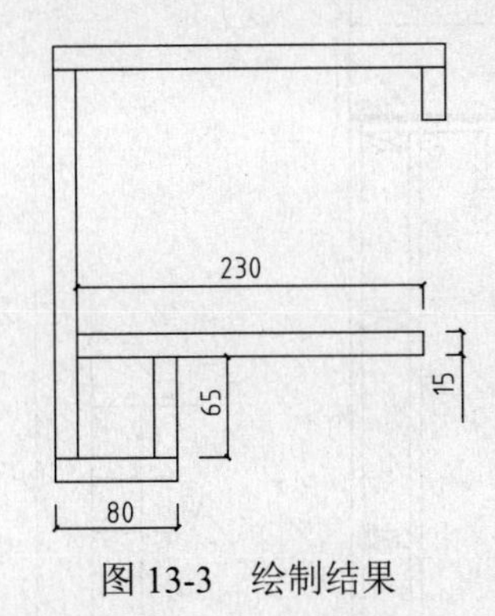

图 13-3　绘制结果

（4）调用 O【偏移】命令、TR【修剪】命令，偏移并修剪线段，结果如图 13-5 所示。

（5）调用 REC【矩形】命令，绘制尺寸为 70㎜×245㎜的矩形；调用 CO【复制】命令，移动复制矩形，结果如图 13-6 所示。

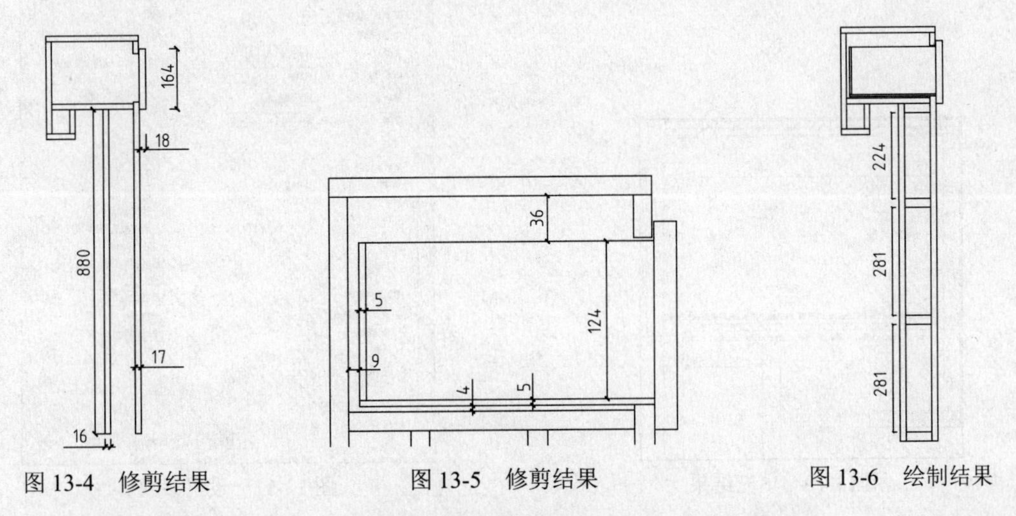

图 13-4　修剪结果　　图 13-5　修剪结果　　图 13-6　绘制结果

（6）调用 L【直线】命令，绘制矩形的对角线，结果如图 13-7 所示。

（7）调用 L【直线】命令，绘制直线；调用 O【偏移】命令，偏移线段；调用 TR【修剪】命令，修剪多余线段，绘制结果如图 13-8 所示。

（8）调用 H【填充】命令，在弹出的【图案填充和渐变色】对话框中设置参数，如图 13-9 所示。

（9）在对话框中单击【添加：拾取点】按钮，在绘图区中拾取填充区域，填充结果如图 13-10 所示。

（10）调用 H【填充】命令，在弹出的【图案填充和渐变色】对话框中设置参数，如图 13-11 所示。

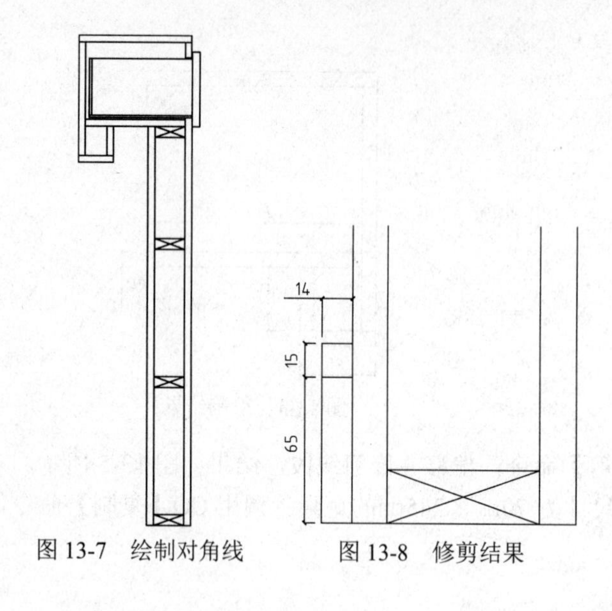

图 13-7　绘制对角线　　图 13-8　修剪结果

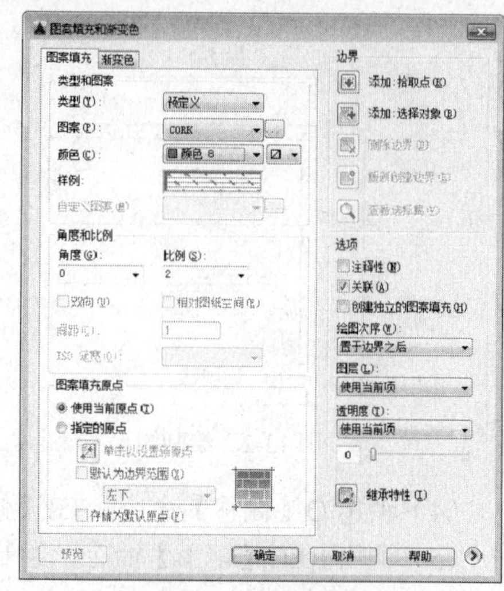

图 13-9　设置参数

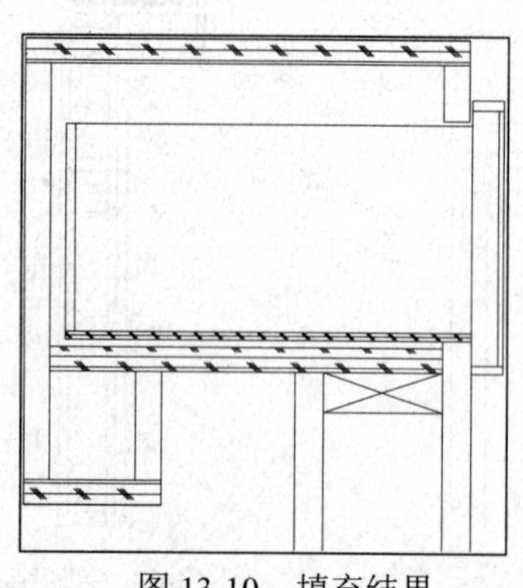

图 13-10　填充结果

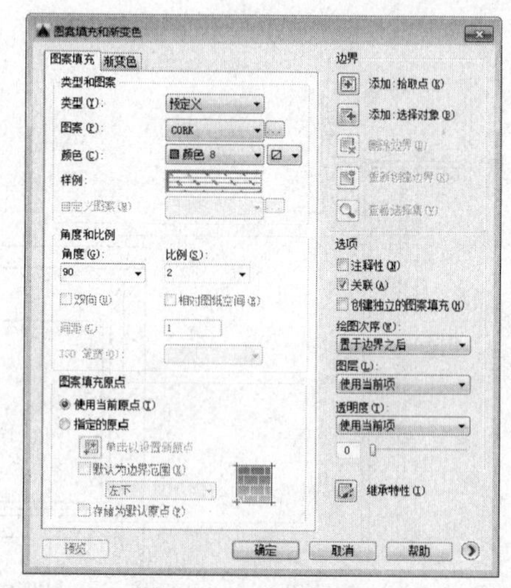

图 13-11　设置参数

（11）在对话框中单击【添加：拾取点】按钮，在绘图区中拾取填充区域，填充结果如图 13-12 所示。

（12）调用 O【偏移】命令、TR【修剪】命令，偏移并修剪线段，结果如图 13-13 所示。

（13）调用 L【直线】命令，绘制虚线，并设置虚线的线宽为 0.50mm，结果如图 13-14 所示。

（14）按 Ctrl+O 组合键，打开“第 13 章/家具图例.dwg”文件，将其中的“酒杯”等图形复制粘贴到图形中，绘制结果如图 13-15 所示。

3. 标注文字和尺寸

（1）调用 MLD【多重引线】命令，在绘图区指定文字标注的两个对角点，在弹出的【文字格式】对话框中输入材料名称；单击【确定】按钮，关闭【文字格式】对话框，文字标注结果如图 13-16 所示。

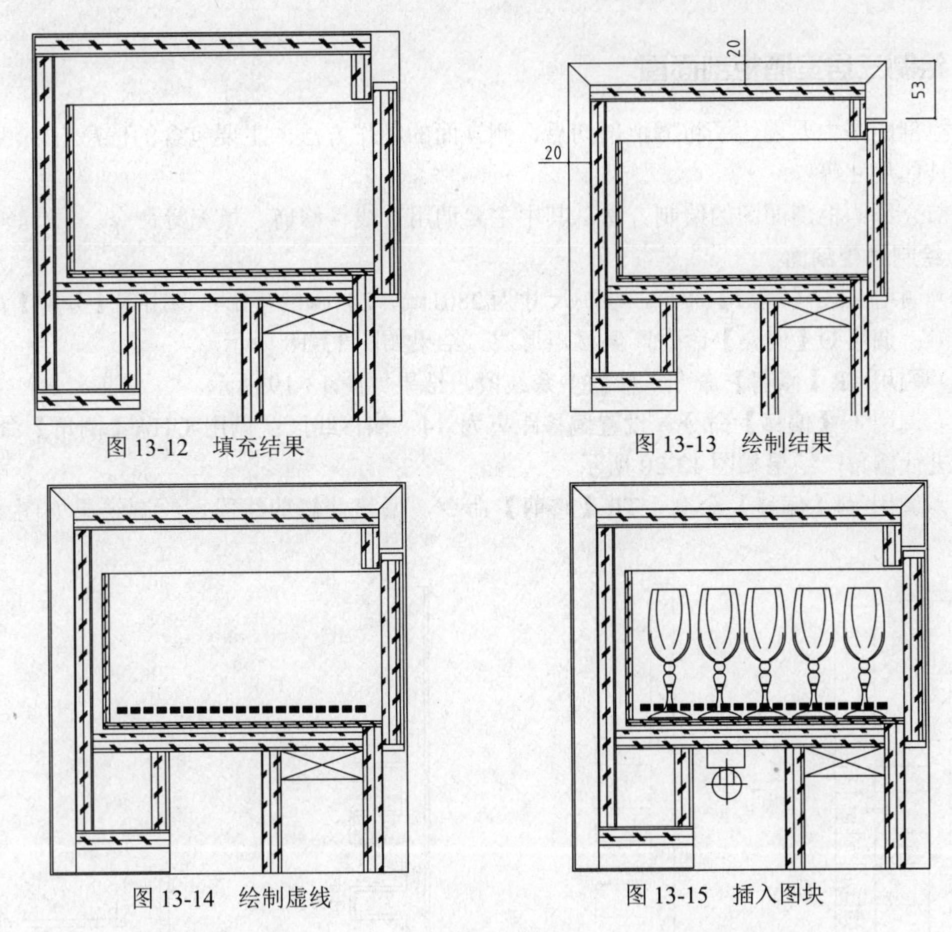

图 13-12　填充结果　　图 13-13　绘制结果

图 13-14　绘制虚线　　图 13-15　插入图块

（2）调用 DLI【线性标注】命令，为剖面图标注尺寸，结果如图 13-17 所示。

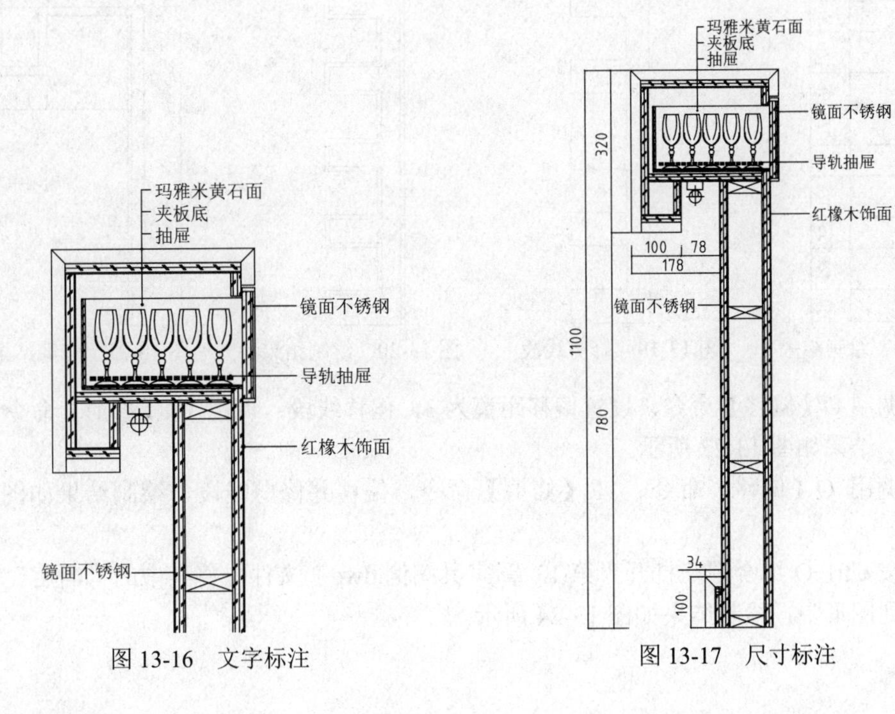

图 13-16　文字标注　　图 13-17　尺寸标注

13.3　绘制三居室酒柜剖面图

酒柜剖面图主要表达了将酒柜剖切后，侧立面的制作方法。主要包含的信息有，酒柜的用料、具体尺寸等。

本节介绍酒柜剖面图的绘制方法，其中主要调用直线、修剪、填充等命令。

1. 绘制酒柜剖面

（1）调用 REC【矩形】命令，绘制尺寸为 2801㎜×245㎜的矩形；调用 X【分解】命令，分解矩形；调用 O【偏移】命令，偏移矩形边，结果如图 13-18 所示。

（2）调用 TR【修剪】命令，修剪多余线段，结果如图 13-19 所示。

（3）调用 O【偏移】命令，设置偏移距离为 14，偏移线段；调用 CHA【倒角】命令，对图形进行倒角，结果如图 13-20 所示。

（4）调用 O【偏移】命令、TR【修剪】命令，偏移并修剪线段，绘制结果如图 13-21 所示。

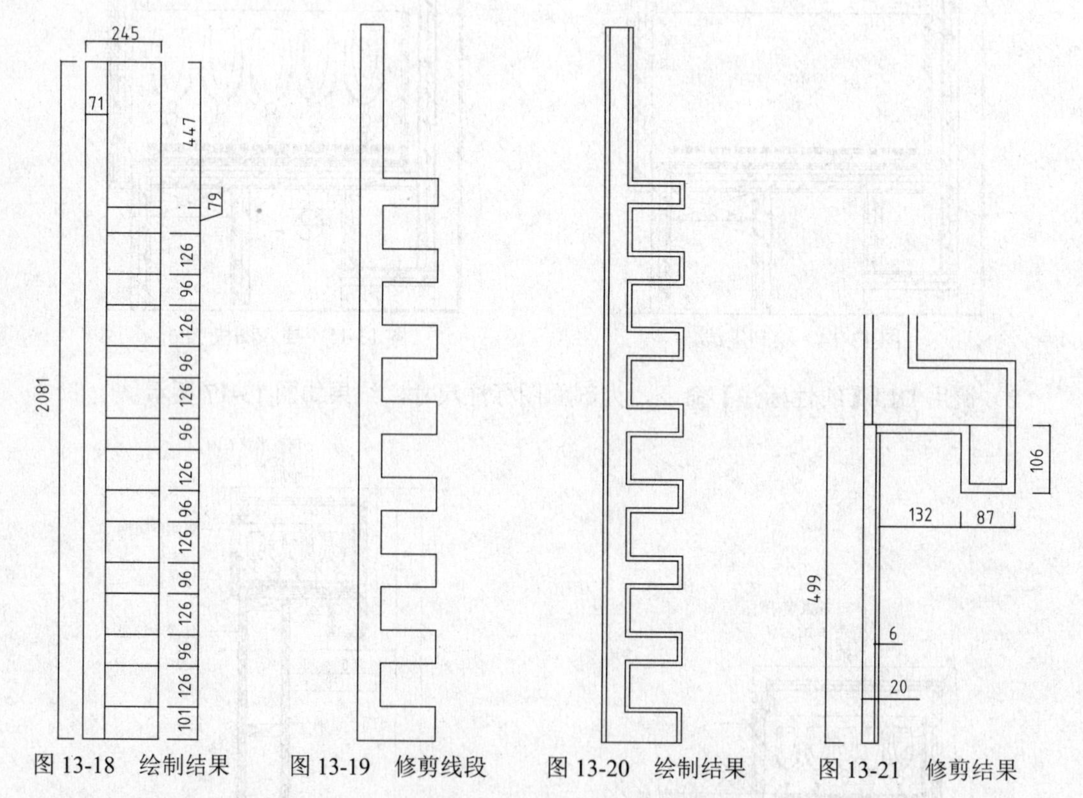

图 13-18　绘制结果　　图 13-19　修剪线段　　图 13-20　绘制结果　　图 13-21　修剪结果

（5）调用 O【偏移】命令，设置偏移距离为 3，偏移线段；调用 TR【修剪】命令，修剪多余线段，结果如图 13-22 所示。

（6）调用 O【偏移】命令、TR【修剪】命令，偏移并修剪线段，绘制结果如图 13-23 所示。

（7）按 Ctrl+O 组合键，打开“第 13 章/家具图例.dwg”文件，将其中的“酒瓶”等图形复制粘贴到图形中，绘制结果如图 13-24 所示。

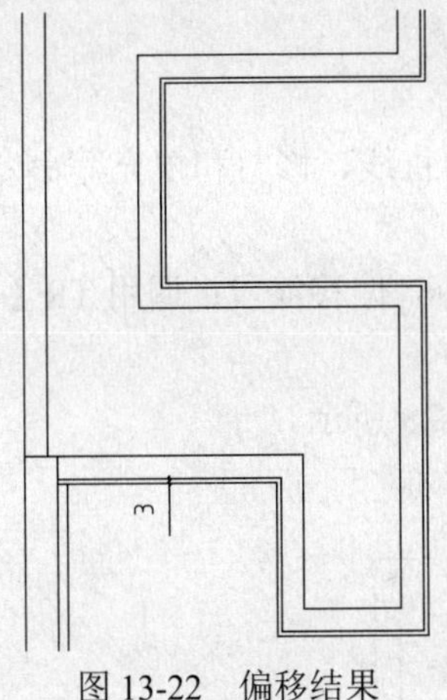

图 13-22　偏移结果

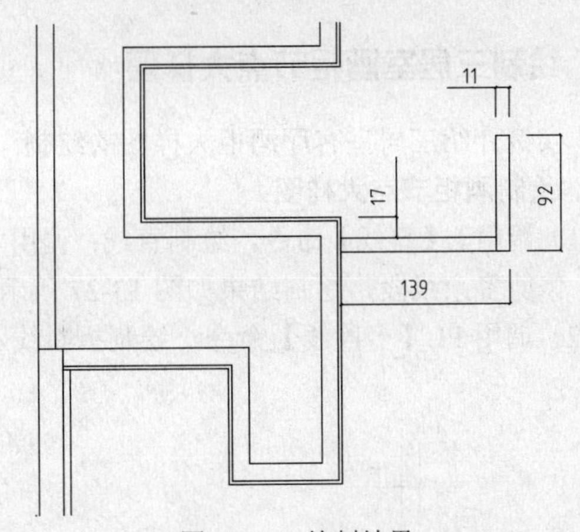

图 13-23　绘制结果

2. 标注文字和尺寸

（1）调用 L【直线】命令，绘制直线；调用 MLD【多重引线】命令，在绘图区指定文字标注的两个对角点，在弹出的【文字格式】对话框中输入材料的名称；单击【确定】按钮，关闭【文字格式】对话框，文字标注结果如图 13-25 所示。

（2）调用 C【圆】命令、I【插入】命令，为剖面图插入大样图符号。

（3）调用 DLI【线性标注】命令，对剖面图进行尺寸标注，结果如图 13-26 所示。

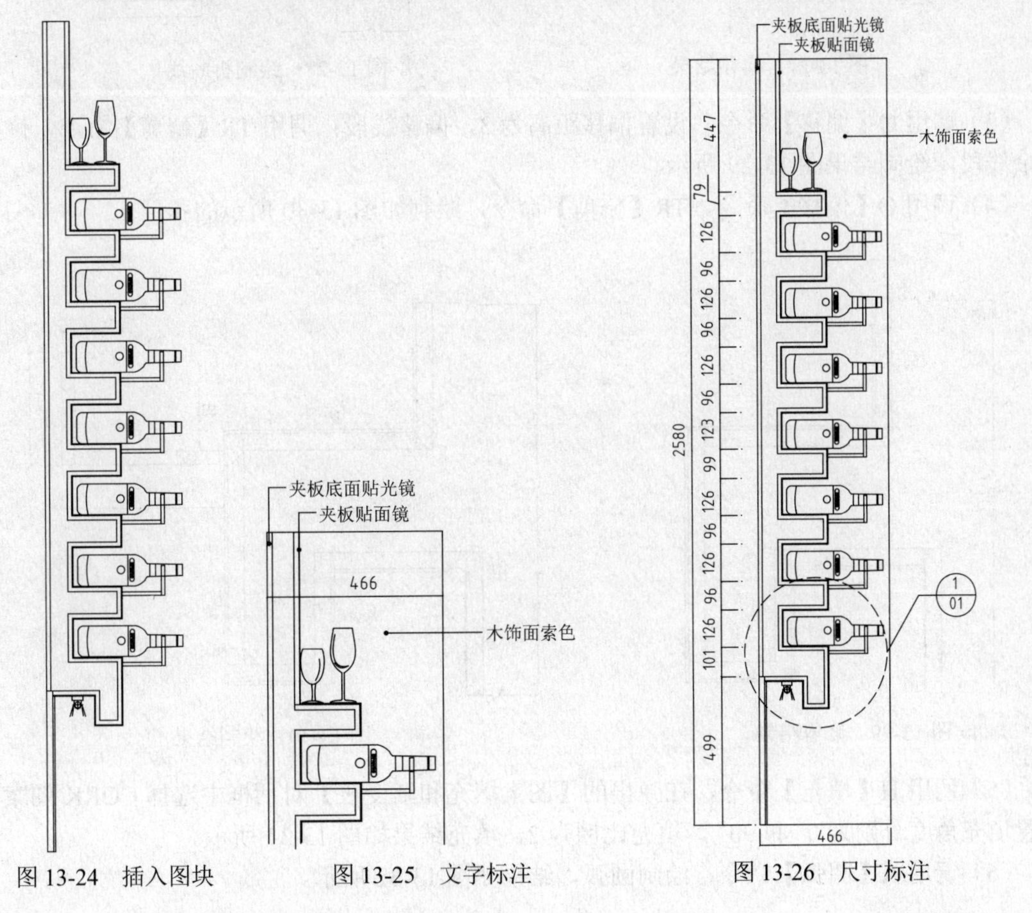

图 13-24　插入图块　　图 13-25　文字标注　　图 13-26　尺寸标注

13.4 绘制三居室酒柜节点大样图

本实例介绍三居室客厅酒柜大样图的绘制，其中主要调用直线、修剪和填充等命令。

1. 绘制酒柜节点大样图

（1）调用 L【直线】命令，绘制直线；调用 O【偏移】命令，偏移线段；调用 TR【修剪】命令，修剪多余线段，绘制结果如图 13-27 所示。

（2）调用 PL【多段线】命令，绘制折断线，结果如图 13-28 所示。

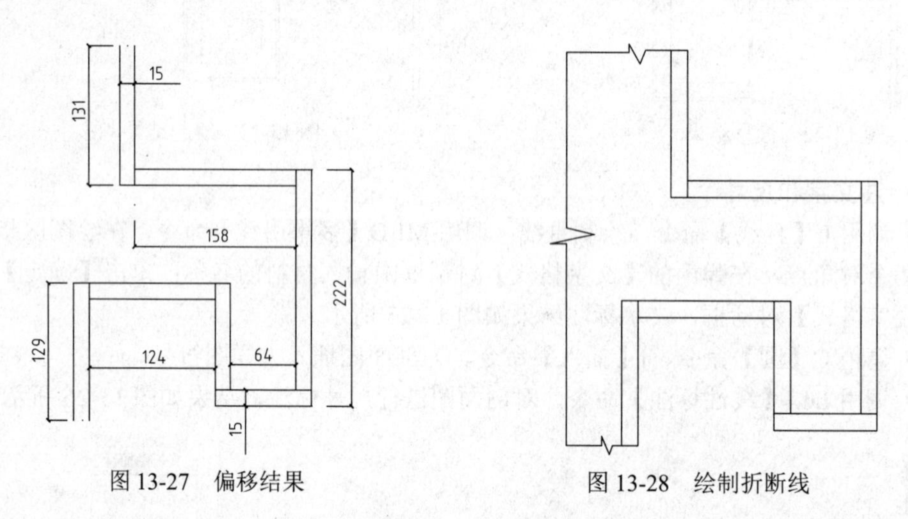

图 13-27 偏移结果　　图 13-28 绘制折断线

（3）调用 O【偏移】命令，设置偏移距离为 3，偏移线段；调用 TR【修剪】命令，修剪多余线段，绘制结果图 13-29 所示。

（4）调用 O【偏移】命令、TR【修剪】命令，绘制如图 13-30 所示的图形。

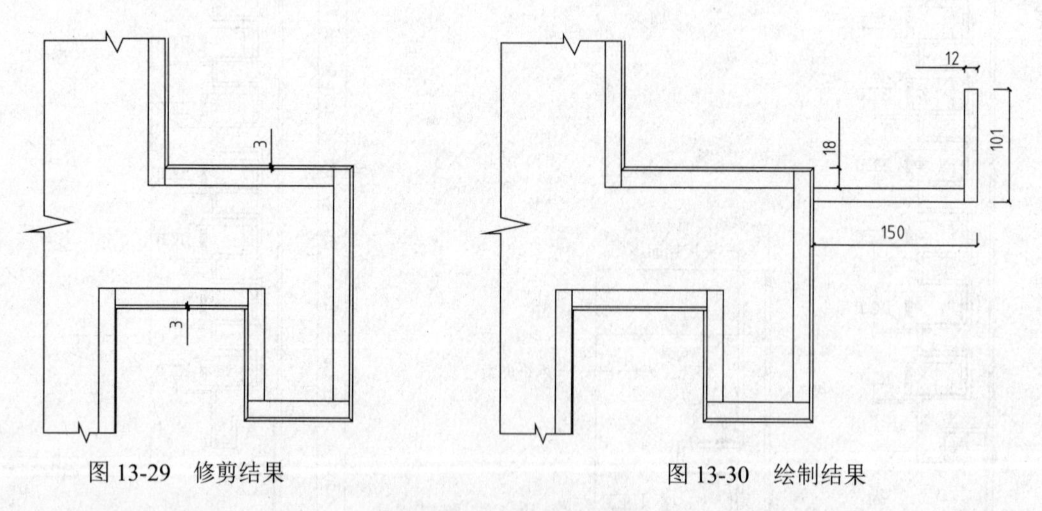

图 13-29 修剪结果　　图 13-30 绘制结果

（5）调用 H【填充】命令，在弹出的【图案填充和渐变色】对话框中选择 CORK 图案，设置填充角度分别为 0° 和 90°，填充比例为 2，填充结果如图 13-31 所示。

（6）调用 A【圆弧】命令，绘制圆弧，结果如图 13-32 所示。

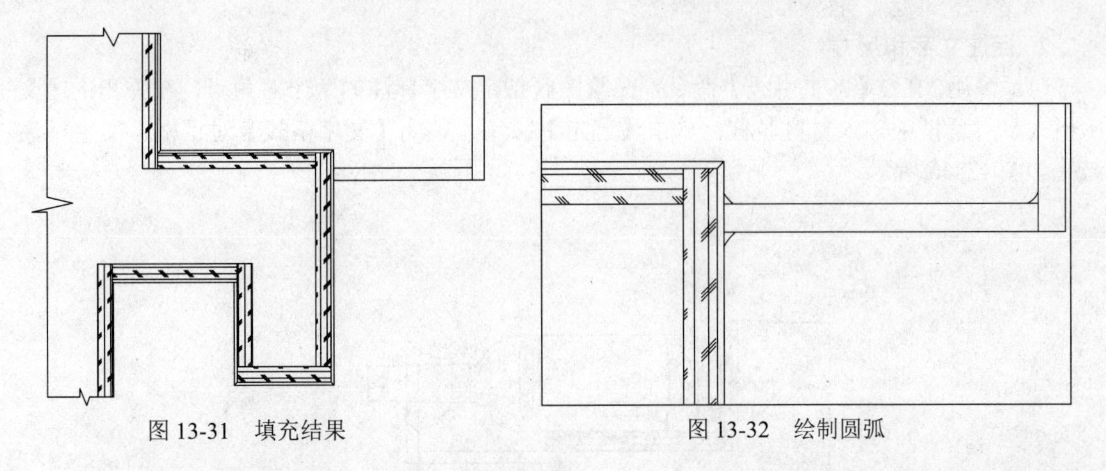

图 13-31　填充结果　　图 13-32　绘制圆弧

（7）调用 H【填充】命令，在弹出的【图案填充和渐变色】对话框中设置参数，如图 13-33 所示。

（8）在对话框中单击【添加：拾取点】按钮，在绘图区中拾取填充区域，填充结果如图 13-34 所示。

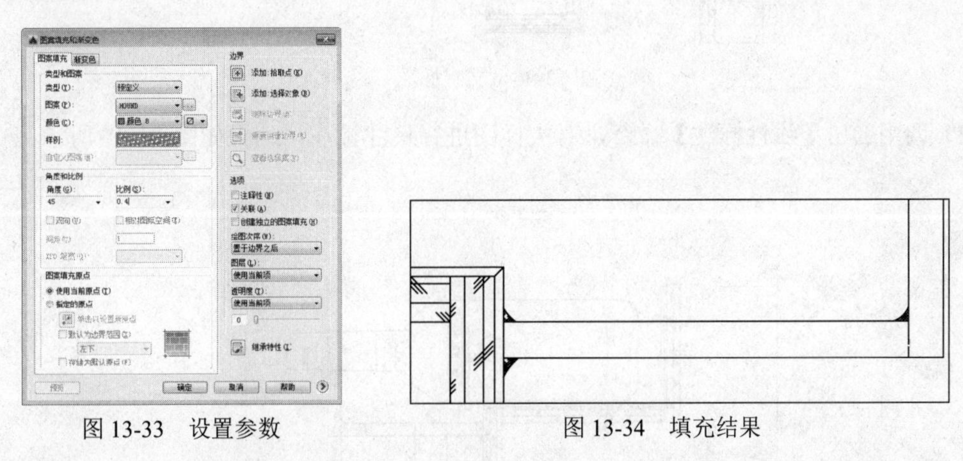

图 13-33　设置参数　　图 13-34　填充结果

（9）按 Ctrl+O 组合键，打开“第 13 章/家具图例.dwg”文件，将其中的“酒瓶”等图形复制粘贴到图形中，绘制结果如图 13-35 所示。

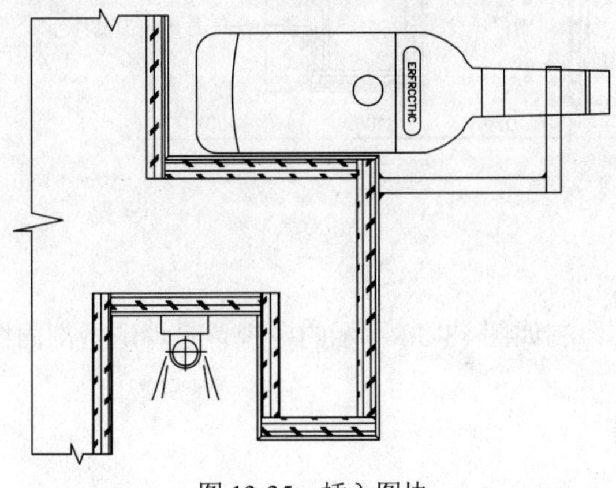

图 13-35　插入图块

2. 标注文字和尺寸

（1）调用 MLD【多重引线】命令，在绘图区指定文字标注的两个对角点，在弹出的【文字格式】对话框中输入材料名称；单击【确定】按钮，关闭【文字格式】对话框，文字标注结果如图 13-36 所示。

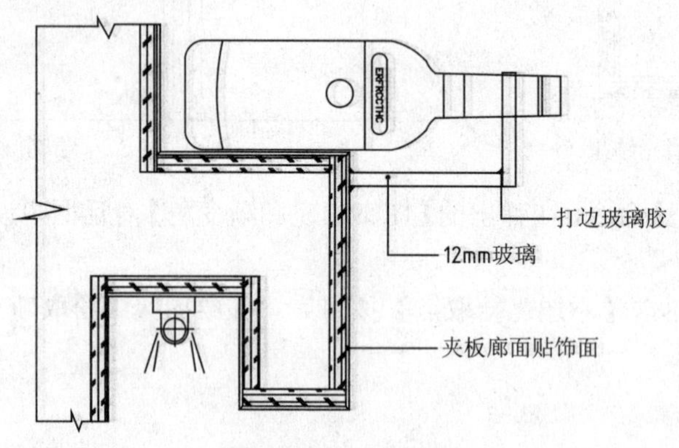

图 13-36　文字标注

（2）调用 DLI【线性标注】命令，对大样图进行尺寸标注，结果如图 13-37 所示。

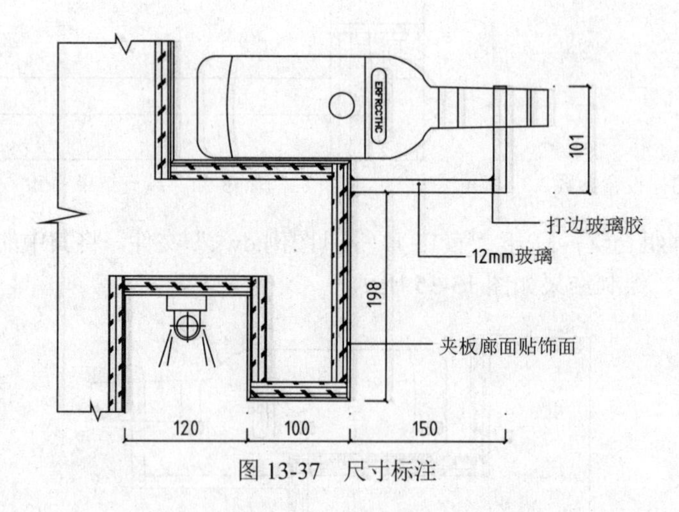

图 13-37　尺寸标注

13.5　课后练习

运用本章所学知识，绘制如图 13-38 所示的电视背景墙造型剖面图。

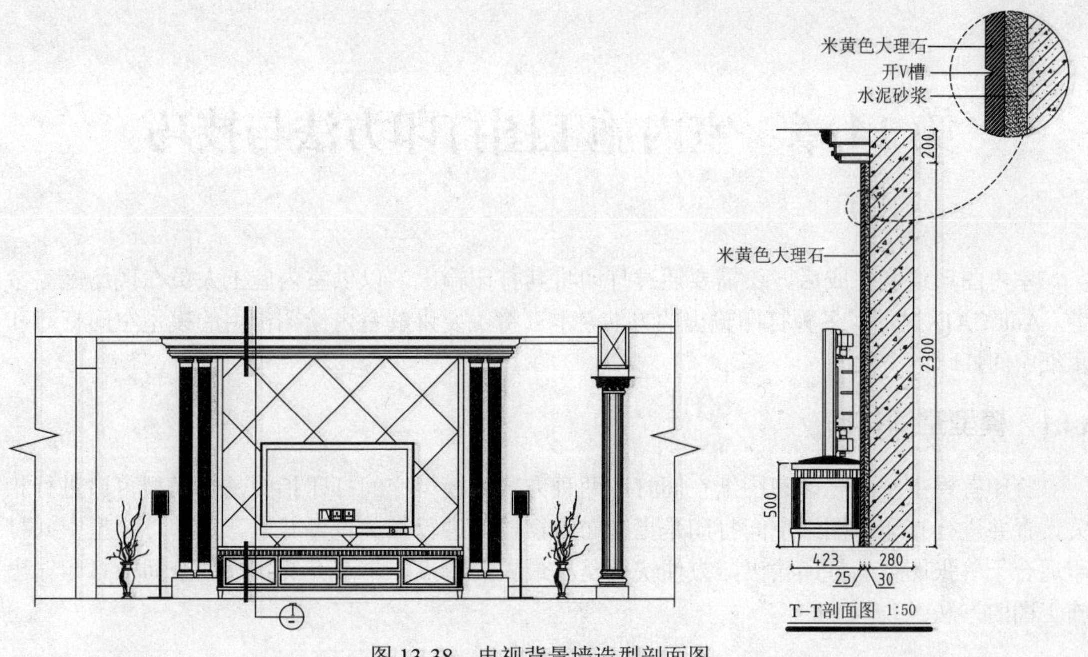

图 13-38　电视背景墙造型剖面图

13.6　本章总结

本章以家装三居室室内设计中的酒吧台、酒柜剖面图和大样图为例，主要讲解了剖面图和大样图的绘制方法，对其绘制的具体细节部分的处理、文字标注的方法做了比较详细的介绍。

在室内装潢设计中，平面图与立面图中不能完全地表达工程的细部做法与材料尺寸；所以，绘制剖面图与详图很有必要。剖面图与详图表达了工程的细部做法，为施工过程提供了有力的技术指导。在以后的实际项目中要多加练习，学会看图和绘图。

第 14 章　室内施工图打印方法与技巧

室内图形绘制完成后，还需要通过打印将其打印输出，以供室内施工人员在现场施工参考。AutoCAD 提供了多种打印输出的方法，本章将主要讲解室内绘图常用的模型空间打印和图纸空间打印的方法。

14.1　模型空间打印

打印有模型空间打印和图纸空间打印两种方式。模型空间打印指的是在模型窗口进行相关设置并进行打印；图纸空间打印是指在布局窗口中进行相关设置并进行打印。模型空间打印适合于单张图纸的打印输出，方便快捷是其最大的特点。本节介绍在模型空间中打印输出施工图的方法。

14.1.1　案例——插入图纸图签

施工图的图签是各专业人员绘图、审图的签名区以及工程名称、设计单位名称、图名、图号的标注区；因此，绘制完成的施工图必须要添加图签才能进行打印输出。

本小节介绍调用图签的方法。

（1）按 Ctrl+O 组合键，打开配套光盘提供的“第 14 章/14.1.1 插入图纸图签.dwg”素材文件，结果如图 14-1 所示。

（2）调用 I【插入】命令，弹出【插入】对话框，选择 A3 图签，结果如图 14-2 所示。

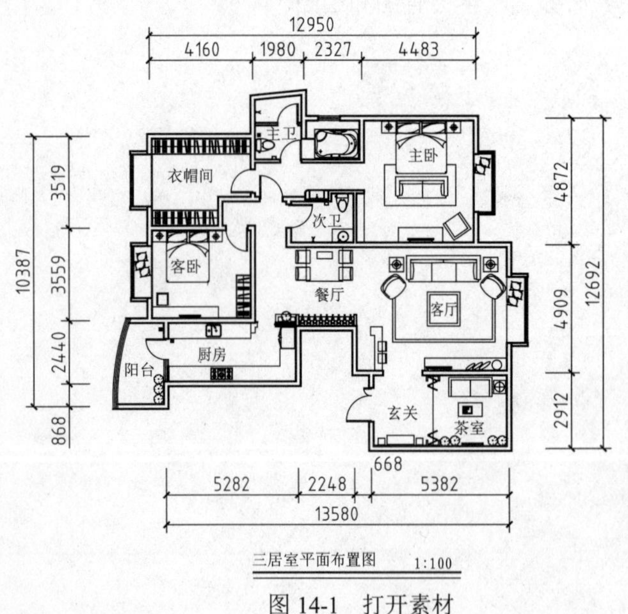

图 14-1　打开素材

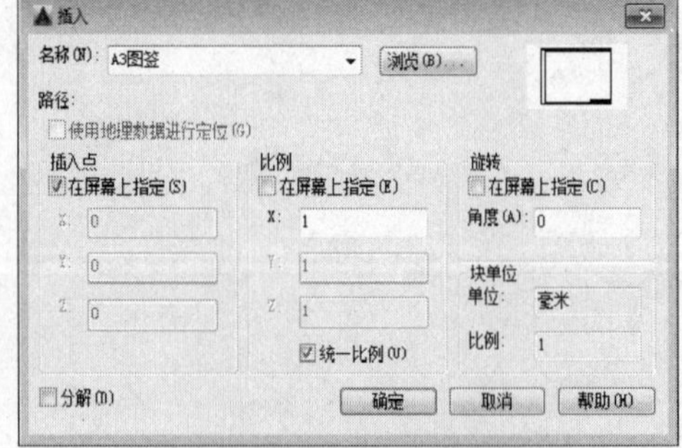

图 14-2 【插入】对话框

（3）在绘图区中单击指定图签的插入点。调用 SC【缩放】命令，指定比例因子将图签放大，结果如图 14-3 所示。

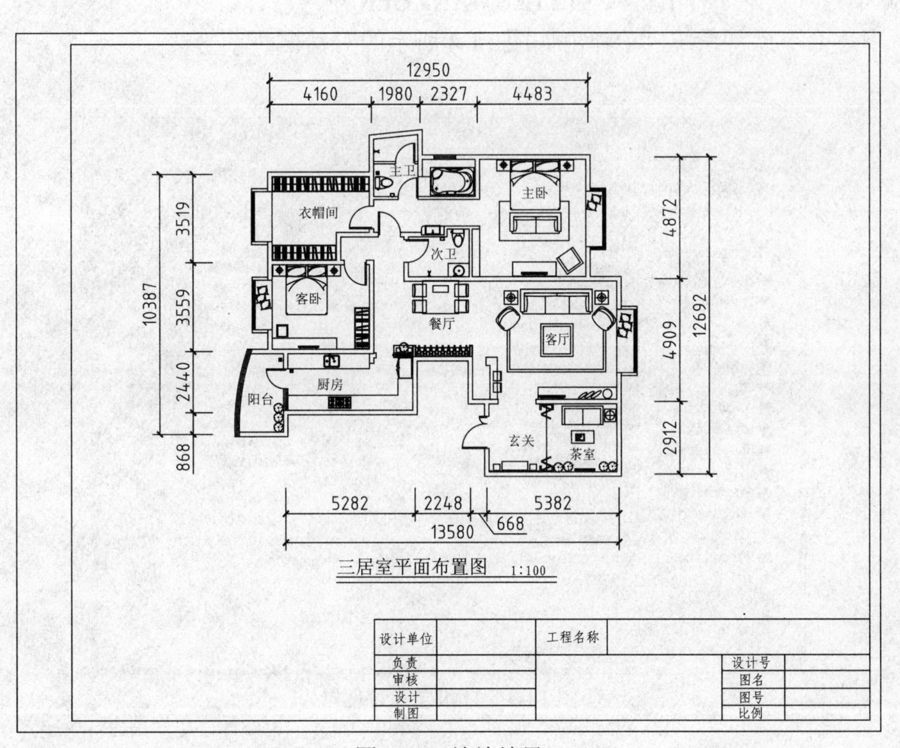

图 14-3　缩放结果

14.1.2　创建打印样式

在图形的绘制过程中，每种图形对象都有其颜色、线型和线宽等属性，且这些样式是图形在屏幕上的显示效果。图纸打印出的显示效果是由打印样式来控制的。

1. 打印样式的类型

AutoCAD 中的打印样式有两种类型：颜色相关样式（CTB）和命名样式（STB）。

颜色相关打印样式以对象的颜色为基础，共有 255 种颜色相关打印样式。在颜色相关打印样式模式下，通过调整与对象颜色对应的打印样式可以控制所有具有同种颜色的对象的打印方式。颜色相关打印样式表文件的后缀名为“.ctb”。

命名打印样式可以独立于对象的颜色使用，可以给对象指定任意一种打印样式，不管对象的颜色是什么。命名打印样式表文件的后缀名为“.stb”。

2. 打印样式的设置

使用打印样式可以多方面控制对象的打印方式，打印样式属于对象的一种特性，它用于修改打印图形的外观。用户可以设置打印样式来代替其他对象原有的颜色、线型和线宽等特性。在同一个 AutoCAD 图形文件中，不允许同时使用两种不同的打印样式类型，但允许使用同一类型的多个打印样式。例如，若当前文档使用命名打印样式时，图层特性管理器中的【打印样式】属性项是不可用的，因为该属性只能用于设置颜色打印样式。

设置【打印样式】的方法如下。

- 菜单栏：执行【文件】|【打印样式管理器】菜单命令。
- 命令行：在命令行中输入 STYLESMANAGER 命令。

执行上述命令后，系统自动弹出如图 14-4 所示的对话框。

图 14-4　打印样式管理器

14.1.3　案例——添加颜色打印样式

使用颜色打印样式可以通过图形的颜色设置不同的打印宽度、颜色和线型等打印外观。

（1）单击【快速访问】工具栏中的【新建】按钮，新建空白文件。

（2）执行【文件】|【打印样式管理器】菜单命令，系统自动弹出如图 14-5 所示对话框，双击【添加打印样式表向导】图标，系统弹出【添加打印样式表】对话框，单击【下一步】按钮，系统转换成【添加打印样式表—开始】对话框，如图 14-6 所示。

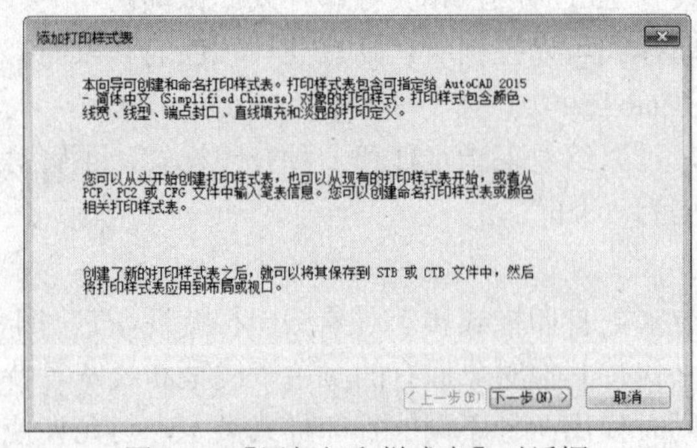

图 14-5　【添加打印样式表】对话框

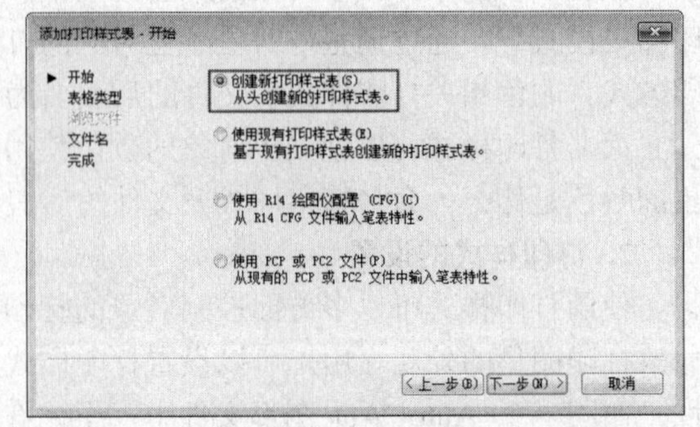

图 14-6　【添加打印样式表—开始】对话框

（3）选择【创建新打印样式表】单选按钮，单击【下一步】按钮，系统打开【添加打印样式表—选择打印样式表】对话框，如图 14-7 所示，选择【颜色相关打印样式表】单选按钮，单击【下一步】按钮，系统转换成【添加打印样式表—文件名】对话框，如图 14-8 所示，新建一个名为【以线宽打印】的颜色打印样式表文件，单击【下一步】按钮。

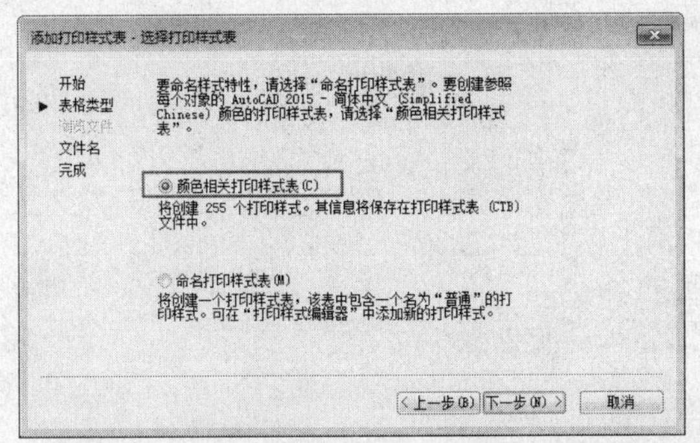

图 14-7 【添加打印样式表—选择打印样式】

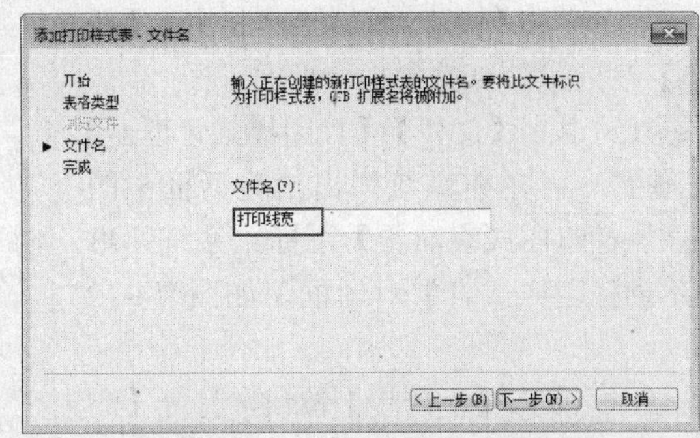

图 14-8 【添加打印样式表—文件名】对话框

（4）在【添加打印样式表—完成】对话框中单击【打印样式表编辑器】按钮，如图 14-9 所示，打开【打印样式表编辑器】对话框。

（5）在【打印样式】列表框中选择【颜色 1】，单击【表格视图】选项卡中【特性】选项组的【颜色】下拉列表框中选择黑色，【线宽】下拉列表框中选择线宽 0.3000㎜，如图 14-10 所示。

提示：黑白打印机常用灰度区分不同的颜色，使得图样比较模糊。可以在【打印样式表编辑器】对话框的【颜色】下拉列表框中将所有颜色的打印样式设置为“黑色”，以得到清晰的出图效果。

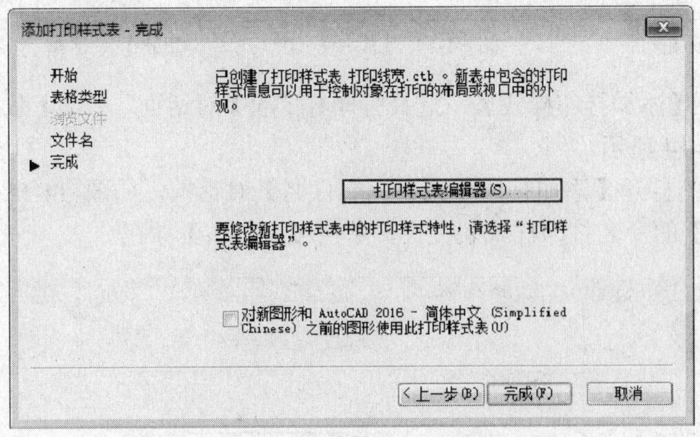

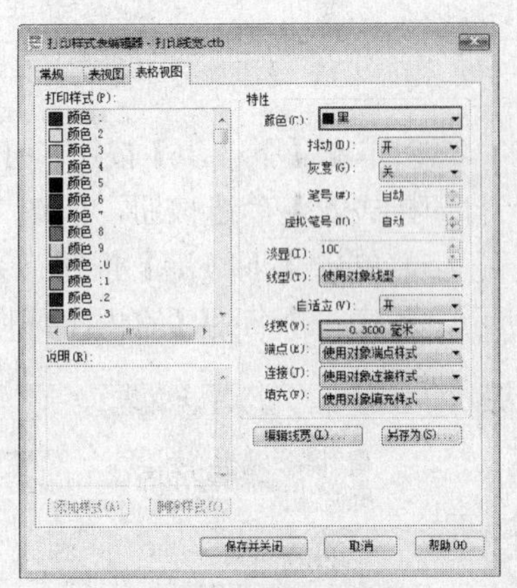

图 14-9 【添加打印样式表—完成】对话框

图 14-10 【打印样式表编辑器—打印线宽】对话框

（6）单击【保存并关闭】按钮，这样所有用【颜色 1】的图形打印时都将以线宽 0.3000㎜ 来出图，设置完成后，再选择【文件】|【打印样式管理器】，在打开的对话框中，【打印线宽】就出现在该对话框中，如图 14-11 所示。

14.1.4 案例——添加命名打印样式

采用 STB 打印样式类型，为不同的图层设置不同的命名打印样式。

（1）单击【快速访问】工具栏中的【新建】按钮，新建空白文件。

（2）执行【文件】|【打印样式管理器】菜单命令，单击系统弹出的对话框中的【添加打印样式表向导】图标，系统弹出【添加打印样式表】对话框，如图 14-12 所示。

（3）单击【下一步】按钮，打开【添加打印样式表—开始】对话框，选择【创建新打印样式表】单选按钮，如图 14-13 所示。

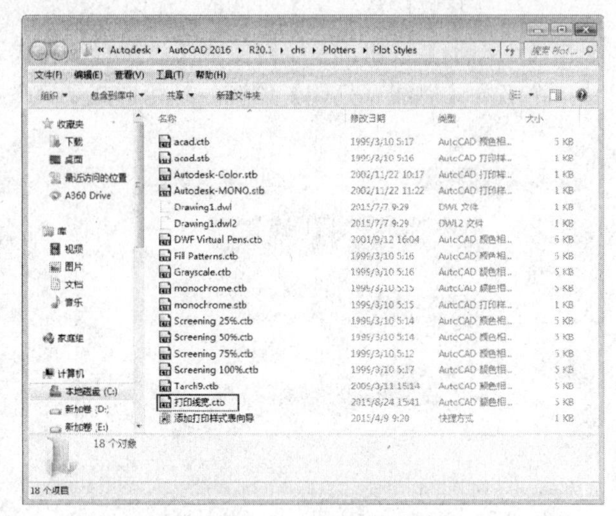

图 14-11 添加打印样式结果

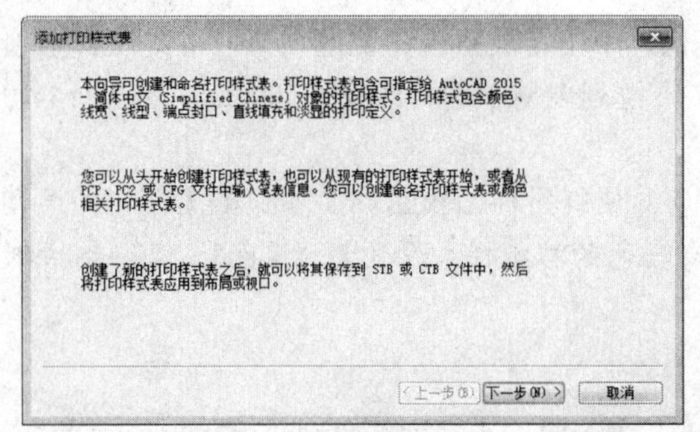

图 14-12 【添加打印样式表】对话框

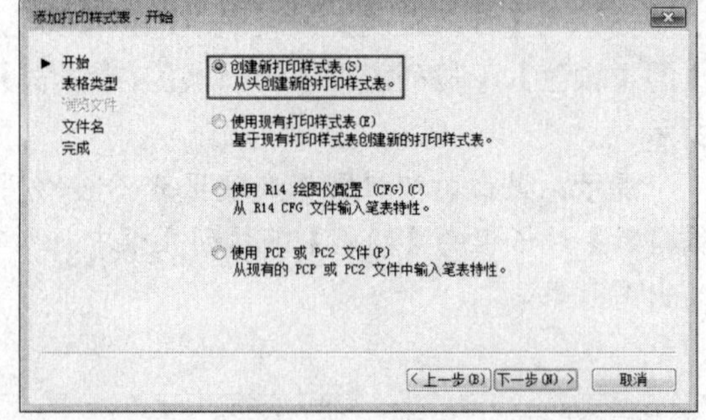

图 14-13 【添加打印样式表—开始】对话框

（4）单击【下一步】按钮，打开【添加打印样式表—选择打印样式表】对话框，单击【命名打印样式表】单选按钮，如图 14-14 所示。

（5）单击【下一步】按钮，系统打开【添加打印样式表—文件名】对话框，如图 14-15 所示，新建一个名为【室内平面图】的命名打印样式表文件，单击【下一步】按钮。

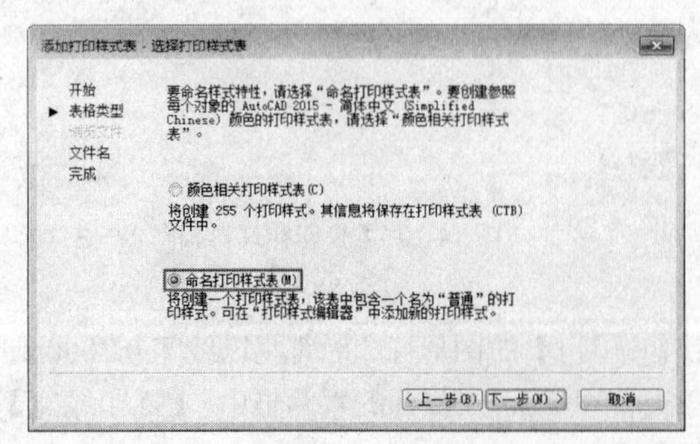

图 14-14 【添加打印样式表—选择打印样式】对话框

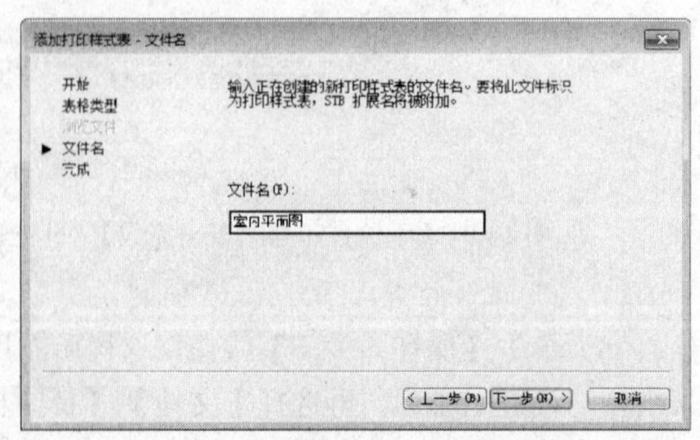

图 14-15 【添加打印样式表—文件名】对话框

（6）在【添加打印样式表—完成】对话框中单击【打印样式表编辑器】按钮，如图 14-16 所示。

（7）在打开的【打印样式表编辑器—室内平面图.stb】对话框中，在【表格视图】选项卡中，单击【添加样式】按钮，添加一个名为【粗实线】的打印样式，设置【颜色】为黑色，【线宽】为 0.3㎜。用同样的方法添加一个命名打印样式为【细实线】，设置【颜色】为黑色，【线宽】为 0.1㎜，【淡显】为 30，如图 14-17 所示。设置完成后，单击【保存并关闭】按钮退出对话框。

图 14-16 【添加打印样式表—完成】对话框

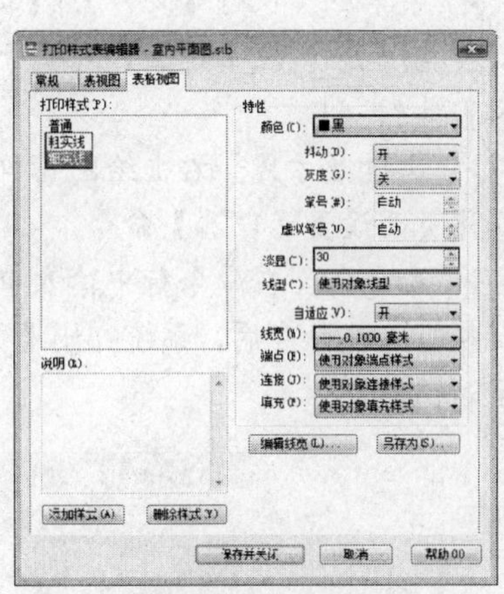

图 14-17 【打印样式表编辑器—室内平面图.stb】对话框

（8）设置完成后，再执行【文件】|【打印样式管理器】，在打开的对话框中，【室内平面图】就出现在该对话框中，如图 14-18 所示。

图 14-18　添加打印样式结果

14.1.5 页面设置

为施工图添加图签之后，就要进行页面设置。页面设置包括打印设备、纸张、打印区域和打印方向等参数的设置。页面设置可以命名保存，可以将同一个命名页面设置应用到多个布局图中，也可以从其他图形中输入命名页设置并将应用到当前图形的布局中，这样就避免了在每次打印前都反复进行打印设置的麻烦。

在 AutoCAD 中，调用【新建页面设置】的方法如下。

- 菜单栏：执行【文件】|【页面设置管理器】菜单命令。
- 功能区：在【输出】选项卡中，单击【布局】面板或【打印】面板中的【页面设置管理器】按钮。
- 快捷键方式：右击绘图窗口下的【模型】或【布局】选项卡，在弹出的快捷菜单中，选择【页面设置管理器】命令。
- 命令行：在命令行中输入 PAGESETUP 命令。

执行上述命令后，系统弹出【页面设置管理器】对话框，新建页面设置，弹出如图 14-19 所示对话框。

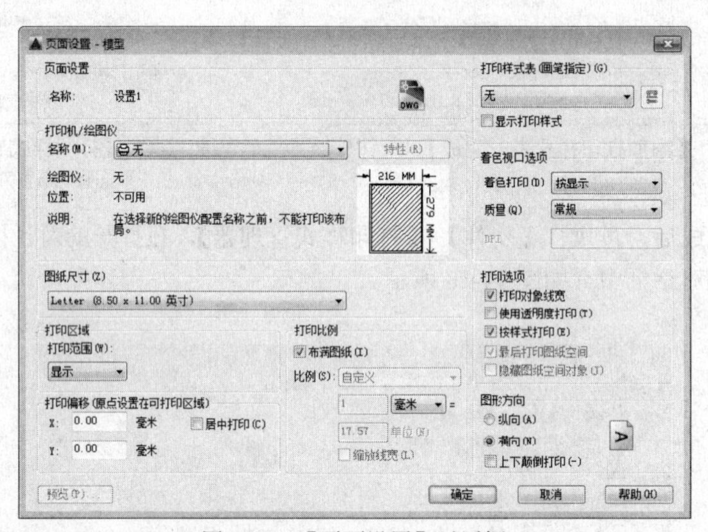

图 14-19 【页面设置】对话框

页面设置对话框中各选项具体含义如下。

1. 指定打印设备

【打印机/绘图仪】选项组用于设置出图的绘图仪或打印机。如果打印设备已经与计算机或网络系统正确连接，并且驱动程序也已经正常安装，那么在【名称】下拉列表框中就会显示该打印设备的名称，可以选择需要打印的设备。

AutoCAD 将打印介质和打印设备的相关信息储存在后缀名为*.pc3 的打印配置文件中，这些信息包括绘图仪配置设置指定端口信息、光栅图形和矢量图形的质量、图样尺寸以及取决于绘图仪类型的自定义特性。这样使得打印配置可以用于其他 AutoCAD 文档，能够实现共享，避免了反复设置。选中某打印设备，单击右边的【特性】按钮，可以打开【绘图仪配置编辑器】对话框，如图 14-20 所示，在该对话框中可以对*.pc3 文件进行修改、输入和输出等操作。

2. 设定图纸尺寸

在【图纸尺寸】下拉列表框中选择打印出图时的纸张类型，控制出图比例。

工程制图的图纸有一定的规范尺寸，一般采用英制 A 系列图纸尺寸，包括 A0、A1、A2 等标准型号，以及 A0+、A1+等加长图纸型号。图纸加长的规定是：可以将边延长 1/4 或 1/4 的整数倍，最多可以延长至原尺寸的两倍，短边不可延长。各型号图纸的尺寸如表 14-1 所示。

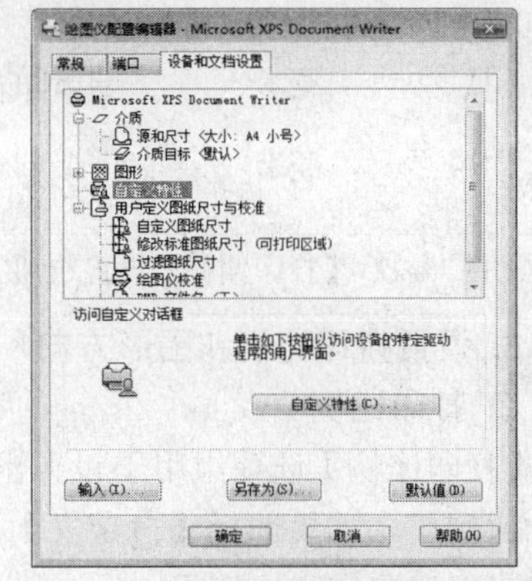

图 14-20 【绘图仪配置编辑器】对话框

表 14-1　　　　标 准 图 纸 尺 寸

图 纸 型 号	长 宽 尺 寸
A0	1189㎜×841㎜
A1	841㎜×594㎜
A2	594㎜×420㎜
A3	420㎜×297㎜
A4	297㎜×210㎜

新建图纸尺寸的步骤为首先在打印机配置文件中新建一个或若干个自定义尺寸，然后保存为新的打印机配置 pc3 文件。这样，以后需要使用自定义尺寸时，只需要在【打印机/绘图仪】对话框中选择该配置文件即可。

3. 设置打印区域

AutoCAD 的绘图空间是可以无限缩放的空间，为避免在一个很大的范围内打印很小的图形，就需要设置打印区域。在【页面设置】对话框中，单击【打印范围】下拉列表按钮，如图 14-21 所示。

【打印范围】下拉列表用于确定设置图形中需要打印的区域，其各选项含义如下：

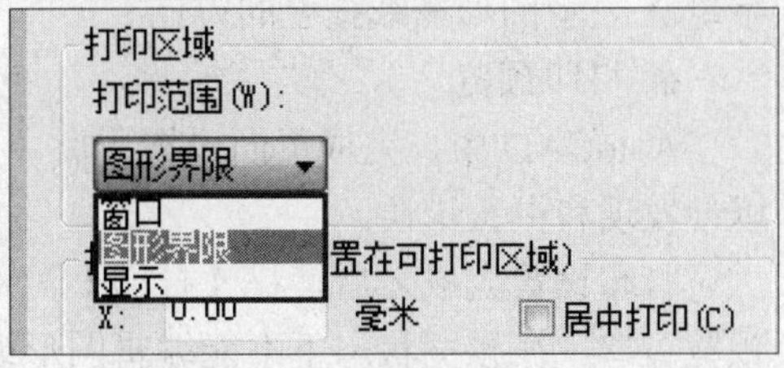

图 14-21　设置打印范围

➢ 窗口：用窗选的方法确定打印区域。单击该按钮后，【页面设置】对话框暂时消失，系统返回绘图区，可以用鼠标在模型窗口中的工作区间拉出一个矩形窗口，该窗口内的区域就是打印范围。使用该选项确定打印范围简单方便，但是不能精确比例尺和出图尺寸。

➢ 图形界限：以绘图设置的图形界限作为打印范围，栅格部分为图形界限。

➢ 显示：打印模型窗口当前视图状态下显示的所有图形对象，可以通过 ZOOM 命令调整视图状态，从而调整打印范围。

4. 设置打印偏移

【打印偏移】选项组用于指定打印区域偏离图样左下角的 *X* 方向和 *Y* 方向偏移值，一般情况下，都要求出图充满整个图样，所以设置 *X* 方向和 *Y* 方向偏移值均为 0，如图 14-22 所示。

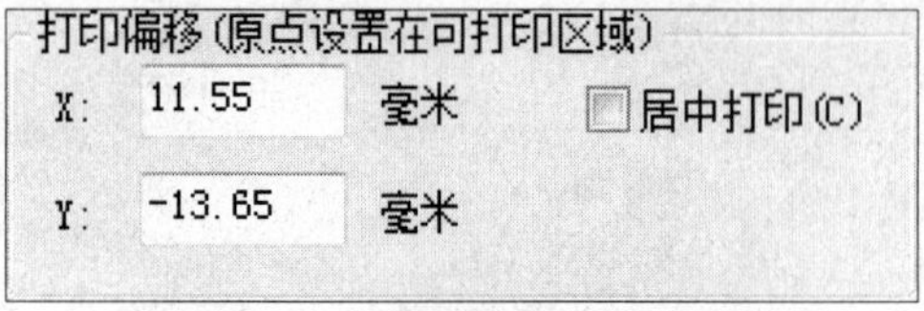

打印偏移(原点设置在可打印区域)
X: 11.55 毫米 居中打印(C)
Y: -13.65 毫米

图 14-22 【打印偏移】设置选项

通常情况下打印的图形和纸张的大小一致，不需要修改设置。选中【居中打印】复选框，则图形居中打印。这个【居中】是指在所选纸张大小 A1、A2 等尺寸的基础上居中，也就是 4 个方向上各留空白，而不只是卷筒纸的横向居中。

5. 设置打印比例和图形方向

❑ 打印比例

【打印比例】选项组用于设置出图比例尺。在【比例】下拉列表框中可以精确设置需要出图的比例尺。如果选择【自定义】选项，则可以在下方的文本框中设置与图形单位等价的英寸数来创建自定义比例尺。

如果对出图比例尺和打印尺寸没有要求，可以直接选中【布满图样】复选框，这样 AutoCAD 会将打印区域自动缩放到充满整个图样。

【缩放线框】复选框用于设置线宽值是否按打印比例缩放。通常要求直接按照线宽值打印，而不按打印比例缩放。

在 AutoCAD 中，有两种方法控制打印出图比例。

➢ 在打印设置或页面设置的【打印比例】区域设置比例，如图 14-23 所示。

➢ 在图纸空间中使用视口控制比例，然后按照 1:1 打印。

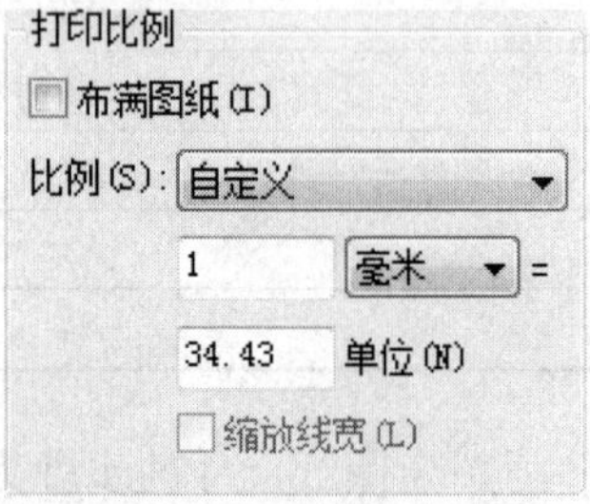

打印比例
布满图纸(I)
比例(S): 自定义
1 毫米 =
34.43 单位(N)
缩放线宽(L)

图 14-23 【打印比例】设置选项

❑ 图形方向

工程制图多需要使用大幅的卷筒纸打印，在使用卷筒纸打印时，打印方向包括两个方面的问题：第一，图纸阅读时所说的图纸方向，是横宽还是竖长；第二，图形与卷筒纸的方向关系，是顺着出纸方向还是垂直于出纸方向。

在 AutoCAD 中分别使用图纸尺寸和图形方向来控制最后出图的方向。在【图形方向】区域可以看到小示意图，其中白纸表示设置图纸尺寸时选择的图纸尺寸是横宽还是竖长，字母 A 表示图形在纸张上的方向。

6. 打印预览

AutoCAD 中，完成页面设置之后，发送到打印机之前，可以对要打印的图形进行预览，以便发现和更正错误。

打印设置完成之后，在【打印】对话框中，单击窗口左下角的【预览】按钮，即可进入预览窗口。在预览状态下不能编辑图形或修改页面设置，但可以缩放、平移和使用搜索、通信中心、收藏夹等。

单击打印预览窗口左上角的【关闭预览窗口】按钮⊗，可以退出预览模式，返回【打印】对话框。

14.1.6 案例——新建页面设置

(1) 在命令行中输入 PAGESETUP 并按 Enter 键，弹出【页面设置管理器】对话框，如图 14-24 所示。

(2) 单击对话框中的【新建】按钮，新建一个页面，并命名为“A3 横向”，选择基础样式为【无】，如图 14-25 所示。

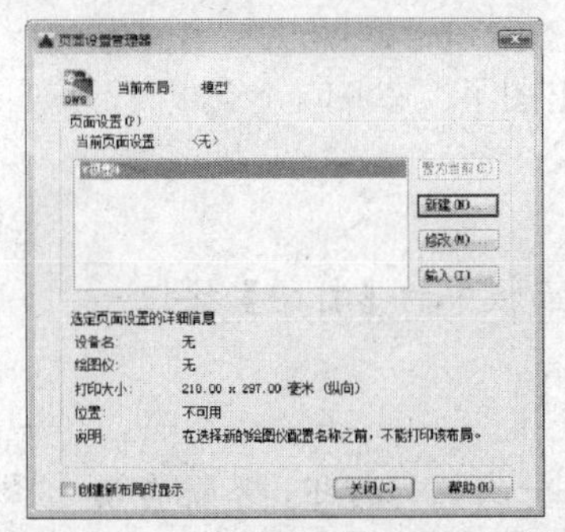

图 14-24 【页面设置管理器】对话框

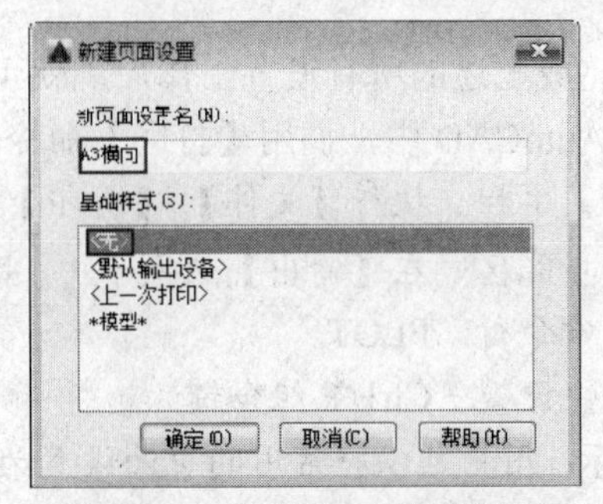

图 14-25　新建页面设置对话框

（3）单击【确定】按钮，弹出如图 14-26 所示的【页面设置】对话框，在【打印机/绘图仪】选项组中选择【DWF6.ePlot.pc3】打印设备。在【图纸尺寸】下拉列表框中选择【ISO A3（420.00×297.00 毫米）】纸张。在【图形方向】选项区域中选择【横向】单选按钮。在【打印偏移】选项组中选中【居中打印】复选框，在【打印范围】下拉列表框中选择【图形界限】选项，如图 14-27 所示。

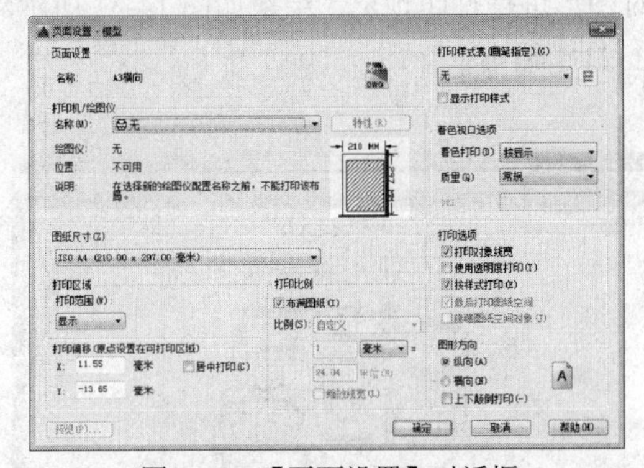

图 14-26 【页面设置】对话框

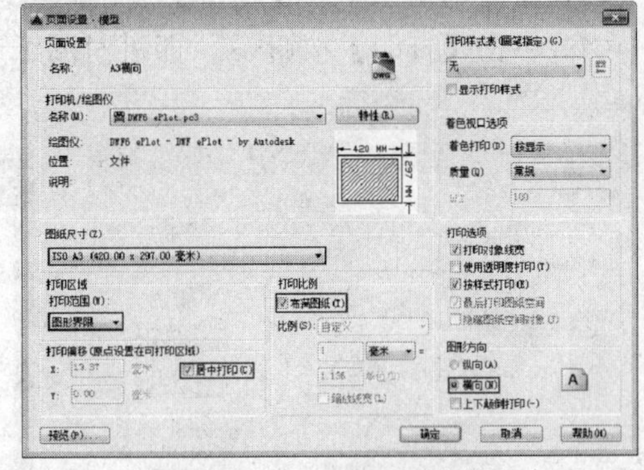

图 14-27　设置页面参数

（4）在【打印样式表】下拉列表框中选择 acad.ctb，系统弹出提示对话框，如图 14-28 所示，单击【是】按钮。最后单击【页面设置】对话框上的【确定】按钮，创建的“A3 横向”页面设置，如图 14-29 所示。

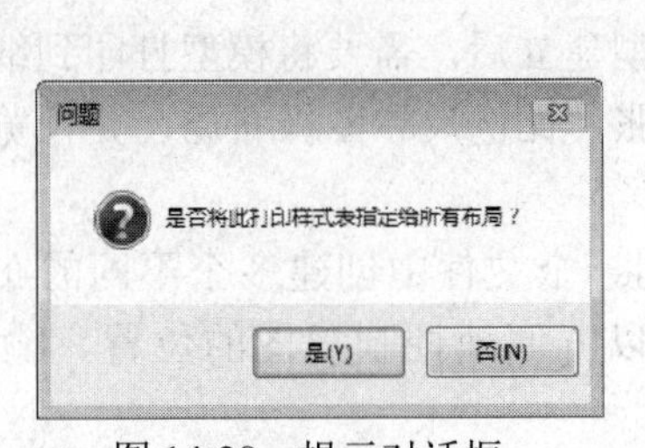

图 14-28　提示对话框

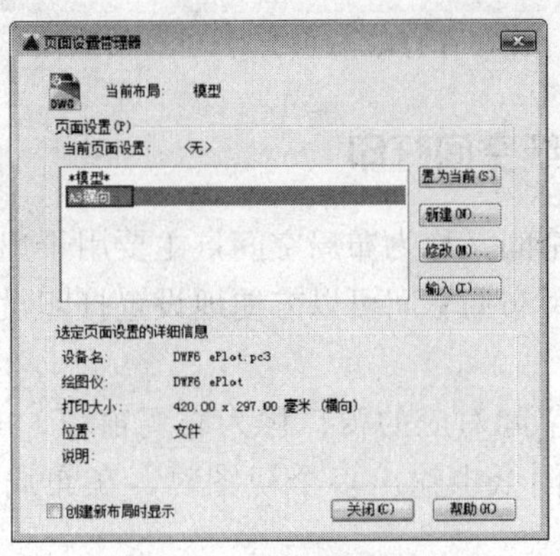

图 14-29　新建的页面设置

14.1.7 打印输出

在完成上述的所有设置工作后，就可以开始打印出图了。

在 AutoCAD 中，调用【打印】命令的方法如下：

- 菜单栏：执行【文件】|【打印】命令。
- 功能区：在【输出】选项卡中，单击【打印】面板中的【打印】按钮。
- 命令行：PLOT。
- 快捷键：Ctrl+P 组合键。

提示：用户可以将常用的页面设置为当前，这样每一次执行打印，系统自动选择该设置，不用再在页面设置列表中选择。

14.1.8 案例——打印室内平面布置图

（1）按 Ctrl+O 组合键，打开配套光盘提供的“第 14 章/14.1.8 打印室内平面布置图”素材文件。

（2）按 Ctrl+P 组合键，弹出【打印-模型】对话框，如图 14-30 所示。

（3）在对话框中单击【预览】按钮，可以对图形进行打印预览，结果如图 14-31 所示。

（4）单击【打印】按钮，即可对图纸进行打印输出。

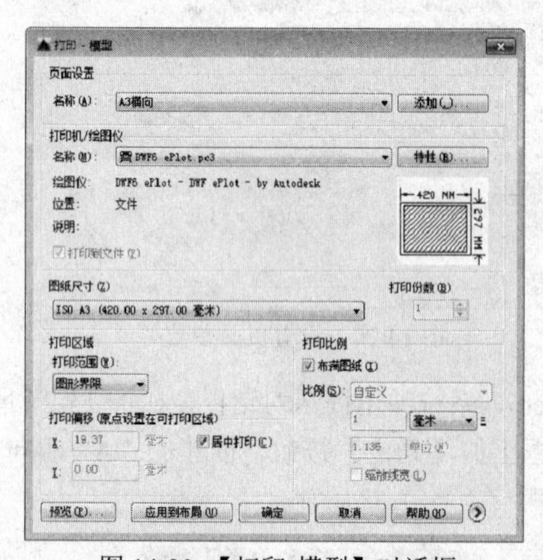

图 14-30 【打印-模型】对话框

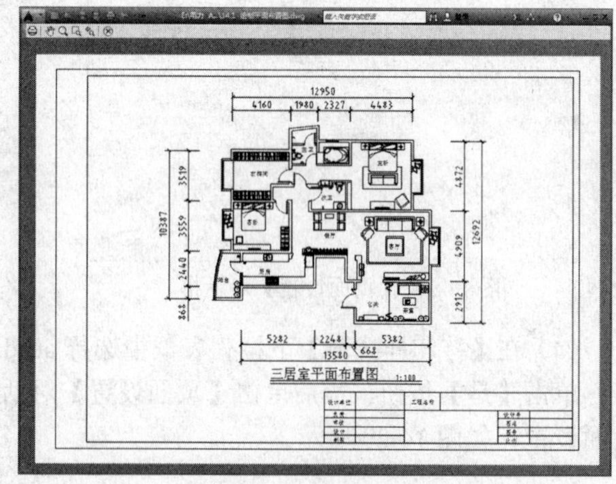

图 14-31 打印预览

14.2 图纸空间打印

图纸空间又称为布局空间，主要用于出图。模型建立后，需要将模型打印到纸面上形成图样。使用布局空间可以方便地设置打印设备、纸张、比例尺和图样布局，并预览实际出图的效果。

布局空间对应的窗口称为布局窗口，可以在同一个文件中创建多个不同的布局。当需要在一张图纸中输出多个视图时，在布局空间可以方便地控制视图的位置、输出比例等参数。

14.2.1　进入布局空间

在模型中绘制完图样后，若需要进行布局打印，可单击绘图区左下角的布局空间选项卡，即【布局 1】和【布局 2】进入布局空间，对图样打印输出的布局效果进行设置。设置完毕后，单击【模型】选项卡即可返回到模型空间。

在模型空间中单击状态栏左下角的【布局 1】和【布局 2】选项卡，即可进入图纸空间，结果如图 14-32 所示。进入布局空间后，AutoCAD 会自动创建一个视口，该视口多不符合实际的使用需求，可以调用 E【删除】命令将其删除，结果如图 14-33 所示。

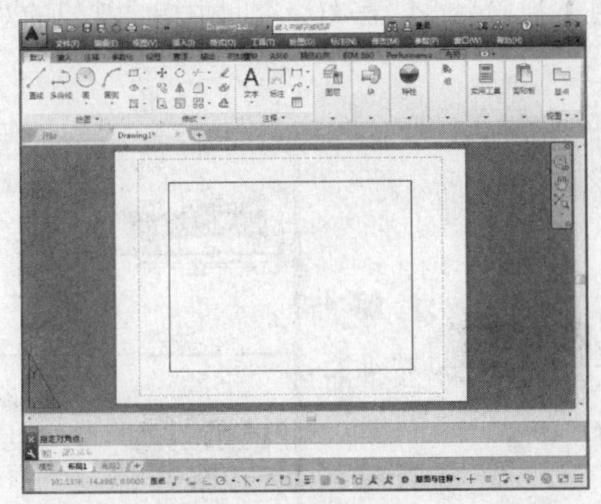

图 14-32　布局空间

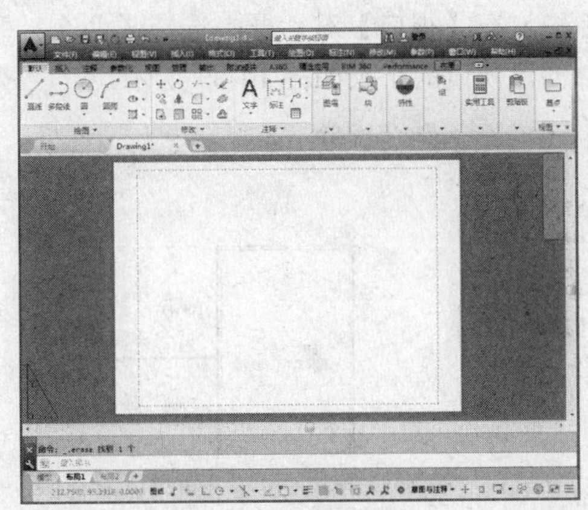

图 14-33　删除视口

14.2.2　案例——页面设置

与在模型空间中打印输出图形相同，在图纸空间中也同样需要进行页面设置，才能对图纸进行打印输出的操作。

（1）将鼠标置于【布局 1】选项卡上，单击右键，在弹出的快捷菜单中选择【页面设置管理器】选项，如图 14-34 所示。

（2）系统弹出【页面设置管理器】对话框，单击【新建】按钮；在【新建页面设置】对话框中设置样式名称为“A3 图纸页面设置”，单击【确定】按钮。

（3）在弹出的【页面设置-布局 1】对话框中设置参数，结果如图 14-35 所示。

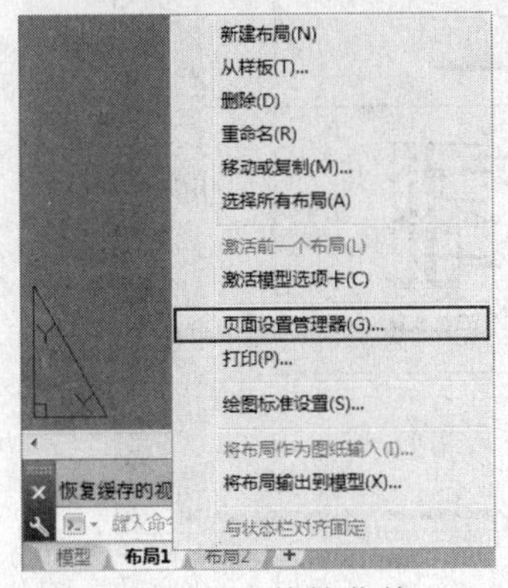

图 14-34　快捷菜单

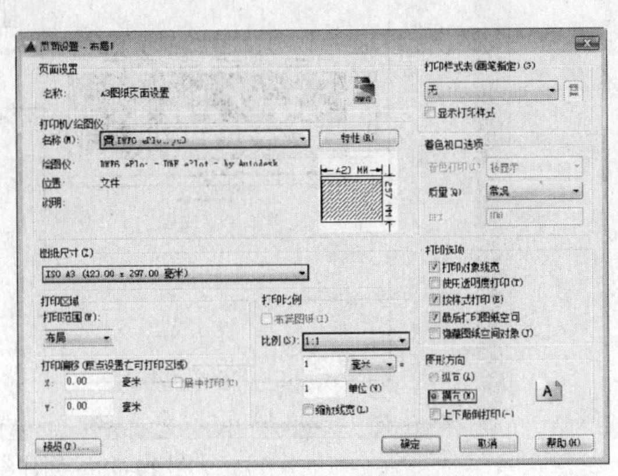

图 14-35　设置参数

（4）单击【确定】按钮，返回【页面设置管理器】对话框；将“A3 图纸打印页面设置”置为当前，单击【关闭】按钮关闭对话框。

14.2.3 案例——创建视口

通过创建视口，可以将图形使用不同的比例进行打印输出。本小节介绍创建视口的方法。

（1）调用 LA【图层特性】，弹出的【图层特性管理器】对话框，新建一个名称为“VPOSTS”的图层。

（2）在命令行输入 VPORTS 按回车键，弹出【视口】对话框，结果如图 14-36 所示。

（3）在【视口】对话框中选择【两个：垂直】视口命令，在布局空间中指定视口的对角点，创建视口的结果如图 14-37 所示。

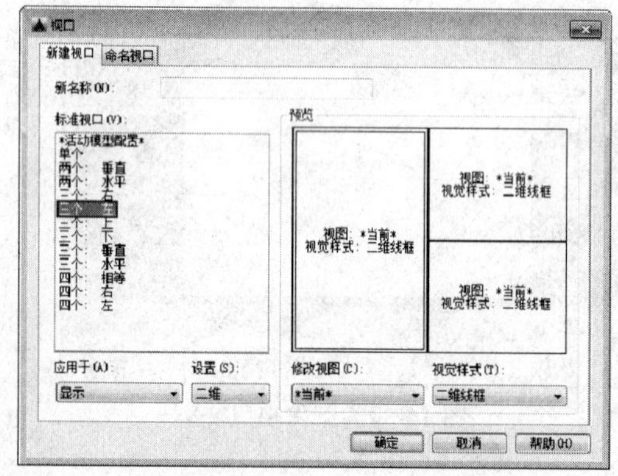

图 14-36 【视口】对话框

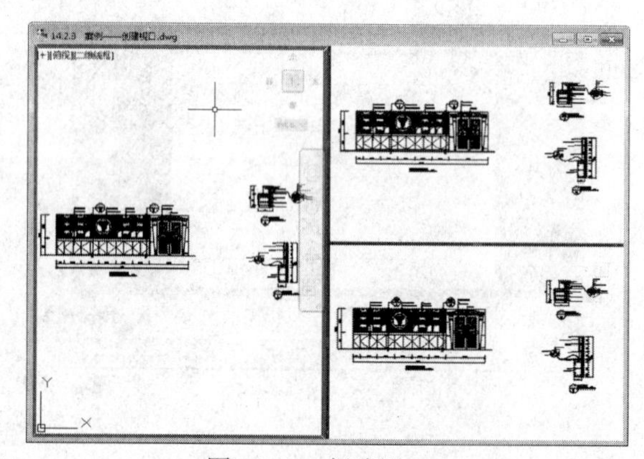

图 14-37 创建视口

（4）将鼠标置于视口内，双击视口；当视口边框呈黑色粗线框显示的时候，对视口内的图形大小进行调整。打开【视口】工具栏，将左侧视口比例调整为 1:80；激活右侧两个视口，将图形的出图比例调整为 1:40 和 1:60。结果如图 14-38 所示。

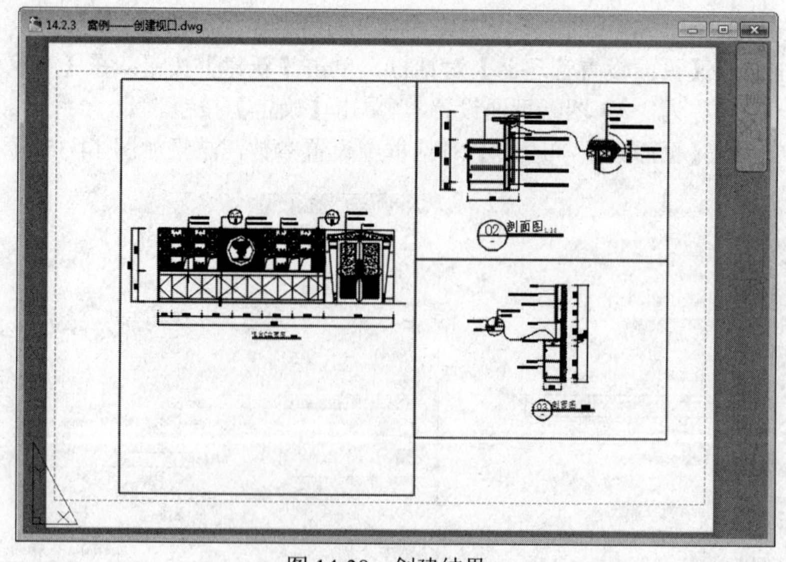

图 14-38 创建结果

14.2.4　加入图签

在布局空间中可以直接为图纸添加图签。调用 I【插入】命令，打开【插入】对话框，从中选择“A3 图签”图块，在布局空间中指定插入点。调用 SC【缩放】命令，将图形进行缩放，结果如图 14-39 所示。

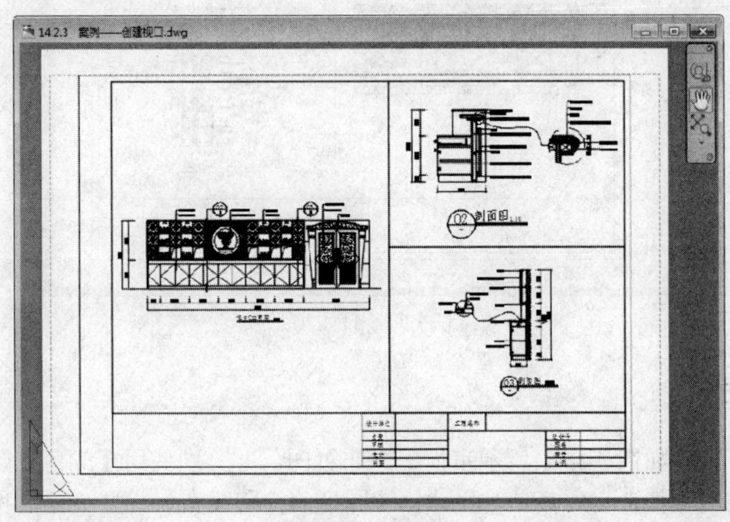

图 14-39　加入图签

14.2.5　案例——打印

在对图纸进行打印输出之前，要对 VPOSTS 图层的显示进行处理；不然打印出来的图纸将保留视口边框，影响查看效果。

（1）调用 LA【图层特性】命令，打开【图层特性管理器】对话框，将“VPORTS”图层设置为不可打印，如图 14-40 所示。

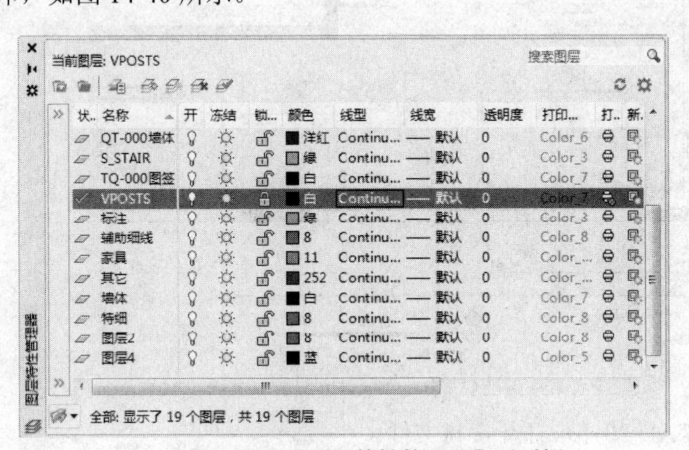

图 14-40 【图层特性管理器】对话框

（2）执行【文件】|【打印预览】命令，预览打印效果，结果如图 14-41 所示。

（3）单击【打印】按钮，即可对图纸进行打印输出。

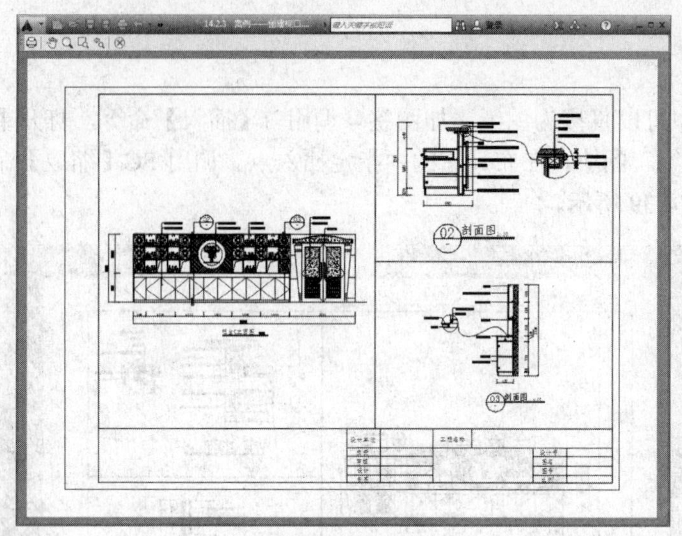

图 14-41 打印预览

14.3 课后练习

布局空间下打印如图 14-42 所示室内平面布置图，并分别使用【颜色打印样式】和【命名打印样式】控制墙体、室内家具、尺寸标注图形的打印线宽、线型、颜色和灰度。

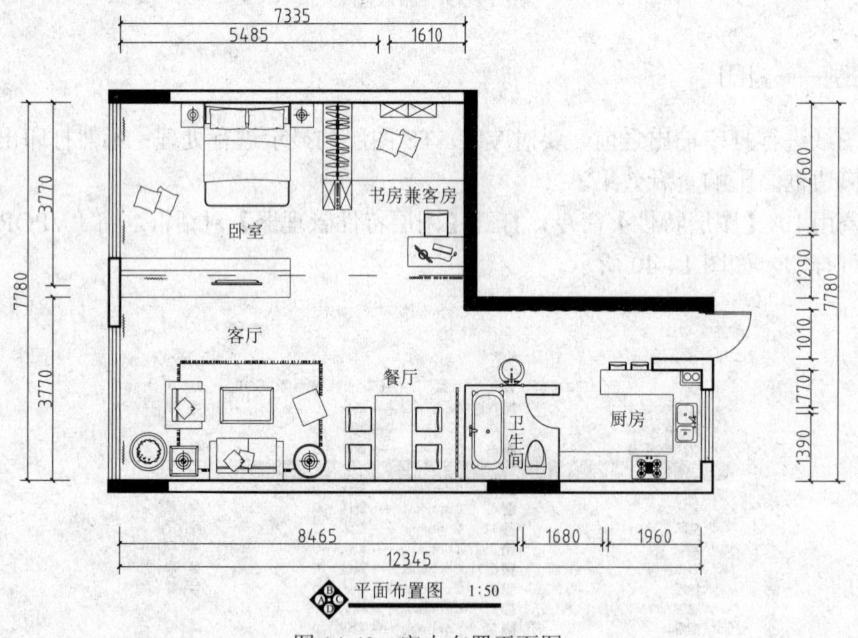

图 14-42 室内布置平面图

（1）启动 AutoCAD 2016，打开素材文件。

（2）右击绘图窗口下的【模型】或【布局】选项卡，在弹出的快捷菜单中，选择【新建布局】命令，新建布局。

（3）切换至新建的布局空间，再调整视口的大小。

（4）再单击【应用程序】按钮▲，执行【打印】|【管理绘图仪】命令，设置参数，修改可打印区域。

（5）在【布局】功能区中单击【布局】面板中的【页面设置】按钮，设置打印参数。

（6）完成打印参数的设置，单击【浏览】按钮，浏览打印效果，再单击鼠标右键，将家装平面布置图打印出来。

14.4　本章总结

本章主要介绍了打印输出中的两种方法：模型空间打印和图纸空间打印，并通过具体实例对其进行详细具体的讲解，使读者能快速的熟练掌握相关的内容。